中 国 国 家 标 准 汇 编

2007 年修订-17

中国标准出版社　编

中 国 标 准 出 版 社

北　京

图书在版编目（CIP）数据

中国国家标准汇编：2007年修订．17/中国标准出版社编．—北京：中国标准出版社，2008

ISBN 978-7-5066-5001-4

Ⅰ．中… Ⅱ．中… Ⅲ．国家标准-汇编-中国-2007 Ⅳ．T-652.1

中国版本图书馆CIP数据核字（2008）第101142号

中国标准出版社出版发行
北京复兴门外三里河北街16号
邮政编码:100045
网址 www.spc.net.cn
电话:68523946 68517548
中国标准出版社秦皇岛印刷厂印刷
各地新华书店经销

*

开本 880×1230 1/16 印张 35.25 字数 1 051 千字
2008年8月第一版 2008年8月第一次印刷

*

定价 204.00 元

ISBN 978-7-5066-5001-4

9 787506 650014 >

出 版 说 明

1.《中国国家标准汇编》是一部大型综合性国家标准全集，自1983年起，按国家标准顺序号以精装本、平装本两种装帧形式陆续分册汇编出版。《汇编》在一定程度上反映了我国建国以来标准化事业发展的基本情况和主要成就，是各级标准化管理机构，工矿企事业单位，农林牧副渔系统，科研、设计、教学等部门必不可少的工具书。

2. 由于标准的动态性，每年有相当数量的国家标准被修订，这些国家标准的修订信息无法在已出版的《汇编》中得到反映。为此，自1995年起，新增出版在上一年度被修订的国家标准的汇编本。

3. 修订的国家标准汇编本的正书名、版本形式、装帧形式与《中国国家标准汇编》相同，视篇幅分设若干册，但不占总的分册号，仅在封面和书脊上注明“2006年修订-1，-2，-3，……”等字样，作为对《中国国家标准汇编》的补充。读者配套购买则可收齐前一年新制定和修订的全部国家标准。

4. 修订的国家标准汇编本的各分册中的标准，仍按顺序号由小到大排列(不连续)；如有遗漏的，均在当年最后一分册中补齐。

5. 2007年制修订国家标准1 410项，全部收入在《中国国家标准汇编》第352～367分册和2007年修订-1～修订-23分册中。本分册为“2007年修订-17”，收入新制修订的国家标准28项。

中国标准出版社

2008年6月

目　录

ICS 27.140
K 55

中华人民共和国国家标准

GB/T 15469.2—2007

水轮机、蓄能泵和水泵水轮机空蚀评定
第2部分：蓄能泵和水泵水轮机的空蚀评定

Hydraulic turbines, storage pumps and pump-turbines—Cavitation pitting evaluation—Part 2: Cavitation pitting evaluation in storage pumps and pump-turbines

(IEC 60609-1: 2004, Hydraulic turbines, storage pumps and pump-turbines Cavitation pitting evaluation—Part 1: Evaluation in reaction turbines, storage pumps and pump-turbines, MOD)

2007-12-03 发布　　　　2008-05-01 实施

中华人民共和国国家质量监督检验检疫总局
中国国家标准化管理委员会　发布

前言

GB/T 15469《水轮机、蓄能泵和水泵水轮机空蚀评定》分为以下3部分：

——第1部分：反击式水轮机的空蚀评定；

——第2部分：蓄能泵和水泵水轮机的空蚀评定；

——第3部分：水斗式水轮机的空蚀评定。

本部分为GB/T 15469的第2部分。

本部分修改采用国际电工委员会IEC 60609-1:2004《水轮机、蓄能泵和水泵水轮机空蚀评定　第1部分：反击式水轮机、蓄能泵和水泵水轮机的评定》，并根据我国蓄能泵和水泵水轮机的具体情况进行了修改，有关技术差异在它们所涉及的条款的页边空白处用垂直单线标识。在附录B中给出了这些技术性差异及其原因的一览表以供参考。

本部分的附录A为规范性附录，附录B为资料性附录。

本部分由中国电器工业协会提出。

本部分由全国水轮机标准化技术委员会(SAC/TC 175)归口。

本部分主要起草单位：东方电机股份有限公司、中国水利水电科学研究院、哈尔滨电机厂有限责任公司、中国水电顾问集团北京勘测设计研究院、广州蓄能水电厂。

本部分主要起草人：陶喜群、吴培豪、吴新润、江泽沐、何光强、刘诗琪。

本部分为首次发布。

引　言

本部分规定了蓄能泵、水泵水轮机的空蚀评定。

蓄能泵、水泵水轮机的空蚀程度取决于以下五种因素：

a）设备的型式和设计；

b）空蚀作用部位的材料和表面状态；

c）设备的安装高程，即电站空化系数(σ_p)；

d）运行持续时间和运行工况；

e）水质。

a)、b)取决于设备的情况，而 c)、d)、e)取决于电站运行条件。因此，空蚀保证值只能由供需双方在电站规划设计阶段或合同中商定。对于转轮/叶轮的更新改造或要求有更宽的运行范围时，供方在投标中应对空蚀性能做出保证建议。

空蚀保证可以采用以下两种方法进行协商：

一是按合同中给定设备的安装高程（对应的电站空化系数 σ_p），根据蓄能泵或水泵水轮机的尺寸、转速、材料、表面条件和运行工况等协商空蚀保证值（见图 1 a)）；

二是在确定允许最大空蚀量的条件下，协商机组的安装高程（见图 1 b)）。

大多数情况下，机组能在无空蚀条件下正常运行，或者被要求在无空蚀条件下运行，有时为了经济的原因，也可以允许有轻微的空蚀，即设备的安装高程可以高于无空蚀运行的高程。

由于每个电站 a)～e)项都是不同的，所以制定一个通用的都可接受的空蚀允许值是不合适的。因此，建议根据每个电站的条件进行经济评估。举例来说，一个更深的安装高程（更大的电站空化系数 σ_p 值需要更高的土建费用）和/或更贵的转轮/叶轮（形状和/或材料）能够减少空蚀量。较高的成本带来的效益是降低运行费用和减少检修频率，还可减少因为停机带来的电能损失。

空蚀深度、体积和质量与转轮/叶轮直径的函数关系，见附录 A。

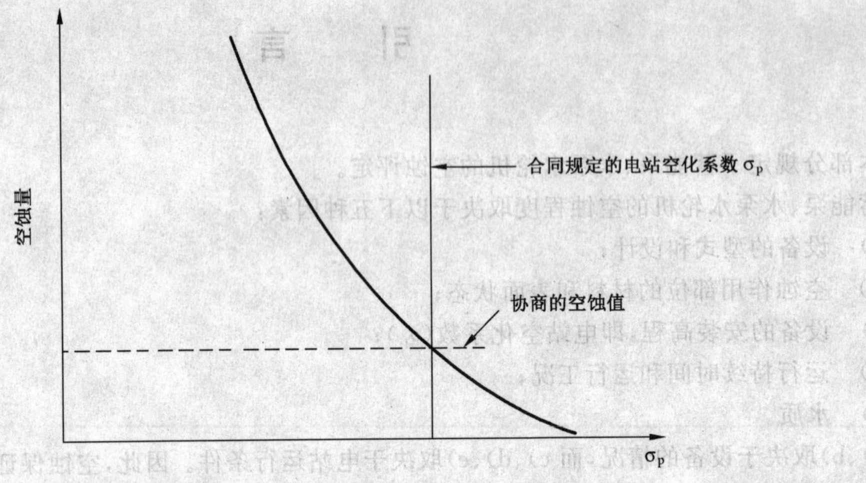

a）

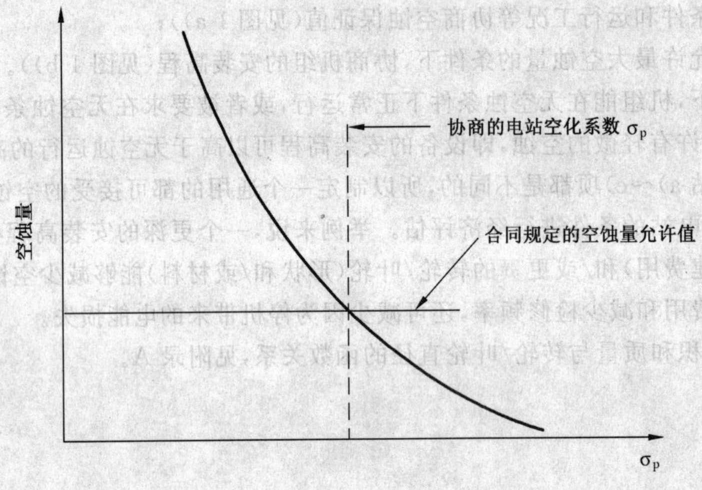

b）

图 1　水力机械在流量一定时的空蚀量与电站空化系数的函数关系

水轮机、蓄能泵和水泵水轮机空蚀评定 第2部分：蓄能泵和水泵水轮机的空蚀评定

1 范围

1.1 概述

本部分规定了蓄能泵和水泵水轮机在给定条件下(如在合同中规定的功率、水力比能、转速、材料、运行条件和运行时间等)过流部件因空蚀造成的材料损失的测量和评定方法。

在合同中应规定水力机械在全部或部分运行范围内是否存在空蚀。

无论空蚀是否发生，在合同中都应明确规定空蚀保证值。

本部分中有关电站的描述也适用于蓄能泵站。

1.2 不包含的内容

本部分不包括空化可能对设备的其他性能产生的影响，例如：

——功率、效率、振动、整体的机械性能和噪声；

——在运行中暴露出的材料缺陷。

运行中因过流部件的磨损而暴露出的材料缺陷不计入空蚀保证。

带有保护层的过流表面的涂层磨蚀不计入空蚀保证。

1.3 水中化学成分对空蚀的影响

本部分假定水中不含腐蚀性的化学物质，如果要考虑水中所含的化学物质的腐蚀性，应在协议中给出水质的分析结果，并基于此做出空蚀保证。因为化学腐蚀性涉及到化学成分和设备的材料等诸多因素，这不在本部分可以确定的限定范围之内。

如果在进一步的分析过程中表明水的腐蚀性大于协议里的给定值，则在评估空蚀保证是否满足时，就必须考虑水的腐蚀性的影响。如果出现空蚀的区域可以区分出是由于化学腐蚀或电化学腐蚀的影响而增加的，这些增加的破坏部分就应排除在空蚀评定的范围之外。

1.4 水中含固体颗粒的影响

水中固体颗粒如泥沙引起的磨损不作为空蚀来考虑。当设备在含有大量固体颗粒的水中运行时，材料损失会因空蚀(如果存在)与磨损的联合作用而加剧。而且，当材料表面因磨蚀而发生改变时，因水力型线的改变空蚀可能被引发和加剧。空蚀和磨损破坏在外观、部位和机理上都不相似，故在测量损坏时能区分出二者是非常重要的。如果出现空蚀的区域可以区分出是由于磨损的影响而增加的，这些增加部分的损坏应从空蚀评定中除开。

本部分给出的空蚀量及其测量方法的事例仅适用于空蚀。对一些每年至少有一时段在含有大量固体颗粒的水中运行的水电站来说，由于固体颗粒引起的磨损破坏程度取决于诸多方面的因素，如颗粒浓度、矿物成分、颗粒粒径级配和冲击参数(如相对速度和冲击角度)以及材料特性和水力机械运行条件等，这些已超出了本部分定义的可接受的固体颗粒数量的范围。

空蚀评定以一般水质为基础。水中含有少量固体颗粒及其造成的磨损轻微时，可视为一般水质。应在合同文件中描述水中含固体颗粒量的情况，以及相应的矿物类型、颗粒粒径级配。如果比例较大，应有专门协议，该协议可考虑将空蚀和固体颗粒磨损所造成的破坏区分开来，在难以区分二者时，建议在合同空蚀评定中统一考虑固体颗粒磨损和空蚀所引起的材料损失。

2 规范性引用文件

下列文件中的条款通过 GB/T 15469 的本部分的引用而成为本部分的条款。凡是注日期的引用文件,其随后所有的修改单(不包括勘误的内容)或修改版均不适用于本部分,然而,鼓励根据本部分达成协议的各方研究是否可使用这些文件的最新版本。凡是不注日期的引用文件,其最新版本适用于本部分。

GB/T 2900.45 电工术语 水电站水力机械设备(GB/T 2900.45—2006,IEC 61364:1999,MOD)

GB/T 19184 水斗式水轮机空蚀评定(GB/T 19184—2003,IEC 60609-2:1997,MOD)

GB/T 15468 水轮机基本技术条件(GB/T 15468—2006,neq IEC 60041:1991)

GB/T 15469 反击式水轮机空蚀评定(GB/T 15469—1995,neq IEC 60609:1978)

IEC 60193 水轮机、蓄能泵和水泵水轮机模型验收试验

IEC/TR 61366-1 水轮机、蓄能泵和水泵水轮机投标文件 第1部分 概要与附件

3 术语、定义、符号与单位

3.1 术语、定义与符号

GB/T 2900.45 中确立的以及下列术语、定义和符号适用于本部分。

注:这些术语、符号与定义也遵从 GB/T 15468 标准。

3.1.1

空化 cavitation

在流道中水流局部压力下降到临界压力(一般接近汽化压力)时,水中气核发展成长为气泡,气泡的积聚、流动、分裂、溃灭过程的总称。

3.1.2

空蚀 cavitation pitting

由于空化造成的过流表面的材料损坏。

3.1.3

电站空化系数 plant cavitation coefficient

σ_p

在电站运行条件下,表征水力机械空化发生条件和性能的无量纲系数。

3.1.4

空蚀保证期 cavitation pitting guarantee period

对水力机械运行做出空蚀有效保证的月数或年数。

3.1.5

空蚀保证运行时间 cavitation pitting guarantee duration of operation

空蚀保证有效的水力机械运行小时数。

3.1.6

基准运行时间 reference duration of operation

t_R(h)

用来作为确定空蚀保证基准值的小时数。

3.1.7

实际运行时间 actual duration of operation

t_A(h)

空蚀考核时水力机械实际运行小时数。

3.1.8

正常连续运行范围　normal continuous operating range

水轮机工况下在 P_{CL}、P_{CU}、E_{CL}和 E_{CU}的范围内(见图 2),水泵工况下在 E_{CL}、E_{CU}的范围内(见图 3)。

3.1.9

水轮机工况高负荷短时运行范围　high-load temporary operation range in turbine mode

运行范围限制在 P_{CU}和 P_{TU}之内(见图 2)。

3.1.10

水轮机工况低负荷短时运行范围　low-load temporary operating range in turbine mode

运行范围限制在 P_{CL}和 P_{TL}之内(见图 2)。

3.1.11

低水力比能短时运行范围　low specific hydraulic energy temporary operating range

运行范围限制在 E_{CL}和 E_{TL}之内(见图 2 或图 3)。

3.1.12

高水力比能短时运行范围　high specific hydraulic energy temporary

运行范围限制在 E_{CU}和 E_{TU}之内(见图 2 或图 3)。

3.1.13

$\boldsymbol{P_{CL}}$

在指定的水头和允许的净正吸入比能条件下水轮机工况连续运行的功率下限(见图 2)。

3.1.14

$\boldsymbol{P_{CU}}$

在指定的水头和允许的净正吸入比能条件下水轮机工况连续运行的功率上限(见图 2)。

3.1.15

$\boldsymbol{P_{TL}}$

在指定的水头和允许的净正吸入比能条件下水轮机工况短时运行的功率下限(见图 2)。

3.1.16

$\boldsymbol{P_{TU}}$

在指定的水头和允许的净正吸入比能条件下水轮机工况短时运行的功率上限(见图 2)。

3.1.17

$\boldsymbol{E}$**(J·kg^{-1})**

水力机械的水的比能。

3.1.18

$\boldsymbol{g}$**(ms^{-2})**

电站所在地的重力加速度。

3.1.19

$\boldsymbol{H}$**(m)**

水力机械水头(扬程),为水力机械进、出口断面的总单位能量差。$H=E/g$。

3.1.20

NPSE**(J·kg^{-1})/*****NPSH*****(m)**

NPSE 为运行的净正吸入比能。*NPSH* 为净正吸入高度。$NPSH=NPSE/g$。

3.1.21

$\boldsymbol{E_{CL}}$

在规定的净正吸入比能的条件下正常连续运行时的水力比能下限(见图 2,图 3)。

3.1.22

E_{CU}

在规定的净正吸入比能的条件下正常连续运行时的水力比能上限(见图2,图3)。

3.1.23

E_{TL}

在规定的净正吸入比能的条件下短时非正常运行时的水力比能下限(见图2,图3),通常E_{TL}与E_{CL}是相等的。

3.1.24

E_{TU}

在规定的净正吸入比能的条件下短时非正常运行时的水力比能上限(见图2,图3),通常E_{TU}与E_{CU}是相等的。

3.1.25

$NPSE_L$

运行的净正吸入比能的最小允许值。

3.1.26

S(mm)

从母材原始表面测量起到所有空蚀区域中的最大绝对深度。

3.1.27

$S_1, S_2, S_3, \cdots\cdots S_i$(mm)

从母材原始表面测量起到某一指定的空蚀区域中的最大深度(见5.2.1和5.2.3 b))。

3.1.28

V(cm^3)

被空蚀剥落的材料体积。

3.1.29

$A_1, A_2, A_3, \cdots\cdots; A_i$($cm^2$)

被空蚀的各单个面积(见5.2.2和5.2.3 b))。

3.1.30

$k, k_1, k_2, k_3, \cdots\cdots; k_i$

空蚀剥落体积近似计算使用系数(见5.2.3 b))。

3.1.31

M(kg)

空蚀剥落材料质量,当体积转换成质量时,可近似按7.8 kg/dm^3进行换算。

3.1.32

C_R(mm,cm^3,kg)

在基准的运行时段内空蚀量保证的限值。

3.1.33

C_A(mm,cm^3,kg)

在空蚀评定阶段的运行时段内空蚀量保证的限值。

3.1.34

D(m)

离心式蓄能泵和混流式水泵水轮机是指水泵工况转轮/叶轮进口直径;轴流、斜流和贯流转桨式蓄能泵和水泵水轮机是指转轮叶片轴线外缘处转轮室的内径;轴流定桨式蓄能泵和水泵水轮机是指叶片外缘圆柱形转轮室的内径;斜流定桨式蓄能泵和水泵水轮机是指水泵工况进水边外缘对应的转轮室的内径。

3.2 单位

本部分全文采用国际单位制(SI)和中华人民共和国法定计量单位。

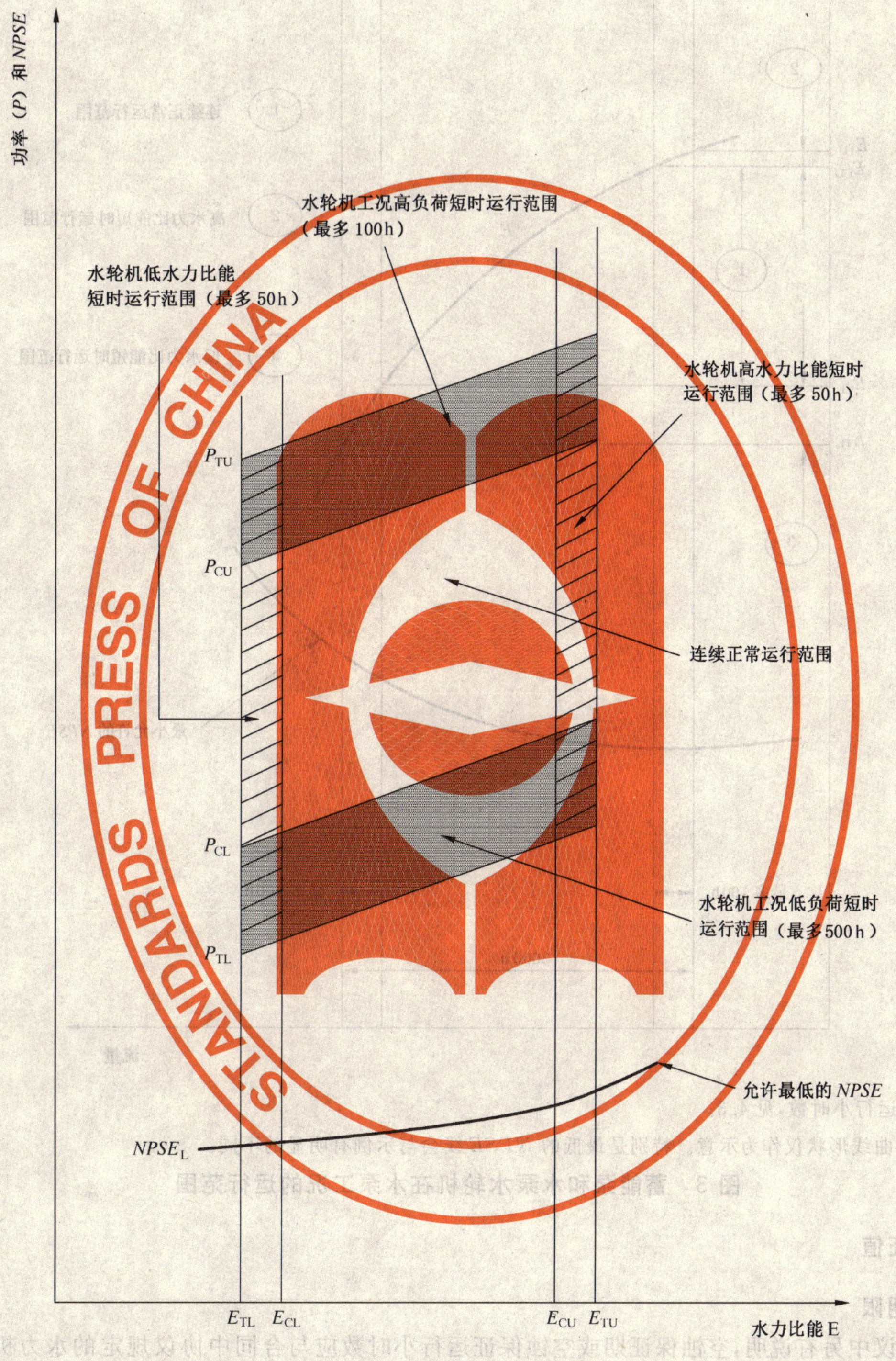

注:对于运行小时数,见4.3。

上图中的曲线形状仅作为示意。特别是最低的*NPSE*线会与示例有明显的不同,并且在P_{CU}、P_{CL}和中间负荷时在某些情况下可能出现各自的曲线。

图2 水泵水轮机在水轮机工况的运行范围

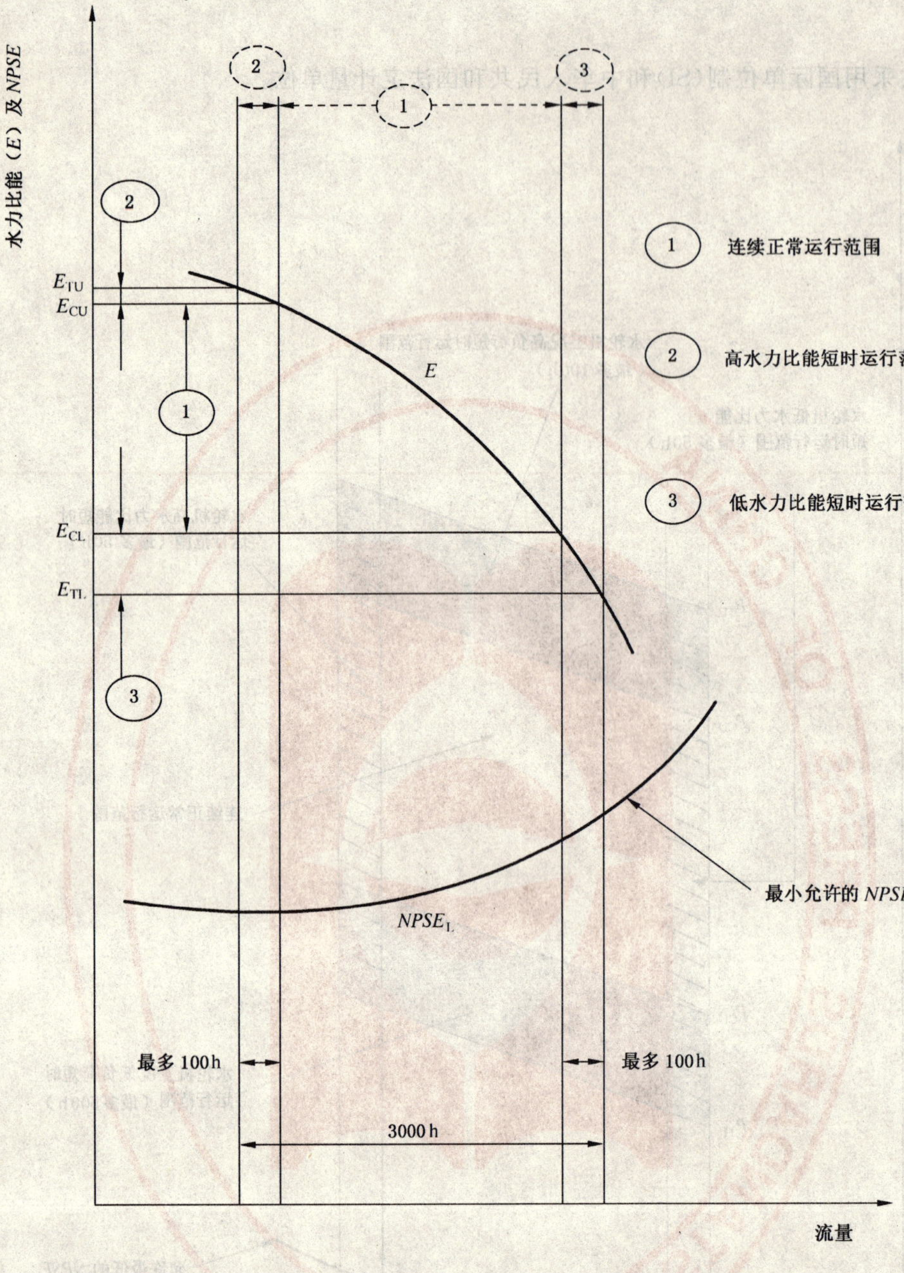

注：关于运行小时数，见 4.3。

上图中的曲线形状仅作为示意。特别是最低的 *NPSE* 线会与示例有明显的不同。

图 3　蓄能泵和水泵水轮机在水泵工况的运行范围

4　空蚀保证值

4.1　保证期限

除非协议中另有说明，空蚀保证期或空蚀保证运行小时数应与合同中协议规定的水力机械的保证期一致。

4.2　空蚀保证值的确定

在合同文件中应规定：

在按 4.3.2 中定义商定的基准运行小时数期间，按照 5.2 描述的保证值的检查方法进行测量与计算得出的且不得超过的金属损失量。

空蚀保证涉及的内容有：

——转轮/叶轮材料的体积损失“V”(见 3.1.28)或质量损失“M”(见 3.1.31)；

——转轮/叶轮材料的深度损失“S”(见 3.1.26)；

——固定部件材料的体积损失“V” 或质量损失“M”；

——固定部件材料的深度损失“S”。

空蚀保证值可以由最大深度 S、剥落体积 V 或质量损失 M 来限定。

对于整个转轮/叶轮的保证方面，一个叶片的空蚀量体积 V 或质量损失 M 不应超出整个转轮/叶轮空蚀保证体积或质量的 Y 倍。对于轴流式蓄能泵和水泵水轮机而言，$Y=0.4$；对于离心式蓄能泵和混流式水泵水轮机来说，$Y=0.3$；对于斜流式水泵水轮机，也可取 $Y=0.3$。

对于轴流式蓄能泵和水泵水轮机、斜流式蓄能泵和水泵水轮机的固定部件，空蚀深度 S 和体积 V 或质量 M 的值与转轮/叶轮空蚀保证数值一致。对于离心式蓄能泵和混流式水泵水轮机的固定部件，空蚀量体积 V 或质量 M 为转轮/叶轮空蚀保证值的一半，而空蚀深度 S 与转轮/叶轮空蚀保证值相等。

4.3　运行范围和运行时间

4.3.1　运行范围

为了确定空蚀保证值，以及评估空蚀是否满足保证，必须根据水的比能、功率和净正吸入比能(参见图 2 和图 3)，明确规定设备在相应的基准运行时间内的运行范围。

合同应规定以下参数：

P_{TU} 和 P_{CU}　(水轮机工况)

P_{TL} 和 P_{CL}　(水轮机工况)

E_{TU} 和 E_{CU}

E_{TL} 和 E_{CL}

如果机组要求在无空蚀(见附录 A)条件下运行，推荐采用 $E_{TL}=E_{CL}$，$E_{TU}=E_{CU}$ 以及 $P_{TU}=P_{CU}$。

除非另有协议，如果合同只规定了连续正常运行范围，应采用以下：

$P_{TU}=1.05P_{CU}$

$P_{TL}=0$

$E_{TU}=E_{CU}$

$E_{TL}=E_{CL}$

在保证期内，应准确记录每一台机组的功率、水的比能(或水头/扬程)、上游水位、尾水位或吸入比能及运行小时。应为供方提供时机来检查运行条件是否与合同一致。

4.3.2　基准运行时间

除非另有协议，下列基准运行时间(不考虑保证期)应作为确定和评估空蚀保证的基础。

水泵工况运行 3 000 h，水轮机工况在非连续正常运行范围(包括 4.3.3 a)中描述的内容)的时间应计入在此运行时间内。

4.3.3　实际运行时间

至空蚀检查时为止，从电站运行记录中计算出的全部运行时间，并区分出在连续正常运行范围内和在高、低水头下和高、低负荷短时运行范围内的运行时间。

除非另有协议，如果实际运行时间超出下列运行时间中的任何一项，空蚀保证无效。

a)　对于水泵水轮机在水轮机工况运行

——按照 3.1.9 定义的高负荷短时运行范围(见图 2)　100 h

——按照 3.1.10 定义的低负荷短时运行范围(见图 2)　500 h

——按照 3.1.11 定义的低水力比能短时运行范围(见图 2)　50 h

——按照 3.1.12 定义的高水力比能短时运行范围(见图 2)　50 h

b)　对于蓄能泵或水泵水轮机在水泵工况运行

——按照3.1.11定义的低水力比能短时运行范围(见图3)　　100 h

——按照3.1.12定义的高水力比能短时运行范围(见图3)　　100 h

上述50 h、100 h和500 h对应的基准运行时间为3 000 h,如果实际运行时间与3 000 h不同,应按比例进行调整。

4.3.4　特殊工况

机组的起动和停机运行时间应计入实际运行时间。但此过渡过程不作为3.1.10水轮机低负荷短时运行范围和3.1.12高水力比能短时运行范围的运行时间。机组转轮/叶轮在空气中旋转的时间不应计入实际运行时间。

为了确保空蚀有效,水泵水轮机在水泵工况运行时,应在规定的扬程与导叶开度关系下运行。轴流或斜流转桨式水泵水轮机应在协联工况下运行。供方应在双方协议的适当时间内,采用合适的方法对导叶开度和扬程的关系以及导叶开度和桨叶转角的协联关系进行试验和调整。这些调整应在机组投运后尽快进行,以减少对机组潜在的损害。

5　程序

5.1　在保证期内的空蚀修理

在供需双方商定的一个合适的运行时间后,供方应有机会检查水力机械和进行供方认为在协议期内必须做的任何工作。早期检查对双方都有利,在保证期的开始阶段,应安排短期停机检查,进行消缺处理。

在保证期结束之前,如果供方通过铲磨或焊接的方法对空蚀做了实质性的修理,或对具有产生空蚀风险的部件进行了较大的修型,那么按3.1.5定义的空蚀保证运行时间应从该次维修后并再次投入运行时重新计算。

如果上述维修和修型比较轻微,经双方协商一致,空蚀保证期可以认为不间断。

5.2　空蚀量的测量与计算

除非另有协议,如果测量空蚀的目的是检查履行保证,供需双方应在协议规定时间的80%~120%的范围内共同进行空蚀测量。应采用本节所描述的方法确定空蚀量的大小。在合同文件中应规定所选择的测量方法。除非不进行铲磨就不能准确测量出最大空蚀深度,在测量之前不应进行铲磨。

5.2.1　最大深度 S_i

所有空蚀区域的最大深度可采用深度量尺和样板或其他合适的方法测得。

测量不确定度不应超过最大深度的±10%或者1 mm,二者中取较大值。

5.2.2　单个的空蚀面积 A_i

如果空蚀区域轮廓不规则和其面积曲线呈三维时,最好采用合适的涂料或者墨水描绘后,用接触的方法转印到合适的纸上,然后用求积仪的方法确定纸上所反映出来的面积,如果采用的是坐标纸,数方格就可以确定空蚀面积。

测量的不确定度不应超过±10%。

只有空蚀深度大于0.5 mm才应计算保证面积。然而,即使是一些不应包括在保证值内的轻微空蚀,也应该全部记录下来,这样做是有益的。

5.2.3　空蚀剥落体积

可采用以下方法之一测量空蚀剥落体积:

a)　直接测量法:是采用一种合适的临时性的填充物去填充被空蚀的表面,使之恢复到原始未被损坏的表面形状。如果被测量的区域是三维时,则需要采用样板或者其他合理的装置使之能够确定基准来进行测量。

测量的不确定度不应超过±15%。

b)　近似计算法:通过所测得的每个空蚀区的空蚀深度和面积,用计算方法确定空蚀量。除非另有协议，否则可以采用以下公式之一进行近似计算：

$$V=\sum(k_1S_1A_1+k_2S_2A_2+\cdots\cdots) \qquad (1)$$

$$V=k\sum(S_1A_1+S_2A_2+\cdots\cdots) \qquad (2)$$

除非双方协议按照空蚀面的形状选定式中的 k 值，否则取 k_1、k_2……或 $k\approx0.5$。

6 结果的计算和保证的实施

如果在 4.3 和 5.2 规定的运行范围和时间内运行一段时间后，测量出的水力机械相关部件的空蚀量(已考虑了测量的不确定度)，采用以下公式换算后的值不超过 4.2 中规定的保证值，则认为空蚀保证满足了要求。

$$C_A=C_R(t_A/t_R) \qquad (3)$$

式中：

C_A——空蚀检查时的空蚀量(深度 S、体积 V 或质量 M)保证值；

C_R——基准运行时间内空蚀量(深度 S、体积 V 或质量 M) 保证值；

t_A——3.1.7 定义的实际运行时间；

t_R——3.1.6 定义的基准运行时间。

如果没有满足保证值，可根据合同文件的相关规定进行处理。

若设有抗空蚀保护层，应根据合同中规定的专门条款进行处理。

在任何情况下空蚀保证都应在 $NPSE\geqslant NPSE_L$ 的条件下有效。

附　录　A
（规范性附录）
空蚀保证值的举例

作为示例，图 A.1 和图 A.2 显示了在 4.3.2 中定义的基准运行时间内，任何形式的水力机械的转轮/叶轮（是指正常选用的转轮/叶轮材料为不锈钢、碳钢带不锈钢覆面）的最大空蚀深度 S（以 mm 计）、最大空蚀材料剥落体积 V（以 cm^3 计）和质量 M（以 kg 计）。

图中所示各值依据以下条件确定：

——在不少于两年运行时间后的合理的修补量；

——空蚀深度不削弱机械强度。

这里给出的空蚀体积 V、质量 M 值不是指单个叶片，而是指整个转轮/叶轮。

合同中应规定出具体的空蚀保证值，并可根据电站的具体条件或要求选择比图 A.1 和图 A.2 中更大些或更小些的空蚀量。

对于要求在无空蚀条件下运行的水力机械，空蚀保证值不应超过参考图 A.1 和图 A.2 显示的最小值的 1/4。

图 A.1 和图 A.2 显示的空蚀量的较大值通常使用于下列情况：

——较大的水头和功率变幅；

——净正吸入比能 $NPSE$ 在边缘状态或者略有不足；

——材料的抗空蚀性能低于不锈钢；

——水质分析结果有疑点；

——转轮/叶轮经过更新改造。

空蚀深度 S 与转轮/叶轮直径的关系

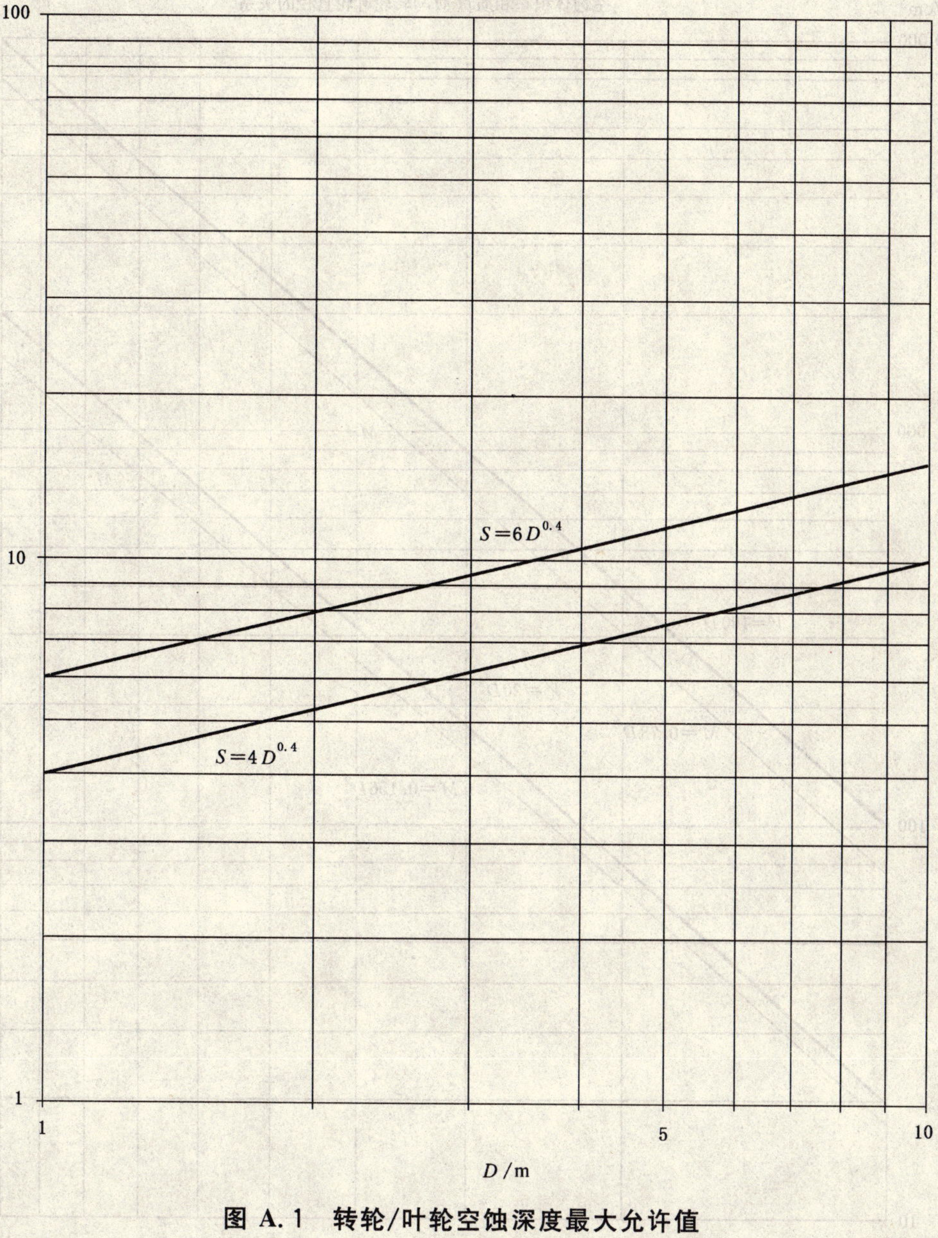

图 A.1 转轮/叶轮空蚀深度最大允许值

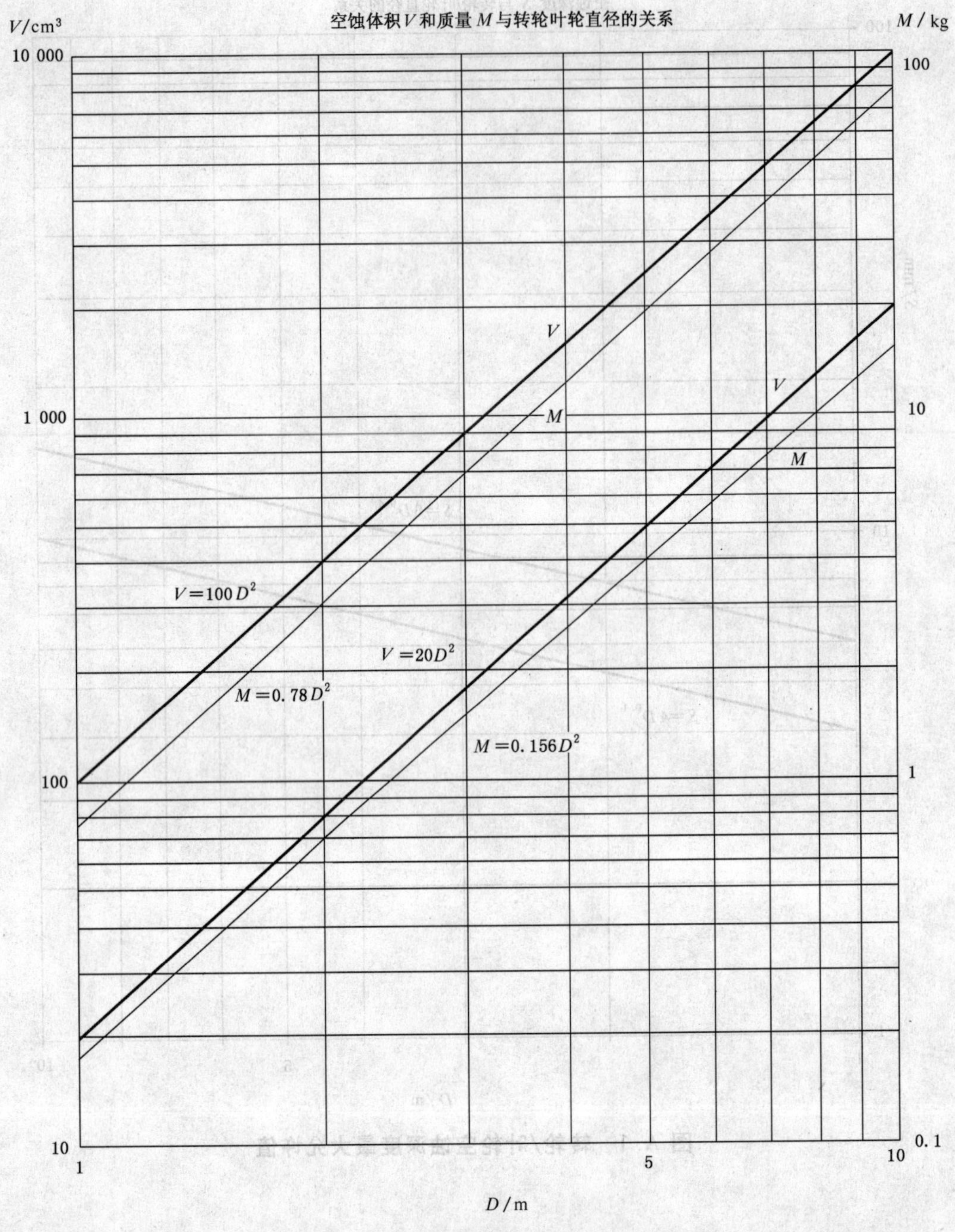

图 A.2 转轮/叶轮空蚀体积和质量最大允许值

附 录 B
（资料性附录）
本部分与 IEC 60609-1:2004 技术性差异及其原因

表 B.1 给出了本部分与 IEC 60609-1:2004 技术性差异及其原因的一览表。

表 B.1 本部分与 IEC 60609-1:2004 技术性差异及其原因

本部分章条编号	技术性差异	原 因
名称	删除了标题中的水轮机字样。本部分为蓄能泵和水泵水轮机专用，原标准中涉及到反击式水轮机的部分全部删改	已有国家标准 GB/T 15469—1995《反击式水轮机空蚀评定》
引言	电站空化系数(σ_p)。后面遇到同样地方用相同的方法处理	原文 σ 的符号与我国标准定义不同，容易引起歧义，改为 σ_p
1.4	强调了本部分空蚀评定以一般水质为基础。水中含有少量泥沙或磨损强度不大时，可视为一般水质	与 GB/T 15469 标准说明一致
2	增加了 GB/T 2900.45《电工术语　水电站水力机械设备》	作为对 IEC 61364 水电站水力机械名词术语的补充
2	修改了“规范性引用文件”	符合 GB/T 1.1 的要求
3.1.1	修改了关于空化的定义	使用我国相关标准通用的定义比较合适
3.1.19	根据我国相关标准增加了关于水头的定义	原文只有名称而没有定义，按 GB/T 15468《水轮机基本技术条件》中的定义增加
3.1.31	空蚀剥落材料损失质量的符号 W 改为 M，下同	符合中国标准规定，质量用 M 表示
3.1.34	按我国标准定义转轮公称直径	按 GB/T 2900.45《电工术语　水电站水力机械设备》调整使用
3.2	修改“允许使用其他单位制”为“和中华人民共和国法定计量单位”	因为我国法定计量单位规定只执行国际单位制
图 2	水泵水轮机在水轮机工况的运行范围中取消运行时间的描述	根据后文的说明，本部分规定的考核时间不涉及水轮机正常运行工况
4.2	在空蚀量保证中增加了质量损失“M”的内容	符合我国使用习惯
4.3.2	基准运行时间确定为：水泵工况运行 3 000 h，水轮机工况在非连续正常运行范围（包括 4.3.3 a）中描述的内容）的时间应计入在此运行时间内	原文规定水轮机工况或水泵工况以先到为准
图 A.2	增加了质量最大允许值的内容	与前面呼应和符合我国使用习惯

ICS 59.080.30
W 43

中华人民共和国国家标准

GB/T 15551—2007
代替 GB/T 15551—1995，GB/T 15554—1995

桑蚕丝织物

Mulberry silk fabrics

2007-09-05 发布　　2008-02-01 实施

中华人民共和国国家质量监督检验检疫总局
中国国家标准化管理委员会　发布

前　言

本标准代替 GB/T 15551—1995《桑蚕丝织物》、GB/T 15554—1995《丝织物包装和标志》。

本标准与 GB/T 15551—1995、GB/T 15554—1995 相比，主要变化如下：

——将 GB/T 15551—1995 与 GB/T 15554—1995 进行了合并。

——扩大了桑蚕丝织物的适用范围(1995 年版的第 1 章；本版的第 1 章)；

——增加了桑蚕丝织物应符合国家有关纺织品强制性标准的要求(本版的 3.4)；

——提高了幅宽偏差率、密度偏差率、质量偏差率的指标水平(1995 年版的 3.3；本版的 3.5)；

——增加了纤维含量偏差、纰裂程度的考核项目(本版的 3.5)；

——将练白绸的水洗尺寸变化率中的纺类与其他类进行了合并，将印染绸的水洗尺寸变化率中按纺类、绉类、其他类分别考核进行了合并，并提高了指标值(1995 年版的 3.3；本版的 3.5)；

——提高了耐洗、耐水、耐汗渍、耐干摩擦指标值(1995 年版的 3.3；本版的 3.5)；

——增加了耐湿摩擦、耐光的色牢度考核项目(本版的 3.5)；

——将外观疵点的评分限度由每米评分方法改为每百平方米评分方法(1995 年版的 3.3；本版的 3.6.1)；

——规定了成包前绸匹的实测回潮率(本版的 6.3.5)；

——简化了对丝织物包装材料和包装方法的要求的规定(本版的第 6 章)。

本标准的附录 A 是资料性附录。

本标准由中国纺织工业协会提出。

本标准由全国纺织品标准化技术委员会丝绸分会归口。

本标准起草单位：浙江凯喜雅国际股份有限公司、浙江丝绸科技有限公司(浙江丝绸科学研究院)、江苏省丝绸集团有限公司、浙江出入境检验检疫局、万事利集团有限公司、杭州金富春丝绸化纤有限公司、杭州市质量技术监督检测院、国家丝绸质量监督检验中心、苏州大学、浙江华正丝绸检验有限公司。

本标准主要起草人：周颖、卞幸儿、沈建英、张祖琴、盛建祥、顾红烽、杭志伟、左葆齐、徐勤、蒋海燕、符颖泓。

本标准所代替标准的历次版本发布情况为：

——GBn 229—1984；

——GBn 230—1984；

——GBn 237—1984；

——GB/T 15551—1995；

——GB/T 15554—1995。

桑 蚕 丝 织 物

1 范围

本标准规定了桑蚕丝织物的要求、试验方法、检验规则、包装和标志。

本标准适用于评定各类服用的练白、染色(色织)、印花纯桑蚕丝织物、桑蚕丝与其他纱线交织丝织物的品质。

2 规范性引用文件

下列文件中的条款通过本标准的引用而成为本标准的条款。凡是注日期的引用文件,其随后所有的修改单(不包括勘误的内容)或修订版均不适用于本标准,然而,鼓励根据本标准达成协议的各方研究是否可使用这些文件的最新版本。凡是不注日期的引用文件,其最新版本适用于本标准。

GB 250 评定变色用灰色样卡(GB 250—1995,idt ISO 105-A02:1993)

GB 4841.1—2006 染料染色标准深度色卡 1/1

GB 5296.4 消费品使用说明 纺织品和服装使用说明

GB/T 8170 数值修约规则

GB/T 15552 丝织物试验方法和检验规则

3 要求

3.1 桑蚕丝织物的要求包括密度偏差率、质量偏差率、断裂强力、纤维含量偏差、纰裂程度、水洗尺寸变化率、色牢度等内在质量和色差(与标样对比)、幅宽偏差率、外观疵点等外观质量。

3.2 桑蚕丝织物的评等以匹为单位。质量偏差率、断裂强力、纤维含量偏差、纰裂程度、水洗尺寸变化率、色牢度等按批评等。密度偏差率、外观质量按匹评等。

3.3 桑蚕丝织物的品质由内在质量、外观质量中的最低等级评定,分为优等品、一等品、二等品、三等品,低于三等品的为等外品。

3.4 桑蚕丝织物应符合国家有关纺织品强制性标准的要求。

3.5 桑蚕丝织物的内在质量分等规定见表 1。

表 1 内在质量分等规定

项目		指标			
		优等品	一等品	二等品	三等品
密度偏差率/%		±3.0	±4.0	±5.0	±6.0
质量偏差率/%		±3.0	±4.0	±5.0	±6.0
断裂强力[a]/N ≥		200			
纤维含量偏差[b](绝对百分比)/%	纯桑蚕丝织物	0			
	交织物	±5.0			
纰裂程度[c](定负荷)/mm ≤	52 g/m² 以上,67 N	6			
	52 g/m² 及以下织物或 67 g/m² 以上的缎类织物,45 N				

表 1(续)

项目				指标			
				优等品	一等品	二等品	三等品
水洗尺寸变化率[d]/%	练白	绉类	经向	+2.0～−8.0	+2.0～−10.0		+2.0～−12.0
			纬向	+2.0～−3.0	+2.0～−5.0		+2.0～−7.0
		其他	经向	+2.0～−4.0	+2.0～−6.0		+2.0～−8.0
			纬向	+2.0～−2.0	+2.0～−3.0		+2.0～−4.0
	印花、染色			+2.0～−3.0	+2.0～−5.0		+2.0～−7.0
色牢度/级 ≥	耐水 耐汗渍		变色	4	3—4		
			沾色	3—4	3		
	耐洗		变色	4	3—4	3	
			沾色	3—4	3	2—3	
	耐干摩擦			4	3—4	3	
	耐湿摩擦			3—4	3,2—3(深色[e])	2—3,2(深色[e])	
	耐光			3—4	3		

a 纱、绡类织物不考核。桑蚕丝与醋酸丝的交织物、经过特殊后整理工艺的桑蚕丝织物或纤度(*D*)与密度(根/10 cm)之乘积≤2×10^4 时,其断裂强力可按协议执行。

b 当一种纤维含量明示值不超过 10%时,其实际含量应不低于明示值的 70%。

c 纱、绡类织物和 67 g/m² 及以下的缎类织物、经特殊工艺处理的产品不考核。

d 纱、绡类织物不考核。纺类织物中成品质量大于 60 g/m² 者,绉类、绫类织物中成品质量大于 80 g/m² 者,经、纬均加强捻的绉织物,可按协议考核。1 000 捻/m 以上的织物按绉类织物考核。

e 大于 GB 4841.1—2006 中 1/1 标准深度为深色。

3.6 桑蚕丝织物的外观质量的评定

3.6.1 桑蚕丝织物的外观质量分等规定见表 2。

表 2 外观质量分等规定

项目	优等品	一等品	二等品	三等品
色差(与标样对比)/级 ≥	4	3—4		3
幅宽偏差率/%	±1.5	±2.5	±3.5	±4.5
外观疵点评分限度/(分/100 m²) ≤	15	30	50	100

3.6.2 桑蚕丝织物外观疵点评分见表 3。

表 3 外观疵点评分表

序号	疵点	分数			
		1	2	3	4
1	经向疵点	8 cm 及以下	8 cm 以上～16 cm	16 cm 以上～24 cm	24 cm 以上～100 cm
2	纬向疵点	8 cm 及以下	8 cm 以上至半幅	—	半幅以上
	纬档	—	普通	—	明显
3	印花疵	8 cm 及以下	8 cm 以上～16 cm	16 cm 以上～24 cm	24 cm 以上～100 cm

表 3(续)

序号	疵点	分数			
		1	2	3	4
4	污渍、油渍、破损性疵点	—	2.0 cm 及以下	—	2.0 cm 以上
5	边疵、松板印、撬小	经向每 100 cm 及以下	—	—	—
注：纬档以经向 10 cm 及以下为一档。					

3.6.3 桑蚕丝织物外观疵点评分说明：

a) 外观疵点的评分采用有限度的累计评分。

b) 外观疵点长度以经向或纬向最大方向量计。

c) 纬斜、花斜、幅不齐 1 m 及以内大于 3%评 4 分。

d) 同匹色差(色泽不匀)达 GB 250 中 4 级及以下，1 m 及以内评 4 分。

e) 经向 1 m 内累计评分最多 4 分，超过 4 分按 4 分计。

f) “经柳”普通，定等限度二等品，“经柳”明显，定等限度三等品。其他全匹性连续疵点，定等限度为三等品。

g) 严重的连续性病疵每米扣 4 分，超过 4 m 降为等外品。

h) 优等品、一等品内不允许有轧梭档、拆烊档、开河档等严重疵点。

3.6.4 每匹桑蚕丝织物最高分数由式(1)计算得出，计算结果按 GB/T 8170 修约至整数。

$$q = \frac{c}{100} \times l \times w \qquad \cdots\cdots(1)$$

式中：

q——每匹最高分数，单位为分；

c——外观疵点最高分数，单位为分每百平方米(分/100 m^2)；

l——匹长，单位为米(m)；

w——幅宽，单位为米(m)。

3.7 开剪拼匹和标疵放尺的规定

3.7.1 桑蚕丝织物允许开剪拼匹或标疵放尺，两者只能采用一种。

3.7.2 开剪拼匹各段的等级、幅宽、色泽、花型应一致。

3.7.3 绸匹平均每 10 m 及以内允许标疵一次。3 分和 4 分的疵点允许标疵，每处标疵放尺 10 cm。标疵后的疵点不再计分。局部性疵点的标疵间距或标疵疵点与绸匹端的距离不得少于 4 m。

4 试验方法

桑蚕丝织物的试验方法按 GB/T 15552 执行。

5 检验规则

桑蚕丝织物的检验规则按 GB/T 15552 执行。

6 包装

6.1 包装分类

丝织物包装根据用户要求分为卷筒、卷板及折叠三类。

6.2 包装材料

6.2.1 卷筒纸管规格：螺旋斜开机制管，内径 3.0 cm～3.5 cm，外径 4 cm，长度按纸箱长减去 2 cm。

纸管要圆整、挺直。

6.2.2 卷板用双瓦楞纸板。卷板的宽度为 15 cm，长度根据丝织物的幅宽或对折后的宽度决定。

6.2.3 包装用纸箱采用高强度牛皮纸制成的双瓦楞叠盖式纸箱。要求坚韧、牢固、整洁，并涂防潮剂。

6.3 包装要求

6.3.1 同件(箱)内优等品、一等品匹与匹之间色差不低于 GB 250 中 4 级。

6.3.2 卷筒、卷板包装的内外层边的相对位移不大于 2 cm。

6.3.3 绸匹外包装采用纸箱时，纸箱内应加衬塑料内衬袋或拖蜡防潮纸，用胶带封口。纸箱外用塑料打包带和铁皮轧扣箍紧打箱。

6.3.4 包装应牢固、防潮，便于仓贮及运输。

6.3.5 绸匹成包时，每匹实测回潮率不高于 13%。

7 标志

7.1 标志应明确、清晰、耐久、便于识别。

7.2 每匹或每段丝织物两端距绸边 3 cm 以内、幅边 10 cm 以内盖一检验章及等级标记。每匹或每段丝织物应吊标签一张，内容按 GB 5296.4 规定，包括品名、品号、原料名称及成分、幅宽、色别、长度、等级、执行标准编号、企业名称。

7.3 每箱(件)应附装箱单。

7.4 纸箱(布包)刷唛要正确、整齐、清晰。纸箱唛头内容包括合同号、箱号、品名、品号、花色号、幅宽、等级、匹数、毛重、净重及运输标志、企业名称、地址。

7.5 每批产品出厂应附品质检验结果单。

8 其他

对桑蚕丝织物的品质、包装和标志另有特殊要求者，供需双方可另订协议或合同，并按其执行。

附 录 A
（资料性附录）
外观疵点归类表

表 A.1

序号	疵点类别	说　　明
1	经向疵点	宽急经柳、粗细柳、筘柳、色柳、筘路、多少捻、缺经、断通丝、错经、碎糙、夹糙、夹断头、断小柱、叉绞、分经路、小轴松、水渍急经、宽急经、错通丝、综穿错、筘穿错、单爿头、双经、粗细经、夹起、懒针、煞星、渍经、灰伤、皱印等。
2	纬向疵点	破纸板、综框梁子多少起、抛纸板、错纹板、错花、跳梭、煞星、柱渍、轧梭痕、筘锈渍、带纬、断纬、叠纬、坍纬、糙纬、灰伤、皱印、杂物织入、渍纬等。
	纬档	松紧档、撬档、撬小档、顺纡档、多少捻档、粗细纬档、缩纬档、急纬档、断花档、通绞档、毛纬档、拆毛档、停车档、渍纬档、错纬档、糙纬档、色纬档、拆烊档。
3	印花疵	搭脱、渗进、漏浆、塞煞、色点、眼圈、套歪、露白、砂眼、双茎、拖版、搭色、反丝、叠版印、框子印、刮刀印、色皱印、回浆印、刷浆印、化开、糊开、花痕、野花、粗细茎、跳版深浅、接版深浅、雕色不清、涂料脱落、涂料颜色不清等。
4	污渍、油渍	色渍、锈渍、油污渍、洗渍、皂渍、霉渍、蜡渍、白雾、字渍、水渍等。
	破损性疵点	蛛网、披裂、拔伤、空隙、破洞等。
5	边疵、松板印、撬小	宽急边、木耳边、粗细边、卷边、边糙、吐边、边修剪不净、针板眼、边少起、破边、凸铗、脱铗等。
注 1：对经、纬向共有的疵点，以严重方向评分。 注 2：外观疵点归类表中没有归入的疵点按类似疵点评分。		

ICS 59.080.30
W 40

中华人民共和国国家标准

GB/T 15552—2007
代替 GB/T 15552—1995,GB/T 15553—1995

丝织物试验方法和检验规则

Testing method and inspection regulations for silk fabrics

2007-09-05 发布　　2008-02-01 实施

中华人民共和国国家质量监督检验检疫总局
中国国家标准化管理委员会　发布

前言

本标准代替 GB/T 15552—1995《丝织物试验方法》、GB/T 15553—1995《丝织物检验规则》。

本标准与 GB/T 15552—1995、GB/T 15553—1995 相比，主要变化如下：

——将 GB/T 15552—1995 与 GB/T 15553—1995 进行了合并；

——增加了耐唾液色牢度、甲醛含量、pH 值、异味、可分解芳香胺染料、纤维含量、回潮率、耐磨性能、拉伸弹性、色差、纬斜和花斜的试验方法（本版的 3.13.8、3.20、3.21、3.22、3.23、3.24、3.25、3.26、3.27、3.28、3.29）；

——删除了 GB/T 15552—1995 中白度、毛细效应、缝口脱开程度、外观疵点检验方法（1995 版的 3.19、3.20、3.22、3.24.3）；

——更改了 GB/T 15552—1995 中密度、水洗尺寸变化率、干洗尺寸变化率、起球、纰裂程度、燃烧性能的试验方法，明确了部分试验参数（1995 版的 3.3、3.11、3.12、3.10、3.23、3.21；本版的 3.3、3.11、3.12、3.10、3.19、3.16）；

——把 GB/T 15553—1995 中出厂检验和交收检验进行了合并（1995 版的第 4 章、第 6 章；本版的第 4 章）；

——更改了出厂检验的检验项目（1995 版的 4.2；本版的 4.2）；

——更改了 GB/T 15553—1995 中的抽样方案和结果判定（1995 版的 4.3、4.4、5.3、5.4；本版的 4.4、4.5）；

——增加了附录 A、附录 B、附录 C、附录 D。

本标准的附录 A、附录 B、附录 C 为规范性附录，附录 D 为资料性附录。

本标准由中国纺织工业协会提出。

本标准由全国纺织品标准化技术委员会丝绸分会归口。

本标准起草单位：杭州市质量技术监督检测院、浙江丝绸科技有限公司（浙江丝绸科学研究院）、杭州金富春丝绸化纤有限公司、万事利集团有限公司、苏州大学、国家丝绸质量监督检验中心。

本标准主要起草人：顾红烽、周颖、盛建祥、张祖琴、左葆齐、杭志伟、程玲美、王敏君、陈雍权。

本标准所代替标准的历次版本发布情况为：

——GBn 235—1984；

——GBn 236—1984；

——GB/T 15552—1995；

——GB/T 15553—1995。

丝织物试验方法和检验规则

1 范围

本标准规定了测试丝织物品质的试验方法和检验规则。

本标准适用于蚕丝织物、再生纤维丝织物、合成纤维丝织物以及交织丝织物。

2 规范性引用文件

下列文件中的条款通过本标准的引用而成为本标准的条款。凡是注日期的引用文件，其随后所有的修改单(不包括勘误的内容)或修订版均不适用于本标准，然而，鼓励根据本标准达成协议的各方研究是否可使用这些文件的最新版本。凡是不注日期的引用文件，其最新版本适用于本标准。

GB 250 评定变色用灰色样卡(GB 250—1995,idt ISO 105-A02:1993)

GB/T 2828.1—2003 计数抽样检验程序 第1部分:按接收质量限(AQL)检索的逐批检验抽样计划(GB/T 2828.1—2003,ISO 2859-1:1999,IDT)

GB/T 2910 纺织品 二组分纤维混纺产品定量化学分析方法(GB/T 2910—1997,eqv ISO 1833:1997)

GB/T 2911 纺织品 三组分纤维混纺产品定量化学分析方法(GB/T 2911—1997,eqv ISO 5088:1976)

GB/T 2912.1 纺织品 甲醛的测定 第1部分:游离水解的甲醛(水萃取法)(GB/T 2912.1—1998,eqv ISO/FDIS 14184-1:1997)

GB/T 3819 纺织品 织物折痕回复性的测定 回复角法

GB/T 3820 纺织品和纺织制品厚度的测定

GB/T 3917.1 纺织品 织物撕破性能 第1部分:撕破强力的测定 冲击摆锤法

GB/T 3917.2 纺织品 织物撕破性能 第2部分:舌形试样撕破强力的测定

GB/T 3920 纺织品 色牢度试验 耐摩擦色牢度(GB/T 3920—1997,eqv ISO 105-X12:1993)

GB/T 3921.1 纺织品 色牢度试验 耐洗色牢度:试验1(GB/T 3921.1—1997,eqv ISO 105-C01:1989)

GB/T 3921.3 纺织品 色牢度试验 耐洗色牢度:试验3(GB/T 3921.3—1997,eqv ISO 105-C03:1989)

GB/T 3922 纺织品耐汗渍色牢度试验方法

GB/T 3923.1 纺织品 织物拉伸性能 第1部分:断裂强力和断裂伸长率的测定 条样法

GB/T 4666 机织物长度的测定

GB/T 4667 机织物幅宽的测定

GB/T 4668—1995 机织物密度的测定

GB/T 4669—1995 机织物单位长度质量和单位面积质量的测定

GB/T 4744 纺织织物 抗渗水性测定 静水压试验(GB/T 4744—1997,eqv ISO 811:1981)

GB/T 4745 纺织织物 表面抗湿性测定 沾水试验(GB/T 4745—1997,eqv ISO 4920:1981)

GB/T 4802.1 纺织品 织物起球试验 圆轨迹法

GB/T 4802.2 纺织品 织物起球试验 马丁旦尔法

GB/T 5455 纺织品 燃烧性能试验 垂直法

GB/T 5711 纺织品 色牢度试验 耐干洗色牢度(GB/T 5711—1997,eqv ISO 105-D01:1993)

GB/T 5713 纺织品 色牢度试验 耐水色牢度(GB/T 5713—1997,eqv ISO 105-E01:1994)

GB/T 6152—1997 纺织品 色牢度试验 耐热压色牢度(GB/T 6152—1997,eqv ISO 105-X11:1994)

GB/T 7573 纺织品 水萃取液 pH 值的测定(GB/T 7573—2002,ISO 3071:1980,MOD)

GB/T 8170 数值修约规则

GB/T 8427—1998 纺织品 色牢度试验 耐人造光色牢度:氙弧(eqv ISO 105-B02:1994)

GB/T 8628 纺织品 测定尺寸变化的试验中织物试样和服装的准备、标记及测量(GB/T 8628—2001,eqv ISO 3759:1994)

GB/T 8629—2001 纺织品 试验用家庭洗涤和干燥程序(eqv ISO 6330:2000)

GB/T 8630 纺织品洗涤和干燥后尺寸变化的测定

GB/T 9995 纺织材料含水率和回潮率的测定 烘箱法

GB/T 13772.1 机织物中纱线抗滑移性测定方法 缝合法

GB/T 14644 纺织织物 燃烧性能 45°方向燃烧速率测定

GB/T 14801 机织物和针织物纬斜和弓纬试验方法

GB/T 17592 纺织品 禁用偶氮染料的测定

GB 18401—2003 国家纺织产品基本安全技术规范

GB/T 18886 纺织品 色牢度试验 耐唾液色牢度

GB/T 19981.2 纺织品 织物和服装的专业维护、干洗和湿洗 第 2 部分:使用四氯乙烯干洗和整烫时性能试验的程序

FZ/T 01011 涂层织物 耐磨性能测定方法

FZ/T 01026 四组分纤维混纺产品定量化学分析方法

FZ/T 01045—1996 织物悬垂性试验方法

FZ/T 01048 蚕丝/羊绒混纺产品混纺比的测定

FZ/T 01054.4 织物风格试验方法 弯曲性试验方法

FZ/T 01057(所有部分) 纺织纤维鉴别试验方法

FZ/T 01095 纺织品 氨纶产品纤维含量的试验方法

3 试验方法

3.1 长度试验方法

卷装产品可按经向检验机计数表记录实际长度。折叠装产品可测量单页长度,再乘以页数计算。仲裁检验按 GB/T 4666 进行。整匹产品的匹端至少 10 cm 不计,测量结果精确至 1 cm。丝织被面单条长度测量长度方向四分之一处和四分之三处,测量结果精确至 0.1 cm,求两处测量值的算术平均值,按 GB/T 8170 修约至一位小数。

3.2 幅宽试验方法

可在每匹样品的中间和距两端至少 3 m 处测量五处的幅宽,丝织被面单条宽度测量长度方向四分之一处和四分之三处,测量结果精确至 0.1 cm,求两处测量值的算术平均值,按 GB/T 8170 修约至一位小数。仲裁检验按 GB/T 4667 进行。

3.3 密度试验方法

测定纬密可采用 GB/T 4668—1995 附录 A 中的方法 E。使用斜线光栅密度镜在每匹样品距两端至少 3 m 处测量 5 处的密度,每两个测量处应间隔 2 m 以上,丝织被面单条纬密按长度均分 3 处测量,测量精确至 0.5 根/cm,求各处测量值的算术平均值,按 GB/T 8170 修约至 0.5 根/cm。经密和纬密仲裁检验按 GB/T 4668 进行。

3.4　质量试验方法

按 GB/T 4669—1995 中 7.5 进行测定，仲裁检验按 GB/T 4669—1995 中 7.4 进行测定。

3.5　断裂强力试验方法

按 GB/T 3923.1 进行。

3.6　撕破强力试验方法

丝绒丝织物按 GB/T 3917.1 进行。其他丝织物按 GB/T 3917.2 进行，采用单舌试样。

3.7　折痕回复性试验方法

按 GB/T 3819 进行。采用垂直法，试样为经向和纬向各 5 块，正面对折试验。

3.8　弯曲刚性试验方法

按 FZ/T 01054.4 进行。

3.9　悬垂性试验方法

按 FZ/T 01045—1996 进行，采用 A 法。

3.10　起球试验方法

按 GB/T 4802.1 或 GB/T 4802.2 进行。

3.11　水洗尺寸变化率试验方法

按 GB/T 8628、GB/T 8629—2001、GB/T 8630 进行。合成纤维丝织物洗涤程序采用 4A，丝绒、纱、绡织物洗涤程序采用仿手洗，其他丝织物采用 7A。干燥方法采用 A 法。

3.12　干洗尺寸变化率试验方法

按 GB/T 19981.2 执行，其中干洗程序中的干洗加载量降低至正常材料的 66%，不使用水添加剂，洗涤时间降至 5 min，冲洗时间降至 3 min，其余材料干洗参数与正常材料相同。整烫使用熨斗。

3.13　色牢度试验方法

3.13.1　纯合成纤维丝织物（锦纶除外）耐洗色牢度按 GB/T 3921.3 进行，其他丝织物耐洗色牢度按 GB/T 3921.1 进行。

3.13.2　耐水色牢度按 GB/T 5713 进行。

3.13.3　耐汗渍色牢度按 GB/T 3922 进行。

3.13.4　耐摩擦色牢度按 GB/T 3920 进行。

3.13.5　耐光色牢度按 GB/T 8427—1998 中的方法 3 进行。

3.13.6　耐热压色牢度按 GB/T 6152—1997 进行，采用潮压法，纯合成纤维丝织物（锦纶除外）温度 150℃，其他丝织物温度 110℃。

3.13.7　耐干洗色牢度按 GB/T 5711 进行。

3.13.8　耐唾液色牢度按 GB/T 18886 进行。

3.14　抗渗水性试验方法

按 GB/T 4744 进行，水温采用 20℃±2℃，水压上升速率采用 6.0 kPa/min±0.3 kPa/min，试验织物的正面。

3.15　抗湿性试验方法

按 GB/T 4745 进行，水温采用 20℃±2℃。

3.16　燃烧性能

阻燃丝织物的燃烧性能按 GB/T 5455 进行，其他服用丝织物的燃烧性能按 GB/T 14644 进行。

3.17　绒毛耐压恢复率试验方法

按本标准附录 A 进行。

3.18　绒毛高度试验方法

按 GB/T 3820 进行。

3.19 纰裂程度试验方法

按 GB/T 13772.1 进行。其中拉伸试验仪采用 CRE 型，试样宽度尺寸采用 75 mm。方法 A 定滑移量 6 mm。方法 B 定负荷可按产品标准规定。

3.20 甲醛含量试验方法

按 GB/T 2912.1 进行。

3.21 pH 值试验方法

按 GB/T 7573 进行。

3.22 异味试验方法

按 GB 18401—2003 中 6.7 进行。

3.23 可分解芳香胺染料试验方法

按 GB/T 17592 进行，在还原条件下染料中不允许分解出的致癌芳香胺清单见 GB 18401—2003 的附录 C，检出限为 20 mg/kg。

3.24 纤维含量试验方法

纤维定性分析按 FZ/T 01057 进行，定量分析按 GB/T 2910、GB/T 2911、FZ/T 01026、FZ/T 01048、FZ/T 01095 等进行，结果按结合公定回潮率含量计算，含有我国国家标准尚未规定公定回潮率的纤维的产品，按结合标准回潮率含量计算。

3.25 回潮率试验方法

按 GB/T 9995 进行。

3.26 耐磨性能试验方法

涂层织物耐磨性能按 FZ/T 01011 进行。其他织物按本标准附录 B 进行。

3.27 拉伸弹性试验方法

按本标准附录 C 进行。

3.28 色差试验方法

采用 D_{65} 标准光源或北向自然光，照度不低于 600 lx，试样被测部位应经纬向一致，入射光与试样表面约成 45°角，检验人员的视线大致垂直于试样表面，距离约 60 cm 目测，与 GB 250 标准样卡对比评级。

3.29 纬斜和花斜试验方法

按 GB/T 14801 进行。

3.30 外观质量检验方法

可采用经向检验机或纬向台板检验。仲裁检验采用经向检验机检验。

光源采用日光荧光灯时，台面平均照度 600 lx～700 lx，环境光源控制在 150 lx 以下。纬向检验可采用自然北向光，平均照度在 320 lx～600 lx。

采用经向检验机检验时，验绸机速度为(15±5)m/min。纬向检验速度为 15 页/min。

检验员眼睛距绸面中心约 60 cm～80 cm。幅宽 114 cm 及以下的产品由一人检验。幅宽 114 cm 以上的产品由两人检验，或检验速度减小一半。

外观疵点以绸面平摊正面为准，反面疵点影响正面时也应评分。疵点大小按经向或纬向的最大值量计。

4 检验规则

4.1 检验分类

检验分为型式检验和出厂检验(交收检验)。型式检验时机根据生产厂实际情况或合同协议规定，一般在转产、停产后复产、原料或工艺有重大改变时进行。出厂检验在产品生产完毕交货前进行。

4.2 检验项目

型式检验项目为产品标准的全项。出厂检验项目为产品标准要求中的外观质量、密度偏差率、质量偏差率、尺寸变化率、色牢度、pH 值、异味项目。

4.3 组批

型式检验以同一品种、花色为同一检验批。出厂检验以同一合同或生产批号为同一检验批，当同一检验批数量很大，需分期、分批交货时，可以适当再分批，分别检验。

4.4 抽样

纬向密度偏差率、外观质量项目逐匹检验，其他项目按批抽样检验。

样品应从经工厂检验的合格批产品中随机抽取，抽样数量按 GB/T 2828.1—2003 中一般检验水平Ⅱ规定，采用正常检验一次抽样方案(见附录 D)。内在质量检验用试样在样品中随机抽取各 1 份，但甲醛含量、pH 值、可分解芳香胺染料、色牢度试样应按花色各抽取 1 份。每份试样的尺寸和取样部位根据方法标准的规定，一般取试样量为 2 m。

当批量较大、生产正常、质量稳定情况下，抽样数量可按 GB/T 2828.1—2003 中一般检验水平Ⅱ规定，采用放宽检验一次抽样方案(见附录 D)。

4.5 检验结果的判定

纬向密度偏差率和外观质量按匹评定等级，其他项目按批评定等级，以所有试验结果中最低评等评定样品的最终等级。

试样内在质量检验结果所有项目符合标准要求时判定该试样所代表的检验批内在质量合格。批纬向密度偏差率和外观质量的判定按 GB/T 2828.1—2003 中一般检验水平Ⅱ规定进行，接收质量限 AQL 为 2.5。批内在质量和外观质量均合格时判定为合格批，否则判定为不合格批。

4.6 复验

如交收双方对检验结果有异议时，可进行一次复验。复验按首次检验的规定进行，以复验结果为准。

5 其他

如对丝织物试验方法和检验规则另有要求，可按合同或协议执行。

附 录 A
（规范性附录）
绒毛耐压恢复率试验方法

A.1 原理

竖直的绒毛，测试面积为 1 cm^2（推荐），承受 14.7 N/cm^2 的压力，在 10 min 后消除压力，自由恢复 5 min，测其绒毛恢复竖直的程度，用百分率表示。

A.2 仪器设备

绒毛耐压恢复率测定设备，应具备下列条件：

——压强为 14.7 N/cm^2；

——指示表分度值为 0.01 mm；

——上下两个基准面的不平行度应在 0.2%以内。

A.3 试验条件

试样的调湿和试验在温度（20±2）℃，相对湿度（65±2）%的标准大气条件下进行。

A.4 采样及试样准备

在织物距匹端 1 m 以上、距边 20 cm 以上、不同经纬处分别取直径 2.5 cm 的圆形试样 3 块，不得有影响试验结果的疵点。试样在标准大气条件下调湿平衡。

A.5 试验步骤

A.5.1 检查仪器压强是否符合要求（14.7 N/cm^2），调整指示表指针至零位。

A.5.2 将下基准面向下移动，然后把准备好的圆形试样绒毛向上平整地放在下基准面上，并套上定位圈固定试样。

A.5.3 将下基准面向上移动，使绒毛尖端刚好与上基准面接触，记下第一次读数 A。然后使压强为 14.7 N/cm^2 压向绒毛，直到指示表指针不再走动为止，记下第二次读数 B。

A.5.4 紧压 10 min，立即使上基准面离开绒毛 2 mm～3 mm，此时指示表的指针在零位。

A.5.5 使绒毛自由回复 5 min，再使上基准面向下移动，使其与绒毛尖端刚好接触，再记下第三次读数 C。

A.6 试验结果计算

A.6.1 计算三块试样所测得 A、B、C 的算术平均值，按 GB/T 8170 修约至 0.01 mm。

A.6.2 绒毛耐压恢复率按式（A.1）计算，结果按 GB/T 8170 修约至 0.1%。

$$P = \frac{(C-B)}{(A-B)} \times 100 \qquad \text{(A.1)}$$

式中：

P——绒毛耐压恢复率，%；

A——第一次测量读数平均值，单位为毫米（mm）；

B——第二次测量读数平均值，单位为毫米（mm）；

C——第三次测量读数平均值，单位为毫米（mm）。

A.7 试验报告

试验报告应记录下列内容：

——说明试验是按本标准方法进行的；

——样品名称、编号；

——试验日期；

——每份试样的 A、B、C 及其算术平均值；

——试验中出现的异常情况。

附 录 B
（规范性附录）
耐磨性能试验方法

B.1 原理

圆形织物试样在一定压力下与标准磨料按李莎茹(Lissajous)曲线的运动轨迹进行互相摩擦，导致试样破损，以试样破损时的耐磨次数表示织物的耐磨性能。

B.2 仪器设备

B.2.1 织物平磨仪：试样在规定压力下和磨料进行摩擦的试验仪。装在试样夹头上的试样与装在磨台上的磨料摩擦时，能绕芯轴自由转动，且其运动轨迹为李莎茹(Lissajous)图形。相对运动速度(47.5±2.5)r/min。仪器装有自停开关，达到预定的转动次数时，可自动停止试验。

B.2.2 标准磨料：是一种纯羊毛平纹织物，性能要求按表B.1，直径至少140 mm。

表 B.1 羊毛磨料织物性能要求

性 能	要 求	
	经 纱	纬 纱
平均纤维直径/μm	27.5	29.0
纱线线密度/tex	63	74
单纱("Z"捻)捻度/(捻/m)	540	500
股线("Z"捻)捻度/(捻/m)	450	350
每10 cm纱线数/根	175	135
单位面积质量/(g/m^2)	215 ±10	
含油率/%	0.8±0.3	

B.2.3 标准磨料底衬：单位面积质量为(750±50)g/m^2，厚度约(2.5±0.5)mm，直径为140^{+5} mm的机织毛毡。

B.2.4 试样夹具衬里材料：厚度约(3 ±1)mm，密度约(30±3)kg/m^3，直径为38^{+5} mm的聚氨酯泡沫塑料。

B.3 试验条件

试样和试验用材料的调湿和试验在温度(20±2)℃，相对湿度(65±5)%的标准大气条件下进行。预调湿在温度不超过50℃，相对湿度10%～25%的大气条件下进行。

B.4 采样及试样准备

在织物距匹端1 m以上、距边20 cm以上处，分别取直径38^{+5} mm的圆形试样3块，每块试样不得含有同根经纬丝线。如果是花式织物，试样应包括织物表面呈现的所有不同的组织和色泽，如3块试样不够取全所有不同的组织和色泽，应增加试样块数，试样不得有影响试验结果的疵点。将试样和试验用材料置于B.3规定的标准大气下调湿平衡。

B.5 试验步骤

B.5.1 检查仪器各部件，保证仪器处于正常工作状态。

B.5.2 把标准磨料覆盖在标准垫料上，标准磨料的表面不可有皱纹、纱结或厚薄不匀。在标准磨料上放一装样压锤，然后加上圆环压钳于四个螺栓柱上，旋紧螺母，使圆环夹钳紧固，并使各个摩擦平台上标准磨料承受的张力均匀。每次试验开始时应用新的标准磨料或试样，在摩擦5万次后试验即使未结束也应更换新的标准磨料。

B.5.3 将试样装于金属夹内，同时在试样与金属夹间衬垫一块聚氨酯泡沫塑料，但大于500 g/m^2 的织物不需垫泡沫塑料。

B.5.4 置试样夹于摩擦平台上，使芯轴穿过轴承插在试样夹上，然后加上所需压力，服用织物试样所需压力为583 cN，装饰织物试样所需压力为778 cN。

B.5.5 把计数器调至零位，再将预定计数器调至所需要摩擦次数，然后开动仪器，当完成预定摩擦次数后，观察试样磨损程度，并估计继续试验所需次数。如将达终止时，摩擦次数应顺序递减。在试验过程中，试样表面产生毛球需用剪刀把球粒小心剪去，继续试验。

B.5.6 试样经磨损后，机织物出现两根及以上丝线被磨断，或针织物出现一根及以上丝线被磨断形成洞，或绒类织物露底达1 mm，或试样颜色变色达GB 250标准色卡3级，即为试验终止。

B.5.7 当摩擦次数已达产品标准值，但试样磨损程度仍未达到B.5.6的试验终止条件时，亦可停止试验，此时实测结果记录为大于实际摩擦次数。

B.6 试验结果计算

计算3块(或更多)试样耐磨次数的算术平均值，按GB/T 8170修约至整数。

B.7 试验报告

试验报告应记录下列内容：

——说明试验是按本标准方法进行的；

——样品名称、编号；

——试验日期；

——每份试样的耐磨次数及其算术平均值；

——试验中出现的异常情况。

附　录　C
（规范性附录）
拉伸弹性试验方法

C.1　原理

织物经受一定拉伸负荷，长度发生变形，经规定时间后释去负荷使其回复，一定时间后根据其变形大小计算塑性变形率和弹性回复率。

C.2　仪器设备

织物拉伸仪：应能进行定负荷拉伸，并有记录装置，拉伸速度(200±10)mm/min。

C.3　试验条件

试样的调湿和试验在温度(20±2)℃，相对湿度(65±3)%的标准大气条件下进行。预调湿在温度不超过50℃，相对湿度10%～25%的大气条件下进行。

C.4　采样及试样准备

试样在织物距匹端1 m以上、距边20 cm以上处裁剪，不得有影响试验结果的疵点。试样以弹性方向为长度裁剪3条，尺寸为320 mm×60 mm，各试样的长度方向不得含有同根丝线，两边拉去边丝后的试样宽度为50 mm。将试样和试验用材料置于标准大气下调湿平衡。

C.5　试验步骤

C.5.1　试验前应校准仪器的零位，夹钳之间的距离为(200±1)mm，并使两夹钳相互对齐和平行，拉伸速度调整为(200±10)mm/min。

C.5.2　先将试样平直地夹在仪器夹钳内，开动仪器，加上1 N的预加张力，读取试样原始长度 L_0，再以200 mm/min的速度对试样施加25 N的负荷，读取试样长度 L_1，精确至1 mm。

C.5.3　保持对试样施加25 N负荷5 min，然后按原速夹钳回复至初始位置，停顿5 min后开动仪器施加预加张力，再次读取试样长度 L_2，精确至1 mm。

C.6　试验结果计算

按式(C.1)计算每块试样的伸长率，按式(C.2)计算每块试样的塑性变形率，按式(C.3)计算每块试样的弹性回复率，结果以三块试样的算术平均值表示，按GB/T 8170修约至小数点后一位。

$$S=\frac{L_1-L_0}{L_0}\times 100 \qquad \cdots\cdots\cdots\cdots(\text{C.1})$$

$$B=\frac{L_2-L_0}{L_0}\times 100 \qquad \cdots\cdots\cdots\cdots(\text{C.2})$$

$$H=\frac{L_1-L_2}{L_1-L_0}\times 100 \qquad \cdots\cdots\cdots\cdots(\text{C.3})$$

式中：

S——伸长率，%；

B——塑性变形率，%；

H——弹性回复率，%；

L_0——试样施加预加张力时的原始长度，单位为毫米(mm)；

L_1——试样施加 25 N 负荷后的长度，单位为毫米(mm)；

L_2——试样复位 5 min 后施加预加张力的长度，单位为毫米(mm)。

C.7 试验报告

试验报告应记录下列内容：

——说明试验是按本标准方法进行的；

——样品名称、编号；

——试验日期；

——每份试样的伸长率、变形率和回复率及其算术平均值；

——试验中出现的异常情况。

附 录 D
（资料性附录）
检验抽样方案

根据GB/T 2828.1—2003，采用一般检验水平Ⅱ，AQL为2.5的正常检验一次抽样方案如表D.1所示。

表D.1 AQL为2.5的正常检验一次抽样方案

批量 N	样本量字码	样本量 n	接收数 Ac	拒收数 Re
2～8	A	2	0	1
9～15	B	3	0	1
16～25	C	5	0	1
26～50	D	8	0	1
51～90	E	13	1	2
91～150	F	20	1	2
151～280	G	32	2	3
281～500	H	50	3	4
501～1 200	J	80	5	6
1 201～3 200	K	125	7	8
3 201～10 000	L	200	10	11

根据GB/T 2828.1—2003，采用一般检验水平Ⅱ，AQL为2.5的放宽检验一次抽样方案如表D.2所示。

表D.2 AQL为2.5的放宽检验一次抽样方案

批量 N	样本量字码	样本量 n	接收数 Ac	拒收数 Re
2～8	A	2	0	1
9～15	B	2	0	1
16～25	C	2	0	1
26～50	D	3	0	1
51～90	E	5	1	2
91～150	F	8	1	2
151～280	G	13	1	2
281～500	H	20	2	3
501～1 200	J	32	3	4
1 201～3 200	K	50	5	6
3 201～10 000	L	80	6	7

ICS 01.080.01
A 22

GB

中华人民共和国国家标准

GB/T 15566.1—2007
代替 GB/T 15566—1995

公共信息导向系统　设置原则与要求
第1部分:总则

Guidance system for public information—Setting principles and requirements—Part 1:General principles

2007-11-14 发布　　　　2008-04-01 实施

中华人民共和国国家质量监督检验检疫总局
中国国家标准化管理委员会　发布

前　言

GB/T 15566《公共信息导向系统　设置原则与要求》分为以下部分：

——第1部分：总则；

——第2部分：民用机场；

——第3部分：铁路旅客车站；

——第4部分：公共交通车站；

——第5部分：购物场所；

——第6部分：医疗场所；

——第7部分：运动场所；

——第8部分：宾馆和饭店；

——第9部分：公园景点；

——第10部分：街区；

…………

本部分为GB/T 15566的第1部分。

本部分代替GB/T 15566—1995《图形标志　使用原则与要求》。本部分与GB/T 15566—1995相比主要变化如下：

——修改了标准的范围(1995年版第1章；本版第1章)；

——删除了使用场所的规定(1995年版第4章)；

——增加了公共信息导向系统中除标志以外其他导向要素的设置要求(本版第8、9、10章)；

——删除了图形标志的布置要求，将这部分内容界定为图形标志的设计，调整到其他标准中(1995年版第7章)；

——删除了有关标志制作和固定的规定(1995年版第9章和第10章)。

本部分的附录A为资料性附录。

本部分由中国标准化研究院提出。

本部分由全国图形符号标准化技术委员会(SAC/TC 59)归口。

本部分起草单位：中国标准化研究院、中国民用航空总局航空安全技术中心、北京市地铁线路公司、中机生产力促进中心、北京市市政管理委员会。

本部分主要起草人：白殿一、陈永权、刘家伟、周克、强毅、张亮、邹传瑜、刘建平。

本部分1995年首次发布(原标准编号为GB/T 15566)，本次为第一次修订。

公共信息导向系统　设置原则与要求
第1部分：总则

1　范围

GB/T 15566的本部分规定了设计和设置公共信息导向系统的通用原则与要求。

本部分适用于民用机场、铁路旅客车站、购物场所、医疗场所及公园旅游景点等公共场所中公共信息导向系统的设计及设置。

本部分不适用于电子显示导向系统的设计及设置。

2　规范性引用文件

下列文件中的条款通过GB/T 15566的本部分的引用而成为本部分的条款。凡是注日期的引用文件，其随后所有的修改单(不包括勘误的内容)或修订版均不适用于本部分，然而，鼓励根据本部分达成协议的各方研究是否可使用这些文件的最新版本。凡是不注日期的引用文件，其最新版本适用于本部分。

GB 2894　安全标志(GB 2894—1996，neq ISO 3864：1984)

GB/T 10001(所有部分)　标志用公共信息图形符号

GB 13495　消防安全标志(GB 13495—1992，neq ISO 6309：1987)

GB/T 15565(所有部分)　图形符号　术语

GB 15630　消防安全标志设置要求(GB 15630—1995，neq ISO/TR 7239)

GB 16179　安全标志使用导则

GB/T 17695　印刷品用公共信息图形标志

GB/T 20501(所有部分)　公共信息导向系统　要素的设计原则与要求

3　术语和定义

GB/T 15565　确立的以及下列术语和定义适用于本部分。

3.1

位置标志　location sign

由图形标志和(或)文字标志形成的用于表示设施、场所、服务等所在位置的公共信息标志。

3.2

节点　intersection

导向系统中导向路线与其他路径的交汇处或行进方向的变更处。

4　导向系统的构成

4.1　公共信息导向系统由以下相互关联的子系统构成：

——城市出入口(如机场、火车站、长途汽车站、港口、码头等)信息导向系统；

——市内交通信息导向系统；

——市内公共服务、娱乐设施信息导向系统。

4.2　公共信息导向系统一般由以下导向要素构成：

——位置标志；

——导向标志；

——平面示意图；
——信息板；
——街区导向图；
——便携印刷品。

5 总则

5.1 规范性

公共信息导向系统中导向要素的设计应符合 GB/T 20501 的要求。导向要素中信息的传递应优先使用图形标志，边长大于 10 mm 图形标志的形成应使用 GB/T 10001 中规定的图形符号，并应符合 GB/T 20501.1 的要求，边长 3 mm～10 mm 的图形标志应使用 GB/T 17695 中规定的标志。

5.2 系统性

5.2.1 应保证一个导向系统内部导向信息的连续性、设置位置的规律性和导向内容的一致性。在系统内所有节点（如出入口、路线上的分岔口或汇合点等）都应设置相应的导向要素，并应通过导向要素的设置，对所有可能的目的地以及到达每个目的地的最短或最适合的路线进行引导。

5.2.2 应保证系统间导向信息的连续性，在考虑对系统内部导向的同时，还应提供到达该系统以及周边系统的信息。导向系统间连接、转换的导向设置应采用一致的规则，以利于顺利转换和过渡。

5.2.3 在设计和设置某个具体导向系统时，应考虑其中的导向要素对整个城市导向系统的作用和贡献。例如，提供有导向功能的反映整体环境的印刷品，诸如市区地图等；又如，通过公交站牌、地铁站的站名设计起到对周边区域定位的作用。

5.2.4 导向系统内部，应配合使用并适量设置各种导向要素。

5.3 醒目性

5.3.1 导向要素在所设置的环境中应醒目。

5.3.2 导向要素应设置在易于发现的位置，并避免被其他固定物体遮挡。

5.3.3 导向要素如需在夜间使用，应保证有足够的照明或使用内置光源。

5.3.4 导向要素与广告应保持视觉上的分离，广告不应与导向要素混设。

5.4 清晰性

5.4.1 导向要素中符号和文字与其背景应有足够的对比度。

5.4.2 应保证图形符号和文字的细节之间容易区分；保证标志与标志及标志与文字之间相互关系的清晰。

5.5 协调性

5.5.1 在整个系统中，表示相同含义的图形符号或文字说明应相同。

5.5.2 导向要素的设计应与环境相协调。

5.5.3 同一区域中，同类导向要素的尺寸、设置方式和设置高度宜相同。

5.6 安全性

导向系统中各要素设置后，不应有造成人体任何伤害的潜在危险。

6 设置方式

6.1 导向要素常用的设置方式：

——附着式：标志背面直接固定在物体上的设置方式；
——悬挂式：与建筑物顶部或墙壁连接固定的悬空设置方式；
——摆放式：可移动放置的设置方式；
——柱式：固定在一根或多根支撑杆顶部的设置方式；
——台式：附着在一定高度的倾斜台面上的设置方式；
——框架式：固定在框架内或支撑杆之间的设置方式；

——地面式：通过镶嵌、喷涂等方法将标志以平面方式固定在地面或地板上的设置方式。

6.2 导向要素的推荐设置方式：

——导向标志常用的设置方式有附着式、悬挂式和柱式等；

——位置标志常用的设置方式有附着式、悬挂式、摆放式和柱式等；

——信息板常用的设置方式有附着式、悬挂式、柱式和台式等；

——平面示意图常用的设置方式有附着式、柱式和台式等；

——街区导向图常用的设置方式有附着式、柱式和台式等。

7 导向标志、位置标志

7.1 设置位置

7.1.1 位置标志应设置在目标的上方或紧邻目标物。如果位置标志所表示的目标在有效观察范围内特征突出且易于辨认，则位置标志的设置应起到导向作用，使较远处的观察者易于发现，如将位置标志悬挂设置或与墙面垂直设置。

7.1.2 仅在看不到位置标志时，才需设置导向标志。导向标志与位置标志之间的导向信息应连续。在导向路径上所有需要做出方向选择的节点，例如分岔口等均应设置导向标志。当路线很长时，即使没有分岔口，亦应以适当的间隔重复设置导向标志（见图 1）。

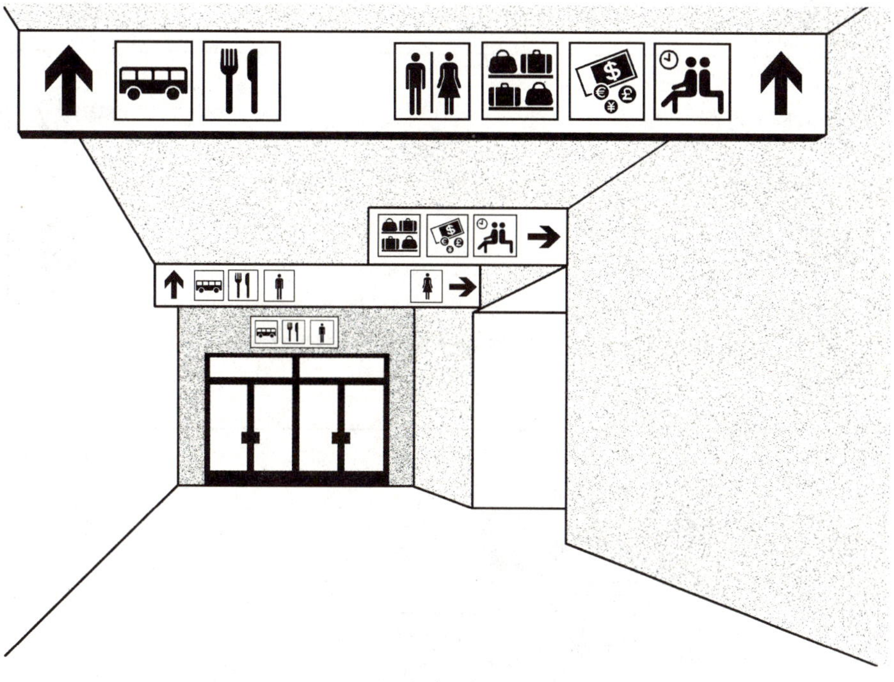

图 1 导向标志设置示例

7.1.3 同一场所中，同时需要给车辆和行人分别进行导向时，应通过标志的颜色、标志载体的形状或标志的设置位置明确区分两种不同的信息。

7.1.4 在人员入口内侧和人员出口外侧宜设置请勿通过标志（见图 2）。在停车场车辆入口内侧和车辆出口外侧应设置禁止驶入标志（见图 3）。

图 2 请勿通过标志

图3　禁止驶入标志

7.2　信息的传递

导向标志宜按照先概括后具体的顺序设置，例如先设置“卫生间”标志，后设置“男卫生间”及“女卫生间”标志(见图1)。

7.3　方向

7.3.1　当不同指向的多个导向标志设置在一起时，各导向标志间应以如下方式布置，且同向的导向标志应上下相邻布置(见图4)。

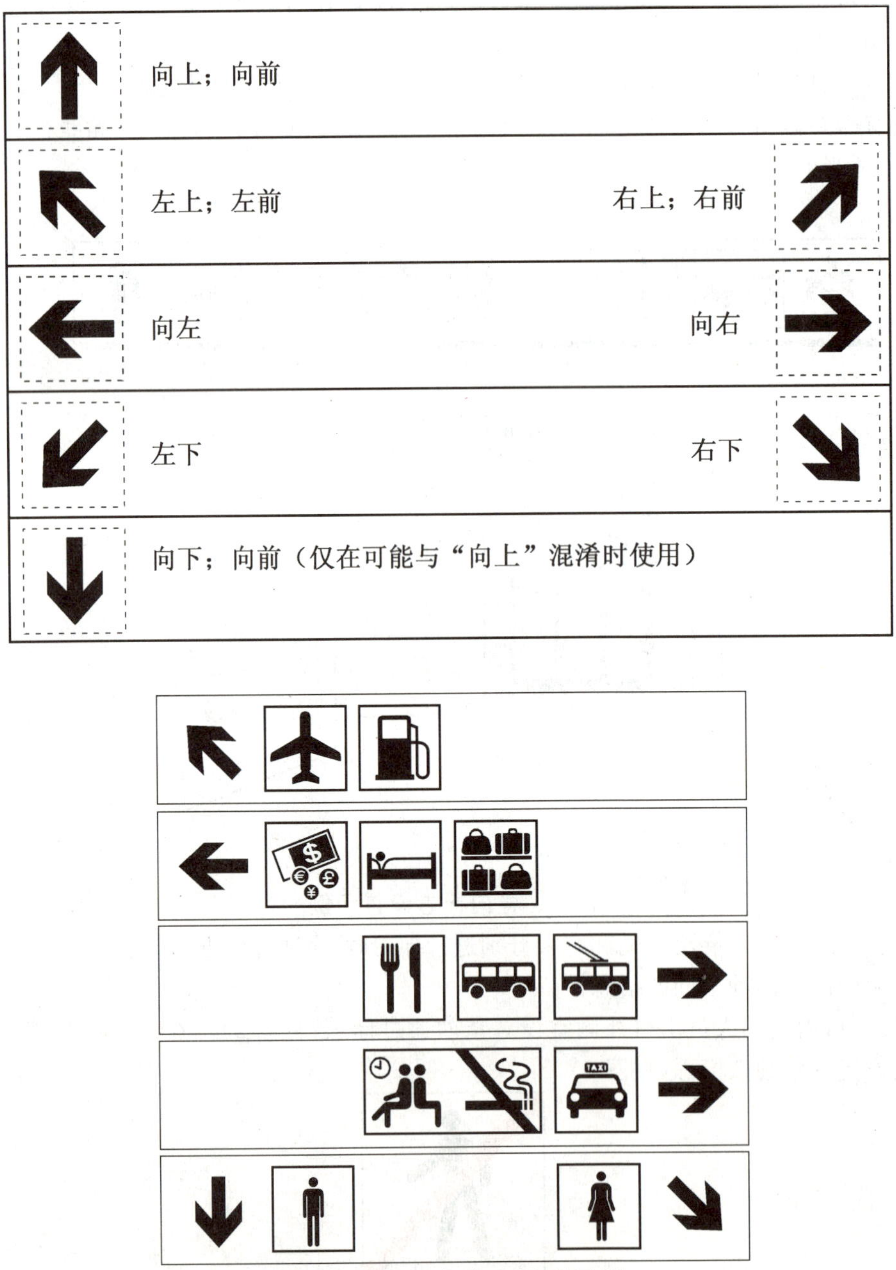

图4　导向标志集中设置示例

7.3.2 设置导向标志时，应避免在选择方向时产生任何误解。例如，在可能与“向上”混淆的情况下，使用向下指的箭头表示“向前”(见图 5)。

7.3.3 如果位置标志中的图形符号含有方向性，则应在设置位置标志时使图形符号的方向与实际场景中的方向一致(见图 6)。如果图形符号的方向与实际场景的方向不一致，应使用图形符号的镜像符号。

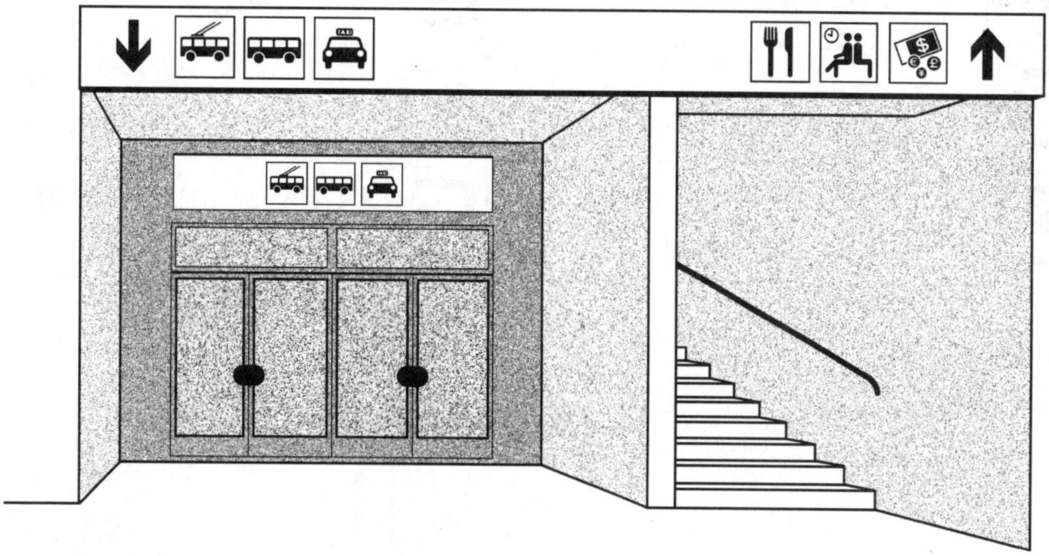

图 5 避免产生指向误解的示例

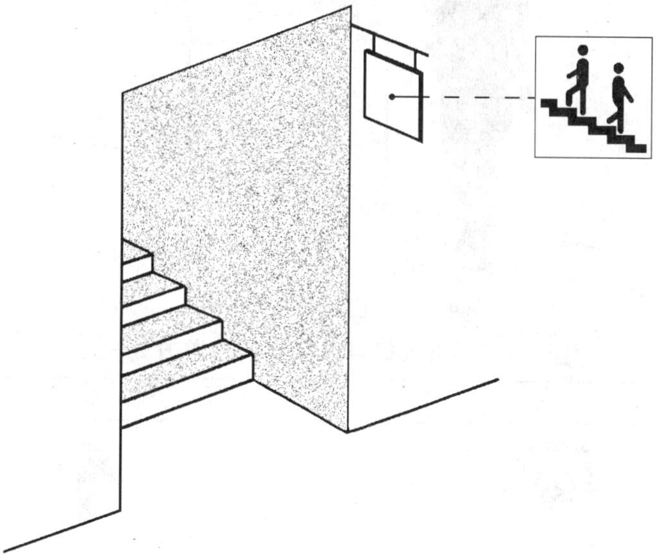

图 6 符号方向与实际场景方向一致的示例

7.3.4 在出入口设置位置标志时，根据实际设置的位置，应调整图形符号的方向，使符号中的箭头方向与实际人员流动方向相一致。表 1 中给出了出入口图形符号处于不同方向时的设置位置，具体示例参见图 7。

7.3.5 出入口符号与导向箭头配合形成导向标志时，出入口符号中箭头方向应与导向箭头的方向相一致，见表 2。

表 1　出入口图形符号处于不同方位时的设置位置

不同方向的入口图形符号	设置位置		不同方向的出口图形符号	设置位置	
	标志附着于入口所在墙面	标志与入口所在墙面垂直		标志附着于出口所在墙面	标志与出口所在墙面垂直
	设置在入口的上方、左侧或右侧	—		设置在出口的上方、左侧或右侧	—
	—	设置成标志中的箭头指向入口		—	设置成标志中的箭头指向出口
	—	设置成标志中的箭头指向入口		—	设置成标志中的箭头指向出口

图 7　入口标志设置示例

表 2　出入口导向标志的设置方式

入　口　导　向	出　口　导　向

7.4 尺寸

7.4.1 GB/T 20501.1 和 GB/T 20501.2 分别定义了图形标志的尺寸和文字标志的尺寸。标志的最小尺寸应根据标志的最大观察距离确定。标志最大观察距离的确定方法参见附录 A。

图形标志的尺寸与最大观察距离间的关系由以下公式确定：

$$a=25L/1\,000$$

式中：

a——图形标志尺寸，单位为米(m)；

L——最大观察距离，单位为米(m)。

7.4.2 图形标志的最大观察距离确定后，宜按表 3 所示尺寸系列确定标志的尺寸。

表 3 图形标志尺寸系列

单位为米

最大观察距离 L	图形标志尺寸 a
$0<L\leqslant2.5$	0.063
$2.5<L\leqslant4.0$	0.100
$4.0<L\leqslant6.3$	0.160
$6.3<L\leqslant10.0$	0.250
$10.0<L\leqslant16.0$	0.400
$16.0<L\leqslant25.0$	0.630
$25.0<L\leqslant40.0$	1.000

7.5 视线的偏移

为保证标志的醒目，在最大观察距离上，标志设置位置与视线正方向间的偏移角宜在 5°以内，最大偏移角不应大于 15°(见图 8)。如果标志安装位置受条件限制无法满足偏移角的要求，应增大标志的尺寸。当抬头、低头(例如在上楼或下楼时)及转头时，视线正方向在各个方向旋转的角度最大可达 45°(见图 9)。

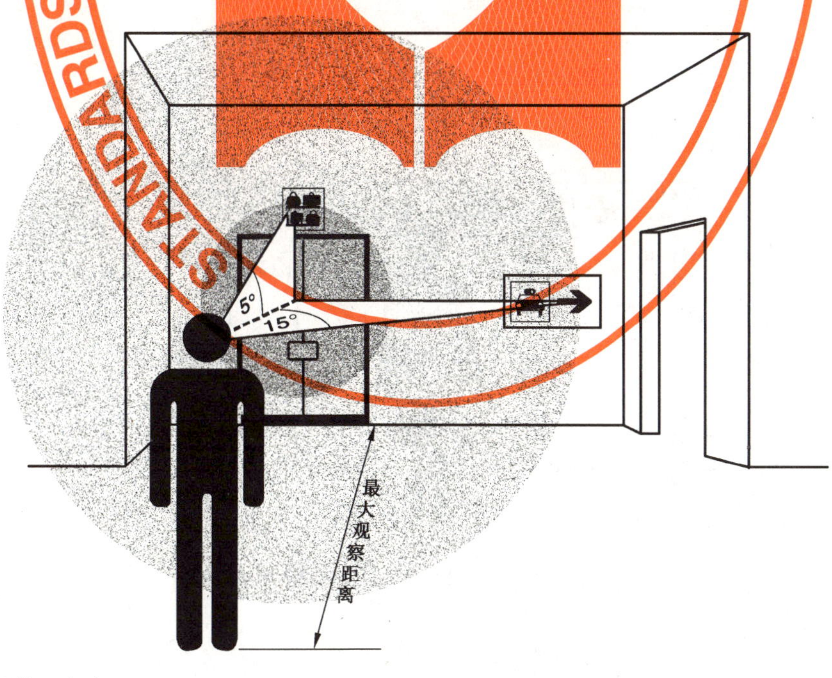

注：┈┈┈┈视线正方向。

图 8 视线偏移范围示意图

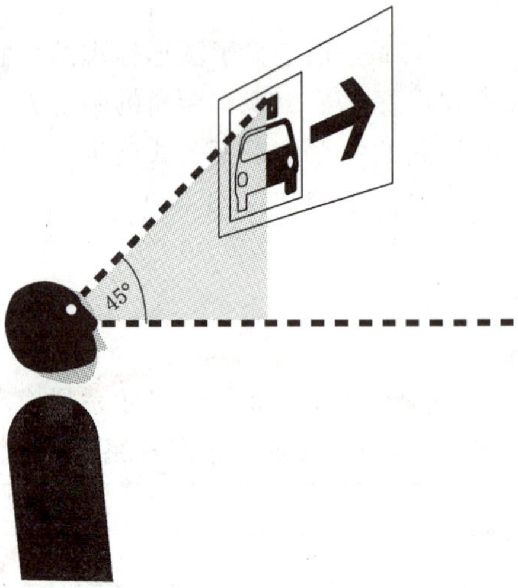

注：┈┈┈┈视线正方向。

图9　视线正方向旋转角度示意图

7.6　设置高度

7.6.1　标志的设置高度应满足7.5中对视线偏移的有关要求。

7.6.2　导向标志附着式安装时，标志载体的上边缘与地面之间的垂直距离不应小于2.00 m，以保证标志上的信息不被遮挡(见图10)。

7.6.3　位置标志附着式安装时，应将标志设置在水平视线的高度，即标志载体的上边缘与地面之间的垂直距离约为1.60 m。如果位置标志需要在更大距离上被识别，则标志载体的下边缘与地面之间的最小距离不应小于2.00 m(见图11)。

7.6.4　标志悬挂式安装时，标志载体的下边缘与地面之间的垂直距离(最大净空高度)不应小于2.20 m(见图12)。

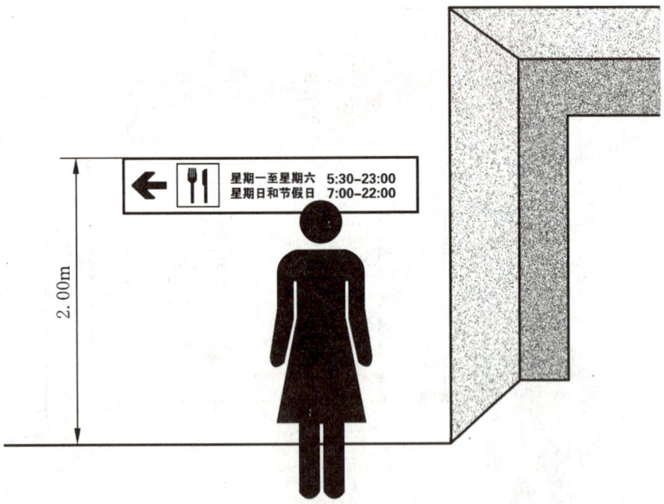

图10　附着式导向标志设置高度示意图

图 11　附着式位置标志设置高度示意图

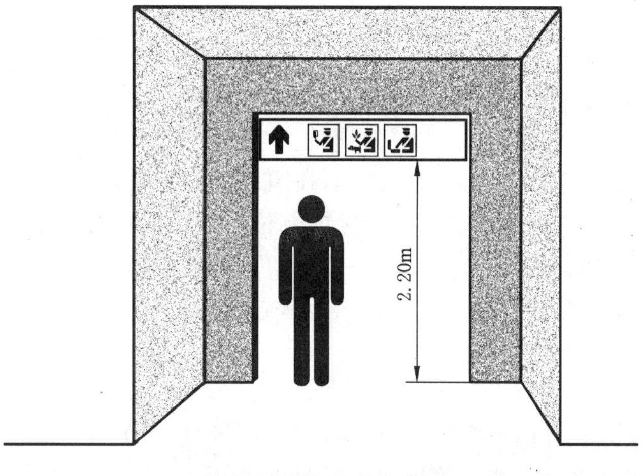

图 12　悬挂式标志设置高度示意图

8　信息板和平面示意图

8.1　信息板和平面示意图应设置在其导向范围的主要入口处。平面示意图的实际设置位置应与图中所设计的观察者位置一致。

8.2　观察者在平面示意图上看到的方位应与实际的方位一致，例如，在图中位于观察者左侧的设施，在实际环境中也应位于观察者的左侧。

8.3　宜在信息板和平面示意图上的显著位置设置信息中心图形标志(见图 13)。

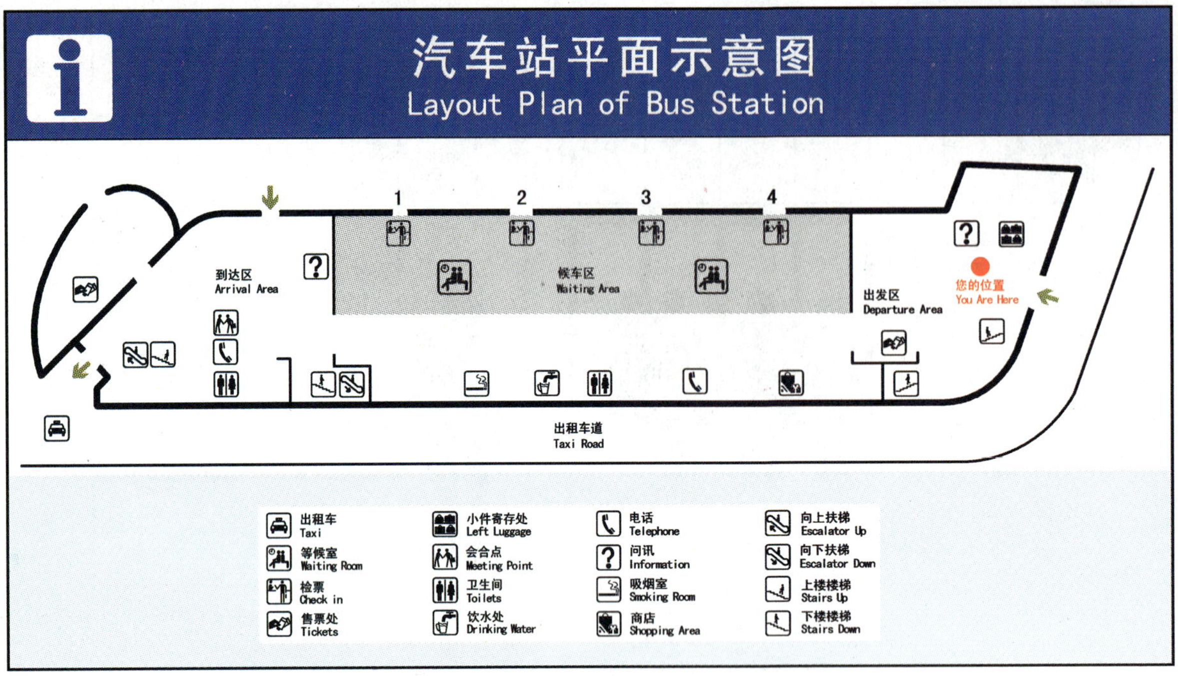

图 13　带有信息中心标志的平面示意图示例

9　街区导向图

9.1　街区导向图宜设置在行人较多的露天场所，例如，道路的平面交叉口、车站的出入口。设置位置应与图中所设计的观察者的位置一致。

9.2　街区导向图的设置密度应与交通流量相协调，在道路上设置时，同向设置距离不应大于 1 000 m。

9.3　观察者在街区导向图上看到的方位应与实际的方位一致，例如，在图中位于观察者左侧的设施，在实际环境中也应位于观察者的左侧。

9.4　宜在街区导向图上的显著位置设信息中心图形标志。

10　便携印刷品

10.1　便携印刷品通常摆放在导向范围的主要入口或宾馆、饭店等的接待处等位置，以方便取用。

10.2　便携印刷品宜放置在平面示意图等导向要素附近。

11　其他

11.1　无障碍设施

11.1.1　在导向系统中，应为无障碍设施提供醒目的导向信息。无障碍设施处应设置相应的位置标志，无障碍设施和普通设施不在一起时，应设置无障碍设施的相应导向标志。

11.1.2　常见的无障碍设施包括：无障碍出入口、无障碍坡道、无障碍电梯、无障碍窗口、无障碍卫生间、无障碍电话、无障碍车位等。

11.1.3　台式设置的导向要素，如平面示意图，应便于轮椅使用者阅读。悬挂式设置的导向标志和位置标志的高度应便于老年人和其他行动不便者阅读。

11.2　安全消防标志

公共场所中如需设置安全标志、消防安全标志，应选用 GB 2894、GB 13495 中的标志，并应符合 GB 15630和 GB 16179 的规定。

附 录 A
（资料性附录）
标志最大观察距离的确定方法

在图 A.1 中，假设在 A 和 B 处设置标志：如要求门口的观察者能看清标志，则最大观察距离分别为 L_{A1} 和 L_{B1}；如要求室内任何位置的观察者都能看清楚标志，则最大观察距离以室内离标志最远位置的观察者为准，分别为 L_{A2} 和 L_{B2}。

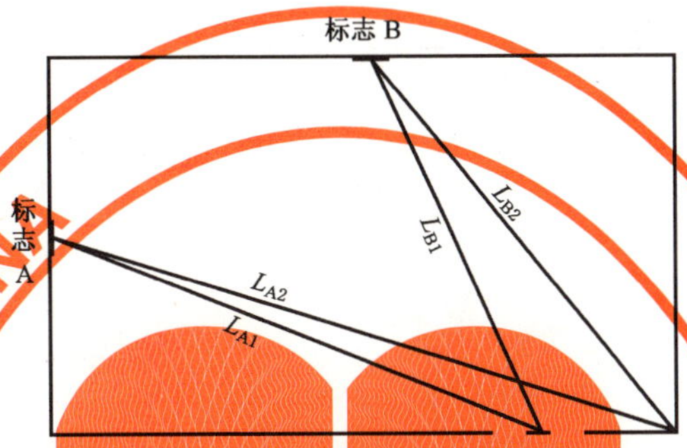

图 A.1 标志最大观察距离确定方法示例

ICS 01.080.01
A 22

中华人民共和国国家标准

GB/T 15566.2—2007

公共信息导向系统　设置原则与要求
第2部分:民用机场

Guidance system for public information—Setting principles and requirements—
Part 2:Civil airport

2007-11-14 发布　　2008-04-01 实施

中华人民共和国国家质量监督检验检疫总局
中国国家标准化管理委员会　发布

前　言

GB/T 15566《公共信息导向系统　设置原则与要求》分为以下部分：

——第1部分：总则；

——第2部分：民用机场；

——第3部分：铁路旅客车站；

——第4部分：公共交通车站；

——第5部分：购物场所；

——第6部分：医疗场所；

——第7部分：运动场所；

——第8部分：宾馆和饭店；

——第9部分：公园景点；

——第10部分：街区；

…………

本部分为GB/T 15566的第2部分。

本部分的附录A为资料性附录。

本部分由全国图形符号标准化技术委员会(SAC/TC 59)提出并归口。

本部分起草单位：中国标准化研究院、中国民用航空总局航空安全技术中心、北京地铁线路公司、铁道部运输局。

本部分主要起草人：刘家伟、白殿一、陈永权、周克、陈滋顶、邹传瑜、张亮。

本部分为首次发布。

公共信息导向系统　设置原则与要求
第2部分：民用机场

1　范围

GB/T 15566的本部分规定了民用机场公共信息导向系统（以下简称机场导向系统）的设置原则与要求。

本部分适用于机场航站楼和机场地区导向系统设置。

2　规范性引用文件

下列文件中的条款通过GB/T 15566的本部分的引用而成为本部分的条款。凡是注日期的引用文件，其随后所有的修改单（不包括勘误的内容）或修订版均不适用于本部分，然而，鼓励根据本部分达成协议的各方研究是否可使用这些文件的最新版本。凡是不注日期的引用文件，其最新版本适用于本部分。

GB/T 2893.1　图形符号　安全色和安全标志　第1部分：工作场所和公共区域中安全标志的设计原则

GB/T 10001（所有部分）　标志用公共信息图形符号

GB/T 15565（所有部分）　图形符号　术语

GB/T 15566.1　公共信息导向系统　设置原则与要求　第1部分：总则

GB/T 17695　印刷品用公共信息图形标志

GB/T 20501（所有部分）　公共信息导向系统　要素的设计原则与要求

3　术语和定义

GB/T 15565、GB/T 15566.1和GB/T 20501确立的以及下列术语和定义适用于GB/T 15566的本部分。

3.1

乘机流程信息　flow information

乘机流程中必须经过的服务或设施的信息。例如办理乘机手续、托运行李、安全检查、登机口和行李提取等。

3.2

乘机非流程信息　non-flow information

乘机流程中非必须经过的服务或设施的信息。例如卫生间、商店、货币兑换和电话等。

4　导向系统的构成

4.1　根据流程，机场导向系统由以下相互关联的三个子系统构成：

——航站楼出发导向系统；

——航站楼到达导向系统；

——机场地区导向系统。

4.2　机场导向系统由以下导向要素构成：

——位置标志；

——导向标志；

——平面示意图；

——信息板；

——流程图；

——便携印刷品；

——电子导向设施。

5 总则

5.1 机场导向系统的设置应符合 GB/T 15566.1 中规定的通用原则与要求。导向系统中导向要素的设计应符合 GB/T 20501 的要求。导向要素中信息的传递应优先使用图形标志，边长大于 10 mm 的图形标志的形成应使用 GB/T 10001 中规定的图形符号，并应符合 GB/T 20501.1 的要求，边长为 3 mm～10 mm 的图形标志应使用 GB/T 17695 中规定的标志。

5.2 应根据机场建筑结构合理设置机场导向系统。

5.3 机场导向系统中的相关子系统应合理衔接，不应出现冲突或中断。

5.4 宜用两种配色方案区分机场导向系统内表示流程信息的标志与表示非流程信息的标志(流程信息标志与非流程信息标志参见附录 A)，但不应使用 GB/T 2893.1 规定的安全色中的红色和黄色。

5.5 导向标志与相应的位置标志的颜色应相同。

5.6 机场导向系统所使用的文字应为中文和英文。民族自治区域内的机场导向系统使用的文字应为中文、当地民族文字和英文。

5.7 导向要素中不应以海关、边防、检验检疫部门的徽标替代图形符号，而应采用 GB/T 10001.3 中相应的海关、边防检查、卫生检疫、动植物检疫等公共信息图形符号。

5.8 在机场导向系统中，应按照 GB/T 15566.1 中的规定为无障碍设施导向。

6 航站楼出发导向系统

6.1 设置范围

航站楼出发导向系统是为出发乘客提供导向信息的系统，其设置范围从航站楼出发大厅入口至登机口。

6.2 出发流程

6.2.1 国内出发流程为：售票→办理乘机手续、行李托运→安全检查→候机→登机。

6.2.2 国际及港澳台地区出发流程通常为：售票→办理乘机手续、行李托运→海关→卫生检疫、动植物检疫→边防检查→安全检查→候机→登机。

6.3 出发大厅

6.3.1 应在航站楼出发大厅入口上方设置出发标志。国际机场应分别标明国内、国际及港澳台地区出发入口。

6.3.2 宜在出发大厅内明显位置设置出发大厅平面示意图；宜在出发大厅的电梯、自动扶梯和楼梯附近设置出发大厅平面示意图及信息板，其设计应符合 GB/T 20501.3 的要求。

6.3.3 应在出发大厅平面示意图旁设置出发流程图。国内出发流程图见图 1，国际及港澳台地区出发流程图见图 2。亦可在出发大厅平面示意图上用箭头标示出发流程。

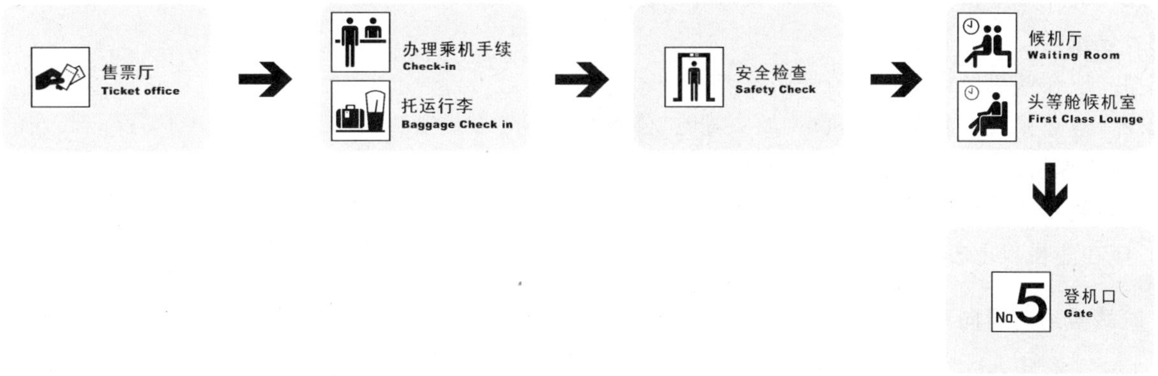

图 1 国内出发流程图

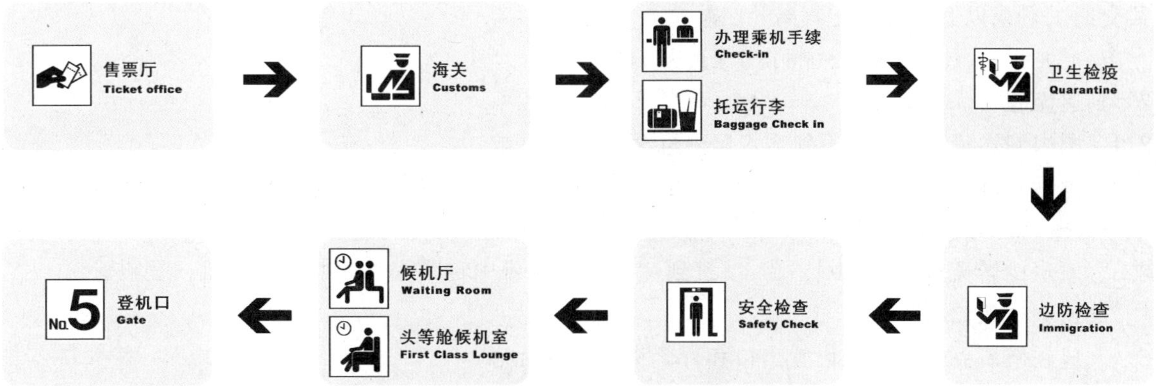

图 2 国际及港澳台地区出发流程图

6.3.4 宜在出发大厅入口及问讯处放置航站楼便携印刷品，其设计应符合 GB/T 20501.5 的要求。航站楼便携印刷品应提供航站楼各区域平面示意图、信息板和出发流程图。

6.3.5 宜在出发大厅问讯处设置电子导向设施。电子导向设施中应显示航站楼各区域平面示意图和出发流程图等。电子导向设施中显示的图形符号应与其他导向要素中的图形符号相一致。

6.3.6 出发大厅航班信息显示牌应显示各航班的航班号、出发时间及目的地等航班信息以及办理乘机手续柜台的编号。

6.3.7 应在出发大厅售票处设置售票处位置标志。

6.4 海关

应在海关设置位置标志，并在红色（申报）通道、绿色（无申报）通道入口处设置相应的位置标志。

6.5 乘机手续办理区

6.5.1 应在办理乘机手续柜台设置相应的位置标志、柜台编号并显示所办理的航班信息（航班号、目的地和航班出发时间等）。

6.5.2 应在办理乘机手续柜台设置托运行李检查、禁止托运物品及应托运物品的标志。

6.5.3 应在办理乘机手续柜台设置超限托运行李导向标志。应在超限托运行李柜台设置相应的位置标志。

6.5.4 应在乘机手续办理区设置出发导向标志，引导办理完乘机手续的乘客按流程前往登机口。

6.6 检验检疫站、边防检查站

应在检验检疫站、边防检查站设置卫生检疫、动植物检疫、边防检查位置标志。

6.7 安全检查站

6.7.1 应在安全检查站前方设置安全检查位置标志。

6.7.2 应在安全检查站前明显位置设置 GB/T 10001.3 中规定的禁止携带、托运物品的标志。

6.7.3 应在安全检查站后方设置登机口导向标志。

6.8 候机区

6.8.1 应在候机区设置登机口导向标志。

6.8.2 应在候机区各专用候机室(如头等舱、公务舱和母婴候机室)入口处设置相应的位置标志。航空公司或其他机构专用头等舱(会员)候机室可增设相应航空公司或机构的徽标。

6.9 登机口

应在登机口上方设置登机口位置标志并应显示航班号、出发时间及目的地等航班信息。

7 航站楼到达导向系统

7.1 设置范围

航站楼到达导向系统是为到达乘客提供导向信息的系统,其设置范围从航班到达入口至换乘市内公共交通工具或以其他交通方式离开航站楼。

注:航班到达入口包括廊桥出口和摆渡车到达入口。

7.2 到达流程

7.2.1 国内到达流程为:航班到达入口→行李提取→出站。

7.2.2 国际及港澳台地区到达流程通常为:航班到达入口→卫生检疫、动植物检疫→边防检查→行李提取→海关→出站。

7.2.3 航班中转流程(直接中转)为:航班到达入口→航班中转联程手续办理→候机→登机。

7.3 航班到达入口

7.3.1 应在航班到达入口处设置出口和行李提取导向标志。

7.3.2 应在枢纽机场的航班到达入口设置中转联程导向标志,引导中转联程乘客前往中转联程乘机手续办理柜台。

7.4 中转联程乘机手续办理柜台

应在中转联程乘机手续办理柜台设置中转联程位置标志及登机口导向标志。

7.5 检验检疫站、边防检查站

标志的设置见6.6。

7.6 行李提取厅

7.6.1 应在行李提取厅设置行李提取位置标志。行李提取转盘应设置编号并显示行李所在的航班号和航班始发地,必要时应显示航班经停地。

7.6.2 应在超限行李提取处设置相应的位置标志(超限货物、行李提取)。

7.6.3 应在行李提取厅的行李查询处设置行李查询位置标志。

7.6.4 应在行李提取厅设置出口导向标志。

7.7 海关

标志的设置见6.4。

7.8 到达大厅

7.8.1 应在到达大厅设置航班到达显示牌、信息板。

7.8.2 宜在到达大厅放置市区交通图等便携印刷品。

7.8.3 应在到达大厅设置前往其他航站楼的导向标志。

7.8.4 应在到达大厅设置公共交通(机场巴士、出租车、公共汽车、地铁、轻轨等)车站导向标志和停车楼(场)导向标志。

7.8.5 应在到达大厅出口内侧上方设置出口位置标志;应在出口外侧上方设置到达位置标志。

7.8.6 应在到达大厅出口外侧设置公共交通车站平面图。

8 机场地区导向系统

8.1 设置范围

机场地区导向系统是为出、入机场地区的人员及车辆提供交通导向信息的系统，其设置范围为机场地区停车楼(场)、公共交通车站及道路。

8.2 航站楼

有多个航站楼的机场应在各航站楼设置醒目的编号。航空公司专用航站楼或专用区域应在出发大厅入口设置相应的标志。

8.3 停车楼(场)

8.3.1 停车楼(场)应设置醒目的编号。

8.3.2 应在停车楼(场)入口外侧设置停车场标志，内侧设置禁行标志；在出口内侧设置出口标志，外侧设置禁行标志。

8.3.3 停车楼(场)应分区，且停车泊位应编号。停车楼的停车泊位编号应便于记忆与寻找，宜由楼层、区位和泊位顺序组成。

8.3.4 应在每一停车区设置停车区编号和停车泊位编号区段标志，且停车区编号尺寸应明显大于停车泊位编号尺寸。

8.3.5 应在每一停车区设置停车楼(场)出口和电梯导向标志。

8.3.6 应在停车楼(场)人行通道出入口、电梯口设置停车楼(场)平面示意图以及前往航站楼及其他设施的导向标志，并应设置航站楼以及其他设施的平面示意图和信息板。

8.4 公共交通车站

应在机场公共交通(机场巴士、出租车、公共汽车、轻轨等)车站设置相应的位置标志、线路图及线路号。

8.5 道路

应在机场的道路交叉路口设置通往各航站楼、停车场和市区道路的导向标志。

附 录 A
（资料性附录）
流程信息标志与非流程信息标志

A.1 流程信息标志

表示流程信息的标志包括：售票、出发、到达、出口、办理乘机手续、托运行李、超限托运行李、行李提取、行李查询、中转联程、安全检查、海关、红色通道、绿色通道、卫生检疫、动植物检疫、边防检查、头等舱候机室、登机口等。

A.2 非流程信息标志

表示非流程信息的标志包括：问讯、行李推车、（男、女）更衣间、汇合点、地下通道、残障人设施、电话、卫生间、商店、餐饮（中餐、西餐、快餐、咖啡、酒吧）、饮用水、银行、货币兑换、信息服务、吸烟室（区）、失物招领、行李寄存、电梯、（上行、下行）自动扶梯、楼梯、自动步道、靠右站立、停车场、出租车、机场巴士、公共汽车、地铁、轻轨等。

ICS 01.080.01
A 22

中华人民共和国国家标准

GB/T 15566.3—2007

公共信息导向系统　设置原则与要求
第3部分：铁路旅客车站

Guidance system for public information—Setting principles and requirements—Part 3: Railway passenger station

2007-11-14 发布　　2008-04-01 实施

中华人民共和国国家质量监督检验检疫总局
中国国家标准化管理委员会　发布

前　言

GB/T 15566《公共信息导向系统　设置原则与要求》分为以下部分：

——第1部分：总则；

——第2部分：民用机场；

——第3部分：铁路旅客车站；

——第4部分：公共交通车站；

——第5部分：购物场所；

——第6部分：医疗场所；

——第7部分：运动场所；

——第8部分：宾馆和饭店；

——第9部分：公园景点；

——第10部分：街区；

…………

本部分为GB/T 15566的第3部分。

本部分的附录A为规范性附录。

本部分由铁道部提出。

本部分由全国图形符号标准化技术委员会(SAC/TC 59)归口。

本部分起草单位：中国标准化研究院、铁道部运输局、南昌铁路局、北京地铁线路公司、中国民用航空总局航空安全技术中心、中国人民大学徐悲鸿艺术学院。

本部分主要起草人：陈永权、白殿一、陈滋顶、陈伟国、周克、刘家伟、安姚舜、张亮、邹传瑜。

本部分为首次发布。

公共信息导向系统　设置原则与要求
第3部分：铁路旅客车站

1　范围

GB/T 15566 的本部分规定了铁路旅客车站公共信息导向系统(以下简称铁路车站导向系统)的设置原则与要求。

本部分适用于铁路旅客车站(以下简称铁路车站)内旅客导向系统的设置。

2　规范性引用文件

下列文件中的条款通过 GB/T 15566 的本部分的引用而成为本部分的条款。凡是注日期的引用文件，其随后所有的修改单(不包括勘误的内容)或修订版均不适用于本部分，然而，鼓励根据本部分达成协议的各方研究是否可使用这些文件的最新版本。凡是不注日期的引用文件，其最新版本适用于本部分。

GB/T 10001(所有部分)　标志用公共信息图形符号

GB/T 15565(所有部分)　图形符号　术语

GB/T 15566.1　公共信息导向系统　设置原则与要求　第1部分：总则

GB/T 15566.4　公共信息导向系统　设置原则与要求　第4部分：公共交通车站

GB/T 17695　印刷品用公共信息图形标志

GB/T 20501(所有部分)　公共信息导向系统　要素的设计原则与要求

3　术语和定义

GB/T 15565、GB/T 15566.1 和 GB/T 20501 确立的以及下列术语和定义适用于 GB/T 15566 的本部分。

3.1

铁路旅客车站　railway passenger station

为旅客办理客运业务，设有旅客候车和乘降设施的铁路车站。

注：改写 GB 50226—1995，定义 2.0.1。

3.2

站前广场　station square

供旅客进、出铁路旅客车站集散用的广场。

注：改写 GB/T 15165—1994，定义 8.6。

3.3

旅客站房　passenger building

供旅客办理旅行手续和候车的各种服务用房。

注：改写 GB/T 13317—1991，定义 2.1.4。

3.4

站台　platform

供旅客乘降和行包装卸的设施，通常由基本站台和中间站台组成。

[GB/T 15165—1994，定义 8.7]

3.5

广厅 concourse

在站房入口处与各种用房相连通并起通过和分配人流作用的大厅。

[GB/T 15165—1994,定义 8.4.7]

4 导向系统的构成

4.1 根据铁路车站内的旅客活动路线,铁路车站导向系统由以下相互关联的三个子系统构成:

——站前广场导向系统;

——进站导向系统;

——出站导向系统。

4.2 铁路车站导向系统由以下导向要素构成:

——位置标志;

——导向标志;

——平面示意图;

——信息板;

——街区导向图;

——流程图;

——便携印刷品。

5 总则

5.1 铁路车站导向系统的设置应符合 GB/T 15566.1 中规定的通用原则与要求。导向系统中导向要素的设计应符合 GB/T 20501 的要求。导向要素中信息的传递应优先使用图形标志,边长大于 10 mm 的图形标志的形成应使用 GB/T 10001 中规定的图形符号,并应符合 GB/T 20501.1 的要求;边长 3 mm～10 mm 的图形标志应使用 GB/T 17695 中规定的标志。

5.2 国境(口岸)铁路车站导向系统所使用的文字应同时使用中文、英文,如需要可增加相邻国的文字。民族自治区域内的车站应同时使用中文、当地民族文字和英文。

5.3 信息内容固定的导向信息不宜采用电子显示方式提供,信息内容动态变化的导向信息宜采用动态显示的方式提供。

5.4 铁路车站内的服务场所或服务设施应设置相应的位置标志,并宜根据需要设置相应的导向标志。

注:铁路车站内常见的服务场所或服务设施包括:小件寄存处、问讯处、医疗点、卫生间、盥洗室、饮水处、吸烟室、报警点、公用电话、自动取款机、货币兑换处、商店、餐厅、娱乐设施等。

5.5 在铁路车站导向系统中,应按照 GB/T 15566.1 中的规定为无障碍设施导向。

6 站前广场导向系统

6.1 设置范围

站前广场导向系统是引导旅客进、出站前广场的导向系统,其设置范围为整个站前广场,并可适当延伸至与站前广场邻近的路口或公共交通站点。

注:本部分中的公共交通站点包括公共电车、公共汽车、出租车、地铁、轻轨等各类市内公共交通的站点。

6.2 来站导向

6.2.1 在与铁路车站邻近的公共交通站点附近,宜为行人设置铁路车站的导向标志(见图 1)。如公共交通站点距离铁路车站较远或需要经过街天桥或地下通道进入铁路车站,则宜连续设置铁路车站的导向标志。

图 1　火车站导向标志示例

6.2.2　在与铁路车站邻近的主要路口处宜为机动车辆设置铁路车站的导向标志。

6.2.3　铁路车站附近停车场的行人出口处宜设置铁路车站的导向标志。

6.2.4　在站前广场来站客流较集中的位置，宜设置进站口、售票厅、行包房和出站口等场所的导向标志；在条件允许时可设置铁路车站的总平面示意图。

6.2.5　当进站口、售票厅、行包房、出站口等位置标志不能满足站前广场上旅客的需要时，应在站前广场增设相应的导向标志。

6.3　**离站导向**

6.3.1　在站前广场邻近出站口的适当位置，应设置停车场、行包房及站前广场范围内的公共交通站点等设施的导向标志。

6.3.2　在站前广场邻近出站口的适当位置，应设置站前广场范围内各路公共电、汽车的运行线路图。

6.3.3　在站前广场邻近候车室、售票厅、行包房等场所出口的适当位置，应设置站前广场范围内的公共交通站点、停车场等设施的导向标志。

6.3.4　站前广场范围内的公共交通站点、停车场等设施处应设置相应的位置标志，公共交通站点内的导向信息设置应符合 GB/T 15566.4 的有关要求。

6.3.5　站前广场范围内的过街地下通道或过街天桥的入口处应设置地下通道或人行天桥的相应位置标志。

6.3.6　在站前广场内旅客较集中的位置宜设置街区导向图。

6.3.7　在站前广场外离站旅客流线上的适当位置，宜设置站外邻近站前广场的过街地下通道或过街天桥的导向标志，并宜在导向标志上标注大致的距离(见图 2)。

6.3.8　在站前广场外离站旅客流线上的适当位置宜设置附近公共交通站点的导向标志。

图 2　过街天桥导向标志示例

6.4　**联络导向**

6.4.1　在广厅出口外侧应设置售票厅、行包房等场所的导向标志。

6.4.2　在售票厅出口外侧应设置候车室、行包房等场所的导向标志。

6.4.3　在行包房出口外侧应设置候车室、售票厅等场所的导向标志。

6.4.4　在站前广场邻近出站口的适当位置应设置售票厅、中转签证处、行包房的导向标志。

7　进站导向系统

7.1　设置范围

进站导向系统是引导客流进站上车的导向系统，其设置范围为从旅客站房入口开始至站台。

7.2　通则

7.2.1　在旅客站房出口一侧上方应设置出口的位置标志(见图 3)。

7.2.2 旅客站房内的公共设施，如电梯、楼梯等，应设置相应的位置标志。

图3 出口位置标志示例

7.3 售票厅

7.3.1 在售票厅的入口上方应设置售票厅的位置标志。

7.3.2 售票窗口、退票窗口和中转签证窗口应设置相应的位置标志。当有多个售票窗口时，售票窗口应编号。

7.3.3 在售票厅内宜设置车站平面示意图。

7.3.4 在售票厅内应设置售票信息显示牌。售票信息显示牌宜显示车次、始发站、终到站、本站开车时刻、日期、剩余票额等信息。

7.4 行包房

7.4.1 在行包托运处和行包提取处的入口上方应设置相应的位置标志。

7.4.2 在行包托运处和行包提取处内应分别设置行包托运流程图和行包提取流程图。

7.4.3 在行包房内宜设置车站平面示意图。

7.4.4 行包提取处内宜设置行包到达信息显示牌或电脑触摸屏等设施。

7.5 广厅

7.5.1 在广厅入口上方应设置进站口位置标志。

7.5.2 在广厅内应设置候车室的导向标志，宜设置会合点位置标志。

7.5.3 在广厅内应设置车站平面示意图。当站房内的服务设施所在的楼层不同时，广厅内宜设置服务设施的信息板。

7.5.4 在广厅内问讯处或平面示意图所在位置宜摆放供免费取阅的便携印刷品。

7.5.5 在广厅内应设置候车信息显示牌。候车信息显示牌宜显示车次、始发站、终到站、本站开车时刻、候车地点等信息。

7.6 候车区域

7.6.1 候车室（通用）、母婴候车室、软席候车室均应使用相应的图形标志表示，若同时存在两个或多个同类型的候车室时应通过编号加以区分。

7.6.2 当有多个不同候车室时，宜在连接各候车室的主要通道内设置候车室导向标志。

7.6.3 在候车室入口上方应设置候车室的位置标志和候车车次信息牌。候车车次信息牌宜显示在该候车室候车的车次信息。

7.6.4 在检票口处应设检票口的位置标志（见图4）和检票车次信息显示牌。检票车次信息显示牌宜显示车次、始发站、终到站、开车时刻、停靠站台和状态等信息。

注：状态信息的内容包括正点、晚点、正在检票、停止检票等。

图4 检票口位置标志示例

7.7 天桥或地道

7.7.1 在天桥上或地道内应设置站台导向标志。

7.7.2 在天桥上或地道内宜设置所通向站台的信息显示牌。站台信息显示牌宜显示当前发(到)车次、始发站和终到站等信息。

7.8 站台

7.8.1 当有两个或多个站台时,在站台上应设置站台编号标志。站台的编号应从基本站台起始,中间站台的两侧宜分别编号(见图5)。

7.8.2 在较大型车站的站台上应设置站台信息显示牌,显示发(到)车次、发(到)时间、发(到)站、晚点变更等信息。中间站台上的站台信息显示牌,应能够同时显示站台两侧的列车信息,且信息间应有明显区分。

7.8.3 沿站台走向宜设置车厢编号顺序牌,显示车厢编号排序、发(到)车次、发(到)站等信息。

7.8.4 停靠站台的旅客列车车厢出入口处应设置车厢编号标志。车厢内公共信息导向系统的设置见附录A。

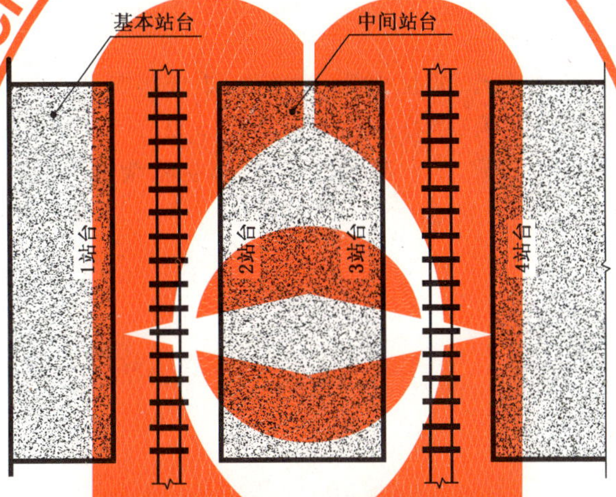

图5 站台编号示意图

8 出站导向系统

8.1 设置范围

出站导向系统是引导下车客流离站的导向系统,其设置范围为从站台开始至出站口。

8.2 站台

8.2.1 站台上应设置站名标志。

8.2.2 站台上应设置出站口导向标志。

8.3 地道或天桥

8.3.1 通往出站口的地道或天桥入口处及地道内或天桥上应设置出站口的导向标志。

8.3.2 在地道内或天桥上应设置各站台的导向标志。

8.4 出站口

8.4.1 在出站口处应设置出站口位置标志。

8.4.2 在出站口外侧应设置到达车次信息显示牌。车次到达信息显示牌宜显示到达车次、始发站、终到站、到达时刻、停靠站台、晚点变更等信息。

8.4.3 在出站口旁宜设置城区简明地图。

8.4.4 在出站口旁宜提供住宿服务、旅游咨询、旅游接待等导向信息。

附 录 A
（规范性附录）
车厢内公共信息导向系统的设置

A.1 公共信息标志

A.1.1 车厢内的座位(铺位)旁应设置座位(铺位)编号牌。

A.1.2 车厢内的公共设施,如卫生间、垃圾箱、饮水处等应设置相应的位置标志。

A.2 功能提示标志或符号

车厢内各种设施的操作方法或用途应在操作设施旁设置图形标志进行提示,亦可直接在设施上标注图形符号或文字。

A.3 禁止标志、警告标志等其他标志

A.3.1 车厢内常用的禁止标志主要有:禁止吸烟、禁止头、手伸出窗外等。

A.3.2 车厢内常用的警告标志主要有:当心夹手、当心触电、当心烫伤等。

A.3.3 车厢内常用的限制标志主要有:请勿乱扔废弃物、请勿将杂物扔进容器、非饮用水等。

参 考 文 献

[1] GB 50226－1995　铁路旅客车站建筑设计规范
[2] GB/T 13317—1991　铁路旅客运输组织术语
[3] GB/T 15165—1994　铁路车站及枢纽术语

ICS 01.080.01
A 22

中华人民共和国国家标准

GB/T 15566.4—2007

公共信息导向系统 设置原则与要求 第4部分:公共交通车站

Guidance system for public information—Setting principles and requirements—Part 4:Public transport station

2007-11-14 发布

2008-04-01 实施

中华人民共和国国家质量监督检验检疫总局
中国国家标准化管理委员会
发布

前　言

GB/T 15566《公共信息导向系统　设置原则与要求》分为以下部分：

——第 1 部分：总则；

——第 2 部分：民用机场；

——第 3 部分：铁路旅客车站；

——第 4 部分：公共交通车站；

——第 5 部分：购物场所；

——第 6 部分：医疗场所；

——第 7 部分：运动场所；

——第 8 部分：宾馆和饭店；

——第 9 部分：公园景点；

——第 10 部分：街区；

…………

本部分为 GB/T 15566 的第 4 部分。

本部分的附录 A 为规范性附录。

本部分由全国图形符号标准化技术委员会(SAC/TC 59)提出并归口。

本部分起草单位：中国标准化研究院、北京地铁线路公司、中国民航总局民用航空安全技术中心、铁道部运输局。

本部分主要起草人：周克、白殿一、陈永权、刘家伟、陈滋顶、张亮、邹传瑜。

本部分为首次发布。

公共信息导向系统　设置原则与要求
第4部分：公共交通车站

1　范围

GB/T 15566的本部分规定了公共交通车站公共信息导向系统（以下简称公交车站导向系统）的设置原则与要求。

本部分适用于城市轨道交通、公共汽车（无轨电车）、出租汽车等公交车站导向系统的设置。

注：本部分中的城市轨道交通包含城市内的地铁、轻轨等，不包含有轨电车。

2　规范性引用文件

下列文件中的条款通过GB/T 15566的本部分的引用而成为本部分的条款。凡是注日期的引用文件，其随后所有的修改单（不包括勘误的内容）或修订版均不适用于本部分，然而，鼓励根据本部分达成协议的各方研究是否可使用这些文件的最新版本。凡是不注日期的引用文件，其最新版本适用于本部分。

GB/T 5655　城市公共交通常用名词术语

GB/T 10001（所有部分）　标志用公共信息图形符号

GB/T 15565　图形符号　术语

GB/T 15566.1－2007　公共信息导向系统　设置原则与要求　第1部分：总则

GB/T 16275　地下铁道照明标准

GB/T 17695　印刷品用公共信息图形标志

GB/T 20501（所有部分）　公共信息导向系统　要素的设计原则与要求

3　术语和定义

GB/T 5655、GB/T 15565、GB/T 15566.1和GB/T 20501等确立的术语和定义适用于GB/T 15566的本部分。

4　公交车站导向系统的构成

公交车站导向系统包括以下三个相对独立的子系统：

——城市轨道交通（以下简称轨道交通）车站导向系统；

——公共汽车（无轨电车）车站导向系统；

——出租汽车车站导向系统。

5　总则

5.1　公交车站导向系统的设置应符合GB/T 15566.1中规定的通用原则与要求。导向系统中导向要素的设计应符合GB/T 20501的要求。导向要素中信息的传递应优先使用图形标志，边长大于10 mm的图形标志的形成应使用GB/T 10001中规定的图形符号，并应符合GB/T 20501.1的要求；边长3 mm～10 mm的图形标志应使用GB/T 17695中规定的标志。

5.2　公交车站导向系统子系统间应合理衔接，并宜与其他导向系统衔接。

5.3　各子导向系统中，同一地点站名的标注应一致。

5.4 在公交车站导向系统中，应按照 GB/T 15566.1—2007 中的规定为无障碍设施导向。

6 轨道交通车站导向系统

6.1 导向系统的构成

6.1.1 按乘车流向，导向系统可分为：

——进站导向；

——候车导向；

——换乘导向；

——出站导向。

6.1.2 导向系统由以下导向要素构成：

——位置标志；

——导向标志；

——站牌标志；

——标线；

——轨道交通线路图；

——车站平面示意图；

——街区导向图；

——便携印刷品。

6.2 通则

6.2.1 轨道交通车站导向系统应在设计轨道交通时统筹考虑、先期规划，各导向要素的设置不应侵入行车限界。

6.2.2 导向要素设置位置的照明条件应符合 GB/T 16275 的有关规定，如设置位置的照度达不到要求，应设置有内置光源的标志或增加辅助光源。

6.2.3 导向要素的设置方式应符合 GB/T 15566.1—2007 中第 6 章的要求。站牌标志宜采用附着式、悬挂式等设置方式。轨道交通线路图宜采用框架式、附着式等设置方式。

6.2.4 导向标志、位置标志的设置位置，应符合 GB/T 15566.1—2007 中 7.1 的要求。位置标志不宜设置在活动的物体上，如：门等。

6.2.5 始发站、中途站站牌标志应显示该站站名、线路名或线路编号、列车开往方向的终点站站名、下一到达车站站名和指示方向的箭头符号等信息内容。终点站站牌标志应显示该站站名及“终点站”等信息内容。

6.2.6 位于同一场所且邻近的轨道交通线路图、车站平面示意图、街区导向图等导向要素，宜集中、组合设置。

6.2.7 街区导向图应以车站为中心，提供车站周边半径 500 m～1 000 m 范围内各类主要公共信息，包括：主要道路、车站各出口外公共汽车（无轨电车）车站、公共设施的分布等。

6.2.8 便携印刷品应包含的主要内容为：轨道交通线路图、首末车时间等；宜包含的主要内容为：该车站所在街区的街区导向图、车站平面示意图、列车时刻表等。

6.3 进站导向

6.3.1 进站导向的设置范围：车站入口周围 300 m 内、车站入口至检票处（口）。

6.3.2 邻近轨道交通车站的主要道路边、公共汽车（无轨电车）车站附近、主要公共设施等处，应设置轨道交通车站导向标志。

6.3.3 轨道交通车站入口附近设有停车场时，应在邻近的道路附近设置指示停车场的导向标志，在停车场入口处设置位置标志，在停车场行人出口处设置车站导向标志。

6.3.4 轨道交通车站独立的地面设施顶部，应设置轨道交通车站站名，其观察距离，昼夜均不应小于

60 m。地面车站及独立的车站入口，站名标志宜多处设置或一处设置多面显示，如图1所示；轨道交通车站入口附属于其他建筑时，可设置单面或双面显示的站名标志。

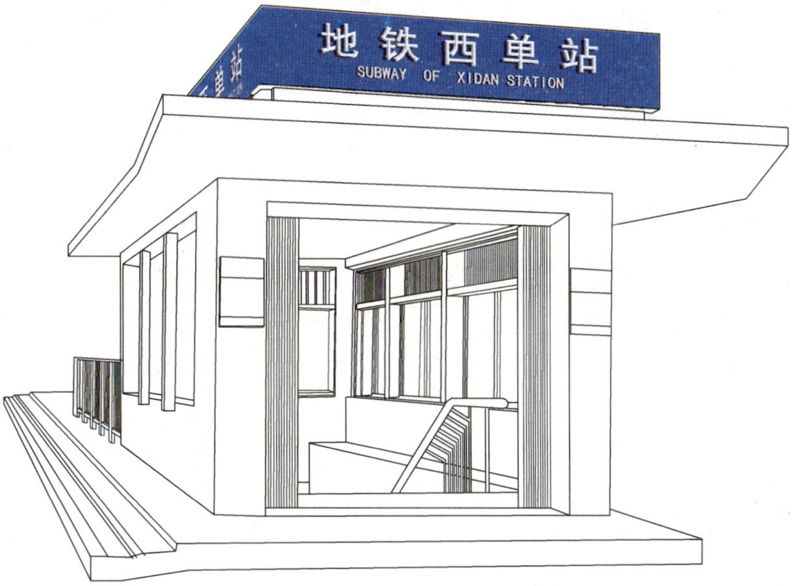

图1 轨道交通车站站名标志示例

6.3.5 如车站入口位于过街通道内，则应在过街通道的入口处设置车站及车站入口的导向标志，在车站入口处设置车站位置标志。

6.3.6 在车站入口处的适当位置，应设置轨道交通站名标志；如车站入口较多，宜对各入口统一编号，并在入口处的适当位置设置入口编号位置标志。

6.3.7 车站入口处宜设置盲文站名标志及相应的入口编号标志。

6.3.8 宜在进出站共用的楼梯、通道地面或墙壁等处，施划进出区域标线及进出指向的连续箭头，以分开进出站客流，使乘客有序进出站。

6.3.9 在无障碍电梯的乘梯处、下行自动扶梯设施的起始处应设置位置标志。

6.3.10 集散厅的入口处，应设置售票处、检票处(口)的导向标志。售票处、售票设施、检票处(口)应设置相应位置标志。

注：本部分中的集散厅包括站厅层、站厅、售票厅等。

6.3.11 集散厅应设置轨道交通线路图，宜设置车站平面示意图、便携印刷品。

6.3.12 集散厅中的公用电话、卫生间、问讯处、自助IC卡查费装置等服务设施，应设置相应位置标志，并视需要设置导向标志。

6.4 候车导向

6.4.1 候车导向设置范围：检票处(口)内至站台。

注：本部分中的站台包括站台层。

6.4.2 站台入口处应设置列车运行方向标志。岛式站台的站台入口处应设置双方向列车运行方向标志，如图2所示。

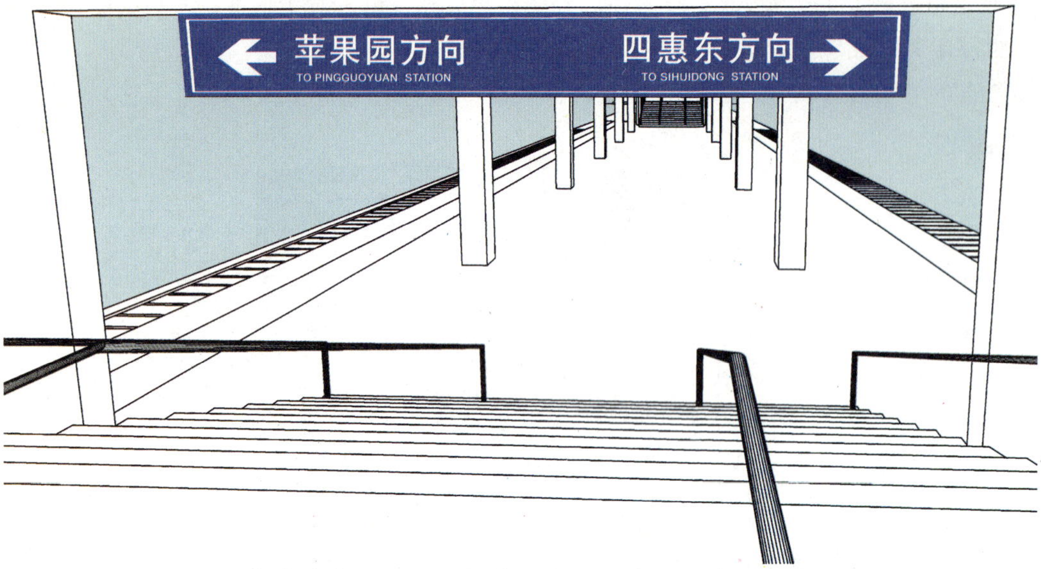

图 2 岛式站台入口处设置的双方向列车运行方向标志示例

6.4.3 站台应设置站名标志和站牌标志。

6.4.4 站台安装屏蔽门装置，或未安装屏蔽门装置但运营车辆车型统一且编组数固定一致时，站台地面宜施划候车标线，划分下车区、候车区，有效分开上下车客流。

6.4.5 站台应设置轨道交通线路图，宜设置车站平面示意图。

6.4.6 站台如有公用电话、卫生间、问讯处、自助 IC 卡查费装置等服务设施，应设置相应位置标志，宜视需要设置导向标志。

6.4.7 宜在站台面向列车一侧的柱子上及站台侧墙上的适当位置，以附着式方式设置站名；如站台边缘无可承载的构筑物时，可采用悬挂式方式设置站名。

6.5 换乘导向

6.5.1 换乘导向设置范围：换乘站的站台、集散厅、楼梯、通道、换乘处(口)等。

6.5.2 当同一城市有两条以上轨道交通线路时，为方便乘客识别，除使用线路序号或名称外，还宜用不同的颜色作为线路识别色，并宜将线路识别色应用于车站信息导向系统及轨道交通列车的车身。

6.5.3 同站换乘三条以上线路，当换乘方式为立体换乘且同时向上(或向下)指向时，应将最先到达的站台(或线路)排到首位，依次进行导向。当采用平面换乘方式时，应按先近后远的顺序，将最近线路排到首位，依次导向。

6.5.4 换乘站的站台应提供换乘信息，包括可换乘的线路编号或名称，换乘线路导向等。

6.5.5 换乘通道、集散厅、站台，应设置轨道交通线路图、换乘的导向标志，提供换乘信息。

6.5.6 换乘通道有自动步道设施时应设置导向标志。

6.6 出站导向

6.6.1 出站导向设置范围：站台、验票处(口)、补票处(口)、集散厅、通道、出站口。

6.6.2 站台应设置出口导向标志，并宜标注出口名称、出口外的主要公共设施等。站台地面、楼梯可施划出站指向的箭头符号。

6.6.3 出站验票处(口)、集散厅的出口处宜设置位置标志。

6.6.4 验票处(口)附近应设置补票处(口)导向标志，补票处(口)、补票设施附近应设置相应位置标志。

6.6.5 站台、集散厅等处宜设置街区导向图。

6.6.6 集散厅出口处、通道岔路口应设置出站口导向标志，并应明确标示车站出口名称、该出口外公共汽车(无轨电车)的种类及具体线路号、其他主要公共设施等。可在通道地面、墙壁，设置出站箭头符号，指示出站方向。

6.6.7 车站出口外的适当位置宜设置街区导向图。

7 公共汽车(无轨电车)车站导向系统

7.1 导向要素

公共汽车(无轨电车)车站导向系统由以下导向要素构成:

——站牌;

——站名;

——位置标志;

——标线;

——运行线路图;

——街区导向图。

7.2 站牌

7.2.1 双面站牌牌面应包括的内容:

正面:线路号、本站站名、下站站名、开往方向的终点站站名、公共汽车(无轨电车)图形符号等内容;

反面:线路号、本站首末车时间、车辆种类名称、全线各站站名(突出显示本站站名)、运行方向等内容。

7.2.2 单面站牌牌面应包括的内容:双面站牌正反面的全部内容。

7.2.3 站牌应面向车辆进站方向设置。双面设计的站牌,应正面面向车辆进站方向;单面设计的站牌,应两面设置。

注:本部分中的两面设置是指在站牌的正反面都印有相同的单面站牌的内容。

7.2.4 停靠不多于两条线路车站的站牌,宜采用柱式方式设置,站牌下沿(或站牌托架下沿)距地面的高度,不宜低于 1.90 m。

7.2.5 停靠多条线路车站的站牌,宜采用框架式方式集中设置,但同一框架内,站牌数不宜多于 4 块,且最下面一块站牌的下沿距地面的高度,不宜低于 1.00 m。两个以上框架的设置,应使框架垂直于车辆进出站方向且单行排列。

7.2.6 首站、中途站、末站应设置相应的始发站牌、中途站牌和终点站牌。

7.2.7 车站宜设置盲文站牌。站牌下沿距地面的高度不宜低于 1.00 m,总高度不宜高于 1.60 m。

7.3 其他要素

7.3.1 车站应有明显的站名标志。

7.3.2 各车站宜设置车辆运行线路图、街区导向图。

7.3.3 多条公共汽车(无轨电车)线路共用的交通枢纽站,周边应设置导向标志;交通枢纽站建筑设施的顶部,应设置该枢纽站的名称;入口处应设置该枢纽站的名称以及入口标志;入口及站内的适当位置应设置车站平面示意图、相应线路候车导向标志;在候车廊边应设置相应线路站牌及发车显示装置。

7.3.4 交通枢纽站在地下或建筑物内时,应保证所设导向要素的照明。

7.3.5 多条公共汽车(无轨电车)线路共用的非交通枢纽站,如采用区域候车的方式形成若干候车站台,在每个候车区域内除应按规定设置相应站牌外,还应设置明显的车辆线路位置标志。

7.3.6 车站无引导乘客乘降护栏的,宜在地面施划候车标线,确保有序上下车。

8 出租汽车车站导向系统

8.1 站位分类

出租汽车站位分为出租上下站和出租停靠站两种。

8.2 出租上下站站牌

8.2.1 应按规定在地面用虚线施划方框,并在框内标注“出租上下站”字样,还应设置出租上下站站牌。

8.2.2 站牌内容应包括出租车图形符号、“出租汽车”和“即停即走”等文字。

8.2.3 站牌宜采用柱式设置方式，站牌下沿距地面的高度不宜低于1.90 m。

8.3 出租停靠站站牌

8.3.1 应按规定在地面用虚线施划方框，并在框内标注“出租停靠站”字样，还应设置出租停靠站站牌。

8.3.2 站牌内容应包括出租车图形符号、“出租汽车”和“固定停靠站”等文字。

8.3.3 站牌宜采用框架式设置方式，站牌下沿距地面的高度不宜低于1.50 m。

8.4 盲文站牌

车站除设置普通站牌外，还宜设置盲文站牌。盲文站牌下沿距地面的高度不宜低于1.00 m，站牌总高度不宜高于1.60 m。

9 导向系统的衔接

9.1 子导向系统间的衔接

9.1.1 在轨道交通车站设置的街区导向图中，应用图形符号标示在该车站地面所有公共汽车(无轨电车)车站的位置及线路号。

9.1.2 轨道交通车站地面出口附近应设置指示邻近公共汽车(无轨电车)的线路和方向的导向标志。

9.1.3 公共汽车(无轨电车)车站设置的街区导向图，应标明设置范围内所有轨道交通车站，并在相应位置标示出轨道交通车站站名及线路。

9.1.4 在邻近轨道交通车站的公共汽车(无轨电车)车站附近，应设置轨道交通车站导向标志，以方便从公共汽车(无轨电车)下车的乘客换乘轨道交通。

9.1.5 出租汽车固定停靠车站设置街区导向图时，应标明设置范围内的公共汽车(无轨电车)、轨道交通车站的站名和线路。

9.2 交通枢纽站导向系统的衔接

9.2.1 除应多处设置枢纽站平面示意图外，还应设置服务设施的导向标志及位置标志，并视情况设置信息板。

9.2.2 在轨道交通车站层、公共汽车(无轨电车)专用层、出租汽车专用区的出口处、通道内等处，应设置换乘其他交通工具的导向标志。

9.3 公交车站导向系统与其他导向系统的衔接

民用机场、铁路旅客车站附近(内)、长途汽车站及轮渡码头、缆车(索道)站附近的公交车站，应设置民用机场、铁路旅客车站、长途汽车站、轮渡码头、缆车(索道)站的导向标志。

10 乘车导向

乘车导向系统的设置要求见附录A。

附 录 A
（规范性附录）
乘 车 导 向

A.1 轨道交通乘车导向

A.1.1 设置范围

轨道交通车辆。

A.1.2 导向要素

应包含的导向要素为：

——位置标志；

——轨道交通线路图。

A.1.3 具体要求

A.1.3.1 车内每个车门附近，均应设置轨道交通线路图。

A.1.3.2 车内应设置电子显示装置提供到站信息。

A.1.3.3 车辆回库、空驶等，应在车头明显部位设置相应标志。

A.1.3.4 应在车内老幼病残孕座席、无障碍设施附近设置相应位置标志。

A.1.3.5 当同一城市有两条以上轨道交通线路时，宜将代表各条线路的线路识别色标于轨道交通车辆的车身，方便乘客识别。

A.2 公共汽车（无轨电车）乘车导向

A.2.1 设置范围

公共汽车（无轨电车）车辆。

A.2.2 导向要素

应包含的导向要素为：

——车辆线路标志；

——“始发—终到”标志；

——位置标志；

——车辆运行线路图。

A.2.3 具体要求

A.2.3.1 车头及车尾上端面向车外侧、车门外部一侧，应设置车辆线路标志、“始发—终到”标志，两标志宜组合设置。

A.2.3.2 上下分门的车辆，应在上车车门和下车车门处（内、外）分别设置上车、下车的位置标志。无人售票的车辆、使用IC卡的车辆，应在上车车门两侧设置无人售票标志、IC卡标志。

A.2.3.3 车内应多处设置车辆运行线路图。

A.2.3.4 车内投币设施、IC卡划卡处、老幼病残孕座席等设施附近，应设置相应位置标志。

A.3 出租汽车乘车导向

A.3.1 设置范围

出租汽车车辆。

A.3.2 导向要素

应包含的导向要素为：

——顶灯标志；

——空车待租标志；

——载客运营标志；

——暂停运营标志；

——便携印刷品。

A.3.3 具体要求

A.3.3.1 出租车顶部应设置顶灯标志。

A.3.3.2 副驾驶台上应按需要设置空车待租标志、载客运营标志、暂停运营标志。

A.3.3.3 车内宜设置市内交通图等便携印刷品。

ICS 01.080.01
A 22

中华人民共和国国家标准

GB/T 15566.5—2007

公共信息导向系统　设置原则与要求
第5部分：购物场所

Guidance system for public information—Setting principles and requirements—
Part 5: Shopping marketplace

2007-11-14 发布　　2008-04-01 实施

中华人民共和国国家质量监督检验检疫总局
中国国家标准化管理委员会　发布

前　言

GB/T 15566《公共信息导向系统　设置原则与要求》分为以下部分：

——第1部分：总则；

——第2部分：民用机场；

——第3部分：铁路旅客车站；

——第4部分：公共交通车站；

——第5部分：购物场所；

——第6部分：医疗场所；

——第7部分：运动场所；

——第8部分：宾馆和饭店；

——第9部分：公园景点；

——第10部分：街区；

…… ……

本部分为GB/T 15566的第5部分。

本部分的附录A、附录B、附录C和附录D为资料性附录。

本部分由全国图形符号标准化技术委员会(SAC/TC 59)提出并归口。

本部分起草单位：中国标准化研究院、商务部市场建设司、中国商业联合会、物美商业集团、北京翠微大厦股份有限公司。

本部分主要起草人：邹传瑜、白殿一、李党会、曹德胜、高文仕、师占有、张亮、陈永权。

本部分为首次发布。

公共信息导向系统　设置原则与要求
第5部分：购物场所

1　范围

GB/T 15566的本部分规定了购物场所公共信息导向系统(以下简称购物场所导向系统)的设置原则与要求。

本部分适用于超市、百货店、摊位式市场和购物中心等购物场所设置的导向系统，也适用于附属于其他零售业态(如百货店)或商业模式(如宾馆)的超市购物区。其他购物场所宜参照执行。

2　规范性引用文件

下列文件中的条款通过GB/T 15566的本部分的引用而成为本部分的条款。凡是注日期的引用文件，其随后所有的修改单(不包括勘误的内容)或修订版均不适用于本部分，然而，鼓励根据本部分达成协议的各方研究是否可使用这些文件的最新版本。凡是不注日期的引用文件，其最新版本适用于本部分。

GB/T 10001(所有部分)　标志用公共信息图形符号

GB/T 15565(所有部分)　图形符号　术语

GB/T 15566.1　公共信息导向系统　设置原则与要求　第1部分：总则

GB/T 17695　印刷品用公共信息图形标志

GB/T 20501(所有部分)　公共信息导向系统　要素的设计原则与要求

3　术语和定义

GB/T 15565、GB/T 15566.1和GB/T 20501确立的术语和定义适用于GB/T 15566的本部分。

4　导向系统的构成

4.1　根据导向系统的功能，购物场所导向系统由以下相互关联的两个子系统构成：

—— 交通导向系统；

—— 购物导向系统。

根据商业设施经营特点，购物导向系统分为如下四类：

—— 超市；

—— 百货店；

—— 摊位式市场；

—— 购物中心。

4.2　购物场所导向系统由以下导向要素构成：

——位置标志；

——导向标志；

——平面示意图；

——信息板；

——街区导向图；

——便携印刷品。

5　总则

5.1　购物场所导向系统的设置应符合GB/T 15566.1中规定的通用原则与要求。导向系统中导向要素的设计应符合 GB/T 20501 的要求。导向要素中信息的传递应优先使用图形标志,边长大于 10 mm 的图形标志的形成应使用 GB/T 10001 中规定的图形符号,并应符合 GB/T 20501.1 的要求;边长 3 mm~10 mm 的图形标志应使用 GB/T 17695 中规定的标志。

5.2 购物场所导向系统为顾客提供购物和公共设施信息,其中购物信息应包括购物场所的位置信息、商品信息。公共设施信息应包括公共卫生间、停车场、公用电话、楼梯、电梯、自动扶梯、自动坡道、出入口和无障碍通道等。

5.3 广告和宣传招贴的设置不应影响导向信息的有效传递。

5.4 在购物场所导向系统中,应按照 GB/T 15566.1 中的规定为无障碍设施导向。

6 交通导向系统

6.1 设置范围

交通导向系统是引导顾客进入和离开购物场所的导向系统,其设置范围为临近购物场所的道路、道路平面交叉口、公共汽车(无轨电车)站和城市轨道交通车站至购物场所。

6.2 设置要求

6.2.1 在购物场所主要临近路口、道路平面交叉口宜提前 100 m~200 m 为顾客设置购物场所入口的导向标志,并为车辆设置机动车停车场导向标志。

6.2.2 在临近购物场所的城市轨道交通车站的出口和公共汽车(无轨电车)站,宜设置购物场所的导向标志。

6.2.3 机动车停车场应设置位置标志。在机动车停车场内应设置车辆出口导向标志。

6.2.4 机动车停车场和自行车停放处的导向标志宜分别设置。

6.2.5 设置在室外的、供顾客使用的机动车停车场出口处,宜设置购物场所主要入口的导向标志。设置在地下的、供顾客使用的机动车停车场内应为顾客设置购物场所入口、楼梯和电梯的导向标志。

6.2.6 购物场所的主要入口处应设置醒目的购物场所标志。

6.2.7 在购物场所主要出口的适当位置,宜设置街区导向图。

6.2.8 在购物场所的主要出口处,应设置该出口附近的机动车停车场、公共汽车(无轨电车)站、城市轨道交通车站和临近道路的导向标志。

7 购物导向系统

7.1 设置范围

购物导向系统是向顾客提供商品分布和销售信息的导向系统,其设置范围为购物场所建筑物内部空间。

7.2 通则

7.2.1 图形标志与文字

7.2.1.1 表示公共设施信息的图形标志(如公共卫生间、楼梯、电梯等)不宜带辅助文字。同类但功能相异的公共设施的图形标志应带辅助文字,且辅助文字应准确,如“自动扶梯”、“自动坡道”。表示购物信息的图形标志应使用 GB/T 10001.1 和 GB/T 10001.5 中规定的图形符号并宜带辅助文字。

7.2.1.2 图形标志的辅助文字应根据具体情况确定,例如 GB/T 10001.1 中含义为“结账”的图形符号,在购物场所中其辅助文字为“收银”,图 1 给出了相应的设计示例。附录 A 的表 A.1 中列出了部分图形符号及其备选辅助文字。

图 1 购物场所图形标志设计示例

7.2.2 导向要素

7.2.2.1 位置标志应突出醒目，如果位置标志在有效观察范围内，则不宜重复设置相应的导向标志。

7.2.2.2 应在公共设施（如公共卫生间、公用电话等）上方或临近位置设置位置标志，如果公共设施在有效观察范围内特征突出且易于辨认，则不宜设置位置标志，除非该标志能起到导向的作用。

7.2.2.3 应在各楼层的主要通道上方悬挂指示所在楼层的楼梯、自动扶梯、客梯、公共卫生间和公用电话等的导向标志。

7.2.2.4 当同一标志上既有购物导向信息又有公共设施导向信息时，两类信息应各自集中排列，且用不同的颜色区分或者两类信息间的间距大于同类信息间的间距。

7.2.2.5 应在客流量大的显著位置（如超市主要入口附近）设置平面示意图。

7.2.2.6 应在自动扶梯（或自动坡道）尽头上方且垂直于运行方向设置购物信息板，提供当前层的购物信息。应在自动扶梯（或自动坡道）起步处上方且垂直于运行方向设置导向标志，提供相邻层的购物信息。自动扶梯标志设置示例参见附录B中的图B.1。

7.2.2.7 应在楼梯入口处设置购物信息板，提供当前层和相邻楼层的购物信息，且当前层的位置信息应用“本层”表示。

7.2.2.8 应在电梯内或外部设置总信息板，提供购物场所各楼层的购物信息，电梯外部设置的信息板应突出显示当前层的信息，见图2的设计示例。

7.2.2.9 应在自动扶梯、自动坡道的起步处设置安全提示标志。

图2 楼层购物信息板设计示例

7.3 超市

7.3.1 服务中心、购物车、购物篮和婴儿车等处应设位置标志和(或)相应的导向标志。

7.3.2 宜在楼层入口附近设置平面示意图。平面示意图应标注示意范围内各区域销售商品的大分类,如“家居用品”、“家电”、“食品”等。

7.3.3 当设有称重处时应设置醒目的“称重处”的位置标志和(或)导向标志。

7.3.4 应根据超市规模、商品布局和顾客流线,设计涵盖商品种类尽可能多、购物路线长度适宜的导向路线,并在此基础上设置导向标志和位置标志。附录C给出了有关商品分类的信息,应根据购物场所的商品分类方法和商品布局设置标志(设置示例参见附录C中的图C.1),设置方法有以下三类:

——A类标志:提供所售商品的大分类信息和本层出口信息的导向标志,应在主通道上方和拐弯处设置;

——B类标志:提供所售商品的中分类信息的导向标志,应在主通道上方和拐弯处设置;

——C类标志:提供临近货架所售商品的小分类信息的位置标志,应在货架两端设置。

7.3.5 设有多个收银台时宜对收银台编号。

7.3.6 应在结算区域设置“无购物通道”的位置标志。

7.3.7 当结算区域设置了服务功能不同的收银台(如设有使用银行卡结账的收银台)时,收银台的位置标志和导向标志的文字辅助标志应区别于普通收银台,如“银行卡收银台”。

7.3.8 结算区域所在楼层,应在主通道上悬挂结算区域导向标志。

7.3.9 应在结算区域的通道出口设置公共信息的导向标志,如服务中心、礼品包装、超市出口和停车场等。

7.3.10 宜充分利用超市常用的便携印刷品为顾客提供购物信息,如在促销海报的背面提供各楼层购物信息等。

7.4 百货店

7.4.1 应在服务中心、百货店出口所在楼层的主要通道上方设置指示服务中心、出口的导向标志。

7.4.2 应在超市、餐饮区域的相邻楼层的主要通道上方设置超市、餐饮的导向标志,指向通往超市、餐饮区域的楼梯入口。

7.4.3 货梯应仅设位置标志。

7.4.4 如店内设有座椅等休息设施的休息区,宜设置相应的导向标志。

7.4.5 应在休息区、餐饮区域的主要出入口设置各楼层的购物信息板和本楼层的平面示意图以及公共卫生间、自动扶梯、电梯和楼梯的导向标志。

7.4.6 根据百货店常见的自动扶梯布局(参见附录D),自动扶梯的导向标志设置分为集中式和分散式两种情况(见图D.1):

——集中式:如自动扶梯呈交叉式布置(如图D.2a)所示),则在店内通道上方应设置“自动扶梯”的导向标志,并应在自动扶梯附近设置“上行自动扶梯”和“下行自动扶梯”的位置标志;如自动扶梯呈并行式布置(如图D.2b)所示),则仅需在店内通道上方设置“自动扶梯”的导向标志;

——分散式:应在店内通道上方设置“上行自动扶梯”和“下行自动扶梯”的导向标志。

7.4.7 在顾客聚集处(如出入口、自动扶梯、客梯等)宜提供购物指南类便携印刷品。

7.5 摊位式市场

7.5.1 宜按照市场布局建立商品销售区域和摊位编号,平面示意图、导向标志和位置标志中的相关文字均应含有商品销售区域和摊位编号。

7.5.2 当市场分厅、分区经营,入口的位置标志则应指示具体的“厅”、“区”,如“服装厅入口”。

7.5.3 宜在入口设置市场平面示意图,提供市场内部布局的信息。

7.5.4 当公共卫生间、公用电话设置在市场外部时,应在市场的出入口附近设置相应的导向标志。

7.5.5 主要通道上方应采用悬挂方式设置导向标志,提供所在购物区域的名称、本层其他购物区域的方向、摊位编号分布、电梯、楼梯和公共卫生间等信息。

7.5.6　应在各摊位设置摊位编号，且设置位置应统一。

7.6　购物中心

7.6.1　应在购物中心主要入口设置各楼层信息板，在各楼层的主要入口设置本楼层平面示意图。信息板和平面示意图应提供店面信息以及电梯、楼梯和公共卫生间等信息。

7.6.2　宜在购物中心内的超市、百货店所在楼层的楼梯、电梯入口处及主要通道上方设置超市、百货店的导向标志。

7.6.3　购物中心内的超市、百货店中设置的标志应符合 7.3 和 7.4 的要求。

STANDARDS PRESS OF CHINA

附 录 A
（资料性附录）
公共信息图形符号与备选辅助文字

表 A.1 中列出了在 GB/T 10001.1 中没有规定的，或选自 GB/T 10001.1，但需要根据具体购物场所，重新为之确定恰当辅助文字的公共信息图形符号，并给出了备选辅助文字。

表 A.1 公共信息图形符号与备选辅助文字

序号	图形符号	辅助文字	来源
1		试衣间 Fitting Room	GB/T 10001.1—2006(20)
2		服务中心 Service Center	GB/T 10001.1—2006(28)
3		存包处 Locker Service	GB/T 10001.1—2006(31)
4		自助存包处 Locker Service (Self)	GB/T 10001.3—2004(34)
5		购物车 Barrow	GB/T 10001.1—2006(61)
6		收银 Cashier	GB/T 10001.1—2006(66)
7		汽车电梯 Elevator for Cars	

附　录　B
（资料性附录）
自动扶梯标志设置示例

图B.1给出了自动扶梯（交叉式）标志设置示例。

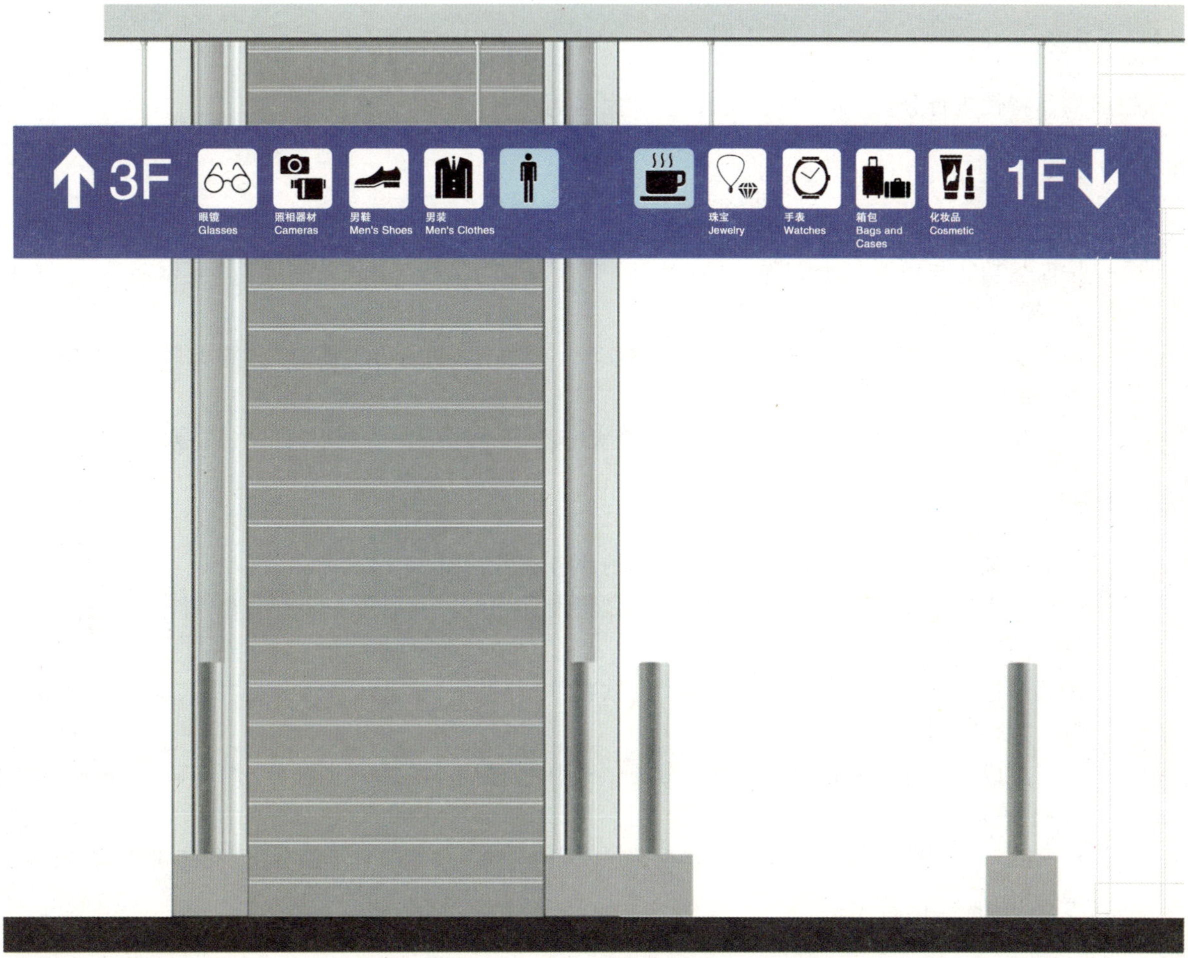

图 B.1　自动扶梯（交叉式）标志设置示例

附 录 C
（资料性附录）
超市商品分类和标志设置

超市一般对商品分类后，将同类商品集中销售。常见的有三种分类方法：大分类、中分类、小分类。图C.1给出了中分类和小分类标志的设置示例。

C.1 大分类

按照商品特性进行分类，如“服装”、“家电”、“家居用品”、“食品”、“畜产品”等。

C.2 中分类

在大分类的基础上细分出来的类别。常见的中分类方法主要有：

——按商品功能与用途划分。如在“食品”这个大分类下，可分出“乳制品”、“豆制品”、“冷冻食品”等；

——按商品加工方法划分。如在“畜产品”这个大分类下，可分出“腊肉”、“熏肉”、“火腿”和“鲜肉”等；

——按商品产地、来源划分。如在“水果”这个大分类下，可分出“国产水果”、“进口水果”等。

C.3 小分类

在中分类的基础上进一步细分的类别。常见的小分类方法有：

——按功能用途划分。如在“畜产品”大分类、“猪肉”中分类下，可进一步细分出“排骨”、“里脊肉”、“猪肝”等；

——按规格包装划分。如在“食品”大分类、“饮料”中分类下，可进一步细分出“听装饮料”、“瓶装饮料”、“盒装饮料”等；

——按商品成分划分。如在“日用品”大分类、“鞋”中分类下，可进一步细分出“皮鞋”、“布鞋”、“塑料鞋”等；

——按商品口味划分。如在“食品”大分类、“饼干”中分类下，可进一步细分出“甜味饼干”、“咸味饼干”、“奶油饼干”等。

图 C.1 超市标志设置示例

附 录 D
（资料性附录）
百货店自动扶梯布局

百货店常见的自动扶梯布局有：

——集中式：图 D.1a）为集中式自动扶梯布局示例，上下行自动扶梯集中设置，位于百货店核心部位。集中式又分为并行式和交叉式两类，如图 D.2 所示。

——分散式：图 D.1b）为分散式自动扶梯布局示例，上下行自动扶梯成对角分设于店内两侧。

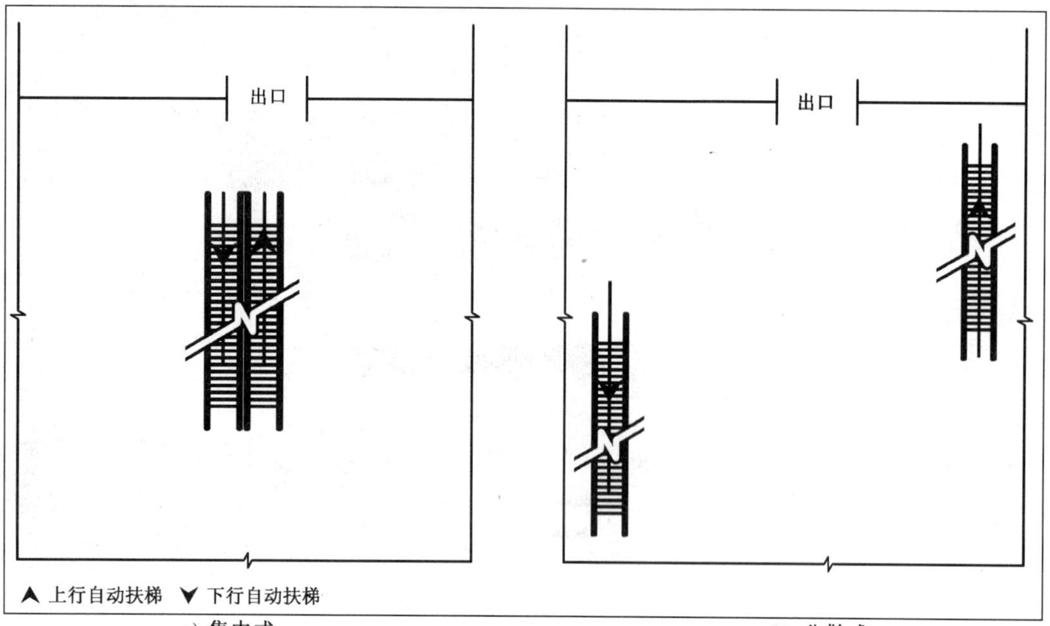

a) 集中式　　b) 分散式

图 D.1 自动扶梯布局示例

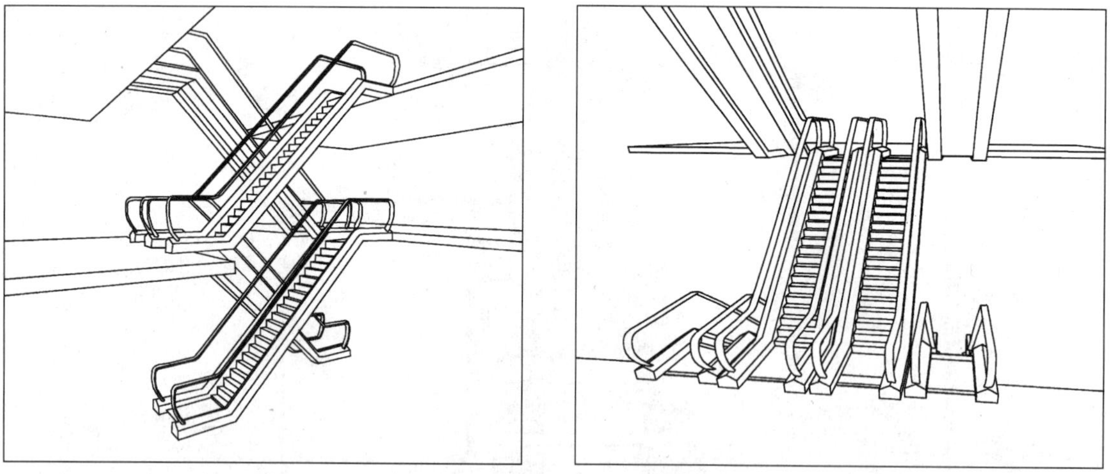

a) 交叉式　　b) 并行式

图 D.2 集中式自动扶梯布局示例

ICS 01.080.01
A 22

中华人民共和国国家标准

GB/T 15566.6—2007

公共信息导向系统　设置原则与要求
第6部分：医疗场所

Guidance system for public information—Setting principles and requirements—Part 6: Medical site

2007-11-14 发布　　2008-04-01 实施

中华人民共和国国家质量监督检验检疫总局
中国国家标准化管理委员会　发布

前　言

GB/T 15566《公共信息导向系统　设置原则与要求》分为以下部分：
——第1部分：总则；
——第2部分：民用机场；
——第3部分：铁路旅客车站；
——第4部分：公共交通车站；
——第5部分：购物场所；
——第6部分：医疗场所；
——第7部分：运动场所；
——第8部分：宾馆和饭店；
——第9部分：公园景点；
——第10部分：街区；
…………

本部分为GB/T 15566的第6部分。

本部分的附录A和附录C为资料性附录、附录B为规范性附录。

本部分由全国图形符号标准化技术委员会(SAC/TC 59)提出并归口。

本部分起草单位：中国标准化研究院、北京大学人民医院、北京大学第三医院、清华大学美术学院。

本部分主要起草人：邹传瑜、白殿一、赵越、杨莉、洪兴宇、陈永权、张亮。

本部分为首次发布。

公共信息导向系统　设置原则与要求
第6部分：医疗场所

1　范围

GB/T 15566的本部分规定了医疗场所公共信息导向系统（以下简称医疗场所导向系统）的设置原则与要求。

本部分适用于医院的公共信息导向系统的设置。其他医疗场所（如急救中心、卫生所、体检中心等）的导向系统和医护人员专用导向系统的设置宜参考本部分。

2　规范性引用文件

下列文件中的条款通过GB/T 15566的本部分的引用而成为本部分的条款。凡是注日期的引用文件，其随后所有的修改单（不包括勘误的内容）或修订版均不适用于本部分，然而，鼓励根据本部分达成协议的各方研究是否可使用这些文件的最新版本。凡是不注日期的引用文件，其最新版本适用于本部分。

GB/T 2893.1　图形符号　安全色和安全标志　第1部分：工作场所和公共区域中安全标志的设计原则

GB 2894　安全标志

GB/T 10001（所有部分）　标志用公共信息图形符号

GB/T 15565（所有部分）　图形符号　术语

GB/T 15566.1　公共信息导向系统　设置原则与要求　第1部分：总则

GB/T 17695　印刷品用公共信息图形标志

GB/T 20501（所有部分）　公共信息导向系统　要素的设计原则与要求

3　术语和定义

GB/T 15565、GB/T 15566.1和GB/T 20501确立的以及下列术语和定义适用于GB/T 15566的本部分。

3.1

导向线　guidance　line

设置在地面或墙面，用于指示路线方向的、有颜色的线条标志。

4　导向系统的构成

4.1　根据就医流程，医疗场所导向系统由以下相互关联的三个子系统构成：

——诊前导向系统；

——就诊导向系统；

——诊后导向系统。

4.2　医疗导向系统由以下导向要素构成：

——位置标志；

——导向标志；

——平面示意图；

——信息板；
——街区导向图；
——流程图；
——便携印刷品；
——导向线。

5 总则

5.1 医疗导向系统的设置应符合 GB/T 15566.1 中规定的通用原则与要求。导向系统中导向要素的设计应符合 GB/T 20501 的要求。导向要素中信息的传递应优先使用图形标志，边长大于 10 mm 的图形标志的形成应使用 GB/T 10001 中规定的图形符号，并应符合 GB/T 20501.1 的要求；边长 3 mm～10 mm 的图形标志应使用 GB/T 17695 中规定的标志。

5.2 可针对医疗场所的区域划分确定区域标志色，并应在设计导向要素时根据具体设置位置予以应用。例如，当医疗场所划分区域并确定了区域标志色后，设置在各区域中的位置标志以及平面示意图中的不同区域均应使用相应区域的区域标志色。

5.3 宜在建筑物的主要入口处提供便携印刷品，如导医手册。便携印刷品宜提供主要诊疗科目、专家出诊信息、建筑设施分布、科室分布、就诊流程和医疗场所地理位置等信息。

5.4 宜综合利用单据和手册设计便携印刷品为患者提供就诊信息，如在挂号单的正面提供就诊科室的楼层信息、在门诊手册上印制主要诊疗科目等。

5.5 在医疗导向系统中，应按照 GB/T 15566.1 中的规定为无障碍设施导向。

6 诊前导向系统

6.1 设置范围

诊前导向系统是为人员进入医疗场所提供就诊信息和公共设施信息的导向系统，其设置范围为医疗场所内所有建筑物外部空间(含地下停车场)，以及周边主要交通设施和路口。

6.2 通则

6.2.1 就诊信息应包括自成一区并且功能相对独立的建筑物的信息和医疗场所位置信息。公共设施信息应包括公共卫生间、停车场、无障碍通道等。

注：医疗场所内常见的功能相对独立的建筑物有急诊部、门诊部、住院部和传染科等。

6.2.2 在医疗场所主要临近路口，道路平面交叉口宜提前 100 m～200 m 为就诊人员设置医疗场所入口的导向标志，并为车辆设置机动车停车场导向标志。

6.2.3 在临近医疗场所的城市轨道交通车站的出口和公共汽车(无轨电车)站，宜设置医疗场所的导向标志。

6.2.4 医疗场所内主要道路两侧应设置建筑物入口的导向标志。道路两侧的公共设施应设位置标志。

6.3 入口

6.3.1 应在医疗场所主要入口处设置醒目的医疗场所名称。

6.3.2 宜在医疗场所主要入口内及建筑物外的适当位置设置医疗场所建筑分布的平面示意图，提供有关建筑物及公共设施的分布信息。

6.3.3 应在医疗场所主要入口内的适当位置为有专用出入口的建筑物设置导向标志。

6.3.4 应在车辆入口处设置机动车停车场导向标志。

6.3.5 当机动车停车场位于医疗场所外时，宜在入口外设置机动车停车场导向标志，宜在机动车停车场的人员出口设置医疗场所的导向信息。

6.4 停车场

6.4.1 地下机动车停车场应为行人设置不同地面建筑物人员出口的导向标志，且行人导向标志不应与车辆导向标志混设。应在地下机动车停车场的人员出口用信息板提供相应建筑物内的主要医疗信息。

6.4.2 应在露天机动车停车场的人员出口设置门诊部、急诊部、住院部和传染科室等主要建筑物的导向信息。

7 就诊导向系统

7.1 设置范围

就诊导向系统是为患者在医疗场所内活动提供医疗信息和公共设施信息的导向系统，其设置范围为医疗场所内的建筑物内部空间。

7.2 通则

7.2.1 公共设施信息应包括楼梯、电梯、公共卫生间和公用电话，宜包括饮水处等。表示通用公共设施信息的图形标志，不宜带辅助文字。表示医疗信息的图形标志应使用 GB/T 10001.1 和 GB/T 10001.6 中规定的图形符号并宜带辅助文字，如“心外科”。

7.2.2 图形标志的辅助文字应根据具体情况确定，例如 GB/T 10001.1 中含义为“电梯”的图形符号，根据实际情况其文字辅助标志可为“专用电梯”。附录 A 中的表 A.1 中列出了部分图形符号及其备选辅助文字。

7.2.3 当同一标志上既有医疗导向信息又有公共设施导向信息时，两类信息应各自集中排列，且用不同的颜色区分或者两类信息间的间距大于同类信息间的间距。

7.2.4 医疗信息的提供方式和相关导向要素的设置应根据挂号、候诊、诊断、检查、收费、药房和住院等主要医疗环节综合规划。若医疗科室按类别集中设置，则在设置导向要素时应遵循先一级医疗科目后二级医疗科目的原则，如在“呼吸内科”的导向路线设计中，应先给出“内科”的导向标志，然后再给出“呼吸内科”的导向标志。

7.2.5 当需说明的外科或内科专业科室在 GB/T 10001.6 中没有相应的图形符号，并且图形标志的边长大于 10 mm 时，应使用 GB/T 10001.6 中的通用外科符号或通用内科符号，并按 GB/T 20501.1 的要求形成图形标志，此时应附加文字说明。图 1 给出了利用通用内科符号设计血液内科图形标志的示例。

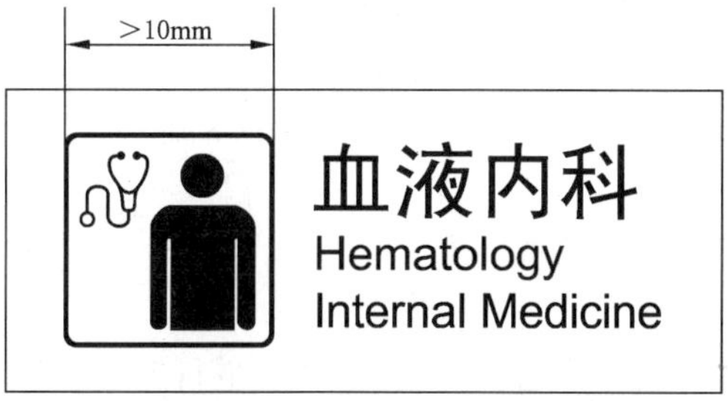

图 1 “通用内科”符号的具体应用示例

7.2.6 当需说明的外科或内科专业科室在 GB/T 17695 中没有相应的图形标志，并且图形标志的边长为 3 mm～10 mm 时，应使用 GB/T 17695 中的通用外科标志或通用内科标志，此时应附加文字说明。图 2 给出了利用通用外科标志设计整形外科图形标志的示例。

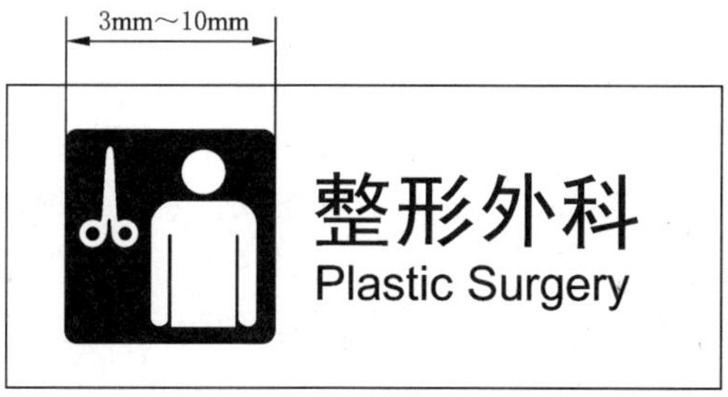

图 2 小尺寸的“通用外科”标志的具体应用示例

7.3 导向要素的设置

7.3.1 应在需要的位置设置“请勿吸烟”、“保持安静”(如图3)等图形标志。

图3 “保持安静”图形标志

7.3.2 具有明确功能的区域应在其出入口设置位置标志,如“门诊部”、“住院部”。

7.3.3 医疗场所的建筑物内可设置导向线。导向线的设计及设置应符合附录B的要求。导向线的起始点应是门诊部门厅、楼层主要入口处和主要导向节点处。导向线的目的地宜是所在楼层内主要科室(如内科)或主要服务设施(如收费处)等。

7.3.4 应在出入口、门诊部门厅、楼梯和电梯附近以及主要导向节点处设置平面示意图和信息板。平面示意图应给出建筑设施分布信息或示意区域内主要医疗信息。信息板应给出区域内主要医疗信息。

7.3.5 应在门诊大厅、住院部大厅等建筑设施入口附近设置流程图并给出主要就诊程序。

7.3.6 电梯内部和(或)电梯外部墙面的显著位置应设置各楼层的信息板。楼梯口附近应设置导向标志提供相邻楼层的信息,或设置包含上、下层和本层信息的信息板。

7.3.7 电梯外部和楼梯口的适当位置宜设置本层平面示意图。楼梯、电梯处导向设计示例参见附录C中的图C.2。

7.3.8 应将电梯间和楼梯口作为本层的导向出发点,选择本层主要科室或主要服务设施设置导向标志和导向线。

7.4 门诊部

7.4.1 应在门诊部的入口或门厅设置门诊部平面示意图或信息板,提供门诊部科室分布信息。可提供便携印刷品,设置专科及专家介绍牌、科目一览表、专家门诊动态一览表等。门诊部门厅导向设计示例参见附录C。

7.4.2 挂号处、咨询处等应设置位置标志,并宜根据需要设置导向标志。

7.4.3 收费、药房、治疗等医疗服务科室应设置位置标志,且所在楼层应设置导向标志。

7.4.4 宜根据情况在挂号处用导向线给出主要科室的导向信息,收费处宜用导向线给出药房、主要检查科室的导向信息。

7.4.5 应根据情况设置预检分诊处的位置标志。

7.5 医疗科室

7.5.1 应在医疗科室的专用入口设置标志,如“儿科”、“肠道科”。

7.5.2 医疗科室门口应设置位置标志。位置标志的文字内容宜根据二级医疗科目确定,如“呼吸内科”。

7.5.3 放射科、核医学科和传染科等科室的附近应按照GB 2894设置相应的图形标志。

7.5.4 在需要的位置应设置“禁止使用手机”图形标志。

7.5.5 在设计医疗科室的各导向要素时,可用区域标志色区分清洁区、半清洁区和污染区。

7.6 急诊部

7.6.1 应从医疗场所入口处至急诊部入口设置连续的导向标志,并宜设置导向线。

7.6.2 急诊部的出入口或门厅应设置急诊部平面示意图或信息板,并应设置挂号处、药房、收费处、主要检查科室等的导向标志。

7.6.3 当急诊部与门诊部或其他医疗科室合用医疗设施(化验、B超、CT等)时,如导向路线较长,则应在路线上以适当的间隔重复设置导向标志。

7.6.4 急诊部相关的导向标志和位置标志应保证夜间和紧急情况下可见。

7.7 住院部

7.7.1 住院部应设置出入院接待的位置标志，宜根据需要设置导向标志。

7.7.2 住院部的入口、门厅或入院接待处应设置住院部的平面示意图或信息板。

7.7.3 每一护理单元的入口处应设置位置标志以及本护理单元病房、病床、护士站的导向标志。

7.7.4 各护理单元病房、病床应设置病房编号、病床编号的位置标志，护士站宜设置位置标志。

7.7.5 特殊设施应设置位置标志，如“污洗室”。

7.8 传染科

7.8.1 传染科的入口应设置位置标志，宜设置平面示意图或信息板。

7.8.2 不同病种所属区域的入口应设置位置标志。

7.8.3 应严格按照使用流程设计患者的通行路线并设置相关导向标志和位置标志。

8 诊后导向系统

8.1 设置范围

诊后导向系统是为患者就诊后离开医疗场所提供公共设施信息和交通信息的系统，其设置范围为医疗场所内所有建筑物外部空间(含地下停车场)。

8.2 通则

8.2.1 应在主要就诊通道上设置所在建筑主要出口的导向标志，以方便患者就诊完毕离开。

8.2.2 应在建筑物外部主要道路两侧设置医疗场所主要出口和机动车停车场的导向标志，宜提供周边道路信息。

8.3 停车场

8.3.1 应在机动车停车场内为车辆设置停车场出口导向标志。

8.3.2 应在机动车停车场出口的适当位置为车辆提供医疗场所主要出口的导向标志。

8.3.3 当有多个出口时宜在机动车停车场出口的适当位置为车辆提供周边道路的信息并设置相关导向标志。

8.4 出口

8.4.1 宜在出口内适当位置设置街区导向图。

8.4.2 宜在出口内适当位置设置城市轨道交通车站、公共汽车(无轨电车)站等交通设施的导向标志。

8.4.3 宜在出口内适当位置为车辆设置周边道路的导向标志。

附 录 A
（资料性附录）
公共信息图形符号与备选辅助文字

表 A.1 中列出了选自 GB/T 10001.1 但需要根据具体医疗场所，重新为之确定恰当辅助文字的公共信息图形符号，并给出了备选辅助文字。

表 A.1 公共信息图形符号与备选辅助文字

序号	图形符号	辅助文字	编号
1		专用电梯 Elevator for Special Use	GB/T 10001.1—2006(13)
2		轮椅 Wheelchair	GB/T 10001.1—2006(19)
3		挂号 Register	GB/T 10001.1—2006(27)
4		住院(处)；入院接待(处)； 出院接待(处) Inpatient；Outpatient	GB/T 10001.1—2006(28)
5		收费 Cashier	GB/T 10001.1—2006(66)

附　录　B
（规范性附录）
导向线的设计和设置

B.1　分类

导向线分为：设置在地面上的地面导向线和设置在墙面上的墙面导向线。

B.2　设计

B.2.1　构成

由信息单元和线条构成，其中信息单元由箭头、文字和（或）图形标志组成。

B.2.2　信息单元

B.2.2.1　信息单元中箭头、图形标志和文字的位置应符合 GB/T 20501.1 的要求，且箭头方向应与目的地方向一致。图 B.1a)、b)、c)分别给出了左向、右向和前向导向线的设计示例。

a）左向导向线的设计示例

b）右向导向线的设计示例

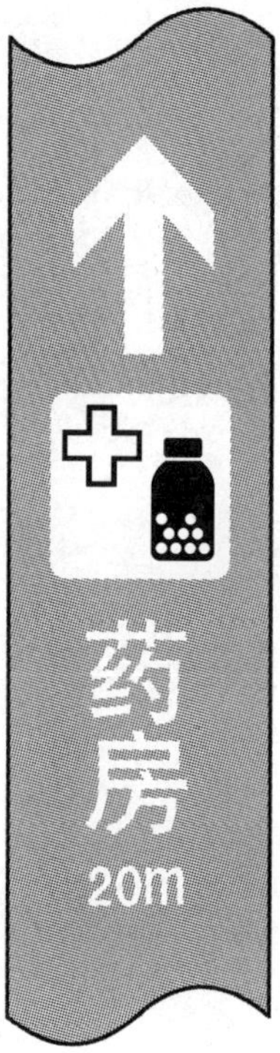

c）前向导向线的设计示例

图 B.1　导向线设计示例

B.2.2.2　图形标志应代表导向线目的地的指定设施。

B.2.2.3　文字应说明目的地并宜提供距离信息。距离信息是当前信息单元与目的地之间距离的表示。

B.2.3　线条

B.2.3.1　线条的最小宽度为 100 mm，线条宽度应根据光照强度的不同进行调整。

B.2.3.2　如果导向系统使用区域标志色，则线条颜色应与目的地的区域标志色颜色一致，且不应使用 GB/T 2893.1 规定的安全色中的绿色。

B.3 设置

B.3.1 导向线应是对同一区域内导向标志的补充。

B.3.2 指向同一目的地的导向线的设置方式应一致。

B.3.3 应优先选择建筑物主要入口、楼层主要入口、人员汇集处等易出现方向抉择错误的地点作为导向线设置的出发点。

B.3.4 信息单元的间隔宜为 10 m,可根据空间规模和人员密度适当调整。

B.3.5 地面导向线的线条不宜断裂。

B.3.6 如设置墙面导向线,则除门、走廊以外导向线的线条不宜断裂,且应在门、走廊和拐弯等断裂处的前后重复设置信息单元。走廊处导向线设置示例见图 B.2。

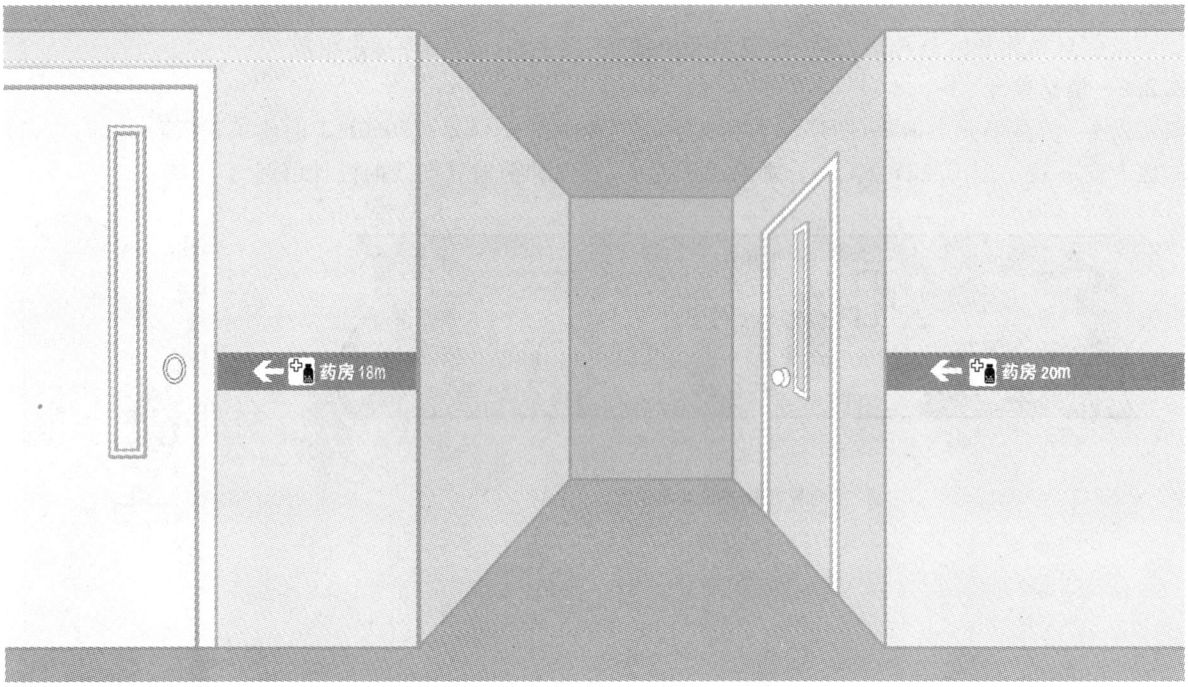

图 B.2　走廊处导向线设置示例

附　录　C
（资料性附录）
医疗场所导向设计示例

图C.1给出了门诊部门厅的导向设计示例，图C.2给出了电梯、楼梯的导向设计示例。

图 C.1 门诊部门厅导向设计示例

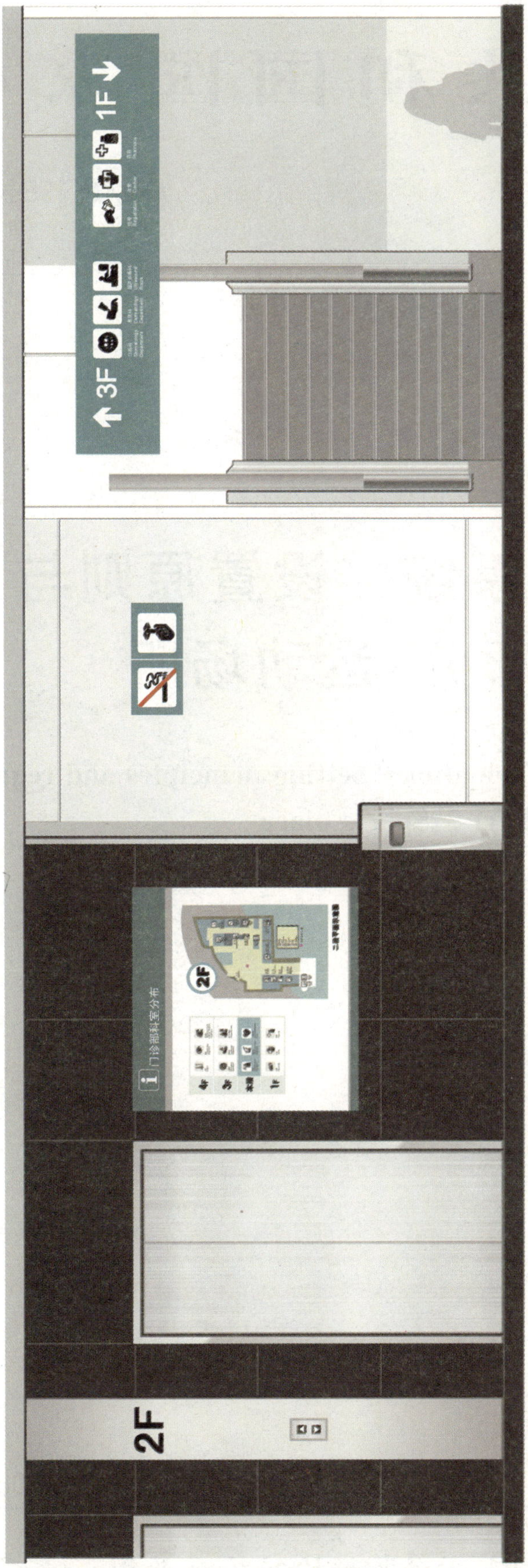

图 C.2 电梯、楼梯导向设计示例

ICS 01.080.01
A 22

中华人民共和国国家标准

GB/T 15566.7—2007

公共信息导向系统　设置原则与要求
第7部分：运动场所

Guidance system for public information—Setting principles and requirements—Part 7: Sports place

2007-11-14 发布　　2008-04-01 实施

中华人民共和国国家质量监督检验检疫总局
中国国家标准化管理委员会　发布

前　言

GB/T 15566《公共信息导向系统　设置原则与要求》分为以下部分：

——第 1 部分：总则；

——第 2 部分：民用机场；

——第 3 部分：铁路旅客车站；

——第 4 部分：公共交通车站；

——第 5 部分：购物场所；

——第 6 部分：医疗场所；

——第 7 部分：运动场所；

——第 8 部分：宾馆和饭店；

——第 9 部分：公园景点；

——第 10 部分：街区；

…………

本部分为 GB/T 15566 的第 7 部分。

本部分由全国图形符号标准化技术委员会(SAC/TC 59)提出并归口。

本部分起草单位：中国标准化研究院、国家奥林匹克体育中心、中国人民大学徐悲鸿艺术学院、国家体育总局经济司。

本部分主要起草人：陈永权、白殿一、徐平、安姚舜、安枫、邹传瑜、张亮。

本部分为首次发布。

公共信息导向系统　设置原则与要求
第7部分：运动场所

1　范围

GB/T 15566的本部分规定了运动场所公共信息导向系统(以下简称运动场所导向系统)的设置原则与要求。

本部分适用于以应用在体育场馆为主的运动场所导向系统的设置。

2　规范性引用文件

下列文件中的条款通过GB/T 15566的本部分的引用而成为本部分的条款。凡是注日期的引用文件，其随后所有的修改单(不包括勘误的内容)或修订版均不适用于本部分，然而，鼓励根据本部分达成协议的各方研究是否可使用这些文件的最新版本。凡是不注日期的引用文件，其最新版本适用于本部分。

GB/T 10001(所有部分)　标志用公共信息图形符号

GB/T 15565(所有部分)　图形符号　术语

GB/T 15566.1　公共信息导向系统　设置原则与要求　第1部分：总则

GB/T 17695　印刷品用公共信息图形标志

GB/T 20501(所有部分)　公共信息导向系统　要素的设计原则与要求

3　术语和定义

GB/T 15565、GB/T 15566.1和GB/T 20501确立的以及下列术语和定义适用于GB/T 15566的本部分。

3.1

运动场所　sports place

在固定区域内包含专用建筑和设施，可进行体育锻炼、体育竞技、体育教学和体育娱乐等活动的公共场所。

3.2

体育建筑　sports building

用于体育锻炼、体育竞技、体育教学和体育娱乐等体育活动的建筑物。

4　导向系统的构成

4.1　根据运动场所内的人员活动路线，运动场所导向系统由以下相互关联的三个子系统构成：

——到达导向系统；

——离开导向系统；

——服务导向系统。

4.2　运动场所导向系统由以下导向要素构成：

——位置标志；

——导向标志；

——平面示意图；

——街区导向图；
——便携印刷品。

5 总则

5.1 运动场所导向系统的设置应符合 GB/T 15566.1 中规定的通用原则与要求。导向系统中导向要素的设计应符合 GB/T 20501 的要求。导向要素中信息的传递应优先使用图形标志，边长大于 10 mm 的图形标志的形成应使用 GB/T 10001 中规定的图形符号，并应符合 GB/T 20501.1 的要求；边长 3 mm～10 mm 的图形标志应使用 GB/T 17695 中规定的标志。

5.2 运动场所在承办体育比赛或其他活动时，在导向系统中应增设相应的标志。

5.3 在运动场所导向系统中，应按照 GB/T 15566.1 中的规定为无障碍设施导向。

6 到达导向系统

6.1 设置范围

到达导向系统是引导人员进入运动场所的导向系统，其设置范围为从邻近运动场所的主要路口、公共汽车站或城市轨道交通车站至运动场所中的场地或看台入口。

6.2 运动场所入口外

6.2.1 在运动场所附近的公共汽车站旁或城市轨道交通车站出口处，宜为行人设置运动场所的导向标志。当运动场所有多个入口时，指向运动场所的导向信息应以最近的入口导向为主。

6.2.2 在邻近运动场所的主要路口处，宜为车辆设置运动场所的导向标志。

6.2.3 停车场位于运动场所外时，宜在车辆到达运动场所入口前的适当位置设置停车场导向标志。停车场行人出口处宜设置运动场所的导向标志。

6.3 运动场所入口至体育建筑入口

6.3.1 运动场所入口处应设置名称标志，例如××体育馆。当运动场所有多个入口时，应在名称标志上通过文字区分不同的入口，例如××体育馆北门或××体育馆 1 号门等。

6.3.2 运动场所入口内应设置运动场所的平面示意图，平面示意图应符合以下要求：

a) 如果运动场所范围较大，应标注出到达主要体育建筑的交通路线；
b) 宜使用颜色区分不同的功能区域，并应通过颜色突出运动设施的信息。

6.3.3 运动场所入口内应提供综合导向标志，综合导向标志应符合以下要求：

a) 当只有单个体育建筑时，体育建筑的导向标志中宜带有在该体育建筑中所开展的主要运动项目的信息（见图 1）；
b) 当有多个体育建筑时，导向标志中应包括每个体育建筑的导向信息（见图 2）；
c) 对于大型运动场所，在综合导向标志中除主要提供与体育运动相关的导向信息外，还应提供服务设施的导向信息，宜提供场馆管理的导向信息。

图 1 单个体育建筑的导向标志示例

图 2　多个体育建筑的导向标志示例

6.3.4　在运动场所入口处或售票处等人员比较集中的场所，宜摆放导向用便携印刷品。

6.3.5　停车场在运动场所内时，运动场所入口内侧应设置停车场导向标志。停车场人员出口处应根据需要设置运动场所的总平面示意图和综合导向信息。

6.3.6　在体育建筑入口处应设置该体育建筑的名称标志，并宜辅以体育建筑内所开展的运动项目信息（见图 3）。

图 3　体育建筑名称标志示例

6.4　体育建筑内

6.4.1　对于较复杂的体育建筑，在其主入口处宜设置该建筑内部设施分布的平面示意图。

6.4.2　在进入场地前需要使用的场所，如售票处、更衣室、租借处等，应根据需要设置相应的位置标志和导向标志。

6.4.3　当体育建筑内设有多个独立的专用运动场地时，在体育建筑主入口处应提供各运动场地的综合导向信息（见图 4）。场地入口处应设置该场地的位置标志。

6.4.4　当由更衣室或淋浴室可直接到达运动场地时，应为更衣室或淋浴室内的场地入口设置相应的导向标志和位置标志。

6.4.5　看台入口处应设置该看台的位置标志，当有多个看台且每个看台的入口不同时，各看台入口应编号。看台内的每排座位应设置排编号，每个座位应设置座位编号。

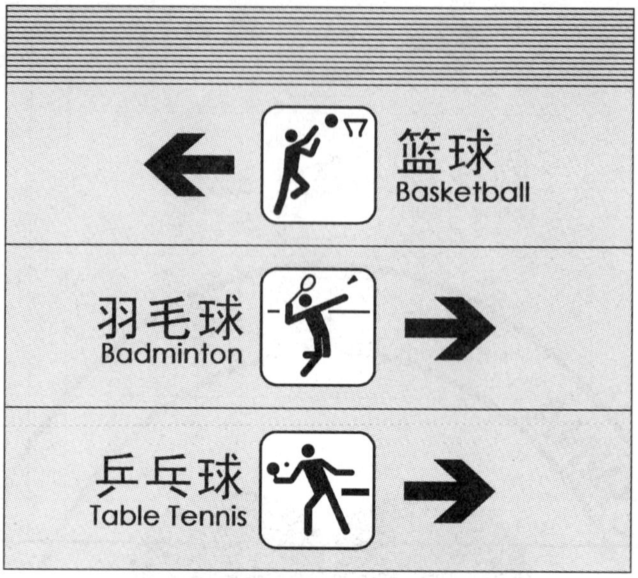

图 4 体育建筑内的场地导向标志示例

7 离开导向系统

7.1 设置范围

离开导向系统是引导人们离开运动场所的导向系统,其设置范围为从体育建筑内部沿伸至运动场所出口外。

7.2 体育建筑内

7.2.1 运动场地和看台的出口处应设置出口标志。

7.2.2 运动场地的出口外应设置更衣室、淋浴室、租借处等场所的导向标志,上述场所的入口处应设置相应的位置标志。

7.2.3 更衣室、淋浴室内应设置该场所出口的导向标志和位置标志。

7.2.4 当体育建筑内有多个独立运动场地时,各场地出口外宜提供其他场地的导向信息。

7.2.5 体育建筑的出口处应设置出口位置标志。

7.3 体育建筑出口至运动场所出口

7.3.1 体育建筑出口外应设置运动场所出口的导向标志,当运动场所内有多个体育建筑时,在一个体育建筑的出口外应提供其他体育建筑的导向信息。

7.3.2 当停车场位于运动场所内时,在体育建筑出口外应设置停车场的导向标志。

7.3.3 在运动场所内的主要道路节点处,应设置运动场所平面示意图。平面示意图中应着重显示到达运动场所不同出口的路径、与运动场所直接相邻的市区道路以及出口附近公共交通车站的信息。

7.3.4 运动场所的出口处应设置出口的名称标志,并宜设置周边道路的导向标志。在出口内侧应设置街区导向图。

7.4 运动场所出口外

7.4.1 在运动场所出口外的适当位置,宜设置附近的公共交通车站的导向标志。

7.4.2 停车场位于运动场所外时,出口外宜设置停车场的导向标志。

8 服务导向系统

8.1 设置范围

服务导向系统是引导人们在运动场所内进行休息、餐饮、购物等活动的导向系统,其设置范围为运动场所内部。

8.2 设置要求

8.2.1 运动场所内的餐厅、商店、卫生间等服务设施应根据需要设置相应的导向标志和位置标志。

8.2.2 运动场地的出口处和看台的出口处均应设置医务急救室的导向标志。在医务急救室的入口处应设置位置标志。

8.2.3 体育建筑内的休息区宜设置相应的导向标志和位置标志。休息区内的设施，如饮水处、公用电话、吸烟室等应设置相应的位置标志。

8.2.4 公共设施，如电梯、楼梯等，宜根据需要设置相应的导向标志和位置标志。

8.2.5 在运动场所入口处或体育建筑的入口处，可根据需要提供运动场所的开放时间、注意事项等信息。

ICS 01.080.01
A 22

中华人民共和国国家标准

GB/T 15566.8—2007

公共信息导向系统　设置原则与要求
第8部分：宾馆和饭店

Guidance system for public information—Setting principles and requirements—
Part 8：Hotel

2007-11-14 发布　　　　2008-04-01 实施

中华人民共和国国家质量监督检验检疫总局
中国国家标准化管理委员会　发布

前　　言

GB/T 15566《公共信息导向系统　设置原则与要求》分为以下部分：

——第1部分：总则；

——第2部分：民用机场；

——第3部分：铁路旅客车站；

——第4部分：公共交通车站；

——第5部分：购物场所；

——第6部分：医疗场所；

——第7部分：运动场所；

——第8部分：宾馆和饭店；

——第9部分：公园景点；

——第10部分：街区；

…………

本部分为GB/T 15566的第8部分。

本部分的附录A为资料性附录。

本部分由全国图形符号标准化技术委员会(SAC/TC 59)提出并归口。

本部分起草单位：中国标准化研究院、国家旅游局质量规范与管理司、中国旅游饭店业协会。

本部分主要起草人：张亮、白殿一、贺静、徐锦祉、邹传瑜、陈永权。

本部分为首次发布。

公共信息导向系统　设置原则与要求
第8部分：宾馆和饭店

1　范围

GB/T 15566 的本部分规定了宾馆和饭店的公共信息导向系统(以下简称宾馆饭店导向系统)的设置原则与要求。

本部分适用于含有住宿设施的各类宾馆、饭店以及培训中心、度假村、招待所、旅社(以下统称宾馆饭店)的导向系统的设置。

2　规范性引用文件

下列文件中的条款通过 GB/T 15566 的本部分的引用而成为本部分的条款。凡是注日期的引用文件，其随后所有的修改单(不包括勘误的内容)或修订版均不适用于本部分，然而，鼓励根据本部分达成协议的各方研究是否可使用这些文件的最新版本。凡是不注日期的引用文件，其最新版本适用于本部分。

GB/T 10001 (所有部分)　标志用公共信息图形符号

GB/T 15565(所有部分)　图形符号　术语

GB/T 15566.1　公共信息导向系统　设置原则与要求　第1部分：总则

GB/T 17695　印刷品用公共信息图形标志

GB/T 20501(所有部分)　公共信息导向系统　要素的设计原则与要求

3　术语和定义

GB/T 15565、GB/T 15566.1 和 GB/T 20501 确立的术语和定义适用于本部分。

4　导向系统的构成

4.1　根据宾客的活动流程，宾馆饭店导向系统由以下相互关联的三个子系统构成：

——宾客到达导向系统；

——服务功能导向系统；

——宾客离开导向系统。

4.2　宾馆饭店导向系统由以下导向要素构成：

——位置标志；

——导向标志；

——平面示意图；

——信息板；

——街区导向图；

——便携印刷品；

——其他标志。

5　总则

5.1　宾馆饭店导向系统的设置应符合 GB/T 15566.1 中规定的通用原则与要求。导向系统中导向要素的设计应符合GB/T 20501的要求。导向要素中信息的传递应优先使用图形标志，边长大于10 mm的图形标志的形成应使用GB/T 10001中规定的图形符号，并应符合GB/T 20501.1的要求；边长3 mm～10 mm的图形标志应使用GB/T 17695中规定的标志。

5.2 宾馆饭店导向系统中导向要素的选择及其设置地点和密度，应根据宾馆饭店建筑物的分布、服务功能的区域划分和宾客的流程特点进行确定，导向要素的设计应与宾馆饭店的建筑风格相协调。

5.3 应按照进、出流向分别设置车辆的导向标志。

5.4 应对多体建筑型宾馆饭店[1)]的所有独立建筑物进行编号或命名，并设置相应的标志。

5.5 同类服务功能(如属于康体娱乐的台球、棋牌、保龄球等)分散在不同的建筑物内时，则不应仅对康体娱乐进行导向，宜按具体服务功能(如台球、棋牌、保龄球)分别进行导向。

5.6 宾馆饭店导向系统所使用的文字应同时使用中文和英文，民族自治区域内的宾馆饭店应同时使用中文、当地民族文字和英文，且文字的使用应规范、准确。

5.7 表示电梯、楼梯、公共卫生间等公共设施信息的图形标志的配色方案，宜与其他服务信息的图形标志的配色方案相区别。

5.8 平面示意图中不同的服务功能和区域，可使用不同的功能或区域标志色，以区别不同的服务功能或区域。

5.9 应充分利用便携印刷品为宾客提供各种导向及服务设施的信息。便携印刷品可包括饭店介绍，服务指南，周边的交通图、旅游图及列车、航班时刻表等。饭店介绍和服务指南中应提供以下导向信息：宾馆饭店的地理位置图、宾馆饭店主要服务功能和康体娱乐设施等方面的相关信息及各建筑设施分布的平面示意图等信息。

5.10 在宾馆饭店导向系统中，应按照GB/T 15566.1中的规定为无障碍设施进行导向。

6 宾客到达导向系统

6.1 设置范围

宾客到达导向系统是为宾客进入宾馆饭店提供导向信息的系统，其设置范围包括宾馆饭店建筑物以外的区域(含地下停车场)及宾馆饭店周边的主要地铁站、公共交通车站和路口。

宾客到达导向信息包括宾馆饭店位置、总服务台、独立建筑物(如康体娱乐中心、会议中心或某区某号楼等)、主要户外服务区域（如网球场、垂钓区等）及停车场等信息。

6.2 宾馆饭店周边区域

6.2.1 宜在周边主要地铁站、公共交通车站和路口附近设置宾馆饭店的导向标志。

6.2.2 宜在周边恰当位置设置停车场导向标志。

6.3 宾馆饭店大门入口

6.3.1 应在入口处外侧设置宾馆饭店名称的标志，在入口处内侧设置停车场导向标志。

6.3.2 如为敞开式宾馆饭店(没有大门)，则应在宾馆饭店建筑物上设置醒目的宾馆饭店名称的标志。

6.3.3 多体建筑型宾馆饭店宜在入口处内侧的恰当位置，设置宾馆饭店的总平面示意图，以提供宾馆饭店内有关建筑物、主要户外服务区域及停车场的分布信息(参见附录A中的图A.1)。

6.3.4 多体建筑型宾馆饭店应在入口处内侧邻近的道路节点处，设置宾馆饭店总服务台、各建筑物、主要户外服务区域及停车场的导向标志，且应尽可能通过颜色、大小等方法突出总服务台导向标志。(参见图A.1)。

6.4 建筑物外部区域

6.4.1 应在通往停车场的主要道路及节点处设置停车场的导向标志。

6.4.2 应在通往总服务台所在建筑物的主要道路及节点处设置醒目的总服务台导向标志。

---

1) 由多个建筑物组成的宾馆饭店。

6.4.3 多体建筑型宾馆饭店如各建筑物均有本建筑物所属的停车场，则应在通往各建筑物的支路上设置停车场导向标志和该建筑物名称的标志。如不是每个建筑物都有自己的停车场，则应在主要道路节点处设置停车场导向标志和相应建筑物名称的标志。

6.5 停车场

6.5.1 应在停车场入口处设置停车场的位置标志。

6.5.2 总服务台所在建筑物停车场的人员出口处，应设置总服务台的导向标志。

6.5.3 多体建筑型宾馆饭店停车场的人员出口处，应设置邻近的建筑物及该建筑物内主要服务功能的导向标志。

7 服务功能导向系统

7.1 设置范围

服务功能导向系统是为宾客在宾馆饭店内的住宿、餐饮、康体娱乐、会议、商务等活动提供服务信息的导向系统，其设置范围包括宾馆饭店户内及户外服务区域。

服务功能导向信息包括宾馆饭店所有服务功能（如餐饮、歌厅、游泳、会议、商务、购物、洗浴等）、独立建筑物（如康体娱乐中心、会议中心或某区某号楼等）之间的导向及公共设施（如电梯、楼梯、公共卫生间、公用电话、停车场等）信息。

7.2 前厅

7.2.1 宾馆饭店的建筑物前厅入口处外侧应设置该建筑物名称的标志（如康体娱乐中心，会议中心等），并使用相应的图形标志。总服务台所在前厅的入口处外侧应设置“接待”的图形标志。

7.2.2 应在总服务台的接待、问讯、结账、行李寄存和公用电话等处设置位置标志，并提供便携印刷品。

7.2.3 应在每个建筑物前厅的适当位置设置该建筑物的平面示意图，并宜设置该建筑物的信息板，以提供有关服务功能及公共设施的分布信息。总服务台所在前厅还应设置宾馆饭店的总平面示意图。

7.2.4 应在总服务台或总服务台所在前厅的适当位置给出宾馆饭店主要服务项目及价目表等信息。多体建筑型宾馆饭店应在各建筑物的服务台或服务台所在前厅的适当位置，给出该建筑物内主要服务项目及价目表等信息。

7.2.5 应在恰当位置设置电梯、楼梯、公共卫生间等公共设施的导向标志，并保证电梯、楼梯导向标志的醒目及可视，以方便前厅宾客的识别。

7.2.6 宜设置出口位置标志。

7.3 客房

7.3.1 应按照方便导向的原则设计客房编号，且客房编号标志的设计应清晰，设置应醒目。

7.3.2 应在电梯口、楼梯口及楼道的节点附近设置客房导向标志，该导向标志应包括图形标志、客房编号及方向信息（参见图 A.2）。

7.3.3 必要时可在电梯口附近设置客房及公共设施分布的平面示意图。

7.3.4 客房内宜提供服务指南、饭店介绍等便携印刷品，客房门后应设置紧急逃生示意图。

7.3.5 客房应设有供宾客使用的提供请勿打扰信息的标志或电子显示设施。

7.3.6 在无烟层或无烟客房应设置请勿吸烟的标志。

7.4 餐饮

7.4.1 应在餐饮区的入口处设置餐饮的位置标志。

7.4.2 如有相对独立的不同风味的特色餐饮，应分别设置相应的图形标志，如中餐厅、西餐厅、咖啡厅、酒吧、茶吧等，并提供餐饮服务的营业时间信息。

7.4.3 如设有无烟区，则应设置请勿吸烟的标志。

7.4.4 应在餐饮区出口处设置公共卫生间的导向标志，如通道较长或有多个节点应连续设置该标志，且宜设置返回时的餐饮区导向标志。如餐饮区内有公共卫生间，则应设置卫生间的位置标志。

7.5 **康体娱乐**

7.5.1 应在康体娱乐区的入口处设置该区域名称的标志(如康体娱乐中心等),多体建筑型宾馆饭店应在康体娱乐项目所在建筑物的入口处外侧设置具体的名称标志,如康体娱乐中心、保龄球馆、游泳馆等。康体娱乐区的入口处或康体娱乐项目所在建筑物入口处外侧,宜提供康体娱乐的营业时间信息。

7.5.2 应在康体娱乐区域入口附近或康体娱乐建筑物前厅,设置该康体娱乐区域或该建筑物内康体娱乐服务功能及公共设施的平面示意图或信息板。

7.5.3 应在该区域的服务台设置“接待”位置标志,并提供康体娱乐的价格信息及相关便携印刷品。

7.5.4 应在该区域内的主要通道节点处设置该区域内各具体康体娱乐服务项目(如保龄球、台球、歌厅等)的导向标志,并应在各具体康体娱乐服务项目的入口处设置该项目的位置标志。

7.6 **会议**

7.6.1 宜在会议区的入口处设置该区域名称的标志(如会议区、会议中心等)。多体建筑型宾馆饭店应在会议楼的入口处外侧设置该会议楼名称的标志(如第一会议楼、会议中心等)。

7.6.2 应在该区域入口附近设置各具体会议室、报告厅的导向标志,必要时可设置会议室、报告厅分布的平面示意图。多体建筑型宾馆饭店应在会议楼前厅设置会议楼内各会议室、报告厅及公共设施分布的平面示意图或信息扳。

7.6.3 如有多个会议室、报告厅,应按照方便导向的原则设计会议室、报告厅的编号,且编号标志的设计应清晰,设置应醒目。

7.6.4 应在该区域的服务台设置“接待”位置标志,并提供会议室、报告厅的价格信息及相关便携印刷品。

7.6.5 应在该区域内的主要通道节点处设置各会议室、报告厅的导向标志,并应在各会议室、报告厅的入口处设置相应的位置标志。

7.7 **电梯、楼梯、公共卫生间**

7.7.1 应在客房或会议区的楼道内设置电梯导向标志,如楼道较长,应间隔重复设置电梯导向标志(参见图 A.2)。

7.7.2 应在各服务功能区(如餐饮区、康体娱乐区等)的通道出口处设置电梯或楼梯的导向标志。

7.7.3 应在电梯、楼梯、公共卫生间所在位置邻近的通道节点处,分别设置相应的导向标志。

7.7.4 应在电梯间、公共卫生间的入口处分别设置电梯、卫生间的位置标志。电梯口及楼梯口应设置楼层编号的位置标志。

7.7.5 电梯内部和(或)电梯外部的墙面应设置各楼层主要服务功能的信息板。电梯外部和楼梯口的适当位置宜设置本层主要服务功能及公共设施的平面示意图。

7.7.6 应将电梯间和楼梯口作为本层的导向出发点,选择本层主要服务功能设置导向标志。如在餐饮、康体娱乐、会议区域所在楼层的电梯、楼梯出口附近应分别设置相应的导向标志。

7.7.7 应在前厅所在位置的电梯、楼梯出口处设置服务台及出口导向标志。

7.8 **建筑物外部区域**

7.8.1 应在建筑物出口附近设置其他建筑物、主要户外服务区域(如网球场、垂钓区等)及停车场的导向标志。

7.8.2 应在主要道路及节点处,设置主要建筑物、户外服务区域(如网球场、垂钓区等)、户外公共卫生间及停车场等的导向标志。

7.9 **其他服务功能和公共设施**

如宾馆饭店具有其他服务功能或具有其他服务功能(如商务中心、购物中心)的独立建筑物,则均应选择适当的导向要素建立其导向系统。

8 宾客离开导向系统

8.1 设置范围

宾客离开导向系统是为离开宾馆饭店的宾客提供导向信息的导向系统，其设置范围包括宾馆饭店建筑物以外的区域(含地下停车场)。

宾客离开导向信息包括停车场信息、出口信息、宾馆饭店周边交通信息和旅游景点信息以及其他服务信息。

8.2 停车场

8.2.1 大型停车场内应设置车辆出口导向标志。

8.2.2 应在停车场车辆出口处设置出口的位置标志。

8.2.3 应在停车场车辆出口处外侧适当位置，为离开车辆提供宾馆饭店的大门出口导向标志。

8.3 建筑物外部区域

8.3.1 应在建筑物出口附近设置停车场导向标志。

8.3.2 应在建筑物出口临近的道路节点处，设置宾馆饭店的大门出口导向标志。

8.3.3 应在主要道路上及节点处设置宾馆饭店的大门出口导向标志，如路线较长宜连续设置该标志。

8.4 宾馆饭店大门出口

8.4.1 应在宾馆饭店大门出口处内侧设置出口位置标志，还应为离开车辆设置周边道路的导向标志，如112国道、京承高速等。

8.4.2 宜在宾馆饭店大门出口处内侧设置街区导向图。街区导向图应提供宾馆饭店周边主要公共交通设施(如公共交通车站、地铁车站等)、主要服务设施(如商场、医院、公园等)的分布情况。

8.4.3 宜在宾馆饭店大门出口附近设置周边主要公共交通设施(如公共交通车站、地铁车站等)、周边主要旅游景点、服务设施(如商场、医院、公园等)的导向标志。

附 录 A
（资料性附录）
宾馆饭店的导向设置示例

图 A.1 给出了多体建筑型宾馆饭店的建筑物外部区域导向设置示例，图 A.2 给出了客房区导向设置示例。

图 A.1 多体建筑型宾馆饭店的建筑物外部区域导向设置示例

图 A.2 客房区导向设置示例

ICS 13.230
C 67

中华人民共和国国家标准

GB 15577—2007
代替 GB 15577—1995

粉尘防爆安全规程

Safety regulations for dust explosion prevention and protection

2007-06-26 发布 2008-02-01 实施

中华人民共和国国家质量监督检验检疫总局
中国国家标准化管理委员会 发布

前　言

本标准除第1,2,3章外,其他所有条款均为强制性条文。

本标准代替GB 15577—1995《粉尘防爆安全规程》。

本标准与GB 15577—1995相比主要变化如下:

——标准结构顺序作了调整(1995年版的第10章;本版的第5章);

——增加了电气设备及电力设计的规定(本版的6.3.3和6.3.4);

——增加了通风除尘内容(见本版6.6);

——增加了抑爆内容(1995年版的6.3;本版的7.3)。

本标准由国家安全生产监督管理总局提出。

本标准由全国安全生产标准化技术委员会粉尘防爆分技术委员会归口。

本标准起草单位:中钢集团武汉安全环保研究院、武汉厚博安全技术研究所、江苏牧羊集团有限公司。

本标准主要起草人:周豪、吴笑、谷庆红、王贵生、朱贤平。

本标准所代替标准的历次版本发布情况为:

——GB 15577—1995。

粉尘防爆安全规程

1 范围

本标准规定了粉尘爆炸危险场所的防爆安全要求。

本标准适用于粉尘爆炸危险场所的工程设计、生产管理及粉末产品的贮存和运输。

本标准不适用于矿山、烟花爆竹和火炸药粉尘场所。

2 规范性引用文件

下列文件中的条款通过本标准的引用而成为本标准的条款。凡是注日期的引用文件，其随后所有的修改单(不包括勘误的内容)或修订版均不适用于本标准，然而，鼓励根据本标准达成协议的各方研究是否可使用这些文件的最新版本。凡是不注日期的引用文件，其最新版本适用于本标准。

GB/T 11651 劳动防护用品选用规则

GB 12476.1 可燃性粉尘环境用电气设备 第1部分：用外壳和限制表面温度保护的电气设备 第1节：电气设备的技术要求(IDT IEC 61241-1:1999)

GB/T 15605 粉尘爆炸泄压指南(NEQ NFPA 68)

GB/T 17919 粉尘爆炸危险场所用收尘器 防爆导则

GB/T 18154 监控式抑爆装置安全技术要求

GB 50057 建筑防雷设计规范

GB 50058 爆炸和火灾危险环境电力装置设计规范

GBJ 16 建筑设计防火规范

3 术语和定义

下列术语和定义适用于本标准。

3.1

可燃粉尘 combustible dust

在一定条件下能与气态氧化剂(主要是空气)发生剧烈氧化反应的粉尘。

3.2

粉尘爆炸危险场所 area subject to dust explosion hazards

存在可燃粉尘和气态氧化剂(主要是空气)的场所。

3.3

惰化 inerting

向有粉尘爆炸危险的场所充入足够的惰性物质，使粉尘混合物失去爆炸性的技术。

3.4

抑爆 explosion suppression

爆炸发生时，通过物理化学作用扑灭火焰，使未爆炸的粉尘不再参与爆炸的控爆技术。

3.5

阻爆(隔爆) explosion arrestment

在含有可燃粉尘的通道中，设置能够阻止火焰通过和阻波、消波的器具，将爆炸阻断在一定范围内的控爆技术。

3.6

泄爆　venting of dust explosion

有粉尘和主要是空气存在的围包体内发生爆炸时，在爆炸压力达到围包体的极限强度之前，使爆炸产生的高温、高压燃烧产物和未燃物通过围包体上的薄弱部分向无危险方向泄出，使围包体不致被破坏的控爆技术。

3.7

二次爆炸　subsequent explosion

发生粉尘爆炸时，初始爆炸的冲击波将沉积粉尘再次扬起，形成粉尘云，并被其后的火焰引燃而发生的连续爆炸。

4　总则

4.1　有粉尘爆炸危险场所的企业的新建、改建、扩建工程，应符合本标准的规定。不符合本标准规定的现有企业，应制定安全技术措施计划。

4.2　企业应清楚本企业有无粉尘爆炸危险场所，并采取能有效预防和控制粉尘爆炸的措施。

4.3　企业应根据本标准并结合自身粉尘爆炸危险场所的特点，制定本企业粉尘防爆实施细则和安全检查表，并按安全检查表认真进行粉尘防爆检查。企业每季度至少检查一次，车间（或工段）每月至少检查一次。

4.4　企业应认真做好安全生产和粉尘防爆教育，普及粉尘防爆知识和安全法规，使职工了解本企业粉尘爆炸危险场所的危险程度和防爆措施；对危险岗位的职工应进行专门的安全技术和业务培训，并经考试合格，方准上岗。

4.5　粉尘爆炸危险场所应杜绝各种非生产性明火存在。

4.6　安全、通风除尘、粉尘爆炸预防、粉尘爆炸控制等设备设施，未经安全主管部门批准，不应更换或停止使用。

5　建（构）筑物的结构与布局

5.1　安装有粉尘爆炸危险的工艺设备或存在可燃粉尘的建（构）筑物，应与其它建（构）筑物分离，其防火间距应符合 GBJ 16 的相关规定。

5.2　建筑物宜为单层建筑，屋顶宜用轻型结构。

5.3　多层建筑的结构要求如下：

5.3.1　多层建筑物宜采用框架结构；

5.3.2　不能使用框架结构的建筑物应在墙上设置符合要求的泄爆口；

5.3.3　如果将窗户或其他开口作为泄爆口，应经核算并保证在爆炸时其能有效的进行泄爆。

5.4　有爆炸危险的工艺设备宜设置在建筑物外的露天场所；如厂房内有粉尘爆炸危险的工艺设备，宜设在建筑物内较高的位置，并靠近外墙。

5.5　梁、支架、墙及设备等应具有便于清扫的表面结构。

5.6　疏散通道要求如下：

5.6.1　工作区应有疏散通道。疏散通道的数目和位置应符合 GBJ 16 的相关规定；

5.6.2　疏散路线应设置明显的路标和应急照明。

5.7　有爆炸危险的工艺设备宜设置在建筑物外的露天场所。

6　防止粉尘云与粉尘层着火

6.1　防止粉料自燃

6.1.1　能自燃的热粉料，贮存前应设法冷却到正常贮存温度；

6.1.2 在通常贮存条件下，大量贮存能自燃的散装粉料时，应对粉料温度进行连续监测；当发现温度升高或气体析出时，应采取使粉料冷却的措施；

6.1.3 卸料系统应有防止粉料聚集的措施。

6.2 防止明火与热表面引燃

6.2.1 在粉尘爆炸危险场所进行明火作业时，应遵守下列规定：

——有安全负责人批准并取得动火证；

——明火作业开始前，应清除明火作业场所的可燃粉尘并配备充足的灭火器材；

——进行明火作业的区段应与其他区段分开或隔开；

——进行明火作业期间和作业完成后的冷却期间，不应有粉尘进入明火作业场所。

6.2.2 与粉尘直接接触的设备或装置(如光源、加热源等)，其表面允许温度应低于相应粉尘的最低着火温度；

6.2.3 存在可燃粉尘的场所，其设备和装置的传动机构应符合下列规定：

——工艺设备的轴承应防尘密封；如有过热可能，应安装能连续监测轴承温度的探测器；

——不宜使用皮带传动；如果使用皮带传动，应安装速差传感器和自动防滑保护装置；当发生滑动摩擦时，保护装置应能确保自动停机。

6.3 防止电弧和电火花

6.3.1 粉尘爆炸危险场所，应按 GB 50057 中有关规定采取相应防雷措施；

6.3.2 当存在静电危险时，应遵守下列规定：

6.3.2.1 所有金属设备、装置外壳、金属管道、支架、构件、部件等，一般应采用防静电直接接地；不便或工艺不允许直接接地的，可通过导静电材料或制品间接接地；

6.3.2.2 直接用于盛装起电粉末的器具、输送粉末的管道(带)等，应采用金属或防静电材料制成；

6.3.2.3 所有金属管道连接处(如法兰)，应进行跨接；

6.3.2.4 操作人员应采取防静电措施；

6.3.2.5 不应采用直接接地的金属导体或筛网与高速流动的粉末接触的方法消除静电；

6.3.3 粉尘爆炸危险场所用电气设备应符合 GB 12476.1 的相关规定；

6.3.4 粉尘爆炸危险场所电力设计应按 GB 50058 的有关规定执行。

6.4 防止摩擦、碰撞火花

6.4.1 粉尘云能够被碰撞产生的火花引燃时，应采取措施防止碰撞发生，同时，检修时应使用防爆工具；

6.4.2 在工艺流程的进料处，应安装能除去混入料中杂物的磁铁、气动分离器或筛子，防止杂物与设备碰撞；

6.4.3 应采取有效措施防止铝、镁、钛、锆等金属粉末或含有这些金属的粉末与锈钢摩擦产生火花；

6.4.4 没有与明火作业等效的保护措施，不应使用旋转磨轮和旋转切盘进行研磨和切割。

6.5 惰化

在生产或处理易燃粉末的工艺设备中，采取上述措施后仍不能保证安全时，应采用惰化技术。

6.6 通风除尘

6.6.1 宜按工艺分片设置相对独立的除尘系统；

6.6.2 所有产尘点均应装设吸尘罩；

6.6.3 风管中不应有粉尘沉降；

6.6.4 除尘器的安装、使用及维护应符合 GB/T 17919 的相关规定。

7 降低初始爆炸引起的破坏

7.1 分段与隔离

7.1.1 工艺设备的连接，应保证不进行明火作业就能将各设备方便地分离和移动；

7.1.2 设计工艺设备时，应考虑技术上可实现的隔离。

7.2 爆炸时实现保护性停车

应根据车间的大小，安装数个能互相联锁的动力电源控制箱；在紧急情况下，应能及时切断所有电机的电源。

7.3 抑爆

7.3.1 宜采用抑爆装置进行保护；

7.3.2 如采用监控式抑爆装置，其应符合 GB/T 18154 的规定。

7.4 约束爆炸压力

生产和处理能导致爆炸的粉料时，若无抑爆装置，也无泄压措施，则所有的工艺设备应足以承受内部爆炸产生的超压；同时，各工艺设备之间的连接部分(如管道、法兰等)，也应与设备本身有相同的强度；高强度设备与低强度设备之间的连接部分，应安装阻爆装置。

7.5 泄爆

7.5.1 工艺设备的强度不足以承受其实际工况下内部粉尘爆炸产生的超压时，应设置泄爆口。泄爆口的尺寸宜符合 GB/T 15605；

7.5.2 具有内联管道的工艺设备，通常推荐的设计指标应能承受至少 0.1 MPa 的内部超压。

8 二次爆炸的预防

8.1 工艺设备的接头、检查门、挡板、泄爆口盖等均应封闭严密。

8.2 特殊地点的清洁要求

8.2.1 不能完全防止粉尘泄漏的特殊地点(如粉料进出工艺设备处)，应采取有效的除尘措施；

8.2.2 手工装粉料场所，应采取有效的防尘措施；

8.2.3 进行打包的场所，应定期清扫粉尘。

8.3 清洁

8.3.1 所有可能积累粉尘的生产车间和贮存室，都应及时清扫；

8.3.2 不应使用压缩空气进行吹扫。

8.4 灭火

8.4.1 应根据粉尘的物理化学性质，正确选用灭火剂；

8.4.2 灭火时，应防止粉尘扬起形成粉尘云；

8.4.3 若燃烧物与水接触能生成爆炸性气体，不应用水灭火。

9 个体防护和救援

9.1 个体防护

9.1.1 生产人员应按 GB 11651 的有关规定，使用劳动保护用品；

9.1.2 在工艺流程中使用惰性气体或能放出有毒气体的场所，应配备可保证作业人员安全的呼吸保护装置；

9.1.3 在作业场所内，生产人员不应贴身穿着化纤制品衣裤。

9.2 救援

9.2.1 企业应编制含有粉尘爆炸的应急救援预案并报相关部门备案；

9.2.2 应组织全体职工进行灭火和应急救援预案演练。

ICS 13.110
J 09

中华人民共和国国家标准

GB/T 15706.1—2007/ISO 12100-1:2003
代替 GB/T 15706.1—1995

机械安全　基本概念与设计通则
第1部分:基本术语和方法

Safety of machinery—Basic concepts, general principles for design—
Part 1: Basic terminology, methodology

(ISO 12100-1:2003, IDT)

2007-03-02 发布　　2007-09-01 实施

中华人民共和国国家质量监督检验检疫总局
中国国家标准化管理委员会　发布

前　言

GB/T 15706《机械安全　基本概念与设计通则》由两部分组成：

——第1部分：基本术语和方法；

——第2部分：技术原则。

本部分为GB/T 15706的第1部分。

本部分等同采用国际标准ISO 12100-1:2003《机械安全　基本概念与设计通则　第1部分：基本术语和方法》(英文版)，并按照我国标准的编写规则GB/T 1.1—2000做了编辑性修改。

本部分与ISO 12100-1:2003的不同为：将标准正文后面的英法德三种文字对照的索引改为英中两种文字对照的索引。

本部分代替GB/T 15706.1—1995《机械安全　基本概念与设计通则　第1部分：基本术语、方法学》。

本部分由全国机械安全标准化技术委员会(SAC/TC 208)提出并归口。

本部分负责起草单位：机械科学研究总院中机生产力促进中心。

本部分参加起草单位：长春试验机研究所、南京食品包装机械研究所、吉林安全科学技术研究院、中国食品和包装机械总公司、中联认证中心、广东金方圆安全技术检测有限公司。

本部分主要起草人：聂北刚、李勤、王学智、居荣华、肖建民、宁燕、王国扣、隰永才、张晓飞、富锐、程红兵、孟宪卫、赵茂程。

本部分所代替标准的历次版本发布情况为：

——GB/T 15706.1—1995。

引　言

GB/T 15706 的首要目的是为设计者提供总体框架和指南，使其能够设计出在预定使用范围内具备安全性的机器。同时亦为标准制定者提供标准制定的策略。

机械安全的概念是指在风险已经被充分减小的机器的寿命周期内，机器执行其预定功能的能力。

本部分是机械安全系列标准的基础标准。该系列标准的结构为：

——A 类标准（基础安全标准），给出适用于所有机械的基本概念、设计原则和一般特征。

——B 类标准（通用安全标准），涉及机械的一种安全特征或使用范围较宽的一类安全防护装置：

a)　B1 类，特定的安全特征（如安全距离、表面温度、噪声）标准；

b)　B2 类，安全装置（如双手操纵装置、联锁装置、压敏装置、防护装置）标准。

——C 类标准（机器安全标准），对一种特定的机器或一组机器规定出详细的安全要求的标准。

本部分属于 A 类标准。

若 C 类标准的内容偏离本标准第 2 部分或 B 类标准的规定，则以 C 类标准为准。

建议将本部分纳入培训课程和手册，以便设计者掌握基本术语和通用设计方法。

本部分起草时已参照了 ISO/IEC 指南 51《安全特征　关于标准中该类条款的指南》的内容。

机械安全　基本概念与设计通则
第1部分:基本术语和方法

1　范围

本部分规定了用于实现机械安全的基本术语和方法。

本部分陈述的条款供设计者使用。

本部分不涉及家畜、财产或环境的损害或损坏。

2　规范性引用文件

下列文件中的条款通过GB/T 15706的本部分的引用而成为本部分的条款。凡是注日期的引用文件,其随后所有的修改单(不包括勘误的内容)或修订版均不适用于本部分,然而,鼓励根据本部分达成协议的各方研究是否可使用这些文件的最新版本。凡是不注日期的引用文件,其最新版本适用于本部分。

GB/T 15706.2—2007　机械安全　基本概念与设计通则　第2部分:技术原则(ISO 12100-2:2003,IDT)

3　术语和定义

下列术语和定义适用于本部分。

3.1

机械　machinery

机器　machine

由若干个零部件组合而成,其中至少有一个零件是可运动的,并且有适当的机器致动机构、控制和动力系统等。它们的组合具有一定应用目的,如物料的加工、处理、搬运或包装等。

术语"机械"和"机器"也包括为了同一个应用目的,将其安排、控制得像一台完整机器那样发挥它们功能的若干台机器的组合。

注:附录A给出了机器的一般图示。

3.2

可靠性(机器的)　reliability(of a machine)

机器、机器的零部件或装置在规定的条件下和规定的期限内执行规定功能且不出现故障的能力。

3.3

可维护性(机器的)　maintainability(of a machine)

根据实际情况,采用特定的方法对机器执行所需的各种维护活动,使其实现或恢复预定使用条件下功能状态的能力。

3.4

易用性(机器的)　usability(of a machine)

机器所具有的,由于其特点或特征,使得机器的功能很容易理解,容易使用的能力。

3.5

伤害　harm

对健康产生的生理上的损伤或危害。

3.6

危险 hazard

潜在的伤害源。

注1："危险"一词可由其起源(例如:机械危险和电气危险),或其潜在伤害的性质(例如:电击危险、切割危险、中毒危险和火灾危险)进行限定。

注2:本定义中的危险包括:

——在机器的预定使用期间,始终存在的危险(例如:危险运动部件的运动、焊接过程中产生的电弧、不健康的姿势、噪声排放、高温);

——意外出现的危险(例如:爆炸、意外启动引起的挤压危险、泄漏引起的喷射、加速/减速引起的坠落)。

3.7

相关危险 relevant hazard

已识别出的机器本身存在的或由机器引起的危险。

注:相关危险是GB/T 16856所述的过程中某一步骤的结果。

3.8

重大危险 significant hazard

属于相关危险,需要设计者根据风险评价采用特殊方法去消除或减小的风险。

3.9

危险状态 hazardous situation

指人员暴露于具有至少一种危险的环境。这类暴露可能会立即或在一定时间之后对人员产生伤害。

3.10

危险区 hazard zone/danger zone

使人员暴露于危险的机械内部和(或)其周围的任何空间。

3.11

风险 risk

伤害发生概率和伤害发生的严重程度的综合。

3.12

遗留风险 residual risk

采取保护措施之后仍然存在的风险(见图1)。

注:本部分中,遗留风险是:

——在设计者采取保护措施之后的遗留风险;

——采用了所有的保护措施之后的遗留风险。

3.13

风险评价 risk assessment

包括风险分析和风险评定在内的全过程。

3.14

风险分析 risk analysis

机器限制的确定、危险的识别和风险的评估的组合。

3.15

风险评估 risk estimation

确定伤害可能达到的严重程度和伤害发生的概率。

3.16

风险评定 risk evaluation

以风险分析为基础,判断是否已达到减小风险的目标。

3.17

充分减小风险　adequate risk reduction

至少在现有的技术水平下，根据合理的要求进行的风险减小。

注：确定风险是否充分减小的判据在5.5中给出。

3.18

保护措施　protective measure

用于达到风险减小的措施。这些措施是由下列人员实施的：

——设计者(本质安全设计、安全防护和附加防护措施、使用信息)；

——使用者(组织方面：安全工作程序、监督、工作许可制度；附加安全防护装置的提供和使用；个人防护装置的使用；培训)。

见图1。

3.19

本质安全设计措施　inherently safe design measure

通过改变机器设计或机器工作特性，而非使用防护装置或保护装置，来消除危险或减小与危险相关的风险的保护措施。

注：标准GB/T 15706.2—2007的第4章，探讨了通过本质安全设计方法减小机器风险。

3.20

安全防护　safeguarding

使用安全防护装置保护人员的措施。这些保护措施使人员远离那些不能合理消除的危险或者通过本质安全设计方法无法充分减小的风险。

注：标准GB/T 15706.2—2007的第5章对安全保护措施进行了详细描述。

3.21

使用信息　information for use

由信息载体(如文本、文字、标记、信号、符号、图表)组成的保护措施。这些载体可以单独或组合使用，向使用者传递信息。

注：GB/T 15706.2—2007中第6章对使用信息进行了详述。

3.22

机器的预定使用　intended use of a machine

按照使用说明书提供的信息使用机器。

3.23

可预见的误用　reasonably foreseeable misuse

不是按设计者预定的方法而是按照容易预见的人的习惯来使用机器。

3.24

安全防护装置　safeguard

防护装置或保护装置。

3.25

防护装置　guard

机器的组成部分，用于提供保护的物理屏障。

注1：防护装置可以：

——单独使用，对于活动式防护装置，只有当其"闭合"时才有效，对于固定式防护装置，只有当其处于"锁定位置"才有效；

——与带或不带防护锁的联锁装置结合使用，在这种情况下，无论防护装置处于什么位置都能起到防护作用。

注2：根据设计，防护装置可以称作外壳、护罩、盖、屏、门和封闭式装置。

注3：防护装置的类型及其要求，见GB/T 15706.2—2007中5.3.2和GB/T 8196。

3.25.1

固定式防护装置　fixed guard

以一定方式(如采用螺钉、螺帽、焊接)固定的，只能使用工具或破坏其固定方式才能打开或拆除的防护装置。

3.25.2

活动式防护装置　movable guard

不使用工具就能打开的防护装置。

3.25.3

可调式防护装置　adjustable guard

整体或者部分可调的固定式或活动式防护装置。在特定的操作期间，调整件保持固定。

3.25.4

联锁防护装置　interlocking guard

与联锁装置联用的防护装置，同机器控制系统一起实现以下功能：

——在防护装置关闭前，其“抑制”的危险的机器功能不能执行；

——在危险机器功能运行时，若打开防护装置，则发出停机指令；

——在防护装置关闭后，防护装置“抑制”的危险的机器功能可以运行，防护装置本身的关闭不会启动危险机器功能。

注：GB/T 18831 给出了详细规定。

3.25.5

带防护锁的联锁防护装置　interlocking guard with guard locking

与联锁装置、防护锁定装置联用的防护装置，同机器控制系统一起实现以下功能：

——在防护装置关闭和锁定前，其“抑制”的危险机器功能不能够执行；

——在防护装置“抑制”的危险机器功能所产生的风险消失之前，防护装置保持关闭和锁定状态；

——在防护装置关闭和锁定后，被防护装置“抑制”的危险机器功能可以运行，防护装置本身的关闭和锁定不会启动危险机器功能。

注：GB/T 18831 给出了详细的规定。

3.25.6

具有启动功能的联锁防护装置　interlocking guard with a start function

可控防护装置　control guard

特殊联锁防护装置，一旦其到达关闭位置，便发出触发机器危险功能的命令，无须使用离合启动控制。

注：GB/T 15706.2—2007 中 5.3.2.5 给出了关于使用条件的详细规定。

3.26

保护装置　protective device

防护装置以外的安全装置。

注：3.26.1～3.26.9 给出了保护装置的实例。

3.26.1

联锁装置　interlocking device

联锁　interlock

用于防止危险机器功能在特定条件下(通常是指只要防护装置未关闭)运行的机械、电气或者其他类型的装置。

3.26.2

使动装置　enabling device

与启动控制一起使用并且只有连续操动时才能使机器运行的附加手动操作装置。

注：GB 5226.1—2002 中 9.2.5.8 给出了使动装置的规定。

3.26.3

止-动控制装置　hold-to-run control device

只有当手动控制装置(致动机构)动作时才能触发并保持具有危险性的机器功能运行的控制装置。

3.26.4

双手操纵装置　two-hand control device

至少需要双手同时操作才能启动和保持危险机器功能的控制装置,并以此为该装置的操作人员提供一种保护措施。

注:GB/T 19671 给出了详细的规定。

3.26.5

敏感保护设备　sensitive protective equipment(SPE)

用于探测人体或人体局部,并向控制系统发出正确信号以降低被探测人员风险的设备。当人体或人体局部超出预定范围,如进入危险区(触发),或在预定区域内检测到有人存在(现场感应),或在以上两种情况均发生时,敏感保护设备将发出信号。

3.26.6

有源光-电保护装置(AOPD)　active opto-electronic protective device (AOPD)

通过光-电发射和接收元件完成感应功能的装置,可探测特定区域内由于不透光物体出现引起的该装置内光线的中断。

注:GB/T 19436.2 给出了详细的规定。

3.26.7

机械抑制装置　mechanical restraint device

在机构中引入了能靠其自身强度防止危险运动的机械障碍(如楔、轴、撑杆、止转棒)的装置。

3.26.8

限制装置　limiting device

防止机器或危险机器状态超过设计限度(如空间限度、压力限度、载荷力矩限度等)的装置。

3.26.9

有限运动控制装置　limited movement control device

与机器控制系统一起作用的,使得单次致动只允许机器元件做有限运动的控制装置。

3.27

阻挡装置　impeding device

物理障碍物,如低位栅栏、栏杆。其设置不能阻碍人员进入危险区,但能通过在自由进入处设置障碍物减小进入危险区的概率。

3.28

安全功能　safety function

其失效后会立即造成风险增加的机器功能。

3.29

意外启动　unexpected start-up/unintended start-up

由如下原因引起的任何由于其不可预测性而产生危险的启动:

——由于控制系统的内部失效或外部因素对控制系统的影响导致的启动指令;

——由于对机器的启动控制器或其他零部件(如传感器或动力控制元件)的不适宜的动作所产生的启动指令;

——动力源中断后又恢复产生的启动;

——机器的零部件受到内部或外部的影响(重力、风力、内燃机的自动点火等)产生的启动。

注：在正常操作期间，自动机器的启动不是意外启动，但就操作者而言可视为不期望的启动。在这种情况下，为了防止意外事故的发生应使用安全防护措施(见 GB/T 15706.2—2007 第 5 章)。

[选自 GB/T 19670—2005《机械安全　防止意外启动》中 3.2]

3.30

危险失效　failure to danger

由机械或其动力供应中产生的并且会增加风险的所有故障。

3.31

故障　fault

产品不能完成要求的功能的状态。预防性维护或其他计划的行动或因缺乏外部资源的情况除外。

注 1：故障通常是产品自身失效引起的，但即使失效未发生，故障也可能存在。

[IEV 191-05-01]

注 2：在机械领域，英语术语"fault(故障)"通常是按照 IEV 191-05-01 给出的定义等同使用。

注 3：实际中，术语"故障(fault)"和"失效(failure)"通常作为同义词使用。

3.32

失效　failure

产品完成要求的功能的能力的中断。

注 1：失效后，产品处于故障状态。

注 2："failure(失效)"与"fault(故障)"的区别在于，失效是一次事件，故障是一种状态。

注 3：这里定义的"失效"，不适用于仅由软件构成的产品。

[IEV 191-04-01]

3.33

共因失效　common cause failure

由单一事件引发的不同产品的失效，这些失效不互为因果。

注：共因失效不应与共模失效相混淆。

[IEV 191-04-23]

3.34

共模失效　common mode failure

以相同故障模式为特征的产品失效。

注：由于共模失效可能由不同原因引起，因此不应将共模失效与共因失效混淆。

[IEV 191-04-24]

3.35

紧急状态　emergency situation

必须立即终止或阻止的危险状态。

注：紧急状态可发生在：

——机器正常运行期间(例如由于人员的交互作用或受外界影响)；

——由于机器任何部件发生故障或失效。

3.36

紧急操作　emergency operation

用于终止或阻止紧急状态的所有操作和功能。

3.37

急停　emergency stop

该功能：

——阻止正在发生的或降低所存在的对人员的危险、对机械或正在进行中的工作的损害；

——由单人动作触发。

注：GB 16754 给出了详细规定。

3.38

排放值 emission value

将机器产生的排放物(例如噪声、振动、危险物质、辐射)进行量化后的数字值。

注1：排放值属于机器性能信息的一部分,是进行风险评价的基础数据。

注2：术语“排放值(emission value)”不应与“暴露值(exposure value)”相混淆。暴露值是指在机器使用中,对人员在排放物中暴露程度的量化。暴露值能用排放值进行估算。

注3：建议利用标准方法(如比较相同的机器)测定排放物量值和其伴随的不确定性。

3.39

可比较的排放数据 comparative emission data

从同类机器上收集到的用作比较的一组排放值数据。

注：关于噪声的比较,见ISO 11689。

4 设计机械时需要考虑的危险

4.1 概述

本章提供对基本危险的描述,以帮助设计者去识别所考虑的机器可能产生的相关危险和重大危险,以及与机器的预定使用环境有关的危险(见5.3)。

注：关于与机械相关的可能存在的危险及危险状态的更详细列表,见GB/T 16856—1997的附录A。

4.2 机械危险

4.2.1 与机器、机器零部件或其表面、工具、工件、载荷、飞射的固体或流体物料有关的机械危险可能会导致：

——挤压；

——剪切；

——切割或切断；

——缠绕；

——吸入或卷入；

——冲击；

——刺伤或刺穿；

——摩擦或磨损；

——高压流体喷射(喷出危险)。

4.2.2 由机器、机器零部件(包括加工材料夹紧机构)、工件或载荷产生的机械危险是有条件的。主要由以下因素产生：

——形状：切削元件、锐边、角形部件,即使其是静止的；

——相对位置：机器零件运动时可能产生挤压、剪切、缠绕区域的相对位置；

——抗翻转性(考虑动能)；

——质量和稳定性：在重力的影响下可能运动的零部件的势能；

——质量和速度：可控或不可控运动中的零部件的动能；

——加速度/减速度；

——机械强度不够：可能产生危险的断裂或破裂；

——弹性元件(弹簧)的位能或在压力或真空下的液体或气体的势能；

——工作环境。

4.3 电气危险

这类危险是由造成伤害或死亡的电击或灼伤引起的,产生原因包括：

——人体与以下要素的接触：

a) 带电部件，例如在正常操作状态下用于传导的导线或导电零件(直接接触)；

b) 在故障条件下变为带电的零件，尤其是绝缘失效而导致的带电部件(间接接触)；

——人体接近带电部件，尤其在高压范围内；

——绝缘不适用于可合理预见的使用条件；

——静电现象，例如人体与带电荷的零件接触；

——热辐射；

——由于短路或过载而产生的诸如熔化颗粒喷射或化学作用等引起的现象。

电击的惊吓可以造成人员的跌倒(或由人员造成的物品掉落)。

4.4 热危险

热危险可以导致：

——由于与超高温的物体或材料、火焰或爆炸物及热源辐射接触造成的烧伤或烫伤；

——炎热或寒冷的工作环境对健康的损害。

4.5 噪声危险

噪声可以导致：

——永久性听力丧失；

——耳鸣；

——疲劳、压力；

——其他影响，如失去平衡、失去知觉；

——干扰语言通讯或对听觉信号的接受。

4.6 振动危险

振动可能传至全身(使用移动设备)，尤其是手和臂(使用手持式和手导式机器)。

最剧烈的振动(或长时间不太剧烈的振动)可能产生严重的人体机能紊乱(腰背疾病和脊柱损伤)。全身振动和血脉失调会引起严重不适，如因手臂振动引起的白指病、神经和骨关节失调。

4.7 辐射危险

此类危险具有即刻影响(如灼伤)或者长期影响(如基因突变)，由各种辐射源产生，可由非离子辐射或离子辐射产生：

——电磁场(例如低频、无线电频率、微波范围等)；

——红外线、可见光和紫外线；

——激光；

——X射线和γ射线；

——α、β射线，电子束或离子束，中子。

4.8 材料和物质产生的危险

由机械所加工、使用、产生或排出的各种材料和物质及用于构成机械的各种材料可能产生不同危险：

——由摄入、皮肤接触、经眼睛和黏膜吸入的，有害、有毒、有腐蚀性、致畸、致癌、诱变、刺激或过敏的液体、气体、雾气、烟雾、纤维、粉尘或悬浮物所导致的危险；

——火灾与爆炸危险；

——生物(如霉菌)和微生物(病毒或细菌)危险。

4.9 机械设计时忽略人类工效学原则产生的危险

机械与人的特征和能力不协调，表现为：

——生理影响(如肌肉-骨骼的紊乱)，由于不健康的姿势、过度或重复用力等所致；

——心理-生理影响，由于在机器的预定使用限制内对其进行操作、监视或维护而造成的心理负担过重或准备不足、压力等所致；

——人的各种差错。

4.10 滑倒、绊倒和跌落危险

忽视地板的表面情况和进入方法可以导致因滑倒、绊倒或跌落而造成的人身伤害。

4.11 综合危险

看似微不足道的危险，其组合相当于重大危险。

4.12 与机器使用环境有关的危险

若所设计的机器用于会导致各种危险的环境（如温度、风、雪、闪电），则应考虑这些危险。

5 减小风险的策略

5.1 总则

5.1.1 不采取保护措施，机器上出现的危险迟早会导致伤害。

5.1.2 保护措施是设计者和使用者所采取措施的组合（见图1）。在设计阶段采取的措施优于在使用阶段由使用者采取的补救措施，而且通常更有效。

5.1.3 考虑类似机器使用者的经验，及潜在用户的需求信息，设计者应遵循下列工作顺序（见图2）：

——规定机器的各种限制和预定使用（见5.2）；

——鉴别危险和伴随的危险状态（见第4章和5.3）；

——对每一种识别出的危险和危险状态进行风险评估（见5.3）；

——评定风险并决定减小风险的要求（见5.3）；

——用采取的保防措施来消除危险或减小危险伴随的风险（见5.4和5.5）。

上述的前四条内容与风险评价相关联，详细信息可见GB/T 16856。

5.1.4 为了最大程度地减小风险，应考虑下述四种因素。图2中给出了减小风险策略的流程，其过程是迭代的，并可能需要连续数次应用才能达到风险的减小。减小风险过程应充分利用现有技术。

实施该过程时，有必要按下列优先次序进行考虑：

——在寿命周期所有阶段内的机器的安全；

——机器完成其功能的能力；

——机器的易用能力；

——机器制造、使用和拆卸的成本。

注1：对这些原则理想化的应用需要机器的使用知识、事故史和健康记录、有效的风险减小技术以及对在机器使用上有关法律体制的了解。

注2：当在技术发展后出现了具有低风险的等效机器设计后，在特定时间内可接受的机器设计就无需再评价了。

5.1.5 针对机器的连续安全运行，保护措施的易于使用和不妨碍其预定使用是很重要的。否则会出现为获取机器的最高效用而摒弃使用保护措施。

5.1.6 如有用于测量排放的标准（或其他合适的）方法，宜将其与现存机械或样机一起使用，以测定排放值和可比较的排放数据。使得设计者能做到：

——估计与排放有关的风险；

——评定设计阶段采取的保护措施的有效性；

——在技术文件中向潜在客户提供排放的定量信息；

——在使用信息中向用户提供排放的定量信息。

除可用测量参数描述的排放外的其他危险可以用类似方法予以处理。

5.2 机器的限制规范

机器的设计从其各种限制的规范开始（也可见GB/T 16856—1997第5章）：

——使用限制：

a) 机器的预定使用，包括不同的机器运行模式、使用阶段和操作者的不同干预过程；

b) 机器可预见的误用。

——空间限制(例如机器的运动范围、机器安装和维护所需的空间、“操作者—机器”的接口、“机器—动力源”的接口)。

——时间限制:针对预定用途的,机器和(或)其部件(例如工具、磨损件、电气零件等)的可预见的“寿命极限”。

5.3 危险的识别、风险的评估和风险的评定

识别了机器产生的各种危险后(持久危险和意外出现的危险,见3.6和第4章),设计者应尽可能地根据定量的因素对每一种危险进行风险评定,并最终依据风险评定的结果决定是否需要减小风险。为此设计者应考虑不同的运行模式和干预过程,尤其是:

a) 在机器的整个寿命周期中人与机器的相互作用,描述如下:

1) 构造。

2) 运输、组装和安装。

3) 试运转。

4) 使用:

——设定、示教/编程或过程转换;

——操作;

——清洗;

——故障排查;

——维护。

5) 停用、拆除及从安全角度进行的处置。

b) 机器的可能状态:

1) 机器执行预定功能(机器正常运转)。

2) 由于各种原因,机器不能执行预定功能(即失效),这些原因包括:

——被加工材料或工件的性能或尺寸的变化;

——机器的一个(或多个)零部件或辅助装置的失效;

——外部干扰(如冲击、振动、电磁干扰);

——设计错误或缺陷(如软件错误);

——动力源干扰;

——环境条件(如损坏的工作地面)。

c) 操作者下意识的行为或机器可预见的误用,例如:

——操作者对机器失去控制(特别是手持式或移动式机器)的行为;

——人对使用中机器发生的失效、事故或故障的条件反射行为;

——精神不集中或粗心大意导致的行为;

——工作中“走捷径”导致的行为;

——为保持机器在所有情况下运转所承受的压力导致的行为;

——特定人员的行为(如儿童、伤残人等)。

在5.4中规定的和图2所示的减小风险的三步法中,完成其每步后均须进行风险评估和风险评定。

进行风险评价时,应考虑在已识别的危险中,其伤害可能是最严重的风险。对可预见的严重程度最高的风险,即使其发生的频率很低,也应加以考虑。

5.4 借助保护措施消除危险或减小风险

通过消除危险,或单独或同时减小下述两个决定风险的因素,可以达到借助保护措施消除危险或减小风险的目标:

a) 所考虑危险产生伤害的严重程度;

b) 伤害发生的概率。

所有预定用于达到此目标的保护措施应根据下列顺序进行,即“三步法”(也可见图1和图2)。

——本质安全设计措施(见 GB/T 15706.2—2007 第 4 章)。

注:这是不采用诸如安全防护或补充保护措施,而消除危险的唯一阶段。

——安全防护和可能的补充保护措施(见 GB/T 15706.2—2007 第 5 章)。

——关于遗留风险的使用信息(见 GB/T 15706.2—2007 第 6 章)。

使用信息不应取代本质安全设计措施,或安全防护或补充保护措施的正确应用。

与机器的各种运行模式和干预过程(见 5.3)相适宜的保护措施,能防止操作者在遇到技术难题时,使用危险的干预技术。

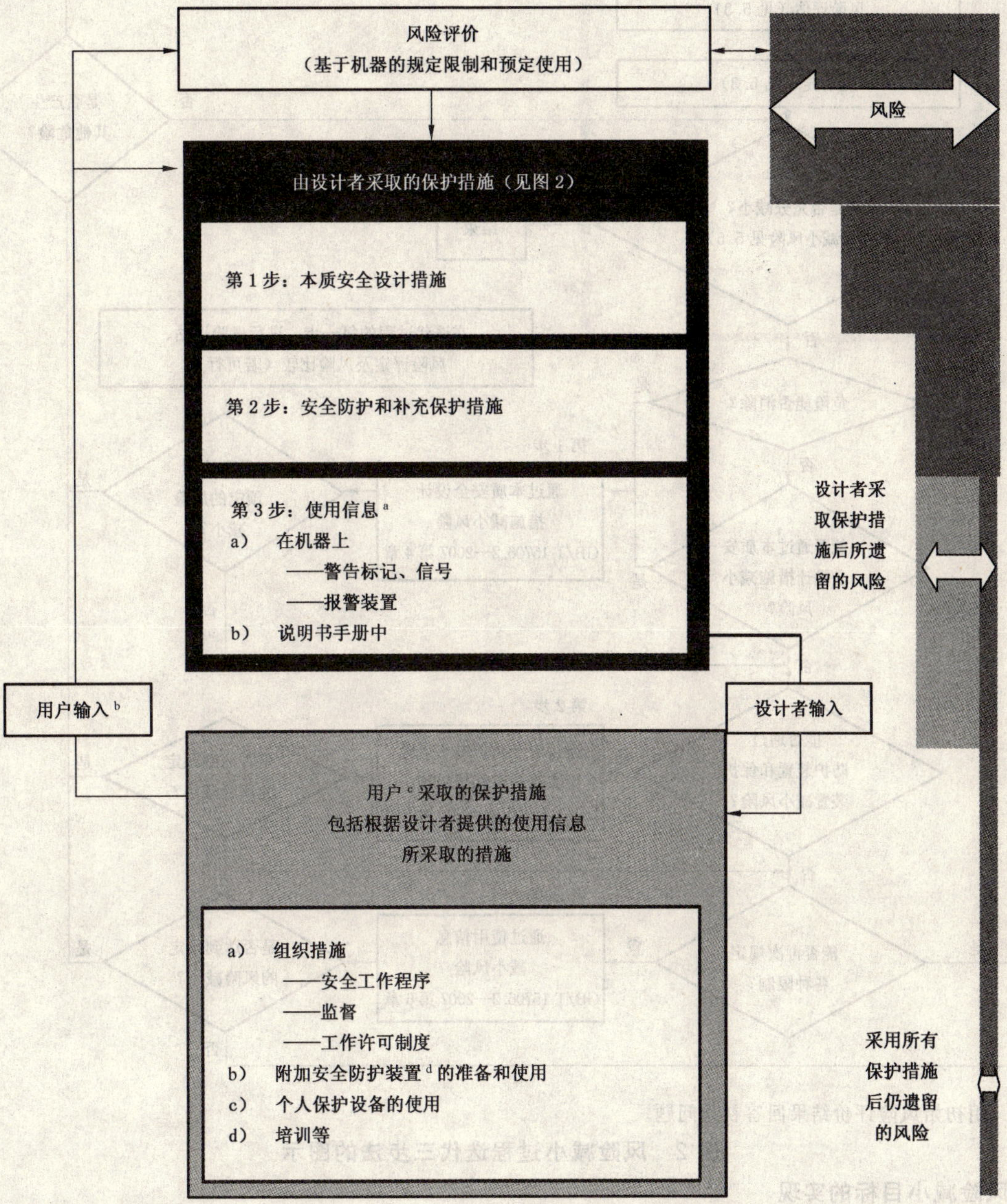

a 提供合适的使用信息是设计者从设计角度上减小风险的一个步骤,但其相关的保护措施只有在使用者实施后才能发挥作用。

b 用户输入是指设计者从机器预定使用的一般或特殊用户得到的信息。

c 用户采用的各种保护措施是没有层次之分的。这些保护措施不在本部分范围之内。

d 这类装置用于机器预定使用条件之外,设计者不能控制的特殊工艺或特殊安装条件。

图 1 从设计者的角度降低风险的过程

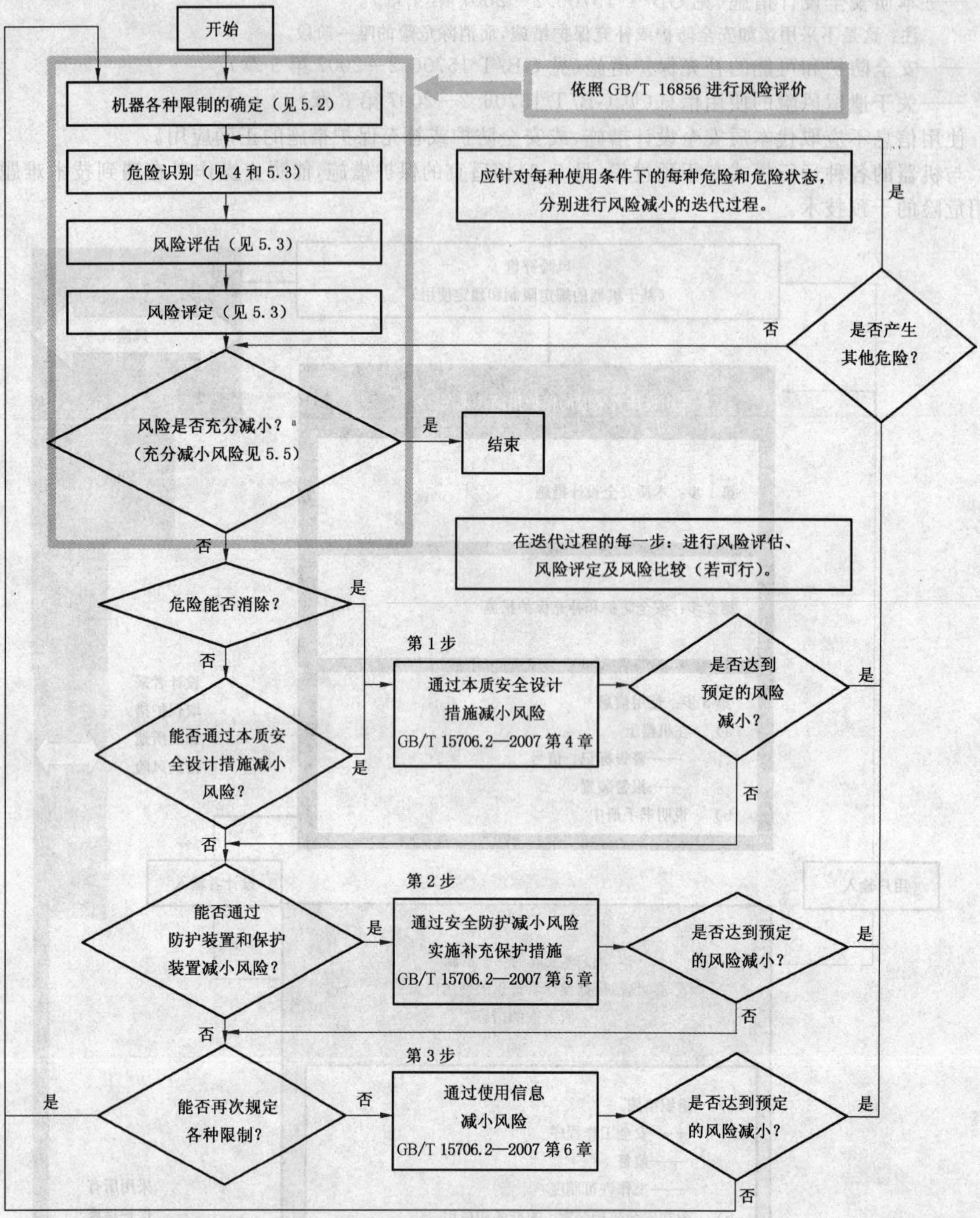

[a] 用初始风险评价结果回答初次问题。

图 2　风险减小过程迭代三步法的图示

5.5　风险减小目标的实现

依照 5.4 和图 2，实现充分减小风险和得到一个满意的风险降低的比较结果（若有）后便可终止风险减小的迭代过程（见 GB/T 16856—1997 中的 8.3）。

能够对下列每个问题给出肯定的回答时，可认为实现了充分的风险减小：

——是否考虑了所有的运行状况和干预程序；

——是否应用了 5.4 规定的方法；

——危险是否已消除，或由危险产生的风险是否降低到可行的最低水平；

——是否确定所采取的措施不会产生新的危险；
——是否向用户充分告知和警告了遗留风险；
——是否确定所采取的保护措施不会危及操作者的工作状态；
——所采取的保护措施是否彼此协调；
——是否已充分考虑到为专业/工业用设计的机器用于非专业/非工业范围时产生的后果；
——是否确定所采取的措施不会过分地降低机器的功能。

附 录 A
（资料性附录）
机器的图解表示

图 A.1 给出了机器的图解表示。

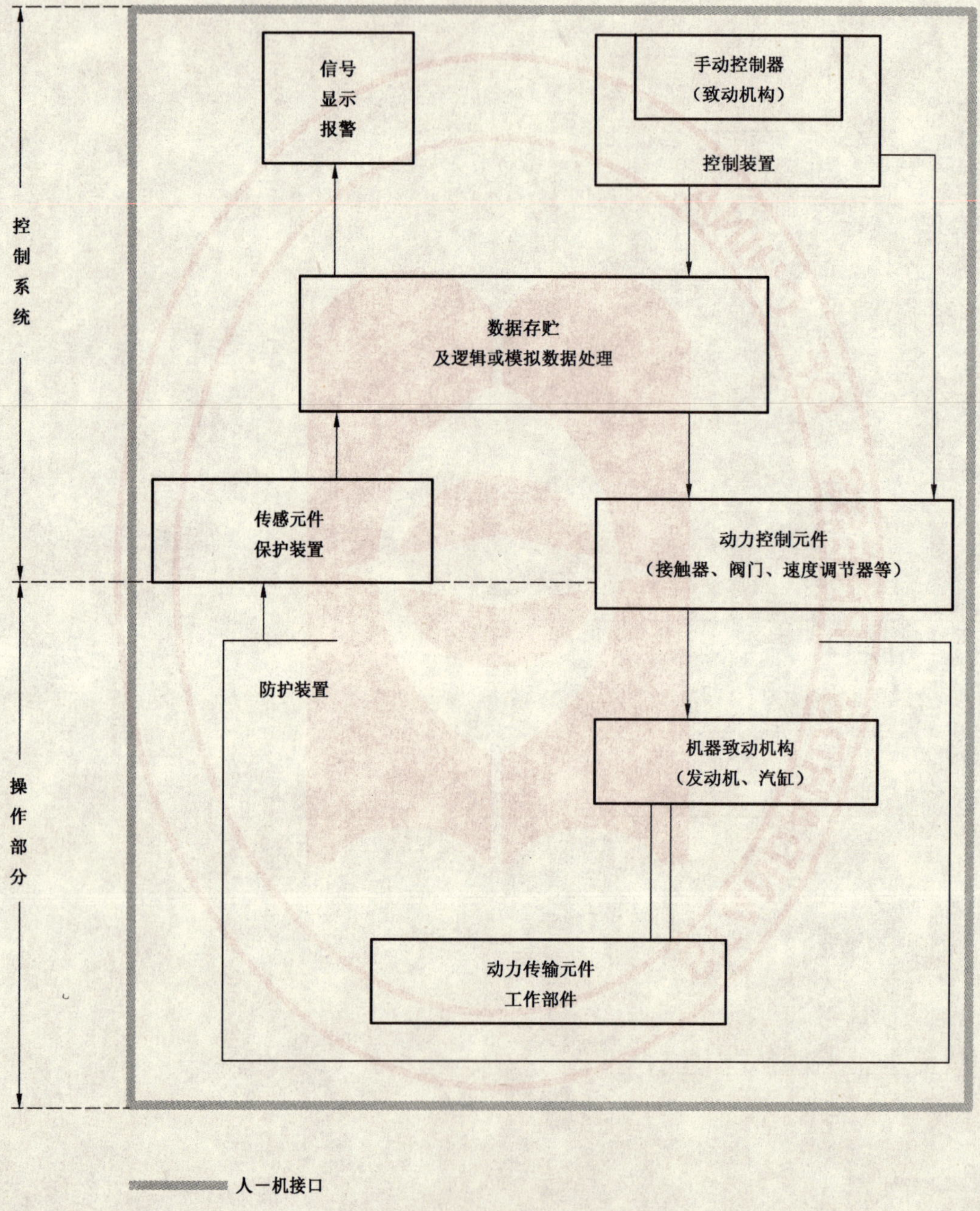

图 A.1 机器的图解表示

用于 GB/T 15706 的专用术语和表述的英中文对照索引

英文	中文	子章节 下划线:指定义, 黑体字:重要章节	部分
A			
access code	访问口令	4.11.10	2
access means	进入方法	4.10	1
access to a hazard zone (to a danger zone)	进入危险区(有风险的危险区)	3.27	1
access to a hazard zone (to a danger zone)	进入危险区(有风险的危险区)	4.11.8;4.11.9;4.15;5.1; **5.2**;5.5.6	2
accessibility	可接近性	4.2.1;4.7	2
active opto-electronic protective device	有源光-电保护装置	<u>3.26.6</u>	1
active opto-electronic protective device	有源光-电保护装置	5.2.5.3;5.3.3	2
actuator (Machine-)	致动机构(机器-)	3.1;附录 A	1
actuator (Machine-)	致动机构(机器-)	4.4	2
actuator/manual control	致动机构/手动控制装置	3.26.3;附录 A	1
actuator/manual control	致动机构/手动控制装置	4.2.1;**4.8.7**;4.11.7.2;4.11.8; 5.5.2;6.5.1 d);6.5.2 c)	2
adequate risk reduction	充分减小风险	<u>3.17</u>;第 5 章;图 2	1
adjustable guard	可调式防护装置	<u>3.25.3</u>	1
adjustable guard	可调式防护装置	5.2.3 c);5.3.2.4;图 1	2
angular part	角形部件	4.2.2	1
application point	施力点	6.5.1 a)	2
assembly of machines	机器的组合	3.1	1
assembly of machines	机器的组合	4.11.1	2
automatic monitoring	自动监控	**4.11.6**;4.12.3;5.3.2.3; 5.3.2.5	2
B			
barrier	屏障、障碍物	3.25;3.27	1
burn	灼伤、烧伤	4.3;4.4;4.7	1
C			
centre of gravity	重心	4.6;6.5.1	2
chip	切屑	5.3.2.1	2
cleaning	清洗	5.3 a)	1
cleaning	清洗	4.11.9;5.2.4;6.1.2	2

英文	中文	子章节 下划线:指定义, 黑体字:重要章节	部分
colour	颜色	6.4 c);6.5.2 a);6.5.2 e)	2
commissioning	试运转	5.3 a)	1
commissioning	试运转	6.1.2;6.5.1 b)	2
common cause failures	共因失效	3.33;3.34	1
common cause failures	共因失效	4.12.3	2
common mode failures	共模失效	3.34	1
common mode failures	共模失效	4.12.3	2
comparative emission data	可比较的排放数据	3.39;5.1.6	1
complementary protective measures	补充保护措施	3.18;5.4;图1;图2	1
complementary protective measures	补充保护措施	5.1;**5.5**	2
construction	构造	5.3 a)	1
construction	构造	4.3 a);4.8.7	2
containment (of materials,etc.)	(材料等的)容纳	5.3.2.1	2
containment (of stored energy)	(储能的)容纳	5.5.4 c)	2
control	控制	3.1	1
control device	控制装置	附录A	1
control device	控制装置	4.11.1;4.11.8;5.2;5.5.6	2
control mode	控制模式	4.11.9	2
control system	控制系统	附录A	1
control system	控制系统	4.4;**4.11**;4.12;4.13;4.14; 5.2.5.2;5.2.5.3;5.3.2;5.3.3	2
critical component	关键部件	4.13	2
crushing hazard	挤压危险	4.2.1	1
cutting/severing hazard	切割或切断危险	4.2.1	1
cutting element	切削元件	4.2.2	1
D			
damage to health	对健康产生的损伤或危害	3.5	1
danger	危险	6.4 c)	2
danger zone(see also:hazard zone)	危险区	3.10;3.26.5;3.27	1
danger zone(see also:hazard zone)	危险区	4.2.1;4.11.8;4.15;**5.2**;5.3.1; 5.5.6	2
de-commissioning	停用	5.3 a)	1
de-commissioning	停用	4.6;6.1.2;6.5.1 f)	2
defeating(of a protective device)	(保护装置的)失效、损坏、失去作用	4.11.1;4.13;5.3.1;5.3.3	2

英文	中文	子章节 下划线:指定义, 黑体字:重要章节	部分
defeating(of a warning device)	(报警装置的)失去作用	6.3	2
depressurizing	卸压	4.10	2
design(of a machine)	(机器的)设计	5.1～5.4	1
design error	设计错误	5.3 b)	1
designer	设计者	引言;第1章;3.8;3.12;3.18;3.23;4.1;5.1.2;5.1.3;5.1.6;5.3;图1	1
designer	设计者	引言;第1章;4.8.1;5.2.5.1;6.3	2
diagnostic system	诊断系统	4.11.12	2
direct contact	直接接触	4.3	1
dismantling(of a machine)	(机器的)拆卸	5.1.4;5.3	1
dismantling(of a machine)	(机器的)拆卸、拆除	4.6;6.1.2;6.5.1 f)	2
display	显示	附录A	1
display	显示	4.8.1;4.8.7;4.8.8;4.11.1	2
disposal(of a machine)	(机器的)处置	5.3 a)	1
disposal(of a machine)	(机器的)处置	6.1.2;6.5.1 b);6.5.1 f)	2
disturbance(s)	干扰	5.3 b)	1
disturbance(s)	干扰	4.12.1;4.12.3	2
door	门	3.25	1
drawing-in/trapping hazard	吸入或卷入危险	4.2.1	1
drawing-in/trapping hazard	吸入或卷入危险	5.2.1	2
dust	粉尘	4.8	1
dust	粉尘	4.2.2;4.12.1;5.2.5.1;5.3.2.1;6.5.1 c)	2
E			
edge(sharp-)	边(锐边)	4.2.2	1
edge(sharp-)	边(锐边)	4.2.1;5.3.2.6	2
electric shock	电击	3.6;4.3	1
electric shock	电击	4.9	2
electrical equipment	电气设备	4.4;4.9;6.4;6.5.1 c)	2
electrical hazard	电气危险	3.6;4.3	1
electrical hazard(Preventing-)	电气危险(防止)	4.9	2
electrical overloading	电气过载	6.5.1 b)	2
electromagnetic compatibility	电磁兼容性	4.11.11	2

英文	中文	子章节 下划线:指定义, 黑体字:重要章节	部分
emergency operation	紧急操作	3.36	1
emergency situation	紧急状态	3.35;3.36	1
emergency situation	紧急状态	5.5.2;6.5.1 g)	2
emergency stop(function)	急停(功能)	3.37	1
emergency stop(function)	急停(功能)	4.11.1;4.11.8;5.1;5.5.2; 5.5.3;6.5.1 d)	2
emergency stop control	急停控制	4.11.8 c);4.11.9;5.5.2	2
emergency stop device	急停装置	4.11.1;4.11.8 c);5.5.2	2
emission value	排放值	3.38;3.39;5.1.6	1
emission value	排放值	4.3 c)	2
emissions	排放	3.6;3.38;3.39;5.1.6	1
emissions	排放	4.2.2;5.1;5.2.1;5.2.5.1; 5.2.7;5.3.2.1;5.4;6.5.1 g)	2
enabling device	使动装置	3.26.2	1
enabling device	使动装置	4.11.9	2
entanglement hazard	缠绕危险	4.2.1;4.2.2	1
environment	环境	第1章;4.1;4.2.2;4.4;4.12	1
environment	环境	第1章;4.7;4.12.1;5.2.1; 5.2.5.2;5.3.1;6.5.1 b)	2
environmental conditions	环境条件	4.12.1;5.2.5.2 a);6.5.1 b)	2
ergonomic principle	人类工效学原则	4.9	1
ergonomic principle	人类工效学原则	**4.8**;4.11.8;5.2.1	2
error(Human)	(人的)差错	4.9	1
escape and rescue(of a person)	(人员的)逃生和救援	5.5.3	2
explosive atmosphere	爆炸环境	4.4;6.4 b)	2
exposure to hazard	暴露于危险	3.9	1
exposure to hazard	暴露于危险	4.11.12	2
exposure to hazards(Limiting-)	(限制)面临危险	4.13;4.14;4.15	2
exposure value	暴露值	3.38	1
F			
failure	失效	3.28～3.32;3.33;3.34;3.35; 4.3;5.3 b);5.3 c)	1
failure	失效	4.10;4.11.1;4.11.3;4.11.6; 4.11.7.1;4.11.7.2;4.12; 4.13;5.3.2.3 b);5.3.2.5	2

英文	中文	子章节 下划线:指定义, 黑体字:重要章节	部分
hazards generated by materials and substances	材料和物质产生的危险	4.8	1
hazards generated by neglecting ergonomic principles	忽略人类工效学原则产生的危险	4.9	1
hazards generated by noise	噪声危险	4.5	1
hazards generated by radiation	辐射危险	4.7	1
hazards generated by vibration	振动危险	4.6	1
heat	热	4.4	1
heat	热	4.12.1;5.2.1	2
heat source	热源	4.4	1
high pressure fluid ejection hazard	高压流体喷射危险	4.2.1	1
hold-to-run control device	止-动控制装置	3.26.3	1
hold-to-run control device	止-动控制装置	4.11.8 b);4.11.9	2
human behaviour	人的习惯、人的行为	3.23;5.3 c)	1
hydraulic equipment	液压设备	**4.10**	2
I			
impact	冲击	4.12.1	2
impact hazard	冲击危险	4.2.1	1
impeding device	阻挡装置	3.27	1
index(of the instruction handbook)	(说明手册的)索引	6.5.2 f)	2
indirect contact	间接接触	4.3	1
information for use	使用信息	3.18;3.21;5.1.6;5.4	1
information for use	使用信息	4.1;5.5.1;第6章	2
inherently safe design measure	本质安全设计措施	3.18;3.19;5.4	1
		第4章;5.5.1	2
inspection	检查	4.11.10;4.12.3;6.4 c);6.5.1 e)	2
inspection(Frequency of-)	检查(的频度)	6.4 c)	2
installation(of the machine)	(机器的)安装	5.2;5.3	1
installation(of the machine)	(机器的)安装	4.6;6.1.2;6.5.1 b)	2
instruction handbook	说明书手册	图1	1
instruction handbook	操作手册	6.2;6.5	2

英文	中文	子章节 下划线:指定义, 黑体字:重要章节	部分
instructions	说明书、说明	6.5.1～6.5.3	2
insulation failure	绝缘失效	4.3	1
insulation failure	绝缘失效	4.12.1	2
intended use of a machine	机器的预定使用	引言;3.3;3.6;3.22;4.9;5.1.3;5.1.5;5.2	1
intended use(of a machine)	(机器的)预定使用	引言;4.8.8;4.12.1;5.3.1;5.5.1;6.1.1;6.5.1 d)	2
interlocking device(interlock)	联锁装置(联锁)	引言;3.25;3.25.4;3.25.5;3.26.1	1
interlocking device(interlock)	联锁装置(联锁)	引言;5.3.2.5	2
interlocking guard	联锁防护装置	3.25.4	1
interlocking guard	联锁防护装置	5.2.1～5.2.3;5.2.5.3;5.3.2.3;5.5.6	2
interlocking guard with a start function (control guard)	具有启动功能的联锁防护装置(控制防护装置)	3.25.6	1
interlocking guard with a start function (control guard)	具有启动功能的联锁防护装置(控制防护装置)	5.2.3 f);**5.3.2.5**	2
interlocking guard with guard locking	带防护锁的联锁防护装置	3.25.5	1
interlocking guard with guard locking	(带)有防护锁的联锁防护装置	5.2.2;5.2.3	2
isolation and energy dissipation	动力断开和能量耗散	4.11.1;5.2.4;**5.5.4**	2
L			
language	语言	6.4	2
language(of the instruction handbook)	(说明书手册的)语言	6.5.2 b)	2
life limit of a machine	机器的寿命极限	5.2	1
lifting equipment	吊装设备	6.5.1 a)	2
lifting gear	吊装装置	5.5.5	2
lighting	照明	4.8.6;5.2.1	2
limit	限制	3.14;4.9;5.1.3;**5.2**	1
limited movement control device	有限运动控制装置	3.26.9	1
limited movement control device	有限运动控制装置	4.11.9	2
limiting device	限制装置	3.26.8	1
limiting device	限压装置、限制装置	4.3 a);4.10;5.2.7	2
live part(of electrical equipment)	(电气设备的)带电部件	4.3	1

英文	中文	子章节 下划线:指定义, 黑体字:重要章节	部分
load	载荷	3.26.8;4.2.1;4.2.2	1
load	载荷、负荷、负载	4.2.1;4.11.1;4.11.5;5.2.6;5.2.7	2
loading(feeding)/unloading(removal) operations	装料或卸料操作	4.14	2
lubrication	润滑	4.15	2
M			
machine/machinery	机器/机械	3.1	1
machine-power supply interface	机器—动力源接口	5.2	1
maintainability(of a machine)	可维护性(机器的)	3.3	1
maintainability(of a machine)	可维护性(机器的)	**4.7**;4.11.12	2
maintenance	维护	3.3;3.31;4.9;5.2;5.3 a)	1
maintenance	维护	4.8.6;4.11.9;4.11.10;5.2.4;5.3.1;5.5.4;5.5.6;6.1.2;6.5.1 b);6.5.1 e);6.5.1 h)	2
maintenance point	维修点	4.15	2
maintenance staff	维护人员	4.11.12;6.5.1 e)	2
malfunction(malfunctioning)	故障(失灵)	3.30;3.35;5.3 b);5.3 c)	1
malfunction(malfunctioning)	故障(失灵)	4.12.1;5.2.1	2
manual control(function)	手动控制(功能)	4.11.8	2
marking	标志	6.4	2
markings	各种标志	6.4	2
material	材料、物料	3.1;4.2.1;4.2.2;4.4;**4.8**;5.3 b)	1
material	材料、物料	4.2.1;4.3 b);4.14;5.2.5.1;5.3.2.1;5.3.2.6;5.5.6	2
maximum speed of rotating parts	旋转部件的最高速度	6.4 c)	2
measurement methods	测量方法	5.1.6	1
mechanical hazard	机械危险	4.2	1
mechanical hazard	机械危险	4.2.2;5.1	2
mechanical restraint device	机械抑制装置	3.26.7	1
mode selector	模式选择器	4.11.10	2
moisture	湿度	4.12.1;6.5.1 b)	2
movable elements/parts	运动部件	4.2.2	2

英文	中文	子章节 下划线:指定义, 黑体字:重要章节	部分
movable guard	活动式防护装置	3.25;3.25.2;3.25.3	1
movable guard	活动式防护装置	5.3.2.3;图1	2
muting phase	抑制阶段	5.2.5.2	2
N			
noise	噪声	3.6;3.38;3.39;**4.5**	1
noise	噪声	4.2.2;4.3 c);4.4 c);4.8.4; 5.1;5.2.1;5.2.5.1;5.3.2.1; **5.4.2**;6.5.1 c)	2
normal operation	正常运行、正常操作	3.35;4.3	1
normal operation	正常运转、正常运行	5.2.1～5.2.3	2
O			
operating modes	运行模式	5.2;5.3 c)	1
operating modes	操作模式、工作方式	4.11.1;4.11.10;4.14;6.1.1	2
operation	运行	5.3	1
operative part	操作部分	附录A	1
operative part	操作部分	4.13;5.2.5.2 b)	2
operator	操作者	3.29;5.2;5.3 c);5.4;5.5	1
operator	操作者	多处出现	2
operator-machine interface	操作者-机器的接口、人机接口	5.2;附录A	1
oriented failure mode component	定向失效模式部件	4.12.2	2
overloading(Electrical-)	(电气)过载	6.5.1 b)	2
overloading(Mechanical-)	(机械)过载	5.2.7	2
overspeed	超速	6.3	2
P			
packaging	包装	6.2;6.5.1;6.5.3 d)	2
pictogram	象形图	6.4	2
platform	平台	5.5.6	2
pneumatic equipment	气动设备	4.4;**4.10**	2
portable control unit(teach pendant)	便携式控制装置(示教盒)	4.11.8 c);4.11.9	2
positive mechanical action	强制机械作用	4.5	2
positive mode(Connected in the-)	强制模式(连接)	4.5	2
power control element	动力控制元件	3.29;附录A	1
power supply	动力源、动力供应	3.29;3.30;5.2;5.3 b)	1
power supply	动力源	4.10;4.11.1;4.11.2;4.11.5; 5.2.4;5.5.4;6.5.1 b)	2

英文	中文	子章节 下划线：指定义， 黑体字：重要章节	部分
restriction of access	限制进入	4.11.9	2
risk	风险	3.11；大量出现	1
risk	风险	大量出现	2
risk analysis	风险分析	3.13；3.14	1
risk assessment	风险评价	3.8；3.13；3.38；5.13	1
risk assessment	风险评价	5.2.1；5.2.4；5.5.2	2
risk comparison	风险比较	5.3 c)；5.5	1
risk estimation	风险评估	3.15；5.3	1
risk evaluation	风险评定	3.13；3.16；5.3	1
risk reduction	风险减小	3.7；3.15；3.17；3.18；**第5章**	1
risk reduction	风险减小	4.1；4.11.1	2
S			
safeguard	安全防护装置	引言；3.18；3.20；3.24；5.4	1
safeguard	安全防护装置	引言；4.14；5.1；**5.2**；5.3；6.5.1 b)；6.5.1 d)	2
safeguarding	安全防护	3.18；3.20；5.4	1
safeguarding	安全防护	4.1；**第5章**	2
safety function	安全功能	3.28	1
safety function	安全功能	4.11.1；4.11.6；**4.11.7**；4.12；4.14；5.2.5.2；5.3.3；6.5.1 e)	2
scald	烫伤	4.4	1
sensitive protective equipment	敏感保护设备	3.26.5	1
sensitive protective equipment	敏感保护设备	5.2.1；5.2.2 d)；5.2.3 b)；5.2.5	2
sensor	传感器、传感元件	3.29；附录A	1
sensor	传感器	4.11.7.2；4.13	2
setting	设定	5.3 a)	1
setting	设定、调整设定	4.10；4.11.9；4.11.10；4.15；5.2.4；5.5.6；6.1.2；6.5.1 d)	2
setting(Control mode for-)	用于设定的(控制模式)	4.11.9	2
setting point	设定点	4.15	2
severing hazard	切断危险	4.2.1	1
shearing hazard	剪切危险	4.2.1；4.2.2	1
shearing hazard	剪切危险	4.2.1；5.2.1；5.3.2.6	2
signal	信号	3.21；4.5	1
signal	信号	4.8.1；5.2.7；6.1；6.2；6.3；6.5.1 b)	2

英文	中文	子章节 下划线:指定义， 黑体字:重要章节	部分
significant hazard	重大危险	3.7;3.8;4.1;4.11	1
siren	警报器	6.3	2
slipping hazard	滑倒危险	4.10	1
slipping hazard	滑倒危险	5.5.6	2
software	软件	3.32;5.3	1
software	软件	4.11.7.3/.4	2
software(access to the-)	(进入)软件	4.11.7.4	2
space limit	空间限制、空间限度	3.26.8;5.2	1
speed	速度	4.11.1;5.2.7	2
stabbing/puncture hazard	刺伤或刺穿危险	4.2.1	1
stability	稳定性	4.2.2	1
stability	稳定性	**4.6**;5.2.6	2
stairs	梯级、楼梯	5.5.6	2
static electricity	静电	4.12.1	2
stopping	停止	4.11.1;4.11.3;4.11.6;5.2.5.1; 6.5.1 d)	2
storage(of a machine)	(机器的)贮存	6.5.1 a)	2
stress(environmental-)	(环境)应力	4.12.1	2
stress(human-)	(人的)压力	4.5;4.9	1
stress(human-)	(人的)压力	4.8.1	2
stress(Mechanical-)	(机械)应力	4.3 a);5.2.7	2
symbol	符号	3.21;5.1;5.4	1
symbol(in the instruction handbook)	(说明手册的)符号	6.5.2 a)	2
T			
teach pendant(portable control unit)	示教盒(便携式控制器)	4.11.8 c);4.11.8 e)	2
teaching(programming)	(可编程)示教	5.3 a)	1
teaching(programming)	(可编程)示教	4.11.9;5.2.4;6.1.2	2
thermal hazard	热危险	4.4	1
training	培训	引言;3.18;图 1	1
training	培训	引言;6.1.1;6.5.1 d)	2
transport	运输	5.3	1
transport	运输	5.5.5;6.1.2;6.5.1 a)	2
trip/tripping device	触发装置	5.2.1	2
trip/tripping hazard	绊倒危险	4.10	1

英文	中文	子章节 下划线:指定义, 黑体字:重要章节	部分
tripping(function)	触发(功能)	3.26.5	1
tripping(function)	触发(功能)	5.2.5.1;5.2.5.3	2
two-hand control device	双手操纵装置	3.26.4	1
two-hand control device	双手操纵装置	4.11.9;5.2.3 e)	2
U			
unexpected/unintended start-up	意外启动	3.6;3.29	1
unexpected/unintended start-up	意外启动	4.11.1;5.3.2.5	2
unloading(removal)/loading(feeding) operations	卸(出)料/装(进)料操作	4.14	2
usability(of a machine)	(机器的)易用性	3.4;5.1.4	1
usability(of a machine)	(机器的)易用性	5.3.2.1	2
use(of a machine)	(机器的)使用	5.1.5;5.2;**5.3**;**大量出现**	1
user	使用者、用户	3.18;3.21;5.1.2;5.1.3;5.1.6;5.5;**图 1**	1
user	使用人群、使用者、用户	4.8.1;4.11.7.4;6.1;6.2;6.3	2
V			
valve	阀门	4.3 a);4.11.4	2
(vapour)gas	(蒸汽)气体	4.8	1
vapour,gas	蒸汽,气体	5.3.2.1;6.5.1 c)	2
vibration	振动	3.38;4.6;5.3 b)	1
vibration	振动	4.2.2;4.3 c);4.6;4.8.4;4.12.1;5.2.1;5.3.2.1;**5.4.3**;6.5.1 b);6.5.1 c)	2
W			
walking area	步行区	5.5.6	2
walkways	通道	5.5.6	2
warning	报警	附录 A	1
warning device	警示装置	6.3	2
warning	警示	4.10;5.2.6;5.2.7;6.2;6.3;**6.4**;6.5.1 g);6.5.2	2
work environment	工作环境	4.4	1
working part	工作部件	附录 A	1
working part	工作部件	4.11.2	2
written warning	文字警示	6.4	2

参 考 文 献

[1] ISO/IEC 指南 51:1999 安全特征 关于标准中该类条款的导则

[2] ISO 11689 声学 机械设备的噪声发射数据比较程序

[3] GB 16754 机械安全 急停 设计原则(GB 16754—1997,eqv ISO/IEC 13850:1995)

[4] GB/T 19671—2005 机械安全 双手操纵装置 功能状况及设计原则(ISO 13851:2002,MOD)

[5] GB/T 19670—2005 机械安全 防止意外启动(ISO 14118:2000,MOD)

[6] GB/T 18831 机械安全 带防护装置的联锁装置 设计和选择原则(GB/T 18831—2002,ISO 14119:1998,MOD)

[7] GB/T 8196—2003 机械安全 防护装置 固定式和活动式防护装置设计与制造一般要求(ISO 14120:2002,MOD)

[8] GB/T 16856—1997 机械安全 风险评价的原则(eqv prEN 1050:1994)

[9] GB 5226.1—2002 机械安全 机械电气设备 第 1 部分:通用技术条件(IEC 60204-1:2000,IDT)

[10] GB/T 19436.2 机械电气安全 电敏防护装置 第 2 部分:使用有源光电防护器件(AOPDs)设备的特殊要求(GB/T 19436.2—2004,IEC 61496-2:1997,IDT)

[11] IEC 60050-191(IEV 191) 国际电工词汇第 191 章:可信性与服务质量

ICS 13.110
J 09

中华人民共和国国家标准

GB/T 15706.2—2007/ISO 12100-2:2003
代替 GB/T 15706.2—1995

机械安全 基本概念与设计通则
第2部分:技术原则

Safety of machinery—Basic concepts, general principles for design—Part 2: Technical principles

(ISO 12100-2:2003,IDT)

2007-03-02 发布 2007-09-01 实施

中华人民共和国国家质量监督检验检疫总局
中国国家标准化管理委员会 发布

前　言

GB/T 15706《机械安全　基本概念与设计通则》由两部分组成：

——第1部分：基本术语和方法；

——第2部分：技术原则。

本部分为 GB/T 15706 的第2部分。

本部分等同采用国际标准 ISO 12100-2:2003《机械安全　基本概念与设计通则　第2部分：技术原则》（英文版），并按照我国标准的编写规则 GB/T 1.1—2000 做了编辑性修改。

本部分代替 GB/T 15706.2—1995《机械安全　基本概念与设计通则　第2部分：技术原则与规范》。

本部分由全国机械安全标准化技术委员会（SAC/TC 208）提出并归口。

本部分负责起草单位：机械科学研究总院中机生产力促进中心。

本部分参加起草单位：南京食品包装机械研究所、长春试验机研究所、吉林安全科学技术研究院、中国食品和包装机械总公司、中联认证中心、广东金方圆安全技术检测有限公司。

本部分主要起草人：聂北刚、李勤、居荣华、王学智、宁燕、肖建民、王国扣、隰永才、张晓飞、富锐、程红兵、孟宪卫、张一宁。

本部分所代替标准的历次版本发布情况为：

——GB/T 15706.2—1995。

引　　言

GB/T 15706 的首要目的是为设计者提供总体框架和指南，使其能够设计出在预定使用范围内具备安全性的机器。同时亦为标准制定者提供标准制定的策略。

机械安全的概念是指在风险已经被充分减小的机器的寿命周期内，机器执行其预定功能的能力。

本部分是机械安全系列标准的基础标准。该系列标准的结构为：

——A 类标准（基础安全标准），给出适用于所有机械的基本概念、设计原则和一般特征。

——B 类标准（通用安全标准），涉及机械的一种安全特征或使用范围较宽的一类安全防护装置：

a） B1 类，特定的安全特征（如安全距离、表面温度、噪声）标准；

b） B2 类，安全装置（如双手操纵装置、联锁装置、压敏装置、防护装置）标准。

——C 类标准（机器安全标准），对一种特定的机器或一组机器规定出详细的安全要求的标准。

本部分属于 A 类标准。

若 C 类标准的内容偏离本标准第 2 部分或 B 类标准的规定，则以 C 类标准为准。

建议将本部分纳入培训课程和手册，以便设计者掌握基本术语和通用设计方法。

本部分起草时已参照了 ISO/IEC 指南 51《安全特征　关于标准中该类条款的指南》的内容。

机械安全　基本概念与设计通则
第 2 部分:技术原则

1　范围

本部分规定了帮助设计者在机械设计中实现安全的技术原则。

在解决具体问题时,GB/T 15706.2 应与 GB/T 15706.1 共同使用。GB/T 15706 的两个部分可以独立于其他文件单独使用,或作为制定其他 A 类标准、B 类或 C 类标准的基础。

本部分不涉及对家畜、财产或环境造成的损害。

2　规范性引用文件

下列文件中的条款通过 GB/T 15706 的本部分的引用而成为本部分的条款。凡是注日期的引用文件,其随后所有的修改单(不包括勘误的内容)或修订版均不适用于本部分,然而,鼓励根据本部分达成协议的各方研究是否可使用这些文件的最新版本。凡是不注日期的引用文件,其最新版本适用于本部分。

GB 5226.1—2002　机械安全　机械电气设备　第 1 部分:通用技术条件(IEC 60204-1:2000, IDT)

GB/T 15706.1—2007　机械安全　基本概念与设计通则　第 1 部分:基本术语和方法(ISO 12100-1:2003, IDT)

3　术语和定义

GB/T 15706.1—2007 中确立的术语和定义适用于本部分。

4　本质安全设计措施

4.1　概述

本质安全设计措施是风险减小流程中的第一步也是最重要的步骤。这是因为尽管所采取的保护措施作为机器固有部分可能是有效的,然而经验表明即使设计得再好的安全防护也可能失去作用或被违反,甚至使用信息不被遵循。

本质安全设计措施是通过适当选择机器的设计特性和(或)暴露人员与机器的交互作用,消除危险或减小风险而达到的。

注:当仅通过本质安全设计措施不足以达到减小风险时,第 5 章给出了为达到减小风险的目的要采用的安全防护和附加措施(见 GB/T 15706.1—2007 第 5 章中的设计三步法)。

4.2　几何因素和物理特性的考虑

4.2.1　几何因素

几何因素可以是,如:

——所设计的机械的形状,使得从操纵位置上对工作区和危险区的直接观察范围最大,如减少盲点、考虑人类视觉的特点,在必要处选择和安置间接观察装置(例如镜子)。尤其是当安全操作需要操作者长期进行直接控制时,例如:

a)　移动式机器的行走和工作区域;

b)　提升载荷或人员的提升机械的运行区;

c)　物料处理时,手持式或手导式机器的工具的接触区域。

机器的设计应使在主控制位置上的操作者能确保危险区中没有暴露人员：

——机械零部件的形状和相对位置。例如：通过加大运动部件之间的最小间距来避免挤压和剪切危险，使得人体的相应部分可以安全地进入，或通过减小间距使人体的任何部分不能进入其中（见 GB 12265.1、GB 12265.2、GB 12265.3）。

——要避免锐边、尖角和凸出部分。目的是不允许人员可靠近的机械部分存在有锐边、尖角、粗糙面、可能造成伤害的凸出部分以及可能“钩刮”人体部位或衣服的开口。特别对金属薄板，其边缘应除去毛刺、折边或倒角。对可能造成“钩刮”的管口端，应进行包覆。

——所设计的机器的形状，要保证合理的操作位置及手动控制装置（致动机构）的可接近性。

4.2.2 物理特性

物理特性可以是，如：

——对致动力的限制，使其足够低，保证所致动的部件不会产生机械危险。

——对运动部件的质量和（或）速度及其动能的限制。

——根据排放源特性，对其排放的限制：

a) 从声源减小噪声的措施（见 ISO/TR 11688-1）；

b) 从振动源减少振动的措施，包括诸如重新分配或附加质量以及改变过程参数，例如：运动的频率和（或）振幅等（手持式和手导式机械，见 CR 1030-1）；

c) 减少危险物质排放的措施，例如：使用更安全的物质或使用降低粉尘的工艺；

d) 减少放射源辐射的措施，例如：避免使用危险放射源，在满足机器正常功能的情况下将辐射功率限制在最低水平，通过设计使放射源射线束集中于目标之上，加大放射源和操作者之间的距离或提供远程操作装置；

e) 5.4.5 中给出的减小非电离辐射的措施（见 EN 12198-1 和 EN 12198-3）。

4.3 机械设计的通用技术知识

通用技术知识可以从设计技术规范中取得（例如标准、设计规范、计算规则）。这些知识涵盖：

a) 机械应力，例如：

——对诸如螺栓的连接、焊接等，通过采用正确计算、构造和紧固方法进行的应力限制；

——借助过载保护装置（如采用：“易熔”塞、限压阀、断路器、力矩限制装置等）进行的应力限制；

——避免在可变应力（主要是周期应力）下零件产生的疲劳；

——回转件的静平衡和动平衡。

b) 材料及其性质，例如：

——抗腐蚀、抗老化、抗磨蚀和抗磨损；

——硬度、延展性、脆性；

——均匀性；

——毒性；

——易燃性。

c) 下列项目的排放值：

——噪声；

——振动；

——危险物质；

——辐射。

如果特殊零部件或者装配件的可靠性对安全起关键作用（例如：绳、链条、用于吊装重物或人员的吊装附件），则其应力值应乘以适当的工作系数。

4.4 适用技术的选择

在某些应用场合,通过技术的选用,可以消除一种或多种危险,或者减小风险,例如:

a) 预定用于爆炸氛围中的机器,采用:

——全气动或液压控制系统及机器致动机构;

——“本质安全”的电气设备(见 EN 50020)。

b) 对特定的待加工产品,如溶剂:保证加工设备的温度远远低于溶剂的燃点。

c) 避免高噪声的替代设备,例如:

——以电气设备代替气动设备;

——在某些条件下,用水切割代替机械设备。

4.5 应用零件间的强制机械作用原则

如果一个机械零件运动不可避免的使另一个零件通过直接接触或通过刚性连接件随其一起运动,则这些零件是以强制模式连接的。这种强制模式的一个例子就是电路开关设备的强制打开操作(见 GB 14048.5—2001 和 GB/T 18831—2002 中 5.7)。

注:若一个机械部件的运动造成允许另一个部件自由运动(例如因为重力、弹力),则前者对后者不存在强制机械作用。

4.6 稳定性规定

机器应设计成具有足够的稳定性,使得在规定的使用条件下可以安全地使用。为此,需考虑的因素包括:

——底座的几何形状;

——包括载荷在内的重量分布;

——由于机器部件、机器本身或机器所夹持部分的运动而产生的可能使机器倾覆的力矩的动力;

——振动;

——重心的摆动;

——设备行走或安装于不同地点(例如地面条件,斜坡)处的支承面的特性;

——外力(例如风力、人力)。

对包括搬运、运输、安装、使用、停用和拆除在内的机器寿命周期的各个阶段,都应该考虑机器的稳定性问题。

与安全防护有关的其他稳定性的保护措施在 5.2.6 中给出。

4.7 可维护性规定

设计机器时,应考虑以下可维护性因素:

——可接近性,考虑环境和人体尺寸,包括工作服和所使用工具的尺寸;

——易于处理,考虑人的能力;

——专用工具和设备数目的限制。

4.8 遵循人类工效学的原则

4.8.1 机械设计中应注意人类工效学原则,以减轻操作者心理、生理压力和紧张程度。在基础设计阶段,对操作者和机器进行功能分配(自动化程度)时,应考虑这些原则。

注:这样亦能改善操作的性能和可靠性,从而降低在机器使用的所有阶段内的出错概率。

应考虑预定使用机器人群的人体尺寸、力量和姿势、运动幅度、动作重复频率(见 GB/T 15241 和 GB/T 15241.2)。

“人—机”相互作用的所有要素,如操纵器、信号装置以及日期显示装置,都应设计得易于理解,使操作者和机器间的相互作用尽可能清楚、明确。

(见 EN 614-1、GB/T 16251、EN 13861 和 GB 18209.1)。

设计者在设计机器时,尤其要注意 4.8.2~4.8.8 中的人类工效学要求。

4.8.2 避免操作者在机器使用过程中的紧张姿势和动作(如提供适合于不同操作者的机器调整工具)。

4.8.3 机器,尤其是手持和移动式机器的设计,应考虑到人力的可及范围、控制机构的操动,以及人的手、臂、腿等解剖学结构。

4.8.4 尽可能避免噪声、振动、热效应(如极端温度)。

4.8.5 避免将操作者的工作节奏与自动的连续循环连在一起。

4.8.6 当机器和(或)其防护装置的结构特征使得环境照明不足时,应在机器上或其内部提供对工作区、调整设置区及日常维护区的局部照明。应避免会引起风险的光线的闪动、耀眼、阴影和频闪效应。若光源的位置在使用中需进行调整,则其位置不应对调整者构成任何危险。

4.8.7 手动控制装置(致动机构)的选用、配置和标记应满足以下需求:

——必须清晰可见、可识别,必要处适当加标志(见5.4);

——必须能安全的即时操作,而且作用明确(例如:操纵器的标准布置,可以使操作者由一台机器转到另一台具有同样操作模式的同类型的机器上工作时,减少差错概率);

——它们的位置(对按钮)和运动(对手柄和手轮)与它们的作用应是恒定的(见GB 18209.3);

——它们的操作不会引起附加风险。

也可见EN 894-3。

当所构造和设计的控制部分执行几个不同动作时,即它们不是一一对应的(如键盘等),所执行的动作应清晰的显示出来,并且必要时应经过确认。

应根据人类功效学原则,使控制部分的布局、行程和操作阻力与所要执行的操作相匹配。应考虑由于采用必要的或可预见使用的个人防护装备(如防护鞋、手套等)所带来的约束。

4.8.8 指示器、刻度盘和视觉显示装置的设计与配置应符合以下要求:

——它们在人员能察觉的参数和特征范围之内;

——就操作者的要求和预定使用而言,信息的显示应便于察看、识别和理解,即应耐久、清晰、含义确切;

——操作者在操作位置可以察觉到。

4.9 防止电气危险

GB 5226.1—2002给出了关于机械的电气设备设计的通用技术规定,特别是第6章给出对防电击防护的措施。对特定机器的有关要求见相应的国家标准(例如:GB 13690、GB 3883、GB 4706系列标准)。

4.10 防止来自气动设备和液压设备的危险

机器的气动和液压设备应按以下要求设计:

——不能超出回路的最大额定压力(通过限压装置);

——不能因压力激增或升高、压力损失或降低、真空度损失导致危险;

——不会因为泄漏或部件失效而导致危险的流体喷射,或软管突发危险运动(如:甩动);

——储气罐、蓄气罐或类似容器(如充气蓄能器)应符合这些设备的设计规则;

——设备的所有部件,尤其是管子和软管,应针对外来有害影响采取保护措施;

——当机器与动力源断开后(见5.5.4),储气罐等类似容器(如充气蓄能器)应尽可能自动卸压,如果无法实现,应提供隔离、局部卸压及压力显示的措施(见GB/T 19670—2005第5章);

——应对所有在机器与动力源断开后仍保持压力的部件,提供清晰标识的排空装置,以及对机器进行任何调整设定或维护前必须对这些部件进行卸压的警示牌。

也可见GB/T 3766和GB/T 7932。

4.11 本质安全设计方法在控制系统上的应用

4.11.1 概述

控制系统设计措施的选用应使得其有关安全的性能能够提供足够的风险减小(见GB/T 16855.1)。

机器控制系统的正确设计可以避免未能预见的或潜在的危险机器行为。

危险机器工况的典型起因是：

——不合适的设计或控制系统逻辑的修改(意外的或有意的)；

——控制系统的一个或几个零件暂时或永久的缺陷或失效；.

——控制系统动力源的变化或失效；

——控制装置的选用、设计和配置不当。

危险机器工况的典型例子：

——无意的/意外的启动(见 GB/T 19670)；

——速度变化失控；

——运动中的零部件不能停止；

——机器的可动部件或机器夹紧的工件掉落或飞出；

——保护装置被抑制(失效或失败)造成的机器动作。

为了防止机器的危险工况实现功能上的安全，控制系统的设计应符合子条款 4.11 和 4.12 中提出的原则和方法。根据具体情况，这些原则和方法可以单独使用，也可以联合使用(见 GB/T 16855.1 和 GB 5226.1—2002 的第 9 章～第 12 章)。

控制系统的设计应使操作者能与机器进行安全简单的互动，这要求采取下面的一种或多种方法：

——进行启动和停止状态的系统分析；

——提供各种规定的操作模式(例如：正常停机后启动，运行过程中断后或急停后再启动，取下装在机器上的工件，在机器零件失效的情况下部分机器的运转)；

——清晰地显示故障；

——提供防止意外启动指令产生的措施(例如封闭启动装置)(见 GB/T 19670—2005 中图 1)；

——保持停止指令(例如联锁)以防止可能产生危险机器工况的重新启动(见 GB/T 19670—2005 中图 1)。

多台机器的组合可分为紧急停机区、保护装置作用的停止区、动力断开的能量耗散区。应清楚地界定不同的区域，及应属于不同区域的机器的部件。同样，应清楚表明属于各个区域的控制装置(例如：急停装置、动力源断开装置)和(或)保护装置。各区域之间接口的设计应使得，一个区域内的功能不会导致因干预已停止的另外区域内产生危险。

控制系统的设计应将机械部件、机器本身、机械夹持的工件和/或载荷的运动限定在安全设计参数(例如：范围、速度、加速、减速、负荷能力)以内。应留有动态效应(例如：负荷摆动)裕量。

例如：

——非遥控的步进控制机械，其移动速度应与步行速度保持一致；

——载人车辆和人员升降用运载工具的运动范围、速度、加速和减速应限定在非危险的数值范围内，并考虑操作者和机器的总反应时间；

——提升载荷的机械部件的移动范围应限制在规定限度以内。

若机械的设计中包括同步使用可单独使用的元件，则其控制系统的设计应能预防因不同步造成的危险。

4.11.2 启动内部动力源/接通外部能源供应

启动内部动力源或接通外部能源供应不应导致工作部件的启动(例如：内燃机启动不应导致可移动机器的运动，接通主电源不应导致电机工作部件的启动，见 GB 5226.1—2002 的 7.5。

4.11.3 机构的启动/停止

机构的启动或加速运动的基本动作宜通过施加或增大电压或流体压力来实现；或者，如果考虑采用二进制逻辑元件，通过由 0 状态变到 1 状态去实现(若 1 代表最高能态)。

机构的停止或减速运动的基本动作宜通过去除或降低电压或流体压力来实现；或者，如果考虑采用二进制逻辑元件，通过由1状态变到0状态去实现(若1代表最高能态)。

注：在某些应用中(例如高压开关装置)这些原则不能使用。则宜采取其他措施来实现同等置信级别的停止或减速。

若为使操作者能保持对减速的持久性控制，未使用这些原则(例如自动推进的可移动的机器的液压制动装置)，那么就应在机器上设置供主制动系统失效时减速或停止用的装置。

4.11.4 动力中断后的重新启动

动力中断后重新接通时，如果机器自发的重新启动会产生危险，就应当防止(如采用自保持继电器、接触器或阀门)。

4.11.5 动力源的中断

机器的设计应能防止因动力供应中断或波动过大导致的危险状态。至少应满足以下要求：

——应保持机械的停止功能；

——对因安全需要必须保持操作的所有装置，应以有效的方式操作以保持安全(如锁紧、夹紧装置，冷却或加热装置，自行走机器的动力辅助导向)；

——对因势能而产生运动的机械部件或机械所夹持的工件和/或负荷，应能保持允许其安全降下所需的必要时间。

4.11.6 自动监控的使用

自动监控用于确保由保护措施执行的安全功能，即使在执行该功能的某零部件或元件的能力被削弱，或因过程条件变化产生危险时，其功能不会失效。

在下一次安全功能启动之前，自动监控既可以瞬时监测故障又可以周期性检测故障。在这两种情况下，保护措施均可立即启动或延迟到特定事件发生时再启动(例如机器循环开始的时候)。

这些保护措施可以是，例如：

——危险过程的停止；

——对失效引发首次停机，防止其重新启动；

——报警的触发。

4.11.7 采用可编程电子控制系统实施的安全功能

4.11.7.1 概述

具有可编程电子设备(如可编程控制器)的控制系统可用于执行机器的安全功能。使用可编程的电子控制系统时，有必要考虑其与安全功能要求有关的性能要求。

可编程电子控制系统的设计，应充分降低那些不利于安全相关功能执行的随机硬件失效的概率和系统失效的可能性。若采用可编程电子控制系统执行监控功能，应考虑其检测故障的特点(进一步指导，见 IEC 61508)。

注：针对机械安全的 IEC 62061 和 GB/T 16855.1 两个标准中提供了适用于可编程电子控制系统的指南。

宜设置可编程电子控制系统并进行确认，以保证各安全功能达到规定的性能[例如 IEC 61508 的安全完整性水平(SIL)]。确认包括试验和分析(如静态、动态或失效分析)，以证明所有部件能够相互正确作用，执行安全功能，且不会发生非预期的功能。

4.11.7.2 硬件方面

硬件(包括传感器、致动机构、逻辑运算器等)的选型(和/或设计)和设置应同时满足安全功能和待执行该功能的要求，特别是通过以下方式：

——结构约束(例如系统结构、故障容许能力、故障的检测能力)；

——选择(和/或设计)具有适当的硬件随机危险失效概率的设备和装置。

将避免系统性失效和控制系统的故障的措施和技术纳入到硬件中。

4.11.7.3 软件方面

软件[包括内部操作软件(或系统软件)和应用软件]的设计应符合安全功能的性能规范(见

IEC 61508-3)。

4.11.7.4 应用软件

应用软件不宜由用户进行重新编程。这些可以通过在非可重编程存储器固化软件[如微控制器、专用集成电路(ASIC)]的方法实现。

在需要用户重编程的情况,宜采取如下方法限制对涉及安全功能软件的进入:

——锁定;

——授权密码。

4.11.8 有关手动控制的原则

a) 手动控制装置的设计和定位配置应符合 4.8.7 给出的有关人类工效学原则。

b) 每个启动控制装置附近均应配置停止控制装置。若启动/停止功能通过止—动控制方式实现,应另设单独的停止控制装置,以防止止—动控制装置释放后不能发出停止指令而造成的风险。

c) 除某些必须位于危险区的如急停装置或示教盒等控制装置之外,手动控制装置应配置于危险区所能达及的区域之外(见 GB 18209.3—2002 第 4 章)。

d) 控制装置及控制位置的设置应尽可能使操作者能够观察到工作区域或危险区。

除在其他位置可以更安全的实现控制功能之外,移动式机器的随车驾驶人员应能够从驾驶位置操动机器操作所要求的所有控制装置。

载人升降机械上的升降操纵装置,及用于移动运载机的操纵装置,通常应位于运载机内。如果安全操作要求将控制装置置于运载机外,则应为机内操作者提供防止运载机危险运动的手段。

e) 若几个控制装置可能启动同一危险元素,则控制线路的布局应使得在给定时间内,只能有一个控制装置有效。此点尤为适用于由操作者携带便携控制装置(如示教盒)进入危险区内手动控制的机械。

f) 为了规避风险,控制致动机构的设计或防护应只能在主动操作下才会动作(见 ISO 9355-1 和 GB/T 17161)。

g) 对于依赖操作者持久的直接控制才能安全运行的机器功能,应借助控制装置的设计和定位等措施,确保操作人员处于控制位置上。

h) 对于无线控制,在接收不到正确的控制信号情况下,包括失去联络时,应执行自动停机功能(见 GB 5226.1—2002 的 9.2.7)。

4.11.9 设定、示教、过程转换、故障查找、清洗或维护的控制模式

机器在设定、示教、过程转换、故障查找、清洗或维护时,需要移开或拆除防护装置和(或)禁止使用保护装置,且为此有必要使机器或机器的某些部件运转时,则应采用同时满足下列要求的特殊控制模式以保证操作者的安全:

——禁止使用所有其他控制方式;

——只有通过连续触发使动装置,止—动控制装置或双手操纵装置,才能允许危险元件运转;

——只有在风险被减小的条件下(例如降速、降低功率/动力、利用如有限运动控制装置进行的步进操作),才能允许危险元件运转。

注:对于某些专用机器,也可能有更合适的其他保护方式。

控制模式应与下列一条或多条措施相结合:

——尽可能限制进入危险区;

——急停控制装置应位于操作者立即可达的范围内;

——便携式控制装置(示教盒)和(或)局部控制装置不应遮挡被控部分。

(见 GB 5226.1—2002 中的 9.2.4)。

4.11.10 控制和操作模式的选择

若所设计和制造的机械允许用于几种有着不同保护措施和(或)工作程序要求的控制和操作模式(如允许调整、设定、维护、检查),则应备有能锁定在各位置的模式选择器。选择器的每个位置都应清晰无疑并对应单一操作或控制模式。

选择器可以用限制某些人员使用某些机器功能的方法来代替(例如:使用某种数控功能的口令)。

4.11.11 获得电磁兼容性(EMC)的措施

关于电磁兼容性的指南,见 GB 5226.1—2002 的 4.4.2 和 GB 17799 系列标准。

4.11.12 辅助故障排查诊断系统的规定

控制系统中应包括辅助故障排查的诊断系统,以便无须禁止使用任何保护措施。

注:这类系统不仅能提高机械的有效性和可维护性,还可以减少维护人员暴露于危险。

4.12 使安全功能的失效概率降至最低

机器的安全不仅取决于控制系统的可靠性,而且还取决于机器所有部件的可靠性。

安全功能的持续运行对机器的安全使用至关重要。可以通过 4.12.1～4.12.3 所示方式实现。

4.12.1 可靠零部件的使用

“可靠零部件”是指在预定使用条件下(包括环境条件),能够经受住与设备使用有关的全部干扰和应力(包括环境状态)的零部件,在预定的使用时段或操作次数中,它们具有低的机器危险故障发生概率。零部件的选择应综合考虑上述全部因素(见 4.13)。

注 1:“可靠零部件”不等同于“经验证的零部件”(见 GB/T 16855.1—2005 中 6.22)。

注 2:应考虑的环境条件包括,例如:冲击、振动、冷、热、湿度、粉尘、腐蚀和(或)蚀磨物质、静电、电磁场。由此产生的干扰包括,例如:绝缘失效、控制系统部件功能暂时或永久失效。

4.12.2 “定向失效模式”部件的使用

“定向失效模式”部件或系统是指其主要失效模式已事先知道的部件或系统,其使用时发生的失效只会引起机器功能的非危险性变化。

注:在有些情况下,有必要采取附加措施限制此类失效的负面影响。

宜始终考虑使用这类部件,特别是在未采用冗余的地方。

4.12.3 部件或子系统的加倍(或冗余)

在机器相关安全部件的设计中,可以使用部件的加倍(或冗余),以便当一个部件失效时,另一个部件(或其他部件)能继续执行其功能,从而保证安全功能继续有效。

为了保证启动正确的动作,更应通过自动监控(见 4.11.6)或某些情形下的周期检查监控部件的失效。周期检查的间隔要小于部件的预期寿命。

可通过采用多样化设计和(或)工艺技术避免共因失效(如由于电磁干扰)或共模失效。

4.13 通过设备可靠性限制操作者面临危险

提高机械各组成部分的可靠性,降低需要纠正的事故发生的频率,从而可以减少面临危险。

机器的动力系统(操作部分)、控制系统、安全功能和其他功能系统都适用这一可靠原则。

应采用可靠性已知的关键安全部件(如某些传感器)。

防护装置和保护装置的元件尤其要可靠,因其失效会使人员面临危险,且可靠性差还会加速其报废。

4.14 通过装料(或)卸料操作机械化或自动化限制操作者面临危险

装、卸料操作和更为普遍的一般搬运(工件、材料、物资等)操作的机械化和自动化可以减少人员在作业点面临危险,从而限制由这些操作产生的风险。

可以通过机器人、搬运装置、传动机构、鼓风设备实现自动化。可以通过例如进料滑道、推杆、手动分度工作台实现机械化。

自动送进和移出装置对预防机器操作者事故是很有益的,但在检修其故障时会产生一定危险。应注意保证使用这些装置后，不会在这些装置和机器部件或被加工的工件/材料之间引发进一步的危险（如钩挂、挤压）。若不能保证，应提供适当的安全防护装置（见第5章）。

详尽研究整个设备的所有控制与操作模式中全部安全功能的执行情况，带有控制系统的自动送进和移出装置与相关机器的控制系统应该是相互关联的。

4.15 通过置调整设定和维护点于危险区外限制操作者面临危险

应通过将维护、润滑和调整设定点设置在危险区外面，最大程度地减少进入危险区的需要。

5 安全装置与补充保护措施

5.1 概述

如果无法通过本质安全设计合理消除危险或充分减小风险，则应使用防护罩和保护装置来保护人员。可能必须采用包括附加设备在内的补充保护措施（例如急停设备），见 GB/T 15706.1—2007 中 5.4。

各类防护装置和保护装置的定义见 GB/T 15706.1—2007 中 3.25 和 3.26。

某些安全防护装置可用于避免面临多种危险（例如：用于防止进入机械危险区域的固定式防护装置，也同时用于降低噪声等级和收集有毒排放物）。

5.2 防护装置和保护装置的选择和实施

5.2.1 概述

根据运动件的性质（见图1）和进入危险区的需要，本章给出选择和使用防护装置和保护装置的指南。采用这些装置的主要目的是防止运动部件对人员产生危险（见图1）。

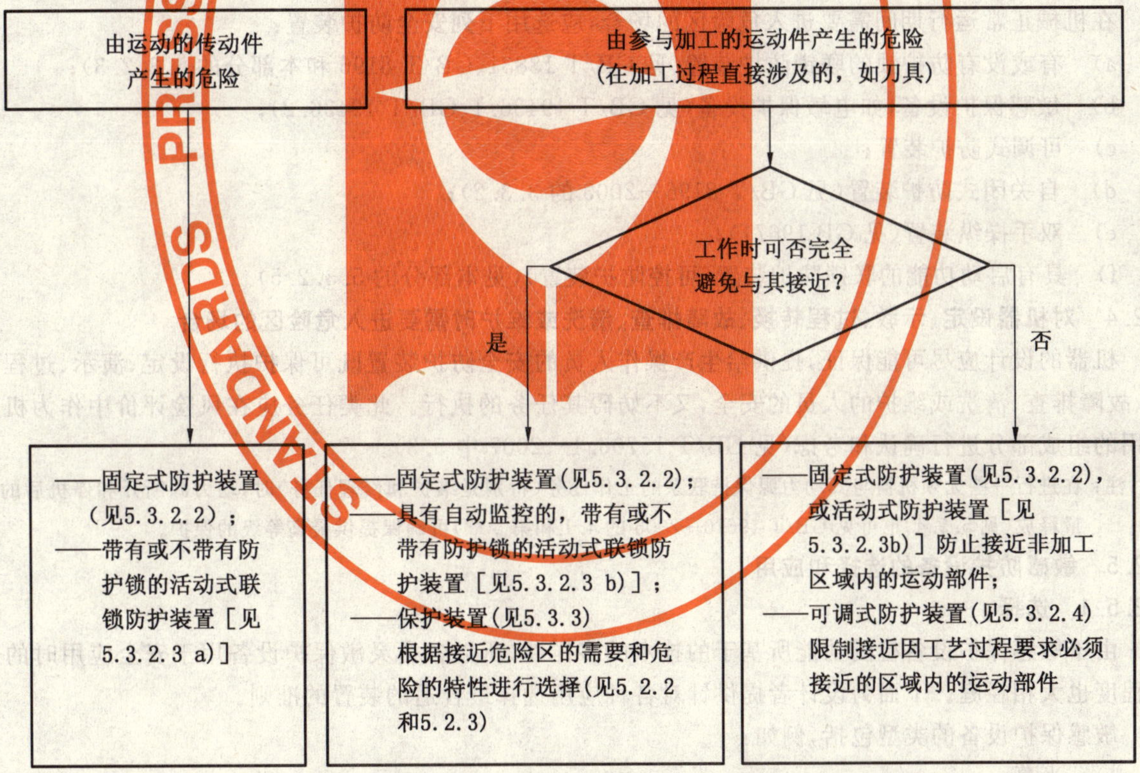

图1 防止由运动件产生危险的安全防护装置选择

对特定机器安全防护装置的正确选用，应根据对该机器的风险评价结果进行。

在为特定机械或危险区选用合适的安全防护装置时，固定式防护装置很简单，应该将其使用在机械正常运转（无故障运行）期间不需要操作者进入危险区的场合。

当需要进入危险区的频次增加，导致固定防护装置不能回放，则需要使用其他保护措施（如活动式联锁防护装置、敏感保护设备)。

有时需要联合使用几个安全防护装置。例如,将固定防护装置与将工件送至机器的机械送料装置联合使用,可以排除进入危险区的主要危险。再采用一个触发装置,就可以防止进一步的由机械送料装置与固定防护装置间可能产生的卷入或剪切危险。

应考虑围绕控制位置或干涉区域的范围,提供针对多种危险的组合保护,这些危险包括:

——由坠落或弹射物体导致的危险(例如坠落物体防护结构);

——排放物危险(例如对噪声、振动、辐射、有害物质的防护措施);

——因环境造成的危险(例如对热、冷、恶劣天气的防护措施);

——机械翻倒或翻转的危险(例如翻转或翻倒的防护结构)。

对封闭式工作位置(例如室和舱)的设计,应考虑与可见性、照明、气候条件、进入途径、姿势等相关的人类工效学原则。

5.2.2 正常运行期间不需要进入危险区的场合

在机械正常运行过程中不需要进入危险区的场合,应选用下列安全防护装置:

a) 固定式防护装置(见 GB/T 8196);

b) 有或没有防护锁的联锁防护装置(见 GB/T 18831、GB/T 8196 和本部分的 5.3.2.3);

c) 自动关闭防护装置(见 GB/T 8196—2003 的 3.3.2);

d) 敏感保护设备,如电敏保护设备(见 GB/T 19436.1、GB/T 19436.2)或压敏垫(见 GB/T 17454.1)。

5.2.3 正常运行期间需要进入危险区的场合

在机械正常运行期间需要进入危险区的场合,应选用下列安全防护装置:

a) 有或没有防护锁的联锁防护装置(见 GB/T 18831、GB/T 8196 和本部分的 5.3.2.3);

b) 敏感保护设备,如电敏保护设备(见 GB/T 19436.1、GB/T 19436.2);

c) 可调式防护装置;

d) 自关闭式防护装置(见 GB/T 8196—2003 的 3.3.2);

e) 双手操纵装置(见 GB 19671);

f) 具有启动功能的联锁防护装置(可控防护装置)(见本部分的 5.3.2.5)。

5.2.4 对机器设定、示教、过程转换、故障排查、清洗或维护时需要进入危险区的场合

机器的设计应尽可能保证,提供给生产操作人员的安全防护装置既可保护执行设定、演示、过程转换、故障排查、清洗或维护的人员的安全,又不妨碍其任务的执行。此类任务应在风险评价中作为机器使用的组成部分进行确认和考虑(见 GB/T 15706.1—2007 中 5.3)。

注:在进行一些无须机器与其动力源保持联系的工作任务(特别是维护和修理任务)时,动力源断开和停机后的能量释放(见 5.5.4,也可见 GB/T 19670—2005 的 4.1 和第 5 章)可确保提供最高等级的保护。

5.2.5 敏感防护设备的选择和应用[1)]

5.2.5.1 选择

由于敏感保护设备检测功能所基于的技术的多样性,所以各类灵敏保护设备用于安全应用时的适合程度也大相径庭。下面为设计者提供针对各种应用选择最合适的装置的准则。

敏感保护设备的类型包括,例如:

——光幕;

——扫描装置,例如激光扫描器;

——压敏垫;

——触发杆、触发线。

1) 详细资料,见 IEC/TS 62046 草案。

敏感防护设备可以用来：

——用于触发；

——用于现场感应；

——用于触发和现场感应；

——满足严格条件的机器重新启动的操作。

注：有些类型的敏感保护设备既不适用于现场感应，也不适用于触发的目的。

对具有下列特性的机械，不能单独使用敏感防护设备：

——机械具有抛射材料或零部件的可能；

——有防止排放(噪声、辐射、粉尘等等)的需要；

——无规律的或过度的停机时间；

——机器不具有在单个工作循环中停机的能力。

5.2.5.2 实施

a) 宜考虑以下因素：

——检测区域的大小、特点和配置布局(见 GB/T 19876，该标准涉及某些类型的敏感保护设备的配置布局问题)；

——设备对故障状态的反应(电敏保护装置见 GB/T 19436.1、GB/T 19436.2)；

——被规避的可能性；

——检测能力及其随时间的变化(例如：由于对诸如反射表面、其他人工光源、日光或空气杂质的这类不同环境条件的敏感性而造成的结果)。

注：GB/T 19436.1 规定了电敏保护设备的检测能力。

b) 敏感保护设备应集成在操作部分并与机器的控制系统相联结，使得：

——一旦探测到人员或人体的部分就立即给出指令。

——所探测到的人体或人体的部分的撤回，不会自动重新启动危险机器功能；因此，控制系统应维持敏感保护设备发出的指令直至新的指令发出。

——危险机器功能的重新启动，是操作人员主动作用位于危险区之外的控制装置的结果。且从该位置上，操作人员可以观察危险区。

——除抑制阶段外，敏感保护设备的探测功能被中断时，机器无法运转。

注：抑制是指安全功能被控制系统有关安全部件临时自动暂停(见 GB/T 16855.1)。

——探测场地的位置和形状，可能和固定式防护装置一起，防止在未被探测到的情况下，人或人体的部分进入或处于危险区。

注：对于细节，例如对于有源光电防护装置的故障特征，宜考虑使用 GB/T 19436.1、GB/T 19436.2。

5.2.5.3 对用于循环启动的敏感保护设备的附加要求

在此类特殊应用中，机器工作循环的启动由被检测到的人体或人体部分从敏感保护设备探测区撤出引起，且不需要任何额外启动指令，因此有别于 5.2.5.2 b)中的第二点。在接通电源后，或当被敏感保护设备的触发功能引起停机后，机器的工作循环应该只有通过主动驱动启动控制器方能启动。对于由敏感保护设备引发的循环启动，只能采用符合 GB/T 19436 系列标准的有源光-电保护装置(AOPD)，且：

a) 满足将有源光-电保护装置用做触发和现场感应装置(见 GB/T 19436.2)的要求[特别是位置、最小距离(见 GB 19876)、探测能力、可靠性和对控制和制动系统的监控]；

b) 机器的循环时间短，且在清空后的感测区机器的重新启动装置被限制在与单个正常循环相匹配的周期内；

c) 进入 AOPD 的感测区或开启联锁防护装置是进入危险区的唯一途径；

注：上述危险区是指，由感测区的清空而启动的危险元件(包括辅助设备和传输元件)的操作区域。

d) 若有多个 AOPD 用于机器的安全防护，则其中只能有一个具有循环再启动的能力；

e) 对于自动循环启动产生的较高的风险，AOPD 和控制系统相关部分应较之正常工作条件具有较高的有关安全的性能。

5.2.6 稳定性的保护措施

若无法通过本质安全设计措施，如重量分配(见 4.6)，达到稳定性，就有必要采用下述措施来保持机器的稳定性：

——地脚螺栓；

——锁定装置；

——运动限制器或机械止挡；

——加速或减速限制器；

——载荷限制器；

——接近稳定性或倾覆极限时发出警示的警报器。

5.2.7 其他的保护装置

对于要求操作者连续控制的机器(如移动式机器、起重机)，若操作人员的任何错误都可能引发危险状态，则应为该机器装备必要的装置使其运行保持在规定的限度内，特别是：

——操作者对危险区缺乏充分的能见度时；

——操作者对有关安全参数(例如距离、速度、负载的质量、斜坡的角度)的实际数值缺乏了解时；

——危险来自由操纵者控制之外的运行所引发时。

必要的装置包括，例如：

——限制运动参数(距离、角度、速度、加速度)的装置；

——过载和力矩限装置；

——防止与其他机器互相碰撞或妨碍的装置；

——防止对移动式机械的步行操作者或其他行人产生危险的装置；

——防止零部件或组件应力过度的扭矩限制装置或断开点；

——限制压力、温度的装置；

——监控排放的装置；

——防止操作人员不在控制位置进行操作的装置；

——防止现场无稳定平衡器时进行提升操作的装置；

——限制机器在斜面上倾斜的装置；

——保证部件在移动之前处于安全位置的装置。

在操作者控制范围之外的机器运行装置触发的自动保护停机措施(如危险运动的自动停止)宜预先发出或伴随发出警示信号，使得操作者能采取适当的措施(见 6.3)。

5.3 防护装置和保护装置的设计要求

5.3.1 一般要求

防护装置和保护装置的设计应适合预定使用的用途，并考虑相关的机械危险和其他危险。防护装置和保护装置应与机器的工作环境相适应，且设计得不易被损坏。为减少使其损坏的诱因，应保证其对机器运转期间的各种动作和机器寿命期各阶段的干扰降至最低程度。

注：更多信息见 GB/T 8196、GB/T 16855.1、GB 19671、GB/T 18831、GB/T 17454.1、GB/T 19436.1、GB/T 19436.2。

防护装置和保护装置应当：

——结构坚固耐用；

——不增加任何附加危险；

——不容易出现旁路或变得无法操作；

——其位置距危险区有足够的距离；

——对观察生产过程的视野障碍最小；

——如有可能，通过只进入必须工作的区域，使防护装置和安全装置不必移开，便能够进行工具的安装和/或更换及维护等基本工作。

防护装置的开口见 GB 12265.1 和 GB 12265.2。

5.3.2 防护装置的要求

5.3.2.1 防护装置的功能

防护装置必须具有下列功能：

——防止进入被防护装置封闭的空间；

——容纳或接收可能由机器抛出或掉下的材料、工件、切屑、液体，减少由机器产生的排放（噪声、辐射、诸如粉尘、烟雾、气体等危险物质）。

此外，它们还要能对电、温度、火、爆炸物、振动等具有特别防护作用，并考虑能见度（见GB/T 8196）和操作者位置人类工效学（例如易用性、操作者的运动、姿势、重复运动）等的要求。

5.3.2.2 对固定式防护装置的要求

固定防护装置应用以下方式固定在所需的地方：

——永久固定（如通过焊接）；

——或借助于紧固件（螺钉、螺栓、螺母等）固定，不使用工具就不能将其移动或打开，不用紧固件便无法将其关闭（见 GB/T 8196）。

注：固定防护装置可以采用铰接，以便于打开。

5.3.2.3 对活动式防护装置的要求

a) 防止由移动传动件产生危险的活动防护装置应符合以下要求：

——打开时尽可能与机械保持相对固定（一般是通过铰链或导轨连接）；

——是联锁的防护装置（必要时带防护锁）（见 GB/T 18831）。

见图 1。

b) 防止非传动的运动件产生危险的活动式防护装置，应与机器的操纵系统一起设计，使得：

——在操作者可达范围内，运动件不能启动。一旦运动件启动，操作者不能触及运动件；这可通过采用联锁防护装置来实现，必要时，防护装置可带防护锁。

——只有通过有意识的动作，才能对防护装置进行调整，例如使用工具或钥匙。

——若防护装置的某部件缺失或失效，则要阻止运动件的启动或停止运动件。这可以通过自动监控来实现（见 4.11.6）。

见图 1 和 GB/T 18831。

5.3.2.4 对可调式防护装置的要求

只有对因操作原因危险区不能完全封闭的地方，可采用可调式防护装置。并应当符合以下要求：

——设计上应保证在一个给定的运转期间内，调整后状态保持恒定；

——不使用工具就能容易调整。

5.3.2.5 对具有启动功能的联锁防护装置（可控防护装置）的要求

当下列条件全部得到满足时，才能使用具有启动功能的联锁防护装置：

——满足对联锁防护装置的全部要求（见 GB/T 18831）。

——机器的工作循环时间短。

——将防护装置打开的最长时间设为低值（等效于循环时间）。一旦超过该时间，通过关闭具有启动功能的联锁防护装置将不能触发危险功能，且重新启动前必须进行复位。

——当防护装置关闭后，机器的尺寸或形状不允许操作者或其身体某部分停留在危险区内或危险区和防护装置之间（见 GB/T 8196）。

——所有其他防护装置,无论固定式(可拆卸式)还是活动式均为联锁防护装置。

——在对与具有启动功能的联锁防护装置相伴的联锁装置的设计上,借助诸如加倍设置位置检测器以及使用自动监控的方法(见4.11.6),使得其失效不能导致无意/意外的启动。

——防护装置采用稳定的打开方式(如借助于弹簧或配重),使得不会因其自身重量掉下时,触发启动。

5.3.2.6 **由防护装置带来的危险**

应注意可能由以下因素带来的危险:

——防护装置的结构(如锐边或尖角,材料);

——防护装置的运动(由动力驱动防护装置产生的剪切或挤压区和由易于下落的重型防护装置产生的危险)。

5.3.3 **保护装置的技术特征**

保护装置的选择或设计及与控制系统的连接,应确保能够正确地执行其安全功能。

保护装置的选择既应符合相应的产品标准(例如:对于有源光-电保护装置,见GB/T 19436.2),又应根据GB/T 16855.1所规定的一项或多项原则进行设计。

保护装置设置及与控制系统相连接,不应轻易失去作用。

5.3.4 **固定不同类型安全防护装置的措施**

由于机器作业内容的变化需要使用不同类型的安全防护装置,则宜提供容易固定每类安全防护的措施。

5.4 **减少排放物的安全防护**

5.4.1 **概述**

若从4.2.2中所述的排放源不足以减少排放物,则应为机器提供附加的保护措施。

5.4.2 **噪声**

附加保护措施包括,例如:

——封闭式外壳(见GB/T 19886);

——机器上的隔板;

——消声器(见ISO 14163)。

5.4.3 **振动**

附加保护措施包括,诸如减振固定件或悬挂座椅等用于振动源和暴露人员之间进行振动隔离的减震装置。

固定式工业机械的振动隔离措施,见EN 1299。

5.4.4 **危险物质**

附加保护措施包括,例如:

——机器的密封(带负压的封装);

——带过滤的局部排气通风;

——用液体润湿;

——机器区域的特殊通风(气幕、操作舱)见GB/T 18569.1。

5.4.5 **辐射**

附加保护措施包括,例如:

——采用过滤和吸收;

——采用衰减挡板或防护装置。

5.5 **补充保护措施**

5.5.1 **概述**

根据机器预定使用的用途及可预见的误用,可能不得不采用一些既非本质安全设计措施,也非安全防护(使用防护装置和/或保护装置),也非使用信息的保护措施。这类措施包括在5.5.2～5.5.6中,但并非局限于此。

5.5.2 实现急停功能的部件和元件

若根据风险评价,机器需要通过部件或元件来实现急停功能,以避免已发生或即将发生的紧急状态,则要遵守下列要求:

——致动机构应容易识别,清晰可见,且随手可及。

——应尽可能快地停止危险过程,且不会引发附加危险。若此点不能实现或风险不能降低,则应考虑执行急停功能是否为最佳解决方法。

——急停控制应触发或允许触发某些必要的安全防护装置的运动。

注:更详细的措施见GB 16754。

一旦执行紧急停机命令的急停装置的动作完成,则应维持该指令的作用直至其复位为止。应该只有在已经发出急停指令的位置,才能复位。该装置的复位不应重新启动机器,仅能允许重新启动。

实现急停功能的电气部件和元件的设计和选择的详细资料,见GB 5226系列标准。

5.5.3 被困人员逃生和救援的措施

被困人员逃生和救援的措施可包括如下:

——在可能使操作者陷入危险的设施中的逃生通道和躲避处;

——供急停后人工移动某些元部件的装置;

——供某些元部件反向运动的装置;

——下降装置的固定点;

——受困人员的呼救通讯工具。

5.5.4 动力源断开和能量耗散的措施

特别在考虑维护和修理时,针对下述活动,机器应具备动力源断开及释放储存能量的技术手段:

a) 机器(或指定的机器部件)与所有动力断开(脱开、分离);

b) 在断开位置锁定断开装置(或其他的保护);

c) 释放能量,若此法不可行或不实际,可以遏制(容纳)任何可能引起危险的储存能量;

d) 通过安全工作程序验证按照上述a),b)和c)所采取的措施已达到预期效果。

见GB/T 19670—2005第5章和GB 5226.1—2002中5.5和5.6。

5.5.5 便捷安全搬运机器及其重型零部件的规定

应为无法移动或无法用手动搬运的机器及其零部件配备供吊运的适当的附属装置。

这些附属装置可以是:

——具有吊环、吊钩、吊环螺栓或起重用螺孔的标准吊装装置;

——当从地面不可能设置附属设备时,采用带起重吊钩的自动抓取装置;

——为叉车搬运机器用的导向槽;

——集成到机器上的起吊装置和器具。

对在工作中可通过手动拆除的机器部件,应提供安全拆除和更换的方法。

也可见6.4 c)第三款。

5.5.6 安全进入机器的措施

机器的设计应使得其操作及与调整和/或维护相关的所有常规作业尽量在地面完成。若无法实现,机器应具备为执行这些任务提供安全进入的机内平台、阶梯或其他设施,但要注意保证这种平台或阶梯不能导致操作者进入机器危险区。

在工作条件下使用的步行区应尽量用防滑材料制造以防止滑倒危险,并应根据其距地面的高度提供适当的护栏(见GB 17888.3)。

在大型自动化设备中,应特别注意给出如通道、跨越桥或交叉点等的安全进入的途径。

位于一定高度的机器部件的进入途径应具备防止跌落的综合措施(例如扶梯、折迭梯及平台的防护栏和/或梯子的安全笼)。必要时,还应提供防止人员从高处跌落的防护设施的停泊点(例如人员提升机械的运载工具或升降控制站)。

无论何时,通道口都应朝向安全的位置。其设计应能防止意外打开产生的危险。

应提供进入通道必需的辅助装置(例如台阶、把手)。控制装置的设计和布局定位应防止被用作进入通道的辅助装置。

若提升货物和/或人员的机械要停靠在固定高度,则应为其设置联锁防护装置,防止因未能正确停靠造成平台上人员的跌落。当防护装置打开时,要防止提升平台的运动。

详细规定见 GB 17888.1～GB 17888.4。

6 使用信息

6.1 一般要求

起草使用信息是机器设计的组成部分(见 GB/T 15706.1—2007 的图 1)。使用信息由文本、文字、标记、信号、符号或图表等组成,以单独或联合使用的形式向使用者传递信息。供专业和/或非专业人员使用。

注:使用信息的构成和表示方法也可见 GB/T 19678。

6.1.1 应向使用者提供关于机器预定使用信息,特别应考虑机器的所有工作方式。

使用信息应包含保证安全和正确使用机器所需各项说明。

鉴于此,使用信息应向使用者告知或警示遗留风险。

该信息应指明:

——是否需要培训;

——是否需要个人保护装置;

——可能需要的附加防护装置或保护装置(见 GB/T 15706.1—2007 中图 1 的脚注 d)。

不应排除从机器名称和描述来合理预期机器用途的事实,亦应对不按使用信息中描述的方式而使用其他方式使用机器,尤其要对可预见的误用造成的风险进行警示。

6.1.2 使用信息应以单独或组合的形式涵盖机器的运输、装配和安装、试运转、使用(设定、示教/编程或过程转换、操作、清洗、故障排查和维护)以及必要时的停用、拆除和处置。

6.2 使用信息的位置和属性

应根据风险、使用者需要使用信息的时间和机器的设计情况,决定在下述位置需否提供使用信息或部分信息:

——在机器内或机器上(见 6.3 和 6.4);

——在附带文件中(特别是操作手册,见 6.5);

——在包装上;

——通过其他手段,如机器外的信号和警示。

应采用标准化措辞传达警示等重要信息(也可见 GB/T 19678)。

6.3 信号和警示装置

视觉信号(如闪光灯)和听觉信号(如警报器)可用于警示诸如机器启动或超速等即将发生的危险事件。

此类信号也可用于自动保护措施触发前对操作者的警示(见 5.2.7 最后一段)。

此类信号必须符合以下基本要求:

——在危险事件出现之前发出;

——含义确切;

——能被明显地察觉到,并能与所用的其他信号相区分;

——容易被使用者和其他人员明确识别。

警示装置的设计以及配置布局应便于查看。使用信息应对警示装置的定期查看做出规定。

设计者应注意，由于过多的视觉和(或)听觉信号引起“感觉饱和”造成的风险，它也会导致警示装置失去作用。

注：通常有必要就此主题和使用者进行磋商。

6.4 标志、符号(象形图)、文字警示

机械应具有必要的标志：

a) 供其明确识别用的标志，至少包括：

——制造厂家的名称与地址；

——系列或型式的说明；

——序列号(如果有)。

b) 表明其符合强制性要求的标志：

——印记；

——文字性叙述(如预定在潜在爆炸氛围中使用的机器)。

c) 针对其安全使用的标志，例如：

——旋转部件的最高转速；

——工具的最大直径；

——机器本身和(或)可拆卸部件的质量(以千克表示)；

——最大工作载荷；

——穿着个人防护装备的必要性；

——防护装置的调整数据；

——检查频次。

直接印刷在机器上的信息宜牢固持久，并且在机器的整个预期寿命内保持清晰可见。

符号或文字警示不应只写“危险”二字。

标志、符号和文字警示应易于理解并含义明确，特别是与机器功能相关的部分。与使用文字警示相比宜优先使用易于理解的符号(形象图示)。

只宜采用机器使用时所处文化氛围内能够理解的标记和图形。

对首次使用某机械的国家，该机械的文字警示应采用该国家的语言，如有要求，可采用操作者容易理解的语言。

注：某些国家对使用特别语言的要求有专门的法律规定。

标志必须符合公认的标准(见 GB/T 3168、ISO 7000，特别是象形图、符号、颜色)。

有关电气设备的标志见 GB 5226 系列。

6.5 随机文件(尤其是操作手册)

6.5.1 内容

操作手册或其他文字说明(如包装上的说明)应包括：

a) 关于机器的运输、搬运和贮存的信息，例如：

——机器的贮存条件；

——尺寸、质量、重心位置；

——搬运说明(例如显示吊装设备施力点的图样)。

b) 机器安装和试运转的有关信息，例如：

——固定或锚定和振动缓冲要求；

——装配和安装条件；

——使用和维护所需的空间；

——允许的环境条件(例如温度、湿度、振动、电磁辐射等);

——机器与动力源的连接说明(尤其是防止电气过载);

——关于废弃物的清除或处置建议;

——必要时,给出使用者必须采取的保护措施的建议,如附加安全防护装置(见 GB/T 15706.1—2007 中图 1 的脚注 d)、安全距离、安全符号和信号。

c) 关于机器自身的信息,例如:

——对机器、机器附件、防护装置和(或)保护装置的详细说明;

——机器预定的全部应用范围,包括禁用范围,如果可能,还应考虑原有机器的变型;

——图表(尤其是安全功能的图解表示);

——由机器产生的噪声、振动数据,由机器发出的辐射、气体、蒸汽及粉尘等数据,以及所使用的测量方法;

——电气设备的技术文件(见 GB 5226 系列标准);

——证明机器符合有关强制性要求的文件。

d) 有关机器使用的信息,如:

——预定的用途;

——手动控制装置的使用说明(致动机构);

——设定和调整;

——停机的模式和方法(尤其是急停);

——设计上采取的保护措施无法消除的风险;

——由应用或使用某些附件后可能产生的特殊风险,以及关于此类应用所需的专用安全防护装置的信息;

——可预见的误用和禁用;

——故障的识别和定位、修复及调修后的再启动;

——需使用的个人保护设备,及要求进行的培训。

e) 维护信息,例如:

——安全功能检查的性质和频次;

——关于需规定的技术知识或特殊技能的熟练人员(维护人员、专家)专门执行的维护说明;

——关于无需特定技能,便可以由使用者(如操作者)实施的维护活动(如更换部件)的说明;

——便于维护人员执行维护任务(尤其是查找故障)的图样和图表。

f) 关于停用、拆卸和处置的信息。

g) 关于紧急状态的信息,例如:

——所用消防设备的类型;

——关于有害物质可能的排放或泄漏的警示,若可能,指明消除其影响的措施。

h) 宜明显区别为技术熟练人员提供的维护说明[e)中第二款]和为非熟练人员提供的维护说明[e)中第三款]。

6.5.2 操作手册的编制

a) 印刷字体的型式和大小应尽可能保证最好的清晰度。安全警示和(或)注意事项宜使用多种颜色、符号和(或)大号字体加以强调。

b) 若机器首次在某国使用,则使用信息的版本应采用该国家的语言。若使用一种以上的语言,每一种语言都要易于和其他语言区分,并应尽量使译文和相关插图放在一起。

注:某些国家对使用特别语言的要求有专门的法律规定。

c) 如果插图有助于理解,文字宜配有插图。插图宜由详细的文字说明进行补充,例如手动控制装置(致动机构)的定位和识别;插图不宜与伴随的文字说明分开,并宜按操作顺序给出。

d) 宜考虑以表格形式给出信息以助于理解。表格宜靠近相关的文字内容。

e) 尤其是对于要求快速识别的部件,宜考虑颜色的使用。

f) 若使用信息很长,宜给出内容列表和(或)索引。

g) 涉及到要求立即采取措施的有关安全操作的说明,宜以便于操作者随时获取的形式给出。

6.5.3 对使用信息的起草及编辑的建议

a) 与机器型号的关系:使用信息应明确地与机器的特定型号相关联。

b) 信息的传递原则:为了获得最好效果,准备使用信息时宜遵循“察看—思考—使用”的信息的传递过程,及操作的时序。宜预先提问“如何做?”、“为什么?”,并给出答案。

c) 使用信息应尽量简明,术语及单位前后的表述宜保持一致,对不常用的技术术语,给出明确的解释。

d) 若能预计机器将用于非专业使用,则宜以便于非专业使用者理解的形式编写操作说明书。对于为安全使用机器而要求使用的个人防护设备,则宜在机器上及包装上给出明确建议,使这类信息在销售时得以显著的显现出来。

e) 文件的耐久性和可用性:承载使用说明文件的介质宜持久耐用(即能经受住使用者频繁地拿取翻看)。在其上标出“留置备查”是有益的。若采用电子形式(如 CD、DVD、磁带)保存使用信息,则关于需要立即采取措施的有关安全问题的信息应经常进行硬拷贝备份,供随时备查。

参 考 文 献

[1] CR 1030-1 手-臂振动 振动危险减小的指南 第1部分:通过机械设计的工程方法
[2] EN 614-1 机械安全 人类工效学设计原则 第1部分:术语和一般原则
[3] EN 894-3 机械安全 显示器和控制致动器设计的人类工效学要求 第3部分:控制致动器
[4] EN 1299 机械振动与冲击 机器振动的隔离 振动源隔离的应用信息
[5] EN 12198-1 机械安全 机械排放辐射风险的评价与减小 第1部分:通用原则
[6] EN 12198-3 机械安全 机械排放辐射风险的评价与减小 第3部分:用衰减或屏蔽减小辐射
[7] EN 13861 机械安全 人类工效学标准在机械设计中应用的指南
[8] EN 50020 潜在爆炸环境中的电气设备 本质安全"i"
[9] EN 61029 便携式电动 电气工具的安全
[10] GB 5226 机械安全 机械电气设备(GB 5226.1—2002,IEC 60204-1:2000,IDT;GB 5226.2—2002,IEC 60204-32:1998,IDT;GB 5226.3—2005,IEC 60204-11:2000,IDT;GB 5226.4—2005,IEC 60204-31:2001,IDT)
[11] GB 4706.1 家用和类似用途电器的安全 第1部分:通用要求(GB 4706.1—2005,IEC 60335-1:2004(Ed4.1),IDT)
[12] GB 3883 手持式电动工具的安全(GB 3883—2005,IEC 60745-2:2003,IDT)
[13] GB 14048.5—2001 低压开关设备和控制设备 第5-1部分 控制电路电器和开关元件 机电式控制电路电器(eqv IEC 60947-5-1:1997)
[14] IEC 61000-6 电磁兼容(EMC) 第6部分:通用标准(GB/T 17799.1—1999,idt IEC 61000-6-1:1997;GB/T 17799.2—2003,IEC 61000-6-2:1999,IDT;GB 17799.3—2001,idt IEC 61000-6-3:1996;GB 17799.4—2001,idt IEC 61000-6-4:1997)
[15] GB 18209.1 机械安全 指示、标志和操作 第1部分:关于视觉、听觉和触觉信号的要求(GB 18209.1—2000,idt IEC 61310-1:1995)
[16] GB 18209.3 机械安全 指示、标志和操作 第3部分:操作件的位置和操作的要求(GB 18209.3—2002,IEC 61310-3:1999,IDT)
[17] GB/T 19436.1 机械电气安全 电敏防护装置 第1部分:一般要求和试验(GB/T 19436.1—2004,IEC 61496-1:1997,IDT)
[18] GB/T 19436.2 机械电气安全 电敏防护装置 第2部分:使用有源光电防护器件(AOPDs)设备的特殊要求(GB/T 19436.2—2004,IEC 61496-2:1997,IDT)
[19] IEC 61508 电气、电子、可编程电子的有关安全系统的功能性安全
[20] IEC/TS 62046 机械安全 人体感测用防护设备(PSPE)的应用
[21] IEC 62061 机械安全 机械的电气、电子和可编程控制系统的功能性安全
[22] GB/T 19678 说明书的编制——构成、内容和表示方法(GB/T 19678—2005,IEC 62079:2001,IDT)
[23] GB/T 17161 机床 控制装置的操作方向(GB/T 17161—1997,eqv ISO 447:1984)
[24] GB/T 3168 数字控制机床 操作指示形象化符号(GB/T 3168—1993,neq ISO 2972:1979)
[25] GB/T 3766 液压系统通用技术条件(GB/T 3766—2001,eqv ISO 4413:1998)
[26] GB/T 7932 气动系统通用技术条件(GB/T 7932—2003,ISO 4414:1998,IDT)
[27] GB/T 16251 工作系统设计的人类工效学原则(GB/T 16251—1996,eqv ISO 6385:1981)
[28] ISO 7000 设备用图像符号 索引与大纲(GB/T 16273.1—1996,GB/T 16273.3—1999,

GB/T 16273.4—2001,GB/T 16273.5—2002,GB/T 16273.6—2003,ISO 7000:1989,NEQ;GB/T 16273.2—1996,idt ISO 7000:1989;GB/T 3167—1993,neq ISO 7000:1984)

[29] ISO 9355-1 显示器和控制致动器设计的人类工效学要求 第1部分:人与显示器和控制致动器的交互

[30] GB/T 15241 人类工效学 与心理负荷相关的术语(GB/T 15241—1994,eqv ISO 10075:1991)

[31] GB/T 15241.2 与心理负荷相关的工效学原则 第2部分:设计原则(GB/T 15241.2—1999,idt ISO 10075-2:1996)

[32] ISO/TR 11688-1 声学 推荐的低噪声机械和设备设计惯例 第1部分:计划编制(EN ISO 11688-1)

[33] GB/T 16855.1—2005 机械安全 控制系统有关安全部件 第1部分:设计通则(ISO 13849-1:1999,MOD)

[34] GB 16754 机械安全 急停 设计原则(GB 16754—1997,eqv ISO/IEC 13850:1995)

[35] GB/T 19671 机械安全 双手操纵装置 功能状况及设计原则(GB/T 19671—2005,ISO 13851:2002,MOD)

[36] GB 12265.1 机械安全 防止上肢触及危险区的安全距离[GB 12265.1—1997,eqv EN 294:1992(ISO 13852)]

[37] GB 12265.2 机械安全 防止下肢触及危险区的安全距离[GB 12265.2—2000,eqv EN 811:1994(ISO 13853)]

[38] GB 12265.3 机械安全 避免人体各部位挤压的最小间距[GB 12265.3—1997,eqv EN 349:1993(ISO 13854)]

[39] GB/T 19876 机械安全 与人体部位接近速度相关防护设施的定位(GB/T 19876—2005,ISO 13855:2002,MOD)

[40] GB/T 17454.1 机械安全 压敏防护装置 第1部分:压敏垫和压敏地板设计和试验通则[GB/T 17454.1—1998,neq PREN 1760-1:1994(ISO 13856-1)]

[41] GB/T 19670 机械安全 防止意外启动(GB/T 19670—2005,ISO 14118:2000,MOD)

[42] GB/T 18831 机械安全 带防护装置的联锁装置 设计和选择原则(GB/T 18831—2002,ISO 14119:1998,MOD)

[43] GB/T 8196 机械安全 防护装置 固定式和活动式防护装置设计与制造一般要求(GB/T 8196—2003,ISO 14120:2002,MOD)

[44] GB 17888.1 机械安全 进入机器和工业设备的固定设施 第1部分:进入两级平面之间的固定设施的选择(GB 17888.1—1999,eqv ISO/DIS 14122-1:1996)

[45] GB 17888.2 机械安全 进入机器和工业设备的固定设施 第2部分:工作平台和通道(GB 17888.2—1999,eqv ISO/DIS 14122-2:1996)

[46] GB 17888.3 机械安全 进入机器和工业设备的固定设施 第3部分:楼梯、阶梯和护栏(GB 17888.3—1999,eqv ISO/DIS 14122-3:1996)

[47] GB 17888.4 机械安全 进入机器和工业设备的固定设施 第4部分:固定式直梯(GB 17888.4—1999,eqv ISO/DIS 14122-4:1996)

[48] GB/T 18569.1 机械安全 减小由机械排放的危害性物质对健康的风险 第1部分:用于机械制造商的原则和规范(GB/T 18569.1—2001,eqv ISO 14123-1:1998)

[49] ISO 14163 声学 用消声器控制噪声的指南

[50] GB/T 19886 声学 隔声罩和隔声间噪声控制指南(GB/T 19886—2005,ISO 15667:2000,IDT)

ICS 29.140.20
K 71

中华人民共和国国家标准

GB/T 15766.2—2007/IEC 60810:2003
代替 GB/T 15766.2—2000

道路机动车辆灯泡　性能要求

Lamps for road vehicles—Performance requirements

(IEC 60810:2003,IDT)

2007-09-05 发布　　　　2008-05-01 实施

中华人民共和国国家质量监督检验检疫总局
中国国家标准化管理委员会　发布

前　言

《道路机动车辆灯泡》分为两个部分：

——第1部分：尺寸、光电性能要求；

——第2部分：性能要求；

本部分为《道路机动车辆灯泡》的第2部分。

本部分等同采用IEC 60810:2003《道路机动车辆灯泡　性能要求》(英文版)。

本部分等同翻译IEC 60810:2003(英文版)。

为便于使用，本部分做了下列编辑性修改：

a) “本国际标准”改为“本部分”；

b) 删除了IEC前言；

c) 作为小数点的“，”改为小数点“.”；

d) 对于IEC 60810:2003引用的其他国际标准中有被等同采用为我国标准的，本部分用引用我国的这些国家标准或行业标准代替对应的国际标准，其余未有等同采用为我国标准的国际标准，在本部分中均被直接引用(见本部分第2章)。

本部分代替GB/T 15766.2—2000《道路机动车辆灯丝灯泡　性能要求》。

本部分与GB/T 15766.2—2000相比主要差异如下：

a) 名称由“道路机动车辆灯丝灯泡　性能要求”改为“道路机动车辆灯泡 性能要求”；

b) 删除了表3和表4中W1.2W、W2W和T2W三种类型灯泡；

c) 增加了第6章　放电灯泡的要求和试验条件；

d) 增加了规范性附录D放电灯泡寿命和光通维持率试验条件；

e) 增加了规范性附录E玻壳偏移试验；

f) 增加了资料性附录F照明装置设计指南(内容同GB/T 15766.2—2000中第3章)；

g) 增加了资料性附录G镇流器设计资料；

h) 增加了参考文献。

本部分的附录A、附录B、附录C、附录D和附录E是规范性附录，附录F和附录G是资料性附录。

本部分由中国轻工业联合会提出。

本部分由全国照明电器标准化技术委员会(SAC/TC 224)归口。

本部分起草单位：镇江震东电光源有限公司、欧司朗(中国)照明有限公司、广东雪莱特光电科技股份有限公司、北京电光源研究所、国家电光源质量监督检验中心(北京)。

本部分主要起草人：吴三多、刘熙娟、张明、马文松、吴子玢、吕建明 、赵秀荣、江姗。

本部分所代替标准的历次版本发布情况为：GB/T 15766.2—1995，GB/T 15766.2—2000。

道路机动车辆灯泡　性能要求

1　范围

本部分适用于道路机动车辆前照灯、雾灯和信号灯中使用的可更换灯泡(灯丝灯泡和放电灯泡)。特别是,它适用于IEC 60809中所列出的灯泡。本部分亦适用于属于本范畴内现有的及即将开发的其他灯泡和光源,例如,由发光二极管(LED)发光的光源。

本部分规定了灯泡寿命、光通维持率、扭力强度、玻壳强度和耐振动及冲击等性能的要求和试验方法。另外,还给出了最大温度极限、灯泡最大轮廓和最高可容许的电压冲击,作为照明和电气装置设计的指南。

对于本部分给出的某些要求,见表中给出的数据。对于表中未列出的灯泡,有关的数据由灯泡的制造商和负责的销售商提供。

这些性能要求是对IEC 60809中规定的基本要求的补充。但是,这些性能要求不作为权威机构进行产品的型式批准的依据。

注:在不同的术语标准中,定义了不同的术语:"白炽灯"(incandescent lamp)(GB/T 2900.65—2004中845-07-04)和"放电灯"(discharge lamp)(GB/T 2900.65—2004中845-07-17)。在本部分中,采用"灯丝灯泡"(filament lamp)和"放电灯泡"(discharge lamp)。然而,在仅写作"灯泡"(lamp)时,则指的是这两种类别的灯泡,除非上下文明确地显示它仅用来表示一种类别的灯泡。

2　规范性引用文件

下列文件中的条款通过本部分的引用而成为本部分的条款。凡是注日期的引用文件,其随后所有的修改单(不包括勘误的内容)或修订版均不适用于本部分,然而,鼓励根据本部分达成协议的各方研究是否可使用这些文件的最新版本。凡是不注日期的引用文件,其最新版本适用于本部分。

GB/T 2900.65　电工术语　照明[GB/T 2900.65—2004,IEC 60050(845):1987,MOD]

IEC 60068-2-6:1995　环境试验　第2部分:试验　Fc试验:振动(正弦)　基本安全标准

IEC 60068-2-47:1999　环境试验　第2-47部分:试验方法　振动、冲击和类似动力学试验用零部件、设备和其他物品的安装

IEC 60410:1973　特性检验的抽样方案和程序

IEC 60809:2004　道路机动车辆灯泡　尺寸、光电性能要求

ISO 5344:1980　能产生振动的电动试验设备　设备特性描述方法

3　术语和定义

GB/T 15766的本部分除采用IEC 60809中的术语和定义外,还采用下列术语和定义。

3.1

寿命　life

灯泡工作到其不能使用之前的全部时间(用小时表示)。对于灯丝灯泡,依据下列条款之一定义:

a)　寿命的终了是灯丝失效的时间;

b） 对于双灯丝灯泡，如果受试灯泡在一个开关周期内两条灯丝交替工作，则灯泡寿命是至任一条灯丝失效的时间。

3.2

特征寿命 T　characteristic life T

T

特征寿命 T 是威布尔（Weibull）分布的一个常数，它表示受试的同型式灯泡的 63.2%已经结束其单独寿命的时间。

3.3

寿命 B3　life B3

*B*3

寿命 B3 是威布尔（Weibull）分布的一个常数，它表示受试的同型式灯泡的 3%已经达到其单独寿命的时间。

3.4

光通维持率　lumen maintenance

灯泡在规定的工作条件下，至灯泡寿命期间给定时间的光通量与初始光通量的比率。

3.5

初始光通量　initial luminous flux

灯丝灯泡在进行如 IEC 60809:2004 的附录 C 所规定的老炼之后或放电灯泡在进行如本部分附录 D 所规定的老炼之后测得的光通量。

3.6

额定值　rated value

对于在试验电压下工作或在其他规定条件下工作的灯泡规定的特性值。

3.7

压封处温度极限　pinch temperature limit

确保灯泡满意地工作的压封处最高允许温度。

3.8

焊料处温度极限　solder temperature limit

确保灯泡满意地工作的焊料处最高允许温度。

3.9

灯泡最大轮廓　maximum lamp outline

在相关设备中为灯泡使用时留出的极限空间轮廓。

3.10

重载灯泡　heavy-duty lamp

由制造商或负责的销售商声称除了满足 IEC 60809 规定的要求外，还应符合本部分表 B.2 所规定的重载试验条件的灯泡。

4　灯丝灯泡的要求和试验条件

4.1　基本性能和互换性

灯丝灯泡应符合 IEC 60809 的要求。

4.2 扭力强度

灯头应牢固地固定在玻壳上。

合格性通过在寿命试验前、后，把灯丝灯泡加到下述扭力矩值来检验：

卡口灯头灯丝灯泡：

——9 mm 外壳直径：0.3 N·m[1)]；

——15 mm 外壳直径：1.5 N·m[1)]；

——20 mm 外壳直径：3.0 N·m[1)]。

螺口灯头灯丝灯泡：

——10 mm 外壳直径：0.8 N·m[1)]。

扭力矩不应突然施加，应从零开始连续增加到规定值。

数值基于 1%的不合格水平。

4.3 特征寿命 T

对至少 20 只试验灯丝灯泡测量的寿命 T 至少应达到表 3 给出的额定值的 96%。

合格性通过附录 A 规定的寿命试验来检验。

4.4 寿命 B3

寿命 B3 不应小于表 3 给出的额定值。

合格性通过附录 A 规定的寿命试验来检验。

在规定的时间之前失效的灯丝灯泡的数量不应超过表 1 中的值。

表 1 寿命 B3 的合格条件 单位为只

试验的灯丝灯泡数量	可接受的数量
23～35	2
36～48	3
49～60	4
61～74	5
75～92	6

4.5 光通维持率

光通维持率不应小于表 4 中给出的额定值，这个值基于 10%的不合格水平。

4.6 耐振动和冲击

在使用中，灯泡寿命受振动和冲击影响，附录 B 详细规定的试验方法和规范应当用于评价此项性能。

如果灯丝灯泡在试验中和试验后能持续地工作，则被认为其满意地完成了附录 B 所规定的宽频带或窄频带随机振动试验。

任一种试验中失效的灯丝灯泡数量不应超过表 2 中的数值(数据基于 AQL 为 4%)。

表 2 振动试验的合格条件 单位为只

试验的灯丝灯泡数量	可接受的数量
14～20	2
21～32	3
33～41	4
42～50	5
51～65	6

1) 正在考虑中。

4.7 玻壳强度

通过机械操作在设备上组装灯泡时，如果玻壳损坏发生，附录C中规定的试验方法和表格应当用于评价此项特性。玻壳必须能经受住规定的压力。

5 灯丝灯泡数据

5.1 道路机动车辆灯丝灯泡在附录A规定的试验条件下的额定寿命和光通维持率值

道路机动车辆灯丝灯泡在附录A规定的试验条件下的额定寿命和光通维持率值见表3和表4。

表3 连续工作的额定寿命值

灯丝灯泡数据活页号	型式	12 V			24 V		
	类型	试验电压/V	B3/h	T/h	试验电压/V	B3/h	T/h
60809-IEC-2110	R2	13.2	90	250	28.0	90	250
60809-IEC-2120	H4	13.2	350	700	28.0	180[a]	500[a]
60809-IEC-2125	H6	14.0	待定	300	—	—	—
60809-IEC-2305	H5	14.0	待定	100	—	—	—
60809-IEC-2310	H1	13.2	150	400	28.0	90[a]	250[a]
60809-IEC-2320	H2	13.2	90	250	28.0	90	250
60809-IEC-2330	H3	13.2	150	400	28.0	90[a]	250[a]
60809-IEC-3110	P21/5W	13.5	60[b] 600[c]	160[b] 1 600[c]	28.0	60[b] 600[c]	160[b] 1 600[c]
60809-IEC-3120	P21/4W	13.5	60[b] 600[c]	160[b] 1 600[c]	28.0	60[b] 600[c]	160[b] 1 600[c]
60809-IEC-3310	P21W	13.5	120	320	28.0	60[a]	160[a]
60809-IEC-3320	R5W	13.5	100	300	28.0	80[a]	225[a]
60809-IEC-3330	R10W	13.5	100	300	28.0	80[a]	225[a]
60809-IEC-3340	T4W	13.5	300	750	28.0	120[a]	350[a]
60809-IEC-4110	C5W	13.5	350	750	28.0	120[a]	350[a]
60809-IEC-4120	C21W	13.5	40	110	28.0	—	—
60809-IEC-4310	W3W	13.5	500	1 500	28.0	400[a]	1 100[a]
60809-IEC-4320	W5W	13.5	200	500	28.0	120[a]	350[a]

注1：所示之值均为最低要求。根据某些特殊用户的要求，可获得不同的值，即较短的寿命/较高的光通量或较长的寿命/较低的光通量维持率。这必须由灯丝灯泡制造商和他们的用户进行商谈。

a 更大的值正在考虑之中。

b 高功率灯丝。

c 低功率灯丝。

表 4　连续工作的额定光通维持率

灯丝灯泡数据活页号	型式	12 V			24 V		
	类型	试验电压/V	光通维持率/ h	光通维持率/ %	试验电压/V	光通维持率/ h	光通维持率/ %
60809-IEC-2110	R2	13.2	55[c] 110[d]	85 70	28.0 28.0	55[c] 110[d]	85 70
60809-IEC-2120	H4	13.2	110[c] 225[d]	85 85	28.0	110[c] 225[d]	85 85
60809-IEC-2125	H6	14.0	75[c] 150[d]	85 80		—	
60809-IEC-2305	H5	14.0	75	85		—	—
60809-IEC-2310	H1	13.2	170	90	28.0	170	90
60809-IEC-2320	H2	13.2	170	90	28.0	170	90
60809-IEC-2330	H3	13.2	170	90	28.0	170	90
60809-IEC-3110	P21/5W	13.5	110[a] 750[b]	70 70	28.0	110[a] 750[b]	70 70
60809-IEC-3120	P21/4W	13.5	110[a] 750[b]	70 70	28.0	待定 待定	待定 待定
60809-IEC-3310	P21W	13.5	110	70	28.0	110	70
60809-IEC-3320	R5W	13.5	150	70	28.0	150	70
60809-IEC-3330	R10W	13.5	150	70	28.0	150	70
60809-IEC-3340	T4W	13.5	225	70	28.0	225	70
60809-IEC-4110	C5W	13.5	225	60	28.0	225	60
60809-IEC-4120	C21W	13.5	75	60	—	—	—
60809-IEC-4310	W3W	13.5	750	60	28.0	750	60
60809-IEC-4320	W5W	13.5	225	60	28.0	225	60

注 1：所示之值均为最低要求。根据某些特殊用户的要求，可获得不同的值，即较短的寿命/较高的光通量或较长的寿命/较低的光通量维持率。这必须由灯丝灯泡制造商和他们的用户进行商谈。

注 2：更长的工作时间的光通维持率正在考虑之中。

[a] 高功率灯丝。

[b] 低功率灯丝。

[c] 远光或较高光束灯丝。

[d] 近光或较低光束灯丝。

6 放电灯泡的要求和试验条件

6.1 基本性能和互换性

放电灯泡应符合 IEC 60809 的技术要求。

6.2 机械强度

6.2.1 玻壳与灯头的连接

玻壳应牢固地固定在灯头上。合格性通过按照附录 E 进行的玻壳偏移试验来检验。

6.2.2 电缆与灯头的连接(如果适用)

如果电缆与灯头是固定连接的,则电缆应能承受 60 N 的拉力。该力应在(直)电缆的方向上施加。

6.3 特征寿命 T

对于 D1S、D2S、D1R 和 D2R 放电灯泡,对至少 20 只试验灯泡测量的寿命 T 应不小于制造商所宣称的值,该值应至少为 3 000 h。合格性通过附录 D 规定的试验进行检验。

6.4 寿命 B3

对于 D1S、D2S、D1R 和 D2R 放电灯泡,对至少 20 只试验灯泡测量的寿命 B3 应不小于制造商所宣称的值,该值应至少是 1 500 h。合格性通过附录 D 规定的试验进行检验。

6.5 光通维持率

对于 D1S、D2S、D1R 和 D2R 放电灯泡,光通维持率应至少为初始光通量的 60%。合格性通过附录 D 规定的试验进行检验。

数值基于 10%的不合格水平。

6.6 耐振动和冲击

在使用中,灯泡的寿命受振动和冲击影响,附录 B 规定的试验方法和规范应当用于评价此项性能。

如果在试验中和试验后放电灯泡能持续地工作,则被认为其满意地完成了附录 B 所规定的宽频带或窄频带随机振动试验。而且,电极位置应符合有关标准所规定的尺寸要求。

数值基于 4%的不合格水平。

注:有必要注意保护操作人员。见第 D.3 章的注。

6.7 启动装置一体式放电灯泡

对于 D1S 和 D1R 放电灯泡,启动装置可安装在灯泡的灯头内。灯泡的总质量应不超过 120 g。镇流器的设计资料在附录 G 中给出。

附 录 A
（规范性附录）
灯丝灯泡寿命试验条件

A.1 老炼

灯丝灯泡应在其试验电压下老炼约 1 h。对于双灯丝灯泡，每条灯丝应分别老炼。在老炼期间失效的灯丝灯泡应从试验结果中略去。

A.2 试验电压

测量应在本部分第 5 章规定的试验电压下进行，电压应是稳定的直流电压或是频率在 40 Hz～60 Hz之间的交流电压。

注：当瞬时波动不超过 1%以及在整个试验期间的平均偏离不超过规定值的 0.5%时，则认为试验电压是稳定的。

A.3 燃点位置

灯丝灯泡应在无振动的试验架上燃点，灯泡轴和灯丝都是水平的。就具有配光屏的双灯丝灯泡的特殊情况而言，配光屏应位于近光灯丝即较低光束灯丝下方（H-H 线为水平）。对于具有轴向灯丝的灯丝灯泡，较长的灯丝支撑应位于灯丝上方。

A.4 开关周期

A.4.1 单灯丝灯泡

A.4.1.1 连续工作的灯丝灯泡

灯丝灯泡应每天关闭 2 次，每次断电时间不少于 15 min，这段时间不计入寿命中。

A.4.1.2 间歇工作的灯丝灯泡

间歇工作的灯丝灯泡，如刹车灯泡和闪光方向指示灯泡应按下列开关周期工作：

——间歇（闪烁）工作 15 s；

——关 15 s；

——闪烁频率：90 min；

——开关比 1∶1。

整个闪烁工作时间计作寿命时间。

A.4.2 双灯丝前照灯泡

灯丝应依照下列周期交替工作，并以较低光束灯丝开始点燃：

——近光或较低光束灯丝：开 15 h/关 45 min；

——远光或较高光束灯丝：开 7.5 h/关 45 min。

寿命的终了以任何一条灯丝的失效来确定。

关闭时间不计入寿命中。

注：较低光束灯丝的寿命为总寿命的三分之二，较高光束灯丝的寿命为总寿命的三分之一。

A.4.3 双灯丝信号灯泡

寿命试验应对每条灯丝分别进行。低功率灯丝的寿命试验应使用高功率灯丝寿命试验所用灯泡以外的灯丝灯泡进行。

A.4.3.1 连续工作的灯丝

开关周期应按照 A.4.1.1 的规定。

A.4.3.2 间歇工作的灯丝

开关周期应按照 A.4.1.2 的规定。

A.5 光通维持率

为测量光通维持率,试验可以中断。

附 录 B
（规范性附录）
振 动 试 验

B.1 概述

设计本试验以保证满意地完成此试验程序的灯泡，在正常工作时，不受冲击和振动的不利影响。

规定了两个试验级别，即“标准试验”和“重载试验”，必须根据在机动车辆上的用途选择合适的级别。

本试验中所采用的加速度级别和频谱，是基于对各种机动车辆上的灯泡安装位置和在正常工作条件下所经受的此特性所进行的广泛调查。

尽管标准试验与正常的机动车辆工作条件有关系，但调查已经表明，重载货车具有的更恶劣的条件要求灯泡有更大的机械强度。

在尺寸和光度特性规定的范围内，白炽灯泡的极限机械强度受灯丝材料性质的局限。这就限制了灯丝灯泡能经受的机械应力。

较高的振动水平会损害灯泡的性能。

规定了两种试验方法：

a) 宽频带随机振动试验（WBR）；

b) 窄频带随机振动试验（NBR）。

因为使用宽频带随机振动设备可最准确地模拟使用条件，所以宽频带随机振动是应优先选用的试验方法。然而，研究表明宽频带随机振动和窄频带随机振动之间存在着一定的联系。为此，本部分规定的两种试验方法，用于试验道路机动车辆灯泡的耐振性能是等价的。

对诸如在门、汽车后部的行李箱及引擎盖等位置上瞬间条件下的振动测量结果进行分析后，表明它们与宽频带随机振动和窄频带随机振动试验程序的主要特点都有相似性。

一般可接受的 10^7 换向疲劳寿命的要求包含在 IEC 60068-2-6 的规范中。

在工作状态下测量的振动和冲击特性表明频率可高达 20 000 Hz。

振动水平用加速度谱密度（ASD）表示。它是加速度变量的谱密度，其单位是加速度平方每单位频率。

ASD 谱确定在频率范围内 ASD 变化的方式。

当频率在 1 000 Hz 以上时，ASD 水平很低，以至是无意义的，因为大多数汽车灯泡的关键结构部件的谐振频率在 200 Hz～800 Hz 的范围内。结合适合于在这个水平以上频率工作的夹具设计方面的问题，导致把 1 000 Hz 作为试验规范的上限（不包括半频带宽）。

B.2 试验条件

图 B.1 表明了对于灯泡 WBR 或 NBR 试验所优先采用的试验装置。

为了保证可靠的和可再现的试验结果，下列方法应遵循：

B.2.1 安装（见 IEC 60068-2-47）

灯泡的灯头应刚性固定在振动头的工作夹具上。这可以通过夹紧、焊接或嵌入来实现。到灯泡的电气连接应使用焊接的导线或其他方法，以便在整个试验期间保证电连接可靠。

对于包括较高频率的试验，关键在于夹具设计应使传送路径（从灯泡到运动线圈的距离）总是小于夹具材料中声速的四分之一波长。

B.2.2 测量点

测量点是进行测量以保证满足试验要求的位置。测量点应位于夹具上，尽可能接近固定灯泡的位置，探测器应刚性连接到测量点。

如果几个灯泡安装在一个夹具上，一般测量点可位于夹具上，而不是在灯泡固定点。

满负荷夹具的谐振频率应当总是高于最高试验频率。

B.2.3 控制点

来自安装在测量点的传感器的信号应用作保持规定振动特性的手段。

B.2.4 条件

灯丝灯泡应在 IEC 60809 的有关数据活页规定的试验电压下老炼 30 min。对于放电灯泡不需老炼。但是对于在振动试验开始之前失效的灯泡，应从试验结果中略去。

B.2.5 振动轴线

对机动车辆的现场测量已经表明，汽车灯泡通常在垂直平面内比在水平面内任一方向经受较大的力，所以建议采用垂直方向的激励进行试验，且灯泡轴和灯丝是水平的。

B.2.6 WBR 试验——基本运动

试验夹具(见图 B.1)控制点的基本运动应是直线的，具有随机性质，瞬时加速度值为正态(高斯)分布。峰值限定为如 ASD 图形和其频率范围所确定的 r.m.s 值的 3 倍(即 3σ- 削波)。经验已经表明，激励器的峰值因数设定为 2.3，则控制点的检测信号对应于 3σ，这是因为振动器的滤波(见 ISO 5344)。

B.3 试验条件

灯丝灯泡的试验电压应符合 IEC 60809 的要求。对于放电灯泡，采用本部分 D.2 规定的条件。

规定的振动试验条件由下表给出：

窄频带随机振动试验	标准试验条件	表 B.1
	重载试验条件	表 B.2
宽频带随机振动试验	标准试验条件	表 B.3

B.3.1 窄频带随机振动试验

表 B.1 道路机动车辆灯泡振动试验 标准试验条件

窄频带随机振动试验	
1 频率范围	30 Hz～1 050 Hz
2 频带宽度	100 Hz
3 扫描范围	80 Hz～1 000 Hz
4 扫描速率	1 oct/min
5 扫描时间(满周期)	7.3 min
6 ASD 谱	从 80 Hz～150 Hz 0.12 g^2/Hz(=3.5 g eff.) 从 150 Hz～1 000 Hz 0.014 g^2/Hz(=1.2 g eff.)
7 加速度值允差	±1 dB
8 试验持续时间	20 h
9 开关周期	20 min 点燃，10 min 熄灭
10 压缩器速度	10 dB/s

表 B.2 道路机动车辆灯泡振动试验 重载试验条件

窄频带随机振动试验	
1 频率范围	30 Hz～1 050 Hz
2 频带宽度	100 Hz
3 扫描范围	80 Hz～1 000 Hz
4 扫描速率	1 oct/min
5 扫描时间(满周期)	7.3 min
6 ASD 谱	从 80 Hz～150 Hz 0.36 g^2/Hz(=6.0 g eff) 从 150 Hz～1 000 Hz 0.09 g^2/Hz(=3.0 g eff)
7 加速度值允差	±1 dB
8 试验持续时间	20 h
9 开关周期	10 min 点燃，10 min 熄灭
10 压缩器速度	10 dB/s

B.3.2 宽频带随机振动试验

标准试验条件在表 B.3 中给出。

重载试验条件正在考虑中。

表 B.3 道路机动车辆灯泡振动试验 标准试验条件

宽频带随机振动试验		
1 频率范围	12 Hz～1 002 Hz	
2 ASD 谱	Hz	g^2/Hz
	12	0.01
	12～24	0.01～0.15
	24～54	0.15
	54～1 002	0.15～0.008 2
3 总 r.m.s 加速度级别	5.4 g±1 dB[a]	
4 ASD 真值允差	±3 dB[a]	
5 开关周期	20 min 点燃，10 min 熄灭	
6 试验持续时间	20 h	

注 1：在 12 Hz～24 Hz 范围，加速度级别随着频率的对数按对数规律增加(12 dB/oct)，在 54 Hz～1 002 Hz 范围内，它(按同样规律)减小(−3 dB/oct)。在规定的频率范围以外，ASD 级别应按尽可能陡的梯度减小。

注 2：所有数据暂定。

[a] 根据 IEC 60068-2-64，这表示“重复性高”。

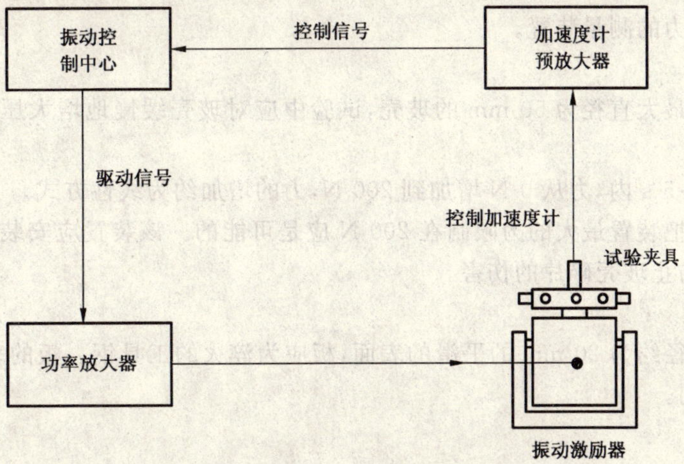

图 B.1 推荐的振动试验装置图

附 录 C
（规范性附录）
玻壳强度试验

C.1 概述

如果需要，本附录所规定的试验应用于测定给定的道路机动车辆灯丝灯泡的玻壳强度。

本试验对于这些灯丝灯泡是必要的，因为它们在设备上组装时采用机械操作。

C.2 试验设备和程序

C.2.1 试验设备原理

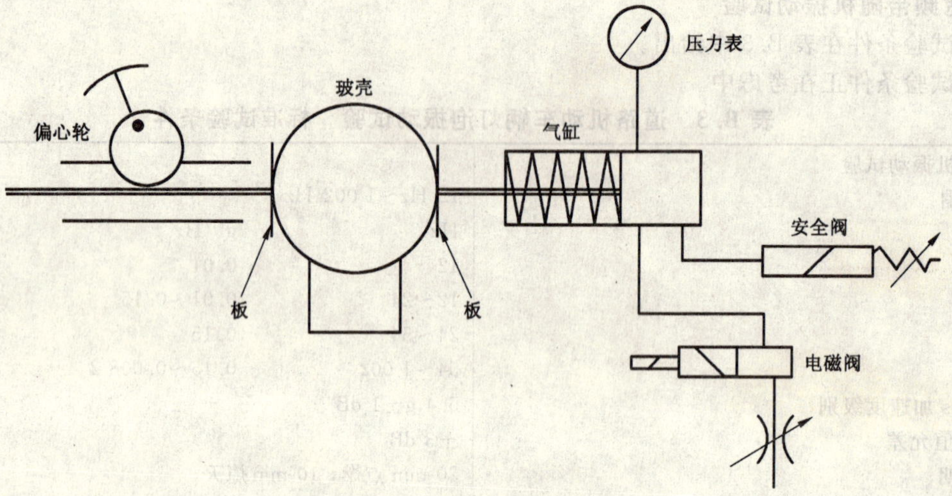

图 C.1 试验设备原理图

试验装置主要由以下部件构成：

——施加必要压力的气动气缸；

——把力传送到试验样品的两个板；

——显示所加压力的测量装置。

C.2.2 试验条件

该装置应能试验最大直径为 50 mm 的玻壳，试验中应对玻壳缓慢地增大压力，决不能使玻壳承受冲击负荷。

试验期间在 4 s～5 s 内，力从 0 N 增加到 200 N，力的增加约为线性方式。

通过压力安全阀把装置最大的力限制在 200 N 应是可能的。该装置应安装防护屏，以便如果在试验中玻壳发生破裂，防止玻壳碎片的伤害。

C.2.3 对板的要求

每个板应具有直径约为 20 mm 的平滑的表面，板应为淬火的工具钢。板的表面硬度应位于洛氏硬度(HRC)55～60 之间。

C.3 要求

玻壳的耐压强度应不低于表 C.1 中给出的值，基于 AQL 为 1%。

表 C.1 耐压强度

类型	最小玻壳耐压强度/N
R2	40
P21W	40
P21/5W	40
R5W	40
R10W	40
T4W	40
W3W	40
W5W	40

C.4 评价

应当采用下列程序之一。

C.4.1 基于特性的评价

使试验装置处于表 C.1 所规定的最小压力值。第一次样品从批量中随机抽取，抽取的数量根据批量大小确定(见表 C.2)。破碎的玻壳数量与合格判定数和不合格判定数比较。如果不能作出判断，则根据表 C.2 试验第二次样品。

表 C.2 基于特性的检验 二次抽样方案

批量	样品	合格判定数	不合格判定数
1 201～3 200	第一次 $n_1=80$	1	4
	第二次 $n_2=80$	4	5
3 201～10 000	第一次 $n_1=125$	2	5
	第二次 $n_2=125$	6	7
10 001～35 000	第一次 $n_1=200$	3	7
	第二次 $n_2=200$	8	9
35 001～150 000	第一次 $n_1=315$	5	9
	第二次 $n_2=315$	12	13
注：如果第二次样品必须抽取，则两次样品中失效的灯丝灯泡的数量之和与相应行的合格判定数及不合格判定数进行比较。			

此基于特性的随机试验，符合 IEC 60410。

C.4.2 基于变量的评价

样品数量(随机抽取)根据批量大小确定，如表 C.3 所示。

试验每一只灯丝灯泡直至破碎，将发生破碎时的压力值记录下来。

结果评价如下：

较低质量统计值(Q_L)使用下面的方程计算：

$$Q_L=\frac{\overline{X}-40}{S} \qquad \cdots\cdots(C.1)$$

式中：

$\overline{X}$——样品中所有试验结果的平均值。

$$S=\sqrt{\frac{\sum_{i=1}^{n}(X_i-\overline{X})^2}{n-1}} \qquad \cdots\cdots(C.2)$$

式中：

X_i——个别试验结果值；

n——试验结果数量。

如果 $Q_L \geqslant K$，则试验通过。（K 是表 C.3 确定的合格性常数。）

表 C.3　基于变量的检验　评价的“S”方法

批量	样品数	合格性常数 K
1 201～3 200	15	1.79
3 201～10 000	20	1.82
10 001～35 000	25	1.85
35 001～150 000	35	1.89

注 1：本方法的统计学基础是假定试验结果为正态分布或近似正态分布。

注 2：正态性的试验可以使用符合 ISO 2854 的概率纸进行。

注 3：本基于变量的试验，符合 ISO 3951。

附 录 D
（规范性附录）
放电灯泡寿命和光通维持率试验条件

D.1 老炼

不要求老炼，但是对于在寿命试验开始之前失效的灯泡，应从试验结果中略去。

对于进行光通维持率试验的灯泡，其初始光通量应在如第 D.4 章所规定的 10 个开关循环之后测量。

D.2 试验电路和试验电压

放电灯泡应使用由灯泡制造商提供的镇流器进行试验，该镇流器最好设计为能使灯在标称 12 V 电压系统下工作。镇流器的试验电压应是 13.5 V。镇流器的电源应能承受大电流。

D.3 燃点位置和工作条件

放电灯泡应在环境温度为 25℃±5℃的开放空间工作。燃点位置应为水平，偏离在 10°之内，导线向下。

注：有必要注意保护操作人员，防止其受到在启动、上升和工作期间产生的高电压，所发出的紫外辐射及玻壳破碎的伤害。

D.4 开关循环

一个开关循环由下列 10 个开-关周期构成：

周期	开/min	关/min
1	20	0.2
2	8	5
3	5	3
4	3	3
5	2	3
6	1	3
7	0.5	3
8	0.3	0.3
9	20	4.7
10	20	15

一个开关循环的总持续时间是 120 min，在此期间，灯泡燃点时间为 79.8 min，关闭时间为 40.2 min。灯泡关闭时间不计入灯泡的寿命中。

为了进行光通维持率试验，寿命试验可以中断。

D.5 光通维持率

光通维持率测量在灯泡工作至制造商所宣称的特征寿命 T 的 75%之后进行。

附 录 E
（规范性附录）
玻壳偏移试验

E.1 概述

如果需要，本附录所规定的试验应用于确定放电灯泡的玻壳与灯头的连接强度。

E.2 试验装置和程序

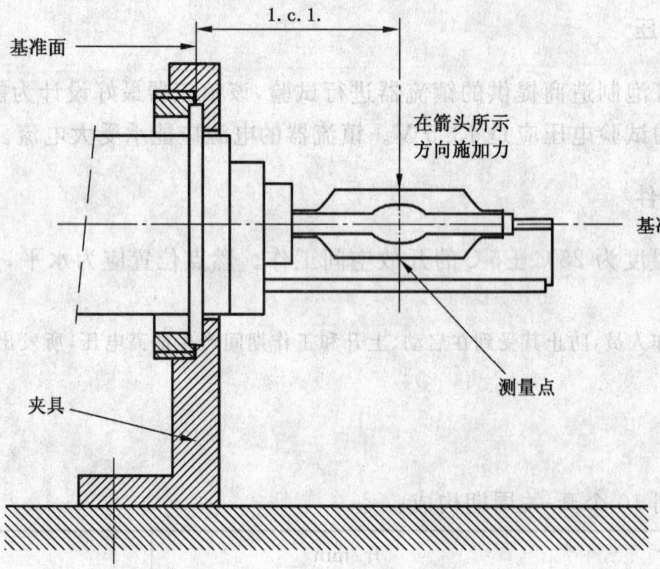

图 E.1 试验装置示意图

应将灯泡刚性并水平地安装在夹具中，基准凹槽向上。将 18 N 的力（按照下述要求）施加在玻壳上：

——距基准面的距离等于灯泡的光中心高度；

——垂直于基准轴；

——使用带硬橡胶头的圆棒，硬橡胶头的球面半径最小为 1 mm；

——在垂直方向开始，间隔 90°，施力四次。

注：间隔 90°是近似的，取决于外部电源线的位置。

应连续地将压力从 0 N 增加到 18 N。

玻壳的偏移应在与施加的力相对成 180°的玻壳表面上进行测量。

不同的灯泡应分别用于在 0°，90°，180°和 270°的方向上施加力。

E.3 要求

在施力方向上的偏移应不超过 0.13 mm。

附　录　F
（资料性附录）
照明装置设计指南

F.1　压封处温度极限

前照灯、雾灯和信号灯应如此设计，使得工作时卤素灯泡压封处温度不超过 400℃。

注 1：为进行压封处温度试验，需要特殊制作的灯丝灯泡，这涉及到灯丝灯泡供应者。

注 2：压封处温度的测量方法，参见 GB/T 20152。

F.2　焊料处温度极限

前照灯、雾灯和信号灯应如此设计，使得工作时灯丝灯泡焊料处温度不超过下列极限值：

——对于单灯丝灯泡：290℃；

——对于双灯丝灯泡：270℃。

F.3　灯丝灯泡最大轮廓

提供灯丝灯泡最大轮廓作为照明装置设计者的指南，它是依据包括了玻壳对灯头偏心和倾斜的灯丝灯泡最大尺寸。在照明装置设计中注意这些要求将保证符合 IEC 60809 的灯丝灯泡的机械合格性。细节在图 F.2～图 F.5 中给出。

F.4　最大冲击电压

提供了最大冲击电压作为电气装置设计者的指南，它们被规定为最长容许的持续时间作为电压冲击的函数。

这并不意味着比规定值较短的值对灯丝灯泡性能的影响可以忽略，而仅是对任何损害灯丝灯泡的较高电压和较长时间应当避免，用图表形式给出的值见图 F.1。

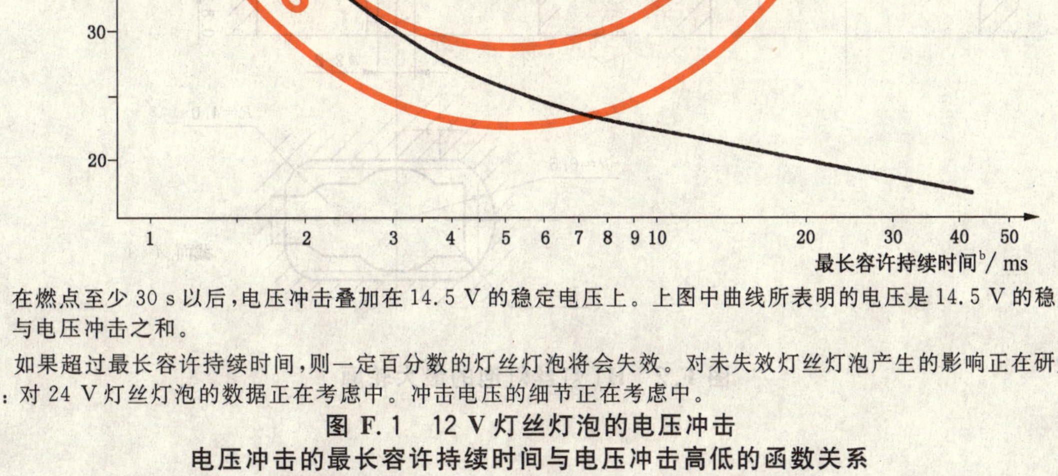

[a] 在燃点至少 30 s 以后，电压冲击叠加在 14.5 V 的稳定电压上。上图中曲线所表明的电压是 14.5 V 的稳定电压与电压冲击之和。

[b] 如果超过最长容许持续时间，则一定百分数的灯丝灯泡将会失效。对未失效灯丝灯泡产生的影响正在研究中。

注：对 24 V 灯丝灯泡的数据正在考虑中。冲击电压的细节正在考虑中。

图 F.1　12 V 灯丝灯泡的电压冲击
电压冲击的最长容许持续时间与电压冲击高低的函数关系

单位为毫米

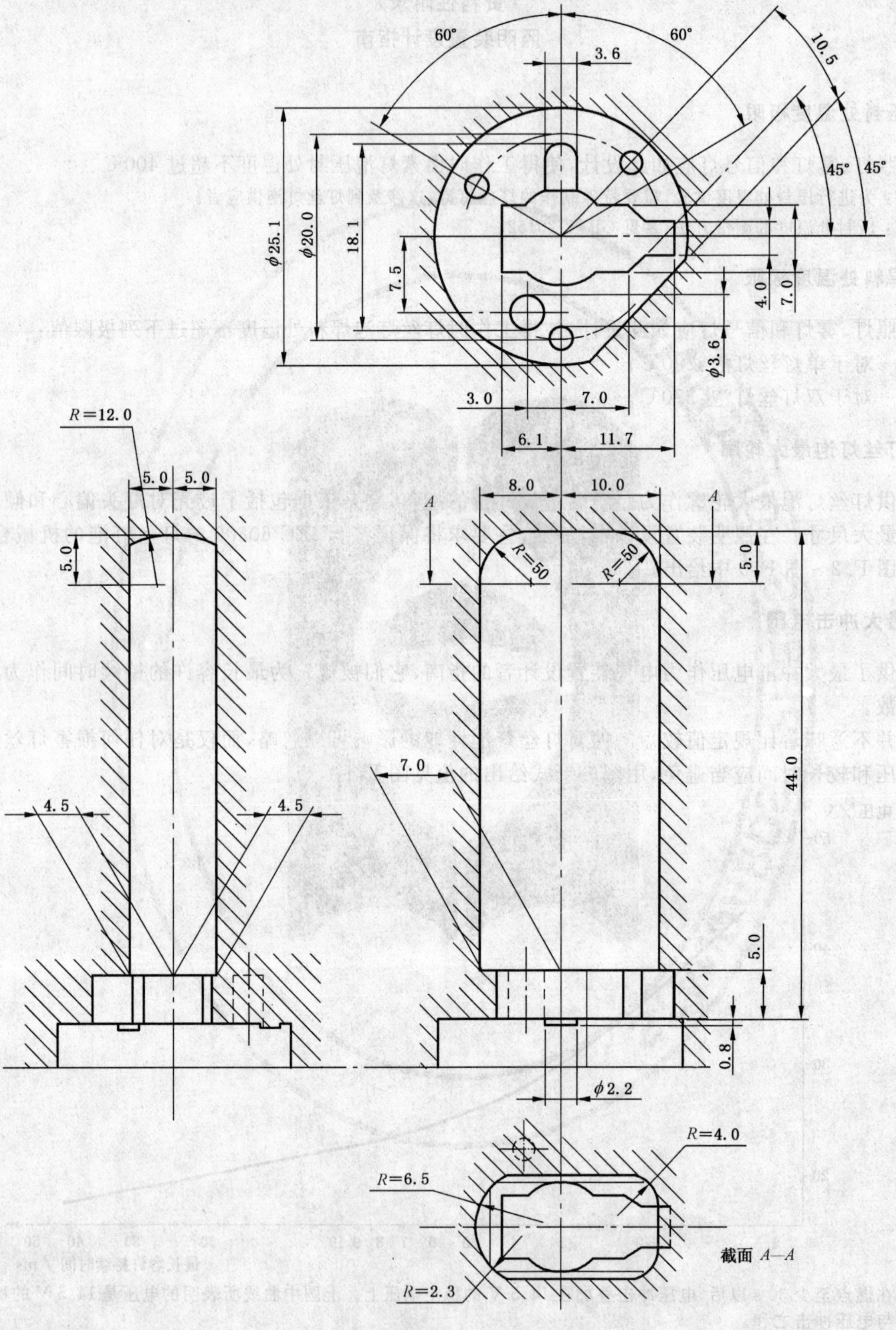

图 F.2 H1 灯丝灯泡的最大轮廓

单位为毫米

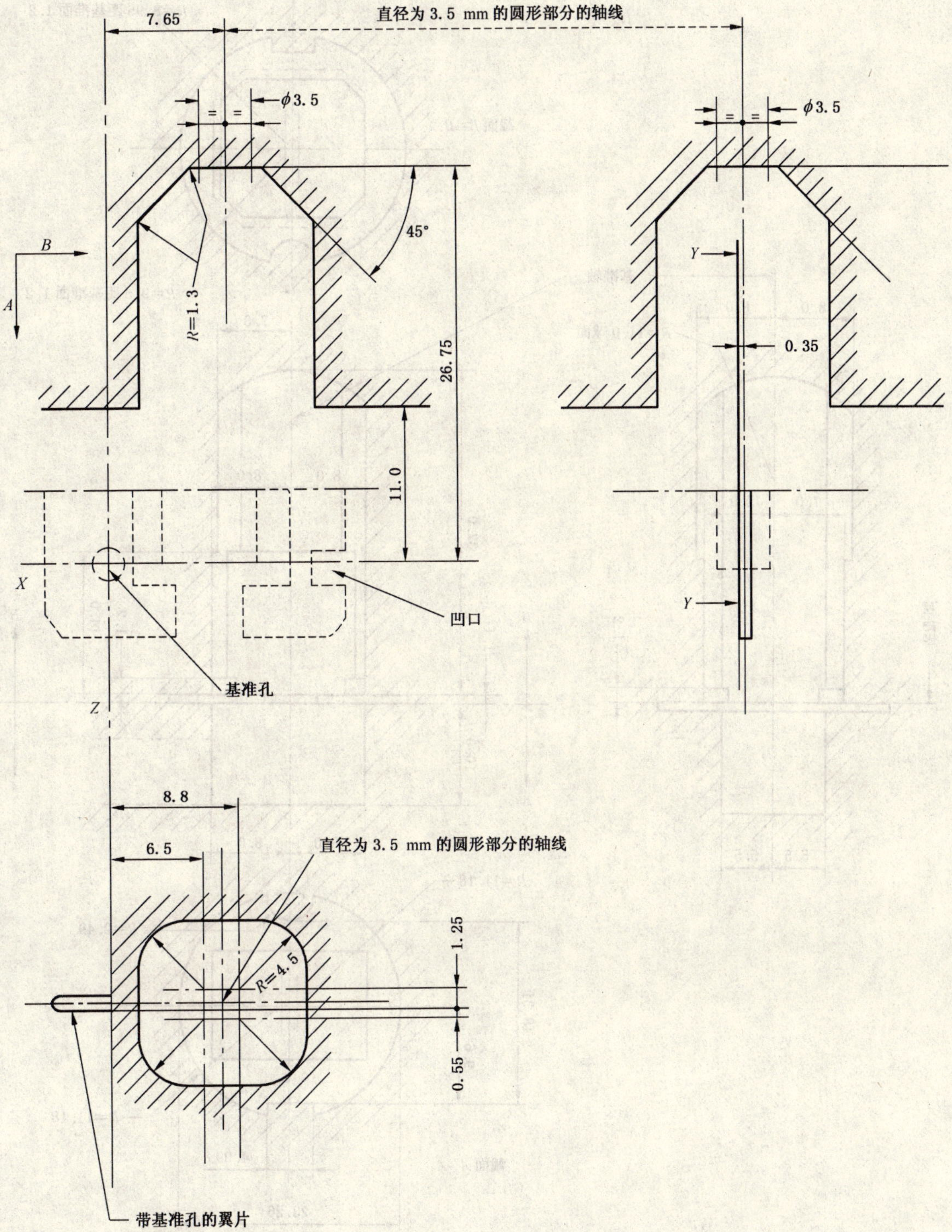

注：X——基准孔与凹口公共的基准轴线。

Z——包含孔的基准轴线且与 X 轴垂直的基准面。

Y——翼片的支撑面。

图 F.3　H2 灯丝灯泡的最大轮廓

单位为毫米

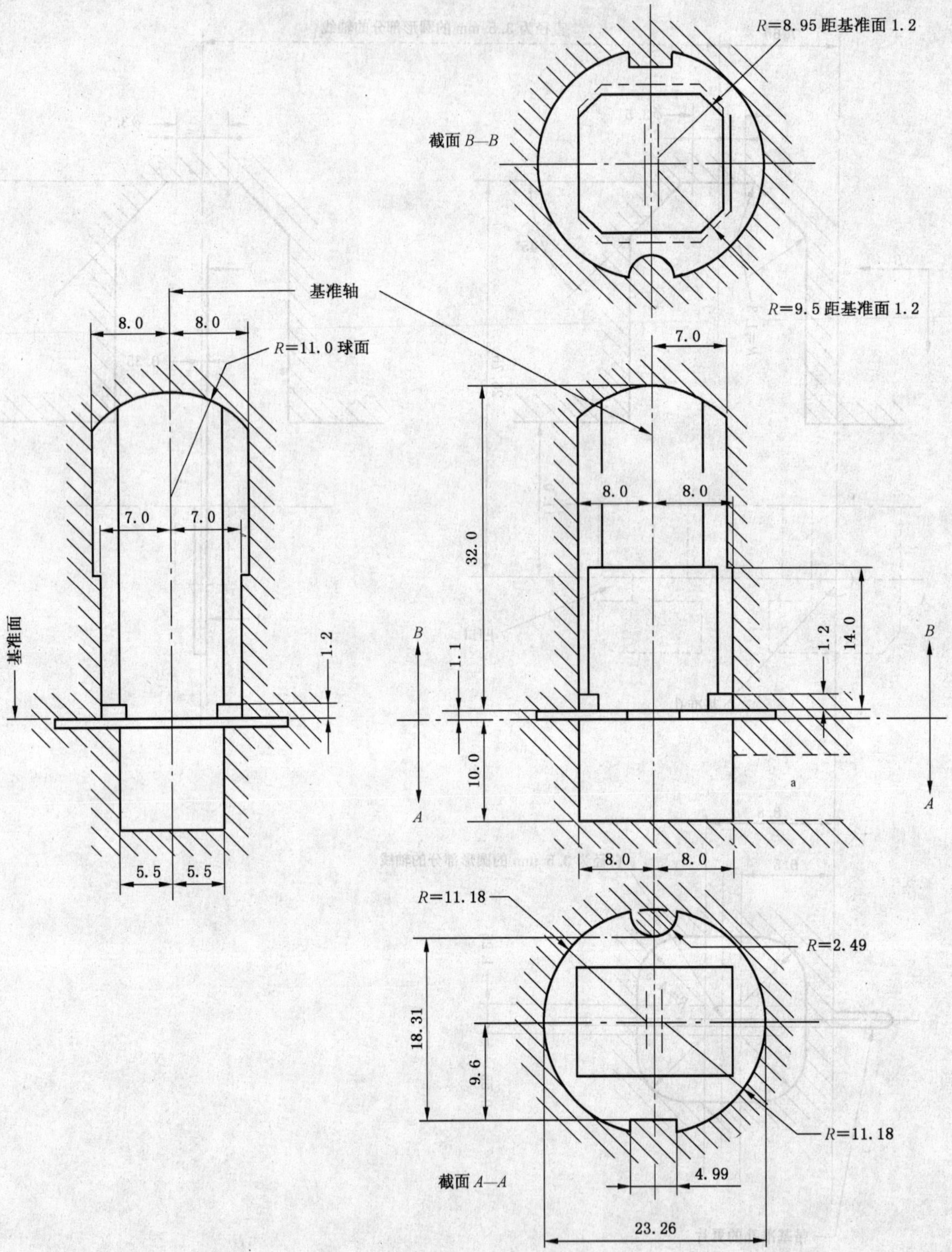

a 灯泡最大轮廓中的绝缘线和接触片通道。

图 F.4 H3 灯丝灯泡的最大轮廓

单位为毫米

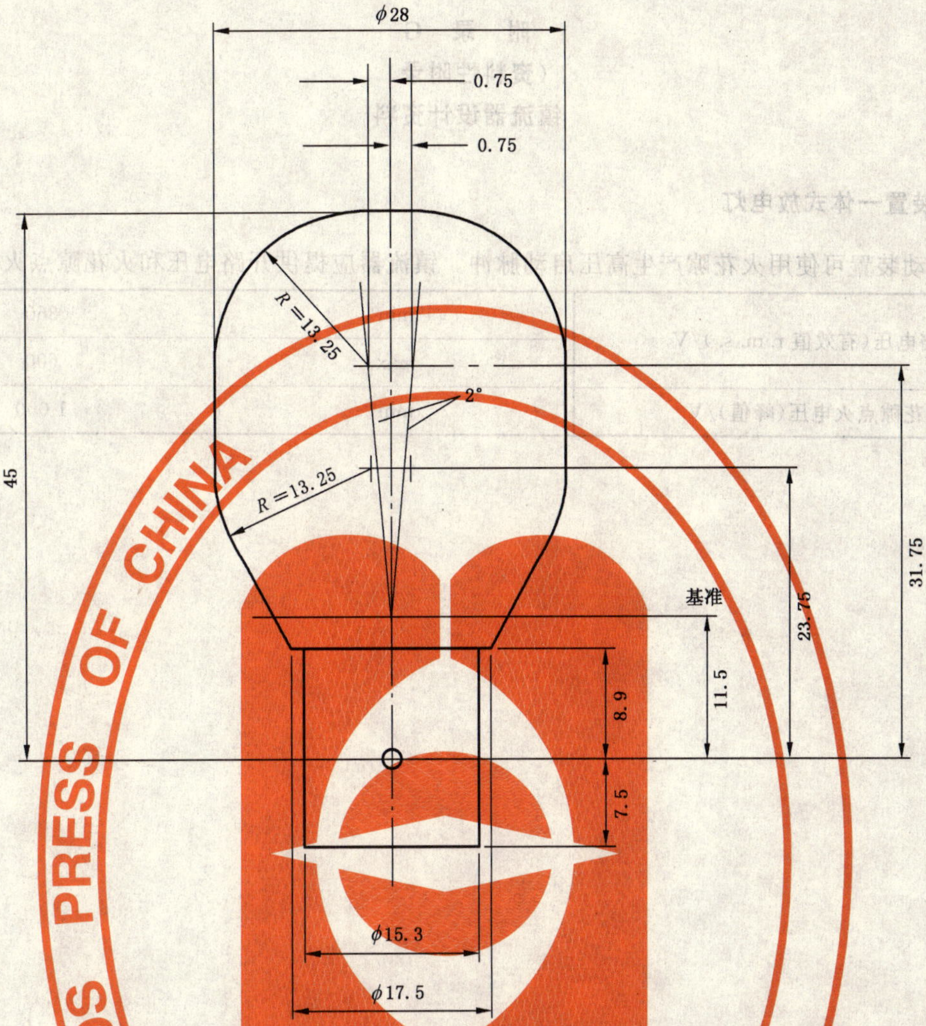

图 F.5　P21W、PY21W、P21/4W 和 P21/5W 灯丝灯泡的最大轮廓

F.5　使用卤素灯丝灯泡的建议和指导

如果提供本部分包含的卤素灯丝灯泡，建议在任何使用说明中应包括下列几点：

——卤素灯丝灯泡工作时玻壳温度高，在任何情况下应当注意避免触摸玻壳；

——如果石英玻壳的灯丝灯泡被触摸过，在使用前应当用浸过甲醇的无绒软布擦净；

——玻壳上带有划伤或其他损伤的灯丝灯泡不能使用。

注：在某些情况下，灯丝灯泡制造商给出灯丝灯泡内压力气体的资料及建议使用时采取的保护措施。

F.6　使用放电灯泡的建议与指导

如果提供本部分包含的放电灯泡，建议在任何使用说明中应包括下列几点：

——在任何情况下应注意避免触摸玻壳。建议使用防护手套。如果玻壳已被触摸过，则在使用前应当用浸过甲醇的无绒软布擦净。玻壳上带有划伤的灯泡不能使用。

——放电灯泡工作时配有适当的镇流器，在灯泡启动和工作期间，镇流器会产生很高的电压。在工作期间，放电灯泡的玻壳发射紫外辐射。为了避免出现任何安全危险或损害人身健康，放电灯泡应仅在封闭的前照灯中使用。

——放电灯泡在高温下工作。在装卸之前，应使灯泡冷却一段合适的时间，并将镇流器的电源电压切断。

附 录 G
(资料性附录)
镇流器设计资料

G.1 启动装置一体式放电灯

集成启动装置可使用火花隙产生高压启动脉冲。镇流器应提供开路电压和火花隙点火电压如下。

开路电压(有效值 r.m.s.)/V	min	360
	max	600
火花隙点火电压(峰值)/V	min	1 000

参考文献

[1] GB/T 20152 石英卤钨灯压封部位温度的标准测量方法(IEC 60682,1980,IDT)

[2] IEC 60068-2-64:1993 环境试验 第2-64部分:试验方法 Fh试验:宽频带随机振动(数字控制)及指南

[3] ISO 2854:1976 数据统计说明 评估技术及关于平均值和偏离值的试验

[4] ISO 3951:1989 以不合格百分比为变量进行检验的抽样方法和图表

ICS 29.140.20
K 71

GB

中华人民共和国国家标准

GB/T 15766.3—2007/IEC 60983:2005
代替 GB/T 15766.3—2000

小　　型　　灯

Miniature lamps

（IEC 60983:2005，IDT）

2007-09-05 发布　　　　2008-05-01 实施

中华人民共和国国家质量监督检验检疫总局
中国国家标准化管理委员会　发布

前言

本标准等同采用 IEC 60983:2005《小型灯》(英文版)。

本标准等同翻译 IEC 60983:2005 (英文版)。

为便于使用,本标准做了下列编辑性修改:

a) "本国际标准"改为"本标准";

b) 删除了 IEC 前言;

c) 作为小数点的","改为小数点"."；

d) 对于 IEC 60983:2005 引用的其他国际标准中有被等同采用为我国标准的,本标准用引用我国的这些国家标准或行业标准代替对应的国际标准,其余未有等同采用为我国标准的国际标准,在本标准中均被直接引用(见本标准 1.2)。

本标准代替 GB/T 15766.3—2000《道路机动车辆灯丝灯泡　辅助用灯泡》。

本标准的附录 A 为规范性附录,附录 B 为资料性附录。

本标准由中国轻工业联合会提出。

本标准由全国照明电器标准化技术委员会(SAC/T C224)归口。

本标准起草单位:镇江震东电光源有限公司、欧司朗(中国)照明有限公司、中山市乔森电气有限公司、北京电光源研究所。

本标准主要起草人:吴三多、马文松、刘熙娟、吴子玢、吕建明、何荣标、吴志敏、赵秀荣、江姗。

本标准的历次版本发布情况为:

——GB/T 15766.3—1995,GB/T 15766.3—2000。

小　型　灯

1　总则

1.1　范围

本标准规定了对额定电压不大于30 V,额定功率不大于25 W的小型卤素和非卤素灯泡的要求。包括:

——在道路机动车辆上使用,不是法规所涉及因而没有包含在IEC 60809中的灯泡(第2章);

——手电筒灯泡(第3章);

——矿用头灯灯泡(第4章)。

有关飞机灯泡的要求见GB/T 21095。

本标准规定了尺寸、光电性能要求以及关于寿命和机械强度的要求。

注:这些要求是对产品灯泡的要求。个别灯泡可能不完全在这些要求之内,这就需要一致性的条件,它们在相应的章中规定。

对本标准规定的一些要求,见"有关的灯泡数据活页"。对某些灯泡,其数据活页包含在本标准中。对属于本标准范围的其他灯泡,有关数据由灯泡制造商或负责的销售商提供。

本标准也可用于将来的光源开发,例如,由发光二极管(LED)发光的光源。

1.2　规范性引用文件

下列文件中的条款通过本标准的引用而成为本标准的条款。凡是注日期的引用文件,其随后所有的修改单(不包括勘误的内容)或修订版均不适用于本标准,然而,鼓励根据本标准达成协议的各方研究是否可使用这些文件的最新版本。凡是不注日期的引用文件,其最新版本适用于本标准。

GB/T 2900.65—2004　电工术语　照明[IEC 60050(845):1987,MOD]

GB/T 15766.2　道路机动车辆灯泡　性能要求(GB/T 15766.2—2007,IEC 60810:2003,IDT)

GB/T 21095　飞机用钨丝灯(GB/T 21095—2007,IEC 60434:1984,IDT)

IEC 60061-1　灯头、灯座及控制其互换性和安全性的量规　第1部分:灯头

IEC 60809:1985(+1987修订1+1989修订2+1992修订3)　道路机动车辆灯泡　尺寸、光电性能要求

ISO 2859　按特性检验的抽样程序

EN 50033　用于潜在爆炸环境的电器设备　易受瓦斯影响的矿井用头灯[欧洲标准]

1.3　术语和定义

GB/T 2900.65确定的以及下列术语和定义适用于本标准。

1.3.1

灯泡(白炽灯)　lamp(incandescent)

通过电流将一个元件加热到白炽状态而发光的光源。

[GB/T 2900.65—2004中845-07-03和845-07-04的组合]

1.3.2

卤钨灯泡　tungsten halogen lamp

含卤素或卤素化合物的充气钨丝灯丝灯泡。

[GB/T 2900.65—2004中845-07-10]

1.3.3

标称电压 nominal voltage

用于命名灯泡的电压。

1.3.4

标称功率 nominal wattage

用于命名灯泡的功率。

1.3.5

试验电压 test voltage

规定灯泡的某些性能以及试验这些性能时所施加的电压。

1.3.6

额定值 rated value

由制造商给定或产品标准中要求的对于一种元件、装置或设备的规定工作条件下的量值。

1.3.7

允差 tolerance

相对规定值的允许偏离,一般用此值的百分数表示。

1.3.8

极限值 limit value

当灯泡在试验条件下工作时,性能必须符合的最低和/或最高值。

1.3.9

初始读数 initial readings

在老炼时间结束后所测得的光电性能值。

1.3.10

老炼时间 ageing period

为稳定灯泡光电性能将未经使用的灯泡进行燃点的一段时间。

1.3.11

寿命 life

灯泡在失效前已经工作的全部时间,或者根据规定的准则[GB/T 2900.65 中 845-07-61]认为是寿命终了。

注:灯泡寿命一般用小时表示。

1.3.12

平均寿命 average life

对于同型式灯泡多个单只寿命试验结果的算术平均值。

1.3.13

截尾平均寿命 truncated average life

多个单只寿命试验结果的算术平均值,此处为了计算的目的,寿命试验进行到预定的时间后,认为试验终止。

1.3.14

光通维持率 lumen maintenance

灯泡在试验电压下工作,至灯泡寿命期间给定时间的光通量与初始光通量的比率。

[修改 GB/T 2900.65 中 845-07-65]

注:该比率一般用百分数表示。

1.3.15

基准面 reference plane

以灯头为基准而确定的平面,并据此来测量灯泡某些零件位置。

1.3.16

基准轴 reference axis

以灯头为基准而确定的轴线，并据此来测量灯泡某些零件位置。

1.3.17

光中心高度 light centre length；LCL

包围灯丝发光部分的矩形的中心或灯丝的定义的点与基准面之间的距离。

1.3.18

型式 type

在如电压、功率或玻壳设计这些基本特性方面不同的灯泡构成不同的型式。它们在相同的灯泡数据活页中通过不同的型式编号来确定，如在灯泡数据活页 15766.3-GB/T-2250 中的 15766.3-GB/T-2251 和 15766.3-GB/T-2252。

1.4 标志

每个灯泡应具有清晰耐久的识别标志以保证准确的更换，标志要求和合格条件的细节在每一章中给出。

1.5 要求和试验

1.5.1 灯泡尺寸

灯泡外部尺寸及光中心高度应符合相应的灯泡数据活页中的要求。

1.5.2 玻壳

玻壳应不存在会影响灯泡光学性能的划痕或斑点。

1.5.3 灯头

灯头应符合 IEC 60061 的相应标准活页中规定的要求。

进一步的要求在本标准的相应章中规定。

1.6 数据活页

灯泡数据活页编号体系：

——第一组数字表示本标准号"15766.3"，随后是字母"GB/T"；

——第二组数字由四位数字组成，第一位数字表示本标准的相应章，第二位和第三位数字表示活页标识号，第四位数字除了零以外表示灯泡型式，数字零作为活页标识号的一部分；

——第三组数字表示数据活页的版号，在数据活页多于一页时，各页可能有不同的版号，数据活页编号保持相同。

1.7 关于卤素灯泡使用的推荐指南

如果提供本标准包含的卤钨灯泡，建议在任何使用指南中应包括下列几点：

——卤钨灯泡工作时玻壳温度高，在任何情况下应注意避免触摸玻壳；

——如果石英玻壳灯泡的玻壳触摸过，在使用前应当用浸过乙醇的无绒软布擦净；

——玻壳上带有划伤或其他损伤的灯泡不能使用。

注：在某些情况下，灯泡制造者给出灯泡内压力气体的资料及建议采取的保护措施。

2 道路机动车辆辅助用灯泡

2.1 范围

此章涉及道路机动车辆使用的，不是法规所涉及因而没有被包括在 IEC 60809 中的小型灯泡。它规定了基本要求（尺寸、光电性能）以及寿命和扭力强度性能要求。

2.2 定义

对于本章来说，除适用第 1 章的定义外，还使用下列定义。

2.2.1

命名 designation

EUR：欧洲国家已标准化的型式。

JIS：由日本工业标准标准化的型式。

SAE：由（美国）汽车工程师学会标准化的型式。

2.3 标志

下列内容应清晰耐久地打印在灯泡上：

——制造商或负责的销售商的商标名或商标；

——商业代号或灯泡命名和/或标称电压。

另外，其他内容也可以打印，如标称功率。

合格性通过使用水浸湿的光滑的布，用手将灯泡擦 15 s 来检验。

此项试验以后，标志应是清晰的。

2.4 技术要求和试验程序

灯泡应符合 1.5 给出的一般要求。

2.4.1 初始读数

在老炼以后，灯泡在试验电压下的功率和光通量应符合相应的数据活页中规定的要求，测量光通量时应使用合适的积分光度计。

2.4.2 寿命

寿命试验过程中，灯泡应在直流或频率为 40 Hz～60 Hz 之间的交流电压下工作。基准轴和灯丝轴处在水平位置，室温不超过 30℃。

必须不存在电源电压的波动。然而，不超过试验电压的±1%的瞬时波动（≤1 min）是允许的。

寿命试验应在相应的灯泡数据活页中规定的寿命值的 150%时结束，此时中止试验的灯泡应认为其寿命是规定值的 150%。

试验样品的平均寿命应不小于：

——对于 13 只～19 只样品灯泡：相应灯泡数据活页规定的寿命值的 90%；

——对于 20 只～25 只样品灯泡：相应灯泡数据活页规定的寿命值的 92.5%。

2.4.3 光通维持率

如果要求，光通维持率应符合相应灯泡数据活页中规定的值。

光通维持率不符合的灯泡应认为其寿命是额定寿命值的 75%。

2.4.4 扭力强度

当相应的数据活页对灯泡型式规定了扭力强度时，每只灯泡应能承受规定的扭力强度，灯头与玻壳之间无可见的相对松动现象。

试验时，灯头应保持牢固，不变形，扭力矩应沿顺时针方向逐渐增加，直至达到规定的值。

2.4.5 光电性能测量

光电性能测量应在试验电压下进行。

2.5 数据活页：道路机动车辆灯泡

2.5.1 各数据活页包括的灯泡一览表

命名	标称电压/V	标称功率/W	灯头	型式	数据活页号
T2W	6	2	BA9s	15766.3-GB/T-2011	15766.3-GB/T-2010
—	6	3	BA9s	15766.3-GB/T-2012	
T2W	12	2	BA9s	15766.3-GB/T-2051	15766.3-GB/T-2050
SAE57	12	3	BA9s	15766.3-GB/T-2052	
R4W SAE1895	12	4	BA9s	15766.3-GB/T-2053	
T3W	24	3	BA9s	15766.3-GB/T-2101	15766.3-GB/T-2100
—	24	3	BA9s	15766.3-GB/T-2102	
H5W	12	5	BA9s	15766.3-GB/T-2151	15766.3-GB/T-2150
H10W	12	10	BA9s	15766.3-GB/T-2152	
H20W	12	20	BA9s	15766.3-GB/T-2153	
W1.2W SAE74	12	1.2	W2×4.6d	15766.3-GB/T-2201	15766.3-GB/T-2200
W2W	12	2	W2×4.6d	15766.3-GB/T-2202	
W2.2W SAE161	12	2.2	W2.1×9.5d	15766.3-GB/T-2251	15766.3-GB/T-2250
W2.5W	24	2.5	W2.1×9.5d	15766.3-GB/T-2252	
TX1.4W	12	1.4	特定	15766.3-GB/T-2301	15766.3-GB/T-2300
—	12	1.1	BX8.4d	15766.3-GB/T -2401	15766.3-GB/T -2400
—	12	1.2	BX8.4d	15766.3-GB/T -2402	
—	12	1.3	BX8.4d	15766.3-GB/T -2403	
—	12	1.5	BX8.4d	15766.3-GB/T -2404	
—	12	1.9	BX8.4d	15766.3-GB/T -2405	
—	12	2.0	BX8.4d	15766.3-GB/T -2406	
—	12	2.3	BX8.4d	15766.3-GB/T -2407	

小型灯泡数据活页
道路机动车辆灯泡
灯头:BA9s

性　　能	规定值和允差	
型式 命名:EUR/JIS/SAE	15766.3-GB/T-2011 T2W/—/—	15766.3-GB/T-2012 —/—/—
标称电压/V	6	6
标称功率/W	2	3
试验电压/V	6.75	6.75
额定功率/W	2.0×(1±15%)	3.0×(1±15%)
额定光通量/lm	12.5×(1±30%)	26.5×(1±25%)
额定截尾平均寿命/h	1 000[1)]	500
扭力强度/(N·m)	0.3 min	0.3 min
尺寸/mm *D* *e* *C*	 8.8 max 13±1.5 18 max	 11.7 max 约 12.7 17.8 max
1) 在考虑中。		

本图仅表明对互换性很重要的尺寸

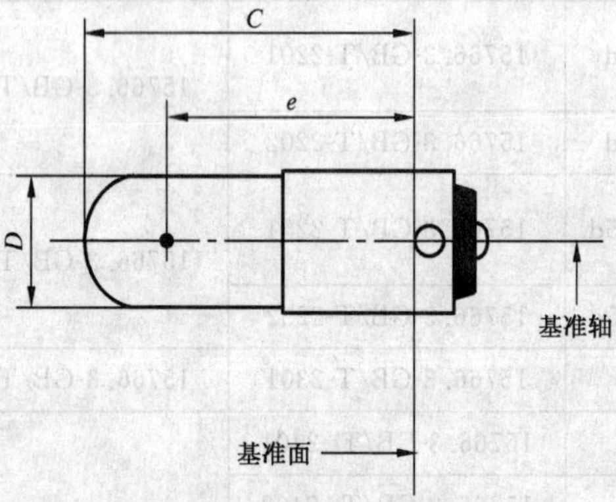

型式15766.3-GB/T-2011

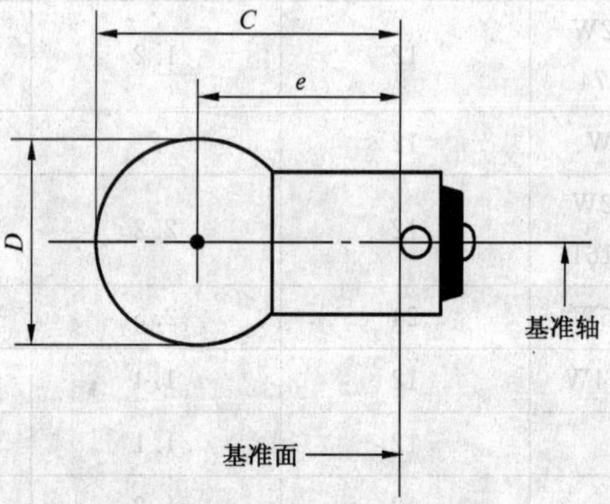

型式15766.3-GB/T-2012

BA9s 灯头应符合 IEC 60061,活页 7004-14-8。

在灯头的整个长度内应没有超过灯头允许最大直径的凸起或焊锡。

15766.3-GB/T-2010-1

小型灯泡数据活页

道路机动车辆灯泡

灯头：BA9s

性　能	规定值和允差		
型式 命名：EUR/JIS/SAE	15766.3-GB/T-2051 T2W/—/—	15766.3-GB/T-2052 —/—/57	15766.3-GB/T-2053 R4W/—/1895
标称电压/V	12	12	12
标称功率/W	2	3	4
试验电压/V	13.5	13.5	13.5
额定功率/W	2.0×(1±15%)	3.2×(1±15%)	3.6×(1±15%)
额定光通量/lm	12.5×(1±30%)	22×(1±25%)	22×(1±20%)
额定截尾平均寿命/h	1 000[1)]	500	2 000
扭力强度/(N·m)	0.3 min	0.3 min	0.3 min
尺寸/mm *D* *e* *C*	 8.8 max 13±1.0 18.0 max	 11.7 max 约 12.7 17.8 max	 11.7 max 约 12.7 17.8 max
1) 在考虑中。			

本图仅表明对互换性很重要的尺寸

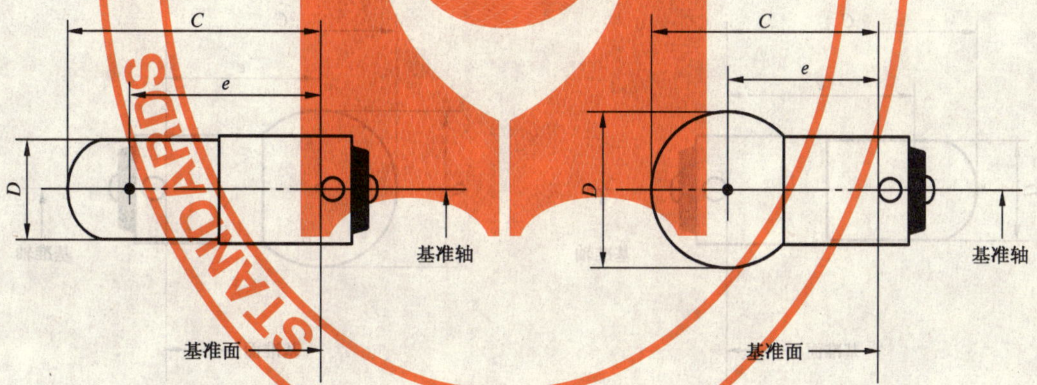

型式15766.3-GB/T-2051　　　　型式15766.3-GB/T-2052，-2053

BA9s 灯头应符合 IEC 60061，活页 7004-14-8。

在灯头的整个长度内应没有超过灯头允许最大直径的凸起或焊锡。

15766.3-GB/T-2050-1

小型灯泡数据活页
道路机动车辆灯泡
灯头:BA9s

性　　能	规定值和允差	
型式 命名:EUR/JIS/SAE	15766.3-GB/T-2101 T3W/—/—	15766.3-GB/T-2102 —/—/—
标称电压/V	24	24
标称功率/W	3	3
试验电压/V	28.0	28.0
额定功率/W	3.0×(1±15%)	3.1×(1±15%)
额定光通量/lm	17×(1±30%)	20×(1±25%)
额定截尾平均寿命/h	1 000	500[1)]
扭力强度/(N·m)	0.3 min	0.3 min
尺寸/mm *D* *e* *C*	 8.8 max 13±1.5 18.0 max	 11.7 max 约 12.7 17.8 max
1) 在考虑中。		

本图仅表明对互换性很重要的尺寸

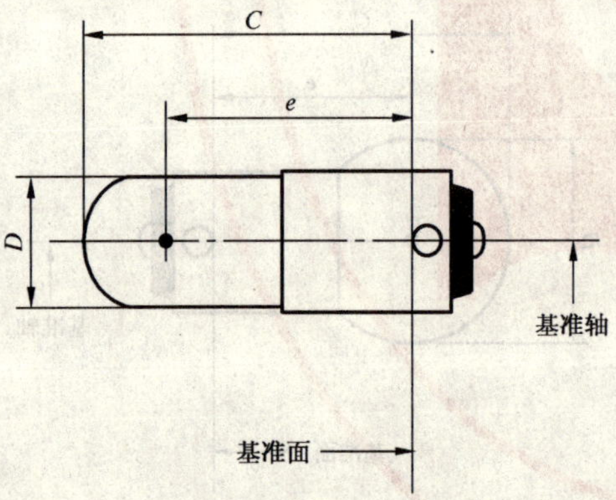

型式15766.3-GB/T-2101

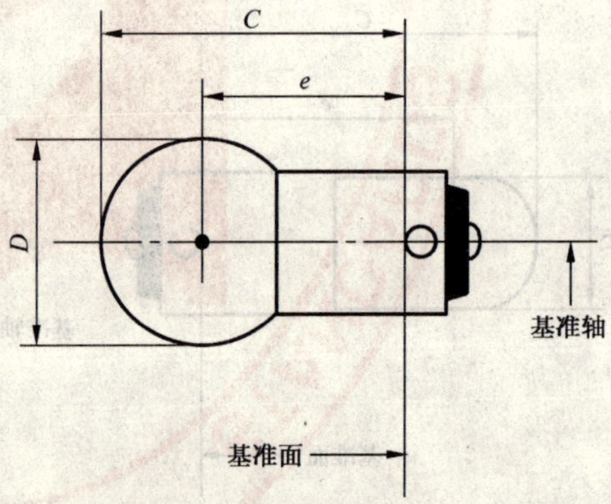

型式15766.3-GB/T-2102

BA9s 灯头应符合 IEC 60061,活页 7004-14-8。

在灯头的整个长度内应没有超过灯头允许最大直径的凸起或焊锡。

小型灯泡数据活页
道路机动车辆灯泡
灯头:BA9s

性　能	规定值和允差		
型式 命名:EUR/JIS/SAE	15766.3-GB/T-2151 H5W/—/—	15766.3-GB/T-2152 H10W/—/—	15766.3-GB/T-2153 H20W/—/—
标称电压/V	12	12	12
标称功率/W	5	10	20
试验电压/V	13.5	13.5	13.5
额定功率/W	5×(1±6%)	11×(1±6%)	22.5×(1±6%)
额定光通量/lm	80×(1±10%)	200×(1±10%)	470×(1±10%)
额定截尾平均寿命/h	240	240	240
尺寸/mm			
D	9 max	9 max	9 max
e	15.0±1.0	15.0±1.0	15.0±1.0
C	27 max	27 max	27 max
β/(°)	90±10	90±10	90±10
横向偏差[1]	±1.0	±1.0	±1.0

1) 灯丝中心相对于两个相互垂直平面的最大横向偏差,这两个平面均包含基准轴,而且其中一个平面还包含销钉轴。

本图仅表明对互换性很重要的尺寸

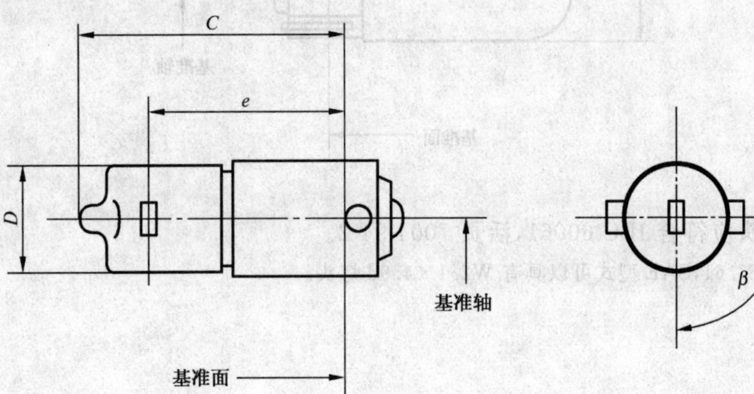

BA9s 灯头应符合 IEC 60061,活页 7004-14-8。

在灯头的整个长度内应没有超过灯头允许最大直径的凸起或焊锡。

15766.3-GB/T-2150-1

小型灯泡数据活页
道路机动车辆灯泡
灯头:W2×4.6d

性　　能	规定值和允差	
型式 命名:EUR/JIS/SAE	15766.3-GB/T-2201 W1.2W/—/74*	15766.3-GB/T-2202 W2W/—/—
标称电压/V	12	12
标称功率/W	1.2	2
试验电压/V	13.5	13.5
额定功率/W	1.2×(1±15%)	2.0×(1±15%)
额定光通量/lm	6 min	9.75×(1±23%)
额定截尾平均寿命/h	1 000	1 000
光通维持率(750 h)/%	60	60
尺寸/mm *D* *C*	 5.8 max 15.2 max	 5.8 max 15.2 max

本图仅表明对互换性很重要的尺寸

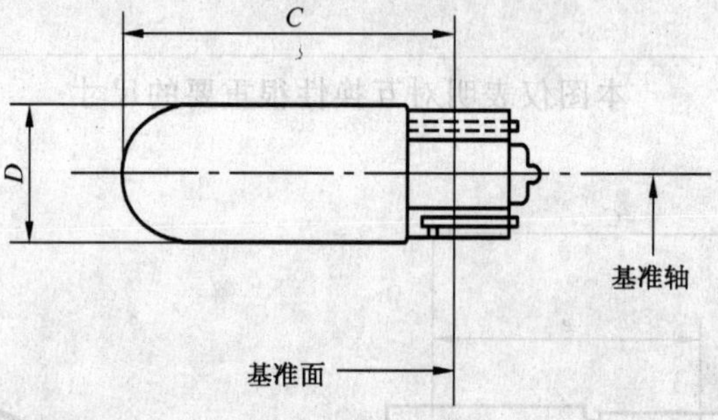

W2×4.6d 灯头应符合 IEC 60061,活页 7004-94-2。

* 根据 ANSI C81.61,SAE 型式可以具有 W2.1×4.9d 灯头。

15766.3-GB/T-2200-1

小型灯泡数据活页
道路机动车辆灯泡
灯头:W2.1×9.5d

性　　能	规定值和允差	
型式 命名:EUR/JIS/SAE	15766.3-GB/T-2251 W2.2W/—/161*	15766.3-GB/T-2252 W2.5W/—/—
标称电压/V	12	24
标称功率/W	2.2	2.5
试验电压/V	13.5	28
额定功率/W	2.2×(1±15%)	2.5×(1±15%)
额定光通量/lm	13×(1±30%)	12.5×(1±30%)
额定截尾平均寿命/h	1 000	1 000[1)]
尺寸/mm *D* *e* *C*	 10.29 max 12.7±2.2 20.7 max	 10.29 max 12.7±2.2 20.7 max
1) 在考虑中。		

本图仅表明对互换性很重要的尺寸

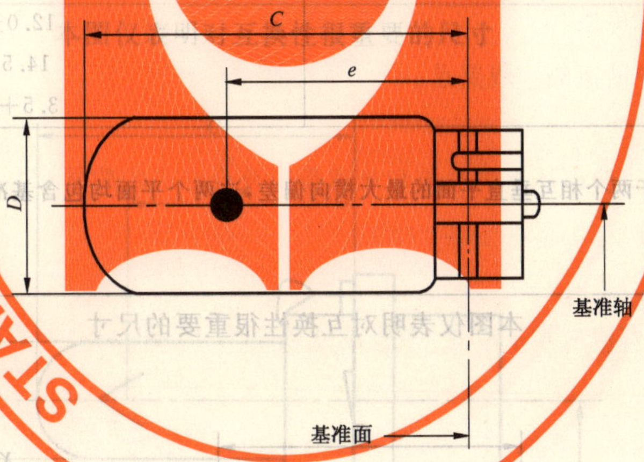

W2.1×9.5d 灯头应符合 IEC 60061,活页 7004-91-3。

* 根据 ANSI C81.61,SAE 型式可以具有 W2.1×9.2d 灯头。

15766.3-GB/T-2250-1

小型灯泡数据活页

手电筒用卤素灯泡

灯头:EY10

标称电压/V	电流/A		最小光通量/lm	额定平均寿命/h	型式	ANSI命名
	额定值	最大值				
2.8	0.85	0.90	28	10	15766.3-GB/T-3011	
4.0	0.50	0.53	26	15	15766.3-GB/T-3012	
4.0	0.85	0.90	48	25	15766.3-GB/T-3013	
5.2	0.50	0.54	38	15	15766.3-GB/T-3014	
5.2	0.85	0.91	70	25	15766.3-GB/T-3015	
6.5	0.70	0.75	72	25	15766.3-GB/T-3016	

光通维持率:80%,在额定寿命的75%时。　　　　工作位置:任意

本图仅表明对互换性很重要的尺寸

单位为毫米

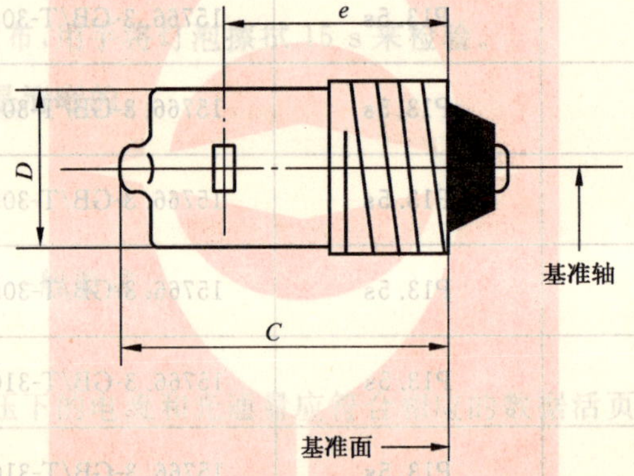

尺寸	最大值	最小值
D	9.3	—
e	18	16
C	31	—

EY10灯头应符合IEC 60061,活页7004-7-1。

15766.3-GB/T-3010-1

小型灯泡数据活页
手电筒用卤素灯泡
灯头:P13.5s

标称电压/V	电流/A		最小光通量/lm	额定平均寿命/h	型式	ANSI命名
	额定值	最大值				
2.8	0.85	0.90	28	10	15766.3-GB/T-3051	HPR52
4.0	0.50	0.53	26	15	15766.3-GB/T-3052	HPR54
4.0	0.85	0.90	48	25	15766.3-GB/T-3053	HPR53
5.2	0.50	0.54	38	15	15766.3-GB/T-3054	HPR55
5.2	0.85	0.91	70	25	15766.3-GB/T-3055	HPR50
6.5	0.70	0.75	72	25	15766.3-GB/T-3056	HPR51
光通维持率:80%,在额定寿命的75%时。					工作位置:任意	

本图仅表明对互换性很重要的尺寸

单位为毫米

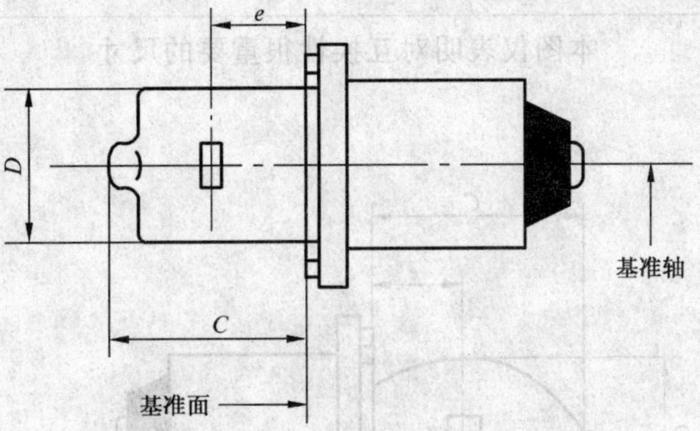

尺寸	最大值	最小值
D	9.3	—
e	6.6	6.1
C	15.6	—

P13.5s灯头应符合IEC 60061,活页7004-40-2,允许使用PX13.5s灯头(7004-35-2)。

15766.3-GB/T-3050-1

小型灯泡数据活页
手电筒用灯泡
灯头:P13.5s

标称电压/V	电流/A		最小光通量/lm	额定平均寿命/h	型式	ANSI命名
	额定值	最大值				
2.2	0.47	0.50	5.5	15	15766.3-GB/T-3101	KPR104
2.4	0.70	0.74	15	15	15766.3-GB/T-3102	KPR102
3.6	0.75	0.83	31	20	15766.3-GB/T-3103	KPR103
6.0	0.75	0.80	63	20	15766.3-GB/T-3104	KPR112
4.8	0.75	0.84	46	20	15766.3-GB/T-3105	KPR113
7.2	0.55	0.58	60	15	15766.3-GB/T-3106	KPR118
2.4	0.85	0.95	20	15	15766.3-GB/T-3107	—
3.6	0.85	0.90	41	15	15766.3-GB/T-3108	—
4.8	0.85	0.90	59	15	15766.3-GB/T-3109	—
光通维持率:80%,在额定寿命的75%时。					工作位置:任意	

本图仅表明对互换性很重要的尺寸

单位为毫米

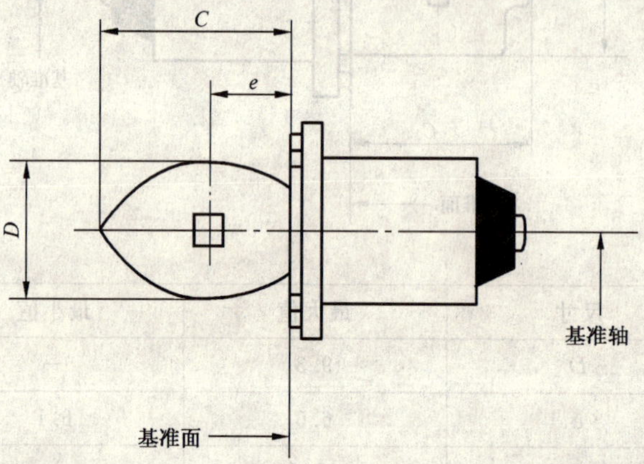

尺寸	最大值	最小值
D	11.3	—
e	6.6	6.1
C	15.6	—

P13.5s灯头应符合IEC 60061,活页7004-40-2,允许使用PX13.5s灯头(7004-35-2)。

15766.3-GB/T-3100-1

4 矿用头灯灯泡

4.1 范围

本章规定了在矿用头灯，或者其他矿用便携式灯具中作为主要光源和/或辅助光源使用的灯泡的要求，它描述了使用的试验方法，并给出了灯泡批的合格条件。

注：国家法规可高于本标准的要求。

4.2 定义

本章除适用第1章的定义外，还使用下列定义。

4.2.1

头灯 caplight

由帽子、连接电缆和装在容器中的可再充电的辅助电池组成的装置[EN 50033]。

注：GB/T 2900.65 中 845-10-51 目前与 EN 50033 的差别对修订是适当的。

4.2.2

主灯泡 main lamp

用于提供主要光源的灯泡。

4.2.3

辅助灯泡 auxiliary lamp

用于提供辅助光源的灯泡。

4.2.4

批 batch

在认为一致条件下生产的一种型式的所有灯泡。

4.2.5

检查试验 inspection test

对外观、机械和物理性能的检验。

4.2.6

额定值试验 rating test

在老炼结束后对初始电流和光通量的试验。

4.2.7

寿命试验 life test

在此项试验中，灯泡在规定的条件下工作到规定的时间或者到寿命的结束，寿命试验中，在规定的时间进行光电性能测量[GB/T 2900.65 中 845-07-62]。

4.2.8

升高温度试验 elevated temperature test

对升温试验样品所做的一项或一系列试验，用以检验给定产品的设计与本标准要求的符合性。

4.2.9

升高温度试验样品 elevated temperature test sample

由制造商或负责的销售商提交，由一个或多个相同部件组成，用于进行任选的升高温度试验的样品。

4.2.10

检查试验数量 inspection test quantity;ITQ

根据检查试验要求进行检验所需的样品数量。

4.2.11

额定值试验数量 rating test quantity;RTQ

根据额定值试验要求进行试验所需的样品数量。

4.2.12

寿命试验数量 life test quantity;LTQ

根据寿命试验要求进行试验所需的样品数量。

4.2.13

升高温度试验数量 elevated temperature test quantity;TTQ

根据升高温度试验要求进行试验所需的样品数量。

4.2.14

横向偏差 lateral deviation

从灯丝的几何中心到灯头基准轴的垂直距离。

4.2.15

平均寿命 average life

LTQ 或 TTQ 的单只灯泡寿命的算术平均值。

4.3 要求

4.3.1 一般要求

主灯泡应符合下列所有要求。

辅助灯泡应符合附录 A 的要求。

除非另有规定,试验应在环境温度为 15℃～30℃的条件下进行。

试验电压应为标称电压。

4.3.2 标志

4.3.2.1 强制要求的标志

每只灯泡应清晰耐久地标明下列内容:

a) 标称电压(见注 3);

b) 额定电流(见注 3);

c) 制造商或负责的销售商的商标名或商标。

注 1:可由认证机构要求打印认证标志。

注 2:允许打印其他不致引起混淆的标志。

注 3:对电压和电流额定值允许使用缩写代码。

每只灯泡的包装应清晰耐久地标明上述标志外,还应有下述标志:

a) 灯头型式;

b) 如是卤素灯泡,标明卤素。

注:允许打印其他不致引起混淆的标志。

4.3.2.2 非强制性标志

必要时,灯泡和/或包装上应标有灯泡批的标识码。

4.3.3 玻壳

玻壳应为透明或粒化的无色玻壳。

注:除非由用户另外规定,所供产品的玻壳应是透明的。

4.3.4 尺寸

灯泡应符合相应灯泡数据活页所表明的尺寸要求。

4.3.5 灯头扭力试验

对装有 E10 灯头的灯泡,灯头和玻壳应能承受 0.23 N·m 的扭力矩,在它们之间无可见的相对移动。

4.3.6 灯头焊锡

焊锡应均匀，焊锡量应使灯头合适地安装在灯泡的适当的灯座中，并保证满意的电接触。

注：接触片的表面完全被焊料覆盖是不必要的。

4.3.7 初始老炼、额定电流和额定光度性能要求

在老炼后的初始性能要求应符合相应数据活页中规定的数据，一致性要求在4.6.2～4.6.5中给出。

4.3.8 光通维持率

单只灯泡的光通维持率应在相应数据活页中规定的最低平均寿命的(75±5)%时测量。如果灯泡不符合规定的最低光通维持率要求，则认为其寿命为规定的最低平均寿命的75%。

4.3.9 寿命

LTQ或TTQ的寿命应取作LTQ或TTQ的单只灯泡寿命的算术平均值，它应符合4.6.6给出的合格性要求。

4.3.10 非强制性升高温度试验

在供应商/销售商与权威试验机构之间达成协议时，升温寿命试验是必要的，这些试验应在(80±2)℃的环境温度下进行。所有其他的试验方法和要求应与常规寿命试验相同。

4.4 试验抽样数量

4.4.1 检查试验数量(ITQ)

对于根据4.3.2～4.3.6的要求进行的试验，ITQ应为批的5%，最少35只灯泡，最多70只灯泡。

为了确保批的适当的代表性，ITQ应按a)～c)给出的方法随机进行取样。

a) 对于批量为不大于1 000只、包装物不多于10个，则灯泡应从每个包装物中抽取；
b) 对于批量为不大于1 000只、包装物多于10个，则灯泡应从至少包装物总数的一半中抽取，最少从10个包装物中抽取；
c) 对于批量为大于1 000只，灯泡应尽可能从包装物总数的三分之一中抽取，最少从10个包装物中抽取。

4.4.2 额定值试验数量(RTQ)

对于根据4.3.7的要求进行的试验，RTQ应从满足检查试验的单只灯泡要求的ITQ灯泡中随机抽取，数量为ITQ的七分之五。如果此计算得到的不是整数，应取相近的最大整数。

4.4.3 寿命试验数量(LTQ)

对于根据4.3.9的要求进行的试验，LTQ应从满足额定值试验的单只灯泡要求的RTQ灯泡中随机抽取，数量为RTQ的一半。如果此计算中得到的不是整数，应取相近的最大整数。

4.4.4 升温试验数量(TTQ)

非强制性的升温试验数量应为最少13只，应代表制造产品的材料、工艺和结构。

4.4.5 偶然破碎的灯泡

在试验中偶然破碎的灯泡，必要时应予以更换以保证完成试验所需的灯泡数量。用更换的灯泡获得的结果应替代破碎灯泡的结果。

注：为了避免不必要的拖延，建议每种试验数量应有待试验的备用灯泡。

4.5 试验方法

试验电压应是标称电压。

4.5.1 老炼

灯泡应处在竖直灯头在下或水平位置，在试验电压下老炼2 h。

4.5.2 扭力强度

当在相应的灯泡数据活页中对灯泡的一种型式规定了扭力强度时，每只灯泡应能承受规定的扭力强度，而在灯头和玻壳之间没有可见的相对移动。

试验中，灯头应保持牢固不变形，扭力矩应沿顺时针方向逐渐增加，直至达到规定的值。

4.5.3 电源电压和控制

供电电压应是试验电压，为直流或额定频率为 50 Hz 或 60 Hz 的交流电压。整个试验期间电源电压的平均值应在试验电压的±1%之内。

注：有疑问的情况下，用直流电压进行试验是标准试验。

4.5.4 初始电流和光通量

在 4.5.1 规定的老炼时间后，测量应在适宜的积分光度计中不间断的工作 4 min 后进行。

4.5.5 光度测量的工作位置

灯泡应在竖直灯头在下的位置工作。

4.5.6 寿命试验的工作位置

灯泡应在水平位置工作，对于装有 P13.5s 灯头的灯泡，水平面包含灯丝的支撑导线。

4.5.7 寿命试验程序

灯泡每天应关闭两次，每次关闭时间不小于 15 min，这段时间不作为灯泡寿命的一部分。

试验应在相应数据活页中规定的最低平均寿命值的 150%时终止。仍然能工作的任何灯泡应认为其寿命为规定的最低平均寿命的 150%。小于规定最低平均寿命的 150%损坏的灯泡，其寿命等于损坏时的小时数。

4.5.8 标志的耐久性

灯泡标志的检验应使用水浸湿的光滑的布，用手擦拭 15 s。

在此试验后，标志应保持清晰。

4.6 一致性要求

4.6.1 对于标志、玻壳、尺寸、扭力强度和焊锡质量(4.3.2～4.3.6)，不符合要求的灯泡数量应不超过表 1 给出的可接受数量。

4.6.2 在老炼(4.3.7 和 4.5.1)结束时不能工作的灯泡的数量，应不超过表 2 中给出的可接受数量。

4.6.3 电流超过相应数据活页中规定的相应最大值的灯泡数量，应不超过表 3 中给出的可接受数量。

4.6.4 光通量在相应数据活页中规定的相应最小值以下的灯泡数量，应不超过表 3 中给出的可接受数量。

4.6.5 在 4.6.3 和 4.6.4 中规定的限定值以外的灯泡，加在一起的总数量，应不超过表 4 中给出的可接受数量。

一只灯泡若两个限值都超出，应仅计算一次。

4.6.6 对于寿命试验的一致性：

a) 小于相应灯泡数据活页中规定的额定平均寿命的 70%的灯泡及

b) 当根据 4.3.8 进行试验，不符合相应数据活页中规定的最低光通维持率的灯泡，其总数量应不超过表 5 中给出的适当的可接受数量。

LTQ 或 TTQ 的寿命(根据 4.3.9 确定)应不小于

——对于 13 只～19 只灯泡：相应灯泡数据活页中规定的额定平均寿命的 90%；

——对于 20 只～25 只灯泡：相应灯泡数据活页中规定的额定平均寿命的 92.5%。

注：这些值比相应数据活页中规定的最低平均寿命要低，以便覆盖在小数量试验中的统计不确定度。

4.7 合格条件

4.7.1 一批灯泡，如果对于主灯泡 4.6 的所有要求被满足，对于辅助灯泡 4.6.1 和 4.6.6 a)的要求被满足，则认为此批灯泡符合本标准。

4.7.2 当一批灯泡被选择进行非强制性的升温试验时，如果 4.6.6 的要求被满足，则认为此批灯泡符合此种选择。

表 1　标志、玻壳、尺寸、扭力强度和焊锡质量

检查试验数量和可接受数量			
对于 4.3.2～4.3.6 的任意一条		对于 4.3.2～4.3.6 的所有条款	
ITQ	可接受数量	ITQ	可接受数量
35～54 55～70	3 4	35～44 45～56 57～70	5 6 7

表 2　老炼

额定值试验数量和可接受数量	
RTQ	可接受数量
25～31 32～50	2 3

表 3　电流或光通量

额定值试验数量和可接受数量	
RTQ	可接受数量
25～31 32～40 41～50	5 6 7

表 4　电流和光通量

额定值试验数量和可接受数量	
RTQ	可接受数量
25～28 29～34 35～41 42～50	6 7 8 9

表 5　寿命

寿命试验数量和可接受数量	
LTQ 或 TTQ	可接受数量
13～15 16～23 24～25	3 4 5

4.8 数据活页:矿用头灯灯泡

4.8.1 各数据活页包括的灯泡一览表

标称电压/V	额定电流/A	灯头	型式	光源分类	灯泡数据活页号
4.0	0.75	P13.5s	15766.3-GB/T-4011	主灯泡	15766.3-GB/T-4010
4.0	1.00	P13.5s	15766.3-GB/T-4012	主灯泡	
4.0	1.25	P13.5s	15766.3-GB/T-4013	主灯泡	
4.0	1.50	P13.5s	15766.3-GB/T-4014	主灯泡	
4.0	1.00	P13.5s	15766.3-GB/T-4021	主灯泡	15766.3-GB/T-4020
4.0	0.90	E10	15766.3-GB/T-4031	主灯泡	15766.3-GB/T-4030
4.0	1.00	E10	15766.3-GB/T-4032	主灯泡	
4.0	0.25	E10	15766.3-GB/T-4111	辅助灯泡	15766.3-GB/T-4110
4.0	0.46	E10	15766.3-GB/T-4112	辅助灯泡	
4.0	0.30	E10	15766.3-GB/T-4113	辅助灯泡	
2.5	1.00	BA15d/19	15766.3-GB/T-4211	主/备用灯丝	15766.3-GB/T-4210
2.5	1.00	BA15d/19	15766.3-GB/T-4211A	主/备用灯丝	
3.75	1.00	BA15d/19	15766.3-GB/T-4212	主/备用灯丝	
3.75	1.00	BA15d/19	15766.3-GB/T-4212A	主/备用灯丝	
2.5	1.00	BA15d/19	15766.3-GB/T-4221	主/备用灯丝	15766.3-GB/T-4220
2.5	1.00	BA15d/19	15766.3-GB/T-4221A	主/备用灯丝	
3.75	0.80	BA15d/19	15766.3-GB/T-4222	主/备用灯丝	
3.75	0.80	BA15d/19	15766.3-GB/T-4222A	主/备用灯丝	
3.75	0.90	BA15d/19	15766.3-GB/T-4223	主/备用灯丝	
3.75	1.00	BA15d/19	15766.3-GB/T-4224	主/备用灯丝	
3.75	1.00	BA15d/19	15766.3-GB/T-4224A	主/备用灯丝	
3.75	1.00	BA15d/19	15766.3-GB/T-4224B	主/备用灯丝	
3.75	1.10	BA15d/19	15766.3-GB/T-4225	主/备用灯丝	
3.75	1.30	BA15d/19	15766.3-GB/T-4226	主/备用灯丝	

小型灯泡数据活页
矿用头灯卤素主灯泡
灯头:P13.5s

标称电压/V	电流/A		最小光通量/lm	额定平均寿命/h	型式编号
	额定值	最大值			
4.0	0.75	0.79	30	600	15766.3-GB/T-4011
4.0	1.00	1.05	45	600	15766.3-GB/T-4012
4.0	1.25	1.31	56	600	15766.3-GB/T-4013
4.0	1.50	1.60	67	600	15766.3-GB/T-4014
光通维持率:80%,在额定寿命的75%时。					工作位置:任意

本图仅表明对互换性很重要的尺寸

单位为毫米

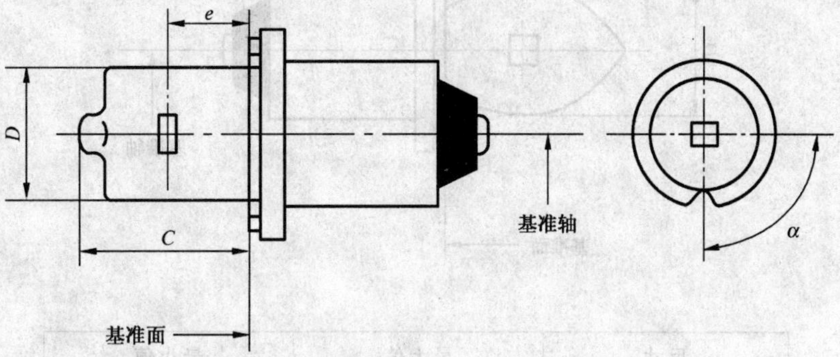

尺寸	最大值	最小值
D	10[1)]	—
e	6.8[1)]	6.3[1)]
C	16.5[1)]	—
α	110[1)]	70[1)]
横向偏差	0.6	—

1) 在考虑中。

P13.5s 灯头应符合 IEC 60061,活页 7004-40-2,允许使用 PX13.5s 灯头(7004-35-2)。

15766.3-GB/T-4010-1

小型灯泡数据活页
矿用头灯主灯泡
灯头:P13.5s

标称电压/V	电流/A		最小光通量/lm	额定平均寿命/h	型式编号
	额定值	最大值			
4.0	1.00	1.05	44	200	15766.3-GB/T-4021
光通维持率:80%,在额定寿命的 75%时。					工作位置:任意

本图仅表明对互换性很重要的尺寸

单位为毫米

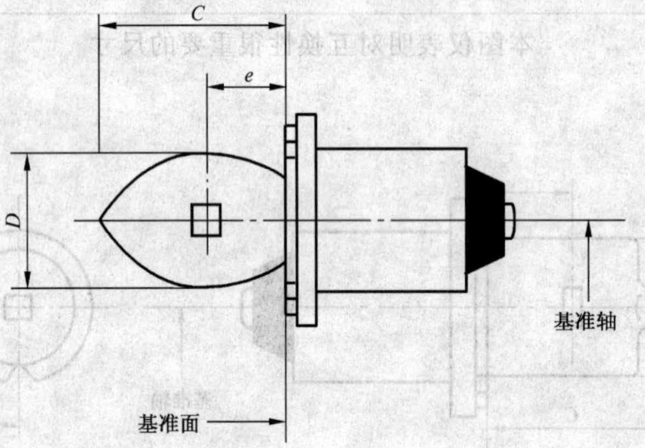

尺寸	最大值	最小值
D	11.3[1)]	—
e	7[1)]	6.4[1)]
C	16.5[1)]	—
横向偏差	0.3	—
1) 在考虑中。		

P13.5s 灯头应符合 IEC 60061,活页 7004-40-2,允许使用 PX13.5s 灯头(7004-35-2)。

15766.3-GB/T-4020-1

小型灯泡数据活页
矿用头灯主灯泡
灯头:E10

标称电压/ V	电流/A		最小光通量[1)]/ lm	额定平均寿命/ h	型式编号
	额定值	最大值			
4.0	0.90	0.95	38	250	15766.3-GB/T-4031
4.0	1.00	1.05	44	200	15766.3-GB/T-4032
光通维持率:90%,在额定寿命的75%时。					工作位置:任意

本图仅表明对互换性很重要的尺寸

单位为毫米

尺寸	最大值	最小值
D	19.0	—
e	24.5	21.5
C	31.5	—
横向偏差	1.0	—

E10灯头应符合IEC 60061,活页7004-22-6。

15766.3-GB/T-4030-1

小型灯泡数据活页

矿用头灯主/备用灯丝灯泡

灯头 BA15d/19

辅助灯泡

标称电压/V	电流/A 额定值	电流/A 最大值	最小光通量1)/lm	额定平均寿命/h	[illegible]
2.5	1.0	1.06	20	220	15766.3-GB/T-4221
			[illegible]	300	15766.3-GB/T-4221A
3.75	0.80	0.83	28	200	15766.3-GB/T-4222
				400	15766.3-GB/T-4222A
3.75	[illegible]	[illegible]	[illegible]	[illegible]	[illegible]
			36	[illegible]	[illegible]
[illegible]	[illegible]	[illegible]	[illegible]	[illegible]	[illegible]
3.75	1.10	[illegible]	[illegible]	[illegible]	[illegible]
3.75	1.30	[illegible]	[illegible]	[illegible]	15766.3-GB/T-4226

光通维持率:85%,在额定寿命的75%时。 工作位置:任意

1) 对于主灯丝的值。

单位为毫米

注:从灯头的底部观察,对于主灯丝/备用灯丝的电触点是右/左触点,公共触点在上面。

* 主灯丝失效时使用备用灯丝。

尺寸	最大值	最小值
D	19.5	18.5
F	[illegible]	8.7
C	39.2	37.8

BA15d/19 灯头应符合 IEC 60061,活页 7004-11A-9。

15766.3-GB/T-4220-1

ICS 65.020.01
B 16

中华人民共和国国家标准

GB/T 15803—2007
代替 GB/T 15803—1995

东亚飞蝗测报技术规范

Technical specification for the investigation and forecast of *Locusta migratoria manilensis*(Meyen)

2007-10-16 发布　　2008-04-01 实施

中华人民共和国国家质量监督检验检疫总局
中国国家标准化管理委员会　发布

前言

本标准修订了 GB/T 15803—1995《东亚飞蝗测报调查规范》。本标准与 GB/T 15803—1995 相比主要变化如下：

——增加了术语和定义部分，对东亚飞蝗测报调查中涉及的术语和定义进行了规范；

——增加了东亚飞蝗预测预报方法部分，提出了科学预测东亚飞蝗发生期、发生程度的预报方法；

——提出了东亚飞蝗发生指数、发生程度分级标准；

——蝗卵调查部分增加了蝗卵分布调查内容。

本标准的附录 B、附录 C 为规范性附录，附录 A、附录 D、附录 E、附录 F、附录 G、附录 H 为资料性附录。

本标准由中华人民共和国农业部提出并归口。

本标准主要起草单位：全国农业技术推广服务中心、河北省植保总站、河北省安新县植保站。

本标准主要起草人：王建强、张跃进、王贵生、任春光、唐铁朝、勾建军。

本标准所代替标准的历次版本发布情况为：

——GB/T 15803—1995。

东亚飞蝗测报技术规范

1 范围

本标准规定了东亚飞蝗的卵、蝗蝻、成虫期虫情调查、蝗虫天敌调查和预测预报的方法。

本标准适用于东亚飞蝗系统测报。

2 术语和定义

下列术语和定义适用于本标准。

2.1

蝗区 geographical region of the oriental migratory locust

适宜或可能适宜东亚飞蝗孳生和栖息的地理生态区域。根据其形成结构和原因，通常分为滨湖蝗区、沿海蝗区、河泛蝗区、内涝蝗区及热带稀树草原蝗区等类型。

2.2

系统调查 systemic survey

为了解某蝗区东亚飞蝗发生消长动态，对其进行定点（片）、定期、定内容的调查。

2.3

蝗情普查 widespread survey

为了解某蝗区东亚飞蝗总体发生情况，在其发生为害的某段时间，进行较大范围的多点取样调查。

2.4

夏蝗 first generation of the oriental migratory locust in each year

由上年秋季东亚飞蝗成虫在土中产卵，来年春、夏季孵化出土并发育为害的蝗蝻及成虫，主要发生为害期为4月下旬至7月上旬。

2.5

秋蝗 second generation of the oriental migratory locust in each year

由东亚飞蝗夏蝗成虫产卵，当年秋季孵化出土并发育为害的蝗蝻及成虫，主要发生为害期为7月中旬至9月下旬。

2.6

雌虫率 percentage of female imagoes

东亚飞蝗雌性成虫占所调查成虫总数的百分率。

2.7

产卵雌虫率 percentage of laying eggs

调查已产卵的东亚飞蝗雌虫量占调查总雌虫数的百分率。

2.8

发生期 occurrence period

用于表征东亚飞蝗某一虫态的发育进度，一般分为始见期、始盛期、盛期、盛末期等。当代各虫态累计发生量占发生总量的20%、50%、80%的时间分别为始盛期、高峰期、盛末期，从始盛期至盛末期一段时间统称发生盛期。

2.9

宜蝗面积 suitable area of the oriental migratory locus

适宜东亚飞蝗发生的面积。

2.10

发生面积　occurrence area of the oriental migratory locus

没有采取防治措施前，蝗蝻密度大于或等于 0.2 头/m^2 的蝗区面积。

2.11

残蝗面积　remnant area of the oriental migratory locus

东亚飞蝗成虫期每 667 m^2(1 亩)成虫数量大于或等于 6 头的蝗区面积。

2.12

蝗蝻密度　density of the oriental migratory locust larva

单位面积内的蝗蝻数量，以"头/m^2"表示。

2.13

蝗蝻平均密度　average density of the oriental migratory locust larva

发生面积内加权平均密度，以"头/m^2"表示。

2.14

发生指数　index of occurring

由宜蝗面积、发生面积、蝗蝻平均密度等构成，用于确定发生程度。计算按式(1)进行：

$$L = \frac{S}{S_t} \times d \qquad \cdots\cdots\cdots\cdots(1)$$

式中：

L——发生指数；

S——发生面积；

S_t——宜蝗面积；

d——蝗蝻平均密度，头/m^2。

2.15

发生程度　occurring grade

蝗虫发生的严重度，以发生指数来衡量。根据数量指数的大小，分为轻发生(1 级)、偏轻发生(2 级)、中等发生(3 级)、偏重发生(4 级)和大发生(5 级)。发生程度与发生指数的对应关系见表 1。

表 1　东亚飞蝗发生程度分级指标

项　目	发生程度				
	轻发生 (1 级)	偏轻发生 (2 级)	中等发生 (3 级)	偏重发生 (4 级)	大发生 (5 级)
发生指数	$L \leqslant 0.1$	$0.1 < L \leqslant 0.25$	$0.25 < L \leqslant 0.56$	$0.56 < L \leqslant 0.9$	$L > 0.9$
发生面积占宜蝗面积比率/%	$p \leqslant 30$	$30 < p \leqslant 50$	$50 < p \leqslant 70$	$70 < p \leqslant 90$	$p > 90$
蝗蝻平均密度/(头/m^2)	$0.2 \leqslant d < 0.3$	$0.3 < d \leqslant 0.5$	$0.5 < d \leqslant 0.8$	$0.8 < d \leqslant 1$	$d > 1$
注 1：表中"L"代表发生指数，"p"代表发生面积占宜蝗面积的百分比，"d"代表蝗蝻平均密度。 注 2：发生程度最终以发生指数来衡量。					

2.16

重点蝗区　primary region of the oriental migratory locust

也称一类蝗区。常年发生密度达到或超过防治指标(0.5 头/m^2)的面积占发生面积 50%以上。

2.17

一般蝗区　secondary region of the oriental migratory locust

也称二类蝗区。常年发生密度达到或超过防治指标的面积占发生面积 20%～50%之间。

2.18

监视蝗区　sporadic region of the oriental migratory locust

也称三类蝗区或偶发区。常年有较低密度飞蝗发生，其达到防治指标的面积占发生面积20%以下。

3　蝗情调查

东亚飞蝗形态特征具体参见附录A，东亚飞蝗发生情况调查汇报表见附录B。

3.1　卵期调查

卵期调查，主要明确蝗卵的分布、密度、越冬死亡率及发育进度等情况。从3月中、下旬开始，选择不同生态环境，随机选点挖卵，每隔10 d挖卵1次，共查3次。第一次挖卵主要调查蝗卵的分布情况、蝗卵密度和死亡率，第二、第三次调查主要明确蝗卵发育进度。

3.1.1　蝗卵分布情况

按不同类型蝗区，一般每种生态类型取样点300个以上，每样点为1 m^2，挖取样点内所有卵块，分别统计有卵样点数、总卵块数、平均每块卵粒数、平均蝗卵密度、最高蝗卵密度，计入表C.1。

3.1.2　蝗卵越冬死亡率

第一次挖取的卵块中，随机抽取5块～10块，进行逐粒观察，统计总卵粒数和干瘪、霉烂、寄生、虫咬等死亡卵粒数，计算越冬死亡率，检查导致蝗卵死亡的主要原因，将结果记入表C.2。

3.1.3　越冬蝗卵发育进度

每种生态类型蝗区挖取蝗卵5块～10块，随机抽取活卵50粒，用10%漂白粉液浸泡2 min～3 min，待卵壳溶薄后取出，清水洗净，用手电筒光透视，检查卵的胚胎发育情况，参照蝗卵胚胎发育进度分期特征表(附录D)，分出各发育期的卵粒数，计算各期所占比率，结果记入表C.3。

3.2　蝗蝻期调查

蝗蝻期调查，主要掌握蝗蝻出土期、发育进度、蝗蝻发生面积和密度。

3.2.1　出土期

根据春季蝗卵胚胎发育进度调查结果，推算出蝗蝻出土期，提前1 d～2 d在蝗卵分布较为集中的避风向阳高坡地，每3 d调查1次，当查到蝗蝻时，为夏蝗出土始见期。在夏残蝗调查结束10 d后，选择夏蝗成虫出现较早的蝗区，每3 d调查1次，当查到蝗蝻时，为秋蝗出土始见期。

3.2.2　蝗蝻发育进度

选择有代表性的不同生态环境的蝗区，自蝗蝻出土始期10 d后，开始系统调查。每隔5 d调查1次，至羽化盛期为止。每种类型蝗区随机取样10个点，每点调查1 m^2 以上。捕获各样点内全部飞蝗(当总捕获数少于100头时，应适当增加样点数)。根据东亚飞蝗蝗蝻各龄期主要特征表(附录E)，检查统计各龄期数量和所占比率，结果记入表C.4。

3.2.3　发生面积与密度普查

主要了解宜蝗面积、蝗蝻发生面积、蝗蝻密度及分布情况。在三龄蝗蝻发生盛期采取防治措施前进行。按以下因素取样调查：

a)　重点蝗区：面积1 000 hm^2(15 000亩)以上，环境条件基本一致的，每10 hm^2(150亩)取1点；面积500 hm^2～1 000 hm^2(7 500亩～15 000亩)，环境条件较复杂的，每5 hm^2(75亩)取1点；

b)　一般蝗区：每17 hm^2(250亩)取1点；

c)　监视蝗区：每33 hm^2(500亩)取1点；

d)　特殊环境(独立分散蝗区)：每1 hm^2(15亩)取1点。

调查采用平行等距离调查取样法，每点调查10 m^2(目测1 m宽，前进10 m)。观察样点内蝗蝻数，将调查结果统计汇总，记入表C.5。

3.3 成虫期调查

成虫期调查，主要了解残蝗面积及密度、成虫雌雄比、产卵场所及产卵量。

3.3.1 残蝗面积及密度普查

在夏蝗成虫和秋蝗成虫产卵盛期各普查1次。取样方法同蝗蝻密度普查，每样点面积660 m^2（目测3 m宽，前行220 m），观察样点内东亚飞蝗成虫数量。将调查结果统计汇总，记入表C.6。

3.3.2 成虫雌雄比及产（抱）卵雌虫率

结合夏残蝗调查和秋残蝗调查同时进行。随机捕捉成虫不少于100头，调查统计雌虫数和产卵或抱卵雌虫数，计算其比率，结果记入表C.7。

3.3.3 产卵量

在成虫羽化盛期后5 d～7 d，随机捕获雄成虫和未产卵雌成虫各30头，分别用容积为1 m^3 的网罩室外罩养，每网罩雌雄成虫各20头，待成虫全部死亡后挖查卵块数、卵块卵粒数，计算单雌产卵量。结果记入表C.8。

3.4 天敌调查

了解当地捕食性、寄生性天敌种类及数量。捕食性天敌在夏蝗和秋蝗蝗蝻密度普查时同时进行，各查1次，共查2次。每蝗区随机选5点，蜘蛛、蚂蚁、步甲等，每点查1 m^2，蛙类每点查10 m^2，鸟类每点查667 m^2，目测计数。寄生性天敌调查，结合查卵、查蝗蝻，对被寄生的卵和蝗蝻饲养观察。调查结果记入表C.9。

3.5 水文和气象资料收集

3.5.1 水文资料

4月～9月，每月中旬从当地水文部门收集湖库、河泛、沿海及内涝蝗区的水文资料数据，以分析水文对飞蝗发生动态的影响。记入表C.10。

3.5.2 气象资料

收集当地气象台（站）温度、湿度、降水等主要气象要素的实测值和预测月（旬）报值，填入相应报表。

4 预测预报方法

4.1 发生期预报

4.1.1 蝗蝻出土期

按照以下三种方法进行预测：

a) 分级法：根据不同环境蝗卵发育进度，参照蝗卵在变温气候条件下不同胚胎发育期至出土所需时间表（附录F）及当地气候条件来预测蝗蝻孵化出土期。

b) 历期法：夏蝗卵的发育历期一般需15 d，可根据夏蝗产卵期预测秋蝗孵化期。

c) 积温法：依据蝗卵胚胎发育进度调查的蝗卵胚胎发育情况，结合调查后10 d内当地5 cm地温，参考蝗卵胚胎在30℃恒温下的不同发育期所需时间，用式（2）、式（3）、式（4）作出孵化期预测（其中式（3）、式（4）是在无地温记录时用气温折算）。

$$T_1 = \frac{210-(15\times t)}{T_s-15} \qquad \cdots\cdots(2)$$

$$T_1 = \frac{210-(15\times t)}{(T_a+1.4)-15} \qquad \cdots\cdots(3)$$

$$T_1 = \frac{210-(15\times t)}{(T_a+1.8)-15} \qquad \cdots\cdots(4)$$

式中：

T_1——蝗卵胚胎调查之日到孵化所需天数；

210——在30℃恒温下蝗卵胚胎发育所需的有效积温；

15——蝗卵胚胎发育的起点温度（已完成发育各天以15℃计算）；

t——已完成发育天数；

T_s——5 cm 旬平均地温；

T_a——旬平均气温；

1.4——4 月份气温与 5 cm 土温之差；

1.8——5 月和 7 月气温与 5 cm 土温之差。

4.1.2 蝗蝻三龄盛期

从蝗卵孵化盛期预测蝗蝻三龄盛期用以下方法：

a) 历期法：根据当地历年积累的资料和气候情况预报蝗蝻三龄盛期。

b) 积温法：蝗卵孵化盛期后，可根据地面上 30 cm 旬平均草丛温度（无草丛温度，可用气温＋1.6℃代替），利用蝗蝻发育的有效积温（附录 G）进行预算。计算见式(5)：

$$T_2 = \frac{131.6}{T_g - 18} \qquad \cdots\cdots(5)$$

式中：

T_2——孵化盛期至三龄盛期所需天数；

131.6——25℃～35℃变温条件下一龄和二龄蝗蝻发育所需有效积温；

T_g——30 cm 旬平均草丛温度；

18——蝗蝻发育起点温度。

4.1.3 成虫羽化期

蝗卵孵化至成虫羽化期，可采用有效积温法预测，见式(6)：

$$T_3 = \frac{407.5}{T_g - 18} \qquad \cdots\cdots(6)$$

式中：

T_3——蝗卵孵化至羽化期所需天数；

407.5——25℃～35℃变温条件夏一龄蝗蝻发育至成虫所需有效积温；

T_g——30 cm 旬平均草丛温度；

18——蝗蝻发育起点温度。

4.1.4 成虫产卵期

成虫产卵期用以下方法预测：

a) 分期法：在成虫交尾初期和盛期分别捕捉雌成虫 20 头，剖腹检查体内蝗卵发育程度，根据蝗卵发育分期表和蝗卵发育期至产卵期所需天数表（附录 H），预测产卵期。

b) 历期法：从羽化到产卵一般需 15 d～20 d。

4.2 发生量预报

4.2.1 发生密度

根据残蝗密度、雌虫数及产（抱）卵率、每头雌虫产卵量及死亡率，预测下代发生密度。此外，还应考虑天敌情况和土壤含水量的高低及气象因素等。下代蝗蝻密度可用式(7)计算：

$$D_x = d_r \times f \times f_i \times e \times (1 - r) \qquad \cdots\cdots(7)$$

式中：

D_x——下代蝗蝻密度，头/m^2；

d_r——残蝗密度，头/m^2；

f——雌虫率；

f_i——产卵雌虫率；

e——每头雌虫产卵量；

r——蝗卵自然死亡率。

4.2.2 发生面积

根据残蝗面积、分布范围，结合水淹、耕地、淤滩、湖库水位等因素预报下代发生面积。

4.2.3 发生程度

根据预测的发生密度和发生面积，结合宜蝗面积，根据式(1)计算出发生指数，对照表1东亚飞蝗发生程度分级指标，预测发生程度。

附　录　A
（资料性附录）
东亚飞蝗形态特征描述

东亚飞蝗 *Locusta migratoria manilensid*（Meyen），又名蚂蚱。直翅目，短角蝗亚目，蝗总科丝角蝗科。成虫体绿或黄褐色，多因型、性别、羽化后时间的长短以及环境背景而变异。触角丝状，多为淡黄色；具1对复眼和3个单眼。复眼后有淡色条纹，前下方有暗色斑纹。前胸背板形状与色泽因型的不同有明显区别。中胸腹板侧叶间的中隔之长大于宽。前翅发达，常超过后足胫节的中部，具有光泽和暗色斑纹；后翅较宽，折叠于前翅之下，色淡透明。后足腿节上侧上隆线细齿明显，内上侧基部之半在隆线之间呈黑色，近顶端处有明显而较狭的暗色横纹。后足胫节常为橘红色，无外端刺，外端具刺10个～11个；中垫短，不到达爪的中部；腹部听器鼓膜盖较大，几乎覆盖鼓膜孔之半。

东亚飞蝗具变型特征，当种群密度大时成群居型；密度低时，为散居型。两型之间尚有中间型（或转变型），由高密度蝻群分散或低密度蝻群聚集而形成。群居型和散居型飞蝗不仅在形态和生物学特征上有明显区别，在猖獗为害周期上也不同。二型的区别见附录C。

东亚飞蝗产卵于卵囊中，卵囊黄褐色或淡褐色，长筒形，长45 mm～67 mm，中部略弯，每块卵囊一般含卵50粒～80粒，个别多达200粒左右，卵粒呈香蕉状，一般长6 mm～7 mm，直径约1.5 mm。根据卵的发育进度，将之分为原头期、胚转期、显节期和胚熟期四个时期，具体特征见附录D。卵孵化形成的若虫称为蝗蝻，蝗蝻经5次蜕皮变为成虫。各龄蝗蝻除大小、色泽有差别外，形态上也有明显差别，具体见表A.1。

表 A.1　东亚飞蝗群居型与散居型的区别

项　目	群　居　型	散　居　型
体色	黑褐	绿至黄褐
前翅平均长/mm	雄42.6，雌45.8	雄42.0，雌46.0
后足腿节平均长/mm	雄20.8，雌21.3	雄22.5，雌24.0
前翅长与后足腿节长比值	雄2.11，雌2.16	雄1.87，雌1.92
头部	头顶稍高于前胸背板，头部较宽，复眼较大	头顶低于前胸背板，头部较狭，复眼较小
前胸背板	略短，沟前区明显缩狭，沟后区较宽平，形成鞍状；侧视，中隆线较平直或在中部微凹，前缘近圆形，后缘呈钝圆形，前胸背板背面中隆线两侧有褐黑色或黑绒状纵条纹	稍长，沟前区不明显缩狭，沟后区略高，不呈鞍状；侧视，中隆线呈弧型隆起，如屋脊形，前缘锐角形向前突出，后缘直角形。前胸背板背面中隆线两侧无褐黑色或黑绒状条纹，常呈绿色
前胸高度与头部高度比值	雄1.10，雌1.08	雄1.25，雌1.31

附 录 B
(规范性附录)
东亚飞蝗发生情况调查汇报表

表 B.1 蝗虫春季挖卵情况调查表

单位	调查日期	调查样点数/个	有卵点数/个	总卵块数/块	平均卵粒数/(块/粒)	卵粒死亡率/%	活卵胚胎发育进度				预计蝗蝻		预计三龄蝗蝻高峰期	预计夏蝗			
							原头期/%	胚转期/%	显节期/%	胚熟期/%	出土始期	出土高峰期		发生面积[1)]/万亩	达防治指标面积/万亩	发生程度/级	预计主要发生区域
注：汇报时间为每年4月15日～20日。																	

表 B.2 夏(秋)蝗发生情况汇总表

单位	调查日期	普查面积/万亩	发生面积/万亩	发生程度/级	不同密度的面积/万亩						最高密度/(头/m²)	蝗蝻出土始见期	蝗蝻出土高峰期	三龄若虫高峰期	主要分布区域	简述气象、生态条件
					0.2头/m²～0.4头/m²	0.5头/m²～1头/m²	1.1头/m²～3.1头/m²	3.1头/m²～6头/m²	6.1头/m²～10头/m²	>10头/m²						
注：在夏(秋)蝗三龄蝗蝻高峰期大田普查结束后汇报，夏蝗一般每年6月中旬，秋蝗每年9月上旬。																

表 B.3 夏(秋)蝗发生情况汇总及下代发生趋势预测表

单位	夏(秋)蝗发生情况						夏(秋)残蝗调查情况									预计下代发生情况					
	发生面积/万亩	发生程度/级	达标面积/万亩	防治面积/万亩	成虫羽化盛期(月/日)	成虫产卵盛期(月/日)	普查面积/万亩	残蝗面积/万亩	不同残蝗密度的面积/万亩				最高密度/(头/亩)	雌虫比率/%	平均单雌产卵量/(粒/头)	现有宜蝗面积/万亩	发生面积/万亩	达防治指标面积/万亩	发生程度/级	主要发生区域
									>6头/m²，≤10头/m²	>10头/m²，≤30头/m²	>30头/m²，≤100头/m²	>100头/m²								
注：在夏(秋)蝗发生为害结束时汇报，夏蝗每年7月初，秋蝗每年10月底。																				

1) "亩"为非法定计量单位，但为了便于使用，本标准表中一律保留"亩"为单位。1亩≈667 m²，1万亩≈667 hm²。

附 录 C
（规范性附录）
农作物病虫调查资料表册

农作物病虫调查资料表册

东 亚 飞 蝗

（补充件）

测报站名：______________________________（盖章）

站　　址：______________________________

（北纬：__________东经：__________海拔：__________）

填 报 人：______________________________

负 责 人：______________________________

表 C.1　蝗卵分布调查记载表

调查日期	调查地点	调查环境	调查样点数/个	有卵样点数/个	总卵块数/块	平均每块卵粒数/（粒/块）	平均蝗卵密度/（粒/m^2）	最高蝗卵密度/（粒/m^2）	备注

表 C.2　蝗卵死亡率调查记载表

调查日期	调查地点	调查环境	卵块数/块	总卵粒数/粒	死亡卵粒数/粒	卵粒死亡率/%	蝗卵死亡情况									
							死亡卵粒数量/粒					卵粒死亡情况/%				
							干瘪	霉烂	寄生	虫咬	其他	干瘪	霉烂	寄生	虫咬	其他

表 C.3 蝗卵胚胎发育进度调查表

调查日期	调查地点	调查环境	调查活卵粒数	各发育期卵粒数及百分率							
				原头期		胚转期		显节期		胚熟期	
				粒数/粒	比率/%	粒数/粒	比率/%	粒数/粒	比率/%	粒数/粒	比率/%

表 C.4　蝗蝻发育进度调查记载表

调查日期	蝗区名称	调查环境	调查世代	出土始期	蝗蝻总头数	各发育阶段蝗虫头数及百分率											
						一龄蝗蝻		二龄蝗蝻		三龄蝗蝻		四龄蝗蝻		五龄蝗蝻		成虫	
						头数/头	比率/%	头数/头	比率/%	头数/头	比率/%	头数/头	比率/%	头数/头	比率/%	头数/头	比率/%

表 C.5 东亚飞蝗发生面积与密度普查汇总表

调查日期	蝗区名称	世代	宜蝗面积/万亩	普查面积/万亩	取样点数/个	有蝗点数/个	有蝗样点比率/%	蝗虫总头数	平均密度/(头/m²)	发生面积/万亩	不同虫口密度的面积/万亩						最高密度		
											0.2 头/m²～0.4 头/m²	0.5 头/m²～1.0 头/m²	1.1 头/m²～3.0 头/m²	3.1 头/m²～6.0 头/m²	6.1 头/m²～10 头/m²	10 头/m² 以上	密度/(头/m²)	面积/亩	分布地点

表 C.6　东亚飞蝗残蝗情况普查统计表

调查日期	蝗区名称	世代	普查面积/万亩	取样点数/个	有蝗点数/个	有蝗样点比率/%	蝗虫总头数	平均密度/(头/亩)	残蝗面积/万亩	不同残蝗密度的面积/万亩				最高密度/(头/亩)
										6 头/m^2～10 头/m^2	11 头/m^2～30 头/m^2	31 头/m^2～100 头/m^2	>100 头/m^2	

表 C.7 东亚飞蝗雌雄比及产(抱)卵情况调查记载表

调查日期	蝗区名称	环境	代别	蝗虫总数	雌虫及其产卵情况				备注
					雌虫头数	雌虫率/%	产(抱)卵雌虫数	产(抱)卵雌虫率/%	

表 C.8 东亚飞蝗产卵情况调查统计表

调查日期	蝗区名称	代别	饲养雌成虫头数/头	总卵块数/块	平均单雌产卵块数/(块/头)	总卵粒数/粒	平均每块卵粒数/(粒/块)	平均单雌产卵量/(粒/头)	备注

表 C.9 东亚飞蝗天敌调查统计表

调查日期	蝗区名称	环境	调查面积/m^2	捕食性天敌						寄生性天敌							
				头/m^2					只/667 m^2	卵寄生比率/%					蝗蝻寄生比率/%		
				蜘蛛	步甲	蚂蚁	蛙类	……	鸟类	寄生菌类	寄生蝇	卵寄生蜂	卵寄生虻	……			

表 C.10 影响东亚飞蝗发生面积的水文资料统计表

日期	湖库								河泛						沿海、内涝					备注
	蝗区名称	蝗区面积/万亩	最高水位/m	出现时间(月/日)	最大水淹面积/万亩	最低水位/m	出现时间(月/日)	最大滩段面积/万亩	蝗区名称	蝗区面积/万亩	最大流量/(m/s)	漫滩时间(月/日)	退水时间(月/日)	最大露滩面积/万亩	蝗区名称	蝗区面积/万亩	最大积水面积/万亩	上水时间(月/日)	退水时间(月/日)	

附　录　D
（资料性附录）
蝗卵胚胎发育进度分期特征

表 D.1　蝗卵胚胎发育进度分期特征

蝗卵发育期	形态特征
原头期	胚胎尚未发育，破壳后，用肉眼不易在卵浆中找到胚胎
胚转期	胚胎开始发育，破壳后，用肉眼可以看到有一小芝麻大小的白色胚胎
显节期	胚胎已形成，个体较大，几乎充满整个卵壳，眼点、腹部及足很明显，后两者已分节
胚熟期	胚胎发育完成，体呈红褐色，待孵化

附　录　E
（资料性附录）
东亚飞蝗蝗蝻各龄期主要特征比较

表 E.1　东亚飞蝗蝗蝻各龄期主要特征比较

龄期	触角节数	体长/cm	翅芽	前胸背板	体　色
一龄	13～14	0.5～1.0	翅芽很小，不明显	背板后缘呈直线形	初孵时颜色较浅，经一段时间，颜色变深呈灰黑色
二龄	18～19	0.8～1.4	翅芽初现，前后翅芽相差不大，翅尖指向下方	背板后缘开始向后方延伸，较一龄显著	体黑色，颜面稍现红褐色
三龄	20～21	1.5～2.1	翅芽明显，前翅芽狭长，并显著比后翅芽小，后翅芽呈三角形，翅尖指向后下方	背板后缘显著向后延伸掩盖中胸和后胸的背部，后缘呈钝角，前缘开始向前延伸	群居型体黑色，头部红褐色范围扩大；散居型体色随环境转变成灰、褐绿等色
四龄	22～23	1.6～2.6	翅芽转向背方伸出，伸达第二腹节，呈黑褐色，翅脉明显	背板后缘更向后延伸，掩盖中胸和后胸的背面部分，背板后缘角度减小	群居型体红褐色，胸部背面黑色，腹面侧面和足呈红褐色，中胫节和后跗节浅黑色，腹部红褐色；散居型体色随环境色
五龄	24～25	2.6～4.0	翅芽黑色显著增大，长达腹部第四、五节，向背上合扰，翅尖指向后方	背板后缘掩盖中、后胸背面较第四龄更明显	群居型体背黑褐色明显，头胸部红褐色明显，后腿胫节淡黄色；散居型体色随环境色

附　录　F
（资料性附录）
蝗卵胚胎发育至孵化所需时间

表 F.1　蝗卵胚胎发育至孵化所需时间　　单位为天

蝗卵胚胎发育期	原头期	胚转期	显节期	胚熟期
20℃～25℃条件下夏蝗孵化所需天数	21～24	15～18	9～12	3～6
27℃～30℃条件下秋蝗孵化所需天数	10 以上	6～7	4～5	2～3

附　录　G
（资料性附录）
东亚飞蝗各龄期有效积温表

表 G.1　东亚飞蝗各龄期有效积温表　　单位为日℃

项　　目	1 龄～2 龄	2 龄～3 龄	3 龄～4 龄	4 龄～5 龄	5 龄～成虫	羽化～产卵	总计
30℃以下所需有效积温	68.7	61.5	56.9	80.5	137.5	262.7	667.8
35℃以下所需有效积温	58.6	74.5	70.1	88.9	117.0	201.9	611.0
变温（25℃～35℃）下所需有效积温	63.6	68.0	63.5	84.7	127.7	232.2	639.8

附　录　H
（资料性附录）
蝗卵发育分期特征和各期至产卵期所需天数

表 H.1　蝗卵发育分期特征和各期至产卵期所需天数

蝗卵发育期	特　征	夏蝗产卵所需天数/d（25℃～30℃）	秋蝗产卵所需天数/d（28℃～32℃）
初期	卵块细长，呈白色，卵粒长度不超过 2 mm	7～8	9～12
中期	卵块略粗，呈淡黄色，卵粒长 3 mm～4 mm	4～6	5～8
后期	卵块粗大，呈鲜黄色，卵粒长 5 mm	1～2	3～4

ICS 65.060.10
T 61

中华人民共和国国家标准

GB/T 15832—2007
代替 GB/T 15832—1995

林业轮式和履带拖拉机通用技术条件

General requirement of forestry wheeled tractors and crawler tractors

2007-06-25 发布

2007-11-01 实施

中华人民共和国国家质量监督检验检疫总局
中国国家标准化管理委员会 发布

前言

本标准是对GB/T 15832—1995《林业轮式和履带拖拉机 通用技术条件》的修订。

本标准与GB/T 15832—1995相比,主要技术内容变化如下:

——增加了引用标准;

——修改了3.1.3的内容,将"……不允许有泥水渗入机体。"改为"……不允许窜机油。";

——增加了防泥水试验要求;

——增加了轮式拖拉机转向性能要求;

——增加了拖拉机产品使用说明书的规定;

——增加了拖拉机进行运输作业时,机组应符合GB 7258的规定;

——取消了轮式拖拉机的最高行驶速度"不大于30 km/h";

——增加了拖拉机烟度值;

——增加了动力输出轴(发动机)的性能;

——调整了轮式拖拉机最大牵引功率,"不小于发动机标定功率的0.7倍"改为"不小于发动机标定功率的0.75倍";

——补充了产品可靠性指标;

——调整了林间使用试验时间,将"1 200小时长期使用时间"改为"做1 500 h林间使用试验"。

本标准自实施之日起代替GB/T 15832—1995。

本标准由中国机械工业联合会提出。

本标准由全国拖拉机标准化技术委员会归口。

本标准起草单位:洛阳拖拉机研究所。

本标准主要起草人:郎志中、李京忠、陈志强、徐惠娟。

本标准所代替标准的历次版本发布情况为:

——GB/T 15832—1995。

林业轮式和履带拖拉机通用技术条件

1 范围

本标准规定了林业轮式和履带拖拉机的通用技术要求、试验方法、检验规则、交货、标志、运输及贮存等。

本标准适用于林业轮式和履带拖拉机(以下简称拖拉机)。

2 规范性引用文件

下列文件中的条款通过本标准的引用而成为本标准的条款。凡是注日期的引用文件,其随后所有的修改单(不包括勘误的内容)或修订版均不适用于本标准,然而,鼓励根据本标准达成协议的各方研究是否可使用这些文件的最新版本。凡是不注日期的引用文件,其最新版本适用于本标准。

GB 6230 拖拉机操纵装置的安装位置和操作方法

GB 6376 拖拉机噪声限值

GB 7121 农林轮式拖拉机防护装置强度试验方法和验收条件(GB 7121—1986,neq ISO 3463:1984)

GB 7258 机动车运行安全技术条件

GB/T 9480 农林拖拉机和机械、草坪和园艺动力机械 使用说明书编写规则(GB/T 9480—2001,eqv ISO 3600:1996)

GB 10395.1 农林拖拉机和机械 安全技术要求 第1部分:总则(GB 10395.1—2001,eqv ISO 4254-1:1989)

GB 10396 农林拖拉机和机械、草坪和园艺动力机械 安全标志和危险图形 总则(GB 10396—2006,ISO 11684:1995,MOD)

GB/T 15369 农林拖拉机和机械 安全技术要求 第3部分:拖拉机(GB/T 15369—2004,ISO 4254-3:1992,IDT)

GB/T 15833 林业轮式和履带拖拉机试验方法

GB 18447.1 农业轮式和履带拖拉机 安全要求

GB/T 19040 农业轮式拖拉机转向要求(GB/T 19040—2003,ISO 10998:1995,IDT)

GB/T 19407 农业拖拉机操纵装置最大操纵力(GB/T 19407—2003,ISO/TR 3778:1987,MOD)

JB/T 5673 农林拖拉机及机具涂漆 通用技术条件

JB/T 6294 农业拖拉机 型式检验规则

JB/T 6701 拖拉机前照灯

JB/T 6712 拖拉机外观质量要求

JB 7325 农林窄轮距轮式拖拉机防护装置强度试验方法和验收条件

JB/T 7734 拖拉机防泥水密封性 试验方法

JB/T 9832.2—1999 农林拖拉机及机具 漆膜 附着性能测定方法 压切法

3 技术要求

3.1 一般要求

3.1.1 拖拉机应按照经规定程序批准的产品图样和技术文件制造。

3.1.2 拖拉机上用紧固件连接的零、部件，应按要求连接牢靠，不得有松动现象。

3.1.3 拖拉机正常运转和作业时各系统均不得有异常响声；不得漏油、漏水、漏气，不允许窜机油。

3.1.4 按JB/T 7734的规定完成防泥水试验后的拖拉机不允许有泥水渗入机体。

3.1.5 拖拉机外观质量应符合JB/T 6712的规定。拖拉机涂漆应符合JB/T 5673的规定，漆膜附着性能应不低于JB/T 9832.2—1999中Ⅱ级的规定。

3.1.6 发动机在全程调速范围内应能稳定运转，并能直接或间接通过熄火装置使发动机停止运转。

3.1.7 离合器应能彻底分离，平稳接合，接合时应能传递发动机全部转矩。

3.1.8 变速箱不得有乱档和自动脱档现象。

3.1.9 转向机构应保证拖拉机平稳转向，最小转向圆半径应达到使用说明书的规定。轮式拖拉机转向盘自由行程应不超过30°。轮式拖拉机的转向性能应满足GB/T 19040的要求。

3.1.10 轮式拖拉机在行驶过程中，前轮不得有明显的摆振现象。

3.1.11 拖拉机最大爬坡角应符合工厂规定值。

3.1.12 拖拉机应能在坡度不大于0.5%的冰雪道或松软地面上顺利通过。

3.1.13 各操纵机构应轻便灵活，松紧适度，各机构行程应符合使用说明书的规定，所有自动回位的操纵件，在操纵力去除后应能自动复位。非自动回位的操纵件应能可靠地停在操纵位置。各操纵装置的最大操纵力应符合GB/T 19407的规定。

3.1.14 拖拉机操纵装置的安装位置和操纵方法应符合GB 6230的规定。

3.1.15 拖拉机上安装的仪器仪表的显示应清晰准确，各种开关工作可靠。

3.1.16 抓钩吊臂最大提升力、提升时间和静沉降值应符合工厂规定值。

3.1.17 抓钩最大夹紧力及其保持夹紧的能力应符合工厂规定值。

3.1.18 绞盘机最大牵引力和绞集速度应符合工厂规定值。

3.1.19 拖拉机产品使用说明书应符合GB/T 9480的规定。

3.1.20 拖拉机进行运输作业时，机组应符合GB 7258的规定。

3.2 安全要求

3.2.1 轮式拖拉机在30%的干硬坡道上，履带拖拉机在40%坡道的压实土路上，使用驻车制动装置，应能沿上下坡方向可靠停住。

3.2.2 轮式拖拉机在制动踏板操纵力不大于600 N的情况下，行车的平均制动减速度应符合GB 18447.1的规定。

3.2.3 轮式拖拉机应根据用户需要，配备安全架或驾驶室，并应符合GB 18447.1、GB 7121和JB 7325的规定。驾驶室挡风玻璃应用符合GB 18447.1规定的安全玻璃。

3.2.4 为防止驾驶员和其他作业、维护保养人员发生意外事故，其安全要求应符合GB 10395.1和GB/T 15369的规定。

3.2.5 易发生人身事故的部位应在明显处设安全操纵指示和安全警示标志，并应符合GB 10396的规定。

3.2.6 公路行驶的轮式拖拉机的照明、信号装置和其他电气设备应符合GB 18447.1的规定。前照灯应符合JB/T 6701的规定，并应有能操纵挂车的气制动和液压制动装置。同时可根据需要选装雾灯、示廓灯。

3.3 主要性能要求

3.3.1 拖拉机的噪声应满足GB 6376的规定。

3.3.2 拖拉机烟度值应符合GB 18447.1的规定。

3.3.3 动力输出轴(发动机)的性能

3.3.3.1 在发动机标定转速下，动力输出轴的最大功率应不低于其标定功率的95%。

3.3.3.2 动力输出轴变负荷平均燃油耗率：

a） 发动机标定功率小于18 kW的轮式拖拉机不大于365 g/(kW·h)；

b） 发动机标定功率18 kW～36 kW的轮式拖拉机不大于350 g/(kW·h)；

c） 发动机标定功率大于36 kW的轮式拖拉机不大于335 g/(kW·h)。

3.3.3.3 动力输出轴转矩储备率：

a） 发动机标定功率小于18 kW的轮式拖拉机不小于12%；

b） 发动机标定功率18 kW～36 kW的轮式拖拉机不小于15%；

c） 发动机标定功率大于36 kW的轮式拖拉机不小于17%。

3.3.3.4 无后置动力输出轴或不宜做动力输出轴功率试验的拖拉机发动机性能：

a） 标定功率：在标定转速下，不低于标准的95%；

b） 发动机台架试验，其变负荷平均燃油耗率不大于310 g/(kW·h)；

c） 发动机台架试验，发动机转矩储备率应不小于12%。

3.3.4 轮式拖拉机最大牵引功率不小于发动机标定功率的0.75倍(林区砂石或土路面)；履带拖拉机最大牵引功率不小于发动机标定功率的0.7倍(林区砂石或土路面)。

3.3.5 最大牵引工况下的牵引比油耗：

a） 发动机标定功率小于18 kW的轮式拖拉机不大于355 g/(kW·h)；

b） 发动机标定功率18 kW～36 kW的轮式拖拉机不大于340 g/(kW·h)；

c） 发动机标定功率大于36 kW的轮式拖拉机不大于325 g/(kW·h)；

d） 履带拖拉机不大于335 g/(kW·h)。

3.3.6 拖拉机在环境温度为－5℃时应能顺利起动。

3.3.7 在环境温度为40℃情况下做高温性能试验，发动机冷却液温度应低于100℃(压力水箱按工厂规定值)，润滑油温度、传动箱油温、发动机排气温度应不高于工厂规定的最高限值。

3.3.8 产品可靠性指标：平均故障间隔时间(MTBF)应不小于210 h；无故障综合评分值(Q)应不小于70分。

4 试验方法

拖拉机性能的试验条件和试验方法按GB/T 15833的规定进行。

5 检验规则

5.1 出厂检验

每台总装完毕的拖拉机应进行出厂检验，以检查拖拉机的制造、装配质量和主要技术指标是否符合产品技术条件的规定。出厂检验的项目应符合企业标准的规定。

5.2 型式检验

拖拉机在下列情况下应进行型式检验：

——新开发的产品；

——经重大改进的产品；

——正常生产条件下，至少每两年应进行一次型式检验。

型式检验在以下方法中任选一种：

a） 按JB/T 6294规定，做主要部件的台架性能试验，并做500 h可靠性试验；

b） 按GB/T 15833规定，做1 500 h林间使用试验。

6 交货

6.1 每台拖拉机应经制造厂检验合格、并签发合格证后方可出厂。

6.2 交货时拖拉机状态应保持下列状态：

a) 对拖拉机进行外观检查,保证拖拉机的外观质量良好;

b) 放尽冷却水和燃油,盖住向上开口的排气管;

c) 轮式拖拉机应检查并调整轮胎气压至规定值,轮胎内不得充有液体;

d) 凡规定要铅封处,应加铅封;

e) 蓄电池应是干态;

f) 如结构上可能,液压泵等附件应置于分离状态。

6.3 除了按特殊订货提供的附件外,出厂的每台拖拉机应按照产品技术文件的规定配齐全套备件、附件和随机工具。用户对拖拉机交货有特殊要求时,可与制造方协商。

6.4 随同出厂的每台拖拉机,制造厂应提供下列文件:

a) 使用说明书;

b) 零件目录;

c) 合格证;

d) 备件、附件、随机工具及易损件清单;

e) 装箱单。

7 标志、运输和贮存

7.1 拖拉机应在明显位置固定永久性标牌,标牌至少应包括如下内容:

a) 制造厂名称;

b) 产品名称及型号;

c) 出厂编号及出厂年、月;

d) 标定功率(12 小时);

e) 产品执行标准编号。

7.2 应保证拖拉机(包括备件、附件和随机工具)在正常运输中不致发生损坏和丢失。

7.3 拖拉机应停放在干燥、通风的存贮条件下,制造厂应保证拖拉机及备件、附件、随机工具的防锈有效期自出厂之日起不少于12个月。

ICS 65.060.10
T 61

中华人民共和国国家标准

GB/T 15833—2007
代替 GB/T 15833—1995

林业轮式和履带拖拉机 试验方法

Test methods for forestry wheeled tractors and crawler tractors

2007-06-25 发布 2007-11-01 实施

中华人民共和国国家质量监督检验检疫总局
中国国家标准化管理委员会 发布

前言

本标准是对 GB/T 15833—1995《林业轮式和履带拖拉机　试验方法》的修订，本标准与 GB/T 15833—1995相比主要有以下变化：

——参数测量准确度，改为参数测量允许误差；

——4.2.4 由原"……在驾驶座正中放置质量 65 kg 的重块以代替驾驶员"改为"……驾驶座正中放置质量 75 kg±5 kg 的重块以代替驾驶员"；

——6.3.1.4 公式(3)中"n_0"、"n_1"改为"N_0"、"N_1"，"50 m 长距离时"改为"测区"，驱动轮"的平均转速，r"改为"转过的总圈数"；

——7.1.1 空行折算时间由原标准的"规定按 4 h 空行时间折算 1 h 工作时间"变为"规定按 5 h 空行时间折算 1 h 工作时间"，与国内农林拖拉机行业标准相统一；

——7.4.1.1 由原"发动机台架试验"改为"动力输出轴功率(或发动机台架)试验"；

——7.4.2.1 由原"试验样机台数为每种型号 2 台"改为"试验样机台数为发动机功率大于 18 kW 的拖拉机，每种型号 2 台，其余 3 台"；

——7.4.2.2 由原"拖拉机各种作业累计工作时间每台 1 200 h……"改为"拖拉机各种作业累计工作时间 1 500 h(2×750 h 或 3×500 h)"；

——7.4.2.4 增加"集材拖拉机搭载量应不小于额定搭载量的 80%"要求；

——7.4.2.8"拖拉机的故障定义、分类及其判断规则，应按有关标准规定执行"改为"拖拉机的故障定义、分类及其判断规则，应按 JB/T 51082 有关规定执行"，第 4 行"(时间按最初出现时计)"改为"(时间按首次出现时计)"；

——考虑到目前行业具体状况，将 7.4.3"最终检查和精密测量"改为选作项；

——7.5.1 a)拖拉机总工作时间　公式中"$\sum(t_y-t_t-0.75t_{k1}-t_{k2})$"改为"$\sum(t_y-t_t-0.80t_{k1}-t_{k2})$"；

——7.5.1 中 h)"下列可靠性评定指标应用有关标准规定的公式进行计算"改为"下列可靠性评定指标应用 JB/T 51082 规定的公式进行计算"；

——8.2.2 c)中将"滑转率为 15%时的附着系数应不低于 0.8"改为"滑转率为 15%时的附着系数应不低于 0.75"；d)中将"滑转率为 7%时的附着系数应不低于 0.8"改为"滑转率为 7%时的附着系数应不低于 0.75"；

——附录 A 中各项表格均增加了"制造厂名称"一项。

本标准自实施之日起代替 GB/T 15833—1995。

本标准的附录 A 为规范性附录。

本标准由中国机械工业联合会提出。

本标准由全国拖拉机标准化委员会归口。

本标准起草单位：洛阳拖拉机研究所、国家拖拉机质量监督检验中心。

本标准主要起草人：李京忠、郎志中、陈志强、柳玲文。

本标准所代替标准的历次版本发布情况为：

——GB/T 15833—1995。

林业轮式和履带拖拉机 试验方法

1 范围

本标准规定了林业轮式和履带拖拉机试验的通用要求、整机参数测定、通用试验项目、通过性试验、林间使用试验、工作装置试验等。

本标准适用于林业轮式和履带拖拉机(以下简称拖拉机)。

2 规范性引用文件

下列文件中的条款通过本标准的引用而成为本标准的条款。凡是注日期的引用文件,其随后所有的修改单(不包括勘误的内容)或修订版均不适用于本标准,然而,鼓励根据本标准达成协议的各方研究是否可使用这些文件的最新版本。凡是不注日期的引用文件,其最新版本适用于本标准。

GB/T 3871.1—2006 农业拖拉机 试验规程 第1部分:通用要求

GB/T 3871.2 农业拖拉机 试验规程 第2部分:整机参数测量

GB/T 3871.3—2006 农业拖拉机 试验规程 第3部分:动力输出轴功率试验(ISO 789-1:1990,MOD)

GB/T 3871.5 农业拖拉机 试验规程 第5部分:转向圆和通过圆直径(GB/T 3871.5—2006,ISO 789-3:1993,IDT)

GB/T 3871.6 农业拖拉机 试验规程 第6部分:农林车辆制动性能的确定(GB/T 3871.6—2006,ISO 5697:1982,Agricultural and forestry vehicles—Determination of braking performance,IDT)

GB/T 3871.7 农业拖拉机 试验规程 第7部分:驾驶员的视野(GB/T 3871.7—2006,ISO 5721:1989,Tractors for agriculture—Operator's field of vision,MOD)

GB/T 3871.8 农业拖拉机 试验规程 第8部分:噪声测量(GB/T 3871.8—2006,OECD R5:2002,Noise measurement at the driver's position(s) on agricultural and forestry tractors,MOD)

GB/T 3871.9 农业拖拉机 试验规程 第9部分:牵引功率试验(GB/T 3871.9—2006,ISO 789-9:1990, MOD)

GB/T 3871.10 农业拖拉机 试验规程 第10部分:低温起动

GB/T 3871.11 农业拖拉机 试验规程 第11部分:高温性能试验

GB/T 3871.15 农业拖拉机 试验规程 第15部分:质心(GB/T 3871.15—2006,ISO 789-6:1982,MOD)

GB/T 3871.19 农业拖拉机 试验规程 第19部分:轮式拖拉机转向性能(GB/T 3871.19—2006,ISO 789-11:1996, IDT)

JB/T 51082 拖拉机产品可靠性考核

3 通用要求

验收、磨合、通用试验要求和试验报告按 GB/T 3871.1—2006 第3章~第6章的有关规定。

4 整机参数测定

4.1 试验仪器设备、参数测量单位和允许误差

试验仪器设备、参数测量单位和允许误差按 GB/T 3871.2 的规定。

4.2 试验条件

4.2.1 被试拖拉机的技术状态和试验通用要求均应符合 GB/T 3871.1 的有关规定。

4.2.2 拖拉机可配备多种工作装置，试验时，以主要用途和工作装置齐备的状态进行测量，对其他用途和相应工作装置的测量可适当进行。

4.2.3 拖拉机应停放在坚硬的水平地面上，处于直线行驶位置。排障器处于抬起状态，搭载板处于升起状态。对于其他工作装置的极限状态也应进行测量。

4.2.4 驾驶座调整中间位置，驾驶座正中放置质量 75 kg±5 kg 的重块以代替驾驶员。

4.3 试验方法

4.3.1 整机尺寸

分别在平行于拖拉机纵向中心平面和驱动轮轴轴线方向上测量纵向尺寸和横向尺寸，高度尺寸指到地面的垂直距离，履带拖拉机的高度尺寸不包括陷入地面的履带刺。测定项目见表 A.1，参数测定见图 1。

4.3.2 灌注量

测量如表 A.1 所列各个部件的灌注量时，用清洁容器接收各被测部件及其管路中能放出的全部液体，然后分别称出其质量。

4.3.3 质量及质心坐标

拖拉机质量和质心坐标的测定项目见表 A.1。

拖拉机质心坐标用 a、e、h 来表示（见图 1）。a 为质心的纵向坐标，即质心距驱动轮轴线的水平距离，质心在该轴线之前规定 a 为正值，反之为负值。e 为质心的横向坐标，即质心到拖拉机纵向中心平面距离，顺拖拉机前进方向看，质心在该平面的左侧规定 e 为正值，反之为负值。h 为质心的高度坐标，即质心至刚性支承平面的垂直距离。

拖拉机质量，可用各种称重装置直接测出，见图 2。质心坐标 a 和 e，可根据 GB/T 3871.15 所列公式计算出。质心坐标 h，测量方法参见 GB/T 3871.15。

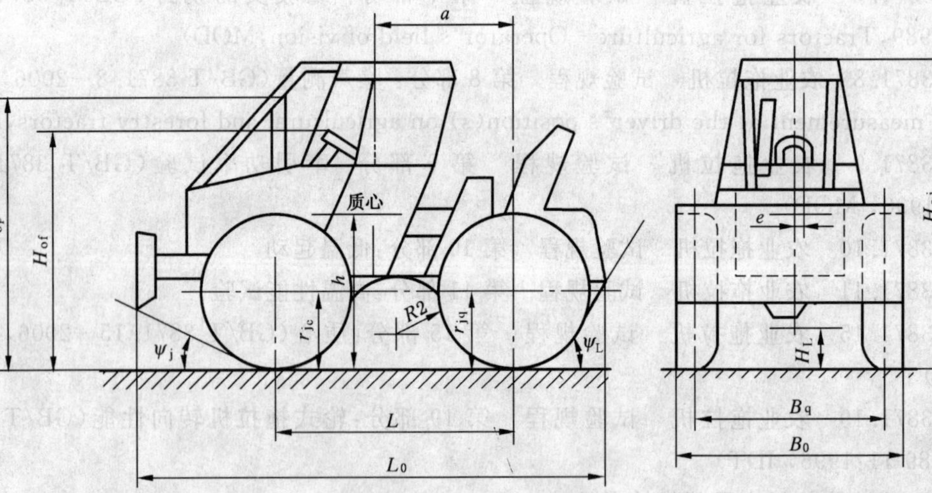

图 1 拖拉机整机尺寸示意图

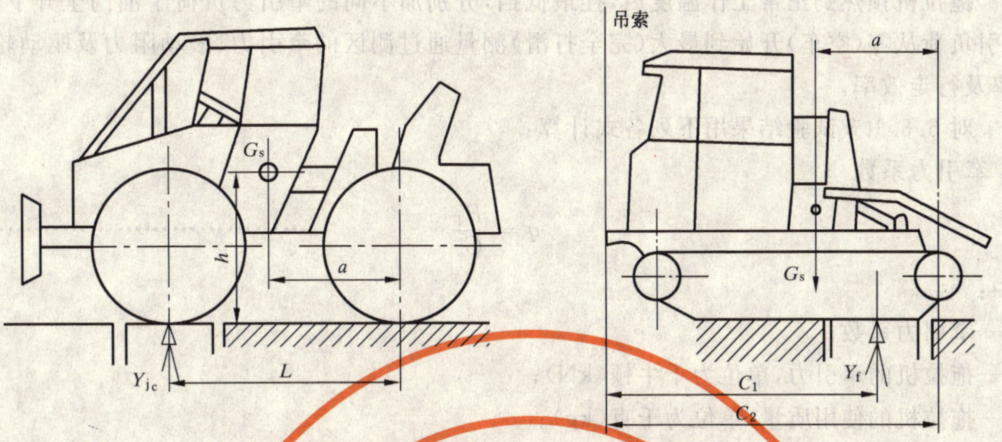

图2 拖拉机质心坐标测定示意图

5 通用试验项目

5.1 转向圆和通过圆直径试验按 GB/T 3871.5 的规定进行。

5.2 制动试验按 GB/T 3871.6 的规定进行。

5.3 视野试验按 GB/T 3871.7 的规定进行。

5.4 噪声测量按 GB/T 3871.8 的规定进行。

5.5 牵引功率试验按 GB/T 3871.9 的规定进行。

5.6 低温起动按 GB/T 3871.10 的规定进行。

5.7 高温性能应试验按 GB/T 3871.11 的规定进行。

5.8 质心按 GB/T 3871.15 的规定进行。

5.9 轮式拖拉机转向性能试验按 GB/T 3871.19 的规定进行。

6 通过性试验

6.1 试验仪器设备和参数允许误差

试验仪器设备主要有：拉力计、负荷车、油耗计、计时器、钢卷尺、角度计、温度计、气压计、土壤物理机械性能测量设备等。

参数测量允许误差：距离±0.5%、力±1.0%、角度±1.0%、时间±0.2 s、燃油消耗±1.0%、大气压力±0.2 kPa、轮胎气压±5.0%、温度±0.5 ℃、行驶速度±3.0%。

6.2 试验条件

被试拖拉机的技术状态和通用试验要求应符合 GB/T 3871.1 的规定。

6.3 试验方法

6.3.1 地面通过性试验

6.3.1.1 试验场地为坡度不大于 0.5%的冰雪道或其他松软地面。

6.3.1.2 试验前应在测区内测量下列土壤特性参数，在不同地处至少测 3 次，取其平均值。

疏松层深度：手持直径为 10 mm 的平头测量杆，用力均匀地垂直插入地面，直至插不进为止，测插入深度。测量雪层深度时，应挖开积雪层，用直尺测量软、硬层积雪深度。

密度：土壤是用 50 cm^3 环刀取样，两端削平后称重算出；雪用量杯取样，测量溶化后水的容积，以和雪的容积比决定。

湿度：用土壤湿度仪测量。

坚实度：用土壤坚实度计测量。

剪切强度：用土壤剪切仪测量。

6.3.1.3 拖拉机预热到正常工作温度后，挂最低挡，分别加不同的牵引力负荷于油门全开下匀速驶过测区，牵引负荷从零(空车)开始到最大(完全打滑)测量通过测区的牵引力、滚动阻力及驱动轮转数，计算滑转率及行走效率。

6.3.1.4 对6.3.1.3试验结果用下列各式计算：

a) 牵引力系数

$$q = \frac{P_T}{G_s} \quad \cdots\cdots (1)$$

式中：

q——牵引力系数；

P_T——拖拉机的牵引力，单位为千牛顿(kN)；

G_s——拖拉机的使用质量，单位为千克(kg)。

b) 滚动阻力系数

$$f = \frac{P_f}{G_s} \quad \cdots\cdots (2)$$

式中：

f——滚动阻力系数；

P_f——拖拉机的滚动阻力，单位为千牛顿(kN)。

c) 驱动轮或履带滑转率

$$\delta = \left(1 - \frac{N_0}{N_1}\right) \times 100 \quad \cdots\cdots (3)$$

式中：

δ——拖拉机驱动轮或履带的滑转率，%；

N_0——拖拉机以3.5 km/h左右的速度空载驶过测区时左右驱动轮转过的总圈数；

N_1——拖拉机负载驶过同一距离左右驱动轮转过的总圈数。

d) 行走效率

$$\eta_e = \frac{q}{q+f}(1-\delta) \times 100 \quad \cdots\cdots (4)$$

式中：

η_e——拖拉机的行走效率，%。

6.3.2 爬坡试验

6.3.2.1 试验应在不同坡度的坡道上进行，以确定拖拉机能爬上的最大坡度。坡度应均匀，坡道长度不小于20 m。地面为土路或冰雪路面，坡底应有5 m～10 m的平路段，坡道中间设10 m的测区。

6.3.2.2 将拖拉机预热到正常工作温度后，用最低挡由坡底的平路起步。油门全开向坡上行驶，测量通过测区的行驶速度。试验时可采用拖拉机本身设置的防滑措施，如安装防滑链。

6.4 试验结果

试验结果记入表A.2。

7 林间使用试验

7.1 定义

7.1.1 工作时间

拖拉机完成各种作业的时间。它包括拖拉机负荷作业时间(上山空行、绞集木材、负载运行时间)、作业转弯时间和平路空行折算的工作时间(规定按5 h空行时间折算1 h工作时间)；但不包括拖拉机磨合时间、性能试验时间和发动机空转时间。

7.1.2 维护保养工作时间

为完成使用说明书规定的维护保养所需要的工作时间。它包括班保养和各级保养所用的时间，但不包括人为或自然因素所耽误的时间。

7.1.3 故障修复工作时间

为排除拖拉机故障所需要的修复工作时间。它包括故障诊断、修复及调试所用时间，但不包括人为或自然因素所耽误的时间。

7.1.4 平均负荷系数

拖拉机完成作业时的发动机平均利用功率与其标定功率的比率。

7.2 试验仪器设备及参数测量允许误差

试验仪器设备包括：动力输出试验台、油耗测量设备、各类零件精密测量设备、计时器、绳尺、钢卷尺、磅秤、气压计、温度计和湿度计、轮胎气压表等。

在进行零件精密测量和调整配合间隙时，测量允许误差应与被测尺寸的精度要求一致，其他各参数的测量允许误差要求如下：质量±0.5%、距离±1.0%、力±1.0%、时间±0.2 s、转矩±1.0%、转速±0.5%、油耗±2.0%、行驶速度±3.0%、温度±2.0℃、干湿球温度±0.5℃、大气压力±0.2 kPa、轮胎气压±5.0%。

7.3 试验条件

7.3.1 试验开始时，被试拖拉机的技术状态及试验通用要求应符合第3章的有关规定。

7.3.2 进行试验的地区，应选择被试验拖拉机作业适用的地区。

7.3.3 拖拉机可配备多种工作装置，试验时，以主要用途和工作装置齐备的状态进行测量，对其他用途和相应工作装置的测量，在整个试验期内，按适当的比例进行。

7.4 试验方法

7.4.1 性能试验

每台被试拖拉机都应分别在磨合后投入使用试验前及试验结束后未做调整情况下，在同一试验设备上进行下列各项性能试验，测试结果分别记入表A.3、表A.4、和表A.5。

7.4.1.1 动力输出轴功率(或发动机台架)试验

试验时，在正常操作中，按照使用说明书不用工具就能脱开的附件，如液压泵或空气压缩机等，脱开闭合应自如。否则，应使它们在最小负荷下运转。

如果拖拉机装有能产生可变的附加功率损耗装置，如可变速的冷却风扇、间歇式液压或电子装置等，该装置不能断开或改动。如果使用说明书中允许驾驶员脱开上述装置，试验时应将其脱开，并记入试验报告中。

对无动力输出轴或不宜做动力输出轴功率试验的拖拉机，动力输出轴功率试验改为发动机台架试验。

试验时，将发动机曲轴直接与测功器相连，并应在发动机常规位置处装上拖拉机正常工作时所应带的发动机附件(如空气滤清器、消声器和水箱等)，然后按GB/T 3871.3—2006的6.1.2、6.1.4规定的各项试验方法进行。

7.4.1.2 液压装置试验

按第8章的规定进行。

7.4.1.3 制动试验

按GB/T 3871.6的规定，测量冷态的平均减速度。

7.4.2 使用试验

将被试拖拉机在实际使用条件下投入正常使用，严格按照使用说明书的规定进行使用和保养，各种作业质量应符合林业技术要求。

7.4.2.1 试验样机台数为发动机功率大于18 kW的拖拉机，每种型号2台，其余3台。

7.4.2.2 拖拉机各种作业累计工作时间 1 500 h(2×750 h 或 3×500 h)。整个试验期间拖拉机的平路空行折算工作时间不应超过总试验时间的 10%。

7.4.2.3 作业项目应包括与被试拖拉机主要用途相适应的在试验地区有代表性的多种作业。轮式拖拉机的林间作业项目工作时间不少于总时间的 70%,履带拖拉机全部为林间作业。

7.4.2.4 整个试验过程中应随时测量记录各种作业的小时油耗,以此来判断和调整每台试验样机的负荷程度。轮式拖拉机林间作业的平均负荷系数应不低于 55%,履带拖拉机林间作业的平均负荷系数应不低于 60%。集材拖拉机搭载量应不小于额定搭载量的 80%。

7.4.2.5 按表 A.6 详细记录每台试验样机的工作情况。根据拖拉机进行各种作业的实际情况,对拖拉机的一些主要性能,如操纵性、稳定性、牵引附着性、发动机的起动性能、高温工作适应性、拖拉机密封性、视野、驾驶员的舒适性、制动性能、爬坡性以及试验过程中维修、保养的方便性等性能进行使用考察,并作详细记录。按表 A.8 要求,做好班次汇总工作。

7.4.2.6 分别在试验初期、中期和末期,在试验地区有代表性的作业场地上,对被试拖拉机完成的主要作业进行生产查定。每种作业查定一个班次。对各个作业测量结果,分别用表 A.7 记录。

7.4.2.7 按表 A.9 记录试验过程中(包括磨合和性能试验期间)发生的一切故障及各种异常情况,并及时进行技术分析,妥善保存损坏件。对试验中发生的一切本质故障,要进行认真分析和分类,并记入表 A.10 中。

7.4.2.8 拖拉机的故障定义、分类及其判断规则,应按 JB/T 51082 有关规定执行。

对批量生产的定型产品进行试验,故障排除以后,重复出现的同一故障,应分别统计其故障次数;对新产品试验中发生的重复故障,如果是在未改进设计或制造质量情况下换用原样制造的零件后再次发生,则只统计一次故障(时间按首次出现时计),其余应如实记入报告中。

7.4.3 最终检查和精密测量(选作)

7.4.3.1 在最后性能试验结束后,应对每台被试拖拉机进行外部检查和解体检查,发现的一切故障及尚未失效但磨损量已超过规定极限值三分之一的零件的测量结果,分别记入表 A.11 和表 A.12。其累计作业时间均以试验结束时间为准。

7.4.3.2 对于新产品和有重大改进的产品装配前和试验结束后应进行精密测量。

为确定磨损值所进行的精密测量,应在被测零件经清洗后于常温下存放 10 h 后测量。

测量部位应是有代表性的磨损处,对产品装配前未能测量的部位,可由实测尺寸与图样尺寸的中值进行比较,得出其名义磨损值。

各零件的磨损限值,按有关标准或工厂技术文件的规定。

7.5 试验结果及报告

7.5.1 按下列公式计算试验结果:

a) 拖拉机总工作时间

$$T_0 = \sum(t_y - t_t - 0.80t_{k1} - t_{k2}) \qquad \cdots\cdots(5)$$

式中:

T_0——拖拉机总工作时间,单位为小时(h);

t_y——每班作业的延续时间,单位为小时(h);

t_t——每班作业的各种停机时间,单位为小时(h);

t_{k1}——每班作业中拖拉机空行时间,单位为小时(h);

t_{k2}——每班作业中发动机空转时间,单位为小时(h)。

b) 各项作业时间比例

林间作业时间所占比例

$$\varepsilon = \frac{\sum t_f}{T_0} \times 100 \qquad \cdots\cdots(6)$$

式中：

ε——林间作业时间所占比例，%；

t_f——各种林间作业：林木集材（上山空行、绞集木材、负载运行、作业转弯）、林地耕作、耙地耕作等时间，单位为小时(h)。

c) 总工作量

按作业种类分别汇总。

$$Q_{SO} = \sum Q_s \quad \cdots\cdots (7)$$

式中：

Q_{SO}——完成某种作业的总工作量，单位为公顷(ha)或立方米(m^3)；

Q_s——完成某种作业的班工作量，单位为公顷(ha)或立方米(m^3)。

d) 平均生产率

按作业种类分别汇总。

$$q_{sp} = \frac{\sum Q_s}{\sum t_s} \quad \cdots\cdots (8)$$

式中：

q_{sp}——拖拉机进行某种作业的平均生产率，单位为公顷每小时(ha/h)或立方米每小时(m^3/h)；

t_s——完成某种作业的班工作时间，$t_s = t_y - t_t - 0.80t_{k1} - t_{k2}$，单位为小时(h)。

e) 平均小时油耗

$$G_{fp} = \frac{G_s - G_{fk} \cdot \sum t_{k2}}{\sum t_s} \quad \cdots\cdots (9)$$

式中：

G_{fp}——拖拉机进行某一种作业的平均小时油耗，单位为千克每小时(kg/h)；

G_s——拖拉机进行某种作业的总耗油量，单位为千克(kg)；

G_{fk}——拖拉机发动机空转小时油耗，单位为千克每小时(kg/h)。

f) 平均单位工作量油耗

$$G_d = \frac{G_s}{Q_{so}} \quad \cdots\cdots (10)$$

式中：

G_d——拖拉机进行某种作业的平均单位工作量油耗，单位为千克每公顷(kg/ha)或千克每吨千米[kg/(t·km)]。

g) 平均负荷系数

$$\xi_{fp} = \frac{P_{dp}}{P_{db}} \times 100 \quad \cdots\cdots (11)$$

式中：

ξ_{fp}——拖拉机进行某种作业的平均负荷系数，%；

P_{dp}——由 G_{fp} 值在动力输出轴特性曲线上查得的平均利用功率近似值，单位为千瓦(kW)；

P_{db}——标定转速时动力输出轴最大功率，单位为千瓦(kW)。

对进行发动机台架试验的拖拉机，P_{dp} 和 P_{db} 分别由 G_{fp} 在发动机调速特性曲线上查得相应功率与发动机标定功率代替。

h) 下列可靠性评定指标应用 JB/T 51082 规定的公式进行计算：平均故障间隔时间 MTBF、平均停机故障间隔时间 DTMTBF、无故障性综合评分值 Q 和工厂平均保修费用率 PWC。在计算 PWC 指标时，每台拖拉机故障的平均修理费用，应当采用相当于一年保修期（平均工作时间为 1 500 h）的试验时间内的修理费。

7.5.2 对各项测试结果，分别处理汇总后记入相应表格中。对多次测量的参数，均记入其算术平均值。

7.5.3 对7.4.2.5中提到的被试拖拉机的无定量检测之主要使用性能，应将试验人员的评价记入报告中。

7.5.4 根据GB/T 3871.1的规定编写试验报告。

8 工作装置试验

8.1 试验仪器设备及参数测量允许误差

试验仪器设备包括：加载测力装置、压力表、转速表、钢卷尺、角度计、温度计、轮胎气压表等。

各参数的测量允许误差要求如下：力±1.0%、压力±1.0%、转速±0.5%、距离±1.0%、角度±1°、温度±0.5℃、轮胎气压±5.0%。

8.2 试验条件

8.2.1 进行8.3.1测量时，应符合4.2的规定。

8.2.2 进行8.3.2～8.3.5测量时，应符合下列规定：

a) 试拖拉机的技术状态和试验通用要求均应符合GB/T 3871.1的有关规定；

b) 场所的环境温度为20℃±15℃，大气压力应不低于96.6 kPa；

c) 拖拉机应在清洁、干燥、水平的混凝土或沥青路面，滑转率为15%时的附着系数应不低于0.75，其坡度在任何方向均不大于0.5%；

d) 履带拖拉机应在平坦、干燥、均匀压实土路或林地上，滑转率为7%时的附着系数应不低于0.75，其坡度在任何方向均不大于1%；

e) 被试拖拉机的轮胎气压应符合使用说明书的规定。

8.3 试验方法

8.3.1 基本尺寸测量，测量结果记入表A.13。

a) 抓钩(见图3)：钩尖最大开度 A，钩尖相接时两钩臂中部最大间距 C，最小夹持直径 D，钩尖至钩臂铰销的距离 E；

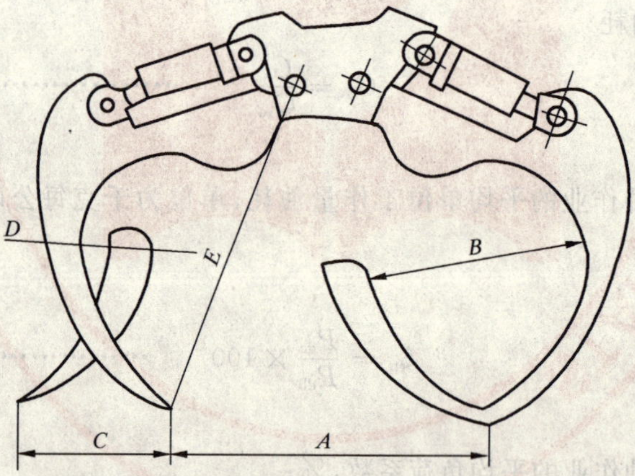

图3 抓钩基本尺寸示意图

b) 抓钩吊臂：最小高度和最大伸出量(指抓钩在最大开度，吊臂在最低位置时，铰销中心至地面距离和铰销中心至后桥中心的距离)、最大高度和最小伸出量(吊臂在最高位置时，铰销中心至地面距离和铰销中心至后桥中心的距离)；

c) 绞盘机：卷筒直径、卷筒轴心至地面高度、卷筒容量；

d) 搭载板：倾角、宽度、支地后滑轮高度、搭载梁至后桥中心距离、搭载梁至地面距离、框架摆角。

8.3.2 抓钩最大夹紧力及保持夹紧能力试验，试验结果记入表A.14。

抓钩夹紧力为径向力。为便于测量，只分别测取钩臂中部夹紧力的水平分力。以两钩尖刚闭合时抓钩的最大夹紧水平分力，作为抓钩的最大夹紧力。

试验时，将抓钩张开至钩尖刚闭合，把钩臂中部与测力装置相连后使开度固定。随即操纵控制阀使抓钩抓紧，测量液压安全阀持续开启压力及此时钩臂水平拉力。此拉力修正到安全阀最小调整压力的90%相应值作为抓钩的最大夹紧力。重复测量三次，取其平均值。记录油温、油压和发动机转速。抓钩最大夹紧力按下式计算：

$$F_{max} = 0.9 p_{min} \frac{F_0}{p_0} \qquad \cdots\cdots(12)$$

式中：

F_{max}——抓钩最大夹紧力，单位为千牛顿(kN)；

F_0——实测安全阀调定压力下的夹紧力，单位为千牛顿(kN)；

p_0——实测安全阀调定压力，单位为兆帕(MPa)；

p_{min}——使用说明书所规定的安全阀最小调定压力，单位为兆帕(MPa)。

试验抓钩保持夹紧能力时，将抓钩开度定于两钩尖刚闭合位置，按上述方法使抓钩收紧至获得最大夹紧力后将发动机熄火，静置 30 min。其间每隔 5 min 测试一次夹紧力。如果发动机熄火后抓钩有自锁作用，此项试验可免做。

8.3.3 抓钩吊臂最大提升力和静沉降试验，试验结果记入表 A.14。

a) 测量最大提升力

将拖拉机前、后桥支在刚性支承物上且前桥栓牢在地上，处于水平状态停放在试验场上，使其吊臂同测力装置相连，待吊臂在某个预定位置定位后，操纵控制阀，使其提升，测量液压系统的安全阀持续开启压力及此时的提升力。此提升力修正到安全阀最小调整压力的90%相应值作为该位置的最大提升力。重复测量三次，取其平均值。记录油温、油压、发动机转速和吊臂铰销中心离地高度。抓钩吊臂最大提升力按下式计算：

$$F_{max} = 0.9 p_{min} \frac{F_0}{p_0} \qquad \cdots\cdots(13)$$

式中：

F_{max}——抓钩吊臂最大提升力，单位为千牛顿(kN)；

F_0——实测各分点最大提升力中的最小值，单位为千牛顿(kN)；

p_0——实测安全阀调定压力，单位为兆帕(MPa)；

p_{min}——使用说明书所规定的安全阀最小调定压力，单位为兆帕(MPa)。

将吊臂从最低位置到最高位置的垂直行程分为六等分。按上述方法测量每个分点处的最大提升力，各分点最大提升力中的最小者。即为该吊臂的最大提升力。

b) 测量临界提升力

撤除拖拉机前、后桥支承物和前端的固定物。使吊臂处于最小提升高度。按测最大提升力的方法使吊臂提升，测出前轮刚刚离地时的吊臂提升力，此力即为临界提升力。

c) 测量吊臂升降时间

空载状态：吊臂由最小提升高度升至最大提升高度，测量提升时间及垂直行程。然后，由最大提升高度降至最小提升高度，测量下降时间。重复升降三次，取其平均值。

承载状态：抓钩抓取按 a)项测得最大提升力相当的重物，按上述方法测量提升和下降时间。

d) 静沉降试验

在按 c)项完成将重物提升至最大提升高度后，将发动机熄火。立即测量重物作用点的离地高度，持续 30 min，再测量一次重物作用点离地高度。前后两次测值之差，即为该期间静沉降值。

8.3.4 绞盘机性能试验，试验结果记入表 A.14。

a) 测量最大绞集牵引力

将钢索一端串连拉力计后固定，同时将拖拉机固定，置绞盘机于工作挡，发动机油门操纵手柄于全开位置。操纵绞盘机使钢索回行，直至发动机熄火或离合器打滑，此时的牵引力即为该绞盘机最大绞集牵引力。

b) 测量最大制动牵引力

将拖拉机固定，将钢索一端与另一牵引车相连，其间串连拉力计，将绞盘机完全制动后，牵引车辆以低速行驶，直至绞盘机制动器打滑，此时的牵引力即为该绞盘机最大制动牵引力。

c) 测量临界牵引力

撤除拖拉机固定装置，按 a)、b)两项方法试验，直至车轮或履带打滑或前轮恰始离地，此时的牵引力即为绞盘机临界牵引力。

d) 测量绞集速度

将钢索放出拉直，在适当的位置做两点标志，其间距离为 10 m。在发动机油门全开和置绞盘机于工作挡状态下，使钢索回行，测量回行 10 m 所需时间。测量三次，取其平均值，以算出绞集速度。也可用线速度仪测量。

8.3.5 搭载板性能试验，结果计入表 A.14。

首先测量搭载板提升和降落时间，连续测量三次，取其平均值。

再测量其液压装置静沉降：使搭载板降落并支地，抬起驱动桥（不能抬起时，可垫支撑物）抬到最高位置后将发动机熄火，熄火后即测量驱动轮中心离地高度。持续 30 min，再测一次驱动轮中心离地高度。

8.4 试验结果及报告

根据 GB/T 3871.1 的规定，编写单项性能试验报告。

附　录　A
（规范性附录）
试验结果记录表

表 A.1　林业拖拉机整机参数测定结果汇总表

制造厂名称＿＿＿＿	拖拉机型号＿＿＿＿	试验样机编号＿＿＿＿	
测定地点＿＿＿＿	测定日期＿＿＿＿		
前轮胎：型号＿＿＿＿	气压＿＿＿＿kPa	后轮胎：型号＿＿＿＿	气压＿＿＿＿kPa

1　整机尺寸测定　　　　单位为毫米(mm)

测量项目			数值	测量项目		数值
外形尺寸	长[a] L_o			履带接地长 L_j		
	宽 B_o			最小离地间隙[c] H_d	尺寸	
	高[b]	至驾驶室顶部 H_{oj}			受限部位	
		至消声器顶部 H_{op}				
轮距 B_c	前轮 B_c					
	后轮 B_q					
轨距 B						
轴距 L						

a　排障器在最高位置，搭载板升起时。

b　履带拖拉机最高系履带刺陷入地面时。

c　履带拖拉机离地间隙系履带刺陷入地面时。

2　灌注量测定结果　　　　单位为公斤(kg)

测量项目	数值	测量项目	数值
燃油		驱动桥润滑油	
气润(15∶1)混合油		绞盘机润滑油	
发动机润滑油		液压系润滑油	
传动箱润滑油		转向系润滑油	
最终传动润滑油		冷却液	

3　质量和质心坐标测定结果

测量项目		数值	测量项目		数值
质量/kg	前轮		质心坐标/mm	纵向 a	
	后轮			横向 e	
	左轮			高度 h	
	右轮				
	总计				

注：履带拖拉机的整机状态和质心高度测定基准见分表 1 的注。

表 A.2 通过性试验结果汇总表

制造厂名称＿＿＿＿＿＿＿＿ 拖拉机型号＿＿＿＿＿＿ 试验样机编号＿＿＿＿＿＿

试验地点＿＿＿＿＿＿ 试验日期:试验前＿＿＿＿＿＿ 试验后＿＿＿＿＿＿

前轮胎:型号＿＿＿＿＿＿气压＿＿＿＿ kPa 后轮胎:型号＿＿＿＿＿＿气压＿＿＿＿ kPa

履带板宽度＿＿＿＿＿＿ mm 履带接地长度＿＿＿＿＿＿ mm

天气＿＿＿＿ 环境温度＿＿＿＿ ℃ 大气压力＿＿＿＿ kPa 风速＿＿＿＿ m/s

1 地面通过性试验										
试验场地情况										
行走效率最高时					试验场地土壤特性参数					
牵引力 F_T/kN	滑转率 δ/%	牵引力系数/q	滚动阻力系数/f	行走效率 η_c/%	密度/(g/cm³)	湿度/%	坚实度/kPa	剪切强度/kPa	冰雪层厚度/cm	疏松层深度/cm
2 爬坡试验										
能爬上的最陡坡的坡度角/(°)					爬坡速度/(km/h)					
坡上情况:										

表 A.3 林间使用试验 发动机台架试验结果汇总表

制造厂名称＿＿＿＿＿＿拖拉机型号＿＿＿＿＿样机编号＿＿＿＿＿＿试验地点＿＿＿＿＿＿

发动机型号＿＿＿＿＿ 发动机编号＿＿＿＿＿＿ 试验日期:试验前＿＿＿＿＿＿试验后＿＿＿＿＿＿

试验时平均大气状态:使用试验前:环境温度＿＿＿＿℃ 大气压力＿＿＿＿ kPa 相对湿度＿＿＿＿%

使用试验后:环境温度＿＿＿＿℃ 大气压力＿＿＿＿ kPa 相对湿度＿＿＿＿%

试验时最高温度: 使用试验前:冷却液＿＿＿℃ 发动机润滑油＿＿＿℃ 燃油＿＿＿＿℃ 进气＿＿＿＿℃

使用试验后:冷却液＿＿＿℃ 发动机润滑油＿＿＿℃ 燃油＿＿＿＿℃ 进气＿＿＿＿℃

试验工况	发动机功率 P_d/kW	发动机转速 n_e/(r/min)	发动机小时燃油耗量 G_f/[kg/h]	发动机燃油消耗率 g_{ed}/[g/(kW·h)]
使用试验前				
a) 标定转速最大功率				
b) a)项转矩的 85%				
c) b)项转矩的 75%				
d) b)项转矩的 50%				
e) b)项转矩的 25%				
f) 空负荷				
g) 变负荷平均值				
使用试验后				
a) 标定转速最大功率				
b) a)项转矩的 85%				
c) b)项转矩的 75%				
d) b)项转矩的 50%				
e) b)项转矩的 25%				
f) 空负荷				
g) 变负荷平均值				

表 A.4 林间使用试验 液压装置试验结果汇总表

制造厂名称________________ 拖拉机型号________________ 试验样机编号____________

试验地点________________ 试验日期:试验前____________ 试验后________________

项目	抓钩吊臂				搭载板			
	载荷/kN	提升行程/mm	提升时间/s	30 分钟静沉降率	载荷/kN	提升行程/mm	提升时间/s	30 分钟静沉降率
使用试验前								
使用试验后								

表 A.5 林间使用试验 制动试验结果汇总表

制造厂名称________________ 拖拉机型号________________ 试验样机编号____________

试验地点________________ 试验日期:试验前____________ 试验后________________

项目	制动前初速度/(km/h)	制动平均减速度/(m/s^2)
使用试验前		
使用试验后		

表 A.6 林间使用试验 班次记录表

制造厂名称________________ 拖拉机型号________________ 试验样机编号____________

作业名称________________ 环境温度________________℃ 试验日期________________

<table>
<tr><td>工作时间</td><td>开始</td><td></td><td>结束</td><td></td><td>延续</td><td></td></tr>
<tr><td rowspan="2">油耗消耗/kg</td><td>柴油</td><td>汽油</td><td>发动机润滑油</td><td>底盘润滑油</td><td colspan="2">液压油</td></tr>
<tr><td></td><td></td><td></td><td></td><td colspan="2"></td></tr>
<tr><td rowspan="2">停车时间/min</td><td>保养</td><td>准备</td><td>故障</td><td>停机</td><td colspan="2">空转</td></tr>
<tr><td></td><td></td><td></td><td></td><td colspan="2"></td></tr>
<tr><td>最大坡度/(°)</td><td></td><td></td><td>平均运距/km</td><td></td><td colspan="2"></td></tr>
<tr><td rowspan="3">主要工作挡次时间/h</td><td>挡</td><td></td><td rowspan="2">附属机具名称及型号</td><td rowspan="2" colspan="3"></td></tr>
<tr><td>挡</td><td></td></tr>
<tr><td>挡</td><td></td><td>平均负荷系数/%</td><td colspan="3"></td></tr>
<tr><td>工作量/m^3 或 ha</td><td colspan="6"></td></tr>
</table>

附注:

负责人________________ 驾驶员________________ 记录员________________

表 A.7 林间使用试验 生产查定记录表

制造厂名称____________ 拖拉机型号________ 试验样机编号________ 试验地点________

试验日期____________ 环境温度______℃ 作业方式________ 平均负荷系数________

查定时间			初期	中期	末期
拖拉机累计工作时间/h					
林间耕地条件					
集材工作条件	平均单株体积/m^3				
	集材道	平均运距/km			
		道路类型			
		最大坡度			
工作时间/h	班延续时间				
	实际工作时间	空程			
		绞集			
		载运			
		其他			
实际生产率	班产量/(m^3/班)或(ha/班)				
	小时产量/(m^3/h)或(ha/h)				
	班内运载趟数				
	平均每趟载量/m^3				
燃油耗	班油耗/kg				
	小时油耗/(kg/h)				
	立方油耗/(kg/m^3)				
	公顷油耗/(kg/ha)				

表 A.8 林间使用试验 班次记录汇总表

制造厂名称____________ 拖拉机型号________ 试验样机编号________ 试验编号________

试验地点____________ 试验起止日期________

序号	日期	本班工作时间/h		累计工作时间/h			空转时间	燃油消耗/kg		班小时燃油耗/(kg/h)	班工作量		主要工作挡工作时间/h			润滑油消耗量/kg		液压油消耗量/kg	保养工作时间/min	平均负荷系数/%	备注
		集材作业	其他作业	集材作业	其他作业	合计		本班	累计		集材作业/m^3	其他作业	挡	挡	挡	集材作业	其他作业				

表 A.9 林间使用试验 故障记录表

制造厂名称______________ 拖拉机型号__________ 试验样机编号__________

出现故障日期______________ 作业名称__________ 拖拉机累计工作时间__________

名称	件号	件数	该零件累计工作时间/h	法定出厂零售价/元

故障现象及其影响程度描述(附照片):

故障原因及其理化检验结果:

排除故障方法:

故障类别__________ 故障修复工作时间__________h 修复费用__________h

驾驶员__________ 记录员__________ 修理工__________

鉴定人__________ 负责人__________

表 A.10 林间使用试验、故障汇总表

制造厂名称______________ 拖拉机型号__________ 试验样机编号__________

规定的试验时间__________h 试验起止日期__________

序号	样机编号	故障名称	拖拉机累计工作时间	故障原因	故障类别	排除方法	修复工作时间/min	修复费用/元

表 A.11 林间使用试验 零件磨损测量结果汇总表

制造厂名称______________ 拖拉机型号__________ 试验样机编号__________

规定的试验时间__________h 试验起止日期__________

序号	样机编号	零件名称	磨损部位	名义尺寸中值或初值/mm	实测值/mm	名义磨损量或实际磨损量/mm	规定的磨损极限值/min	备注

附注:

驾驶员__________ 检测人__________ 鉴定人__________ 负责人__________

表 A.12 林间使用试验结果综合汇总表

制造厂名称______________ 拖拉机型号__________ 试验样机编号________

试验地点______________ 试验起止日期__________

作业方式______________ 累计负荷工作时间________h 平均负荷系数________%

项目				参数										
各项试验所占时间	集材作业	时间/h												
		比例/%												
		时间比例/%	空程											
			载运											
			绞集											
	其他作业	时间/h												
		比例/%												
工作量和生产率	总工作量/m^3 或 ha													
	总趟数													
	平均趟载量/m													
	平均运距/km													
	运用台日/d													
	台日产量/m^3 或 ha													
油料消耗情况	柴油/kg													
	汽油/kg													
	集材	小时油耗/(kg/h)												
		立米油耗/(kg/m^3)												
	其他作业小时油耗/(kg/h)													
	其他油料消耗量	发动机总计/kg												
		底盘/kg												
		液压系统/kg												
		总计/kg												
各类运行时间	主要工作挡时间	挡												
		挡												
		挡												
	故障修复工作时间/h													
	保养工作时间/h													
	空行时间/h													
可靠性	MTBF/h													
	DTMTBF/h													
	Q/分													
	PWC/%													

表 A.13　林业集材拖拉机工作装置基本尺寸测量结果综合汇总表

制造厂名称＿＿＿＿＿＿＿＿　拖拉机型号＿＿＿＿＿＿　试验样机编号＿＿＿＿＿＿

抓钩型式＿＿＿＿　吊臂型式＿＿＿＿　搭载板型式＿＿＿＿　绞盘机型式＿＿＿＿　排障器型式＿＿＿＿

试验地点＿＿＿＿＿＿　试验日期＿＿＿＿＿＿

<table>
<tr><th>工作装置</th><th colspan="2">部位与单位</th><th>测量参数</th></tr>
<tr><td rowspan="7">抓钩</td><td colspan="2">钩尖最大开度 A/mm</td><td></td></tr>
<tr><td colspan="2">钩尖相接时臂中部间距 B/mm</td><td></td></tr>
<tr><td colspan="2">钩尖至绞销距离 E/m</td><td></td></tr>
<tr><td colspan="2">两钩臂间包络面积/m^2</td><td></td></tr>
<tr><td colspan="2">回转角度/(°)</td><td></td></tr>
<tr><td rowspan="2">钩臂完全闭合时</td><td>钩尖距 C/mm</td><td></td></tr>
<tr><td>最小夹持直径 D/mm</td><td></td></tr>
<tr><td rowspan="7">搭载板</td><td rowspan="2">倾角</td><td>收起 /(°)</td><td></td></tr>
<tr><td>支地/(°)</td><td></td></tr>
<tr><td rowspan="2">承载梁位置</td><td>距地高/mm</td><td></td></tr>
<tr><td>距后桥中心距离/mm</td><td></td></tr>
<tr><td colspan="2">宽度/mm</td><td></td></tr>
<tr><td colspan="2">框架摆角/(°)</td><td></td></tr>
<tr><td colspan="2">支地后滑轮高度/mm</td><td></td></tr>
<tr><td rowspan="5">抓钩吊臂</td><td colspan="2">最低高度/mm</td><td></td></tr>
<tr><td colspan="2">最大伸出量/mm</td><td></td></tr>
<tr><td colspan="2">最大高度/mm</td><td></td></tr>
<tr><td colspan="2">最小伸出/mm</td><td></td></tr>
<tr><td colspan="2">卷筒直径/mm</td><td></td></tr>
<tr><td rowspan="3">绞盘机</td><td rowspan="2">卷筒容量</td><td>钢索直径/ mm</td><td></td></tr>
<tr><td>钢索长度/mm</td><td></td></tr>
<tr><td colspan="2">卷筒轴心至地面高/mm</td><td></td></tr>
</table>

表 A.14 林业集材拖拉机工作装置性能试验结果综合汇总表

制造厂名称＿＿＿＿＿＿＿ 拖拉机型号＿＿＿＿＿＿＿ 试验样机编号＿＿＿＿＿＿＿

拖拉机最小使用质量＿＿＿＿kg 前轮地面支承反力＿＿＿＿kN 轴距＿＿＿＿mm

前轮胎:型号＿＿＿＿＿＿ 气压＿＿＿＿kPa 后轮胎:型号＿＿＿＿＿＿ 气压＿＿＿＿kPa

液压油牌号＿＿＿＿＿＿ 油温＿＿＿＿℃ 发动机转速＿＿＿＿r/min

试验地点＿＿＿＿＿＿＿ 试验日期＿＿＿＿＿＿＿

1 性能参数			
工作装置	部位与单位		测量参数
抓钩	最大夹紧力/kN		
	钩尖距 C/mm		
	油压/kPa		
抓钩吊臂	最大提升力时	提升力/kN	
		离地高度/mm	
		油压/kPa	
	90%载荷	提升时间/s	
		下降时间/s	
	空载	提升时间/s	
		下降时间/s	
	临界提升力/kN		
搭载板	时间	提升时间/s	
		下降时间/s	
	油压/kPa		
绞盘机	空载绞集速度/(m/s)		
	最大绞集牵引力/kN		
	最大制动牵引力/kN		
	临界牵引力/kN		

2 保持能力或静沉降试验时的参数变化							
测定时间/s	0	5	10	15	20	25	30
爪勾水平抓紧力/kN							
吊臂提升高度/mm	不测						
搭载板支地后驱动轮中心离地高/mm	不测						

附记:

ICS 55.140
A 82

中华人民共和国国家标准

GB/T 15915—2007
代替 GB/T 15915—1995

包装容器　固碱钢桶

Paking containers—Caustic alkali steel drum

2007-04-16 发布　　2007-10-01 实施

中华人民共和国国家质量监督检验检疫总局
中国国家标准化管理委员会　发布

前　言

本标准代替 GB/T 15915—1995《包装容器　固碱钢桶》。

本标准与 GB/T 15915—1995 相比主要变化如下：

——对外观不要求；

——对材料不要求；

——取消 A 型封闭器；

——考虑到标准应与国际贸易接轨的要求，将原抽样方案取消，按联合国《关于危险货物运输的建议书·试验和标准手册》（第 4 修订版）采用的抽样方案抽样。

本标准由全国包装标准化技术委员会提出。

本标准由全国包装标准化技术委员会归口。

本标准由中化化工标准化研究所负责起草。

本标准由中华人民共和国北京出入境检验检疫局、中国包装联合会制桶分会参加起草。

本标准主要起草人：梅建、陈莉平、王晓兵、唐树田、郎德林。

本标准首次发布于 1995 年 12 月 20 日，本次为第一次修订。

包装容器　固碱钢桶

1　范围

本标准规定了标称容积为110 L的工业用固体氢氧化钠、氢氧化钾包装钢桶(以下简称固碱桶)的要求、试验方法、检验规则、标志、运输和贮存。

本标准适用于盛装工业用固体氢氧化钠、氢氧化钾钢桶的设计、制造和验收。

2　规范性引用文件

下列文件中的条款通过本标准的引用而成为本标准的条款。凡是注日期的引用文件,其随后所有的修改单(不包括勘误的内容)或修订版均不适用于本标准,然而,鼓励根据本标准达成协议的各方研究是否可使用这些文件的最新版本。凡是不注日期的引用文件,其最新版本适用于本标准。

GB/T 191　包装储运图示标志

GB/T 4857.3　包装　运输包装件　静载荷堆码试验方法(ISO 2234:2000,MOD)

GB/T 4857.5　包装　运输包装件　跌落试验方法(ISO 2248:1985,MOD)

GB/T 13040　包装术语　金属容器

3　术语和定义、符号

3.1　术语和定义

GB/T 13040确立的术语和定义适用于本标准。

3.2　符号

下列符号适用于本标准:

D——内径;

H——内高;

B——波纹高;

δ——钢板厚度;

d——注入口直径。

4　要求

4.1　结构尺寸

4.1.1　固碱桶的形状和结构见图1。

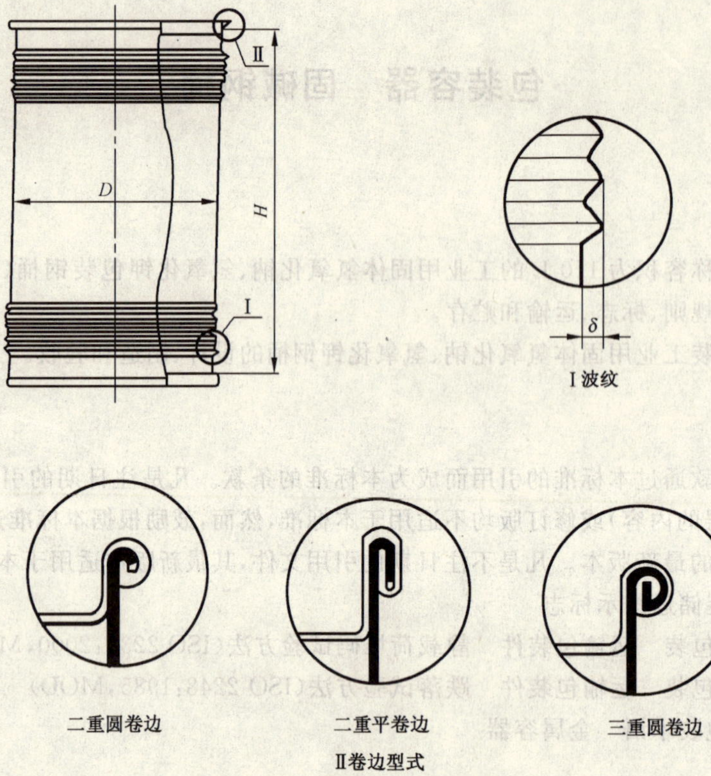

图 1　固碱桶的形状和结构

4.1.2　固碱桶的容量和结构尺寸应符合表 1 的规定。

表 1　固碱桶的容量和结构尺寸

类别	标称容积/L	实际容积/L	内径 D/mm		内高 H/mm		注入口直径 d/mm		波纹高 B/mm		钢板厚度 δ/mm
			尺寸	极限偏差	尺寸	极限偏差	尺寸	极限偏差	尺寸	极限偏差	
1	110	113	440	+3	745	±5	110	+2	3	±1	0.4～0.5
2		114	410	+3	880		115	+2			

4.1.3　桶身型式

可根据供需要求分为两种：

——A 型：波纹；

——B 型：环筋。

4.1.4　固碱桶封闭器

固碱桶封闭器为卷封型封闭器，其图形和结构尺寸见图 2。

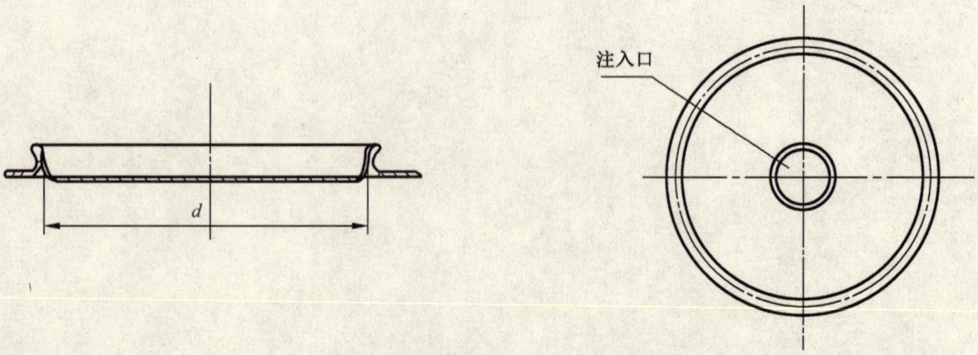

图 2　卷封型封闭器其图形和结构尺寸

4.2 性能要求

4.2.1 堆码试验：堆码负载值 17.6 kN，持续时间为 24 h，经检验固碱桶无明显变形。

4.2.2 跌落试验：跌落高度 1.2 m，内装固碱或拟装物 200 kg，跌落后固碱桶不开裂，不掉盖。

5 试验方法

5.1 结构尺寸

用通用量具检测，应符合本标准表 1 的规定。

5.2 堆码试验

固碱桶在盛装 200 kg 固碱或拟装物以后，按照 GB/T 4857.3 的规定进行试验，达到 4.2.1 规定时为合格。

5.3 跌落试验

固碱桶在盛装 200 kg 固碱或拟装物以后，按照 GB/T 4857.5 的规定，选择薄弱环节进行试验，达到 4.2.2 的规定时为合格。

6 检验规则

6.1 本标准要求中全部项目为出厂检验项目。

6.2 固碱桶应逐批检验。当同一材料、工艺、规格稳定生产出厂检验时，生产厂以两月产量为一批，用户以定货量为一批，当定货量大于 5 000 只时，以每 5 000 只为一批，当板材品种、生产工艺等改变时，应按本标准的规定对产品进行检验。

6.3 出厂检验每批每项试验抽 6 个样品，第一次检验用 3 个样品，一个样品不合格则判定该检验项目不合格。当第一次检验不合格时，用余下的样品继续进行检验，如果仍不合格则该批产品为不合格品。

6.4 生产厂质量检验部门应按本标准的规定对产品进行检验，并出具合格证。

6.5 用户有权按本标准的规定，对接收的产品提出验收检验。

7 标志、运输和贮存

7.1 标志

固碱桶应在桶顶上压印标志，内容包括代号，生产日期或批次代号。标志应符合 GB/T 191。

7.2 运输

固碱桶系薄壁容器，在运输、装卸过程中应避免撞、摔和滚动。

7.3 贮存

固碱桶露天堆放时应有防雨措施，堆码时底层应设置垫层。固碱桶直立放置时需桶顶向下。

ICS 13.220.50
C 82

中华人民共和国国家标准

GB 15930—2007
代替 GB 15930—1995,GB 15931—1995

建筑通风和排烟系统用防火阀门

Fire dampers for building venting and smoke-venting system

2007-04-27 发布 2008-01-01 实施

中华人民共和国国家质量监督检验检疫总局
中国国家标准化管理委员会 发布

前言

本标准第6章(6.7.1、6.7.2除外)和第8章为强制性条款,其余为推荐性条款。

本标准代替GB 15930—1995《防火阀试验方法》和GB 15931—1995《排烟防火阀试验方法》,纳入并调整了GB 15930—1995、GB 15931—1995和GA 481—2004《排烟阀(口)》中适用的内容。与GB 15930—1995相比,本标准主要变化如下:

——标准名称修改为《建筑通风和排烟系统用防火阀门》;

——将术语修改为术语和定义(见第3章);

——增加了分类及标记(见第4章);

——增加了材料及零部件(见第5章);

——增加了要求(见第6章);

——增加了试验方法的项目使其和增加的要求一一对应(见第7章);

——增加了检验规则(见第8章);

——增加了标志、包装、储运和贮存(见第9章);

——增加了排烟阀的技术要求。

本标准自实施之日起,GA 481—2004《排烟阀(口)》同时废止。

本标准由中华人民共和国公安部提出。

本标准由全国消防标准化技术委员会第八分技术委员会归口。

本标准由公安部天津消防研究所负责起草。

本标准参加起草单位:广州市泰昌实业有限公司。

本标准主要起草人:解凤兰、赵华利、纪祥安、李希全、张君娜、张丽梅。

本标准所代替标准的历次版本发布情况为:

——GB 15930—1995;

——GB 15931—1995。

建筑通风和排烟系统用防火阀门

1 范围

本标准规定了建筑通风、空气调节和排烟系统用防火阀、排烟防火阀、排烟阀(以下通称为阀门)的术语和定义、分类及标记、材料及配件、要求、试验方法、检验规则、标志、包装、储运和贮存等。

本标准适用于工业与民用建筑、地下建筑的通风和空气调节系统中设置的防火阀,工业与民用建筑、地下建筑的机械排烟系统中设置的排烟防火阀、排烟阀。

2 规范性引用文件

下列文件中的条款通过本标准的引用而成为本标准的条款。凡是注日期的引用文件,其随后所有的修改单(不包括勘误的内容)或修订版均不适用于本标准,然而,鼓励根据本标准达成协议的各方研究是否可使用这些文件的最新版本。凡是不注日期的引用文件,其最新版本适用于本标准。

GB/T 191 包装储运图示标志(GB/T 191—2000,eqv ISO 780:1997)

GB/T 1804—2000 一般公差 未注公差的线性和角度尺寸的公差(eqv ISO 2768-1:1989)

GB/T 2624 流量测量节流装置 用孔板、喷嘴和文丘里管测量充满圆管的流体流量

GB 4717—1993 火灾报警控制器通用技术条件

GB 9969.1 工业产品使用说明书 总则

GB/T 9978—1999 建筑构件耐火试验方法(neq ISO/FDIS 834-1:1997)

GB/T 13306 标牌

GB/T 13384 机电产品包装通用技术条件

GB/T 14436 工业产品保证文件 总则

3 术语和定义

下列术语和定义适用于本标准。

3.1

防火阀 fire damper

安装在通风、空气调节系统的送、回风管道上,平时呈开启状态,火灾时当管道内烟气温度达到70℃时关闭,并在一定时间内能满足漏烟量和耐火完整性要求,起隔烟阻火作用的阀门。

防火阀一般由阀体、叶片、执行机构和温感器等部件组成。

3.2

排烟防火阀 fire damper in smoke-venting system

安装在机械排烟系统的管道上,平时呈开启状态,火灾时当排烟管道内烟气温度达到280℃时关闭,并在一定时间内能满足漏烟量和耐火完整性要求,起隔烟阻火作用的阀门。

排烟防火阀一般由阀体、叶片、执行机构和温感器等部件组成。

3.3

排烟阀 smoke damper

安装在机械排烟系统各支管端部(烟气吸入口)处,平时呈关闭状态并满足漏风量要求,火灾或需要排烟时手动和电动打开,起排烟作用的阀门。带有装饰口或进行过装饰处理的阀门称为排烟口。

排烟阀一般由阀体、叶片、执行机构等部件组成。

4 分类及标记

4.1 按阀门控制方式分类见表1。

表1 按阀门控制方式分类

代号		控制方式	
W		温感器控制自动关闭	
S		手动控制关闭或开启	
D	Dc	电动控制关闭或开启	电控电磁铁关闭或开启
	Dj		电控电机关闭或开启
	Dq		电控气动机构关闭或开启
注：排烟阀没有温感器控制方式。			

4.2 按阀门功能分类见表2。

表2 按阀门功能分类

代号	功能
F	具有风量调节功能
Y	具有远距离复位功能
K	具有阀门关闭或开启后阀门位置信号反馈功能
注：排烟防火阀和排烟阀不要求风量调节功能。	

4.3 按外形分类分为矩形阀门和圆形阀门。

4.3.1 圆形阀门常用规格见表3。

表3 圆形阀门常用规格 单位为毫米

ϕ	120	140	160	180	200	220	250	280	320	360	400
法兰规格	扁钢20×4		扁钢25×4						角钢25×3		

ϕ	450	500	560	630	700	800	900	1 000
法兰规格	角钢25×3				角钢30×3			

注：ϕ为阀门公称直径。

4.3.2 矩形阀门常用规格见表4。

表4 矩形阀门常用规格 单位为毫米

W	H												
	120	160	200	250	320	400	500	630	800	1 000	1 250	1 600	2 000
120	√	√	√	√									
160		√	√	√	√								
200			√	√	√	√	√						
250				√	√	√	√	√	√				
320					√	√	√	√	√	√			
400						√	√	√	√	√	√		
500							√	√	√	√	√	√	
630								√	√	√	√	√	

表 4(续)

单位为毫米

W	H												
	120	160	200	250	320	400	500	630	800	1 000	1 250	1 600	2 000
800									√	√	√	√	√
1 000										√	√	√	√
1 250												√	√
法兰规格	角钢 25×3								角钢 30×3			角钢 40×4	
注：W 为阀门公称宽度，H 为阀门公称高度。													

4.4 标记

4.4.1 防火阀的名称符号为 FHF。

4.4.2 排烟防火阀的名称符号为 PFHF。

4.4.3 排烟阀的名称符号为 PYF。

4.4.4 阀门标记为：

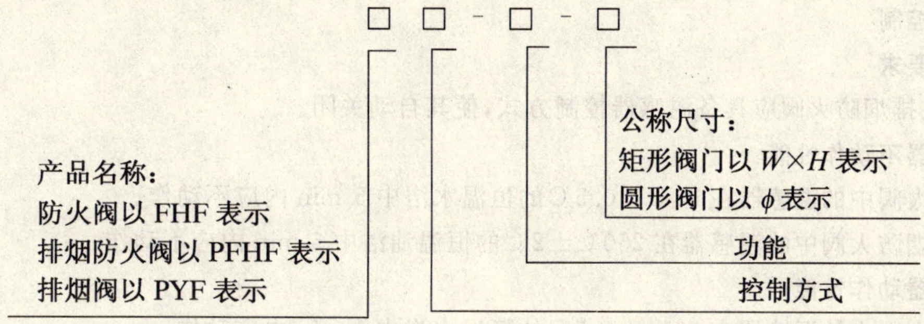

标记示例

示例 1：FHF WSDj-F-630×500 表示具有温感器自动关闭、手动关闭、电控电机关闭方式和风量调节功能，公称尺寸为 630 mm×500 mm 的防火阀。

示例 2：PFHF WSDc-Y-ϕ1 000 表示具有温感器自动关闭、手动关闭、电控电磁铁关闭方式和远距离复位功能，公称直径为 1 000 mm 的排烟防火阀。

示例 3：PYF SDc-K-400×400 表示具有手动开启、电控电磁铁开启方式和阀门开启位置信号反馈功能，公称尺寸为 400 mm×400 mm 的排烟阀。

5 材料及配件

5.1 材料及零部件

5.1.1 阀体、叶片、挡板、执行机构底板及外壳宜采用冷轧钢板、镀锌钢板、不锈钢板或无机防火板等材料制作。

5.1.2 排烟阀的装饰口宜采用铝合金、钢板等材料制作。

5.1.3 轴承、轴套，执行机构中的棘(凸)轮等重要活动零部件，采用黄铜、青铜、不锈钢等耐腐蚀材料制作。

5.1.4 各类弹簧的制作应符合相应的国家标准要求。

5.2 配件

5.2.1 阀门的执行机构应是经国家认可授权的检测机构检测合格的产品。

5.2.2 防火阀或排烟防火阀执行机构中的温感器元件上应标明其公称动作温度。

6 要求

6.1 外观

6.1.1 阀门上的标牌应牢固,标识应清晰、准确。

6.1.2 阀门各零部件的表面应平整,不允许有裂纹、压坑及明显的凹凸、锤痕、毛刺、孔洞等缺陷。

6.1.3 阀门的焊缝应光滑、平整,不允许有虚焊、气孔、夹渣、疏松等缺陷。

6.1.4 金属阀门各零部件的表面均应作防锈、防腐处理,经处理后的表面应光滑、平整,涂层,镀层应牢固,不应有剥落、镀层开裂以及漏漆或流淌现象。

6.2 公差

阀门的线性尺寸公差应符合 GB/T 1804—2000 中所规定的 c 级公差等级。

6.3 驱动转矩

防火阀或排烟防火阀叶片关闭力在主动轴上所产生的驱动转矩应大于叶片关闭时主动轴上所需转矩的 2.5 倍。

6.4 复位功能

阀门应具备复位功能,其操作应方便、灵活、可靠。

6.5 温感器控制

6.5.1 基本要求

防火阀或排烟防火阀应具备温感器控制方式,使其自动关闭。

6.5.2 温感器不动作性能

6.5.2.1 防火阀中的温感器在 65℃±0.5℃的恒温水浴中 5 min 内应不动作。

6.5.2.2 排烟防火阀中的温感器在 250℃±2℃的恒温油浴中 5 min 内应不动作。

6.5.3 温感器动作性能

6.5.3.1 防火阀中的温感器在 73℃±0.5℃的恒温水浴中 1 min 内应动作。

6.5.3.2 排烟防火阀中的温感器在 285℃±2℃的恒温油浴中 2 min 内应动作。

6.6 手动控制

6.6.1 防火阀或排烟防火阀宜具备手动关闭方式;排烟阀应具备手动开启方式。手动操作应方便、灵活、可靠。

6.6.2 手动关闭或开启操作力应不大于 70 N。

6.7 电动控制

6.7.1 防火阀或排烟防火阀宜具备电动关闭方式;排烟阀应具备电动开启方式。具有远距离复位功能的阀门,当通电动作后,应具有显示阀门叶片位置的信号输出。

6.7.2 阀门执行机构中电控电路的工作电压宜采用 DC24V 的额定工作电压。其额定工作电流应不大于 0.7 A。

6.7.3 在实际电源电压低于额定工作电压 15%和高于额定工作电压 10%时,阀门应能正常进行电控操作。

6.8 绝缘性能

阀门有绝缘要求的外部带电端子与阀体之间的绝缘电阻在常温下应大于 20 MΩ。

6.9 可靠性

6.9.1 关闭可靠性

防火阀或排烟防火阀经过 50 次关开试验后,各零部件应无明显变形、磨损及其他影响其密封性能的损伤,叶片仍能从打开位置灵活可靠地关闭。

6.9.2 开启可靠性

6.9.2.1 排烟阀经过50次开关试验后，各零部件应无明显变形、磨损及其他影响其密封性能的损伤，电动和手动操作均应立即开启。

6.9.2.2 排烟阀经过50次开关试验后，在其前后气体静压差保持在1 000 Pa±15 Pa的条件下，电动和手动操作均应立即开启。

6.10 耐腐蚀性

经过5个周期，共120 h的盐雾腐蚀试验后，阀门应能正常启闭。

6.11 环境温度下的漏风量

6.11.1 在环境温度下，使防火阀或排烟防火阀叶片两侧保持300 Pa±15 Pa的气体静压差，其单位面积上的漏风量(标准状态)应不大于500 $m^3/(m^2 \cdot h)$。

6.11.2 在环境温度下，使排烟阀叶片两侧保持1 000 Pa±15 Pa的气体静压差，其单位面积上的漏风量(标准状态)应不大于700 $m^3/(m^2 \cdot h)$。

6.12 耐火性能

6.12.1 耐火试验开始后1 min内，防火阀的温感器应动作，阀门关闭。

6.12.2 耐火试验开始后3 min内，排烟防火阀的温感器应动作，阀门关闭。

6.12.3 在规定的耐火时间内，使防火阀或排烟防火阀叶片两侧保持300 Pa±15 Pa的气体静压差，其单位面积上的漏烟量(标准状态)应不大于700 $m^3/(m^2 \cdot h)$。

6.12.4 在规定的耐火时间内，防火阀或排烟防火阀表面不应出现连续10 s以上的火焰。

6.12.5 防火阀或排烟防火阀的耐火时间应不小于1.50 h。

7 试验方法

7.1 基本要求

7.1.1 试件的结构、使用材料及零部件应与实际使用情况相符。

7.1.2 试验应在清洁的试件上进行，试验过程中不允许更换零部件。

7.2 外观

阀门的外观质量采用目测及手触摸相结合的方法进行检验。

7.3 公差

阀门的线性尺寸公差采用钢卷尺进行测量。钢卷尺的准确度为±1 mm。

7.4 驱动转矩

7.4.1 试验设备

弹簧测力计或其他测力计，准确度为2.5级；钢卷尺或直尺，准确度为±1 mm。

7.4.2 试验步骤

7.4.2.1 将防火阀或排烟防火阀按使用状态固定后，卸去产生关闭力的重锤、弹簧、电机或气动件等。用测力计牵动叶片的主叶片轴，使其从全开状态到关闭状态，读出叶片关闭时主叶片轴上所需的最大拉力并测量出力臂，计算出最大转矩。转矩的计算公式为：

$$M = F \cdot h \qquad \cdots\cdots(1)$$

式中：

M——转矩，单位为牛顿·米(N·m)；

F——拉力，单位为牛顿(N)；

h——力臂，单位为米(m)。

7.4.2.2 测量并计算出重锤、弹簧、电机或气动件等实际施加于防火阀或排烟防火阀主叶片轴上的驱动转矩。驱动转矩按公式(1)计算。

7.4.2.3 计算防火阀或排烟防火阀主叶片轴的驱动转矩与所需转矩之比值。

7.5 复位功能

输入电控信号或手动操作阀门的复位机构，目测阀门的复位情况。

7.6 温感器控制

7.6.1 试验设备

带有加热器和搅拌器的水浴槽或油浴槽以及必要的测控仪表。测量水温的仪表的准确度为±0.5℃。测量油温的仪表的准确度为±2℃。

7.6.2 试验步骤

7.6.2.1 防火阀中的温感器

a) 调控加热器将水浴槽中的水加热，同时打开搅拌器，当水温达到65℃±0.5℃并保持恒温时，将温感器感温元件端完全浸入水中5 min，观察温感器的动作情况。

b) 取出温感器，自然冷却至常温。调控加热器将水浴槽中的水继续加热，当水温达到73℃±0.5℃并保持恒温时，将温感器感温元件端完全浸入水中1 min，观察温感器的动作情况。

7.6.2.2 排烟防火阀中的温感器

a) 调控加热器将油浴槽中的油加热，达到一定温度时，打开搅拌器，当油温达到250℃±2℃并保持恒温时，将温感器感温元件端完全浸入油中5 min，观察温感器的动作情况。

b) 取出温感器，自然冷却至常温。调控加热器将油浴槽中的油继续加热，当油温达到285℃±2℃并保持恒温时，将温感器感温元件端完全浸入油中2 min，观察温感器的动作情况。

7.7 手动控制

7.7.1 试验设备

弹簧测力计或其他测力计，测力计的准确度为2.5级。

7.7.2 试验步骤

7.7.2.1 使阀门处于全开或关闭状态，将测力计与手动操作的手柄、拉绳或按钮相连，通过测力计将力施加其上，使阀门关闭或开启。所测得的作用力即为手动关闭或开启操作力。

7.7.2.2 目测阀门手动操作是否方便、灵活、可靠。

7.8 电动控制

7.8.1 叶片位置输出信号

使阀门处于关闭或开启状态，接通执行机构中的复位电路，阀门应开启或关闭，用万用表测量阀门叶片所处位置的输出信号。

7.8.2 额定电流和额定电压

阀门执行机构中电控电路的额定工作电压和额定工作电流采用准确度不低于0.5级、量程不大于实际测量值两倍的电压表和电流表进行测量。

7.8.3 耐电压波动

7.8.3.1 试验设备

直流稳压电源。最大输出电压为30 V。

7.8.3.2 试验步骤

7.8.3.2.1 使阀门处于全开或关闭状态，将直流稳压电源与执行机构中的电控电路相连，调节直流稳压电源的输出电压，使其值比阀门的额定工作电压值低15%，接通控制电路，阀门应动作关闭或开启。

7.8.3.2.2 断开控制电路，将阀门全开或关闭，调节直流稳压电源的输出电压，使其值比阀门的额定工作电压值高10%，接通控制电路，阀门应动作关闭或开启。

7.9 绝缘性能

阀门电器绝缘电阻按GB 4717—1993中5.8.3的规定进行测量，其试验设备应符合GB 4717—1993中5.8.4的规定。

7.10 可靠性

7.10.1 关闭可靠性

将防火阀或排烟防火阀打开，启动执行机构，使其关闭。如此反复操作共50次。

当防火阀或排烟防火阀同时具有几种不同控制方式时，应均衡分配50次操作次数。对于具有调节功能的防火阀应分别在最大、最小开启位置做试验，并均衡分配操作次数。

注：对于温感器控制方式，可根据温感器控制的工作原理进行模拟试验。

7.10.2 开启可靠性

7.10.2.1 试验设备

试验设备应符合7.12.1的规定。

7.10.2.2 试验步骤

7.10.2.2.1 将排烟阀按实际使用情况安装，并处于关闭状态，启动执行机构，使其打开。如此反复操作共50次。其中电动和手动各进行25次操作。

7.10.2.2.2 经50次开关试验后，关闭排烟阀，启动引风机，调整进气阀和调节阀，使排烟阀前后的气体静压差为1 000 Pa±15 Pa，待稳定60 s后，分别电动和手动开启排烟阀，观察其开启情况。

7.11 耐腐蚀性

7.11.1 试验设备

盐雾箱或盐雾室。

盐雾箱(室)内的材料不应影响盐雾的腐蚀性能；盐雾不能直接喷射在阀门上；箱(室)顶部的凝聚盐水液不得滴在阀门上；从四壁流下的盐水液不得重新使用。

盐雾箱(室)内应有空调设备，将盐雾箱(室)内空气温度控制在35℃±2℃范围内，并保持相对湿度大于95%。

盐水溶液由化学纯氯化钠和蒸馏水组成，其质量浓度为(5±0.1)%，pH值控制在6.5～7.2之间。应控制降雾量在1 mL/(h·80 cm^2)～2 mL/(h·80 cm^2)之间。

7.11.2 测量仪表的准确度

温度：±0.5℃；

湿度：±2%。

7.11.3 试验步骤

7.11.3.1 试验开始前，应用洗涤剂将阀门表面上所有油脂洗净。将阀门安装在盐雾箱(室)内。其开口向上，并使阀门各叶片的轴线与水平面均成15°～30°角。

7.11.3.2 试验时阀门呈开启状态，以24 h为1周期，先连续喷雾8 h，然后停16 h，共试验5个周期。

7.11.3.3 喷雾时，盐雾箱(室)内保持温度35℃±2℃，相对湿度大于95%；停止喷雾时，不加热，关闭盐雾箱(室)，自然冷却。

7.11.3.4 试验结束后，取出阀门，在室温下干燥24 h后，对阀门进行开关试验。

7.12 环境温度下的漏风量

7.12.1 试验设备

7.12.1.1 基本设备

包括气体流量测量系统和压力测量及控制系统两部分。

7.12.1.2 气体流量测量系统

由连接管道、气体流量计和引风机系统组成。

a) 连接管道：阀门通过连接管道与气体流量计相连。连接管道选用不小于1.5 mm厚的钢板制造。对于矩形阀门，管道开口的宽度和高度与阀门的出口尺寸相对应，管道的长度为开口对角线的两倍，最长为2 m。对于圆形阀门，管道开口的直径与阀门的出口尺寸相对应，管道的长度为开口直径的两倍，最长为2 m。

b) 气体流量计：宜采用标准孔板。孔板的加工、制作、安装均应符合GB/T 2624的规定。在测量管道的前端应装配气体流动调整器。

c) 引风机系统：包括引风机、进气阀、调节阀，以及连接气体流量计与引风机的柔性管道。

7.12.1.3 **压力测量及控制系统**

阀门前、后的压力通过压力传感器测量。压力导出口应在连接管道侧面中心线上，距阀门的距离为管道长度的0.75倍。阀门前、后的静压差通过进气阀和调节阀调节控制。

7.12.2 测量仪表的准确度

温度：±2.5℃；

压力：±3 Pa；

流量：±2.5%。

7.12.3 试验步骤

7.12.3.1 将阀门安装在测试系统的管道上，并处于关闭状态，其入口用不渗漏的板材密封。启动引风机，调整进气阀和调节阀，使阀门前后的气体静压差为300 Pa±15 Pa或1 000 Pa±15 Pa，待稳定60 s后，测量并记录孔板两侧差压、孔板前气体压力和孔板后测量管道内的气体温度。同时，测量并记录试验时的大气压力。按照GB/T 2624中的计算公式计算出该状态下的气体流量。应1 min测量一次，连续测量3次，取平均值，该值为系统漏风量。如果系统漏风量大于25 m^3/h，应调整各连接处的密封，直到系统漏风量不大于25 m^3/h时为止。

7.12.3.2 拆去阀门入口处的密封板材，阀门仍处于关闭状态，调整进气阀和调节阀，使阀门前后的气体静压差仍保持在300 Pa±15 Pa或1 000 Pa±15 Pa，待稳定60 s后，测量并记录孔板两侧差压、孔板前气体压力和孔板后测量管道内的气体温度。同时，测量并记录试验时的大气压力。按照GB/T 2624中的计算公式计算出该状态下的气体流量。

注：防火阀和排烟防火阀选用的气体静压差为300 Pa±15 Pa，排烟阀选用的气体静压差为1 000 Pa±15 Pa。

7.12.3.3 环境温度下，阀门漏风量计算公式：

$$Q = \frac{Q_{标}}{S} \quad \cdots\cdots(2)$$

$$Q_{标} = Q_{标2} - Q_{标1} \quad \cdots\cdots(3)$$

$$Q_{标2} = Q_2 \times \frac{273}{273 + T_2} \times \frac{B_2 - P_2}{101\ 325} \quad \cdots\cdots(4)$$

$$Q_{标1} = Q_1 \times \frac{273}{273 + T_1} \times \frac{B_1 - P_1}{101\ 325} \quad \cdots\cdots(5)$$

式中：

Q——环境温度下阀门单位面积的漏风量(标准状态)，单位为立方米每平方米小时[$m^3/(m^2 \cdot h)$]；

$Q_{标}$——环境温度下阀门的漏风量(标准状态)，单位为立方米每小时(m^3/h)；

S——阀门开口净面积，单位为平方米(m^2)；

$Q_{标2}$——环境温度下阀门与系统漏风量之和(标准状态)，单位为立方米每小时(m^3/h)；

$Q_{标1}$——环境温度下系统漏风量(标准状态)，单位为立方米每小时(m^3/h)；

Q_2——按7.12.3.2实测漏风量，单位为立方米每小时(m^3/h)；

T_2——按7.12.3.2实测管道内的气体温度，单位为摄氏度(℃)；

B_2——按7.12.3.2实测大气压力，单位为帕斯卡(Pa)；

P_2——按7.12.3.2实测孔板前的气体压力，单位为帕斯卡(Pa)；

Q_1——按7.12.3.1实测漏风量，单位为立方米每小时(m^3/h)；

T_1——按7.12.3.1实测管道内的气体温度，单位为摄氏度(℃)；

B_1——按7.12.3.1实测大气压力，单位为帕斯卡(Pa)；

P_1——按7.12.3.1实测孔板前的气体压力，单位为帕斯卡(Pa)。

7.13 耐火性能

7.13.1 试验设备

7.13.1.1 基本设备

包括耐火试验炉、气体流量测量系统、温度测量系统和压力测量及控制系统四部分。在试验炉与阀门之间有一段用厚度不小于1.5 mm的钢板制造的连接管道,其开口尺寸与阀门的进口尺寸相对应,长度大于0.3 m。

7.13.1.2 耐火试验炉

耐火试验炉应达到GB/T 9978—1999中5.1规定的升温条件和5.2规定的压力条件。

7.13.1.3 气体流量测量系统

气体流量测量系统与7.12.1.2相同。

7.13.1.4 温度测量系统

炉内温度(试件向火面温度)采用丝径为0.75 mm～1.00 mm的热电偶测量。其热端伸出套管长度不少于25 mm。热电偶的数量不得少于5个,其中1个设在阀门向火面的中心,其余4个分设在阀门四分之一面积的中心。测量点与阀门的距离在试验过程中应控制在50 mm～150 mm之内。管道内的烟气温度采用丝径为0.5 mm的热电偶或同等准确度的其他仪表测量。测量点位于孔板后测量管道的中心线上,与孔板的距离为测量管道直径的二倍。

7.13.1.5 压力测量及控制系统

压力测量及控制系统与7.12.1.3相同。

7.13.2 测量仪表的准确度

温度:炉温±15℃;其他±2.5℃;

压力:±3 Pa;

流量:±2.5%;

时间:±2 s。

7.13.3 安装

试验时阀门应安装在试验炉的外侧,由前连接管道穿过垂直分隔构件与试验炉相连。

试验用分隔构件应与实际使用时相一致,当其不能确定时,可选用混凝土或砖结构,其厚度不应小于100 mm。制作分隔构件时,应进行常规养护及干燥处理。

7.13.4 受火条件

耐火试验时的气流方向应与阀门的实际气流方向一致。

7.13.5 试验步骤

7.13.5.1 将阀门安装在测试系统的管道上并使其处于开启状态。调节引风机系统,使气流以0.15 m/s的速度通过阀门,并保持气流稳定。

注:0.15 m/s的速度形成的气体流量为540 $m^3/(m^2 \cdot h)$。

7.13.5.2 试验炉点火。当阀门向火面平均温度达到50℃时为试验开始时间。控制向火面温升达到GB/T 9978—1999中5.1规定的升温条件。

7.13.5.3 记录阀门的关闭时间。当阀门关闭后,调节引风机系统,使其前后的气体静压差保持在300 Pa±15 Pa的范围内。

7.13.5.4 控制炉内压力达到GB/T 9978—1999中5.2规定的压力条件。

7.13.5.5 测量并记录孔板两侧差压、孔板前气体压力和孔板后测量管道内的气体温度。时间间隔不大于2 min。按照GB/T 2624中的计算公式计算出各时刻的气体流量。

7.13.5.6 测量并记录试验过程中的大气压力。

7.13.5.7 耐火试验时阀门漏烟量的计算公式:

$$Q = \frac{Q_{标}}{S} \qquad \cdots\cdots(6)$$

$$Q_{标} = Q_{标3} - Q_{标1} \qquad \cdots\cdots(7)$$

$$Q_{标3} = Q_3 \times \frac{273}{273 + T_3} \times \frac{B_3 - P_3}{101\ 325} \qquad \cdots\cdots(8)$$

式中：

Q——耐火试验时阀门单位面积的漏烟量(标准状态)，单位为立方米每平方米小时[$m^3/(m^2 \cdot h)$]；

$Q_{标}$——耐火试验时阀门的漏烟量(标准状态)，单位为立方米每小时(m^3/h)；

S——阀门的开口净面积，单位为平方米(m^2)；

$Q_{标3}$——耐火试验时阀门与系统漏烟量之和(标准状态)，单位为立方米每小时(m^3/h)；

$Q_{标1}$——按7.12.3.3公式(5)计算的系统漏风量(标准状态)，单位为立方米每小时(m^3/h)；

Q_3——按7.13.5.5实测耐火试验各时刻的漏烟量，单位为立方米每小时(m^3/h)；

T_3——按7.13.5.5实测耐火试验各时刻管道内的气体温度，单位为摄氏度(℃)；

B_3——耐火试验过程中的大气压力，单位为帕斯卡(Pa)；

P_3——按7.13.5.5实测耐火试验各时刻孔板前的气体压力，单位为帕斯卡(Pa)。

8 检验规则

8.1 出厂检验

8.1.1 每台阀门都应由制造厂质量检验部门进行出厂检验，合格并附有产品质量合格证后方可出厂。

8.1.2 阀门的出厂检验项目见表5。检验项目全部合格后方可出厂。

表5 阀门出厂检验项目

检验项目	外观	公差	复位功能	手动控制	电动控制	绝缘性能
要求条款号	6.1	6.2	6.4	6.6	6.7	6.8
试验方法条款号	7.2	7.3	7.5	7.7	7.8	7.9

8.2 型式检验

8.2.1 有下列情况之一时，应进行型式检验：

a) 产品试制定型鉴定时；

b) 正式生产后，如结构、材料、工艺改变，影响产品性能时；

c) 停产一年以上，恢复生产时；

d) 出厂检验结果与上次型式检验有较大差异时；

e) 发生重大质量事故或对产品质量有重大争议时；

f) 质量监督机构提出要求时；

g) 正常批量生产时，每三年进行一次检验。

8.2.2 型式检验项目分别见表6、表7，检验顺序按要求规定的顺序进行。

表6 防火阀、排烟防火阀型式检验项目

检验项目	要求条款号	试验方法条款号
外观	6.1	7.2
公差	6.2	7.3
驱动转矩	6.3	7.4
复位功能	6.4	7.5
温感器控制	6.5	7.6

表 6(续)

检验项目	要求条款号	试验方法条款号
手动控制	6.6	7.7
电动控制	6.7	7.8
绝缘性能	6.8	7.9
关闭可靠性	6.9.1	7.10.1
耐腐蚀性	6.10	7.11
环境温度下的漏风量	6.11	7.12
耐火性能	6.12	7.13

表 7　排烟阀型式检验项目

检验项目	要求条款号	试验方法条款号
外观	6.1	7.2
公差	6.2	7.3
复位功能	6.4	7.5
手动控制	6.6	7.7
电动控制	6.7	7.8
绝缘性能	6.8	7.9
开启可靠性	6.9.2	7.10.2
耐腐蚀性	6.10	7.11
环境温度下的漏风量	6.11	7.12

8.2.3　检验数量及判定规则

8.2.3.1　应在出厂检验合格的产品中抽取 3 台作为样品,抽样的基数不得少于 15 台。样品的尺寸应是该批产品中尺寸最大的。试验时任选 1 台,按要求规定的顺序逐项进行检验。若表 8 所列检验项目不含 A 类不合格,B 类和 C 类不合格之和不大于 4 项,且 B 类不合格项不大于 2 项,该批产品判为型式检验合格。否则,该批产品判为型式检验不合格,需用另外两台样品对不合格项进行复检,若复检全部合格,该批产品除首次检验不合格的样品外,判为型式检验合格,如复检中仍有一台不合格,该批产品判为型式检验不合格。

8.2.3.2　对防火阀和排烟防火阀中的温感器,应从同一批产品中进行抽样,样品数量为 15 件。从 15 件温感器中任选 5 件进行温感器不动作和动作温度试验。对不动作温度试验,若有 80%以上的样品不动作,判不动作温度试验合格。否则,需对剩余的 10 件样品进行复检,复检合格判不动作温度试验合格。否则,判不动作温度试验不合格。

温感器不动作温度试验合格后进行温感器动作温度试验。若全部动作判动作温度试验合格。否则,需对剩余的样品进行复检,若复检合格判动作温度试验合格。否则,判动作温度试验不合格。

温感器不动作和动作温度试验检验流程如下:

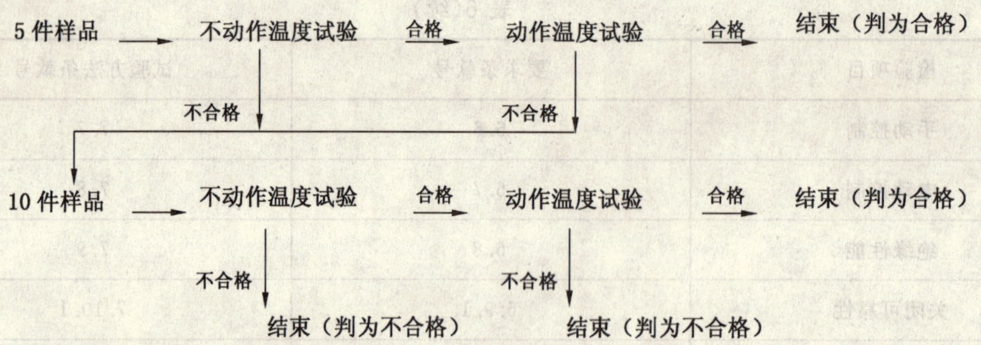

表 8　检验项目及不合格分类

检验项目	防火阀	排烟防火阀	排烟阀
外观	C	C	C
公差	C	C	C
驱动转矩	B	B	
位功能	B	B	B
温感器控制	A	A	
手动控制	B	B	A
电动控制	B	B	A
绝缘性能	B	B	B
可靠性	A	A	A
耐腐蚀性	A	A	A
环境温度下的漏风量	A	A	A
耐火性能	A	A	

9　标志、包装、储运和贮存

9.1　标志

9.1.1　应在每台产品的明显位置上固定产品标牌，标牌上应注明：

a)　制造厂名称；

b)　产品标记；

c)　防火阀或排烟防火阀温感器公称动作温度；

d)　额定工作电压、电流；

e)　气流方向。

9.1.2　产品标牌的制作应符合 GB/T 13306 的规定，所选标牌的标记统一为 J63×100.4-L2。

9.2　包装、储运

9.2.1　产品包装应符合 GB/T 13384 中防雨、防潮、防振的规定。包装储运图示标志应符合 GB/T 191 的规定，包装箱外标志应有下列内容：

a)　制造厂名称；

b)　产品名称、型号、规格；

c)　出厂编号及年、月、日；

d)　包装箱体积(长×宽×高)；

e) 毛重；

f) 发往地址及收货单位；

g) “小心轻放”指示标志。

9.2.2 随产品应提供如下文字资料：

a) 产品合格证，其表述应符合 GB/T 14436 的规定；

b) 产品使用说明书，其表述应符合 GB 9969.1 的规定；

c) 装箱单。

应把上述资料装入防水袋中。

9.3 贮存

产品应存放在干燥通风的仓库内。当库存期超过一年时，应需重新检验入库。

ICS 03.060
A 11

中华人民共和国国家标准

GB/T 15948.1—2007/ISO 7982-1:1998
代替 GB/T 15948.1—1995

银行电讯　资金转账报文
第1部分：电子资金转账报文数据段和数据元术语及通用集

Bank telecommunication—Funds transfer messages—
Part 1: Vocabulary and universal set of data segments and data elements for electronic funds transfer messages

(ISO 7982-1:1998,IDT)

2007-09-05 发布　　　　2007-12-01 实施

中华人民共和国国家质量监督检验检疫总局
中国国家标准化管理委员会　发布

前　言

本部分等同采用ISO 7982-1:1998《银行电讯　资金转账报文　第1部分:电子资金转账报文数据段和数据元术语及通用集》(英文版)及其1999年勘误。

为便于使用,本部分做了下列编辑性修改:

a)“本国际标准”改为“本部分”;

b) 删除国际标准前言。

本部分代替GB/T 15948.1—1995。本部分与GB/T 15948.1—1995相比主要变化为:

a) 本部分主要描述了电子资金转账报文数据段和数据元术语及通用集,而GB/T 15948.1—1995仅描述了词汇和数据元;

b) 本部分在GB/T 15948.1—1995的基础上,在术语和定义栏中新增了12个术语和定义;

c) 本部分增加了附录C“批量电子资金转账的支付、清算及电讯系统”的内容。

本部分的附录A为规范性附录,附录B和附录C为资料性附录。

本部分由中国人民银行提出。

本部分由全国金融标准化技术委员会(SAC/TC 180)归口管理。

本部分负责起草单位:中国金融电子化公司。

本部分参加起草单位:中国人民银行、中国工商银行、中国银行、中国建设银行、交通银行、招商银行、广东发展银行、中国银联股份有限公司。

本部分主要起草人:谭国安、杨竑、陆书春、李曙光、马小琼、全红、李建峰、邓立峰、肖捷、原浩、纪熙东、杜宁、仲祺、时霜燕、刘晓东、赵宏鑫、史永恒、李洁、张彪。

本部分首次制定于1995年,本次为第1次修订。

引　言

在金融机构处理的各类支付及相关交易中，国内及国际间的电子通讯媒介和服务的使用显著增长，国内外通讯网络的发展为其实现提供了可能。然而，这种基于个别市场，以及相对独立基础上的网络，导致了用于电子自动支付系统的数据段和数据元在使用的定义、规范和表示法方面缺乏一致性和通用性。

众多的成员机构、大量的报文和多种网络的使用，要求对出现的数据段与数据元的规范及定义进行标准化，这些数据段与数据元出现在或有可能出现在将来的支付过程中，或与支付相关的报文里，相关的规范可以使所有参与方明确各项指令，减少不必要的解释和人工干预。

在这种电子通讯环境中，当前或预计将来进行电子方式交换的报文，可支持如下多种银行业务功能：资金转账、外汇交易、证券交易、托收以及跟单信用证等。本部分仅说明在资金转账报文中出现的术语、数据段及数据元。

鉴于目前银行卡已在 ISO 8583 报文的基础上开通跨行转账交易，因此银行卡资金转账交易也应参照国内其他相关规定执行。

银行电讯　资金转账报文
第1部分:电子资金转账报文数据段和数据元术语及通用集

1　范围

本部分详细说明、定义和阐述了目前使用的数据段及数据元的术语、表示法和不久将使用的金融机构间的资金转账支付交易定单的描述、处理和格式。另外,用于电子资金转账报文的数据段及数据元通用集以逻辑功能组(数据段)为序,可作为资金转账报文的基本格式。

可靠信息的表述是成功处理资金转账报文的关键。为了实现这个目标,本部分把提供这些可靠信息的数据段和/或数据元定义为强制性的。在某些情况下,强制的数据段和/或数据元必须总是出现在报文里(例如:数据段—金额;数据元—交易金额)。在标准中,属于此类的数据段和数据元被规定为ME(明确强制的)。在其他情况下,数据段和/或数据元或者出现在报文里,或者可以从报文里的另一个强制数据段和/或数据元推导出,或者可以从系统使用过的处理协定推导出(例如:数据段—受益人的金融机构)。在本部分中,这些数据段和数据元被规定为MI(未明确强制的)。

另外,在报文中的下列术语适用此规则,即:必须至少包括名称与地址或标识符(如账户标识)数据元。

指令人
指令人金融机构
指示金融机构
中间金融机构
受益人金融机构
受益人
发送方代理行
中间偿付金融机构
接收方代理行

由于资金转账报文的接收行有义务说明和理解通过多种服务或系统接受的资金转账报文的整体意图和涵义,因此本部分中的数据元是从接收方角度来定义的。

2　规范性引用文件

下列文件中的条款通过GB/T 15948的本部分的引用而成为本部分的条款。凡是注日期的引用文件,其随后所有的修改单(不包括勘误的内容)或修订版均不适用于本部分,然而,鼓励根据本部分达成协议的各方研究是否可使用这些文件的最新版本。凡是不注日期的引用文件,其最新版本适用于本部分。

GB/T 12406—1996　表示货币和资金的代码(idt ISO 4217:1990)
ISO 2014　数字格式日期的表示
ISO 7746:1998　银行业务　银行间电传报文格式
ISO 8730　银行业　报文鉴别要求(批发业务)
ISO 8908　银行业和相关的金融服务业　词汇和数据元

3 术语和定义

由于本部分的术语仅限于资金转账报文(见3.57),因此当其中某些术语已用于或可能用于其他银行业务时,因其特殊应用的唯一性,这些术语或定义可能会与本部分的术语稍有不同。

注:资金转账数据元以斜体字标识。

3.1

账户标识 account identification

由账户服务银行指定,用于识别账户拥有者的标识。

3.2

账户拥有者银行 account owner bank

由其他银行(账户服务银行)为其账户提供服务的银行。

3.3

账户服务银行 account servicing bank

存放账户的银行。

3.4

账户服务银行参考号 account servicing bank's reference

由账户服务银行支配用于识别交易的参考号(这是账户拥有者向账户服务银行查询时应使用的参考号)。

3.5

账户机构 account with institution

保存客户账户的金融机构。

3.6

通知 advice

对一个已发生行为的确认。

3.7

关注方 attention party

关注报文的人或部门。

3.8

鉴别 authentication

在发送方和接收方之间为保证数据完整,提供数据原始鉴别的过程。

3.9

鉴别密钥 authentication key

设计为只有相关各方知道的一种加密密钥,当此密钥和报文的内容用于鉴别算法时(见ISO 8730),其结果为MAC(报文鉴别码)。

3.10

可用资金 available funds

可用于转账或提现的资金。

3.11

银行 bank

由国家管理机构授权或特许的金融机构。

3.12

银行操作码 bank operation code

由接收方用以唯一识别所有资金转账交易方法的代码(例如:主动借记、支票支付和电子支付)。

3.13

银行清算日期/金额　bank settlement date/amount

起息日、货币代码和偿付总金额。

3.14

受益人　beneficiary

转账被贷记或接收款项的最终方。

3.15

受益人账户标识　beneficiary account identification

由贷记受益人资金的金融机构提供的受益人的账户标识。

3.16

受益人通知信息　beneficiary advice information

用于通知受益人的信息(例如:电话号码、邮政编码、联系人姓名等)。

3.17

受益人通知方法　beneficiary advice method

规定用于通知受益人方法(例如:电话、信件、电报等)的代码,该受益人账户已经被贷记或某笔资金任其支配。

3.18

受益人标识符　beneficiary identifier

明确标识受益人的代码,其可能包括所提供的标识符代码类型说明。

3.19

受益人支付方法　beneficiary method of payment

规定向受益人支付款项方法的一种代码。

3.20

受益人名称和地址　beneficiary name and address

受益人名称和地址的详细情况。

3.21

受益人的金融机构　beneficiary's financial institution

为受益人担当金融代理的金融机构。

3.22

受益人的金融机构账户标识　beneficiary's financial institution account identification

由接收方或中间金融机构用来识别受益人金融机构的账户,以执行转账指令。

3.23

受益人的金融机构通知信息　beneficiary's financial institution advice information

用于通知受益人金融机构的信息(例如:电话号码、邮政编码、联系人姓名等)。

3.24

受益人的金融机构通知方法　beneficiary's financial institution advice method

规定用于通知受益人金融机构方法(例如:电话、信件、电报等)的代码,该受益人的金融机构账户已经被贷记或某笔资金任其支配。

3.25

受益人的金融机构标识符　beneficiary's financial institution identifier

明确标识受益人金融机构的代码,其可能包括所提供的标识符代码类型说明。

3.26

受益人的金融机构信息　beneficiary's financial institution information

与转账有关仅供受益人金融机构使用的各种信息。

3.27

受益人的金融机构支付方法　beneficiary's financial institution method of payment

规定如何向受益人的金融机构支付的代码。

3.28

受益人的金融机构名称和地址　beneficiary's financial institution name and address

受益人金融机构名称和地址的详细情况。

3.29

账面转账　book transfer

由执行交易的银行提供两账户间的转账服务。

3.30

业务功能码　business function code

为便于受益人或受益人金融机构确认指令人所付款项的业务意图,进行划账或对账,而由指令人或指令人金融机构指定的代码。

3.31

费用　charges

与金融服务有关的各种手续费。

3.32

应收费用　charges applied

对提供金融服务应收取的费用,并且详细说明收取方和收取目的。

3.33

付费方　charges to

金融服务费用的支付方标识。

3.34

通讯服务　communication service

一种在用户之间传送报文的服务,包括用其他方式清算的资金转账交易。

3.35

代理行　correspondent banks

已经交换授权签字表和/或代码、和/或参与服务交换、和/或彼此间开立一个或多个账户的银行。

3.36

头寸偿付　cover payment

对代理行一笔支付的偿付。

3.37

贷记通知　credit advice

由贷记账户服务银行向接收方(账户拥有者)账户发出的通知,该通知不应用作传送支付指令。

3.38

贷记方　credit party

获得接收行贷记或付款的一方。

3.39

货币代码　currency code

标识货币的GB代码,货币代码的第3位字符也标识相关的资金类别。

3.40

日期　date

时间点的日历表示。

3.41

借记通知　debit advice

由账户服务银行向借记账户接收方(账户拥有者)发出的通知。

3.42

借记方　debit party

接收行账簿上资金来源的一方。

3.43

借记转账　debit transfer

授权发送方用以指定非自身借记方的指令。

3.44

费用明细　details of charges

标明交易费用由谁承担的标识。

3.45

接收方的费用明细　details of receiver's charges

通过发送方扣除(借记转账)或增加(贷记转账)交易金额的费用明细。

3.46

发送方的费用明细　details of sender's charges

通过发送方增加(借记转账)或扣除(贷记转账)交易金额的费用明细。

3.47

支取　draw down

发送方向接收方发出指令,要求接收方减少发送方在接收方的账户余额,并付给发送方在另一家金融机构的账户。

3.48

记账日期　entry date

在账户记录中记账的日期。

3.49

兑换日期　exchange date

设置汇率日期。

3.50

汇率　exchange rate

原始交易货币和金额转变为另一种交易金额的价格。

3.51

联邦储备金　federal funds

在美国联邦储备银行的美元存款。

3.52

文件引用　file reference

一种确保所有相关文件序列能够适当地互相参考的方法。这种方法同样可以为查询、撤销或退还的业务提供唯一的文件引用。这种参考通常也可在任何相关的偿付支付中被引用。

3.53

金融机构清算日/金额　financial institution settlement date/amount

起息日、货币代码和偿付总金额。

3.54

资金转账(通常缩略为转账)　funds transfer(commonly abbreviated to transfer)

完成指令人和受益人之间的资金转账,一笔资金转账可以由一笔或多笔资金转账交易组成。

3.55

资金转账报文　funds transfer message

一种报文,它提供在银行和客户之间对资金转账的指令、报告或其他的支持。

3.56

资金转账交易(通常缩略为交易)　funds transfer transaction(commonly abbreviated to transaction)

直接在两个有关方之间的资金转移,其除支付或联络服务之外,不涉及中间金融机构。

3.57

资金类型　funds type

给定货币的资金特性,包括可用性和流动性/用途或兑换规则。

3.58

资金类型代码　funds type code

标识资金类型的货币代码的组成部分。

3.59

有效起息日　good value

对一笔交易请求使用一个确定可追溯起息日的表示。

3.60

标识符代码　identifier code

明确标识参与方的代码。

3.61

标识符代码类型　identifier code type

规定用于标识某个参与方的标识符代码类型的代码。

3.62

即用资金　immediate funds

清算和交易执行同时进行的同日资金。

3.63

输入顺序号　input sequence number (ISN)

在发送行和服务商之间允许输入报文控制的一个连续顺序号。

3.64

指示金融机构　instructing financial institution

指示发送方执行交易的金融机构。

3.65

指示金融机构标识符　instructing financial institution identifier

明确标识指示金融机构的代码,该代码可能包括所提供的标识符代码类型的说明。

3.66

指示金融机构名称和地址　instructing financial institution name and address

指示金融机构名称和地址详细情况。

3.67

指示方 instructing party

指示发送方执行交易的参与方。

3.68

指令 instruction

包括授权和转账详细信息的一次通讯或部分通讯。

3.69

指令日期 instruction date

发送方发出指令的日期。

3.70

中间金融机构 intermediary financial institution

介于接收方与受益人金融机构之间的金融机构。如果发送方金融机构指定,则必须通过该中间金融机构进行转账,此时其称为接收方的贷记方。

3.71

中间金融机构账户标识 intermediary financial institution account identification

为了以后转账的完成,而用来作为对中间金融机构账户的标识。

3.72

中间金融机构通知信息 intermediary financial institution advice information

用于通知中间金融机构的信息(例如:电话号码、邮政编码、联系人姓名等)。

3.73

中间金融机构通知方法 intermediary financial institution advice method

规定用于通知中间金融机构的方法代码(例如:电话、信件、电报等),该机构的账户已经被贷记或某笔资金任其支配。

3.74

中间金融机构标识符 intermediary financial institution identifier

明确标识中间金融机构的代码,该代码可能包括所提供标识符代码类型的说明。

3.75

中间金融机构信息 intermediary financial institution information

与转账有关的,仅供中间金融机构使用的各种信息。

3.76

中间金融机构支付方法 intermediary financial institution method of payment

规定如何向中间金融机构付款的代码。

3.77

中间金融机构名称和地址 intermediary financial institution name and address

中间金融机构名称和地址的详细情况。

3.78

中间偿付金融机构标识符 intermediary reimbursement financial institution identifier

明确标识中间偿付金融机构的代码,并可能包括所提供标识符代码类型的说明。

3.79

中间偿付金融机构名称和地址 intermediary reimbursement financial institution name address

中间偿付金融机构名称和地址的详细情况。

3.80

来账 loro account

账户行为开户行提供服务而开立的账户。

3.81

报文 message

从一方到另一方有用信息的传递。

3.82

报文鉴别码 message authentication code (MAC)

在发送方和接收方之间用于验证报文的来源和报文部分或全部内容有效性的一种代码,该代码是约定计算的结果。

3.83

报文标识符 message identifier(MID)

发送方用来唯一标识金融报文的数据。

3.84

发送方的报文状态指示符 message status indicator(s) from sender

由发送方提供的、用于规定有关报文(如可疑或可能重复)传输的特定情况信息。

3.85

服务商报文状态指示符 message status indicator(s) from service

由发送服务商提供的用于规定有关报文(如可疑或可能重复)传输的特定情况信息。

3.86

报文类型代码 message type code

用于指明报文的作用和/或要求,采取行动的代码。

3.87

通知方法 method of advice

通知一参与方的特定方法。

3.88

复合报文 multiple message

包含多笔交易或相关信息的一条报文。

3.89

次日起息 next day funds

立即用于转账和结算的资金,其下一个工作日可以是同日资金转账或提现的起息日期。此类资金仅用于特定美元交易。

3.90

往账 nostro account

开户行保存的由账户行代理服务的账目。

3.91

通告 notice

发给接收方有关未来事件的信息。

3.92

收款通告 notice to receive

收款方发给账户服务银行的通告,要求该行将接收到的资金贷记到收款方在该行的账户上。

3.93

业务数量 ***number of items***

资金转账报文中包含的交易数量。

3.94

汇款人 ***ordering customer***

发起交易的客户。

3.95

汇款行 ***ordering institution***

指示发送方传输交易的金融机构(不包括发送方)。

3.96

原始转账额 ***original transfer amount***

原始指令人要求转账给受益人的资金,其中不包括任何费用。

3.97

指令人 **originator**

指令的发起者。

3.98

指令人标识符 ***originator identifier***

明确标识指令人的代码,并可能包括所提供的标识符代码类型说明。

3.99

指令人名称和地址 ***originator name and address***

指令人名称和地址的详细情况。

3.100

指令人给受益人的信息 ***originator to beneficiary information***

由指令人发送给受益人的信息。

3.101

指令人的金融机构 **originator's financial institution**

执行指令人要求的金融机构。

3.102

指令人的金融机构标识符 ***originator's financial institution identifier***

明确标识指令人金融机构的代码,其可能包括所提供的标识符代码类型的说明。

3.103

指令人的金融机构名称和地址 ***originator's financial institution name of address***

指令人的金融机构名称和地址的详细情况。

3.104

输出顺序号 **output sequence number(OSN)**

在接收方和服务商之间允许输出报文控制的一个连续顺序号。

3.105

付款日期 **pay date**

资金可由受益人以提取资金方式使用的日期。

3.106

付款日期/时间 ***pay date/time***

受益人可以现金形式提取资金的日期和任意时间。

3.107

支付　payment

两个参与方之间以任何形式进行的资金转账。

3.108

支付日期　payment date

执行支付的日期。

3.109

支付命令　payment order

标明资金转账的指令。

3.110

支付服务　payment service

在参与方之间传递报文并对构成资金转账交易的报文进行清算的一种服务。

3.111

处理优先级　processing priority

发送方要求接收方处理报文的紧急等级。

3.112

处理优先级代码　processing priority code

规定请求处理优先级的代码。

3.113

接收方　receiver

接收报文的一方。

3.114

接收方日期和时间　receiver date and time

由服务商将报文传送给接收方的日期和时间。

3.115

接收方标识符代码　receiver identifier code

明确标识报文接收方的代码。该代码由路由代码或与系统相关的地址组成，以便处理报文的服务商识别接收方。

3.116

接收方名称和地址　receiver name and address

接收方名称和地址的详细情况。

3.117

接收方费用　receiver's charges

从交易金额中扣除（借记转账时）或增加到（贷记转账时）交易金额的费用总额。

3.118

接收方的代理行　receiver's correspondent

接收方的分支或另外一个金融机构，其资金可以被接收方获得。

3.119

接收方的代理行标识符　receiver's correspondent identifier

明确标识接收方代理行的代码，其可能包括所提供标识符代码类型的规范。

3.120

接收方代理行名称和地址 ***receiver's correspondent name and address***

接收方的代理行名称和地址的详细情况。

3.121

接收方信息 ***receiver's information***

与报文和与接收方有关的各种信息。

3.122

接收客户 ***receiving customer***

贷记转账过程中交易金额的偿付方,或是借记转账过程中,交易金额的认领方。

3.123

引用 **reference**

一个交易标识符,通常作为交易信息本身的一部分,用于区分不同交易(例:在核对往来账时)。

3.124

受益人引用 ***reference for the beneficiary***

使受益人能够识别转账的参考。

3.125

监管报告 ***regulatory reporting***

监管当局需要的法定和/或监管信息。

3.126

偿付账户标识 ***reimbursement account identification***

作为偿付资金来源的接收方与发送方间账户关系的标识。

3.127

偿付银行 **reimbursement bank**

为支付指令提供头寸的银行(见接收方的代理行和发送方的代理行)。

3.128

偿付方 **reimbursement party**

最终付给接收方资金的一方。

3.129

发布日期和时间 **release date and time**

发送方授权服务商发送报文给接收方的日期和时间。

3.130

汇款信息 ***remittance information***

为收款人提供的交易细节。

3.131

汇款方 **remitter**

在支付指令中指明资金来源的一方。

3.132

补充存款 **replenishment deposit**

由接收方为指令人提供账户服务并使其账户余额增加的一种支付(例如:一家银行转账到自己的账户上)。

3.133

请求执行的日期　requested execution date

发送方要求接收方对交易采取行动的日期。

3.134

同日资金　same day funds

根据所使用的支付方式下交易清算的要求，可于当天转账或提现的资金。

3.135

发送方日期和时间　sender date and time

服务商接收发送方报文的日期和时间。

3.136

发送方标识符代码　sender identifier code

向服务商明确标识报文输入方的代码。

3.137

发送方名称和地址　sender name and address

发送方名称和地址的详细情况。

3.138

发送方给接收方的信息　sender to receiver information

给接收方的附加信息。

3.139

发送方交易引用　sender transaction reference

发送方指定的明确标识交易的参考。

3.140

发送方费用　sender's charges

从交易金额中增加(借记转账时)或扣除(贷记转账时)交易金额的费用总额。

3.141

发送方的代理行　sender's correspondent

发送方的分支或另一金融机构，发送方可以直接通过这些机构或通过接收方的代理行，或中间偿付金融机构，偿付接收方。

3.142

发送方的代理行标识符　sender's correspondent identifier

明确标识发送方代理行的代码，并可能包括所提供标识符代码类型的规范。

3.143

发送方代理行名称和地址　sender's correspondent name and address

发送方代理行的名称和地址的详细情况。

3.144

发送金融机构　sending financial institution

发送报文金融机构的标识。

3.145

清算　settlement

为最终账户处理，对完成的前一笔或多笔交易进行的资金转账。

3.146

总金额　sum of amounts

一个包含多笔交易的报文中的交易额总和。

3.147

补充明细　supplementary details

提供给账户拥有者的对账单个别项目的附加信息。

3.148

系统参考号　system reference number (SRN)

在一项服务中标识报文的号码。

3.149

密押值　test

由发送方和接收方之间约定的算法生成的数字或字符，用来验证报文来源或报文中某一元素，如发送方、金额、日期和顺序号。

3.150

密押　test key

一种只有代理方才知道的固定字数表和计算方法，以此算出的结果即为密押值。

3.151

第三方转账　third-party transfer

受益人不是发送方或接收方的转账交易。

3.152

交易金额　transaction amount

在交易双方之间转账的资金。

3.153

交易引用　transaction reference

交易的唯一参考。

3.154

交易类型代码　transaction type code

确定交易的性质、目的和/或原因的代码。

3.155

传送　transmission

当事人双方之间传输的一个数据序列(反馈和报文)；传输的操作从建立连接时开始，到连接终止时结束。

3.156

传送优先级　transmission priority

发送方要求通过服务商传输报文的紧急等级。

3.157

传送优先级代码　transmission priority code

规定传送优先级的代码。

3.158

账户类型　type of account

在账户标识未能清楚确定账户类型的情况下，用于在接收客户支付或索偿时的账户类型(例如：支票或储蓄)。

3.159

确认日期 ***validation date***

计算确认结果的日期。

3.160

确认密钥标识 ***validation key identification***

密钥接收方用来验证报文的标识。

3.161

确认结果 ***validation result***

在发送方和接收方之间用来验证原始资料和报文内容的全部或部分代码,此代码的产生是基于双方同意的计算方法。根据所用验证方法,"代码"可称作密押值、鉴别码或报文鉴别码(MAC)。当用"密押"验证时,仅验证报文里的几项元素(例如:发报方、金额、日期和顺序号)。

3.162

起息日 ***value date***

接收方可支配资金的日期。

4 资金转账数据段及数据元通用集

本章规定了可用在资金转账和相关报文中的数据段和数据元。

数据元表示法采用下列约定:

4.1 字符表示法

在数据元中使用的字符可以是ISO标准中定义的任何字符集,通讯控制或字段分隔符代码除外。

n:数字

a:字母

an:字母和数字

b:空格

x:允许的字符集中的任何字符

d:代表一个数值,整数部分至少包含一位数字。小数部分可省略,但是小数点应保留。

不允许出现空格和其它符号。长度包含小数点。

4.2 长度表示

$\underline{nn}$:固定长度

nn:最大长度

nn * nn:最大行数乘以最大行长

nn-nn:最小和最大长度

4.3 地址表示法——推荐

为了允许接收行自动处理收到的资金转账支付指令,下文推荐适用于包含"名称和地址"域的数据元。

该域中最后一行应指定邮政编码(如果可能)、城市和/或地点,例如,

SONNTANG AG BAHHOFSTRASSE 111 D-6000 FRANKFURT MAIN

-或-

GATEWAY MANUFACTURERES INC 123 WEST MAIN STREET COLUMBUS, OHIO 98428-0001

4.4 数据段和数据元的描述和表示

数据段	ME/MI	数据元名称	数据元定义	数据元表示
接收方 (接收方是显示必选项)	ME	接收方标识符代码	明确标识报文接收方的代码。该代码由路由代码或与系统相关的地址组成,以便处理报文的服务商识别接收方。	35x
	ME	接收方日期和时间	由服务商将报文传送给接收方的日期和时间。	12n
		接收方名称和地址	接收方(接收报文的一方)名称和地址详细情况标识。	4 * 35x
		接收方信息	与报文有关的各种信息,以供接收方使用。	6 * 35x
		账户类型	在账户标识未能清楚确定账户类型的情况下,用于在接收客户支付或索偿时的账户类型(例如:支票或储蓄)。	35x
报文类型 (报文类型是显示必选项)	ME	报文类型代码	用于指明报文的作用和/或要求,采取行动的代码。	3an
		报文标识符(MID)	发送方用来唯一标识金融报文的数据。	16x
		业务功能码	为便于受益人或受益人金融机构确认指令人所付款项的业务意图,进行划账或对账,而由指令人或指令人金融机构指定的代码。	3an
		银行操作码	由接收方用以唯一识别所有资金转账交易方法的代码(例如:主动借记、支票支付和电子支付)。	16x (6a[3])
		发送方的报文状态指示符	由发送方提供的,用于规定有关报文(如可疑或可能重复)传输的特定情况信息。	35x
		服务商报文状态指示符	由发送服务商提供的用于规定有关报文(如可疑或可能重复)传输的特定情况信息。	35x
		传送优先级代码	规定传送优先级的代码。	3an
		处理优先级代码	规定请求处理优先级的代码。	4x
		文件引用	一种确保所有相关文件序列能够适当地互相参考的方法。这种方法同样可以为查询、撤销或退还的业务提供唯一的文件引用。这种参考通常也可在任何相关的偿付支付中被引用。	16x

数据段	ME/MI	数据元名称	数据元定义	数据元表示
		交易类型代码	确定交易的性质、目的和/或原因的代码。	16x(3a)
		交易引用	交易的唯一参考。	16x
		监管报告	监管当局需要的法定和/或监管信息。	3 * 35x
		业务数量	资金转账报文中包含的交易数量。	5n
发送方（发送方是显示必选项）	ME	发送方标识符代码	向服务商明确标识报文输入方的代码。	35x
	ME	发送方交易引用	发送方指定的明确标识交易的参考。	16x
	ME	发送方日期和时间	服务商接收发送方报文的日期和时间。	12n
		发送方名称和地址	发送方名称和地址详细情况。	4 * 35x
金额（金额是显示必选项）	MI	货币代码	标识货币的ISO代码，货币代码的第三位字符也将标识相关的资金类别。	3a 或 3n
	ME	交易金额	在交易双方转账的资金。	22d
		总金额	一个包含多笔交易的报文中的交易额总和。	35d
		原始转账额	原始指令人要求转账给受益人的资金，其中不包括任何费用。	22d
		汇率	原始交易货币和金额转变为另一种交易金额的价格。	12d
起息日（起息日是隐示必选项）	MI	起息日	接收方可支配资金的日期。	6n
		付款日期/时间	受益人可以现金形式提取资金的日期和任意时间。	6n(4n)
		请求执行日期	发送方要求接收方执行交易的日期。	6n
		交易日期	设置汇率日期。	6n

数据段	ME/MI	数据元名称	数据元定义	数据元表示
费用 （费用是隐示必选项）	MI	付费方	金融服务费用的支付方标识。	3an
		应征费用	对提供金融服务应征收的费用，并且详细说明申请人和申请目的。	3a10d [4 * 35x]
		发送方的费用明细	通过发送方增加（借记转账）或扣除（贷记转账）交易金额的费用明细。	6 * 35x
		接收方的费用明细	通过发送方扣除（借记转账）或增加（贷记转账）交易金额的费用明细。	6 * 35x
		发送费用	从交易金额中增加（借记转账时）或扣除（贷记转账时）交易金额的费用总额。	15d
		接收方费用	从交易金额中扣除（借记转账时）或增加到（贷记转账时）交易金额的费用总额。	15d
指令人 （指令人是隐示必选项）		指令人标识符	明确标识指令人的代码，并可能包括所提供的标识符代码类型说明。	35x
		指令人名称和地址	指令人名称和地址的详细情况。	4 * 35x
指令人的金融机构 （指令人的金融机构是隐示必选项）		指令人的金融机构标识符	明确标识指令人金融机构的代码，其可能包括所提供的标识符代码类型的说明。	35x
		指令人金融机构名称和地址	指令人的金融机构名称和地址详细情况。	4 * 35x
指示金融机构		指示金融机构标识符	明确标识指示金融机构的代码，该代码可能包括所提供的标识符代码类型的说明。	35x
		指示金融机构名称和地址	指示金融机构名称和地址详细情况。	4 * 35x
中间金融机构		中间金融机构标识符	明确标识中间金融机构的代码，该代码可能包括所提供标识符代码类型的说明。	35x
		中间金融机构账户标识	为了以后转账的完成，而用来作为对中间金融机构账户的标识。	35x
		中间金融机构名称和地址	中间金融机构名称和地址的详细情况。	4 * 35x
		中间金融机构通知方法	规定用于通知中间金融机构的方法代码（例如：电话、信件、电报等），该机构的账户已经被贷记或某笔资金任其支配。	3an
		中间金融机构通知信息	用于通知中间金融机构的信息（例如：电话号码、邮政编码、联系人姓名等）。	35x
		中间金融机构支付方法	规定如何向中间金融机构付款的代码。	3an
		中间金融机构信息	与转账有关的，仅供中间金融机构使用的各种信息。	3 * 35x

数据段	ME/MI	数据元名称	数据元定义	数据元表示
受益人的金融机构 (受益人的金融机构是隐示必选项)		受益人的金融机构标识符	明确标识受益人金融机构的代码,其可能包括所提供的标识符代码类型说明。	35x
		受益人的金融机构账户标识	由接收方或中间金融机构用来识别受益人金融机构的账户,以执行转账指令。	35x
		受益人的金融机构名称和地址	受益人金融机构的名称和地址的详细情况。	4*35x
		受益人金融机构通知方法	规定用于通知受益人金融机构方法的代码(例如:电话、信件、电报等),该受益人的金融机构账户已经被贷记或某笔资金任其支配。	3an
		受益人金融机构通知信息	用于通知受益人金融机构的信息(例如:电话号码、邮政编码、联系人姓名等)。	35x
		受益人金融机构支付方法	规定如何向受益人的金融机构付款的代码。	3an
		受益人的金融机构信息	与转账有关仅供受益人金融机构使用的各种信息。	4*35x
受益人 (受益人是隐示必选项)		受益人标识符	明确标识受益人的代码,其可能包括所提供的标识符代码类型说明。	35x
		受益人账户标识	由贷记受益人资金的金融机构提供的受益人的账户标识。	35x
		受益人名称和地址	受益人名称和地址的详细情况。	4*35x
		受益人引用	使受益人能够识别转账的参考。	16x
		受益人通知方法	规定用于通知受益人方法(例如:电话、信件、电报等)的代码,该受益人账户已经被贷记或某笔资金任其支配。	3an
		受益人通知信息	用于通知受益人的信息(例如:电话号码、邮政编码、联系人姓名等)。	35x
		受益人支付方法	规定向受益人支付款项方法的一种代码。	3an
		指令人给受益人的信息	由指令人发送给受益人的信息。	4*35x
		汇款信息	为收款人提供的交易细节。	4*35x

数据段	ME/MI	数据元名称	数据元定义	数据元表示
偿付 （偿付是隐示必选项）		偿付账户标识	作为偿付资金来源的接收方与发送方间账户关系的标识。	35x
		发送方的代理行标识符	明确标识发送方代理行的代码，并可能包括所提供标识符代码类型的规范。	35x
		发送方代理行名称和地址	发送方的代理行名称和地址的详细情况。	4*35x
		中间偿付金融机构标识符	明确标识中间偿付金融机构的代码，并可能包括所提供标识符代码类型的说明。	35x
		中间偿付金融机构名称和地址	中间偿付金融机构名称和地址的详细情况。	4*35x
		接收方的代理行标识符	明确标识接收方代理行的代码，其可能包括所提供标识符代码类型的规范。	35x
		接收方代理行名称和地址	接收方的代理行名称和地址的详细情况。	4*35x
		金融机构清算日/金额	起息日、货币代码和偿付总金额。	6n3a[3n]22d

附 录 A
（规范性附录）
转账的有关各方

本附录旨在阐明各方之间的关系。

下面例子并非反映或介绍银行的惯例，仅用来说明在理论上各方的角色转换。本部分所定义的有关各方不一定都在本附录中一一体现。此外，在本附录中，“银行”一词的意思是指“金融机构”。

A.1 显式和隐式角色

在最简单情况下，通常只有四方：

——指令人；

——发送方（指令人的银行，偿付行）；

——接收方（受益人的银行）；

——受益人。

根据不同情况，某一方可以扮演多种角色。在此简单案例中，发送方既是指令人银行又是接收方的偿付银行。类似地，接收方扮演了受益人银行的隐式角色。因此，仅能按照显式角色来确认某一方。这样，发送方以显式角色（发送行）在报文中仅出现一次，而它作为指令人的角色则是隐式的。现用另一种方法来说明，接收方收到的转账报文并未注明指令人银行时，可以假定发送方也就是指令人银行。如果报文中未注明受益人银行，则接收方即可认为其自己就是受益人银行，受益人即为其客户，而非此资金链上其他代理行之客户。

A.2 转换角色

各方角色的另一重要特征就是其角色能够转换。在上述情况中，角色的转换并没有发生，因为完成资金转账只需一笔交易。然而常常是这样的情况，即一笔资金从指令人到受益人途中必须通过多家银行传递。例如，设想上述交易有五方参与其中的情形：

——指令人；

——发送方；

——接收方；

——受益人银行；

——受益人。

此时需要两笔交易来完成这笔资金转账，因为第一笔支付指令的接收方会转发一笔资金转账给受益人银行以便其进一步贷记给受益人。因此，第一笔交易的接收方变为第二笔交易的发送方；而第一笔交易的受益人银行也就变为第二笔交易的接收方。

以与其角色无关的任意名称，标识资金转账的各方，如客户 A、银行 A、银行 B 等，以下图 A.1 说明某些角色如何转换，而某些角色则保持不变。

资金转账 →

各方	第一笔交易 角色	第二笔交易 角色
客户 A	指令人	指令人
银行 A	发送方	指令人银行
银行 B	接收方	发送方
银行 C	受益人银行	接收方
客户 B	受益人	受益人

图 A.1

从图 A.1 可以看出，指令人和受益人的角色在整个资金转账过程中保持不变，但是银行角色则从一笔交易到另一笔交易时发生了转变。

关于上图的隐式角色和转变角色的概念一起说明如图 A.2：

资金转账 →

角色	第一笔交易 各方	第二笔交易 各方
指令人	客户 A	客户 A
指令人银行	(银行 A)*	银行 A
发送方	银行 A	银行 B
接收方银行	银行 B	银行 C*
受益人银行	银行 C	(银行 C)
受益人	客户 B	客户 B

*()=隐式角色

图 A.2

A.3 示例

下面是资金转账情况的实例，说明了不同情形下各方的隐式角色和显式角色以及角色的转换。情况说明如下：

a) 简单资金转账仅包含 4 个参与方和一笔交易；

b) 复杂资金转账涉及多个中介者和一个交易链；

c) 资金转账通过一个共同代理行进行偿付。

A.3.1 示例 1：简单的资金转账

旧金山 APCO 公司希望汇出 20 000 美元给在纽约的一家子公司。旧金山 Any 银行替 APCO 公司办理完成这笔资金转账。最后贷记的账户（即受益人——纽约 APCO 公司的账户）开在纽约 Sunny 银行。

转账——旧金山 Any 银行到纽约 Sunny 银行

指令人 …………………………………………………………………… 旧金山 APCO 公司
指令人银行 ………………………………………………………………… (Any 银行)
指示行 …………………………………………………………………… (无)
偿付行 …………………………………………………………………… (Any 银行)
发送方 …………………………………………………………………… 旧金山 Any 银行
接收方 …………………………………………………………………… 纽约 Sunny 银行
中间方 …………………………………………………………………… (无)
受益人银行 ………………………………………………………………… (Sunny 银行)
受益人 …………………………………………………………………… 纽约 APCO 公司

- 除非在支付命令中另有说明(即发送方代理行和/或接收方代理行),发送行就是偿付银行。
- 因为 Any 银行和 Sunny 银行有代理行关系,资金转账可直接从 Any 银行到 Sunny 银行。
- Sunny 银行收到 Any 银行的报文后,即在 APCO 公司账户上贷记 20 000 美元,在 ANY 银行账户上借记同样金额,这笔资金转账就算完成了。
- 在此笔资金转账中,Any 银行的显式角色是发送方,而隐式角色是指令人银行和偿付行。
- Sunny 银行既有接收行的显式角色也有受益人银行的隐式角色。

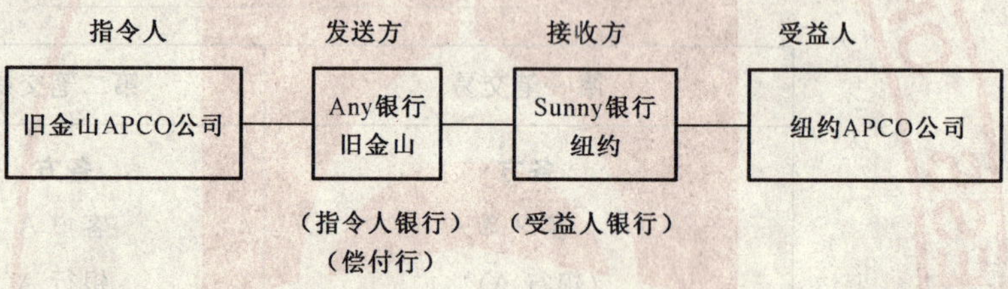

A.3.2 示例 2:复杂资金转账

下例说明一笔资金转账不能从指令人银行直接到受益人银行,而必须通过几家银行转递的情况。这就需要用几笔连续交易(本例有三个)来完成资金转账。

交易 A

纽约州阿尔巴尼 ABC 公司希望汇给曼彻斯特的 APCO 公司 50 000 英镑。最后账户贷记(即受益人——曼彻斯特 APCO 公司的账户)在曼彻斯特 Sunny 银行上。ABC 公司要求纽约 Any 银行通过伦敦 Sunny 银行支付。

交易 A——纽约 Any 银行到伦敦 Money 银行

指令人 …………………………………………………………………… 纽约州阿尔巴尼 ABC 公司
发送方 …………………………………………………………………… (纽约 Any 银行)
指示行 …………………………………………………………………… (无)
偿付行 …………………………………………………………………… (纽约 Any 银行)
发送方 …………………………………………………………………… 纽约 Any 银行
接收方 …………………………………………………………………… 伦敦 Money 银行
中间行 …………………………………………………………………… 伦敦 Sunny 银行
受益人银行 ………………………………………………………………… 曼彻斯特 Sunny 银行
受益人 …………………………………………………………………… 曼彻斯特 APCO 公司

- 因为纽约 Any 银行同 Sunny 银行没有账户关系,他们将资金转账给其代理行,即此例中的伦敦 Money 银行。
- 在此交易中,Any 银行显式角色是发送方,而隐式角色既是指令人银行又是偿付方。

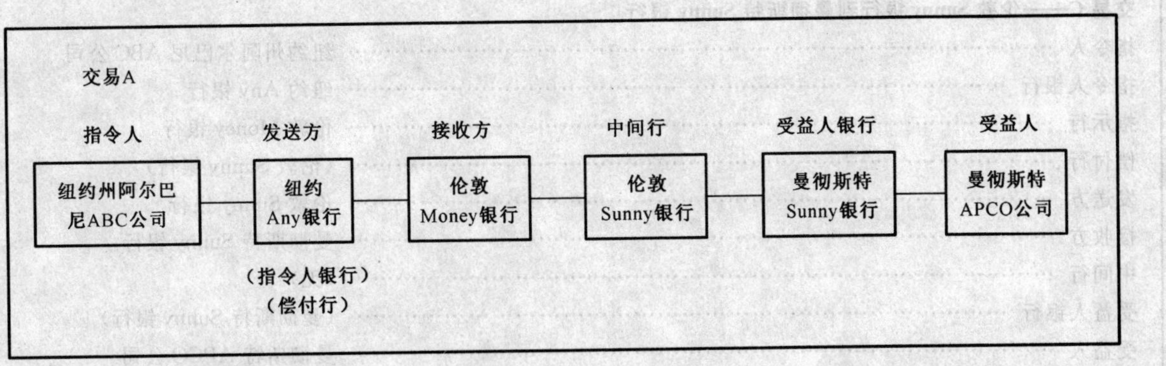

交易 B

Money 银行收到前述 Any 银行的报文,随即创建一个外发报文发送给伦敦 Sunny 银行(即来报中的中间行)。

交易 B——伦敦 Money 银行到伦敦 Sunny 银行

指令人	纽约州阿尔巴尼 ABC 公司
指令人银行	纽约 Any 银行
指示行	(纽约 Any 银行)
偿付行	(伦敦 Money 银行)
发送方	伦敦 Money 银行
接收方	伦敦 Sunny 银行
中间行	(无)
受益人银行	曼彻斯特 Sunny 银行
受益人	曼彻斯特 APCO 公司

- Money 银行将借记 Any 银行账户并付给伦敦 Sunny 银行 50 000 英镑。
- 因为曼彻斯特 Sunny 银行是伦敦 Sunny 银行的一个分行,它们之间有账户关系,所以没有必要在未来交易中寻求中间行。
- 在这个交易中,Any 银行的显式角色是指令人银行,并同时保持指示行这个隐式角色。Money 银行作为报文的发送方,其隐式角色是偿付行。
- 指令人、受益人银行和受益人的角色保持不变。

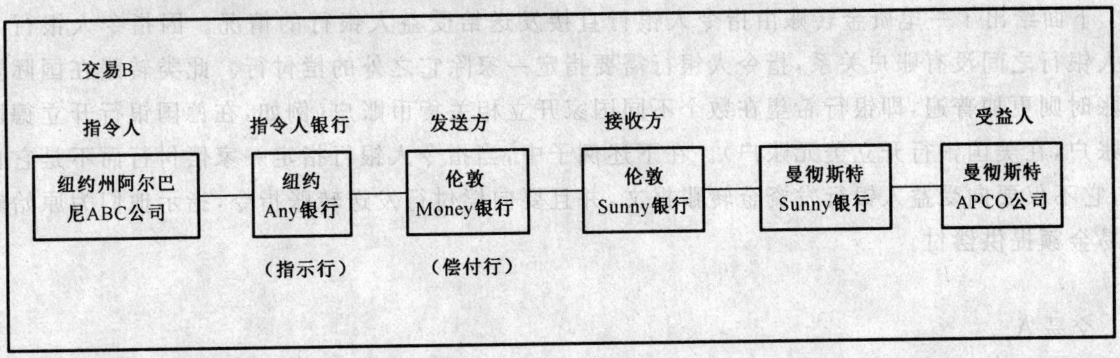

交易 C

这是本笔特殊资金转账中的最后一笔交易。伦敦 Sunny 银行收到 Money 银行的报文后,将产生一个报文发送给其曼彻斯特分行。

交易 C——伦敦 Sunny 银行到曼彻斯特 Sunny 银行	
指令人	纽约州阿尔巴尼 ABC 公司
指令人银行	纽约 Any 银行
指示行	伦敦 Money 银行
偿付行	(伦敦 Sunny 银行)
发送方	伦敦 Sunny 银行
接收方	曼彻斯特 Sunny 银行
中间行	(无)
受益人银行	(曼彻斯特 Sunny 银行)
受益人	曼彻斯特 APCO 公司

- 接到伦敦 Money 银行指令，伦敦 Sunny 银行贷记该行曼彻斯特分行账户 50 000 英镑。
- 在本次转账阶段，Money 银行的显式角色是指示行，Any 银行的显式角色仍是指令人银行。
- 尽管在资金转账过程中，曼彻斯特 Sunny 仍作为受益人银行，对本次最后一笔交易而言，其角色显式地成为接收方，而它作为受益人银行的功能成为隐式角色。
- 在整个资金转账过程中，指令人和受益人角色保持不变。
- 在收到报文后，曼彻斯特 Sunny 银行将贷记曼彻斯特 APCO 公司 50 000 英镑，至此此笔资金转账即算完成。

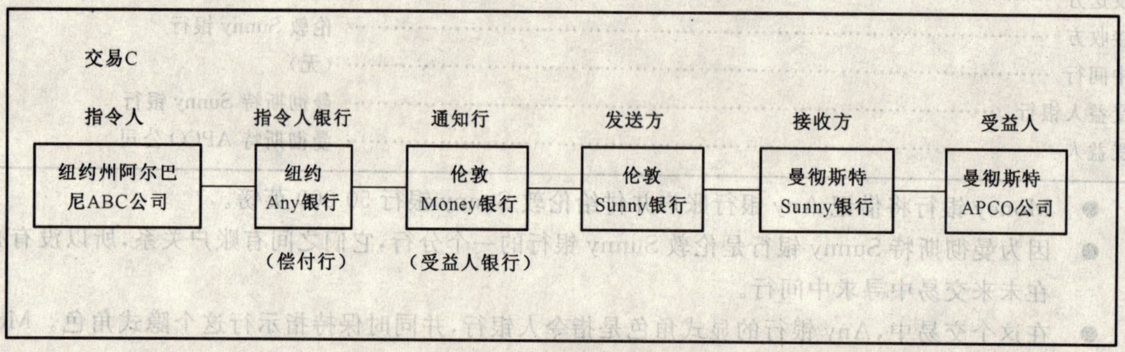

A.3.3 示例 3：通过共同代理行偿付方式进行的资金转账

下面给出了一笔资金转账由指令人银行直接发送给受益人银行的情况。因指令人银行与受益人银行之间没有账户关系，指令人银行需要指定一家除它之外的偿付行。此类转账在国际资金转账时则更加普遍，即银行希望在数个不同国家开立相关货币账户（例如，在德国银行开立德国马克账户，在美国银行开立美元账户）。在下述例子中，当指令人银行指定一家偿付行而不是它自己时，它不仅要向受益人银行发资金转账报文，并且要向偿付行发送转账指令，指示他们为原始转账交易金额提供偿付。

交易 A

伦敦 Smith 产业公司希望付 500 000 美元给巴黎 Upright Shipping，要求伦敦 Any 银行为其办理此笔资金转账，最终由巴黎 Money 银行负责贷记（受益人—Upright Shipping）的账户。

交易 A——伦敦 Any 银行给巴黎 Money 银行	
指令人	伦敦 Smith 产业
指令人银行	伦敦 Any 银行
指示行	(无)
发送方	伦敦 Any 银行
发送方代理行	纽约 Sunny 银行
接收方代理行	纽约 Sunny 银行
接收方	巴黎 Money 银行
中间行	(无)
受益人银行	(巴黎 Money 银行)
受益人	巴黎 Upright Shipping

- 转账直接由伦敦 Any 银行发送给巴黎 Money 银行,然而 Any 银行指定一家非己方偿付行(借方),在此情况下,纽约 Sunny 银行恰好成为 Any 银行和 Money 银行的共同代理行。所以,在发给 Money 银行的支付命令中,Any 银行说明 Money 银行将在 Sunny 银行获得偿付。
- 在这笔转账中,Any 银行的显式角色是发送方。而隐式角色是指令人银行。
- Money 银行显式角色是接收方,隐式角色是受益人银行。
- 当 Money 银行收到 Sunny 银行发来的转账和相应的贷记通知后,将贷记 Upright Shipping 的账户 500 000 美元。

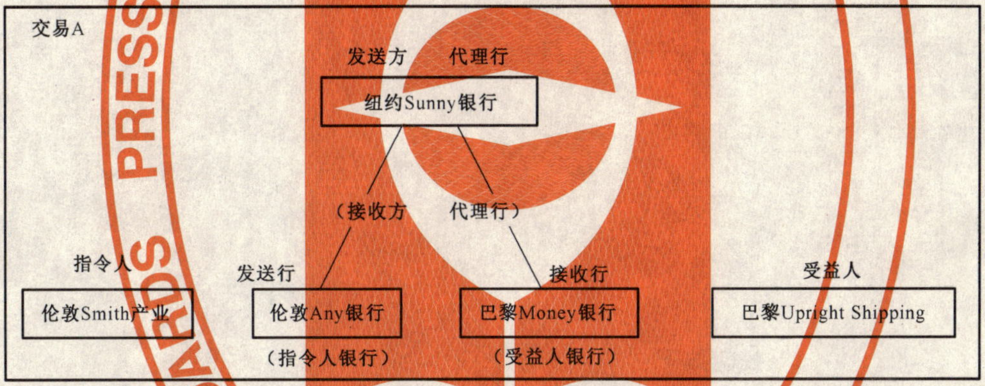

交易 B

为偿付交易 A 中请求的支付,Any 银行发送给纽约 Sunny 银行资金转账指令,要求 Sunny 银行从 Any 银行开立在该行的账户中划拨 500 000 美元给 Money 银行开立在 Sunny 银行的账户中。

交易 B——伦敦 Any 银行到纽约 Sunny 银行	
指令人	(伦敦 Any 银行)
指令人银行	(无)
指示行	(无)
偿付行	(伦敦 Any 银行)
发送方	伦敦 Any 银行
接收方	纽约 Sunny 银行
中间行	(无)
受益人银行	(纽约 Sunny 银行)
受益人	巴黎 Money 银行

- 在这笔转账中，Any 银行保留其为发送方的显式角色，但现在它也隐式为转账请求的指令人。
- Sunny 银行既是接收方同时也隐式为受益人的银行。而 Money 银行则既然是资金的接收方，故而也就是支付请求中的受益人。
- Sunny 银行收到转账后将借记 Any 银行账户 500 000 美元，并贷记 Money 银行账户同样金额。随后，Sunny 银行向 Money 银行发一份贷记通知，提示 Money 银行参照其一开始从 Any 银行收到的有关转账，并声明有关资金已贷记到其在 Sunny 银行开立的账户。

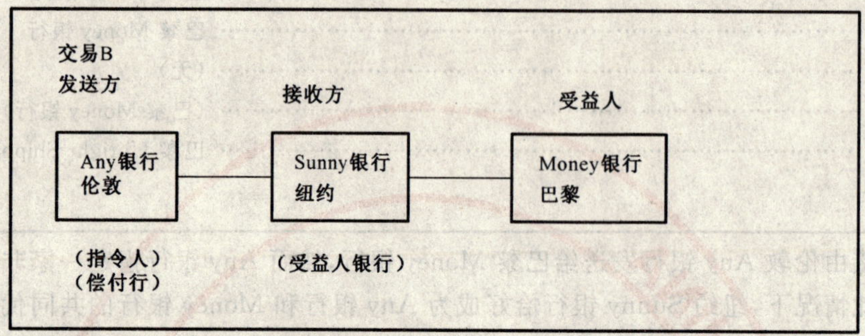

附 录 B
（资料性附录）
用户电传资金转账报文域描述符

在电传资金转账报文中，字母描述符常用来标识每个域的内容（见 ISO 7746:1998）。由于报文格式空间有限，这些描述符不必精确地与包含在该域的信息术语相一致。为便于说明问题，下表列出了与每个用户电传资金转账域描述符相对应的术语。

域描述符	术语
TEST KEY	密押
SUM OF AMOUNTS	总金额
SENDERS REF	发送方引用
RELATED REF	相关引用
ACCOUNT	账户
VALUE DATE	起息日
AMOUNT	金额
ORIGINATOR	指令人
ORIGINATOR'S BANK	指令人银行
REIMBURSEMENT	偿付
INTERMEDIARY BANK	中间行
PAY THRU	通过×××支付
BENEFICIARY	受益人
BENEF INFO	受益人信息
CHARGES TO	付费
RECEIVER INFO	接收方信息
PAY THRU INFO	通过×××支付的补充信息

附　录　C
（资料性附录）
批量电子资金转账的支付、清算及电讯系统

C.1 引言

金融业作为国内和国际商业的支撑，同时也是电讯系统的主要用户。本部分中所述报文可用此系统进行交换。本附录所述当前使用的金融电讯系统的情况，是为了提供相关资料。而非详尽无遗地罗列所有情况。此外，所提及的网络的业务范围都可能发生变化。

C.2 银行家自动清算服务（Banker's Automated Clearing Services，简称：BACS）

英国电子大宗业务清算系统，用于处理主动借记、标准订单以及其他自动贷记转账。指令人通过磁带或直接电讯线路向BACS提交数据，这些数据包含若干贷记款项，对应一个借记款项总额，或者若干借记款项，对应一个贷记款项。

C.3 银行划汇中心（Bank Giro Center）

瑞典和荷兰的主要支付系统。瑞典和荷兰银行可主动参加（即通过此系统支付），也可被动参加（即只接收汇款）。来自此系统的数据汇总为收支差额，送交各国中央银行。

C.4 日本银行的金融网络系统（Bank of Japan Financial Network System，简称：BOJ.Net）

日本银行运营系统，执行以下功能：(1) 通过在日本银行的金融机构账户进行银行间资金转账；(2) 对第三方有支付命令的银行间进行资金转账；以及(3)实时监控清算系统参与行的准备金状况。此系统主要关注大额交易清算，并提供当日资金清算服务。

C.5 票据交换所自动支付系统（Clearing House Automated Payment，简称：CHAPS）

电子银行间系统，供一家清算银行为自己或其客户向另一家清算银行发出有担保、无条件且当日清算的英镑支付命令。

C.6 比利时金融系统清算中心（Clearing Center for the Belgian Financial，简称：CEC）

1974年由比利时整个银行界创建的非盈利机构，目的是自动交换参加清算的支付交易，其主管机构为比利时国民银行。

C.7 票据交换所银行间支付系统（Clearing House Interbank Payment System，简称 CHIPS）

民间电讯支付服务机构，由纽约票据交换所协会经营。作为网上实时电子支付系统，用于转账和清算美元这一国际商务通用货币的交易。它是用于美国国际交易的中央清算系统，处理世界各国之间95%以上的美元支付。

C.8 EAF，ELS

ELS为德意志银行的划汇网，可以连通到德国境内的任一家银行。此外，在法兰克福还有一个电子清算系统（EAF），由法兰克福德意志中央银行经营。德国马克的无纸转账单（汇款）是基于EAF的唯一转账方法。德国银行可使用德意志银行的简化支票以及主动借记托收程序收取支票。

C.9 Fedwire

其为美国联邦储备银行经营的一个支付网，是连接存款机构与联邦储备银行的网络。一家汇出存款机构授权联邦储备银行借记其账户，并贷记接收汇款的存款机构于联邦储备银行的账户。每一笔汇款均在处理时逐笔清算。

C.10 银行间全国网(Interbank National Network，简称:RNI)

以前称为 SITRAD，为意大利金融机构间建立的综合性的跨区网络，由 SIA(银行间自动化协会)管理，意大利银行和各种银行都与之联网。此网络传送本国格式的支付命令以及各种主动借记、账户行之间的银行间汇划转账交易和自由格式的报文。

C.11 以电子传输记账特殊清算交易的信息管理自动化系统(Systeme Automatique de Gestion Integre par Teletransmission de Transactions avec Imputation de reglements Etrangers—Automatic System of Information Management by Teletransmission of Transactions with Imputation of Peculiar Settlement，简称:S. A. G. I. T. T. A. I. R. E.)

法兰西银行在法国境内为法国的 S. W. I. F. T 会员和子会员设立的电子银行间支付服务，仅处理法国法郎支付。

C.12 瑞士银行间清算系统(Swiss Interbank Clearing System，简称:SIC)

Telekurs 公司与瑞士银行和瑞士国民银行合作开发的电子支付系统。参与者通过传输网络进行联网，其账户在此系统里集中管理。关于当日清算或可以在 10 个工作日内清算的支付指令支持可在 24 小时提交。一笔支付指令清算后则为不可撤销的和最终的，且账户不得透支。

C.13 基于 SIA 的银行间支付系统(SIA-based Interbank Payment System，简称:SIPS)

SIA(通过全国自动票据交换所)操作的批量转账系统，代表意大利银行清偿银行间的支付活动和其他大额交易。

C.14 银行间电讯偿付系统(System Interbancaire de Telecompensation，简称:SIT)

法国银行间电讯清算系统，一般用于执行大多数批量自动作业的交换系统(即:那些可以通过计算机清算中心和支票记录的交易)。

C.15 Zengin

在线电讯网络，连接日本的金融机构与由东京银行家协会操作的 Zengin 计算机中心。这个系统包括城市银行、地区性银行、信托银行、长期信用银行和外国银行，以及间接参与者，例如信用合作社、劳工信用协会和农业合作社。

ICS 07.060
N 93

中华人民共和国国家标准

GB/T 15966—2007
代替 GB/T 15966—1995

水文仪器基本参数及通用技术条件

Primary parameter and general specification for hydrologic instrument

2007-12-24 发布 2008-03-01 实施

中华人民共和国国家质量监督检验检疫总局
中国国家标准化管理委员会 发布

前言

本标准是对GB/T 15966—1995《水文仪器基本参数及通用技术条件》的修订。

本标准与GB/T 15966—1995相比，主要变化如下：

——增加了闸位测量仪器、土壤水分(墒情)监测仪器和自动测报系统设备等类别仪器及其基本技术参数；

——将原“水文测验配套设备及测具”拆分为“水文测验配套设备”和“水文测具”两个类别，并分别规定了其各自产品的基本参数；

——在“流速、流量、流向仪器”类别中增加了流速流量计的基本技术参数；

——在“水质仪器”类别中，修改了水质采样器的产品种类及技术参数，增加了水质监测仪器及其基本技术参数；

——在“水文测验配套设备”类别中增加了缆道综合控制台等缆道设备的基本技术参数；

——增加了电压拉偏、抗电磁干扰、抗雷击等试验项目及试验方法；

——增加了设备功耗测试、绝缘电阻测试等试验项目的试验方法。

本标准由中华人民共和国水利部提出。

本标准由全国水文标准化技术委员会水文仪器分技术委员会归口。

本标准主要起草单位：水利部水文仪器及岩土工程仪器质量监督检验测试中心，水利部南京水利水文自动化研究所。

本标准参加起草单位：太原理工天成科技股份有限公司、河南黄河水文科技有限公司、全国工业产品生产许可证办公室水文仪器及岩土工程仪器审查部。

本标准主要起草人：张玉成、陆旭、袁普生、姚永熙、陆伟佳。

本标准参加起草人：苏斌、陈清君、张诚、鲍良钝。

本标准所代替标准的历次版本发布情况为：

——GB/T 15966—1995。

水文仪器基本参数及通用技术条件

1 范围

本标准规定了水文仪器的产品分类、型号命名、基本参数及通用技术条件、试验方法、检验规则以及标志、包装、运输、贮存等。

本标准适用于水文仪器的产品研制、设计、生产、使用及具体产品标准的编制。

2 规范性引用文件

下列文件中的条款通过本标准的引用而成为本标准的条款。凡是注日期的引用文件，其随后所有的修改单(不包括勘误的内容)或修订版均不适用于本标准，然而，鼓励根据本标准达成协议的各方研究是否可使用这些文件的最新版本。凡是不注日期的引用文件，其最新版本适用于本标准。

GB/T 9359—2001 水文仪器基本环境试验条件及方法

GB/T 13336 水文仪器系列型谱

GB/T 17626.5 电磁兼容 试验和测量技术 浪涌(冲击)抗扰度试验

GB/T 17626.8 电磁兼容 试验和测量技术 工频磁场抗扰度试验

GB/T 18185—2000 水文仪器可靠性技术要求

GB/T 18522.4—2002 水文仪器通则 第4部分:结构基本要求

GB/T 18522.6 水文仪器通则 第6部分:检验规则及标志、包装、运输、贮存、使用说明书

GB/T 19677—2005 水文仪器术语及符号

GB/T 19704—2005 水文仪器显示与记录

GB/T 19705—2005 水文仪器信号与接口

SL 61—2003 水文自动测报系统技术规范

SL 108—2006 水文仪器及水利水文自动化系统型号命名方法

SL/T 151 水文绞车

ISO 4364:1997 明渠水流测量 河床质采样

3 术语

GB/T 19677—2005 确立的术语和定义适用于本标准。

4 仪器分类与型号命名

4.1 仪器分类

水文仪器的产品分类应符合 GB/T 13336 的规定。

4.2 型号命名

水文仪器的型号命名应符合 SL 108—2006 的规定。

5 基本参数

5.1 水位测量仪器

水位测量仪器的基本参数见表1、表2、表3。

5.2 闸位测量仪器

闸位测量仪器的基本参数见表4。

表 1

仪器名称	型式	基本规格/m	分辨力/cm	允许误差/cm
电测水尺	触点式	0.50,1.00,2.00	0.1,0.5,1.0	0.1,0.5,1.0
	电子式			

表 2

仪器名称		型式	测量范围/cm	分辨力/cm	允许误差/cm
水位测针	手动式	钩针式	0～10,0～40,0～100	0.01	0.03
		直针式			
	自动式	直针式	0～10,0～40, 0～60,0～100	0.01	0.03 (0～40 cm)

表 3

仪器名称		型式	测量范围/m	分辨力/cm	允许误差
水位计	悬锤式水位计	悬锤式	0～10	0.5,1.0	1.0 cm,2.0 cm,3.0 cm (10 m 量程)
	浮子式水位计	浮子式	0～5,0～10,0～20, 0～40,0～80	0.1,0.5,1.0	0.3 cm,1.0 cm,2.0 cm (10 m 量程)
	压力式水位计	直接式	0～10,0～40	0.1,0.5,1.0	1.0 cm,2.0 cm,3.0 cm (10 m 量程)
		气泡式			
	超声波水位计	液介式	0.5～10.0,0.5～20.0, 0.5～40.0,0.5～80.0	0.5,1.0	2.0 cm,3.0 cm (10 m 量程)
		气介式	0.5～5.0,0.5～10.0, 0.5～20.0		
	雷达(微波)水位计	—	0～20,0～40,0～80, 0～100	0.1	1.0 cm (20 m 量程)
	激光水位计	—	0.4～100	0.1	满量程的 0.001%

表 4

仪器名称	型式	测量范围/m	分辨力/cm	允许误差/cm
闸位计(闸门开度仪)	编码式	0～5,0～10, 0～20,0～40,0～80	0.5,1.0	1.0,2.0 (10 m 量程)
	电测式			

5.3 水深测量仪器

水深测量仪器的基本参数见表 5。

5.4 流速、流量、流向仪器

5.4.1 流速仪

5.4.1.1 转子式流速仪的基本参数见表 6。

表 5

仪器名称	型式	测量范围/m	分辨力/cm	允许误差
水文测杆	自动式	0～6.0	2,5	—
超声波测深仪	缆道型	0.50～99.99	1,2,5	5 cm(水深小于 5 m 时) 1%(水深大于 5 m 时)
	船用型	0.5～100.0,0.5～200.0	1,2,5,10	
	便携式	0.40～99.99	1,2,5,10	

表 6

仪器名称	转子直径/mm	水力螺距/mm	测量范围/(m/s)		全线相对均方差(*m*)/%
			速度下限	速度上限	
旋桨式流速仪	20～120	100～250	0.01～0.10	1.0～15.0	±1.5
旋杯式流速仪	50～150	—	0.01～0.20	0.5～4.0	±2.0

5.4.1.2 非转子式流速仪的基本参数见表 7 和表 8。

表 7

仪器名称	测量范围/(m/s)		使用范围			分辨力/(cm/s)	允许误差
	速度下限	速度上限	声程/m	俯角/(°)	水平角/(°)		
超声波时差法流速仪	0.00～0.08	2～10	0.5～1 000	—	—	0.1,1	2%,3%
超声波多普勒点流速仪	0.01～0.10	4.5～15	—	—	—	0.1,1	0.5% 1.0%
电波流速仪(雷达测流仪)	0.5	15	>20	20～60	0～30 —	0.1,1	2%
电磁点流速仪	0.01～0.20	10	—	—	—	0.1	0.1%,1%

表 8

仪器名称		测速范围/(m/s)	有效剖面宽/深度/m	分辨力/(cm/s)	允许误差
声学多普勒剖面流速仪	定点式	−10～+10	20,100,120,200	0.1	0.1%,0.25%, 0.5%,1%
	走航式	−5～+5, −8～+8	0.1～1.0,0.5～10.0, 1.0～100.0		

5.4.2 流速流向仪

流速流向仪的基本参数见表 9。

5.4.3 流速流量计

流速流量计的基本参数见表 10。

表 9

仪器名称	流向		流速范围/(m/s)	允许误差	
	角度范围/(°)	角度分辨力/(°)		流速	流向/(°)
流速流向仪[a]	0～359	1,2,5	0.05～4.00	1.5%(全线相对均方差)	1,2,4

a 指转子式流速流向仪。

表 10

仪器名称	型式	流速范围/(m/s)	流量范围/(m^3/s)	允许误差
流速流量计[a]	明渠用	0.2～3.0	0.3～3.0	5%
	管道用	0.07～7.00	—	—

a 指利用转子式流速仪长期自动测流的流速流量计。

5.5 降水量观测仪器

降水量观测仪器的基本参数见表 11。

表 11

仪器名称	型式	降水强度/(mm/min)	分辨力/mm	允许误差
雨量器	—	—	0.1	—
雨量计	虹吸式	≤4	0.1	0.05 mm(记录误差)
	翻斗式	≤4	0.1,0.2,0.5,1.0	2%,3%,4%
	浮子式	0～8,0～10	0.1	0.2 mm(降水量小于 10 mm 时) 1%(降水量大于 10 mm 时)
	水导式	≤4	0.1,0.2,0.5,1.0	
	称重式	—	0.1,0.2,0.5,1.0	
	光学式	—	0.1,0.2,0.5,1.0	2%,3%,4%
雪量器	—	—	0.1	—
雨雪量计	不冻液式	≤4	0.1,0.2,0.5,1.0	4%(降水量小于 10 mm 时)
	加热式			
	称重式	—	0.1,0.5,1.0	
	光电式	—	0.1	2%,5%

5.6 水面蒸发仪器

水面蒸发仪器的基本参数见表 12。

表 12

仪器名称	器口内径/cm	量程/mm	分辨力/mm	允许误差
蒸发皿	20.0	—	0.1	
标准水面蒸发器	61.8	70,100	0.1	0.1
遥测(自记)蒸发器	61.8	0～20	0.1,0.2,0.5,1.0	3%

5.7 泥沙测验、颗粒分析仪器

5.7.1 泥沙测验仪器

5.7.1.1 悬移质采样器

悬移质采样器基本参数见表 13。

表 13

仪 器 名 称		型式	水样容积/L	仪器自重/kg
瞬时式(横式)采样器		拉式	0.5,1.0	—
		锤击式	2.0	—
		电动式	0.5,1.0	—
积时式采样器	非调压式采样器	瓶式	1.0,2.0,3.0	—
	调压式采样器	皮囊式	1.0～5.0	50,75,100,150,200,250,300,400,500
		单舱调压式	1.0～4.0	
		多舱调压式		

5.7.1.2 测沙仪

测沙仪基本参数见表 14。

表 14

仪 器 名 称	测沙范围/(kg/m³)	测点流速/(m/s)	水深/m
同位素测沙仪	0.5～1 000.0	≤5	≤20
光电测沙仪(激光测沙仪)	≤5	≤2	≤15
振动式测沙仪	1～1 000	≤4	≤20
超声波测沙仪	0.5～1 000.0	≤3	≤10

5.7.1.3 推移质采样器

推移质采样器基本参数见表 15。

表 15

仪 器 名 称	口门(宽×高)/cm	有效容量/kg	采样粒径/mm
网式卵石采样器	30×30	60.0	10～250
	50×50	150.0	
压差式砂质采样器	10×10	15.0	≤2,≤10

5.7.1.4 床沙采样器

床沙采样器基本参数应符合 ISO 4364:1997 的规定。

5.7.2 颗粒分析仪器

颗粒分析仪器基本参数见表 16。

5.7.3 泥沙含量测定仪器

泥沙含量测定仪器基本参数见表 17。

表 16

仪器名称	测定粒径范围/mm	规格
量尺	>32.0	—
分析筛	0.062～32.000	ϕ120 mm,ϕ200 mm(筛径)
粒径计	0.062～0.500,0.062～1.000	ϕ25 mm×1 050 mm,ϕ40 mm×1 050 mm(沉降管)
吸管	0.002～0.062	0.020 L,0.025 L(容积)
光电颗粒分析仪(激光粒度分析仪)	0.002～0.062	300 mm(沉降距离)
离心粒度分析仪	<0.031	750 r/min,1 500 r/min,2 000 r/min(离心转速)
现场泥沙过滤器	0.002～0.250 0	3.5 L(水样容积)

表 17

仪器名称	规格/mL	容积误差
比重瓶	50,100,200,250,500,1 000	—

5.8 冰凌仪器

5.8.1 冰厚测量仪器

冰厚测量仪器的基本参数见表 18。

表 18

仪器名称	测量范围/m	分辨力/cm
超声波冰厚仪	0～2.5	1.0

5.8.2 冰花采样器

冰花采样器的基本参数见表 19。

表 19

仪器名称	口径/cm	网眼/cm
冰花采样器	(10×10)～(20×20)	—
水内冰观测网	ϕ15	0.2×0.2
	ϕ30	

5.9 水温仪器

水温仪器的基本参数见表 20。

表 20

仪器名称	型式	测量范围/℃	分辨力/℃
表面水温计	表式	−2～+40	0.1,0.2
	电测式	−2～+50	0.1,0.2
深水温度计	表式	−2～+40	0.1,0.2
	电测式	−2～+50	0.1,0.2

5.10 水质仪器

5.10.1 水质采样仪器

水质采样仪器的基本参数见表 21。

表 21

仪器名称	采样容积/L
表面采样器	1.0～5.0
单层采样器	
积深式采样器	
封闭管式采样器(横式/竖式/排空式)	
泵式采样器	
溶解氧采样器	
自动式采样器(间歇型/连续型)	
降雨采样器(人工/自动)	

5.10.2 水质监测仪器

水质监测仪器的基本参数见表 22。

表 22

仪器名称	型式	测量范围	分辨力
水质参数自动监测传感器	酸碱度(pH 值)传感器	0～14	0.01
	溶氧传感器	0.2 mg/L～20 mg/L(容积)	0.01 mg/L
	浊度传感器	0～20 度,0～250 度,0～500 度,0～1 000 度	1 度
	电导传感器	0～1 000 μs/cm;0～2 000 μs/cm; 0～5 000 μs/cm;0～10 000 μs/cm; 0～20 000 μs/cm;0～100 000 μs/cm	0～100 μs/cm
	多参数测定仪	与所组装的各传感器相同	
便携式水质监测仪	与所组装的各传感器相同		

注 1:本标准指常用电极法。

注 2:本标准仅列基本参数。

5.11 土壤水分(墒情)监测仪器

土壤水分(墒情)监测仪器的基本参数见表 23。

表 23

仪器名称	型式	测量范围	分辨力
中子测水仪	—	0～60%(体积含水量)	0.1%
微波土壤水分(墒情)测定仪	时域反射式(仪)	0～100%(体积含水量)	0.1%
	频域反射式(仪)	0～100%(体积含水量)	0.1%
张力计式土壤湿度仪	—	1 kPa～80 kPa	1 kPa

5.12 自动化监测系统设备

5.12.1 水文(情)自动测报系统设备

水文(情)自动测报系统设备见表24。

表24

仪器名称	型式	基本功能
遥测传感器	—	雨量,水位,蒸发,流速等
遥测终端机	自报式	雨量,水位,闸位,人工置数及有线,无线,短信等
	查询-应答式	
	兼容式	
遥测中继机	模拟式	—
	再生式	1~2个遥测参数接口及有线,无线
通信控制机	—	无线,有线
人工置数装置	—	—

5.12.2 水质自动监测系统设备

水质自动监测系统设备基本参数见表25。

表25

仪器名称	基本功能
采配水设备	具有按设定程序自动工作功能;监测点水样选取;水样预处理和配水;对采配水装置的容器和管道自动进行清洗;设备材料应耐腐蚀,不应对水位产生污染等
传感器及自动分析仪	直接测量;自动采水测定(分析)测量
监控单元	自动采集、处理、显示、存储水质数据;中央控制单元指令接收和发送;故障自动报警和异常值自动报警等
中央控制单元	指令发送;对水质数据进行有效性分析处理;显示、查询、打印运行日志、月志、年统计表;可能直接和水质传感器、水质自动分析仪组成水质自动监测系统

5.12.3 水文缆道测流系统设备

水文缆道测流系统的基本功能是以手动、半自动或自动方式控制缆道行车架及测验仪器起动、调速、水平或垂直位移;能采集处理水面、河底、流速仪信号,记录、显示起点距、流速、水深等;可具有参数设置功能、流量计量功能、断面流速分布图生成、测量动态跟踪图示功能、水位监视功能、控制采样器采沙、超声波测深功能、人工置数功能等。

水文缆道测流系统设备主要由各种传感器、缆道综合信号源、缆道电动绞车及缆道控制台等组成,其具体仪器设备的基本参数见SL/T 151等产品标准以及表32、表33。

5.12.4 墒/旱情自动监测系统设备

墒/旱情自动监测系统设备见表26。

表26

仪器名称	功能
传感器	土壤水分,水势
监测单元	自动采集、处理、显示、存储土壤水分监测数据;中央控制单元指令接收和发送;故障自动报警和异常值自动报警等
中央控制单元	指令发送;数据采集、处理、查询、显示、打印、分析计算等功能;监控监测单元运行情况等

5.13 水文测验配套设备

5.13.1 铅鱼

铅鱼的基本参数见表 27。

表 27

仪器名称	型式	额定重量/kg
对称型水文测验铅鱼	机翼型	5,10,15,30,50,75,100,150,200,250,300,400,500,750
	椭流形线型	
非对称型水文测验铅鱼	扁式	100,150,200,250,300,400

5.13.2 水文绞车

水文绞车的基本参数见表 28。

表 28

仪器名称	负载/kg	水深范围/m	传感计数装置的分辨力/cm	
			测深	测距
船用水文绞车	25～500	<50	1	—
桥测水文绞车	25～150	<20	1	—
缆道水文绞车	100～800	<50	1	10

5.13.3 水文巡测车

5.13.3.1 水文桥测车的基本参数见表 29。

表 29

仪器名称	型式	起吊动力方式	伸缩臂最大伸长/m	升降铅鱼最大行程/m	起吊额定荷载/kN
水文桥测车	分体式	电动机	≥2.5	≥20 m	0.15,0.25,0.50,0.75,1.00
	整体式	柴/汽油机	≥3 m (伸缩速度 1.2 m/min)	≥40 m (运动速度 3 m/s～5 m/s)	1.00,2.00,3.00

5.13.3.2 水文巡测车的基本功能见表 30。

表 30

仪器名称	基本功能	额定荷载/kN
水文巡测车	现场越野及水质采样、流动监测、移动实验室等	0.5,1.0,2.0,3.0

5.13.4 水文测船

水文测船的基本参数见表 31。

5.13.5 水下信号发生器

水下信号发生器基本参数见表 32。

表 31

仪器名称	参 数	大 型	中 型	小 型	次小型
水文测船	船体长度	>30 m	15 m～30 m	10 m～15 m	<10 m
	主机功率	>300 kW	100 kW～300 kW	10 kW～100 kW	<10 kW
	最大航速	不低于 20 km/h	不低于 15 km/h		—
	宜配备绞车	电动(或液压)绞车			人力或机械式绞车

表 32

仪 器 名 称	信号传输距离/ m	适用流速/ (m/s)	适用水深/ m
水下信号发生器 (水面/水底/仪器)	0～10,0～30,0～50,0～100, 0～300,0～1 000	3,6	10,20,40

5.13.6 水文缆道控制台

水文缆道控制台的基本参数见表 33。

表 33

仪 器 名 称	技 术 参 数	
水文缆道控制台	驱动控制	驱动电功率:1 kW～15 kW;调速范围:0～1 m/s 或 0～2 m/s
	起点距	计数显示:−99.9 m～999.9 m;分辨力:0.1 m 或 0.01 m
	测深	计数显示:−99.99 m～99.99 m;分辨力:0.01 m
	流速测算	显示参数:当前流速仪 b 值、a 值、历时 T、信号数 N、流速 V; 设置参数:流速仪 b 值、a 值、历时和手动、自动测算等标志

5.14 水文测具

水文测具的基本参数见表 34。

表 34

仪器名称	型式	基本规格/ m	测量范围/ m	分辨力/ cm	允许误差/ cm
水尺板	直立式	0.50,1.00,2.00	—	1.0	0.2,0.5 (1 m 水尺)
	矮桩式	0.50,1.00	—	0.5,1.0	
测深杆	—	—	0～3.0	1,2,5	—
测流杆	—	0.5,1.5(杆长)	—	—	—
测深锤	—	—	0～40	5,10	—
量冰尺	—	—	0～2.0	1.0	—
冰花尺	—	—	0～1.5	1.0	—
冰花测量板	—	—	0～2.5	1.0	—

5.15 记录/存储/显示仪器

5.15.1 水位记录仪

水位记录仪基本参数见表 35。

表 35

仪器名称	型式	记录周期	显示位数
水位记录仪	模拟式	日,周,月,季,半年,年	—
	数字式	周,月,季,半年,年	4位以上
	固态存储	月,季,半年,年	—

5.15.2 **闸位记录仪**

闸位记录仪基本参数见表 36。

表 36

仪器名称	型式	记录周期	显示位数
闸位记录仪	数字式	周,月	4位以上
	电子式		
	固态存储	月,季,半年,年	—

5.15.3 **雨量记录仪**

雨量记录仪基本参数见表 37。

表 37

仪器名称	型式	记录周期	显示位数
雨量记录仪	模拟式	日,周,月,季,半年,年	—
	固态存储	月,季,半年,年	4位以上

5.15.4 **水文数据采集存储器**

水文数据采集存储器基本参数见表 38。

表 38

仪器名称	记录周期	显示位数
水文数据采集存储器	月,季,半年,年	4位以上

5.15.5 **流速记录仪**

流速记录仪基本参数见表 39。

表 39

仪器名称	测速范围/(m/s)	计时分辨力/s
流速记录仪	0.01～15.0	0.1

5.16 其他

5.16.1 定位设备

5.16.1.1 定位仪

定位仪基本参数见表 40。

5.16.1.2 测距仪

测距仪基本参数见表 41。

表 40

仪器名称	型 式	定 位 精 度
卫星定位仪(GPS)	静态	1 cm
	移动	亚米级

表 41

仪 器 名 称	距离/ m	分辨力/ mm
激光测距仪	100,200,1 000	1,10
红外测距仪	1 000,2 000,3 000	

5.16.1.3 **测角仪**

测角仪基本参数见表 42。

表 42

仪 器 名 称	角度分辨力
经纬仪	20″,10″,6″,5″,2″,1″,0.5″,0.1″
六分仪	12″

5.16.2 **编码器**

编码器基本参数见表 43。

表 43

仪 器 名 称	信号产生方式	基 本 码 制	编 码 量 程
全量编码器	机械接触	格雷码,BCD 码等	二进制不小于 2^8; 十进制位数不小于 3 位
	光电		
	磁敏式		
增量编码器	机械接触	—	
	光电		
	磁敏式		

6 通用技术条件

6.1 一般要求

6.1.1 水文仪器的设计、研制、生产应符合本标准及相关产品标准的规定。

6.1.2 水文仪器上采用的外购仪表、器件应符合其各自产品标准或技术条件的规定。

6.1.3 水位仪器可以在 10 m 量程范围内进行考核,其允许误差[u]应不超过±2 cm;其他性能指标要求参见表 44。

表 44

性 能 指 标	要 求
重复性误差	≤0.5[u]
回差	≤1.5[u]
再现性误差	≤2[u]
温度漂移	≤满量程的 0.15%,≤满量程的 0.3%
时间漂移	≤满量程的 0.15%,≤满量程的 0.3%

6.1.4 流速仪器在给定测速范围内，其检定公式全线相对均方差应小于等于±2%；或用各速度级相对误差表示。

6.1.5 流速流向仪器的流速误差同流速仪器，流向误差应小于等于5°。

6.1.6 降水仪器在雨强为0～4 mm/min范围内的误差应不超过±4%。

6.2 现场试用

水文仪器的新产品在鉴定或投产前必须经过一个汛期或在汛期内的三个月的现场试用考核试验。水文自动测报系统设备应经过验收前一个汛期或6个月的现场运行考核试验。试验前应明确仪器、设备等考核的指标、环境条件及考核时限等。

6.3 基本环境

水文仪器工作及贮存温度、湿度等基本环境适应性能应满足GB/T 9359—2001表1的规定要求。

6.4 可靠性

6.4.1 全量编码输出的水文仪器其误码率应小于等于1×10^{-5}。

6.4.2 以平均无故障工作时间(MTBF)指标描述可靠性时，应从以下指标系列中选择确定，单位为小时(h)：

6 000,8 000,10 000,16 000,25 000,40 000,60 000,100 000,160 000。

6.4.3 以可靠度$R(t)$指标描述可靠性时，应从以下指标系列中选择确定：

0.90,0.95,0.98,0.99,0.995,0.999,0.999 9。

6.4.4 水文仪器的其他可靠性要求应按GB/T 18185—2000的规定执行。

6.5 电源

水文仪器的工作电源有直流和交流两种。为确保长周期的仪器能长期连续在野外工作，一般应尽量采用直流电源，需要时可配有备用电源。

6.5.1 电压

交流：220 V,50 Hz；允许偏差±10%；

直流：1.5 V,3 V,6 V,9 V,12 V,24 V；允许偏差－15%～＋20%。

6.5.2 功耗

水文仪器的静态功耗和工作电流允许随仪器的功能不同而异，但以低功耗为优，对供电条件要求不苛刻的使用场合，功耗可不作为主要考核因素。

6.6 机械结构及适应性能

6.6.1 水文仪器的结构应简单并便于安装调试、维修及更换。

6.6.2 控制、调节等常动单元应便于灵活地进行操作。

6.6.3 壳体结构应具有足够的机械强度及刚度，并能有效地进行防潮、防尘。

6.6.4 水文仪器的零部件应采用耐腐蚀、耐磨损、耐老化并具一定韧性、应力均匀的材料制造，金属表面一般应具有涂镀层。

6.6.5 工作于水下环境中的传感器、线缆及接头等装置通常应能承受产品规定工作水深下水头压力的1.5倍，其结构应满足防水、防沙进入及保持稳定的要求。

6.6.6 水文仪器的整机结构或重要部件通常应能承受GB/T 9359—2001中规定的振动、冲击、自由跌落等试验。

6.6.7 水文仪器机械结构的其他性能应满足GB/T 18522.4—2002的规定要求。

6.7 绝缘、防雷击及抗干扰

6.7.1 水文仪器中传感器的绝缘电阻一般不应小于5 MΩ；显示与记录等电器装置不接地处的绝缘电阻应不小于1 MΩ。

6.7.2 当水文仪器采用交流电源充电时，应采取电源避雷措施。

6.7.3 水文仪器信号传输线一般应采取避雷措施，在电磁辐射、雷电等干扰影响较严重的地区还应采用信号接口隔离措施。

6.7.4 用于水文自动测报系统中的仪器设备应安装避雷等过电压保护装置。

6.8 显示与记录

6.8.1 水文数据显示记录的最大远传距离一般应不小于150 m。

6.8.2 水文数据的采样及记录时段一般应在以下范围中选取，单位为分钟(min)：

1,5,6,10,15,20,30,60 及 60 的整倍数。

6.8.3 水文仪器的计时机构的精确度应符合表 45 中的规定。

表 45

精确度等级	允许误差/min						
	日记	周记	半月记	月记	季记	半年记	年记
精密级	±1	±2	±3	±4	±9	±12	±15
普通级	±3	±10	±12	±15	—	—	—

6.8.4 水文仪器的其他显示与记录性能应满足 GB/T 19704—2005 的规定要求。

6.9 信号与接口

6.9.1 水文仪器的输入输出信号端应具有防潮、防尘、防盐雾等措施。

6.9.2 水文仪器的输入信号接口应采取抗干扰、防雷电措施。

6.9.3 水文数据记录或数传设备应具备 RS232 或 RS485 等标准接口或专用接口。

6.9.4 水文仪器的其他信号与接口方面的性能应满足 GB/T 19705—2005 的规定要求。

6.10 水文自动测报系统及设备

水文自动测报系统及设备的其他性能应满足 SL 61—2003 的规定要求。

7 试验条件及方法

7.1 试验条件

7.1.1 水文仪器的基本性能试验一般应根据具体产品的性能特性指标进行。

7.1.2 水文仪器的各项性能试验可根据具体产品的特点在正常大气条件下的室内或野外现场两种环境中选择进行，通常以室内静态方式为主，也可根据产品特点在野外现场环境中进行试验。

7.1.3 应采用经定期检定或校准合格的计量器具、仪表及测试装置或设备进行试验。

7.1.4 试验开始前允许对受检仪器进行常规性能检查测试，试验过程中一般不允许再对受检仪器进行人工调整。

7.1.5 水文仪器的其他试验条件按 GB/T 9359—2001 的规定执行。

7.2 通用试验方法

7.2.1 基本环境试验

水文仪器的温度、湿度、淋雨、盐雾、压力、密封、振动、冲击、碰撞、自由跌落、倾斜摇摆试验的试验方法按 GB/T 9359—2001 的规定执行，其结果应符合 6.3、6.6.3～6.6.6 的要求。

7.2.2 设备功耗测试

使水文仪器在规定电压条件并处于静态值守状态下，用数字万用表串接在受检仪器的电源输入端，测量其静态电流，然后使受检仪器处于工作状态下，测量其工作电流，测试结果应符合 6.5.2的规定。

7.2.3 电压拉偏试验

用直流或交流调压器，将工作状态下的受检仪器的工作电压调整到最大允许偏差值，此时对受检仪器进行功能检测，检测结果应满足 6.5.1 的要求，试验后受检仪器各项功能应正常。

7.2.4 绝缘电阻测试

按照设备的电气等级要求，用不同电压等级的兆欧表对非工作状态下的设备进行试验。应测试设备的交流电源输入端和外壳接地端，以及设备的不接地直流回路和外壳接地端的绝缘电阻值，应满足6.7.1的规定。试验后，受检仪器各项功能应正常。

7.2.5 电磁抗扰度试验

用电磁抗扰度试验设备，对工作状态下的受检仪器，按GB/T 17626.8的规定，进行电磁抗扰度试验，检测结果应满足6.7.3的要求，试验后受检仪器各项功能应正常。

7.2.6 雷击浪涌(冲击)抗扰度试验

用雷击浪涌(冲击)抗扰度试验设备，对工作状态下的受检仪器，按GB/T 17626.5的规定，进行雷击浪涌(冲击)抗扰度试验，试验结果应满足6.7.2和6.7.4的要求，试验后受检仪器各项功能应正常。

7.3 可靠性试验方法

水文仪器的可靠性试验方法应根据GB 18185—2000的要求进行。

7.4 专用试验方法

水文仪器的专用试验方法一般应根据具体产品的专用特性指标及具体产品标准的要求进行。

7.5 外观检查

目测水文仪器的外观、标志、包装等应符合要求。

8 检验规则及标志、包装、运输、贮存

水文仪器的检验规则及标志、包装、运输、贮存等方面的要求应按GB/T 18522.6的规定执行。

ICS 25.040.40;35.240.50
N 18

中华人民共和国国家标准

GB/T 15969.1—2007/IEC 61131-1:2003
代替 GB/T 15969.1—1995

可编程序控制器 第1部分:通用信息

Programmable controllers—Part 1:General information

(IEC 61131-1:2003,IDT)

2007-10-11 发布 2007-12-01 实施

中华人民共和国国家质量监督检验检疫总局
中国国家标准化管理委员会 发布

前　言

GB/T 15969《可编程序控制器》分为8个部分：

——第1部分：通用信息；

——第2部分：设备特性；

——第3部分：编程语言；

——第4部分：用户导则；

——第5部分：通信；

——第6部分：（未定）；

——第7部分：模糊控制编程(GB/T 17165.3)；

——第8部分：编程语言的应用和实现导则。

本部分等同采用IEC 61131-1:2003《可编程序控制器　第1部分：通用信息》（第二版）。

本部分代替GB/T 15969.1—1995。

本部分结合GB/T 15969的其他部分，重新定义并确认了与可编程序控制器及其外围设备的选择和应用相关的主要特点，构成一个技术修订本。

本部分由中国机械工业联合会提出。

本部分由全国工业过程测量和控制标准化技术委员会可编程序控制器及系统分技术委员会(SAC/TC 124/SC 5)归口。

本部分由中国机电一体化技术应用协会负责起草。

本部分主要起草人：刘云男、杨昌焜、李爽、张萌、李百煌等。

本部分所代替标准的历次版本发布情况为：

GB/T 15969.1—1995。

引　言

GB/T 15969 的本部分是可编程序控制器及其相关外围设备的系列标准的第 1 部分。阅读本部分时应结合该系列标准的其他部分。

当本部分与其他 IEC 标准(基本安全标准除外)发生冲突时,应以本标准中的条款作为可编程序控制器及其相关外围设备领域中的指导性文件。

GB/T 15969 的目的是:

第 1 部分建立定义,并确认与可编程序控制器及其外围设备的选择和应用相关的主要特点;

第 2 部分规定可编程序控制器(PLC)及其外围设备的装置要求和相关试验;

第 3 部分为每种最常用的编程语言定义主要的应用场合、语法和语义规则、简单而完整的编程元素的基本集、可采用的试验和手段,通过它们制造商可扩展或采纳这些基本集,用于他们自己的可编程序控制器实现;

第 4 部分为 PLC 最终用户提供 GB/T 15969 的通用综合信息和应用导则;

第 5 部分定义了可编程序控制器与其他电子系统间的通信;

第 6 部分保留;

第 7 部分定义了用于模糊控制的编程语言;

第 8 部分提供在第 3 部分中所定义的编程语言的应用和实现的导则。

可编程序控制器　第1部分:通用信息

1　范围

GB/T 15969的本部分适用于可编程序控制器(PLC)及其相关外围设备,例如,编程和调试工具(PADT)、人机界面(HMI)等,它们具有(按其预期使用要求的)机械和工业过程的控制和命令。

PLC及其相关外围设备将用于工业环境,它们可作为开放式装置或封闭式装置提供。如果要将PLC及其相关外围设备用于其他环境,则必须使这些用于其他环境的特殊要求、标准及安装实践也适用于PLC及其相关外围设备。

可编程序控制器的功能在特殊硬件和软件平台上的实现与在具有工业环境特性的一般用途的计算机或个人计算机上的实现可达到同样满意的效果。本部分适用于执行PLC和/或其相关外围设备的功能的任何产品。本部分不涉及整体自动化系统的功能安全或其他方面。可编程序控制器(PLC)、其应用程序及其相关外围设备都被作为一个控制系统的部件看待。

由于PLC是部件设备,因此整体自动化系统(包括安装和应用)的安全考虑不属本部分的范畴。但包括有关PLC系统操作的电击和火灾、抗电噪声和差错检测的PLC安全性(例如,使用奇偶校验,自测试诊断等)。参阅IEC 60364或可采用的国家/地区电气安装规范和导则。

GB/T 15969的本部分给出了GB/T 15969中所使用的术语定义。它定义了可编程序控制器系统的主要功能特性。

2　规范性引用文件

下列文件中的条款通过GB/T 15969的本部分的引用而成为本部分的条款。凡是注日期的引用文件,其随后所有的修改单(不包括勘误的内容)或修订版均不适用于本部分,然而,鼓励根据本部分达成协议的各方研究是否可使用这些文件的最新版本。凡是不注日期的引用文件,其最新版本适用于本部分。

GB/T 15969.2　可编程序控制器　第2部分:设备特性(GB/T 15969.2—1995,eqv IEC 61131-2:1988)

GB/T 15969.3—2005　可编程序控制器　第3部分:编程语言

3　术语和定义

本部分采用下列术语和定义。

3.1

应用程序或用户程序　application programme or user programme

用PLC系统控制机械或者过程,进行预期信号处理所必需的所有编程语言元素和结构的逻辑集合。

3.2

自动化系统　automated system

GB/T 15969范围之外的控制系统,在自动化系统中PLC系统由用户来协调工作,或者为用户而协调工作,但是该自动化系统还包含包括其应用程序在内的其他部件。

3.3

现场设备　field device

向可编程序控制器系统提供输入和/或输出接口,或提供数据预处理/后置处理的组成部分。远程现场设备可独立于可编程序控制器系统自主地工作。使用现场总线,可将现场设备与可编程序控制器连接。

3.4

梯形图或继电器梯形图　ladder diagram or relay ladder diagram

用电源轨线界定在左边和右边(可选)的由触点、线圈、图形表示的功能、功能块、数据元素、标号以及连接元素形成的一个或多个网络。

3.5

可编程序(逻辑)控制器　programmable (logic) controller;PLC

一种用于工业环境的数字式操作的电子系统。这种系统用可编程的存储器作面向用户指令的内部寄存器,完成规定的功能,如逻辑、顺序、定时、计数、运算等,通过数字或模拟的输入/输出,控制各种类型的机械或过程。可编程序控制器及其相关外围设备的设计,使它能够非常方便地集成到工业控制系统中,并能很容易地达到所期望的所有功能。

注:在本部分中使用缩写词 PLC 代表可编程序控制器(programmable controllers),这在自动化行业中已形成共识。原来曾用 PC 作为可编程序控制器的缩略语,它容易与个人计算机所使用的缩略语 PC 相混淆。

3.6

可编程序控制器系统或 PLC 系统　programmable controller system or PLC-system

用户根据所要完成的自动化系统要求而建立的由可编程序控制器及其相关外围设备组成的配置。其组成是一些由连接永久设施的电缆或插入部件,以及由连接便携式或可搬运外围设备的电缆或其他连接方式互连的单元。

3.7

编程和调试工具　programming and debugging tool;PADT

支持 PLC 系统应用的编程、试验、调试、故障查询、程序记录和储存的外围设备,它还可被用作 HMI。如果 PADT 是可插入的,在任何时候可插入到有关的接口,亦可拔出,而对操作者和应用都没有任何危险。在其他情况下,PADT 是固定的。

3.8

远程输入/输出站　remote input/output station;RIOS

制造厂的 PLC 系统组成部分,包括仅在主处理单元(CPU)的分级情况下允许运行的输入和/或输出接口,用于输入/输出多路复用信号/信号的分离和数据预处理/后置处理。RIOS 仅被允许有限的自主运行(例如,在 CPU 的通信网络断开或 CPU 本身的紧急故障情况下或要进行维护和故障维修时)。

4　功能特性

4.1　可编程序控制器系统的基本功能结构

在图 1、图 2 和图 3 中示出了可编程序控制器系统中的通用结构和主要的功能部件。这些功能彼此通信,传递所要控制的机械/过程的信号。

CPU 功能由应用程序存储器功能、数据存储器功能、操作系统功能和应用程序功能的执行组成。

CPU 功能根据应用程序,处理从传感器以及内部数据存储器获取的信号,产生送到执行机构以及内部数据存储器的信号。

- 传感器和执行机构的接口功能

传感器和执行机构的接口功能是:

——把从机械/过程获得的输入信号和/或数据转换成合适的信号电平,以供处理;

——把来自信号处理功能的输出信号和/或数据转换成合适的信号电平,以驱动执行机构和/或显示器。

接口功能的输入/输出信号可来自特殊模块,这些模块根据包含在它们自身内部的已定义的功能预处理外部传感器信号。这种特殊模块的例子如 PID 模块，模糊控制模块，高速计数器模块，运动模块等。

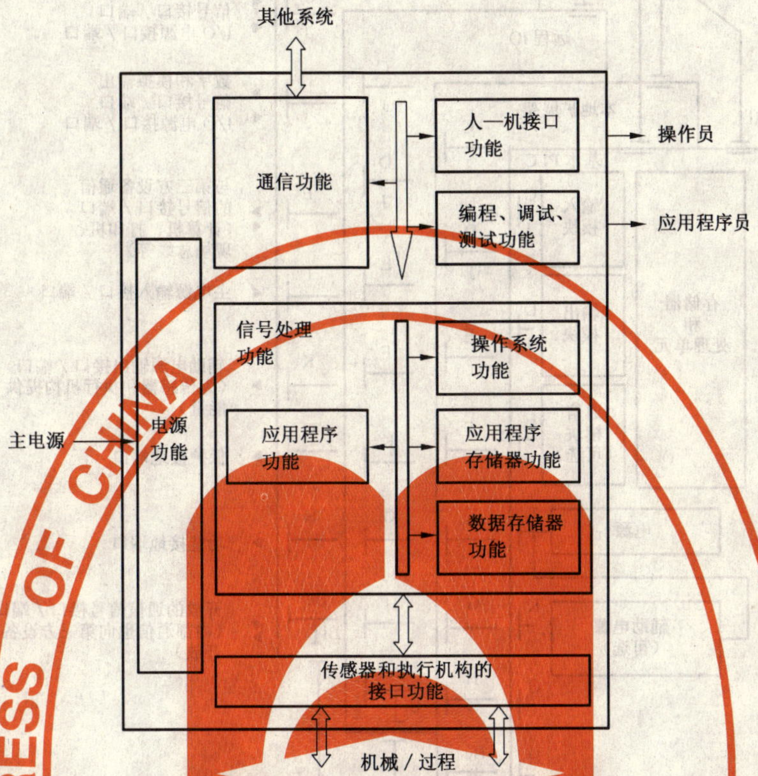

图 1　可编程序控制器系统的基本功能结构

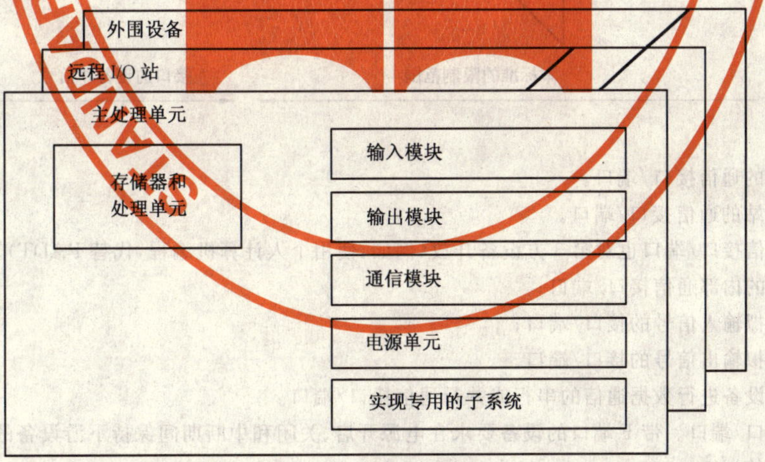

图 2　可编程序控制器硬件模型

（摘自 GB/T 15969.5）

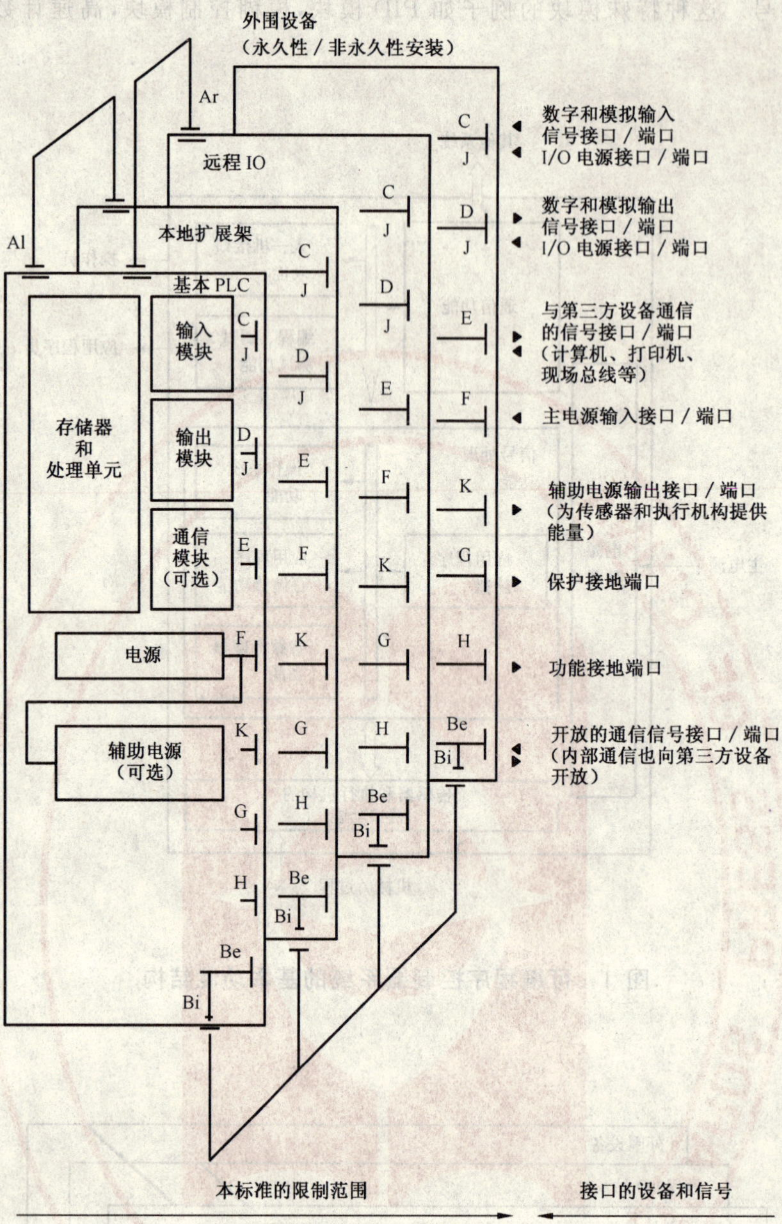

图中：

Al——本地 I/O 的通信接口/端口。

Ar——远程 I/O 站的通信接口/端口。

Be——开放式通信接口/端口也对第 3 方设备开放（例如，使用个人计算机编程，代替 PADT）。

Bi——外围设备的内部通信接口/端口；

数字和模拟输入信号的接口/端口；

数字和模拟输出信号的接口/端口。

E——与第 3 方设备进行数据通信的串行或并行通信接口/端口。

F——主电源接口/端口。带 F 端口的设备要求在电源开启、关闭和中断期间保持下游设备的记忆。

G——保护接地的端口。

H——功能接地的端口。

J——用于给传感器和执行机构供电的 I/O 电源接口/端口。

K——辅助电源输出接口/端口。

图 3 可编程序控制器系统的典型接口/端口图

（摘自 GB/T 15969.2）

● 通信功能

通信功能提供了与其他系统(第3方设备)如其他PLC系统、机器人控制器、计算机等进行的数据交换。

● 人机接口(HMI)功能

人机接口功能提供了操作员与信号处理功能和机械/过程之间的信息交互作用。

● 编程、调试、检测和文件编制功能

这些功能提供了应用程序生成、装载、监视、检测、调试以及应用程序文件编制和存档。

● 电源功能

电源功能提供了PLC系统电源与主电源的转换和隔离。

4.2 CPU功能的特性

4.2.1 概要

可编程序控制器的性能由表1中概括的可编程序功能决定。为便于使用,根据应用把它们分为若干功能组别。

表1 可编程功能的摘要

功能组别	示 例
逻辑控制 ——逻辑 ——定时器 ——计数器	编程语言元素 AND,OR,NOT,XOR,双稳态元素 接通延迟,断开延迟 (脉冲的)加和/或减计数
信号/数据处理 ——运算功能 ——数据处理 ——模拟数据处理	基本运算:加,减,乘,除 扩展运算:平方,三角函数 比较:大于,小于,等于 选择,格式,传送 PID,积分,滤波(不作为标准元素) 模糊控制
接口功能 ——输入/输出 ——其他系统 ——HMI ——打印机 ——大容量存储器	模拟I/O模块,数字I/O模块 BCD转换 通信协议 显示,命令 信息,报表 运行日志
执行控制	周期执行,事件驱动执行
系统配置	状态校验(不作为标准元素)

4.2.2 操作系统

操作系统功能负责管理内部PLC系统互相依存的功能(组态控制,诊断,存储器管理,应用程序执行管理,与外围设备的通信,与传感器和执行机构的接口功能的通信等等)。

在掉电或电源故障后,PLC系统能够以3种不同的方式重新起动。

a) 冷重新启动(cold restart)

PLC系统及其应用程序在所有的动态数据(如I/O映像、内部寄存器、定时器、计数器等变量和程序上下文)被复位到预定的状态后的再起动。冷重新启动可以是自动的(如在电源故障后,存储器动态部分的信息丢失等)或手动的(如按钮复位等)。

b) 暖重新启动(warm restart)

电源故障后的重新启动,由用户预先编程设置的一组剩余(remnant)数据,以及由系统预先确定的应用程序上下文。暖重新启动由一状态标志或可指示在运行模式下检测PLC系统的电源故障停机的应用程序的等价方法来识别。

c) 热重新启动(hot restart)

电源故障后,在过程相关的最大允许时间内,PLC系统恢复到如同故障没有发生的重新启动。所有I/O信息和其他动态数据以及应用程序上下文都得到再保存或保持不变。

热重新启动的性能需要一个独立供电的实时时钟或定时器,用以确定自电源故障被检测出时起所消逝的时间,也需要用户对相关过程的最大允许时间进行编程。

4.2.3 应用数据存储用存储器

- 应用程序存储器(application programme storage)

  应用程序存储器为存储一系列指令提供存储单元,周期地或事件驱动地执行这些指令,确定了机械或过程的进程。应用程序存储器还可以为存储应用程序数据的初始值提供存储单元。

- 应用数据存储器(application data storage)

  应用数据存储器为存储应用程序的执行期间所需要的输入/输出映像表和数据(例如,定时器、计数器、报警条件的设定值,机械或过程的参数和配方)提供存储单元。

- 存储器类型、存储器容量、存储器用法(memory type,memory capacity,memory utilization)

  现在使用的各种类型的存储器是:读/写存储器 (RAM)、只读存储器(ROM)、可编程只读存储器 (PROM)、可重新编程的只读存储器(EPROM/UV-PROM,EEPROM)。在电源故障时,可以通过适当选择如EPROM、EEPROM或对易失性存储器采用后备存储器(如电池)的方式保持存储的数据。

存储器容量与存储器单元数(以K字节计)有关,存储器单元是被保留用于保存应用程序和应用数据的。存储器容量的量度包括:

——可用的最小配置容量;

——扩展规模;

——最大配置的容量。

应用程序使用的每一个可编程序功能都占用存储单元。所需要的存储器单元数通常取决于可编程序的功能和可编程序控制器的类型。

应用数据存储需要的存储容量取决于所要保存的数据总量和格式。

4.2.4 应用程序的执行

一个应用程序可以由许多任务组成。每个任务按顺序执行,每次执行一个可编程序功能,直至任务结束。一个任务的启动(周期性的或依据检测事件(中断条件))由操作系统控制。

4.3 传感器和执行机构接口功能的特性

a) 输入/输出信号的类型

来自机械/过程的状态信息和数据以二进制信号、数字信号、增量信号或模拟信号的方式被传送到可编程序控制器的输入/输出系统。反之,用合适的二进制信号、数字信号、增量信号或模拟信号把由处理功能确定的判断和结果传送到机械/过程。所采用的品种繁多的传感器和执行机构需要有合适的宽范围的输入/输出信号。

b) 输入/输出系统的特性

在输入/输出系统中,可使用各种信号处理、转换和隔离的方法。PLC系统的行为和性能取决于信号(事件的检测)的静态/动态计算、存储/非存储过程、光隔离等。

输入/输出系统通常表明一个模块化功能,这就使PLC系统可以根据机械/过程的需要进行配置,并可进行后续的扩展(至最大配置)。

输入/输出系统可以安装在紧靠信号处理功能的位置，也可安装在远离信号处理功能但靠近机械/过程的传感器或执行机构的位置。

4.4 通信功能的特性

通信功能表达可编程序控制器的通信方面。它用于可编程序控制器与外部设备或自动化系统中的其他可编程序控制器或任何装置之间的程序和数据交换。

它提供的功能如，设备验证、数据采集、报警报告、程序执行和 I/O 控制、应用程序传送，以及外部装置与 PLC 信号处理单元之间的连接管理。

通信功能一般通过在局域网络或点对点链接上进行的串行数据传输完成。

4.5 人机接口(HMI)功能的特性

人机接口功能有两个目的：

- 给操作者提供监视机械/过程运行所必需的信息；
- 允许操作者干预 PLC 系统及其应用程序，做出超出它们范围的判断和调整。

4.6 编程、调试、监视、检测和编制文件功能

4.6.1 概要

这些功能作为 PLC 的整体，也可作为 PLC 的独立部分来实现，用作可编程序控制器存储器中的应用程序和应用数据的代码生成和存储，以及从存储器中检索程序和数据。

4.6.2 语言

对于应用程序的编程，在 GB/T15969.3—2005 中定义了一套语言。

a) 文本语言

1) 指令表(IL)语言

用指令表示 PLC 系统应用程序的文本编程语言。

2) 结构文本(ST)语言

用赋值、子程序控制、选择和迭代语句表示 PLC 系统应用程序的文本编程语言。

b) 图形语言

1) 功能块图(FBD)语言

用功能块图表示 PLC 系统应用程序的图形编程语言。

2) 梯形图(LD)语言

用梯形图表示 PLC 系统应用程序的图形编程语言。

3) 顺序功能图(SFC)

用步和转换表示 PLC 系统的应用程序结构的图形编程语言。转换条件和步动作可用上面所述的语言中的一个子集表示。

4.6.3 应用程序的写入

- 生成应用程序

应用程序可以通过字母或符号键登入，在使用“菜单”驱动的显示或使用图形程序登入项时，可以由光标键、控制杆、鼠标器等输入。通常应对所有程序和数据登入项的有效性以及内部一致性进行检查，以减少不正确的程序和数据。

- 显示应用程序

在应用程序生成期间，所有指令能逐句逐段地立即显示出来(在一个监视器或其他大型显示器的情况下)。此外，通常还能打印完整的程序。如果有另一种编程语言元素的表示方法，则通常由用户自行选择其显示方式。

4.6.4 自动化系统启动

a) 装载应用程序

生成的程序驻留在可编程序控制器的存储器或在 PADT 的存储器中。后者的程序传送要求

通过下载或在启动以前把存储器盒插入可编程序控制器。

b) 访问存储器

在启动或故障检修期间，PADT 和处理单元访问应用程序存储器和应用数据存储器，以能对程序进行监视、修正和校正。这种访问可以在线（即在 PLC 系统正在控制机械/过程中）完成。

c) 适配可编程序控制器系统

使 PLC 系统适应于所要控制的机械/过程的典型功能有：

1) 对连接到 PLC 系统的传感器和执行机构进行检查的测试功能（如强制 PLC 系统的输出）；

2) 对程序序列的运行进行检查的测试功能（如标志的设置和强制输入）；

3) 变量（如定时器，计数器等）的设置或重置。

d) 指示自动化系统状态

提供了关于机械/过程的信息以及 PLC 系统及其应用程序的内部状态信息的能力，以便于 PLC 应用的启动和调试。典型的方法有：

1) 输入/输出状态指示；

2) 外部信号和内部数据状态变化的指示/记录；

3) 扫描时间/执行时间的监视；

4) 程序执行和数据处理的实时可视化；

5) 熔断器/短路保护状态指示器。

e) 测试应用程序

测试功能支持用户编写、调试和检查应用程序。典型的测试功能有：

1) 检查输入/输出、内部功能（定时器，计数器）的状态；

2) 检查程序序列，如按步操作，程序循环时间的变化，停止命令；

3) 接口功能的模拟，如 I/O 的强制任务之间或 PLC 系统内部模块之间信息交换的强制。

f) 修改应用程序

修改功能提供了改变、调整和校正应用程序的功能。典型的功能如搜索、替代、插入、删除和增加；这些功能适用于字符、指令、程序模块等。

4.6.5 文档编制

为了全面描述 PLC 系统及其应用，应提供有关的文件。它包括：

a) 硬件配置以及与设计有关的注释的描述。

b) 应用程序文件，包括：

1) 程序清单，信号和数据处理的助记符；

2) 所有数据处理用的交叉参考表（输入/输出，内部储存数据、定时器、计数器等内部功能）；

3) 注释；

4) 修改的说明；

5) 维修手册。

4.6.6 应用程序归档

为了提高维修速度和减少停机时间，用户应把应用程序储存在非易失介质中（例如，快速擦除存储器，PC 卡，EEPROM，EPROM，磁盘等）。这种记录需要在每次程序修改后进行刷新，这样，PLC 系统中执行的程序与存档的程序完全相同。

4.7 电源功能的特性

电源功能提供操作 PLC 系统所需要的电压，而且通常也为设备的同步起停（ON/OFF）提供控制信号。可以根据供电电压、功率消耗、并联，以及不间断工作的要求等提供不同的电源供电。

5 可用性和可靠性

每个自动化系统需要其控制系统达到一定水平的可用性和可靠性。用户的责任是保证整个自动化系统的体系结构、PLC 系统及其应用程序的特性都满足预期的应用要求。

a） 自动化系统的体系结构

一些技术如冗余、容错和差错检查以及机械/过程诊断功能等，可提高和改善自动化系统的可用性。

b） 可编程序控制器的体系结构

模块化结构结合能迅速识别故障的内部自检测，可以提高 PLC 系统的可维护性，从而提高了自动化系统的可用性。对于特殊应用，也可考虑冗余、容错等技术。

c） 应用程序的设计、测试和维护

应用程序是整个自动化系统的关键组成部分。多数可编程序控制器具有相当的计算能力，这就使其能在完成最基本的控制功能外，还能实现诊断功能。应考虑机械/过程行为的建模和故障情况的连续识别。

应用程序的充分试验是强制性的。每次修改都预示正确的设计和试验，这样就不会影响整体可用性和可靠性。因此，应妥善保存程序文件，并应加以注释。

d） 安装和工作条件

PLC 系统是典型的加固型设计，并用于通用目的的应用。但是，对于任何装置，越强调工作条件，其可靠性就越差，当所允许的工作条件好于 GB/T 15969.2 中所规定的正常工作条件时，可期望可靠性能得到改善。对于可靠性运行，某些应用需考虑特殊包装、冷却、电噪声保护等。

参 考 文 献

[1] IEC 60050-351:1998 国际电子技术词汇(IEV) 第351部分:自动控制

ICS 25.040.40;35.240.50
N 18

中华人民共和国国家标准

GB/T 15969.4—2007/IEC 61131-4:2004
代替 GB/T 15969.4—1995

可编程序控制器 第4部分:用户导则

Programmable controllers—Part 4:User guidelines

(IEC 61131-4:2004,IDT)

2007-10-11 发布 2007-12-01 实施

中华人民共和国国家质量监督检验检疫总局
中国国家标准化管理委员会 发布

前　言

GB/T 15969《可编程序控制器》分为八个部分：

——第1部分：通用信息；

——第2部分：设备特性；

——第3部分：编程语言；

——第4部分：用户导则；

——第5部分：通信；

——第6部分：(未定)；

——第7部分：模糊控制编程(GB/T 17165.3)；

——第8部分：编程语言的应用和实现导则。

本部分为GB/T 15969的第4部分。

本部分等同采用IEC 61131-4:2004《可编程序控制器　第4部分：用户导则》(第二版)。

本部分代替GB/T 15969.4—1995《可编程序控制器　第4部分：用户导则》。

本部分是GB/T 15969.4的第2版，它与第1版本完全不同。第1版本(GB/T 15969.4—1995)实质上主要起指导性作用。目前的这个版本旨在为不希望了解产品标准(即GB/T 15969)细则的PLC装置的最终用户提供GB/T 15969系列标准的工程概述。因此本次修订的目的是，帮助PLC的最终用户正确有效地使用GB/T 15969系列标准，并从符合IEC标准的可编程序控制器中获益。

本部分的附录A、附录B、附录C为资料性附录。

本部分由中国机械工业联合会提出。

本部分由全国工业过程测量和控制标准化技术委员会可编程序控制器及系统分技术委员会(SAC/TC 124/SC 5)归口。

本部分由中国机电一体化技术应用协会负责起草。

本部分主要起草人：刘云男、杨昌焜、张萌、李爽、张晓阳、李百煌等。

本部分1995年首次发布。

本部分所代替标准的历次版本发布情况：

GB/T 15969.4—1995。

引　言

GB/T 15969 的本部分构成可编程序控制器及其相关外围设备的系列标准的第 4 部分。阅读本部分时应结合该系列标准的其他部分。

当本部分与其他 IEC 标准(基本安全标准除外)发生冲突时,在可编程序控制器及其相关外围设备领域应该以本部分中的条款为主。

通用术语在 GB/T 15969.1 中有所定义。较为专用的术语则在每个部分中分别定义。

可编程序控制器　第4部分:用户导则

1　概论

1.1　范围和目的

本技术报告(TR)的目的是向可编程序控制器(PLC)的最终用户介绍GB/T 15969系列标准,并帮助他们按GB/T 15969系列标准选择PLC装置及技术规范。本用户导则的主要读者群是PLC最终用户。

PLC及其应用程序和相关的外围设备都被视为一个控制系统的组成部分。因此,PLC用户应注意到,本部分不涉及PLC和PLC系统所在的自动化系统,而只是涉及PLC装置。但是,当采用此用户导则时,建议对整个系统的体系结构进行评估。整个自动化系统的功能安全不属于本部分的范畴。

本用户导则的目的是,按照适用于PLC及其相关外围设备的GB/T 15969系列标准的规范,方便PLC用户与PLC供应商之间的沟通。这种信息交换用图1进行说明。

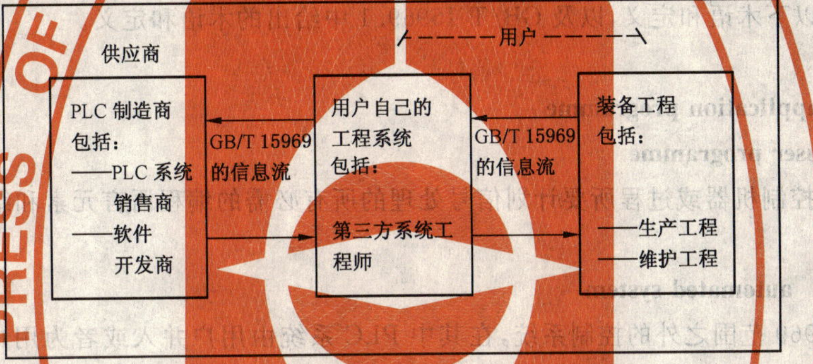

图1　用户导则的目的

如图1所示,用户由系统集成商和最终用户组成。GB/T 15969系列标准要求PLC的制造商为用户提供合适的产品信息。可选择地,用户可向制造商提供操作要求和技术规范,以便从制造商得到合适的产品和服务。因此,本技术报告的一个目的是在沟通方面给予帮助,尤其是从最终用户的角度提供支持。相应地,本技术报告未涉及GB/T 15969系列标准的每一个部分的全部要求(例如,一致性试验)。需要时,用户可查阅该标准的各相关部分。

1.2　规范性引用文件

下列文件中的条款通过GB/T 15969的本部分的引用而成为本部分的条款。凡是注日期的引用文件,其随后所有的修改单(不包括勘误的内容)或修订版均不适用于本部分,然而,鼓励根据本部分达成协议的各方研究是否可使用这些文件的最新版本。凡是不注日期的引用文件,其最新版本适用于本部分。

GB/T 15969.1　可编程序控制器　第1部分:通用信息(GB/T 15969.1—2007,IEC 61131-1:2003,IDT)

GB/T 15969.2　可编程序控制器　第2部分:设备特性(GB/T 15969.2—1995,eqv IEC 61131-2:1998)

GB/T 15969.3　可编程序控制器　第3部分:编程语言(GB/T 15969.3—2005,IEC 61131-3:2002,IDT)

GB/T 15969.5　可编程序控制器　第5部分:通信(GB/T 15969.5—2002,IEC 61131-5:2000,IDT)

GB/T 17165.3　模糊控制装置和系统　第3部分：可编程序控制器 模糊控制编程(GB/T 17165.3—2001,IEC 61131-7:2000,IDT)

GB/T 15969.8　可编程序控制器　第8部分：编程语言应用和实现的导则(GB/T 15969.8—2007,IEC 61131-8:2003,IDT)

1.3　本技术报告的用法

PLC应用从用户的系统分析和技术规范开始。向制造商提出要求及与之进行商洽(和/或意见/建议),就必须使用双方认可的语言来进行交互的信息交换,如图1所示。用户可使用本报告作为一种基础,和/或补充任何内部系统设计规则。然后用户可根据GB/T 15969系列标准中的相关部分来制定装置要求和软件要求。在本用户导则中,GB/T 15969系列标准中各个部分的介绍和简要说明是按照GB/T 15969系列标准的章节划分并分别在附录A中提供。例如,A.1包括GB/T 15969的第1部分,A.2包括GB/T 15969的第2部分等等。

本技术报告(TR)仅提供用户需要随时参考的那些规范。它不是整个GB/T 15969系列标准的完整摘要。

2　术语和定义

本部分采用以下术语和定义,以及GB/T 15969.1中给出的术语和定义。

2.1

应用程序　application programme

用户程序　user programme

PLC系统为控制机器或过程所要计划信号处理的所有必需的编程语言元素和结构的逻辑组合。

2.2

自动化系统　automated system

在GB/T 15969范围之外的控制系统,在其中PLC系统由用户并入或者为用户并入,但是该系统还包含其他部件及其应用程序。

2.3

操作员(人)　operator (human)

通过与PLC相连接的HMI来操纵并监控机器或过程的人员。操作员不得修改PLC硬件配置、软件程序或应用程序。PLC不得由未经培训的人员使用。操作员应了解工业环境中通常出现的危险。

2.4

可编程序控制器　programmable controller;PLC

一种用于工业环境的数字式操作的电子系统,这种系统使用可编程的存储器作为面向用户指令的内部存储器,以实现规定的功能(例如,逻辑、顺序、定时、计数和运算等),通过数字或模拟的输入/输出来控制各种类型的机械或过程。

注：在IEC 61131(GB/T 15969)系列标准的第1个版本中,使用缩写词PC表示可编程序控制器(programmable controllers)。但是,大部分行业一直沿用较早期缩写词“PLC”。在广泛征询意见后,IEC/65B/WG7建议,从GB/T 15969标准的所有新版本开始,采用为人们广泛接受的缩写词PLC。

2.5

可编程序控制器系统　programmable controller system

PLC系统　PLC-system

用户根据需实现的自动化系统要求而建立的由可编程序控制器及其相关外围设备所组成的配置。它由通过用于永久性安装的电缆或插入式连接来互连的部件,以及通过用于可携带或可搬运外围设备的电缆或其他方式来互连的部件组成。

2.6

服务人员 service personnel

更改或修复PLC硬件配置或应用程序的人员。

服务人员还可安装由制造厂提供的更新软件。服务人员应该是PLC装置的编程、操作及其使用方面的训练有素的人员。

他们应该是已通过适当技能培训并具备安全方面所必须的工作经验的人员，因此当他们置身于执行任务的过程中时，他们了解其中的危险性(尤其是电气危险性)，并且能够采取措施来减少对他们自己或他人或装置可能构成的危害。

3 安装的一般建议

安装规程应满足在系统选择/工程设计/应用阶段中所制定的文件中提出的要求。在选择PLC时并不能知悉所有的现场条件。安装期间，重要的是根据在现场如何组装和修改PLC装置来更新所有的工程设计文件和应用文件。

3.1 环境条件

用户应确保了解温度、污染、冲击、振动和电磁干扰等环境条件。关于特定环境的要求，请参阅GB/T 15969.2。表1描述了在安装期间需评估的环境条件。

表1 环境条件

技术条件	意见和考虑因素
温度	检查固定热源或暂时热源可能产生的影响： ——空间热源； ——太阳能热源； ——周围流动的热物质
污染	湿气、腐蚀性气体、液体及导电性灰尘能够影响PLC系统的功能。因此，检查： ——使用符合国际/国家法规的合适机壳； ——遵从制造商的安装指南； ——降低由灰尘导致的热效应
冲击和振动	检查现场可能存在的影响： ——发动机； ——压缩机； ——传输线； ——冲压、锻压设备； —— 机车
电磁干扰	检查现场各种来源的电磁干扰： ——电机； ——开关柜，半导体开关元件； ——无线电控制装置； ——焊接设备； ——电弧； ——开关电源； ——电源转换器/逆变器

3.2 现场接线

正确的现场接线对于PLC的应用是至关重要的。安装人员应遵从制造商的接线指南和本地适用的规则。

在安装期间需满足两种接地(earthing/grounding)要求:保护接地（安全性接地)和功能接地（信号接地参考)。

保护接地(protective earthing)要求将不带电金属部件与等电位的金属栅(机架、底座、机柜等)之间进行牢固的连接(例如,低阻抗连接,包括星形垫圈、焊接、焊片等)。金属栅需与保护地(符合本地或国家标准)连接。

功能接地(functional earthing)需安装作为信号地参考线的低阻抗网络。它是与保护接地分开的一个网络。

保护接地网络与功能接地网络可通过导线或其他低阻抗线路进行互连。这种互连或断开是由本地/国家标准所要求的,或者出于降低噪音的要求,具体情况取决于所控制的过程/装置的类型。表2描述了接地措施的安装规则。

表2 安装规则:接地措施

技术条件	参考	意见和考虑因素
保护接地		——提供足够大的导体截面用于与地的连接; ——依据本地和国家标准,入口(door)应具有电气连接; ——检查连接是否牢固可靠,防震、防腐蚀
功能接地		——功能地参考通常只在单个点与地连接。在与地进行不止一个连接时,应注意避免大地回路干扰。这种多点接地必须与一个等电位的金属栅连接。 ——保护接地导体适用于功能接地。实际实施可在现场通过 50 Hz/60 Hz 及频率高于信号频率时的测量来决定。可通过特殊安装的电极或(可能)通过接地的导电建筑物结构来改进功能接地的质量。 ——若不能直接把 PLC 的信号地参考导体与地进行连接,则可通过合适的电容器进行连接。电容器应符合该 PLC 线路额定的绝缘电压,并具有良好的高频特性。通过使用高欧姆值电阻放电,可防止静态充电。 ——在接地电路中应连续,例如,可以引入端子和插座
注意:保护接地的目的是降低电击的危险性,在任何情况下绝不能断开 PLC 与保护地的连接。在工作和/或维修时可根据需要暂时断开与功能地的连接。		

3.3 电磁兼容性

现已有许多减少 EMC 相关问题的通用安装实践。表3列举了其中的部分。

表3 安装规则:EMC

技术条件	参考	意见及考虑因素
主电源		——主电源的输电线应与其他 PLC 接线分开安装,即电源电缆距信号导线的距离应大于或等于 10 cm; ——不可避免的跨接应位于合适的角度; ——要求在控制柜的进线处使用电源滤波器; ——要求在电源的入口处有瞬变抑制器

表 3（续）

技术条件	参考	意见及考虑因素
输入/输出		——现场接线与内部 I/O 接线及总线分开； ——注意不得损害 I/O 现场接线与内部 PLC 系统之间的电路隔离（例如，通过光隔离）； ——敏感 I/O 电缆需进行滤波； ——使用具有低电感电缆屏蔽的屏蔽电缆（低电平信号）； ——必须在现场确定每种具体情况下的接地测量； ——屏蔽可与功能地或保护地连接； ——与电感负载电路串行连接的电气触点需特别注意电压浪涌和储能
噪声源		带抑制器的辐射源上的噪声阻尼，例如： ——将电缆与输入线路、输出线路和电源线路分开； ——使接线的总长度最小； ——使用制造商推荐的电缆和导线
模拟电路及其他对噪声敏感的电路		——使用屏蔽线； ——使用双绞线
布线		干扰电压或电流噪声可在与 PLC 的连接处及电源电缆连接处进入 PLC。PLC 与这些控制设备之间电缆的布线应合理，以减少在这些线路上产生的噪声

3.4 用户系统标记

部件（传感器、执行器、电缆、配电箱、机壳、模块等）的用户系统标记应按照安装图和适用代码进行标记。

需特别引起重视的是接线标记。对每根现场导线都应按安装图的标记来标注。与安装图不相同的地方应立即在同一图上进行记录。

需特别注意确保以下要求：

——标记应是不可消除的；

——字母和符号的大小应合适；

——应清楚地标注出熔断器所处位置，其型号及额定值；

——标记应易于识别；而且

——符合最终文件版本的安装图。

4 PLC 中的功能安全应用

在要求 PLC 执行安全（safety）功能时，必须采取特殊措施来避免和限制功能安全相关系统的危险故障。安全相关系统（SRS）的详细要求包含在 GB/T 20438 和新兴行业实现标准如 GB/T 21109 中。本章的目的是提供需涉及的某些安全问题的概述。本章并不提供关于实现的详细指导。

4.1 功能安全和安全相关系统概念

功能安全（如 GB/T 20438 中所定义的）是指，安全相关系统（SRS）为达到被控装置（EUC）的安全状态或维持 EUC 的安全状态而必须执行的功能的能力。在此定义中，重点在于安全相关系统完成所需实现功能的能力。

“安全”指避免不可接受的风险。它遵从可接受的风险。风险的等级可分类为：“大体上可接受”（broadly acceptable），“可容忍”（tolerable），即进一步降低风险是不可行的[实际可行的低风险 ALARP

(As Low As Reasonably Practical)法则]，以及“不可容忍的”(intolerable)，即风险是不可调整的，极端情况例外。对风险等级的评估是“危险事件所造成的后果”(consequence of hazardous event)与“危险事件出现频度”(frequency of hazardous event)的综合指标。

安全相关系统(SRS)的任务是，使风险降低到可容忍的等级，或低于控制系统设计者预先规定的等级。风险降低模型在图 2 中予以说明。

注 1：GB/T 15969 系列标准不涉及整个自动化系统的功能安全或其他安全方面。整个自动化系统的安全考虑不属于本标准的范畴。

注 2：GB/T 15969 系列标准不包含功能安全的部分。在制定 GB/T 15969 的本部分时，PLC 及类似装置的行业标准正在考虑中。

注 3：安全(在 GB/T 15969.2 中所包含的)指防止电击和火灾。

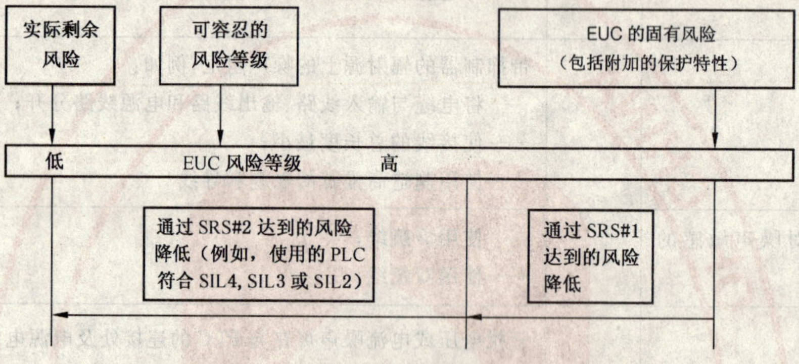

图 2 风险降低概念中的安全相关系统(SRS)

每个安全相关系统(SRS)都指定了安全功能(safety functions)，并满足预先规定的安全完整性等级(SIL)要求所具备的安全功能。GB/T 20438 把 SIL 分为 4 个等级，表 4 列出了要求模式(demand mode)安全功能的 SIL，表 5 列出了连续模式(continuous mode)安全功能的 SIL。

表 4 要求模式安全功能的 SIL

SIL	按要求执行安全功能的平均故障率(PFD)
4	$\geqslant 10^{-5} \sim < 10^{-4}$
3	$\geqslant 10^{-4} \sim < 10^{-3}$
2	$\geqslant 10^{-3} \sim < 10^{-2}$
1	$\geqslant 10^{-2} \sim < 10^{-1}$

表 5 连续模式安全功能的 SIL

SIL	安全功能的危险故障率(每小时)
4	$\geqslant 10^{-9} \sim < 10^{-8}$
3	$\geqslant 10^{-8} \sim < 10^{-7}$
2	$\geqslant 10^{-7} \sim < 10^{-6}$
1	$\geqslant 10^{-6} \sim < 10^{-5}$

注意，当要求率(demand rate)比安全功能的检验测试频率高时，表 5 也能用于要求模式(demand mode)安全功能。典型地，当要求率(demand rate)高于检验测试频率两倍时，使用表 5 来规定每小时功能安全的故障率是合理的。

用于过程工业的安全仪器系统的 GB/T 21109 系列。在 GB/T 21109 系列标准中，安全仪器系统(SIS)包括执行安全仪器功能所必须的从传感器到执行器的所有部件和子系统。

对于机械行业而言，正在制定 IEC 62061 标准。该标准与国际标准 ISO 13849-1(欧洲标准 EN

954-1)一致。执行安全功能的安全相关部分(SRP)被作为整个控制系统的一个部件来看待。SRP满足安全功能的能力被描述为性能等级(PL)。性能等级PL-a、PL-b、PL-c、PL-d和PL-e分别对应于“每小时的平均危险故障率”,其范围从10^{-4}至10^{-8}。所要求(SRP)的PL根据以下风险参数决定,即“危害严重程度”(severity of injury),“频度和/或危害的持续时间”(frequency and/or exposure time to the hazard),以及“避免危害的概率”(probability of avoiding the hazard)。其中的每个参数都分类为高(high)或低(low)。PL-a描述低于SIL1的风险。PL-b和PL-c大至对应于SIL1。PL-d对应于SIL2,PL-e对应于SIL3。由此,规定SRP为5类中的一类,即:基本类(basic)、1类、2类、3类和4类。

4.2 在安全相关应用中使用PLC

在安全相关应用(也就是说,执行其预期安全功能的SRS发生故障可能导致人身伤害、死亡或有损健康的应用)中使用PLC时,必须考虑由于随机的硬件故障而导致危险故障的可能性,还必须考虑硬件和软件中系统性故障的可能性。

注意,不得将安全相关应用与采用其他措施(如安全联锁)的基本控制应用相混淆,前者提供这类故障情况下的保护措施。

在安全相关应用中,PLC通常只构成可编程电子安全相关系统中的一个部分。SRS的其他部分或子系统包括作为输入设备的开关和/或传感器,以及作为输出执行机构的接触器和/或阀。

4.2.1 安全功能

为了确定在安全相关应用中所使用的PLC的特定要求,首先必须制定安全相关系统的整体安全要求。

对可编程电子SRS的安全要求指定了安全功能。需要由SRS执行的每个安全功能,依据安全功能和安全完整性等级(SIL)来规定。安全功能规范是在某种特定环境下所需功能的描述,该功能由安全相关系统的动作方面表达。

非常重要的是,安全功能规范还应包括为防止危险情况发生而应避免的系统状态的说明。例如,在系统用于一台机床上的紧急停止安全功能的情况下,必须保证当紧急停止执行器处于复位时机床不重启。只有在所有故障都被排除并给出启动命令时,机床才能重启。

4.2.2 安全完整性等级(SIL)

安全功能规范的安全完整性等级(SIL)部分是目标可接受的安全功能的故障概率。为了确定安全功能的SIL等级,必须考虑与应用相关联的危害、风险和可容忍的风险后果,以及由其他安全措施所提供的减少风险的可能性。在GB/T 20438.5中给出了确定SIL的通用方法。行业功能安全标准提供了与特定应用相关的导则[参见(例如)用于流程行业的GB/T 21109.3,或用于制造业的IEC 62061]。

业内专家已发现,为了达到较高安全完整性等级(如SIL3)所需的危险故障率的降低,必须采用冗余体系结构(持相同意见者占2/3),甚至考虑采用高水平的诊断范围(例如,>99%),典型地用在这类PLC中。

4.3 在安全相关系统中对PLC的要求

为了使安全相关系统满足GB/T 20438或相关行业标准的要求,在设计一个执行具有规定SIL等级的安全功能时,必须考虑安全相关系统中所使用的PLC的以下特点:

——硬件可靠性;

——诊断测试范围及测试时间间隔;

——定期测试/维护要求;

——可容忍的硬件故障;以及

——SIL能力。

这些信息可从PLC制造商获得。

需提请注意的是,考虑到为避免以及控制PLC硬件和软件(包括系统软件和固件)中的系统性故障而采取的措施和技术,根据GB/T 20438,“SIL能力”是使用PLC的安全功能可享有的最高SIL。还需注意的是，为了确定在特定应用中安全功能达到的实际 SIL，必须考虑对安全功能具有影响的所有子系统的上述所有特点。

4.4 将 PLC 集成到安全相关系统

在图 3 的事件分析图中可以说明保护特性配置的流程。

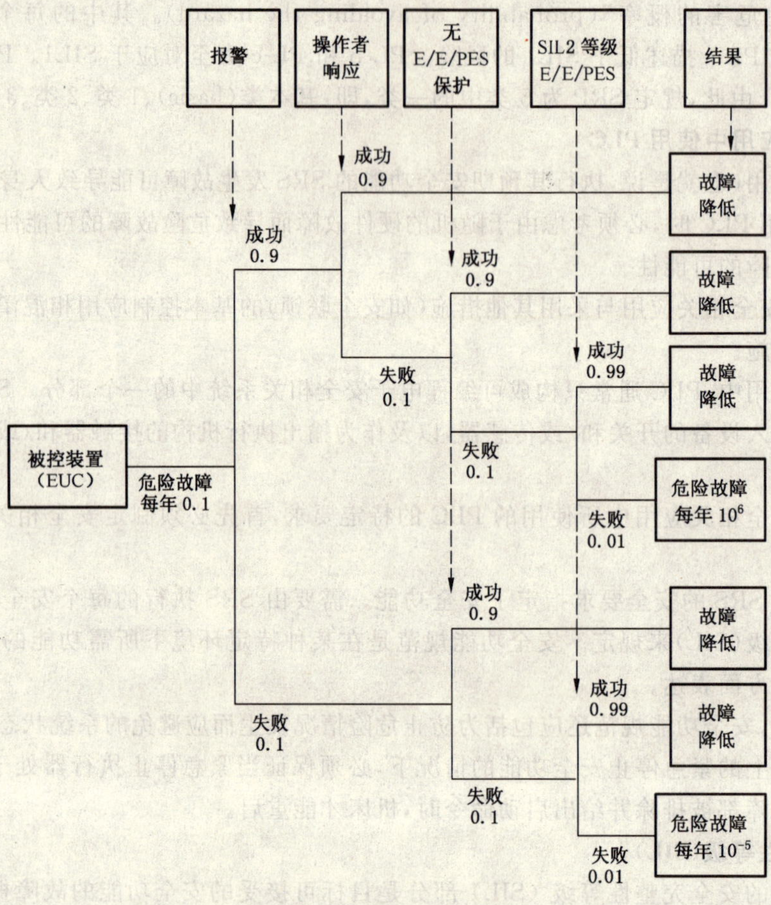

图 3 安全相关系统(SRS)配置的事件树分析

将 PLC 集成到安全相关系统的任务包括应用软件安全要求的开发。应完成应用程序编程或组态和测试，并根据 GB/T 20438 或相关行业标准对它们进行验证。为了检测自动诊断测试未揭示的任何危险故障，必须确定需要进行检验的频度。当 PLC 用于冗余配置时，或者存在一些组件(例如电池)，其故障在正常运行期间不明显的情况下，检验尤为重要。

如果使用先前开发的应用软件库功能，则必须验证其满足软件安全要求规范的适用性。适用性以在类似应用中满足运行的事实为基础，这些应用已被证明具有类似功能或已经得到相同的验证和有效的规程，它们将用于新开发的软件。对先前软件环境的任何限制(例如，操作系统和所依赖的编译程序、库功能的执行次序等)，需进行评估。

对应用程序应很好地编制文档，它们至少应包括以下信息：

——法人实体(例如，公司、作者等)；

——说明；

——应用功能要求的跟踪能力；

——所使用的逻辑约定；

——所使用的标准库功能(以及相关的合法性，见上述)；

——输入和输出；

——组态管理，包括变更历史。

所有集成(包括硬件、软件、机械装配和布线、使用的工具及编程语言、输入和输出的接口)都应符合PLC 制造商的使用手册。

应注意的是，为了满足硬件可靠性要求，在将 PLC 组合到冗余体系结构中时需特别谨慎从事。这样的体系结构可能会引发系统性故障模式以及时间同步问题，因此需权衡增加冗余结构的利弊得失。

集成应考虑合理预测的故障情况的可能性(例如，输入上的开路或电源故障)，从而应保证这类故障情况不会导致危险情况的发生。

还需注意的是，保证在 PLC 使用期间应用程序的先前版本(例如，存储在 NVRAM 中)不能重写为排除故障已被修改的应用程序。这样的重写可能导致软件故障的再次发生。

附 录 A
（资料性附录）
GB/T 15969 规范性部分的概述

本附录提供GB/T 15969系列标准的所有规范性部分的概述。本部分是技术报告，概述中不包括它。GB/T 15969.8本身就是一个技术报告(导则)，GB/T 15969.6保留为将来使用。

本附录分为A.1～A.7。每个章条号(不包括子条款)及标题直接与GB/T 15969系列的每个部分的编号相对应，即

A.1:GB/T 15969.1的概述

A.2:GB/T 15969.2的概述

A.3:GB/T 15969.3的概述

A.4:(空白)

A.5:GB/T 15969.5的概述

A.6:(空白)

A.7:GB/T 15969.7的概述

A.8:(空白)

本附录的目的是为用户提供通往GB/T 15969系列标准的窗口和桥梁，而不是把它作为对于PLC的定义性规范，它也不构成GB/T 15969系列标准的任何组成部分。本附录的制定是为了更多地从用户的角度提供关于整个GB/T 15969标准的信息和选择性导则。

在GB/T 15969.1、GB/T 15969.2、GB/T 15969.3中某些尤其与用户的规范和PLC的选择有关的关键规范，都直接反映在这些部分中。

A.1 GB/T 15969.1的概述

A.1.1 概述

GB/T 15969.1的范围涉及GB/T 15969整个系列标准的框架。它适用于那些按预期使用要求具有机械和工业过程的控制和命令的PLC及其相关外围设备。第1部分定义了可编程序控制器系统的术语和主要功能特性。

可编程序控制器及其外围设备用于工业环境。如果要将PLC及其相关外围设备用于其他环境，则必须使这些用于其他环境的特殊要求、标准及安装实践也适用于PLC及其相关外围设备。

GB/T 15969系列标准不涉及整个自动化系统的功能安全或其他方面。对于整个自动化系统的安全考虑不属本标准的范畴。

在GB/T 15969系列标准中阐述了关于PLC系统运行中的电击、火灾、抗电噪声和差错检测方面的PLC安全问题。关于安装，应参阅IEC 60364及适用的国家/地区规范。制定的GB/T 15969.1对GB/T 15969.2和GB/T 15969.3有规范性参考作用。

A.1.2 术语和定义

GB/T 15969.1中使用的部分术语和定义摘录如下：

a) 现场设备 field device

提供输入和/或输出接口或提供数据预处理的部分。

注：在本部分中使用缩写词PLC代表可编程序控制器(programmable controllers)，这在自动化行业中已形成共识。原来曾用PC作为可编程序控制器的缩略语，它容易与个人计算机所使用的缩略语PC相混淆。

b) 可编程序控制器系统或PLC系统 programmable controller system or PLC-system

用户根据需要实现的自动化系统要求而建立的由可编程序控制器及其相关外围设备所组成的配

置。它由通过用于永久性安装的电缆或插入式连接来互连的部件，以及通过用于可携带或可移动的外围设备的电缆或其他方式来互连的部件组成。

c) 编程和调试工具 programming and debugging tool;PADT

支持对PLC系统应用，程序存储和编制文档进行编程、试验、调试、故障检查和排除的外围设备。PADT可被用作人机界面(HMI)。如果在任何时候都可从有关接口插/拔PADT而对操作者和应用都没有任何危险，则称其为可插式；在其他情况下，则称其为固定式。

d) 远程输入/输出站 remote input/output station;RIOS

制造厂的PLC系统组成部分，包括仅在主处理单元(CPU)的分级情况下允许运行的输入和/或输出接口，用于输入/输出的多路复用信号/信号分离以及数据预处理/后置处理。RIOS仅被允许有限的自主运行[例如，在CPU本身的紧急情况下(如CPU的通信网络断开)，或需进行维护和故障检修时]。

A.1.3 功能特性

A.1.3.1 PLC系统的基本功能结构

图A.1、图A.2和图A.3中表示出了PLC系统的结构和通信接口。这些模型是GB/T 15969.2(硬件)、GB/T 15969.3(软件)、GB/T 15969.5(通信)和GB/T 15969.7(模糊控制编程)的基础。

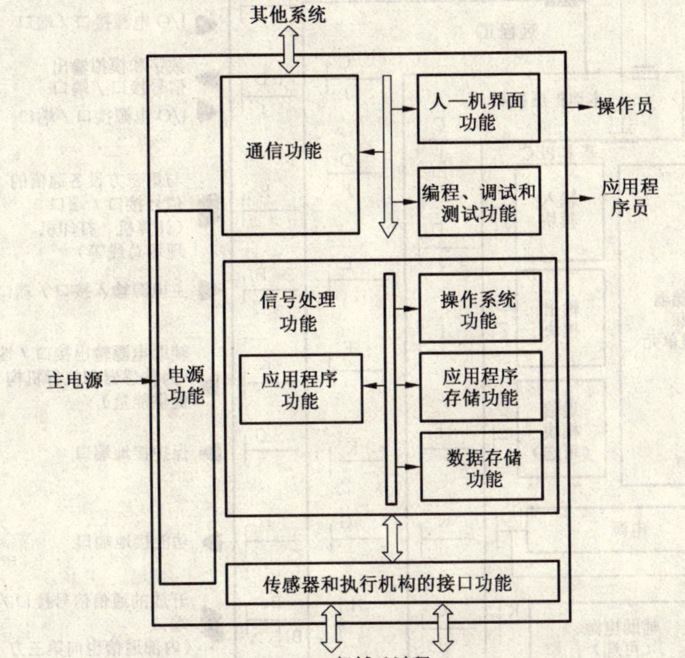

图A.1 PLC系统的基本功能结构

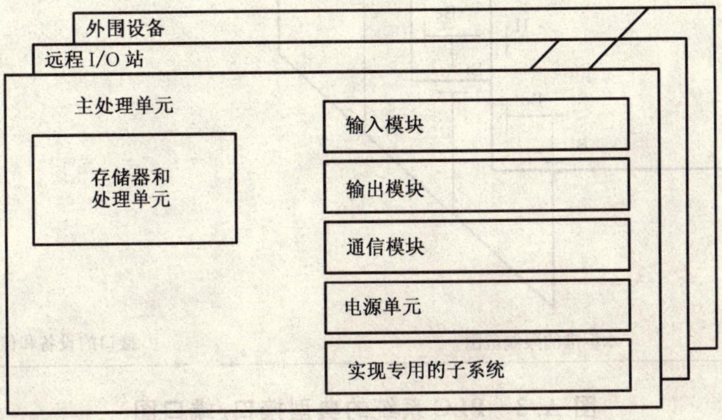

图A.2 PLC硬件模型

CPU 功能由应用程序存储器功能、数据存储器功能、操作系统功能和应用程序功能的执行组成。CPU 功能根据应用程序，处理从传感器以及内部数据存储器获取的信号，并生成送到执行机构以及内部数据存储器的信号。它们包括：

——到传感器和执行机构的接口功能转换 I/O 信号，包括来自特殊模块如 PID、模糊控制模块、高速计数模块和运动模块的预处理信号；

——通信功能提供与其他系统（第 3 方设备），如其他 PLC 系统，机器人控制器，计算机等的数据交换；

——人机界面（HMI）功能为操作人员、信号处理功能和机械/过程之间提供交互作用；

——编程、调试、测试和编制文档功能提供应用程序生成和加载、监视、测试和调试，以及应用程序文件编制和归档；

——电源功能。

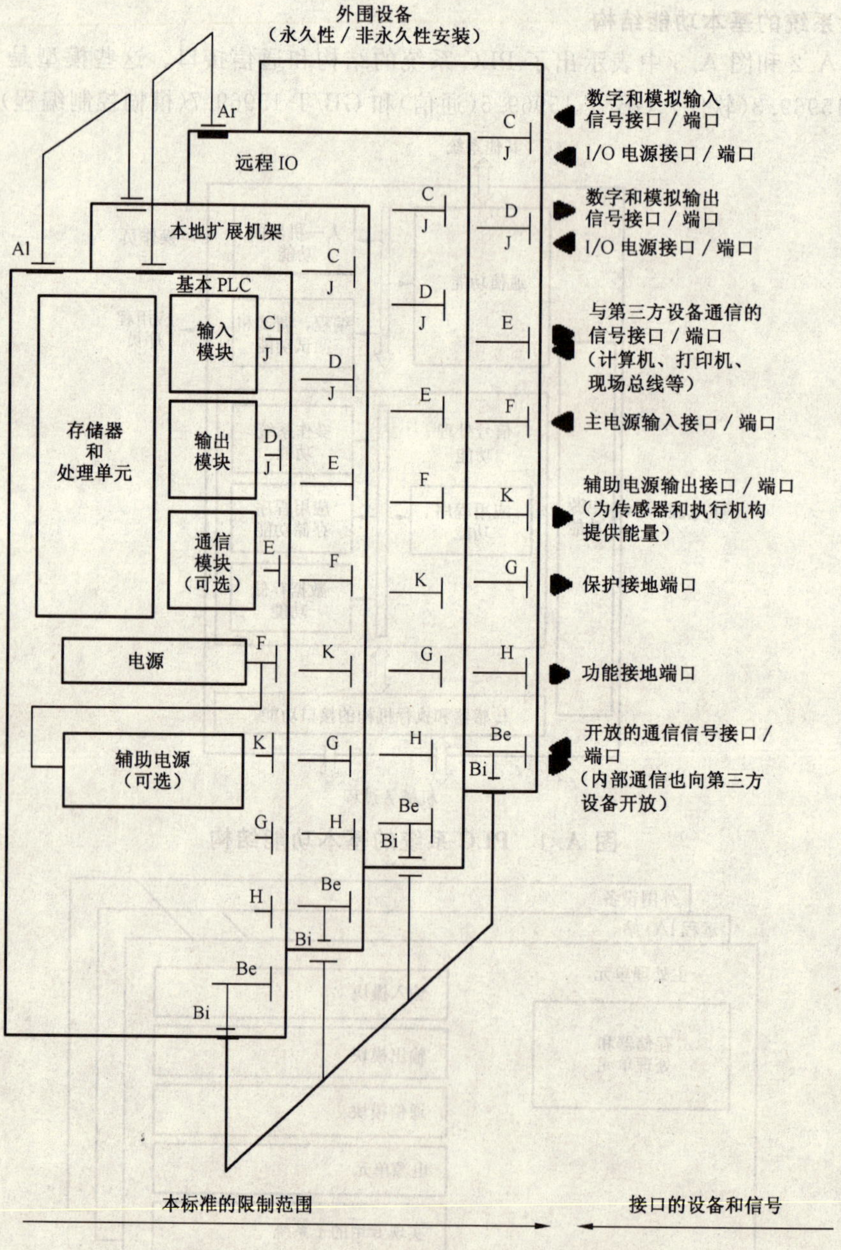

图 A.3　PLC 系统的典型接口/端口图

A.1.3.2 CPU功能的特性

A.1.3.2.1 可编程功能

PLC的能力取决于CPU的可编程功能,摘要见表A.1。

表 A.1 可编程功能摘要

功能组别	示　例
逻辑控制	编程语言元素
——逻辑	AND, OR, NOT, XOR, 双稳态元素
——定时器	接通延迟,断开延迟
——计数器	(脉冲的)上升沿和/或下降沿计数
信号/数据处理	
——运算功能	基本运算:加,减,乘,除
	扩展运算:平方,三角函数
	比较:大于,小于,等于
——数据处理	选择,格式化,传送
——模拟数据处理	PID,积分,滤波(不作为标准元素)
	模糊控制
接口功能	
——输入/输出	模拟I/O模块,数字I/O模块
——其他系统	BCD转换,通信协议
——HMI	显示,命令
——打印机	信息,报表
——大容量存储器	运行日志
周期执行控制	周期执行,事件驱动执行
系统配置	状态校验

A.1.3.2.2 操作系统及PLC的重新启动

操作系统负责管理内部PLC系统功能。根据所控制的系统应用,用户需要确定在中断操作后PLC系统如何重新启动。重新启动分为三类,即冷重新启动、热重新启动和暖重新启动。

1) 冷重新启动

PLC系统及其应用程序在所有的动态数据(变量如I/O映像、内部寄存器、定时器、计数器等和程序上下文)被复位到预定状态后的再起动。冷重新启动可以是自动的(例如在电源故障后,存储器的动态部分的信息丢失等)或手动的(如按钮复位等)。

2) 热重新启动

在电源故障后,在允许的最长中断时间内,PLC系统恢复到如同没有发生电源故障的重新启动。所有I/O信息和其他动态数据以及应用程序上下文都得到复原或保持不变。

热重新启动性能需要一个独立供电的实时时钟或定时器,以确定自电源故障被检测出时起所消逝的时间,也需要用户对相关过程的最大允许时间进行编程。

3) 暖重新启动

电源故障后,以用户编程预先设置的动态数据集和系统预先确定的应用程序上下文的重新启动。暖重新启动由一状态标志或可指示在运行模式下检测PLC系统的电源故障停机的应用程序的等价方法来识别。在暖重新启动时,通常仅MPU(主处理单元)由UPS(不中断电源)电源供电。

A.1.4 语言

关于PLC系统应用的编程,GB/T 15969.3中定义了4种语言。这些语言是:指令表(IL)、结构文本(ST)、功能块图(FBD)和梯形图(LD)。尽管其中的某一种语言可能被广泛地应用于某个特定地区，但这4种语言覆盖了软件技术的整个系列，而且在许多实例中它们彼此互相补充而完善。用户也许注意到，GB/T 15969.3规定了PLC语言元素，但并未说明在实际使用中的任何特定语言。这类实际语言可能必然涉及到超出本部分范畴的专利信息或版权问题。

可将应用程序编制在一个程序包中，包括硬件配置以及与设计有关的注释的描述。应用程序文件应包括：

——程序清单，信号和数据处理的助记符；

——所有用于数据处理的交叉参考表；

——注释；

——修改的说明；

——维修手册。

用户应把应用程序储存在非易失介质中，以提高维修速度和减少停机时间。

A.1.5 可用性和可靠性

每个自动化系统需要其控制系统达到一定水平的可用性和可靠性。用户的责任是保证整个自动化系统的体系结构、PLC系统及其应用程序的特性，都满足预期的应用要求。支配可用性和可靠性的因素包括：

a) 自动化系统的体系结构

一些技术如冗余、容错和自动差错检查以及机械/过程诊断功能等，可提高和改善自动化系统的可用性。

b) 可编程序控制器系统的体系结构

模块化结构结合能迅速识别故障的内部自检，可以提高PLC系统的可维护性，从而提高了自动化系统的可用性。对于特殊应用，也可考虑冗余、容错等技术。对具有特定体系结构的PLC系统的可用性和可靠性的评估，可借助于相关IEC标准如用于过程工业的IEC 61508-6(GB/T 20438.6)进行。

c) 应用程序的设计、测试和维护

多数可编程序控制器具有相当的计算能力，这就使其能在完成最基本的控制功能外，还能实现诊断功能。应考虑机械/过程行为的建模和故障情况的连续识别。

应用程序的充分试验是强制性的。应规定测试的内容，例如，点对点，回路反馈或过程的完全仿真。每次修改都预示正确的设计和试验，这样就不会影响整体可用性和可靠性。应妥善保持程序文件，并加以注释。

d) 安装和工作条件

PLC系统是典型的加固型设计，并用于通用目的的应用。但越强调工作条件，其可用性和可靠性就越差。相反，当实际工作条件优于GB/T 15969.2中所规定的正常工作条件时，期望的可用性和可靠性能得到改善。

对于可靠性运行，某些应用需考虑特殊包装、冷却、防电噪声等。

A.2 GB/T 15969.2 的概述

A.2.1 概述

A.2.1.1 范围和目的

GB/T 15969.2制定了PLC的功能、电气安全、电磁兼容性(EMC)要求，以及有关电气、机械、环境和结构要求，并相应地规定了试验方法。本部分覆盖了PLC和执行PLC功能的任何产品，及其相关的外围设备。本部分仅包括在工业环境中为了控制和支配机械和工业过程而使用的装置。

本部分还适用于执行可编程序控制器(PLC)及其相关外围设备功能的任何产品。

GB/T 15969.2覆盖的装置适用于过电压类型Ⅱ，按照IEC 60664-1，在低电压设施中的额定电网供电电压不超过交流 1 000 V r.m.s(均方根值)或直流 1 500 V。

GB/T 15969.2 的目的是规定 PLC 及其外围设备在选择和应用方面的定义和主要特性。它规定了适用于 PLC 及其相关外围设备的功能、电气、机械、环境及结构特点、工作条件、安全性、电磁兼容性(EMC)、用户编程及测试等方面的基本要求。

A.2.1.2　与本部分的符合性

在没有资质证明的情况下指明与 GB/T 15969.2 的符合性时,必须验证 GB/T 15969.2 中所有章节的符合性,包括该部分中所要求的所有试验和验证。此外,如果不要求型式试验,或者如果由于实际原因而使试验条件受到限制,则应坚持 GB/T 15969.2 中所阐明的制造厂义务。

当指明与 GB/T 15969.2 中某些部分的符合性时,则只需针对它所声明的某些条款的符合性进行验证。上述的制造厂义务仍然适用。在 GB/T 15969.2 的相关章节(clause)中分别对各种符合性予以陈述(如第 5 章“功能要求”,第 8 章“电磁兼容性要求”,或第 11 章“安全要求”)。

对于不按本部分中相关“试验及验证”章节中要求的规程进行试验的所有要求,应按制造厂与用户协商而制定的规程进行验证。制造厂应按要求提供在本部分的所有章条或部分章条规定的所有要求的符合性验证资料信息。

A.2.1.3　规范性引用

GB/T 15969.2 列出了 28 个规范性引用文件,包括:

IEC 60068-2-1:1990　环境试验　第 2-1 部分:试验　试验 A:低温

IEC 60364-4-443:1999　建筑物的电气设施　第 4 部分:安全保护　第 44 章:过电压保护第 443 节:来源于大气或开关操作引起的过电压的保护

IEC 60417:2002　装置上使用的图形符号

IEC 60529:1989　由外壳提供的防护等级(IP 代码)

IEC 60664-1:1992　低电压系统内设备的绝缘配置　第 1 部分:原理、要求和测试

IEC 60664-3:1992　低电压系统内设备的绝缘配置　第 3 部分:使用涂层以达到印刷线路板的绝缘配置

IEC 60695-2-1　易燃性试验　第 2 部分:试验方法　第 1 节:自燃试验和方法

IEC 60707:1999　固体非金属材料暴露于火源下的可燃性　试验方法的列表

IEC 60947:1997　低压开关控制柜

IEC 60947:2002　低压开关控制柜

IEC 60947-5-1:1997　低压开关控制柜　第 5-1 部分:控制电路装置和开关器件　机电控制电路装置

IEC 60947-7-1:2002　低压开关控制柜　第 7-1 部分:辅助装置　铜导体的端子块

IEC 60950-1:2001　信息技术装置的安全性,包括电气装置

IEC 60950-1:2001　信息技术装置的安全性　第 1 部分:通用要求

IEC 61000-4-2:1995　电磁兼容性(EMC)　第 4-2 部分:试验和测量技术　静电放电抗扰度试验

IEC 61000-4-3:2002　电磁兼容性(EMC)　第 4 部分:试验和测量技术　第 3 节:辐射、射频、电磁场抗扰度试验

IEC 61000-4-4:1995　电磁兼容性(EMC)　第 4 部分:试验和测量技术　第 4 节:抗电气快速瞬态/脉冲群试验

IEC 61000-4-5:1995　电磁兼容性(EMC)　第 4 部分:试验和测量技术　第 5 节:浪涌抗扰度试验

IEC 61000-4-6:1996　电磁兼容性(EMC)　第 4 部分:试验和测量技术　第 6 节:抗受射频场引起的传导性干扰

IEC 61000-4-8:1993　电磁兼容性(EMC)　第 4 部分:试验和测量技术　第 8 节:抗电源频率磁场试验

IEC 61000-4-12:1995　电磁兼容性(EMC)　第 4 部分:试验和测量技术　第 12 节:抗振荡波试验

IEC 61010-1:2001　测量、控制和实验室使用的电气设备的安全性要求　第 1 部分:通用要求

CISPR 11:1999　工业、科技和医疗(ISM)射频装置　电磁干扰特点　限制和测量方法

CISPR 16-1:1999　无线电干扰和抗干扰测量仪器和方法的规范　第 1 部分:无线电干扰和抗干扰测量仪器

CISPR 16-2:1999　无线电干扰和抗干扰测量仪器和方法的规范　第 2 部分:干扰和抗干扰的测量方法

A.2.2　术语和定义

本条采用如下与基本 PLC 装置有关的定义。

a)　电气间隙　clearance

导电部件之间的最短空间距离。

b)　爬电距离　creepage distance

沿绝缘材料表面测得的两个导电部件之间的最短距离。

c)　数字输入类型　digital input types

——一类数字输入　type1 digital input

检测来自机械式接触开关元件(如按钮)信号的器件。

——二类数字输入　type 2 digital input

检测来自固态开关器件(如两线接近开关)信号的器件。

此类也可用于一类或三类数字输入。

——三类数字输入　type 3 digital input

只检测来自固态开关器件信号的器件。

d)　地,功能接地,保护接地 earth, functional earth, protective earth

—— 地(earth)指大地的导电物质,在其任一点上的电位都被视为零。

——功能地(functional earth)是为了改善抗噪声能力在电路与大地之间连接的导体。

——保护地(protective earth)是出于安全目的在电路与大地之间连接的导体。

e)　电磁兼容性　electro-magnetic compatibility;EMC

装置或系统在其所处的电磁环境下能够令人满意地正常工作的能力,它不产生对此环境中的其他事物不可容许的电磁干扰。

注 1:按照 IEV 60161-01-07。

f)　装置类别　equipment class

装置类别(或保护类别),表示提供电击保护的措施,使所安装的装置在正常使用和单一故障条件下得以保护。

——Ⅰ类装置　class Ⅰ equipment

在这类装置中,电击保护不仅依赖于基本绝缘,而且在基本绝缘失效情况下还采用预防措施使可接触的导电部件也不会带电。

——Ⅱ类装置　class Ⅱ equipment

在这类装置中,电击保护不仅依赖于基本绝缘,而且还采用附加的预防措施,如双重绝缘或强化绝缘。

——Ⅲ类装置　class Ⅲ equipment

在这类装置中,电击保护由安全超低电压[SELV,交流 30 V(均方根值)、42.4 V 峰值,或直流 60 V]提供,线路产生的电压不超过 SELV 的限值。

g)　功能接地导体　functional earthing conductor

为改善抗噪声能力在电路与大地之间连接的导体。

h） 危险带电 hazardous live

指能够在正常使用或单一故障条件下引起电击或电气着火。

i） 危险电压 hazardous voltage

在正常工作条件下超过交流 30V(均方根值)或 42.4 V 峰值的电压。

j） 抗扰度 immunity (to a disturbance)

在出现电磁干扰的情况下，设备、装置或系统不受影响地维持其运行的能力。

注 2：按照 IEV 60161-01-20 的定义。

注 3：它也指出现(例如)振动、湿度等情况下不降低性能。

k） 绝缘 insulation

注 4：绝缘材料可以是一种固体物质、液体物质、气体物质(如大气)，或者它们的任意组合。按照 IEV 60151-03-30。

——基本绝缘 basic insulation

危险带电部件的绝缘，它提供无故障情况下的基本防电击保护。

注 5：按照 IEV 60195-06-06 和 IEV 60195-06-01。此概念不适用于专用于功能目的的绝缘。后者被称为功能绝缘。

——双重绝缘 double insulation

由基本绝缘和补充绝缘构成的绝缘。

注 6：按照 IEV 60195-06-08。

——强化绝缘 reinforced insulation

危险带电部件的绝缘，它提供等效于双重绝缘的防电击保护等级。

注 7：按照 IEV 60195-06-09。强化绝缘可包含若干层，对这些层不能单独地作为基本绝缘或补充绝缘进行试验。

——补充绝缘 supplementary insulation

除了基本绝缘外采用的独立的绝缘，用于故障保护。

注 8：按照 IEV 60195-06-07。

l） 带电部件 live part

期望在正常使用中通以电流的导体或导电部件，包括中性导体，但按约定不包括 PEN 导体，或 PEM 导体，或 PEL 导体。

注 9：按照 IEV 60195-02-19。此概念不一定指电击的危险。

——PEN 导体 PEN conductor

综合了保护接地导体和中性导体功能的导体。

[IEV 60195-02-12]

——PEM 导体 PEM conductor

综合了保护接地导体和中点导体功能的导体。

[IEV 60195-02-13]

——PEL conductor

综合了保护接地导体和线性导体功能的导体。

[IEV 60195-02-14]

m） 正常情况 normal condition

所有防范危险的保护措施均完善的情况，即无故障情况。

n） 正常使用 normal use

根据使用的指令或出于明确期望的目的所进行的操作，包括后备(stand-by)。

注 10：正常工作条件在 GB/T 15969.2 中阐述。

o） 操作员 operator

通过与 PLC 连接的 HMI 来命令和监视机械或过程的人员。操作员不改变 PLC 的硬件配置、软件程序或应用程序。PLC 不得由未经培训的人员使用。操作员应了解处于工业环境下的一般性危险情况。

p) 过电压类别(在电路或电气系统内) overvoltage category (of a circuit or within an electrical system)

以限制(或控制)线路中(或一个具有不同标称电压的电气系统内)可能存在的瞬时过电压为基础,并依据用来影响过电压所采用的措施而进行的分类。

注 11:GB/T 15969.2 中覆盖的装置用于过电压类别 II。

q) 污染等级(在微环境中) pollution degree (in the micro-environment)

为了测定电气间隙和爬电距离,将微环境的污染等级定为以下 3 个等级。

注 12:外部物质和水分的积聚会引起被污染的绝缘体导电。对污染等级 2 和等级 3 给出的最小电气间隙是基于经验而不是原始数据。

——污染等级 1 pollution degree 1

没有污染或只是干燥而出现不导电的污染。这种污染没有影响。

——污染等级 2 pollution degree 2

通常指只出现不导电的污染。但必须预料到偶然因凝露引起暂时的导电。

——污染等级 3 pollution degree 3

出现导电污染,或者出现干燥、不导电的污染,但正如所预料的由于凝露而变为导电的污染。

r) 保护导体 protective conductor

为安全目的(例如,防电击保护)而提供的导体。

注 13:按照 IEV 60195-02-09。

s) 保护超低电压(PELV)线路 protective extra-low voltage (PELV) circuit

在正常工作和单一故障条件下,电压不超过 AC 30V 均方根值、42.4 V 峰值或 DC 60V 的电气线路,在其他线路中的接地故障除外。

PELV 电路类似于与保护地连接的 SELV 电路。

t) 安全超低电压(SLEV)线路 safety extra-low voltage circuit (SELV circuit)

在正常工作和单一故障情况下,电压不超过 AC 30V 均方根值、42.4 V 峰值或 DC 60V 的电气线路,包括在其他线路中存在接地故障的情况。

SELV 线路不与保护地连接。

u) 服务人员 service personnel

更改或修复 PLC 硬件配置或应用程序的人员。

服务人员还可安装由制造厂提供的软件更新。他们应该是 PLC 装置的编程、操作及其使用方面的训练有素的人员。

他们应该是已通过合适技能培训并具备安全方面所必须的工作经验的人员,因此当他们置身于执行任务的过程中时,他们了解其中的危险性(尤其是电气危险性),并且能够采取措施减少对他们自己或他人或装置可能构成的危害。

v) 试验的类型 type of test

以下试验方法可由 PLC 制造厂用来评估和验证所规定的质量要求。GB/T 15969.2 规定了专用的试验方法和要求。由于用户不希望深入了解 PLC 的详细制造过程,因此在本技术报告中不提供这方面的信息。

——常规试验 routine test

在制造期间或之后,对各项技术指标所做的一致性测试,以确定与所要求等级的符合性。

——型式试验 type test

对产品的一个或多个具代表性项目所做的符合性测试,以确定与所要求等级的符合性。

——耐型式试验(耐试验) withstand type test (withstand test)

它验证对基本 PLC 系统施加更多严重干扰量并不降低其完成预期任务的能力。在此试验期间，对基本 PLC 系统不通以电流。

A.2.3　符合性验证的型式试验

型式试验是对产品所做的一个或多个具代表性项目的符合性试验。

型式试验用于验证 PLC 及其相关外围设备与 GB/T 15969.2 中所需要求的符合性。此符合性验证还包括目测检查或/和测量。此外，在 GB/T 15969.2 中还规定了常规试验。常规试验是在制造期间或之后对每种设备所做的符合性试验。

GB/T 15969.2 中规定的试验是合格资质试验，不是有关使用 PLC 的方式的试验。根据 GB/T 15969.2的范围，符合性验证不包括验证 PLC 系统满足预期自动化系统要求的能力。在需要做特殊试验(GB/T 15969.2 中未包括的)时，制造厂可与用户共同协商。

被试装置(EUT)的抗噪声试验和 EMC 试验的示例如图 A.4 所示，图中 PLC 系统的每个子部分可以构成图 A.3 所描绘的一个 EUT，如 EUT A，EUT B，EUT C，EUT D，EUT E 和/或 EUT F。为了使用每个 EUT 的不同端口，制造厂可定义子系统，并依次对不同的 EUT 进行试验。

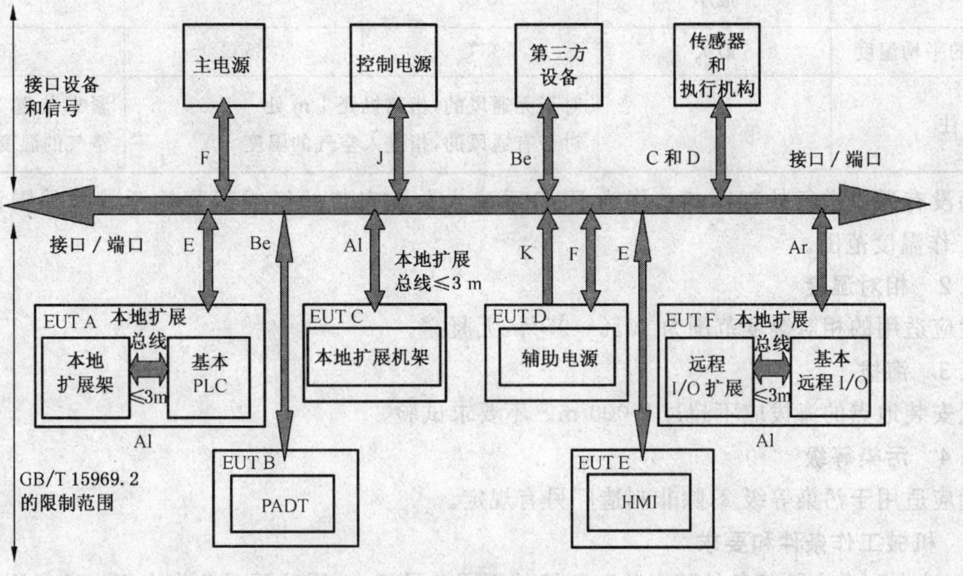

图 A.4　型式试验 EUT 配置

A.2.3.1　耐试验条件

耐试验是一种型式试验，它验证对基本 PLC 系统施加更多严重干扰量并不降低其完成预期任务的能力。一般说来，在耐试验期间需对制造厂的组成模块单独进行试验。

A.2.3.2　通用试验条件

各种试验应在 GB/T 15969.2 中给出的通用试验条件下完成(见表 A.2)，除非另有规定。型式试验没有强制的顺序要求，除非另有规定。

表 A.2　通用试验条件

	测试条件
主电源	额定电压和频率
温度	15℃ ～ 35℃
相对湿度	≤75%
气压	86 kPa～106 kPa(650 mm Hg～800 mm Hg)
输出负载	输出加载到额定负载
污染	污染等级 2

A.2.4 正常工作条件和要求

用户的责任是保证不超出装置的工作条件范围。PLC 和 PLC 系统将用于工业环境。

用户必须保证安装条件满足 GB/T 15969.2 中给出的环境条件。

A.2.4.1 自然环境条件和要求

A.2.4.1.1 工作环境气温

装置需适合于表 A.3 中给出的工作温度范围。

表 A.3 PLC 系统工作环境的气温

		封闭式装置 (通风的/无通风的)		开放式装置
温度范围	限值类别	永久性设备	非永久性设备	永久性设备
	最大 最小	40℃ 5℃	40℃ 5℃	55℃ 5℃
24 h 内的平均温度	最大	35℃	35℃	50℃
注		对于无通风的,指离机壳 1 m 处 对于有通风的,指进入空气的温度		紧靠装置下方进入的空气的温度

如果没有强迫进行外部冷却。作为 PLC 系统永久性安装的组成部分的开放式外围设备应满足 PLC 的工作温度范围。

A.2.4.1.2 相对湿度

装置应适用的相对湿度范围为 10%～95%,无凝露。

A.2.4.1.3 海拔

装置安装地点的海拔应不超过 2 000 m。不要求试验。

A.2.4.1.4 污染等级

装置应适用于污染等级 2,除非制造厂另有规定。

A.2.4.2 机械工作条件和要求

振动、冲击和自由跌落条件随安装和环境的不同差异很大,因此要对此作出规定非常困难。

GB/T 15969.2 中列出的工作条件由适合于固定装置、无包装的便携和手持装置的试验要求来间接规定。经验表明,满足这些试验要求的装置适用于固定设施上的工业应用。

也为运输和储存规定了工作条件,包括温度、海拔、在制造厂原包装内(装置)的自由跌落及其他条件。

A.2.4.3 电气工作条件和要求

在 GB/T 15969.2 中规定的电气工作条件包括:交流主电源和直流主电源,过电压类别,瞬时过电压控制,在与主电源连接点上的瞬时过电压、非周期性过电压。

用户应采取必要的措施,防止在过电压条件下 PLC 系统遭受损坏(例如,插入变压器),尤其是由于大功率线路/设备的断路,可能在主电源上出现非周期性过电压峰值而导致非常严重的后果。

当工作条件比 GB/T 15969.2 中给出的条件更为恶劣,或存在其他不利环境条件时(例如,由灰尘、烟雾、腐蚀性或放射性颗粒、水蒸气或盐分造成的空气污染,霉变的侵蚀,昆虫或小动物的叮咬),用户应向制造厂咨询以决定装置的适用性或应采取的措施。

A.2.5 功能要求

A.2.5.1 工作电源和存储器后备要求

a) 额定值和工作范围

PLC 系统以及由外部供电的 I/O 模块的输入电源应按如下规定:

——额定直流电压是:24 V、48 V 和 125 V;容差(最小/最大)是−15%/+20%。

——额定交流电压均方根值是:24 V、48 V、100 V、110 V、120 V、200 V、230 V、240 V 和 400 V;容差(最小/最大)是−15%/+20%。规定的频率是 50Hz 或 60 Hz,容差(最小/最大)是−6%/+4%。

——交流电压是指在装置接入点处测得的总电压均方根值。

——小于 10 倍标称频率的真谐波(标称频率的整数倍)的总均方根值可能达到总电压的 10%。更高频率的谐波和其他频率的总均方根值可能达到总电压的 2%。但为了取得恒定的比较结果,只应在第 3 次谐波上对装置进行试验(10%,在相位角 0°和 180°)。

b) 存储器后备

在正常工作条件下当能源在额定容量时,易失性存储器的后备电源能保持存储信息的时间至少应为 300 h,而在温度低于 25℃时,至少 1 000 h(当后备电源在额定容量时)。(对于需要更换的后备电源,额定容量是指更换电源的时间间隔的值。)

如与所述持续时间有异,制造厂应规定与易失性存储器相关的存储时间信息。

在更换后备电源或向其充电时,应不丢失存储器后备部分中的数据。如果置有存储器后备电池,则应有“电池电压低”的警示。

A.2.5.2 数字输入/输出(数字 I/O)

数字输入/输出参数如图 A.5 所示。

其他的输出类型包括:保护输出,耐短路输出,以及由制造厂推荐的装有外部保护输出器件的保护输出。对于保护输出,规定了在复原或单独更换保护器件后,PLC 系统应恢复正常工作。

对于机电式继电器输出,应能在规定的负载下完成至少 3×10^5 次动作。

直流电流源数字输出的额定值是 0.1 A ~2 A,“1”状态的最大范围是 0.12 A~ 2.4 A。

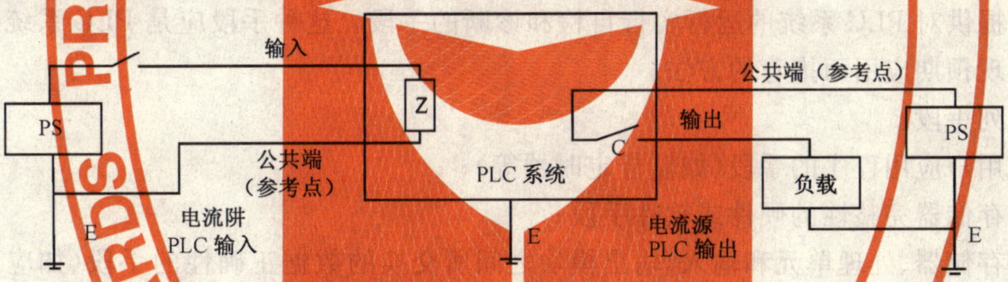

图中:

C——输出

机械或固态触点(如干簧继电器触点、双向晶体管、晶体管或类似器件);

E——接地

示出的接地是可选的;

接地根据国家规范和/或应用需要;

Z——输入

输入阻抗;

PS——外部电源。

注:某些应用中输入、输出和 PLC 系统可以仅用一个共用电源。

图 A.5 数字输入/输出(I/O)参数

A.2.5.3 模拟输入/输出(I/O)

模拟输入的额定信号范围是±10 V,0 V~10 V 和 1 V~5 V,输入阻抗限值分别是≥10 kΩ、≥10 kΩ和≥5 kΩ。额定电流信号范围是 4 mA~20 m A 和 0 mA~20 mA,输入阻抗限值均为≤300 Ω。

模拟输出的额定信号范围是±10 V,0 A~10 V 和 1 V~5 V,输入阻抗限值分别是≥1 kΩ,≥1 kΩ和≥500 Ω。额定电流输出范围是 4 mA~20 m A 和 0 mA~20 mA,输入阻抗限值均为≤600 Ω。

A.2.5.4 远程输入/输出站(RIOS)的要求

远程输入/输出站(RIOS)是PLC永久性设施的组成部分，因此必须对它们进行相应的试验。当与主处理单元(MPU)的应用程序失去通信时，远程输入/输出站(RIOS)应能够在规定的延迟时间内，而且不经由未作规定的状态，将其输出状态固定在规定的值上，并应能提供故障指示信号。主处理单元(MPU)系统应把有关远程输入/输出站(RIOS)当前状态的信息提供给用户的应用程序。

A.2.5.5 外围设备(PADT，TE，HMI)的要求

不属于PLC系统的永久性部件的外围设备，当其与操作系统进行通信或中断通信时，应不引起系统的误动作。

用于外围设备的连接器应具有防止极性不正确连接的极性标识，或PLC系统应在设计上保证在极性不正确连接的情况下也不产生误动作。

由外围设备和PLC系统组成的系统，应在设计上保证PLC系统中执行的编辑程序与外围设备上显示的编辑程序在功能上是相同的。

如果能通过外围设备在线修改PLC系统的应用程序和/或工作模式(即当PLC系统正在控制一种机械或一个工业过程时)，则

——外围设备应自动地给出类似于"正处于在线修改，程序显示可能与应用程序不同；在某一时段内(ms)机械/过程的控制会被中断"等的明确警示；

——外围设备应询问操作者"你确实要执行该动作吗?"或某些类似问话，并只在操作者给出肯定的回答后才执行这一命令。

应能将新的应用程序加载到制造厂提供的数据媒介上，并能在线验证这些记录在功能上确与应用程序相同，应提供相应的手段来防止非授权使用这些功能(硬件或软件)。

A.2.5.6 PLC系统自检和诊断要求

制造厂应提供对PLC系统的运行实行自检和诊断的手段。这种手段应是PLC系统的内置辅助装置，和/或为实现预期应用而推荐的方法。

应提供下列手段：

——监控用户应用程序的手段(如监督定时器等)；

——检验存储器完整性的硬件或软件手段；

——检验存储器、处理单元和输入/输出模块之间所交换的数据正确性的手段(如应用程序反馈检查)；

——检验电源单元不超过硬件设计所允许的电流和电压限值的手段；

——监控主处理单元(MPU)状态的手段。

永久性安装的PLC系统应能操作报警输出的报警信号。当检测到系统"功能正常"时，该报警输出端应处于预先确定的状态。在其他情况下，则应处于相反的状态。制造厂应规定"功能正确状态"的条件，以及为驱动该报警输出而执行的自检的条件。

远程输入/输出站(RIOS)在失去电源或者不能与主处理单元(MPU)正常通信的情况下，应能给出报警输出的报警信号(例如，通过一个数字输出模块)，并处于预先确定的状态。

A.2.5.7 其他功能要求

在GB/T 15969.2中规定的其他要求包括：功能接地，安装要求，以及一般标记要求。

在标记方面，对功能接地端子(即用于非安全目的，如改善抗干扰性)应使用以下符号作出标记：

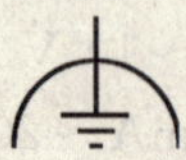

A.2.6 正常工作和功能型式试验及验证的要求

GB/T 15969.2中规定了以下试验和验证：

——气候试验，机械试验。

——停机试验,起动试验:

——平缓停机/起动试验;

——电源端口和存储器后备的特殊功能要求的验证:

——电源端口的特殊抗扰性限制;

——工作主电源端口(交流或直流)的验证;

——电压范围、纹波和频率;

——外部电源变化试验(抗扰度试验);

——电源电压变化试验;

——电源不正确连接试验;

——耐直流电源极性反向试验;

——不正确的电压电平和/或频率试验。

——存储器后备要求的验证。

——输入/输出要求的验证。

——数字输入的验证。

——工作范围试验。

——耐信号极性反向试验。

——数字输出的验证,包括:

——工作范围试验;

——保护输出、无保护输出的试验;

——耐短路输出的试验;

——耐信号极性反向试验。

——模拟输入/输出(I/O)的验证,包括:

——工作范围试验;

——模拟输入的耐过载试验;

——短路试验(电压输出);

——开路试验(电流输出)。

注:应没有物理损坏或异常现象。在试验即电源电压变化试验和耐极性反向试验后,进行功能验证。

——远程输入/输出站(RIOS)的验证,包括:

——响应时间试验;

——通信丢失试验。

——外围设备(PADT, TE, HMI)要求的验证。

——PLC 系统自检和诊断的验证。

——标记和制造厂技术文件的验证。

A.2.7 制造厂提供的资料

A.2.7.1 资料文件的类型和内容

A.2.7.1.1 样本和数据单应提供的信息

这些文件应包括 PLC 系统及其相关外围设备的描述和规格。另外,它们还应包含有助于理解这些产品应用和使用的其他有关信息,包括功能特性、装置配置规则、正常工作条件、实际外形尺寸及重量,以及所符合标准和认证的说明。

A.2.7.1.2 用户手册应提供的信息

这些文件应包括 PLC 系统的正确安装、接线、故障查询、用户编程和调试所必需的信息。它们至少应包括：

——安装和调试须知；

——编程和故障检查与排除说明；

——运行和维护要求；

——附件和备件表(如熔断器)。

A.2.7.1.3 技术文件应提供的信息

制造厂可以(可选)提供一套比在用户手册中所包含的更多信息的文件，如原理图、内部或外部数据协议、总线分配、实际外形尺寸、使用的能量、固件、内部测试程序或维修方法等。

A.2.7.2 关于与本部分符合性的信息

制造厂应提供关于与 GB/T 15969.2 符合性方面的信息，对此可从以下两个层面来说明：

a) 完全符合本部分的所有章节中所提出的要求，像通过引用 GB/T 15969.2 指明的那样而无任何限制；

b) 符合本部分中的某个部分，文件中明确说明产品所符合的本部分中的具体特定条款。

A.2.7.3 关于可靠性的信息

如果制造厂提供了在正常工作条件下任一组件或模块的平均无故障时间值(MTBF)，以及型式试验配置(PLC 系统)的值，制造厂还应说明用来确定这些值的方法。

A.2.7.4 关于其他条件的信息

对于 GB/T 15969.2 中未作出规定的任何机械条件，用户应与制造厂共同协商以达成一致意见。

A.2.7.5 关于运输和贮存的信息

制造厂应提供运输和贮存需知。

A.2.7.6 关于交流电源和直流电源的信息

制造厂应提供以下信息：

1) 提供的数据可允许选择一个合适的配电网使之在每个用电点得到所规定的电压数值。该信息包括满负荷情况下的起动峰值(在冷起动和暖重新起动)、重复峰值及静态输入电流的均方根值。

2) 电源接口的外部接线端子标志。

3) 电源系统的典型示例。

4) 通过多电源或使用 GB/T 15969.2 中没有包括的电压和频率供电的 PLC 系统的专用供电设施要求(若需要)。

5) 以下不正确的电源连接导致的影响：

- 极性接反；
- 电压电平和/或频率不匹配；
- 引线连接错误。

6) 典型的电源升降时序影响 PLC 系统性能的全部信息。

7) 允许估算不影响任一 PLC 系统配置正常工作的最长中断时间的数据。直流供电设备的 PS 类别(PS-1 或 PS-2)。

8) 存储器后备时间与温度及维护要求的关系。

9) 推荐的能源更换的时间间隔和更换步骤，以及由此产生的对 PLC 系统的影响。

10) 起动电流峰值(在冷起动和暖重新起动)，或推荐的熔断器规格及熔断特性。

A.2.7.7 关于数字输入(电流阱)的信息

制造厂应提供以下信息：

1） 整个工作区的伏—安特性曲线，容差或相当的参数；
2） 从“0”状态转换到“1”状态和从“1”状态转换到“0”状态的数字输入延迟时间；
3） 通道之间存在的公共点；
4） 输入端连接错误导致的影响；
5） 在正常工作条件下，通道与其他线路（包括“地”）之间，通道与通道之间的隔离电位；
6） 输入类型（第一类、第二类或第三类）；
7） 直观指示器的监视点和二进制状态；
8） 插/拔带电输入模块时的影响；
9） 在互连输入与输出时（若需要），附加的外部负载；
10） 信号评定的说明（例如，静态/动态评定，中断释放等）；
11） 根据电缆型号和电磁兼容性，推荐的电缆和导线的长度；
12） 端子的排列；
13） 外部连接的典型示例。

A.2.7.8 关于交流数字输出（电流源）的信息

制造厂应提供下列交流数字输出方面的信息：

1） 保护类型（即保护输出、耐短路输出、无保护输出）：
- 对保护输出：超过1.1倍额定电流时的工作特性，包括保护装置通电时的电平，电流的其他行为特性及其使用的时间；
- 对耐短路输出：更换或重新安装保护装置所需要的信息；
- 对无保护输出：需要时，由用户提供保护装置的说明。

2） 从“0”状态转换到“1”状态和从“1”状态转换到“0”状态的数字输出延迟时间。
3） 换流特性及有关过零点电压的转换电压。
4） 通道之间存在的公共点。
5） 端子的排列。
6） 外部连接的典型示例。
7） 输出的数量及类型（例如，常开/常闭（NO/NC）触点，固态，专用的隔离通道等）。
8） 对于机电式继电器，其额定电流和电压应符合GB/T 15969.2。
9） 其他负载（如白炽灯）的额定输出值。
10） 多通道模块的总输出电流。
11） 为防止因电感逆转产生峰值电压而接入的阻尼网络的特性。
12） 外部保护网络的类型，若需要。
13） 输出端不正确连接导致的影响。
14） 在正常工作条件下，通道与其他线路（包括“地”）之间，通道与通道之间的隔离。
15） 通道内直观指示器的监视点（例如，MPU一侧或负载一侧）。
16） 更换输出模块的推荐步骤。
17） 主处理单元（MPU）控制的中断、电压跌落和中断期间的输出特性，以及电源升/降时序。
18） 工作方式（即闩锁/非闩锁方式）。
19） 多路过载对隔离的多通道模块的影响。

A.2.7.9 关于直流数字输出（电流源）的信息

制造厂提供的直流数字输出的信息应与交流数字输出的信息相同。但是，过零点电压的转换规范不适用，对于机电式继电器输出也不适用。

A.2.7.10 关于模拟输入的信息

除类型和标准范围外，制造厂还应提供以下信息：

a) 关于模拟输入静态特性的信息

静态特性	单位及示例
1) 信号范围内的输入阻抗（制造厂应规定是处于“导通”状态，还是处于“关断”状态）	Ω
2) 模拟输入误差：	
• 25℃时的最大误差	全量程的±%
• 温度系数	全量程/K的±%
3) 整个温度范围的最大误差	全量程的±%
4) 数字分辨率	二进制位数
5) 应用程序返回的数据格式	二进制，BCD码等
6) 最低有效位(LSB)的值	mV，mA
7) 允许的永久性最大过载(无损害)	V，mA
8) 过载情况下读得的数字输出	例如：标志
9) 输入类型	例如：差分
10) 共模特性(DC，AC 50Hz、60 Hz)，如果适用	CMRR-dB，CMV-V
11) 对于其他输入(热电偶，RTD等)：	
• 传感器类型	J，K，T等，Pt 100等
• 测量范围	最小℃至最大℃
• 线性化方法	内部提供或用户提供

b) 关于模拟输入动态特性的信息

动态特性	单位及示例
1) 采样持续时间(包括设定时间)	ms
2) 采样重复时间	ms
3) 输入滤波器特性：	
• 阶次	一阶，二阶等
• 过渡频率	Hz
4) 在每个规定的电噪声试验期间的最大瞬时偏差	全量程的±%

c) 关于模拟输入一般特性的信息

一般特性	单位及示例
1) 转换方式	双斜率、S. A等
2) 工作模式	触发、自扫描等
3) 保护类型	RC(阻容网络)、光电隔离、MOV(金属氧化物压敏电阻)等
4) 正常工作条件下通道与其他线路(包括“地”)之间，通道之间，电源之间，接口之间的隔离电位	V
5) 外部电源数据，如果需要	技术数据
6) 各通道之间的公共点，如果有	—
7) 为抗干扰提供保证而推荐的电缆型号、长度及安装规则	双绞线，最长50 m
8) 为保持设计精度的检验或验证	月、年
9) 端子的排列	—
10) 外部连接的典型示例	—
11) 输入端不正确连接的影响	—

d） 关于模拟输入其他特性的信息

其他特性	单位及示例
1） 无遗失码的单一性	是、否
2） 在DC，AC 50Hz和60 Hz时通道间的串扰	dB
3） 非线性	全量程的%
4） 在规定的稳定时间后，在固定温度点的重复性	全量程的%
5） 电磁继电器多路复用开关的寿命，如采用	动作次数，小时数

A.2.7.11 关于模拟输出的信息

除类型和标准范围外，制造厂还应提供以下信息。

a） 关于模拟输出静态特性的信息

静态特性	单位及示例
1） 信号范围内的输出阻抗（制造厂应规定是处于“导通”状态，还是处于“关断”状态）	Ω
2） 模拟输出误差：	
• 25℃时的最大误差	全量程的± %
• 温度系数	全量程/K的± %
3） 整个温度范围的最大误差	全量程的± %
4） 数字分辨率	二进制位数
5） 应用程序的返回数据格式	二进制、BCD码等
6） 最低有效位（LSB）的值	mV，mA

b） 关于模拟输出动态特性的信息

动态特性	单位及示例
1） 全量程变化的设定时间	ms
2） 超调量	全量程的%
3） 在每个规定的电噪声试验期间的最大瞬时偏差	全量程的± %

c） 关于模拟输出一般特性的信息

一般特性	单位及示例
1） 保护类型	光电隔离等
2） 在正常工作条件下通道与其他线路（包括“地”）之间，以及通道之间的隔离电位	V
3） 外部电源数据，如果需要	技术数据
4） 对于使用外部供电的电流输出，在整个输出范围内输出端的最大和最小电压降	V
5） 为抗干扰提供保证而推荐的电缆型号、长度及安装规则	双绞线，最长50 m
6） 为保持设计精度的校准或验证	月、年
7） 端子的排列	—
8） 各通道之间的公共点，如果有	—
9） 允许的负载形式	浮动的、接地的
10） 最大容性负载（对电压输出）	pF
11） 最大感性负载（对电流输出）	mH
12） 外部连接的典型示例	—
13） 电源升/降时的输出响应	—
14） 输入端连接错误导致的影响	—

d) 关于模拟输出其他特性的信息

其他特性	单位及示例
1) 单一性	是、否
2) 在DC,AC 50Hz和60 Hz时通道间的串扰	dB
3) 非线性	全量程的%
4) 在规定的稳定时间后,在固定温度点的重复性	全量程的%
5) 输出纹波	全量程的%

A.2.7.12 通信接口方面的信息

如果制造厂给其他厂家的设备提供通信接口,则应提供正确操作所必须的信息。要做到这一点,可以参考某个特定的标准或规范,以及选项的详细情况如波特率、要用的电缆类型等。

A.2.7.13 关于PLC系统的主处理单元和存储器的信息

制造厂应提供的主处理单元和存储器方面的信息是:

1) 程序存储器的结构、容量;
2) 数据存储器的结构、容量,以及每个字的位数;
3) 可用的存储器类型(如CMOS-EPROM等);
4) 存储器后备功能及工作条件,如果有;
5) 确定一个所要求的配置(机架、电缆、总线扩展器、电源单元、每个类型的最大I/O数、最多的I/O模块数等)的数据、各种制约条件及步骤;
6) PLC系统(编程调试工具(PADT)与主处理单元的结合)所支持的编程语言的描述;
7) 支持GB/T 15969.3中定义语言的程度,包括可能存在的差别(对象,指令,语义及语法规则等);
8) 确定每个存储器利用率的计算方法(用户的应用程序和数据,可用的固件程序和数据),以及每个相关时间(扫描时间、系统响应时间、传递时间、执行时间)的平均值;
9) 处理输入/输出的3种机制(即使用由系统进行周期刷新的输入/输出映象寄存器,使用立即"GET/PUT"型指令,使用中断和事件驱动程序等),以及这些机制对以下方面的影响:
   - 系统响应时间;
   - 重新起动能力(即冷、暖、热重新起动);
   - 用于输入、输出、处理等的具体时间;
   - 在PLC系统接口上插入/拔出、连接/拆除非永久性安装的外围设备时,它们对每种相关时间的影响(见上述第8项);
   - 有关冷、暖、热重新起动的PLC系统的状态信息(若适用),可用于确定暖重新起动与热重新起动之间有关过程差别的可编程定时器的说明和用途;
   - 执行的自检和诊断功能。

A.2.7.14 关于远程输入/输出站(RIOS)的信息

制造厂应提供以下信息:

1) 选择用于通信链路所需合适电缆以及其他器件所用的规范;
2) 用于正确安装整个系统的规范(包括选择合适的电源);
3) 输入/输出通信网络的类型(点对点、星型、多分支、环型等);
4) 通信链路上所使用的原理、规程和传输速率,从/向远程输入/输出站(RIOS)传递关于检测差错/差错编码的数据的能力,以及在最佳、最可能和最坏情况下的传输延迟的能力;
5) 采用将远程输入信息及远程输入/输出站(RIOS)状态提供给用户应用程序,并将其逻辑判断传送给远程输出的方式时,对传输时间的影响;

6) 规定的值和延迟时间；

7) 与配置有关的数据：单个 PLC 系统配置内远程输入/输出站(RIOS)的最大数量，每个站的最大/最小规模；

8) 在整个输入/输出系统中，哪些输入/输出模块不能用于远程输入/输出站(RIOS)，和/或其中哪些功能要改变(如果有)；

9) 冗余的类型、体系结构和特性，如果有；

10) 调制解调器/中继器(如果适用)，带/不带中继器的最长距离；

11) 终端器件，若需要；

12) 通信接口的物理特性，包括隔离特性、可接受的最高共模电压、内装短路保护等；

13) 标准链路接口的类型(即 RS 232，RS 422，RS 485，RS 511 等)；

14) 功能接地和安全接地的规范；

15) 接通/关断远程输入/输出站(RIOS)与 PLC 系统的逻辑连接和物理连接的步骤(例如"在线")。

A.2.7.15 关于外围设备(PADT，TE，HMI)的信息

制造厂应通过适当的文件和标记提供如下信息：

1) 在使用能改变控制条件的功能时，例如，PLC 系统的状态修改、更改存储器中的数据或程序、强制输入或输出信号等，应提供可以看到的醒目警示和预防措施；

2) 外围设备在远程输入/输出站(RIOS)的可用性；

3) 外围设备所处的环境与正常工作所述的环境相比不太严酷的情况下的工作条件(这些外围设备可通过通信电缆远距离地连接到 PLC 系统的其余部分)；

4) 用于选择通信链路所需的合适电缆和其他器件的规范；

5) 用于正确安装整个系统的规范(包括选择合适的电源)；

6) 通信网络的类型(点对点、星型、多分支、环型等)；

7) 通信链路上所使用的原理、规程和传输速率，从/向远程输入/输出站(RIOS)传递关于检测差错/差错编码的数据的能力，以及在最佳、最可能和最坏情况下的传输延迟的能力；

8) 终端器件，若需要；

9) 通信接口的物理特性，包括隔离特性、可接受的最大共模电压、内装的短路保护等；

10) 链路接口的类型(即 RS 232、RS 422、RS 485 等)；

11) 功能接地和安全接地的规范。

A.2.7.16 关于自检和诊断的信息

制造厂应通过适当的文件和标记提供如下信息：

——自检和诊断的实现及其执行时间的说明(即固定不变的，周期性的，按用户的应用程序要求，在起动过程期间等)；

——正确的功能状态和驱动报警输出的条件。

A.2.8 电磁兼容性(EMC)要求

A.2.8.1 概述

GB/T 15969.2 的要求将说明 PLC 系统装置的 EMC 性能特性，这些是对制造厂提出的要求。制造厂对用户提出的建议是，负责所安装产品的电磁兼容性。

由于 PLC 系统仅仅是整个自动化系统中的一个部件，因此本部分不涉及整个自动化系统的 EMC 兼容性。

如果制造厂指定了一种可选的 EMC 外壳(如机柜)或其他保护器件(如滤波器)，则它们应属被测装置(EUT)的组成部分。

EMC 外壳端口是 PLC 系统的物理边界，电磁场可通过它发射。

A.2.8.2 辐射要求

对于辐射，表 A.4 中所列要求的目的是确保对无线电频谱的保护。

由于 PLC 系统不与公共电网相连，因此不要求频率高达 150 kHz。高频范围内的辐射限值参见表 A.4。

表 A.4 辐射限值

端口	频率范围	严酷等级(标准)	严酷等级(可选)	基本标准
外壳端口 (辐射)	30 MHz～230 MHz 230 MHz～1 000 MHz	在距离 10 m 处测得 40 dB(μV/m)准峰值 47 dB(μV/m)准峰值	在距离 30 m 处测得 30 dB(μV/m)准峰值 37 dB(μV/m)准峰值	CISPR 11 A 类,1 组
交流电源端口 (传导)	0.15 MHz～0.5 MHz	79 dB(μV)准峰值 66 dB(μV)平均值		CISPR 11 A 类,1 组
	0.5 MHz～30 MHz	73 dB(μV)准峰值 60 dB(μV)平均值		
注：频率高于 1 000 MHz 的辐射限值正在考虑中。				

A.2.8.3 抗 EMC 要求

A.2.8.3.1 概述

若产品用于多个区域，则应按其所用区域的最严酷的综合要求对其进行设计和试验。除非制造厂的资料另外指定，PLC 设计用于 B 区(包括 A 区)。抗 EMC 区在图 A.6 中说明，进一步说明见表 A.8。

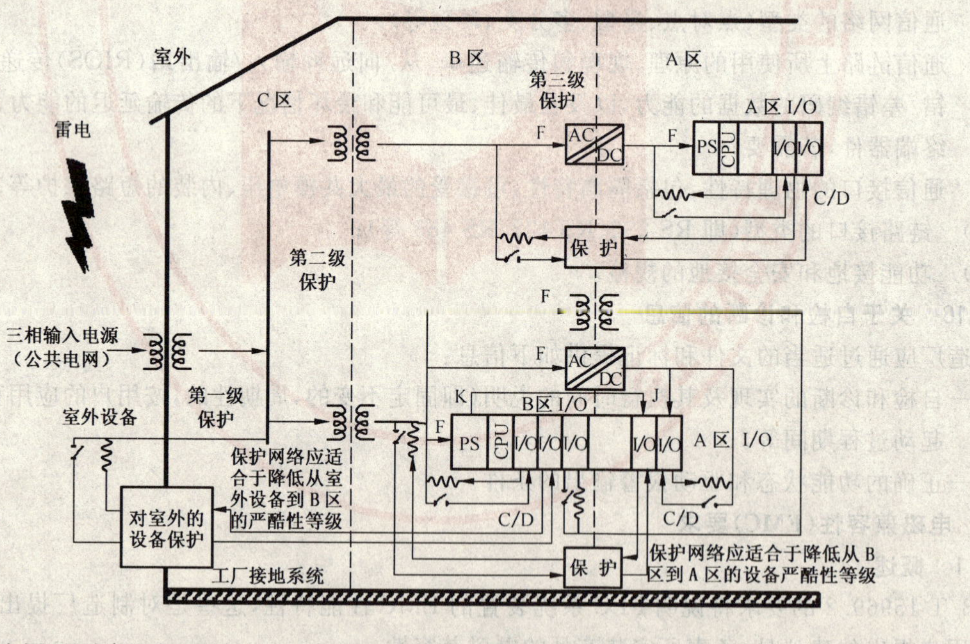

C 区：工厂电网(通过专用变压器与公共电网隔离)，第 1 级浪涌保护和严酷的干扰耦合。

B 区：专用配电，第 2 级浪涌保护和典型的耦合工业干扰。B 区是典型的工业环境。

A 区：本地配电，(第 3 级)保护，I/O 阻抗限制和低等级干扰耦合。

图 A.6 抗 EMC 区

图 A.6 用以说明在一个工厂环境中 EMC 与耦合干扰机制。区域的划分由电源配电和输入/输出接线确定。虚线并不表示物理分隔或隔离。图 A.6 中的字母(F,K,C,D 等)与图 A.3 中的字母一一对应。

A.2.8.3.2 性能等级

见表 A.5。

表 A.5 验证 PLC 系统抗 EMC 干扰的性能等级

性能等级	操作	
	试验期间	试验后
Ⅰ(A)	PLC 系统应按预期要求继续运行。按 PFVP,没有功能或性能丧失	PLC 系统应按预期要求继续运行
Ⅱ(B)	可接受的性能降低,例如,模拟值在制造厂规定的限值范围内变化,但不改变操作模式,而且按照 PFVP,无不可逆转的存储数据的丢失	PLC 系统应按预期要求继续运行。必须能自行恢复暂时的性能降低
Ⅲ(C)	可接受的功能丧失,但没有硬件或软件(程序或数据)的破坏	在手动重启或电源关断/开启后,PLC 系统应按预期要求自动地继续运行

A.2.8.3.3 一般抗辐射限制

在 A 区和 B 区的抗辐射和抗传导限制在 GB/T 15969.2 中已根据 IEC 61000-4 进行了详细阐述。

A.2.8.3.4 电压跌落和中断电源端口

对于电源较长时间的中断,PLC 系统或者维持正常工作,或者进入预先规定的状态,并在恢复正常工作前有一个明确规定的行为。

表 A.6 电压跌落和中断

(5)	(3),(4)	最长中断时间	电压跌落之间的时间间隔	低电压
直流电源	严酷等级 PS1	1 ms	≥1 s	低于工作电压下限 $U_{e\,min}$ 的任何电压
	严酷等级 PS2	10 ms	≥1 s	
交流电源		0.5 周(1)	≥1 s	

a) 任意相位角。

b) $U_{e\,min}$ 是最小容许的额定电压 U_e。

c) PS1 适用于由电池供电的 PLC 系统。

d) PS2 适用于由交流整流电源和/或长距离直流电源供电的 PLC 系统。

e) 电压中断从 $U_{e\,min}$ 开始。

表 A.6 中的要求适用于图 A.3 中的主电源接口/端口,用于 PLC 系统(包括 RIOS)电源的短时间扰动。

A.2.9 电磁兼容性(EMC)型式试验和验证

以下试验和验证在 GB/T 15969.2 中进行了详细阐述:

——有关电磁兼容性的试验;

——试验环境;

——辐射噪声的测量;

——传导干扰的测量;

——静电放电;

——射频电磁场——振幅调制;

——电源频率磁场;

——快速瞬态脉冲群;

——抗高能量浪涌；

——抗传导性射频干扰；

——抗衰减震荡波(仅用于C区)；

——抗电压跌落和中断——电源端口的型式试验和验证。

A.2.10 由制造厂提供的电磁兼容性(EMC)信息

可以通过非打印的形式提供信息。

在GB/T 15969.4中阐述了装置的通用规则。特殊的装置信息应由制造厂提供。

制造厂应说明其装置是用于正常工作环境还是用于不太严酷的工作环境(如办公环境)。如果PLC用于除B区以外的环境(包括A区),则制造厂应说明装置的预期应用区域。

试验报告应说明所有试验和EUT的典型(具代表性)配置的选择原则,以及试验结果。应将试验期间所使用的EUT软件编入文档。

A.2.11 安全要求

在GB/T 15969.2中关于PLC安全的条款有两大主题:防电击保护和防火灾保护。GB/T 15969.2规定了满足安全要求的设计、材料和试验方法。

A.2.11.1 防电击保护

在正常工作条件和单一故障条件下,PLC系统应具备防电击保护能力。装置的可接触部分不得带电,或不得在单一故障条件下变为带电体。

保护应符合GB/T 15969.2中的介电强度要求,操作员可接触性要求,正常工作条件要求,单一故障要求,以及电气间隙和爬电距离要求。

A.2.11.1.1 对可接触部件许可的限制

为保证可接触部件不带电,在GB/T 15969.2中规定了可接触部件与参考试验接地之间,或者同一装置上的两个可接触部件之间,在1.8 m距离内(通过表面或空气传导)的电压、电流、电荷或能量。

a) 正常工作条件下的值

危险带电条件是,电压值高于AC 30V均方根值、42.4 V峰值,或DC 60V。

b) 单一故障条件下的值

在单一故障条件下,危险带电条件是电压值高于AC 50V均方根值、70 V峰值,或DC120V。

A.2.11.1.2 开放式PLC系统装置

开放式PLC系统装置是可能存在可接触带电部件(如主处理器单元)的装置。应为A.2.11.1.5中所列的接口提供防电击保护。开放式装置应与为提供安全性而制造的其他部件配合工作。

A.2.11.1.3 封闭式PLC系统装置

封闭式PLC系统装置是为防止人员意外地触及其内部的带电或运动部件,同时也为了保护装置以防止直径≥12.5 mm的外部固态物体进入其内,除了其安装表面外的所有面都被封闭起来的装置。它满足机械强度、易燃性和稳定性的要求。保护等级必须≥ IP20,IP等级按IEC 60529中的规定。

应为A.2.11.1.5中所列的接口提供防电击保护。封闭式PLC系统的每个实体应符合Ⅰ类装置、Ⅱ类装置,或Ⅲ类装置的要求。保护等级应 ≥ IP20。保护接地导体是软线束的一部分。

A.2.11.1.4 介电强度型式试验

GB/T 15969.2中详细说明了在所有部件与线路之间进行的耐介电强度型式试验,并规定了防电击保护的基本绝缘、强化绝缘或双重绝缘。

A.2.11.1.5 操作员可接触

表A.7规定了需要防电击保护的PLC系统的端口。在特殊情况下,无论是开放式装置还是封闭式装置的某些端口,可认为是(或不是)操作员可接触的,这必须在制造厂与用户之间共同协商确定。

表 A.7 开放式和封闭式装置的防电击保护要求

端口	是否需要保护	
	开放式装置	封闭式装置
Al 本地 I/O 扩展机架的通信接口/端口	否	是
Ar 远程 I/O 站的通信接口/端口	否	是
Be 也向第 3 方设备开放的开放式通信接口/端口（例如，使用个人计算机编程以替代 PADT（编程调试工具））	是	是
Bi 外围设备的内部通信接口/端口	否	否
C 数字和模拟输入信号的接口/端口	否	是
D 数字和模拟输出信号的接口/端口	否	是
E 与第 3 方设备进行数据通信的串行或并行通信接口/端口	是	是
F 主电源接口/端口	否	是
G 保护接地的接口/端口	否	是
H 功能接地的接口/端口	否	是
J 用于传感器和执行机构供电的 I/O 电源接口/端口	否	是
K 辅助电源输出接口/端口	否	是

A.2.11.1.6 正常工作条件下的保护

通过基本绝缘、外壳或隔离栅，和/或保护阻抗等措施中的一项或多项，可防止在正常工作条件下操作者可接触的部件成为危险的带电部件。

A.2.11.1.7 单一故障条件下的保护

在出现单一故障时，为确保防止操作者可接触的导电部件成为危险的带电部件，应提供附加的保护措施。这种附加的保护措施应通过下列措施中的一项或多项来提供：保护接地和加固连接、补充绝缘和/或保护阻抗。

当提供保护的单一组件不能继续提供这种保护时，则认为出现了单一故障。在 GB/T 15969.2 中详细说明了关于故障试验的要求，包括：

a) 保护接地和连接

在 GB/T 15969.2 中规定的主要保护措施出现单一故障情况下，如果操作者可接触的导电部件变成危险带电体，则应将操作者可接触的导电部件与保护导体端子连接。另一种方法，应通过与保护导体端子连接的导电保护屏蔽或隔离栅将可接触部件与危险带电的部件隔离。

如果操作者可接触的导电部件与危险带电部件之间通过双重绝缘或强化绝缘隔离，则不需要将它们与保护接地端子连接。

b) 补充绝缘

电气间隙和爬电距离应符合 GB/T 15969.2 中的要求。满足双重绝缘或强化绝缘的要求也满足单一故障条件下的保护要求。

c) 保护阻抗

保护阻抗可限制操作者可接触部件上在正常工作或单一故障条件下的电压值不致成为危险带电电压，或者将电压值限制为 SELV 的值。可使用品质优良（无潜在缺陷）的单一部件，这样就不会因潜在缺陷而造成风险。在 GB/T 15969.2 中规定了对这些要求的验证。

A.2.11.2 防火灾保护

对防火灾保护的评估，必须在限定电源电路与其他线路之间进行。对于防止在限定电源电路内火情的蔓延没有提出要求。

如果不采用限定电源电路，则应满足 GB/T 15969.2 中关于防止火情蔓延的所有其他要求。在涉及部件故障的场合，应验证其符合性。

A.2.11.3　限定电源电路

限定电源电路是一种由(例如)电池或变压器绕组供电的线路，在这种电路中开路电位差不超过交流 30 V 均方根值和 42.4 V 峰值，或直流 60 V，而且对这类电路提供的能量应按以下措施之一来予以限制：

——最大输出电流和功率被固有地限制在 GB/T 15969.2 中规定的值；

——所有情况下的最大输出电流和功率，由阻抗将其限制在低于 GB/T 15969.2 中设定的值；

——过电流保护器件将最大输出电流和功率限制在低于 GB/T 15969.2 中规定的值；

——控制网络将最大输出电流和功率限制在 GB/T 15969.2 中规定的值；

——控制网络将最大输出电流和功率限制为由 GB/T 15969.2 规定的控制网络中一个故障的结果。

在使用过电流保护器件的场合，一般是一个熔断器或一个不可调节的非自行重置器件。

通过测量输出电压、最大输出电流和可提供的最大功率来检查符合性。

A.2.11.4　电气间隙和爬电距离要求

爬电距离值主要针对应用场所的污染情况。电气间隙值主要针对应用的过电压情况。

GB/T 15969.2 规定了电气间隙和爬电距离，包括：

a)　过电压类别 II 的电气间隙；

——现场接线端子的电气间隙；

——非现场接线端子的电气间隙。

b)　电压已知且受控制的微环境的电气间隙；

——基本绝缘和补充绝缘的爬电距离；

——印刷线路板和其他类型线路的最小爬电距离。

c)　重复峰值电压的爬电距离要求；

d)　双重/强化绝缘的爬电距离；

e)　现场接线端子的爬电距离。

A.2.11.5　非金属材料的阻燃性要求

在 GB/T 15969.2 中规定的要求如下：

a)　非金属外壳材料；

b)　支撑带电部件的非金属材料；

c)　部件，包括：

——非金属部件；

——装饰性和标签类材料；

——内部接线或连接线缆。

A.2.11.6　温度限制

部件的温度限制：部件不应在超过其额定温度限值或额定温升的情况下使用。易接触的部件：操作者正常工作中或维修人员可能接触的部件，不应超过表 A.8 中的温度限值。

表 A.8　温度限值

部件	接触时间	金属	非金属	示例
操作员手持式装置	连续	55℃	70℃	手持式终端
操作员在工作中通常可接触的部件	短暂	70℃	85℃	控制柜的按钮

表 A.8（续）

部件	接触时间	金属	非金属	示例
在维修期间可接触的部件，在工作中通常可接触到的部件	短暂	70℃	85℃	PLC 的按键开关
在维修期间可接触的部件，在工作中一般不能接触到的部件	短暂	100℃（1）	100℃（1）	散热器
如果温度超过所示的等级，则必须有警示。				

在温度试验期间，应监控现场接线端子的温度。该数据与装置的额定环境温度相结合，用来确定现场接线绝缘的额定温度。

A.2.11.7 外壳

外壳应提供保护措施，以防止运动部件和接触带电部件造成的伤害。在 GB/T 15969.2 中规定了装置外壳的要求，包括：

a) 开放式装置；

b) 封闭式装置。

封闭式装置最低应满足 IP20 的要求，还应在操作者使用的所有情况下提供这种保护。

——机壳外面的手柄和按钮应不和危险的带电部件接触；

——机壳的机械强度应能使其承受正常使用的最恶劣情况。

A.2.11.8 现场接线端子结构的要求

端子应设计成即便是松动的连线，也不会降低所需要的电气间隙/爬电距离要求和其他要求（如 GB/T 15969.2 中的规定）。

A.2.11.9 保护接地措施

下面所规定的要求不适用于不需要保护接地要求的安全超低电压（SELV）线路。

A.2.11.9.1 保护接地结构要求

Ⅰ类装置的可接触部件（例如，机箱，框架和金属外壳的固定金属部分），除那些不会构成危险的以外，在电气上都应互相连接，并连接到保护接地端子上，以与外部保护导体相连。此要求可通过具有足够电连续性的结构部件来满足，该要求既适用于单独使用的装置，也适用于配套使用的装置。

给便携式外围设备供电的导线或电缆，应配备有保护接地导体。保护接地导体的绝缘材料（若提供）的颜色应是绿色，并有黄色条纹。

注：在北美，也允许用绿色。

可接触的隔离导电部件的布置，如果它们不与带电部件有任何接触，并能承受 GB/T 15969.2 中规定的相当于设备的最高额定工作电压的强化绝缘的介电试验电压，就认为不构成危险。

Ⅱ类装置可以有内部功能性连接导线，但在主电源输入线中应不配备有保护接地端子或保护接地导体。

A.2.11.10 保护接地端子

若 PLC 系统配备有保护接地端子（Ⅰ类装置），则除了前述一般性连接规范外，还应满足如下要求：

1) 保护接地端子应使用方便，并应设计成在卸去外盖或任何可拆卸部件时仍保持装置与保护接地导体的连接。

2) 拟用电线连接的产品（如外围设备）应具有一个同插头和插座组成一体的保护接地端子（若可拆卸的导线束）。

3) 保护接地端子应是螺钉、螺栓，或压接型的，由合适的耐腐蚀材料制成。

4) 保护接地端子的夹紧装置应充分锁紧以防意外松动，而且只能借助工具才能将其松开。

5) 保护接地端子和接地触点不应直接与 PLC 系统内的中性线端子连接。这不能防止在保护接地端子与中性线之间接入适当的标定容量的装置(如电容器或浪涌抑制器)。

6) PLC系统内部的保护接地端子和其后的保护设备,应符合GB/T 15969.2中规定的试验。

保护接地端子不应兼有其他功能。

A.2.11.11 接线

GB/T 15969.2规定了适用于制造厂提供的所有用于PLC系统内部和/或外部接线的接线要求,包括内部接线和互连接线。本条不适合于SELV/PELV线路、接地导体或连接导体。

A.2.11.11.1 内部接线

所有内部接线的绝缘应以使用的电压和温度条件来确定。

A.2.11.11.2 互连接线

用于装置互连的电缆和电线应符合内部接线的要求。

A.2.11.11.3 主电源输入线

由制造厂提供的主电源输入线应符合IEC 61010-1中关于主电源输入线的要求。

与导线束(可拆卸的或固定的)连接的电路应设计成当接触插头的针脚和/或可接触物1 s后,无电击危险。试验应按GB/T 15969.2中规定的要求进行。

A.2.11.12 开关器件

开关器件应在其额定值范围(按IEC 60947-5-1)内使用,或者,使用它们的装置应承受在GB/T 15969.2中规定的过电压试验和耐久性试验。对于一般性使用或阻抗使用的固态输出器件,不做耐久性试验。

A.2.11.13 元器件

元器件应符合相关IEC产品标准的应用安全要求,或者,若通过授权的验证机构审查认证说明其符合应用安全要求,则不需要再进行试验。

注:元器件是PLC系统单元的组成部分。例如,电容器、电阻、印刷线路板、继电器、变压器、开关等。

A.2.11.14 电池要求

电池盒(或电池室)应设计成能防止可燃气体的积累或腐蚀液体泄漏的危害。

可充电电池和不可充电电池,若在PLC中使用,应具有适当的保护(电池盒内部或外部元件)以使电池的爆炸危险减到最小程度。在设计中需要考虑的参数应包括温度、反向电流的可能性/预防、放电限值等。

应具有在正常工作和单一故障情况下限制不可充电电池的放电电流和防止(非故意)充电的措施。

A.2.11.15 最大电压和最小电压

在承受最大电压或最小电压条件时,装置应按预期要求运行,不发生火灾或电击的危害。对此要求依据GB/T 15969.2进行验证。

A.2.11.16 标记和标识

下面所标明的标记,从封闭式装置的外部就能看到;或者如果必须由操作人员打开盖或门的情况下,不借助于任何工具打开盖或门后就能看到。对于开放式装置,允许将标记安放在当从机架或面板移开该装置后就能看到的任何表面。

对于所有装置,在设备上标注的信息应(至少)标注制造厂名称(向市场投放产品的公司)和该设备。其余的信息应在随同该设备的设备数据单中提供。

制造厂应提供以下信息:

——制造厂名称、商标或其他信息;

——型号/类别号,类型标记或名称;

——硬件系列号或系列,和/或版本级别,日期代码或类似表述;

——熔断器更换方面的信息,包括电流、电压和型式;

——带电部件和保护接地端子标记应按要求标出。

A.2.11.16.1 外部接线端子标识

外部接线端子应加上标识，以标明电源、负载、控制电路等的正确连接，或提供端子接线图。还应提供标记或制造厂的安装说明，以标明与接线端子连接的现场接线的额定温度。

A.2.11.16.2 带电部件

超过 SELV 限值范围的和可能被误认为不活动金属（不导电金属）以及对工作人员裸露的带电部件，应标记如下所示的“危险电压”符号：

注：符号按照 GB/T 5465.2—1996 中 5036。

A.2.11.16.3 保护接地端子标记

保护接地端子标记应具耐久性且易识别。应采用标记 PE，或用于电气设备的图形符号，或黄绿色来标识。

注：表示法 PE 依据 IEC 60445 的 5.3。在北美，可只用绿色。

所使用的图形符号应是：

注：符号按照 GB/T 5465.2—1996 中 5019。

A.2.11.16.4 由双重绝缘/强化绝缘保护的装置

由双重绝缘/强化绝缘整体保护的装置（Ⅱ类）应用以下符号来标记，除非它具有保护端子。

仅部分由双重绝缘/强化绝缘保护的装置，不应具有此符号。

注：符号按照 GB/T 5465.2—1996 中 5172。

A.2.11.16.5 由 SELV/PELV 供电的装置

希望仅由 SELV 或 PELV 电源供电的装置，应在装置上进行标记和/或在产品文字中给予说明。

A.2.11.16.6 额定值信息

应给装置标出如下信息：

——额定电压或额定电压范围（V）；

——额定频率（Hz）；

——供电系统的型式[AC，DC，或 AC/DC；或采用 GB/T 5465.2—1996 中 5032，5031（DB：2002-10）或 5033（DB：2002-10）]；

——相位导体的个数（若不止一个）；

——额定电流（A）；

——额定输入和/或输出功率（W 或 VA）。

对于开放式装置，此信息应在装置上或手册中标明。这包括：安全型式试验和验证试验的要求以及符合 GB/T 15969.2 安全的验证，安全常规试验和验证安全常规试验（或等效验证方法）的要求。

A.2.11.17 介电强度验证的要求

对于防电击保护的验证应在（1）非 SELV 电路与 SELV 电路之间，（2）非 SELV 电路与可接触部件之间,以及(3)隔离的非 SELV 电路之间进行。验证应通过下述任何一种方法进行。

——按 GB/T 15969.2 进行产品的耐常规介电强度试验;

——在产品开发期间验证产品的所有有关绝缘材料和爬电距离及电气间隙,并验证所有隔离部件应满足以下任一项要求:

- GB/T 15969.2 中的部件要求;
- 100 %介电耐压试验;
- 通过测量验证是否满足所要求的爬电距离和电气间隙。

A.2.11.18 保护接地验证的要求

制造厂应按照 GB/T 15969.2 中的说明进行试验,以验证保护接地接口/端口与被要求接地的操作员可接触的所有部件之间的接地保护连续性。

A.2.11.19 安全方面信息的要求

制造厂应按 GB/T 15969.2 中的要求提供安全方面的信息。

A.2.11.20 安全型式试验和验证

GB/T 15969.2 中规定的与安全有关的试验和验证主要是针对制造厂而制定的。这些试验和验证包括:

A.2.11.21 与安全有关的机械试验和验证

——耐碰撞试验;

——操作员可接触性试验;

——开口的一般检查;

——导线弯折试验;

——温度试验;

——保护涂层试验;

——刚性试验;

——电气间隙和爬电距离验证;

——现场接线端子结构的验证。

A.2.11.22 与安全有关的电气试验

——耐介电验证试验;

——保护接地连续性试验;

——储能伤害危险试验;

——过载试验;

——耐久性试验。

A.2.11.23 单一故障条件试验

——元器件故障试验;

——保护阻抗试验;

——主变压器试验。

A.2.12 安全常规试验

这些试验包括:

——耐介电试验;

——耐介电验证试验(常规耐介电试验);

——保护接地试验。

A.2.13 制造厂应提供的安全信息

制造厂的资料至少应包括以下信息：

1) 保护接地要求和有关防电击的人身安全方面的建议；

2) 保护器件如保护接地线路、过流保护器件和用于存储器后备的电池等的维护要求；

3) 如果 PLC 系统作为“开放式装置”提供，则要求外壳能提供必要的安全等级，环境保护，安装及所需空间，和/或内部隔离或屏蔽（若安全需要）等方面的指南；

4) 预防措施说明，如果在装置运行时拆卸模块，则可能导致与电击、火灾有关的安全和电气损坏；

5) 与过压类别有关的 PLC 系统的使用说明；

6) 在正常工作条件下通道与其他线路（包括地）之间，以及通道之间的隔离电位；

7) 所有信息都可以以非打印格式提供。

此外，还必须提供以下信息：

A.2.13.1 关于评估开放式装置外壳的信息（功耗）

制造厂的文件应提供评估每个 PLC 配置、部件和模块的功耗方面的信息，并提供为保证正常工作条件下的充分冷却而需要的最小空间方面的信息。

A.2.13.2 关于机械端子连接的信息

制造厂应通过合适的文本和/或标记提供以下信息：

1) 可以与 PLC 系统连接的导线的类型、截面积和材料；

2) 推荐使用的屏蔽电缆，以及如何连接和接地的建议。

A.2.14 PLC 系统硬件定义图示

图 A.7 以图解的形式说明由 GB/T 15969.1 和 GB/T 15969.2 定义的 PLC 系统中的硬件。

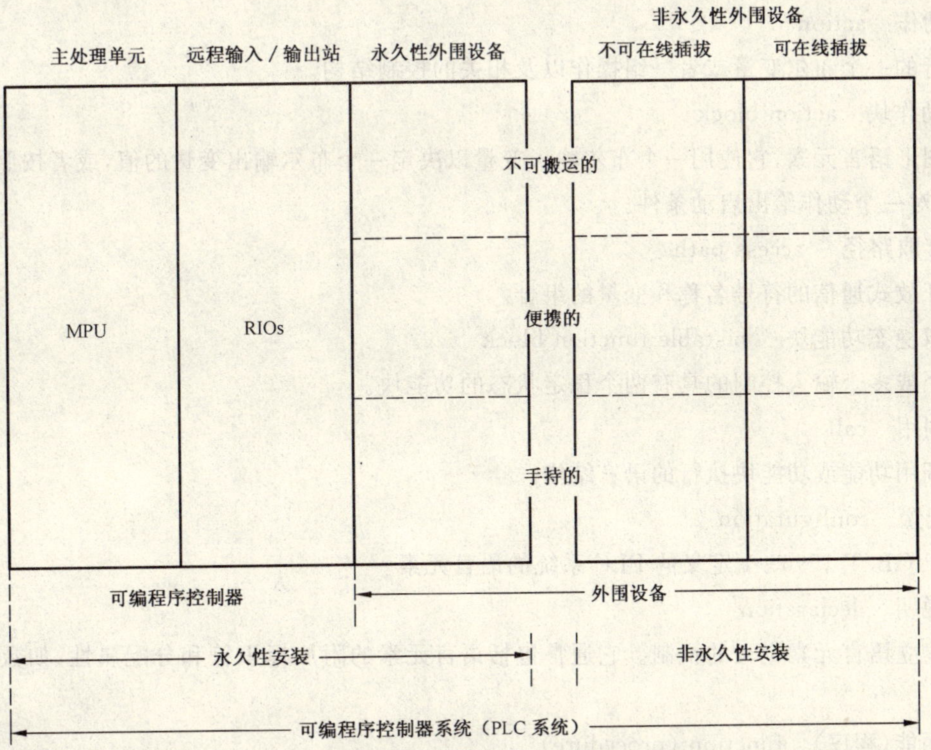

图 A.7 可编程序控制器系统(PLC 系统)

便携式和手持外围设备都有特殊要求，因而必须将它们与永久性安装的外围设备相区别。

A.3 GB/T 15969.3 的概述

A.3.1 引言

GB/T 15969.3 规定了基本 PLC 编程语言以及语法和语义。GB/T 15969.3 首先着手 PLC 编程语言的基础(即软件模型,公共元素,数据类型,程序组织单元),最终产生了 4 种公共编程语言的技术规范。GB/T 15969.3 包括以下章条:

——第 1 章“概论”包含 GB/T 15969.3 的范围,规范性引用文件。GB/T 15969.3 中所用术语的定义,程序符合性和编程系统符合性的规范性要求。

——第 2 章“公共元素”定义了对标准化语言公用的语言元素。这些公用语言以文本或图形的表达方式给出。

——第 3 章和第 4 章定义了各种标准语言。两种文本语言“指令表”(IL)和“结构文本”(ST),以及两种图形语言“梯形图”(LD)和“功能块图”(FBD),都是标准化的。

本部分还定义了顺序功能图(SFC)元素,用于构成 PLC 程序和功能块的内部组织;此外还定义了支持将 PLC 程序装入 PLC 系统内的配置元素。

在 GB/T 15969.3 的附录中给出了格式规范、关键字、示例等。

A.3.2 概要

A.3.2.1 范围

GB/T 15969.3 规定了如 GB/T 15969.1 所定义的可编程序控制器的编程语言的语法和语义。

A.3.2.2 定义

此处列出的 GB/T 15969.3 中的一些定义是 GB/T 15969.3 中 PLC 语言术语的用法示例:

a) 动作 action

要执行的一个布尔变量或者一组操作以及相关的控制结构。

b) 动作块 action block

一种图形语言元素,它使用一个布尔输入变量以决定一个布尔输出变量的值,或者按照预先确定的控制结构,对一个动作给出启动条件。

c) 存取路径 access path

用于开放式通信的符号名称和变量的组合。

d) 双稳态功能块 bistable function block

由一个或多个输入控制的具有两个稳定状态的功能块。

e) 调用 call

用于调用功能或功能块执行的语言结构。

f) 配置 configuration

对应于 GB/T 15969.1 定义的 PLC 系统的语言元素。

g) 说明 declaration

用于建立语言元素定义的机制。它通常包括语言元素的附加标识符和分配属性,如数据类型和对它的算法。

h) 功能(程序) function (procedure)

一个程序组织单元,在执行时,它准确地产生一个数据元素和可能的其他输出变量(它可以是多值,例如数组或结构),并且在文本语言中,它的调用可被用作表达式中的操作数。

i) 功能块(功能块类型) function block (function block type)

一种 PLC 编程语言元素，它包括：

——分为输入、输出和内部变量的数据结构的结构；

——当调用功能块类型的实例时，在数据结构的元素上要执行的一组操作。

j) 功能块图 function block diagram

一种网络，在此网络中，节点是以图形表示功能(程序)、变量、直接量和标号的功能块实例。

k) 全局变量 global variable

其范围是全局范围的变量。

l) 输入—输出变量 in-out variable

在 VAR_IN_OUT...END_VAR 块中说明的变量。

m) 实例 instance

与功能块类型或程序类型关联的数据结构的单独、命名的复制，它从关联操作的一个调用持续到下一个调用。

n) 实例化 instantiation

创建一个实例。

o) 调用 invocation

启动执行程序组织单元中规定操作的过程。

p) 关键字 keyword

使语言元素特性化的词法单元，如“IF”。

q) 标号 label

命名指令、网络或网络群的语言结构，包括一个标识符。

r) 网络 network

节点和互连分支的组合。

s) 附注 pragma

程序组织单元中包括文本的语言结构，它可以影响程序执行的准备。

t) 资源 resource

语言元素，它对应于“信号处理功能”及其“人机接口”和“传感器和执行机构接口功能”(如果有该功能的话)，如 GB/T 15969.1 中所定义的。

u) 语义 semantics

编程语言的符号元素与其意义、解释和使用之间的相互关系。

v) 步 step

一种状态。在该状态中，程序组织单元的行为特性相对其输入和输出，应遵守一套由步的相关动作定义的规则。

w) 任务 task

为周期执行或触发执行一组相关的程序组织单元而提供的执行控制元素。

x) 转换 transition

沿指定的链路，从一个或多个起始步到一个或多个目的步传送的控制条件。

A.3.3 软件模型

图 A.8 中示出基本的高级语言元素及其相互关系。这些元素是使用 GB/T 15969.3 中定义的语言进行编程的元素，即程序和功能块及支持将 PLC 程序装入 PLC 系统的配置元素：配置、资源、任务、全局变量、存取路径，以及实例专用的初始化。

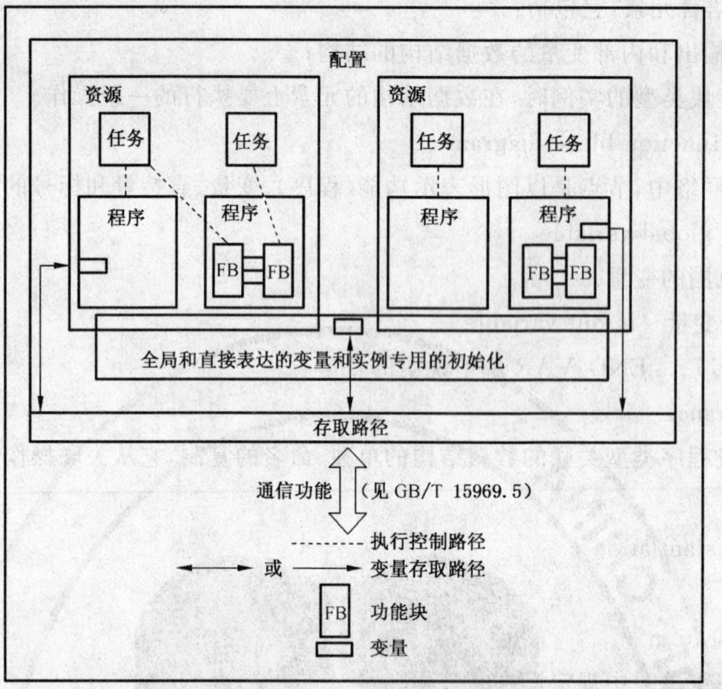

注 1:本图仅是示例性的,图形表示不是标准的。

注 2:在单一资源的配置中,不需要显式地表示资源。

图 A.8 软件模型

在 GB/T 15969.5 中定义了本条款定义的语言元素对通信对象的映象。

A.3.4 软件元素间的通信

变量的值可以通过以下方式在软件元素之间进行通信:

a) 直接通信,只要将一个程序元素的输出连接到另一个程序元素的输入即可;

b) 在相同配置的程序间,可使用全局变量(VAR_GLOBAL)来传递变量的值;

c) 使用 GB/T 15969.5 中定义的通信功能块,可在一个程序中的不同部分之间、相同或不同配置中的程序之间,或 PLC 程序与非 PLC 系统之间进行通信;

d) 在 PLC 系统或非 PLC 系统之间,可通过存取路径(VAR_ACCESS)传递数据。

A.3.5 编程模型

PLC 编程语言的元素按如下分类:

数据类型 变量

程序组织单元

- 功能
- 功能块
- 程序

顺序功能图(SFC) 元素

配置元素

- 全局变量
- 资源
- 存取路径
- 任务

图 A.9 示出 PLC 程序语言元素的组合。

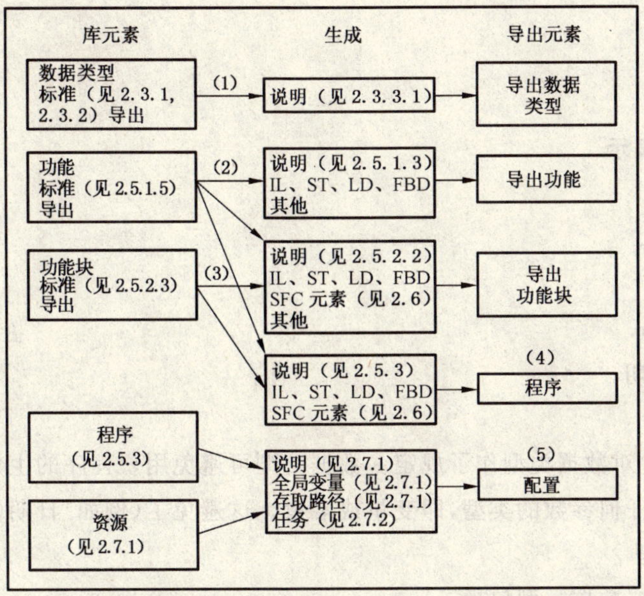

LD ——梯形图；

FBD——功能块图；

IL——指令表；

ST —— 结构文本；

其他——其他编程语言。

图 A.9 PLC 语言元素的组合

A.3.6 符合性

本条款定义了声明符合 GB/T 15969.3 的 PLC 系统和程序应满足的要求。

A.3.6.1 系统符合性

声明完全或部分遵守 GB/T 15969.3 要求的 PLC 系统，应严格遵照以下格式中的描述来做。

一条符合语句应包含在伴随系统的文档中，或者应由系统本身产生。符合语句的格式应是：“本系统对以下语言特性遵守 GB/T 15969.3 的要求：”，随后是一组符合性表格。

关于符合性表格的详细内容及其他符合性要求，参见 GB/T 15969.3。

A.3.6.2 程序符合性

PLC 程序应遵守 GB/T 15969.3 的以下要求：

a) 对于所使用的特定语言，应只使用本部分中规定的那些特性；

b) 不应使用任何标识为语言扩展的特性；

c) 不应依赖与实现有关的特性的任何特殊解释。

当由任何支持程序使用的特性的符合性系统进行处理时，由符合性程序生成的结果应是相同的，这些结果受程序执行定时、程序中与实现有关的特性的使用以及出错处理程序的执行的影响。

A.3.7 公共元素

以下语言元素对于所有标准化的 PLC 编程语言是公用的，从而保证它们的一致性用法和交换。

A.3.7.1 印刷字符

印刷字符包括：

——字符集；

——标识符；

——关键字；

——空格；

——注释；

——附注。

A.3.7.2 数据的外部表示

——数字直接量。

——字符串直接量。

——时间直接量：

——持续时间；

——日时和日期。

A.3.8 数据类型

对于标准语言，通常对数据类型作了规定。数据类型可避免用户程序的生命周期早期阶段的错误。它被用来定义所使用的任何参数的类型，即变量或常量。这避免了（例如）日期（Date）被整数除。

A.3.8.1 基本数据类型

用关键字表示的基本数据类型包括：

BOOL（布尔）；

SINT（短整数）；

INT（整数）；

LINT（长整数）；

USINT（无符号短整数）；

UINT（无符号整数）；

UDINT（无符号双整数）；

ULINT（无符号长整数）；

REAL（实数）；

LREAL（长实数）；

TIME（持续时间）；

DATE——只表示日期（日期）；

TOD 或 TIME_OF_DAY——只表示时钟时间（日时）；

DT 或 DATE_AND_TIME（日期和日时）；

STRING（可变长度单字节字符串）；

BYTE（长度为 8 的位串）；

WORD（长度为 16 的位串）；

DWORD（长度为 32 的位串）；

LWORD（长度为 64 的位串）；

WSTRING（可变长度双字节字符串）。

A.3.8.2 类属数据类型

类属数据类型用于标准功能和功能块的输入和输出的规范中。类属数据类型以关键字“ANY”作前缀。类属数据类型不应用于由用户说明的程序组织单元。

A.3.8.3 导出数据类型

导出数据类型是用户或制造商使用其他数据类型来定义的。例如，可将模拟输入通道定义为一种数据类型，并可以一次又一次地重复使用它。对导出数据类型可用表 A.9 所示的方式来说明。

表 A.9 数据类型说明特性

序号	特性/文本举例
1	直接从基本类型导出,例如: TYPE RU_REAL:REAL;END_TYPE
2	枚举数据类型,例如: TYPE ANALOG_SIGNAL_TYPE:(SINGLE_ENDED,DIFFERENTIAL);END_TYPE
3	子范围数据类型,例如: TYPE ANALOG_DATA:INT(-4095..4095);END_TYPE
4	数组数据类型,例如: TYPE ANALOG_16_INPUT_DATA:ARRAY[1..16] OF ANALOG_DATA;END_TYPE
5	结构化数据类型,例如: TYPE ANALOG_CHANNEL_CONFIGURATION: STRUCT RANGE:ANALOG_SIGNAL_RANGE; MIN_SCALE:ANALOG_DATA; MAX_SCALE:ANALOG_DATA; END_STRUCT; ANALOG_16_INPUT_CONFIGURATION: STRUCT SIGNAL_TYPE:ANALOG_SIGNAL_TYPE; FILTER_PARAMETER:SINT (0..99); CHANNEL:ARRAY[1..16] OF ANALOG_CHANNEL_CONFIGURATION; END_STRUCT; END_TYPE

A.3.9 变量

GB/T 15969 系列标准将变量分为两大类,一类是在配置、资源或程序中直接赋予明确硬件地址的变量(例如,输入和输出);另一类是全局或本地存取的变量。由此形成了硬件的高度独立性,支持软件的复用性。

变量的范围一般限于说明这些变量(例如,局部)的程序组织单元。这表示它们的名称可以在其他部分中无任何冲突地被重复使用,从而消除了另一个出错源(例如,高速暂存存储器)。如果变量享有全局范围,那么它们必须被说明为(VAR_GLOBAL)。为了有正确的设置,在起动和冷重新起动时可给参数赋予初始值。

直接表示变量的前缀列于表 A.10。变量说明关键字列于表 A.11。

表 A.10 直接表示变量的位置前缀和大小前缀的特性

序号	前缀	意义	缺省数据类型
1	I	输入位置	
2	Q	输出位置	
3	M	存储器位置	
4	X	单个位的大小	布尔

表 A.10（续）

序号	前缀	意义	缺省数据类型
5	None	单个位的大小	布尔
6	B	字节(8位)的大小	字节
7	W	字(16位)的大小	字
8	D	双字(32位)的大小	双字
9	L	长(4个)字(64位)的大小	长字
10	使用星号(*)以表明仍未规定的位置		
注:国家标准组织可以出版这些前缀的转换表。			

表 A.11 变量用法

关键字	变量用法
VAR	内部的变量,在组织单元内使用
VAR_INPUT	外部提供,在组织单元内不可修改
VAR_OUTPUT	组织单元提供,在外部实体使用
VAR_IN_OUT	外部实体提供,能在组织单元内修改
VAR_EXTERNAL	通过 VAR_GLOBAL 由配置提供,能在组织单元内修改
VAR_GLOBAL	全局变量说明
VAR_ACCESS	存取路径说明
VAR_TEMP	变量在功能块和程序中的暂时储存
VAR_CONFIG	实例专用的初始化和地址赋值
RETAIN[b,c,d,e]	保持变量
NON_RETAIN[b,c,d,e]	非保持变量
CONSTANT[a]	常数(不能被修改的变量)
AT	地址赋值

注:这些关键字的用法是使用它们的程序组织单元或配置元素的一个特性。在 GB/T 15969.3 中给出这些关键字使用的标准要求。

a 在功能块实例的说明中不应使用 CONSTANT 限定符。

b RETAIN 和 NON_RETAIN 限定符可用于 VAR,VAR_INPUT,VAR_OUTPUT 和 VAR_GLOBAL 块中说明的变量,但不可用于 VAR_IN_OUT 块中说明的变量,而且也不可用于结构的各个元素。

c 允许 RETAIN 和 NON_RETAIN 用于功能块和程序实例。结果是实例的所有成员都作为 RETAIN 或 NON_RETAIN 对待,但以下情况除外:

——该成员在功能块或程序类型定义中显式地说明为 RETAIN 或 NON_RETAIN;

——该成员本身是功能块。

d 允许 RETAIN 和 NON_RETAIN 用于结构化数据类型的实例。结果是所有的结构成员和嵌套的结构成员都作为 RETAIN 或 NON_RETAIN 对待。

e RETAIN 和 NON_RETAIN 都是特性。如果变量既没有显式地说明为 RETAIN 也没有显式地说明为 NON_RETAIN,则该变量的"暖启动"行为特性与实现有关。

A.3.10 程序组织单元(POU)

GB/T 15969.3 定义的程序组织单元是功能、功能块和程序。这些程序组织单元可由制造商提供，或由用户按照 GB/T 15969.3 定义的方法编程。

程序组织单元不是递归的，即：一个程序组织单元的调用不应导致另一个相同类型的程序组织单元的调用。

A.3.10.1 功能

为了方便 PLC 编程语言的使用，将功能定义为这样一种程序组织单元：当执行它时，它准确地生成一个视为功能结果的数据元素，并能附加输出元素(VAR_OUTPUT 和 VAR_IN_OUT)。在文本语言中，功能的调用能被用作表达式中的操作数。例如，功能 SIN 和 COS 可以按图 A.11 所示来使用。

功能分两类，即规定的标准功能和用户定义的功能。标准功能如 ADD (加)、ABS(绝对值)、SQRT(平方根)、SIN(正弦)和 COS(余弦)。一旦定义了用户定义的功能，就能一次又一次地重复使用它。图 A.10 示出两个功能用法示例。

a)
```
VAR X,Y,Z,RES1,RES2:REAL;EN1,V:BOOL;END_VAR
RES1:=DIV(IN1:=COS(X),IN2:=SIN(Y),ENO=>EN1);
RES2:=MUL(SIN(X),COS(Y));
Z:=ADD(EN:=EN1,IN1:=RES1,IN2:=RES2,ENO=>V);
```

b)
```
          +------+       +-------+       +-------+
X ---+-|  COS   |--+   -| EN ENO |-----| EN ENO |----V
     | |        |  |    |        |     |        |
     | +------+    +---|  DIV   |-----|  ADD   |----Z
     |                  |        |     |        |
     | +------+         |        |   +-|        |
Y -+---|        |------|        |   | +-------+
   | | |  SIN   |       |        |   |
   | | +------+         +-------+   |
   | |                               |
   | | +------+         +-------+   |
   | +-|        |--+   -| EN ENO |-  |
   |   |  SIN   |  |    |        |   |
   |   +------+    +- -|  MUL   |---+
   |                    |        |
   |   +------+         |        |
   +---|        |------|        |
       |  COS   |       +-------+
       +------+
```

a) 结构文本 (ST)语言；

b) 功能块图 (FBD)语言。

图 A.10 功能用法举例

图 A.10 示出相同功能性的两种不同表示。不要求支持两种表示形式之间的任何自动转换。

A.3.10.2 功能块 (FB)

功能块是适合于 PLC 编程语言的一种程序组织单元，功能块执行时产生一个或多个值。在功能块实例的外部，只有输入和输出变量可存取，即功能块的内部变量对功能块的用户是隐藏的。

功能块实例的范围对于在其中已将该功能块实例化的程序组织单元应是局部的，除非它在 VAR_GLOBAL 块中被说明为全局的。

对于给定资源，功能块类型和实例化的最大数是与实现有关的参数。

图 A.11 示出使用图形语言和文本语言表示的功能块(FB)的实例。一个功能块实例的输入和输出变量可以用结构化数据类型的元素来表示。

图形表示(FBD语言)	文本表示(ST语言)
FF75 +-------+ | SR | %IX1---| S1 Q1 |---%QX3 %IX2---| R | +-------+	VAR FF75:SR;END_VAR (* Declaration *) FF75(S1:=%IX1,R:=%IX2); (* Invocation *) %QX3:=FF75.Q1; (* Assign Output *)
MyTon +--------+ +----+ | TON | a --| NE |---O| EN ENO|-- b --| | r --| IN Q| O-out +----+ --| PT ET|-- +--------+	VAR a,b,r,out:BOOL;MyTon:TON;END_VAR MyTon (EN:=NOT(a<>b), IN:=r, NOT Q=>out);

图 A.11 功能块实例化举例

除非从功能块的内部,否则不允许给功能块的输出变量赋值。只有当输入作为功能块的调用部分时,给功能块的输入赋值才是允许的。在表 A.12 中,总结了功能块输入和输出的允许用法。

表 A.12 功能块 I/O 变量用法举例

用法	在功能块内部	在功能块外部
读输入	IF IN1 THEN…	不允许(注 1 和注 2)
输入赋值	不允许(注 1 和注 3)	FB_INST(IN1:=A,IN2:=B);
读输出	OUT:= OUT AND NOT IN2;	C:= FB_INST.OUT;
输出赋值	OUT:=1;	不允许(注 1)
读输入、输出	IF INOUT THEN ...	IF FB1.INOUT THEN...
输入、输出赋值	INOUT:= OUT OR IN1;(注 3)	FB_INST(INOUT:=D);

注 1:本表中列为"不允许"的那些用法能导致与实现有关的、不可预测的副作用。

注 2:可通过 GB/T 15969.1 定义的"通信功能"、"操作员接口功能"或"编程、测试和监测功能"来执行功能块的输入、输出和内部变量的读和写。

注 3:允许在 VAR_IN_OUT 块中所说明的一个变量的功能块内进行修改。

标准功能块包括:双稳态功能块、计数器、定时器和通信功能块。

A.3.10.3 程序

在 GB/T 15969 系列标准中将程序定义为"所有编程语言元素和结构的一个逻辑集合,它们对于由 PLC 系统控制的机器或过程所要求的信号处理是必须的"。因此根据其范围,一个程序在其本身内就是一个程序组织单元(POU)。典型地,一个程序是能够交换数据的由功能和功能块组成的一种网络。功能和功能块是包含数据结构和算法的基本构建块。动作块是布尔变量与一个动作限定符组合而成的图形元素,以生成一个关联动作的启动条件。这些特性列于表 A.17 中。动作块在 GB/T 15969.3 中详细规定的特定控制规则下运行。

A.3.10.4 顺序功能图(SFC)

顺序功能图(SFC)是在构成 PLC 程序组织单元的内部组织中使用的公共元素。为执行顺序控制功能,SFC 可以用 GB/T 15969.3 中定义的任一种编程语言来编写,如图 A.12 所示。

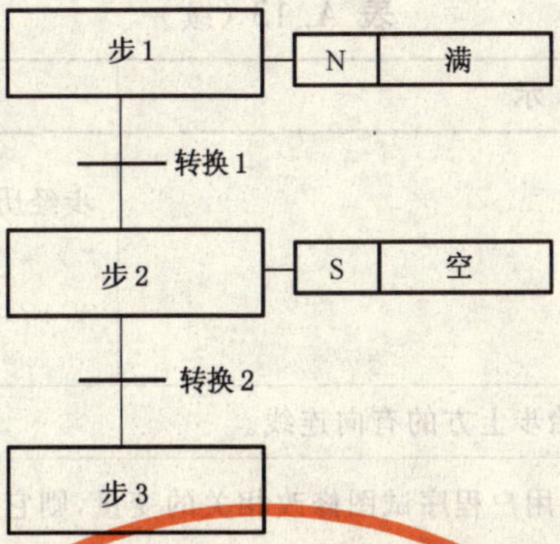

图 A.12 顺序功能图

SFC 描述控制程序的行为。该技术源于 Petri Nets(佩特里网)和规范语言 IEC 60848 Grafcet(由法国 Telemechanique 公司研发),并做了必要的改动,以把一个文件化标准的表示法转换成一组执行控制元素。SFC 构成了一个程序的内部组织,并有助于把一个控制问题分解成若干个可管理的部分,同时又保持了总体概念。SFC 由与动作块关联的步、转换组成。每个步表示正被控制的系统的特定状态。转换与条件相关联,当条件为"真"(true)时,该转换之前的那个步被解除激活,其下一个步被激活。步与动作块相链接,执行某个确定的控制动作。对每个元素的编程,可用包括 SFC 本身的任一种标准编程语言。

SFC 程序特性包括:步、转换和动作,如表 A.13～表 A.15 所示。

表 A.13 步特性

<table>
<tr><th>序号</th><th>表　　示</th><th>描　　述</th></tr>
<tr><td rowspan="2">1</td><td><pre>
   |
+-----+
| *** |
+-----+
   |
</pre></td><td>步——带有向连线的图形形式
"* * *"=步名称</td></tr>
<tr><td><pre>
    |
+=======+
|| *** ||
|| ||
+=======+
    |
</pre></td><td>初始步——带有向连线的图形形式
"* * *"=初始步名称</td></tr>
<tr><td rowspan="2">2</td><td>STEP * * * :
(* 步主体 *)
END_STEP</td><td>步——没有有向连线的文本形式
"* * *"=步名称</td></tr>
<tr><td>INITIAL_STEP * * * :
(* 步主体 *)
END_STEP</td><td>初始步——没有有向连线的文本形式
"* * *"=初始步名称</td></tr>
<tr><td>3A[a]</td><td>* * *.X</td><td>步标志——通用形式
"* * *"=步名称
当 * * * 是活动时,* * *.X = BOOL#1;
否则,* * *.X =BOOL#0</td></tr>
<tr><td>3B[a]</td><td><pre>
   |
+-----+
| *** |----
+-----+
   |
</pre></td><td>步标志——布尔变量 * * *.X 直接连接到步"* * *"的右侧</td></tr>
</table>

表 A.13（续）

<table>
<tr><th>序号</th><th>表　示</th><th>描　述</th></tr>
<tr><td>4[a]</td><td>＊＊＊.T</td><td>步经历时间——通用形式
"＊＊＊"=步名称
＊＊＊.T=类型 TIME 的变量</td></tr>
<tr><td colspan="3">注：如果没有前驱步，就不会出现初始步上方的有向连线。</td></tr>
<tr><td colspan="3">a　当支持特性 3A、3B 或 4 时，如果用户程序试图修改相关的变量，则它应是一个出错。例如，如果 S4 是步名称，则按 ST 语言，下面的语句应是一个错误：
S4.X：=1；　　　　（＊ 出错 ＊）
S4.T：=t#100 ms；　（＊ 出错 ＊）</td></tr>
</table>

表 A.14　转换和转换条件

<table>
<tr><th>序号</th><th>举　例</th><th>描　述</th></tr>
<tr><td>1</td><td>|
+------+
| STEP7 |
+------+
|
+%IX2.4 & %IX2.3
|
+------+
| STEP8 |
+------+
|</td><td>前驱步
转换条件物理或逻辑地紧邻使用 ST 语言的转换
后继步</td></tr>
<tr><td>2</td><td>|
+------+
| STEP7 |
+------+
| %IX2.4 %IX2.3 |
+---||-----||---------+
| |
+------+
| STEP8 |
+------+
|</td><td>前驱步
转换条件物理或逻辑地紧邻使用 LD 语言的转换
后继步</td></tr>
<tr><td>3</td><td>|
+------+
| STEP7 |
+--------+ +------+
| | |
%IX2.4---| & |-----+
%IX2.3---| | |
+--------+ +------+
| STEP8 |
+------+
|</td><td>前驱步
转换条件物理或逻辑地紧邻使用 FBD 语言的转换
后继步</td></tr>
<tr><td>4</td><td>|
+------+
| STEP7 |
+------+
|
>TRANX>--------------+
|
+------+
| STEP8 |
+------+
|</td><td>连接符的使用：
前驱步
转换连接符
后继步</td></tr>
</table>

表 A.14（续）

<table>
<tr><th>序号</th><th>举　　例</th><th>描　　述</th></tr>
<tr><td>4a
4b</td><td>|　%IX2.4　%IX2.3
+---||-----||---- >TRANX>
|

+--------+
|　　　　|
%IX2.4 --|　&　|-->TRANX>
%IX2.3 --|　　　　|
+--------+</td><td>转换条件：
使用 LD 语言

使用 FBD 语言</td></tr>
<tr><td>5</td><td>STEP STEP7：END_STEP
TRANSITION FROM STEP7 TO STEP8
：= %IX2.4 & %IX2.3；
END_TRANSITION
STEP STEP8：END_STEP</td><td>使用 ST 语言的
特性 1 的文本等价体</td></tr>
<tr><td>6</td><td>STEP STEP7：END_STEP
TRANSITION FROM STEP7 TO STEP 8：
　LD %IX2.4
　AND %IX2.3
END_TRANSITION
STEP STEP8：END_STEP</td><td>使用 IL 语言的
特性 1 的文本等价体</td></tr>
<tr><td>7</td><td>|
+------+
| STEP7 |
+------+
|
+ TRAN78
|
+------+
| STEP8 |
+------+
|</td><td>转换名称的使用：
前驱步

转换名称

后继步</td></tr>
<tr><td>7a</td><td>TRANSITION　TRAN78　FROM　STEP7　TO　STEP8：
|　　　　　　　　　　　　　　　　|
|　%IX2.4　%IX2.3　　TRAN78　|
+---||-----||------(　)---+
|　　　　　　　　　　　　　　　　|
END_TRANSITION</td><td>使用 LD 语言的
转换条件</td></tr>
<tr><td>7b</td><td>TRANSITION　TRAN78　FROM　STEP7　TO　STEP8：
+--------+
|　　　　|
%IX2.4--|　&　|--TRAN78
%IX2.3--|　　　　|
+--------+
END_TRANSITION</td><td>使用 FBD 语言的
转换条件</td></tr>
</table>

表 A.14（续）

序号	举 例	描 述
7c	TRANSITION TRAN78 FROM STEP7 TO STEP8: LD %IX2.4 AND %IX2.3 END_TRANSITION	使用 IL 语言的 转换条件
7d	TRANSITION TRAN78 FROM STEP7 TO STEP8 :=%IX2.4 & %IX2.3; END_TRANSITION	使用 ST 语言的 转换条件

表 A.15 动作的说明

序号	举 例	特 性
1	在 VAR 或 VAR_OUTPUT 块或其图形等价体中说明的任何布尔变量，都可以是一个动作。	
2L	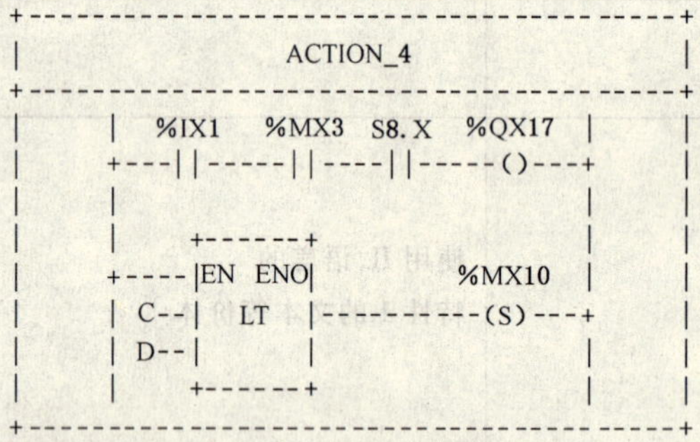	LD 语言的图形说明
2S	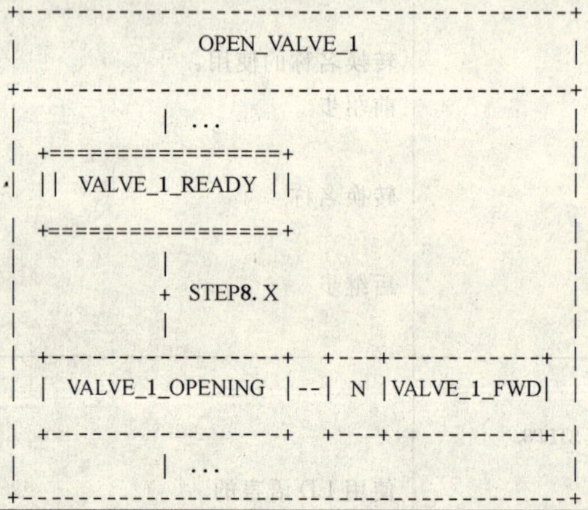	动作中包括 SFC 元素
2F	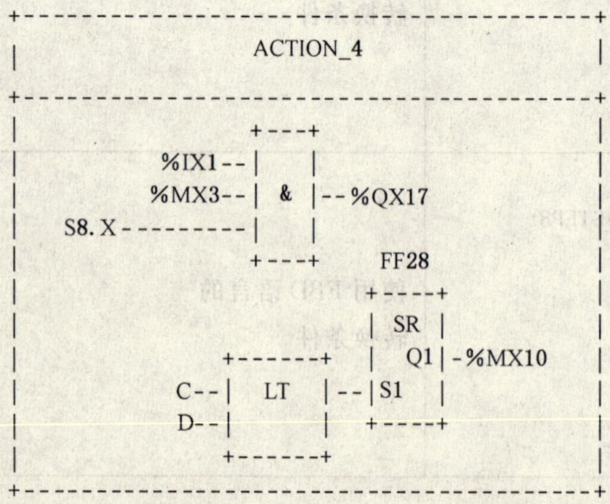	FBD 语言的图形说明

表 A.15（续）

<table>
<tr><th>序号</th><th>举　　例</th><th>特　　性</th></tr>
<tr><td>3S</td><td>ACTION ACTION_4：
　%QX17：= %IX1 & %MX3 & S8.X；
　FF28(S1：= (C<D))；
　%MX10：= FF28.Q；
END_ACTION</td><td>ST 语言的文本说明</td></tr>
<tr><td>3I</td><td>ACTION ACTION_4：
　LD S8.X
　AND %IX1
　AND %MX3
　ST %QX17
　LD C
　LT D
　S1 FF28
　LD FF28.Q
　ST %MX10
END_ACTION</td><td>IL 语言的文本说明</td></tr>
<tr><td colspan="3">注：在这些例子中，使用步标志 S8.X 以获得所期望的结果，即当 S8 被解除激活时，%QX17：= 0。</td></tr>
</table>

用 SFC 语言的编程可使用选择序列和并列序列，这是通常在批处理应用中所要求的。例如，一个序列用于主要过程，第二个序列用于监视整个运行。由于 SFC 的通用结构，它还提供了通信工具，允许在不同地点的用户之间程序的共享。

动作与步相关联，如表 A.16 所示。由于 GB/T 15969.3 要求支持 SFC 元素的 PLC 应提供表 A.15 所示的一个或多个关联机制，因此该表对于 GB/T 15969 系列是标准的。

表 A.16　步/动作的关联

<table>
<tr><th>序号</th><th>举　　例</th><th>特　　性</th></tr>
<tr><td>1</td><td>　　|
+-----+　+-----+-------------+----+
|　S8　|--|　L　| ACTION_1　|DN1|
+-----+　| t#10s |　　　　　　|　　|
　　|　　+-----+-------------+----+
　　+　DN1
　　|</td><td>动作块物理或逻辑地紧邻步</td></tr>
<tr><td>2</td><td>　　|
+-----+　+-----+---------------------+----+
|　S8　|--|　L　|　　ACTION_1　　|DN1|
+-----+　| t#10s |　　　　　　　　|　　|
　　|　　+-----+---------------------+----+
　+DN1　|　P　|　　ACTION_2　　|　　|
　　|　　+-----+---------------------+----+
　　|　　|　N　|　　ACTION_3　　|　　|
　　|　　+-----+---------------------+----+</td><td>串接的动作块物理或逻辑地紧邻步</td></tr>
</table>

表 A.16（续）

<table>
<tr><th>序号</th><th>举　例</th><th>特　性</th></tr>
<tr><td>3</td><td><pre>STEP S8:
   ACTION_1(L,t#10s,DN1);
   ACTION_2(P);
   ACTION_3(N);
END_STEP</pre></td><td>文本的步主体</td></tr>
<tr><td>4[a]</td><td><pre>   +-----+----------------------+---+
----| N | ACTION_4 | |---
    +-----+----------------------+---+
    | %QX17:=%IX1 & %MX3 & S8.X; |
    | FF28 (S1:= (C<D)); |
    | %MX10:= FF28.Q; |
    +--------------------------------+</pre></td><td>动作块“d”字段</td></tr>
<tr><td colspan="3">a　当使用特性 4 时，相应的动作名称不能用于任何其他的动作块。</td></tr>
</table>

表 A.17　动作块特性

<table>
<tr><th>序号</th><th>特性</th><th>图形形式</th></tr>
<tr><td>1[a]
2
3[b]
4
5
6
7

</td><td>"a":限定符
"b":动作名称
"c":布尔“指示符”变量
"d":动作，使用：
—— IL 语言
——ST 语言
——LD 语言
—— FBD 语言</td><td><pre>   +-----+---------------+------+
---| "a" | "b" | "c" |---
   +-----+---------------+------+
   | "d" |
   | |
   +----------------------------+</pre></td></tr>
<tr><th>序号</th><th colspan="2">特性/举例</th></tr>
<tr><td></td><td colspan="2">梯形图中动作块的使用(见 GB/T 15969.3—2005 中的 4.2)：</td></tr>
<tr><td>8</td><td colspan="2"><pre>| S8.X   %IX7.5   +---+-------+---+   OK1 |
+--| |----| |----| N | ACT1 |DN1|--( )--+
| +---+-------+---+ |</pre></td></tr>
<tr><td></td><td colspan="2">功能块图中动作块的使用(见 GB/T 15969.3—2005 中的 4.3)：</td></tr>
<tr><td>9</td><td colspan="2"><pre>   +---+   +---+-------+------+
   S8.X---| & |-----| N | ACT1 | DN1 |---OK1
 %IX7.5---| | +---+-------+------+
             +---+</pre></td></tr>
<tr><td colspan="3">a　当限定符是“N”时，可省略字段“a”。
b　当不使用指示符变量时，可省略字段“c”。</td></tr>
</table>

A.3.11　配置元素

一个非常简单的 PLC 可以包含一个资源，运行一个任务，控制某个闭环内的一个程序。

GB/T 15969.3对此作了许多扩充,使它对将来的包含多个过程和事件驱动的程序开放。在 GB/T 15969.3 内,把程序、功能块和功能统称为程序组织单元(POU)。

在最高层,可把为解决某个特定控制问题所需要的整个软件确切地表达为配置(Configuration)。配置特定用于某个特定型式的控制系统,包括硬件的安排,即处理资源、I/O 通道的存储器地址和系统能力。

在一个配置内,可以定义一个或多个资源(Resources),可以把一个资源视为能够执行 PLC 程序的处理设施。

在一个资源内,可定义一个或多个任务。任务(Task)控制一组程序和/或功能块的执行,它们能够被周期性地执行,或者在出现规定的触发(例如,一个变量的改变)时执行。

图 A.13 是含有功能块(FB)和程序说明的配置举例。

```
FUNCTION_BLOCK A
  VAR_OUTPUT
    y1:UINT;y2:BYTE;
  END_VAR
END_FUNCTION_BLOCK
```

```
FUNCTION_BLOCK B
  VAR_INPUT
    b1:UINT;b2:BYTE;
  END_VAR
END_FUNCTION_BLOCK
```

```
FUNCTION_BLOCK C
  VAR_OUTPUT c1:BOOL;END_VAR
  VAR C2 AT %Q* :BYTE;
    C3:INT;
  END_VAR
END_FUNCTION_BLOCK
```

```
FUNCTION_BLOCK D
  VAR_INPUT d1:BOOL;END_VAR
  VAR_OUTPUT y2:INT;END_VAR
END_FUNCTION_BLOCK
```

```
PROGRAM F
  VAR_INPUT x1:BOOL;x2:UINT;END_VAR
  VAR_OUTPUT y1:BYTE;END_VAR
  VAR COUNT:INT;YIME1:TON;END_VAR
END_PROGRAM
```

```
PROGRAM G
  VAR_OUTPUT out1:UINT;END_VAR
  VAR_EXTERNAL z1:BYTE;END_VAR
  VAR FB1:A;FB2:B;END_VAR
  FB1(...);out1:=FB1.y1;z1:=FB1.y2;
  FB2(b1:=FB1.y1,b2:=FB1.y2);
END_PROGRAM
```

```
PROGRAM H
  VAR_OUTPUT HOUT1:INT;END_VAR
  VAR FB1:C;FB2:D;END_VAR
  FB1(...);
  FB2(...);HOUT1:=FB2.y2;
END_PROGRAM
```

图 A.13　功能块和程序说明的配置举例

在图 A.13 的配置中,功能块是资源。资源是存储数据和程序代码以及在调用 POU 时执行的一种信号处理功能。表 A.18 列出配置和资源说明特性。表 A.19 是配置和资源说明特性的一个示例。

表 A.18 配置和资源说明特性

序号	描 述
1	CONFIGURATION... END_CONFIGURATION 结构
2	在 CONFIGURATION 内的 VAR_GLOBAL... END_VAR 结构
3	RESOURCE... ON... END_RESOURCE 结构
4	在 RESOURCE 内的 VAR_GLOBAL... END_VAR 结构
5a	周期的 TASK 结构
5b	非周期的 TASK 结构
6a	用于与 TASK 关联的 PROGRAM 的 WITH 结构
6b	用于与 TASK 关联的功能块的 WITH 结构
6c	无 TASK 关联的 PROGRAM 说明
7	VAR_GLOBAL 中的直接表示变量的说明
8a	直接表示变量与 PROGRAM 输入的连接
8b	GLOBAL 变量与 PROGRAM 输入的连接
9a	PROGRAM 输出与直接表示变量的连接
9b	PROGRAM 输出与 GLOBAL 变量的连接
10a	VAR_ACCESS... END_VAR 结构
10b	到直接表示变量的存取路径
10c	到 PROGRAM 输入的存取路径
10d	到 RESOURCE 内的 GLOBAL 变量的存取路径
10e	到 CONFIGURATION 内的 GLOBAL 变量的存取路径
10f	到 PROGRAM 输出的存取路径
10g	到 PROGRAM 内部变量的存取路径
10h	到功能块输入的存取路径
10i	到功能块输出的存取路径
11	VAR_CONFIG... END_VAR 结构
12a	在 RESOURCE 说明中的 VAR_GLOBAL CONSTANT
12b	在 CONFIGURATION 说明中的 VAR_GLOBAL CONSTANT
13a	在 RESOURCE 说明中的 VAR_EXTERNAL
13b	在 RESOURCE 说明中的 VAR_EXTERNAL CONSTANT

表 A.19 配置和资源说明特性的举例

序号	举 例
1	CONFIGURATION CELL_1
2	VAR_GLOBAL w:UINT;END_VAR
3	RESOURCE STATION_1 ON PROCESSOR_TYPE_1
4	VAR_GLOBAL z1:BYTE;END_VAR
5a	TASK SLOW_1(INTERVAL:= t#20ms, PRIORITY:= 2);

表 A.19（续）

序号	举　例
5a	TASK FAST_1(INTERVAL:= t#10ms, PRIORITY:= 1);
6a 8a	PROGRAM P1 WITH SLOW_1: F(x1:= %1x1.1);
9b	PROGRAM P2:G(OUT1 => W;
6b	FB1 WITH SLOW_1;
6b	FB2 WITH FAST_1;
3	END_RESOURCE
3	RESOURCE STATION_2 ON PROCESSOR_TYPE_2
4	VAR_GLOBAL z2:BOOL;
7	AT % QW5:INT
4	END_VAR
5a	TASK PER_2(INTERVAL:= t#50ms, PRIORITY:= 2);
5b	TASK INT_2(SINGLE:= z2, PRIORITY:= 1);
6a 8a	PROGRAM P1 WITH PER_2: F(x1:= z2, x2:= w);
6a 9a 6b	PROGRAM P4 WITH INT_2: H(HOUT1 => %QW5, FB1 WITH PER_2);
3	END_RESOURCE
10a	VAR_ACCESS
10b	ABLE:STATION_1.%IX1.1:BOOL READ_ONLY;
10c	BAKER:STATION_1.P1.x2:UINT READ_WRITE;
10d	CHARLIE:STATION_1.z1:BYTE;
10e	DOG:w:UINT READ_ONLY;
10f	ALPHA:STATION_2.P1.y1:BYTE READ_ONLY;
10f	BETA:STATION_2.P4.HOUT1:INT READ_ONLY ;
10d	GAMMA:STATION_2.z2:BOOL READ_WRITE;
10g	S1_COUNT:STATION_1.P1.COUNT:INT;
10h	THETA:STATION_2.P4.FB2.d1:BOOL READ_WRITE;
10i	ZETA:STATION_2.P4.FB1.c1:BOOL READ_ONLY;
10k	OMEGA:STATION_2.P4.FB1.C3:INT READ_WRITE;
10a	END_VAR
11	VAR_CONFIG STATION_1.P1.COUNT:INT:= 1; STATION_2.P1.COUNT:INT:= 100; STATION_1.P1.TIME1:TON:= (PT:= T#2.5s); STATION_2.P1.TIME1:TON:= (PT:= T#4.5s); STATION_2.P4.FB1.C2 AT %QB25:BYTE; END_VAR

表 A.19（续）

序号	举　例
1	END_CONFIGURATION

注 1:这些特性的图形和半图形表示是允许的,但它超出了 GB/T 15969.3 的范围。

注 2:如果对 VAR_ACCESS 语句中的变量说明的数据类型与其他地方对该变量说明的数据类型不同,例如,若在上面的例子中,变量 BAKER 说明为 WORD 类型,则显示出错。

A.3.12　编程语言

在 GB/T 15969.3 中定义了 4 种编程语言。这意味着已定义了它们的语义和语法。这 4 种语言是:

1)　文本语言:

——指令表,IL

——结构文本,ST

2)　图形语言:

——梯形图,LD

——功能块图,FBD

图 A.14 说明了这些语言的基本情况。

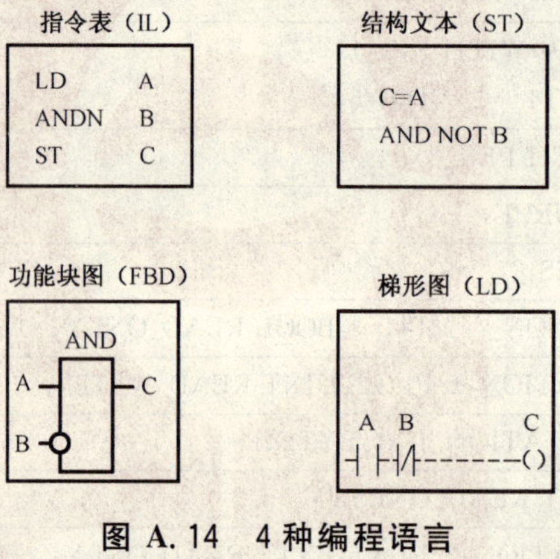

图 A.14　4 种编程语言

在图 A.14 中,4 种语言都描述了一个程序的相同部分。编程语言的选择取决于:

——用户公司及编程员的背景;

——所要完成的控制项目的性质;

——项目说明的等级;

——整个自动化系统的结构;

——程序与用户公司内其他人员/部门的衔接。

4 种语言提供了来自工业实践的通用工具。因此,GB/T 15969.3 中定义的编程语言可作为不同背景的从事 PLC 工作人员的交流工具。

A.3.13　文本语言

A.3.13.1　公共元素

下列程序结构元素对文本语言 IL 和 ST 是共用的:

TYPE...END_TYPE;

VAR...END_VAR;

VAR_INPUT...END_VAR;

```
VAR_OUTPUT...END_VAR;
VAR_IN_OUT...END_VAR;
VAR_EXTERNAL...END_VAR;
VAR_TEMP...END_VAR;
VAR_ACCESS...END_VAR;
VAR_GLOBAL...END_VAR;VAR_CONFIG...END_VAR;

FUNCTION...END_FUNCTION;
FUNCTION_BLOCK...END_FUNCTION_BLOCK;
STEP...END_STEP;
TRANSITION...END_TRANSITIO;
ACTION...END_ACTION;
PROGRAM...END_PROGRAM.
```

A.3.13.2 指令表(IL)

指令表源于欧洲。它是一种文本语言,类似于汇编语言。IL一般用于特别低等级功能的程序。指令的编程元素是操作符,见表A.20。

表A.20 指令表语言的操作符

操作	操作符
主要操作	LD(加载),ST(存储),S(置位),R(复位),&/AND(逻辑与),OR(逻辑或),XOR(逻辑异或),NOT(逻辑取反),ADD(加),SUB(减),MUL(乘),DIV(除),MOD(模除)
比较	GT(>),GE(>=),EQ(=),NE(<>),LE(<=),LT(<)
跳转	JMP(跳转到标号),CAL(调用功能或功能块) RET(从被调用的功能、功能块返回)
修改	N(取反),C(有条件跳转),)(递延的求值操作)

下面说明使用IL编程的例子。在此例中,功能WEIGH把一个称重衡器的毛重输入从BCD码转换成二进制值。

```
FUNCTION WEIGH:WORD(* BCD encoded *)
    VAR_INPUT(* "EN" input is used to indicate "scale ready" *)
    weigh_command:BOOL;
    gross_weight:WORD;(* BCD encoded *)
    tare_weight:INT;
    END_VAR
    (* Function Body *)
    END_FUNCTION(* Implicit "ENO" *)
```

用IL语言编写的功能WEIGH的主体是:

```
                LD              weigh_command
                JMPC            WEIGH_NOW
                ST              ENO                (* No weighing,0 to "ENO" *)
                RET
WEIGH_NOW:      LD              gross_weight
                BCD_TO_INT
                SUB             tare_weight
                INT_TO_BCD                         (* Return evaluated weight *)
                ST              WEIGH
```

A.3.13.3 结构文本(ST)

结构文本是非常有效的语言,其根基在 Ada,Pascal 和"C"语言。它最适用于复杂功能块的定义,然后可在任何其他语言内使用它们。ST 对于数据处理和计算特别有用。在表 A.21 和表 A.22 中列出了 ST 语言的操作符和语句。

表 A.21 ST 语言的操作符

序号	操作[a]	符号	优先权
1	括号	(表达式)	最高
2	功能求值	标识符(变元表)	
	举例	LN(A),MAX(X,Y)等	
4	求反	—	
5	取补	NOT	
3	指数[b]	**	
6	乘	*	
7	除	/	
8	模数	MOD	
9	加	+	
10	减	—	
11	比较	<,>,<=,>=	
12	相等	=	
13	不等	<>	
14	布尔与	&	
15	布尔与	AND	
16	布尔异或	XOR	
17	布尔或	OR	最低

a 对这些操作符的操作数的限制与针对相应功能输入的限制相同。

b 表达式 A**B 的求值结果与功能 EXPT(A,B)的求值结果相同。

表 A.22　ST 语言的语句

序号	语句类型/引用	举例
1	赋值	A:= B;CV:= CV+1;C:= SIN(X);
2	功能块调用和功能块输出用法	CMD_TMR(IN:=%IX5, PT:=T#300 ms); A:= CMD_TMR.Q;
3	RETURN	RETURN;

4	IF	D:= B*B−4*A*C;
		IF D<0.0 THEN NROOTS:= 0;
		ELSIF D=0.0 THEN
		  NROOTS:= 1;
		  X1:=−B/(2.0*A);
		ELSE
		  NROOTS:= 2;
		  X1:= (−B+SQRT(D))/(2.0*A);
		  X2:= (−B−SQRT(D))/(2.0*A);
		END_IF;

5	CASE	TW:= BCD_TO_INT(THUMBWHEEL);
		TW_ERROR:= 0;
		CASE TW OF
		  1,5:DISPLAY:= OVEN_TEMP;
		  2:DISPLAY:= MOTOR_SPEED;
		  3:DISPLAY:= GROSS-TARE;
		  4,6..10:DISPLAY:= STATUS(TW-4);
		ELSE DISPLAY:= 0;
		    TW_ERROR:= 1;
		END_CASE;
		QW100:= INT_TO_BCD(DISPLAY);

6	FOR	J:= 101;
		FOR I:= 1 TO 100 BY 2 DO
		  IF WORDS[I] ='KEY' THEN
		    J:= I;
		    EXIT;
		  END_IF;
		END_FOR;

7	WHILE	J:= 1; WHILE J<= 100 & WORDS[J] <>'KEY' DO J:= J+2; END_WHILE;
8	REPEAT	J:=−1; REPEAT J:= J+2; UNTIL J=101 OR WORDS[J] ='KEY' END_REPEAT;
9	EXIT[a]	EXIT;
10	空语句	;

a　若支持 EXIT 语句(9),则也支持实现中支持的所有迭代语句(FOR、WHILE 和 REPEAT)。

在 ST 程序中功能 WEIGH 的示例，说明如下：

```
FUNCTION WEIGH:WORD(* BCD encoded *)
VAR_INPUT(* "EN" input is used to indicate "scale ready" *)
weigh_command:BOOL;
gross_weight:WORD;(* BCD encoded *)
tare_weight:INT;
END_VAR
(* Function Body *)
END_FUNCTION(* Implicit "ENO" *)
```

此功能说明的 ST 格式与 IL 程序中的格式相同。用 ST 语言编写的功能 WEIGH 的主体是：

```
IF weigh_command THEN
WEIGH:=INT_TO_BCD(BCD_TO_INT(gross_weight)-tare_weight);
END_IF;
```

A.3.14　图形语言

GB/T 15969.3 定义的图形语言是梯形图(LD)和功能块图(FDB)。顺序功能图(SFC)元素能与这两种语言中的任一种结合使用。

A.3.14.1　公共元素

LD、FBD 和 SFC 的公共元素是：

——线和块的表示；

——网络中的流向；

——网络的求值；

——执行控制元素。

A.3.14.2　梯形图(LD)

梯形图(LD)基于继电器梯形逻辑的图形表示。它是一种已奠定相当基础的 PLC 编程语言，广泛地用于通常有容许和互锁要求的机械和过程控制。梯形逻辑允许功能的透明性，这有利于现场故障检查和维修。

GB/T 15969.3 为 LD 语言定义了如下元素：电源轨线、链接元素和状态、触点、线圈、功能和功能块。

一个程序组织内的网络，应按照网络在梯形图中出现的由上而下的顺序对其进行求值，但已由执行控制元素修改了这种执行顺序的情况除外。

A.3.14.3　功能块图(FBD)

功能块图对于流程工业相当普遍，它把功能、功能块和程序的行为表示为一组互连的图形块，就像电气线路图中那样。功能块图把一个系统视为过程元素之间的信号流。FBD 最适用于图形逻辑和控制，因此被广泛地使用。

图 A.15 说明了 LD 与 FBD 之间的等效性：

```
|     a        c    |
+---| |--+--( )--+
|     b     |       |
+--| |---+          |
|                   |
```

a) LD 语言的“Wired-OR”

```
     +------+
a---| >=1  |---c
b---|      |
     +------+
```

b) FBD 语言中的功能

图 A.15　布尔 OR 举例

FDB 语言的一些典型编程元素示于图 A.16。

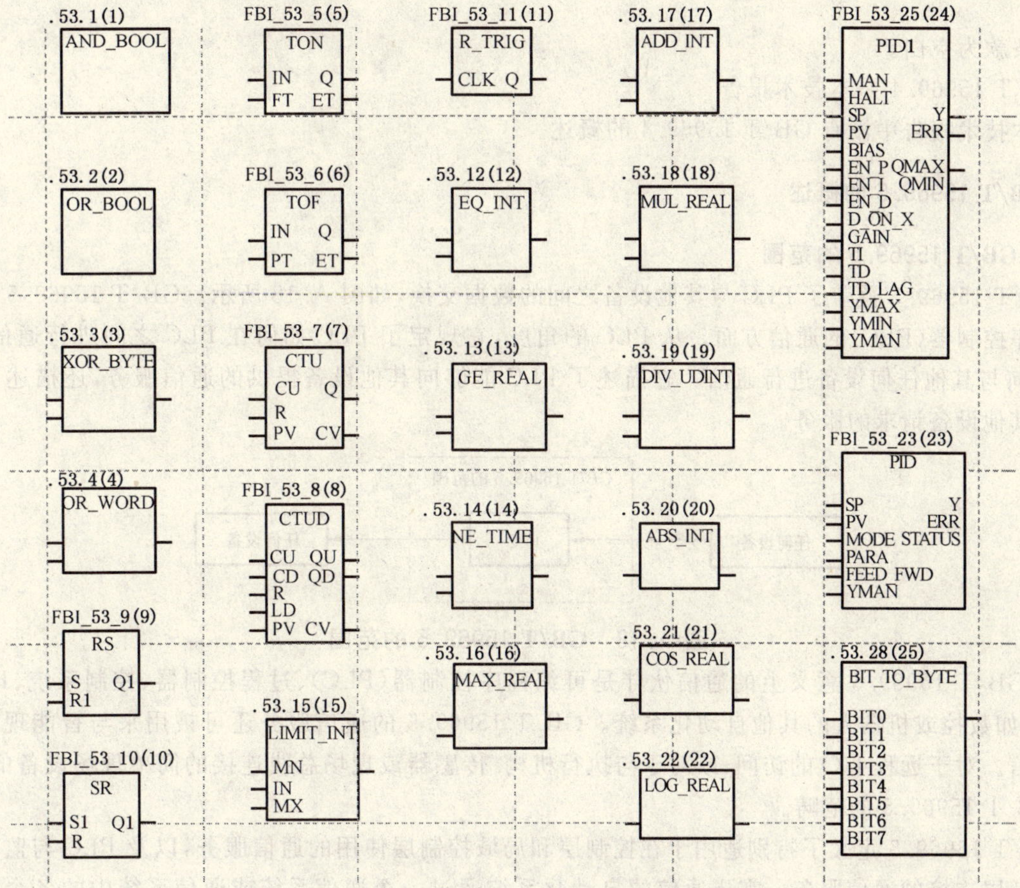

图 A.16　功能块图(FBD)语言的编程元素

当以 FBD 语言编写的程序组织单元包含不止一个网络时，制造商应提供与实现相关的手段，用户可借助这些手段决定执行的顺序。

A.3.15　自上而下和自下而上的程序开发

GB/T 15969.3 有利于控制程序开发的两种方式：由上而下和由下而上，如图 A.17 所示。在自上而下的方式中，规定了整个应用程序，并把它分成子部分、变量说明和开发的程序。在自下而上的方式中，程序从底部的应用开始，例如，通过导出功能和功能块。无论采用哪种方式，在 GB/T 15969 系列标准中给出的开发环境提供了逻辑性组织的编程过程。

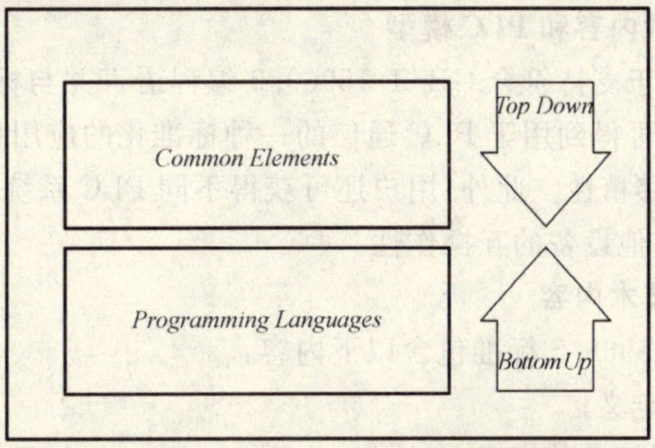

图 A.17　自上而下和自下而上的编程

A.4 （空白）

本条款为空白。

GB/T 15969.4 是本技术报告。

在本技术报告中没有 GB/T 15969.4 的概述。

A.5 GB/T 15969.5 的概述

A.5.1 GB/T 15969.5 的范围

GB/T 15969.5 覆盖了 PLC 与其他设备之间的数据交换，如图 A.18 所示。GB/T 15969.5 规定了可编程序控制器(PLC)的通信方面。从 PLC 的角度，它规定了 PLC 如何在 PLC 之间进行通信，以及 PLC 如何与其他任何设备进行通信。它描述了 PLC 能够向其他设备提供的通信服务，还描述了 PLC 能够向其他设备请求的服务。

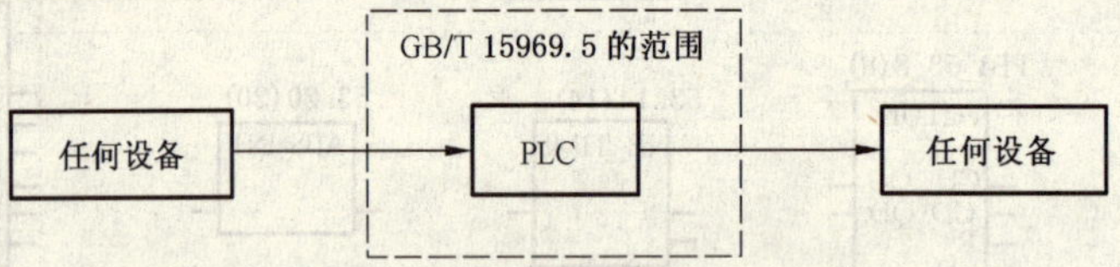

图 A.18 GB/T 15969.5 的范围

在 GB/T 15969.5 意义上的通信伙伴是可编程序控制器(PLC)、过程控制器、控制系统、HMI 系统，或诸如数控或机器人的其他自动化系统。GB/T 15969.5 的通信服务还可被用来与智能现场设备进行通信。对于远程 I/O 的访问，或对于与执行机构/传感器或现场总线连接的简单现场设备的访问，不属 GB/T 15969.5 的范畴。

GB/T 15969.5 定义了特别适用于在控制层和局域控制层使用的通信服务，以及 PLC 与监控层和工厂管理层连接的通信服务。需要通信的自动化系统通过一个通信系统或通信系统中的各个层进行连接。

GB/T 15969.5 没有定义新的通信系统，但它规定了现有通信系统中所定义的通信服务的使用。所有通信服务的描述独立于特定的通信子系统。它们可与不同的通信系统一起使用。为了支持 GB/T 15969.5的全部功能，所使用的通信子系统应支持在传输层的连接，提供变量存取和事件服务，并应支持大量数据的发送。

GB/T 15969.5 包含其通信服务至 ISO/IEC 9506-1 和 ISO/IEC 9506-2 (MMS)以及 ISO/IEC 9506-5 (SPS 伴随标准)的映射，而且可与基于这些标准的通信系统一起工作。但通信服务可与基于 IEC 61158 系列的通信子系统，或者甚至是基于特定实现的通信子系统一起工作。

A.5.2 GB/T 15969.5 的技术内容和 PLC 模型

GB/T 15969.5 是最佳用于支持符合 GB/T 15969.3 编程语言并与标准化的通信系统连接的 PLC 系统。遵照此建议，PLC 用户可得到用于 PLC 通信的一种标准化的应用程序接口，它简化了 PLC 应用程序对不同制造商 PLC 的可移植性。此外，用户还可获得不同 PLC 系统之间的互操作性，以及与支持符合 GB/T 15969.5 通信的其他设备的互操作性。

A.5.2.1 GB/T 15969.5 的技术内容

PLC 通信方面的 GB/T 15969.5 标准包含以下内容：

—— PLC 的通信对象的定义；

——通信功能块及其编程接口的定义；

——由通信子系统请求或向通信子系统提供的通信服务的描述；

——通信对象通信服务至不同标准化通信系统的映射。

使用 GB/T 15969.5，就会自动地从现有 PLC 应用程序中推断出必要的通信对象。这也就允许在用户已熟悉的编程环境下与 PLC 进行通信。

GB/T 15969.5 描述了 PLC 通信的应用程序接口。它描述了一组通信功能块。对参数接口、功能块的内部行为特性以及到通信子系统的通信服务的映射，都进行了规定。

GB/T 15969.5 还从 PLC 编程员的角度描述了 PLC 的通信服务。它使用 GB/T 15969.3 的编程语言元素定义了通信功能和通信功能块。

A.5.2.2 PLC 通信

PLC 通信基于 GB/T 15969 系列标准的其他部分中规定的定义和模型。GB/T 15969 系列标准的每个部分都提供了到接口的通信功能的模型，如图 A.19 所示。

数据在 GB/T 15969.5 功能块的实例间进行传输。在应用程序中，发送功能块有一个输入的变量集，它有需要通过通信系统发送的数据(SD_i)。此数据集被发送给相应的接收方，然后通过输出把它们提供给其他应用程序(RD_i)。SD - n 与 RD_n 的数据类型必须相匹配。

在 GB/T 15969.5 中，通信本身是通过通信连接完成的。这涉及寻址，数据完整性和安全性，数据流控制等。此模型提供了安全性和通信伙伴。它确保了客户机(client)和服务器(server)能够彼此发现和彼此理解，或者变换客户机与服务器的角色。对于此模型，通过合适的通信系统，它不仅支持 1∶1 连接，而且还支持 1∶n 连接(群播)以及 1∶全部(广播)的连接。后两种还支持出版者—订阅者(publisher-subscriber)模型。

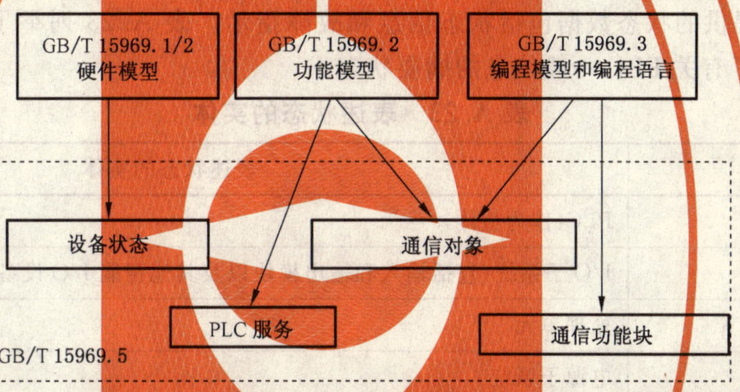

图 A.19 与 GB/T 15969.2 和 GB/T 15969.3 的通信模型的关系

A.5.3 通信模型

A.5.3.1 客户机—服务器模型

通信采用 GB/T 15969.5 内所定义的客户机—服务器模型，如图 A.20 所示。客户机向远程设备(服务器)请求通信服务。如果服务器能提供所请求的服务，则给予肯定的响应；如果不能提供所请求的服务，则给予否定的响应。

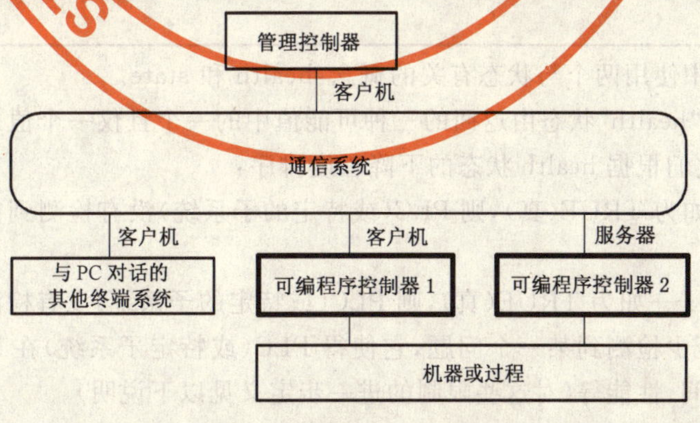

图 A.20 PLC 通信模型

图 A.20 说明一个通信网络中的设备，展示了可能从 PLC2(服务器)请求 PLC 功能(客户机)的三个设备。两个标有粗线框的 PLC 属 GB/T 15969.5 的范围。从通信的观点来看，图 A.20 中的“管理控制器”以及“与 PLC 对话的其他终端系统”对 PLC 通信服务器来说其行为特性相同，即它们均可向 PLC2 提出请求。

在 GB/T 15969.5 中，通信本身是通过通信连接完成的。连接把一个通信关系的客户机与服务器相连接。在一个连接内，参与的设备可以改变其客户机和服务器角色。连接可在一个系统内进行，例如在一个 PLC 的不同 CPU 间，或者在一个 SoftPLC 的不同任务间，或者在不同设备中的不同 PLC 应用间。GB/T 15969.5 的所有通信服务都需要连接。在大多数情况下，这些连接以一种隐性的方式建立和保持。

在 GB/T 15969.5 内，不仅支持一个客户机和一个服务器间的 1∶1 连接，而且还支持 1∶n 连接(群播)以及 1∶全部(广播)连接。

A.5.3.2 与 PLC 硬件模型相关的通信

PLC 的通信模型是 PLC 装置的组成部分，如图 A.2 的 PLC 硬件模型所示。因此，通信模型被集成在 PLC 装置内，在 PLC 内部传递数据。

A.5.4 PLC 通信服务

GB/T 15969.5 规定了 PLC 通过通信子系统向控制系统提供的服务。相应地，可将 PLC 应用程序设计成使用通信子系统与其他设备进行交互作用。

A.5.4.1 PLC 子系统及其状态

一台 PLC 系统提供的状态数据包括状态信息和故障指示。表 A.23 列举了某些子系统能报告的状态。此外，还提供了有关 PLC 一般信息的摘要状态。

表 A.23 表述状态的实体

序号	表述状态的实体
1	PLC(作为整体)
2	I/O 子系统(包括输入和输出模块以及其他智能 I/O 设备)
3	处理单元
4	电源子系统
5	存储器子系统
6	通信子系统
7	实现者特指的子系统
注：这些状态意图提供有关控制器(包括其硬件和固件子系统)的信息，不考虑配置信息。它不倾向于提供有关的控制过程信息，也不提供 PLC 应用程序的信息。状态数据包括有关 PLC 及其子系统的 state 和 health 状态信息。	

在 GB/T 15969.5 中使用两个与状态有关的概念：health 和 state。

PLC 或其子系统的“health”状态由返回的三种可能值中的一个且仅一个值来决定。与每种状态值有关的语义规定如下，它们根据 health 状态的下降程度排序：

GOOD(正常)——如为 TRUE(真)，则 PLC(或特定的子系统)没有检测到能禁止其运行预期功能的任何问题。

WARNING(警告)——如为 TRUE(真)，则 PLC(或特定的子系统)没有检测到能禁止其运行预期功能的任何问题，但已至少检测到某一个问题，它使得 PLC(或特定子系统)在某些功能上出现一些限制。这个限制可能是时间、性能等(对这些限制的进一步定义见以下说明)。

BAD (异常)——如为 TRUE(真)，则 PLC(或特定的子系统)已至少检测到禁止 PLC(或特定的子系统)运行预期功能的一个问题。

PLC 系统的“state”状态由一个属性表指示，其中每个属性可能是 TRUE 或 FALSE。这些属性中可能有零个、一个或多个属性同时为 TRUE。每个属性的有关语义在本条款的后续部分叙述。

每个状态信息还可能有实现者指定的属性。实现者特指的属性的某些示例是：

a） 附加的出错诊断(例如，超过了 EEPROM 的写周期)；

b） 附加的运行状态(例如，启用自动标定)；

c） 本地关键状态(例如，要求自动再启动)。

这些状态意图提供有关控制器(包括其硬件和固件子系统)的信息，不考虑配置信息。它不倾向于提供有关的控制过程信息，也不提供 PLC 应用程序的信息。状态数据包括有关 PLC 及其子系统的 state 和 health 状态信息。每个状态信息还可能有实现者指定的属性。

A.5.4.2 PLC 摘要状态

PLC 的摘要状态信息是其通信服务的组成部分，如表 A.24 所列。

表 A.24 PLC 摘要状态

序号	项目	描述	
1	health	GOOD	PLC 中的所有子系统都指示 GOOD 的 health 状态
2		WARNING	至少有一个子系统指示有一个 WARNING 的 health 状态，没有一个子系统指示有一个 BAD 的 health 状态
3		BAD	至少有一个子系统指示有一个 BAD 的 health 状态
4	running	如为 TRUE，此属性指示已装载至少一部分用户应用程序并且该部分在 PLC 的控制下	
5	local control	如为 TRUE，此属性指示本地越权控制是否被激活，如果是，则从网络控制 PLC 及其子系统的能力受到限制，例如这可能紧紧地绑定于一个本地键开关的使用。	
6	no outputs disabled	如为 TRUE，此属性指示作为执行应用程序或其他方法的结果，PLC 能够改变其所有输出的物理状态。如不为 TRUE，则某些输出的物理状态不受 PLC 影响(有可能影响逻辑状态)。这典型地用于在 PLC 中的应用程序测试和修改	
7	no inputs disabled	如为 TRUE，此属性指示作为执行应用程序或其他方法的结果，PLC 能够存取所有输入的物理状态。如不为 TRUE，则 PLC 不能存取某些输入的物理状态。这典型地用于 PLC 中应用程序的测试和修改。在这些场合，输入信号可通过仿真得到	
8	forced	如为 TRUE，此属性指示至少有一个 PLC 的 I/O 点已被强制。当一个输入点被强制时，应用程序将接收由 PADT 所指定的值以替代机器或过程的实际值。当一个输出点被强制时，机器或过程将接收由 PADT 所指定的值以替代由执行应用程序而生成的值。当一个变量被强制时，则应用程序将使用由 PADT 所指定的值以替代由执行正常程序而生成的值	
9	user application present	如为 TRUE，此属性指示处理单元至少在处理一个用户应用程序	
10	I/O subsystem	如为 TRUE，此属性指示“WARNING”或“BAD”是由一个子系统所引起	
11	processing unit subsystem	如为 TRUE，此属性指示“WARNING”或“BAD”是由一个处理单元子系统所引起	

表 A.24（续）

序号	项目	描　述
12	power supply subsystem	如为 TRUE,此属性指示“WARNING”或“BAD”是由一个电源子系统所引起
13	memory subsystem	如为 TRUE,此属性指示“WARNING”或“BAD”是由一个存储器子系统所引起
14	communication subsystem	如为 TRUE,此属性指示“WARNING”或“BAD”是由一个通信子系统所引起
15	implementer specified subsystem	如为 TRUE,此属性指示“WARNING”或“BAD”是由一个实现者特指的子系统所引起

A.5.4.3　I/O 子系统和处理单元的状态

表 A.25 中列出了 PLC 报告的关于其 I/O 子系统的状态。表 A.26 列出了其处理单元的状态。此外,GB/T 15969.5 还定义了电源、存储器和通信子系统的状态信息。

表 A.25　I/O 子系统的状态

序号	项目	描　述	
1	health	GOOD	指示在 I/O 子系统中没有检测到有错误
2		WARNING	指示在 I/O 子系统中已检测到有一个不重要故障,例如,在与远程 I/O 站进行通信时出现的可恢复错误
3		BAD	指示在 I/O 子系统中已检测到有一个重要故障,例如,在与远程 I/O 站进行通信时有通信丢失的重要故障
4	no outputs disabled	若为 TRUE,则此属性指示,作为执行应用程序或其他方法的结果,PLC 可能更改与特定 I/O 子系统相关联的所有输出的物理状态。若不为 TRUE,则某些输出的物理状态不受影响(可能影响逻辑状态)。这典型地用于测试和修改在 PLC 中的应用程序	
5	no inputs disabled	若为 TRUE,则此属性指示,作为执行应用程序或其他方法的结果,PLC 可能存取与特定 I/O 子系统相关联的所有输入的物理状态。若不为 TRUE,则 PLC 不能存取某些输入的物理状态。这典型地用于测试和修改输入可被模拟的应用程序	
6	I/O forced	若为 TRUE,则此属性指示至少有一个与该子系统相关联的 I/O 点已被强制。当一个输入点被强制时,应用程序将接收由 PADT 所指定的值以替代机器或过程的实际值。当一个输出点被强制时,机器或过程将接收由 PADT 所指定的值以替代由执行应用程序而生成的值	
注:由实现者提供“重要故障”和“不重要故障”的定义。			

表 A.26 处理单元的状态

序号	项 目	描 述
1 2 3	health	此属性识别处理单元的 health 状态。实现者应规定 GOOD,WARNING 和 BAD 有效的条件
4	running	若为 TRUE,则此属性指示是否已至少装载用户的一部分应用程序且该部分在处理单元的控制下
5	local control	若为 TRUE,则此属性指示本地越权控制是否处于活动状态。如果是,则从网络控制处理单元的能力受到限制。例如,这可能紧紧地绑定于一个本地键开关的使用
6	no outputs disabled	若为 TRUE,则此属性指示,作为执行应用程序或其他方法的结果,处理单元能更改由处理单元控制的所有输出的物理状态。若不为 TRUE,则某些输出的物理状态不受影响(可能影响逻辑状态)。这典型地用于测试和修改在处理单元(PU)中的应用程序
7	no inputs disabled	若为 TRUE,则此属性指示,作为执行应用程序或其他方法的结果,处理单元能存取来自该处理单元的所有输入的物理状态。若不为 TRUE,则不能存取某些输入的物理状态。这典型地用于测试和修改输入可被模拟的应用程序
8	user application present	若为 TRUE,则此属性指示处理单元至少存在一个用户应用程序
9	forced	若为 TRUE,则此属性指示至少有一个与该处理单元相关联的变量已被强制。当一个变量已被强制时,应用程序将采用由 PADT 规定的值以替代由执行正常程序而生成的值

A.5.5 应用功能

GB/T 15969.5 描述了 PLC 使用通信子系统给控制系统提供的功能,见表 A.27。报警报文的生成是应用功能中的一种。

表 A.27 PLC 应用功能

PLC 通信功能	PLC 作为请求方	PLC 作为响应方	功能块可提供
设备检验	是	是	是
数据采集	是	是	是
控制	是	是	是
报警报告	是	否	是
程序执行和 I/O 控制	否	是	否
应用程序传送	否	是	否
连接管理	是	是	是

许多 PLC 通信功能的应用程序接口是 GB/T 15969.5 中定义的通信功能块(FB)。所有这些功能块,都使用状态图、转换和动作来描述它们。

A.5.5.1 设备检验

设备检验允许由其他设备来确定 PLC 是否能在自动化系统中执行预期的功能。PLC 能提供自身及其子系统的状态。一个设备可明确地向 PLC 请求其状态,或者 PLC 可使用由通信接口所提供的服务来启动一个未经请求的状态报告。

PLC 可请求某一远程通信伙伴采用 STATUS 功能块发送其状态信息返回给 PLC。PLC 本身能够采用 USTATUS 功能块接收远程通信伙伴的状态信息。无论何时在 PHYS 和 LOG 输出中的远程通信伙伴的状态信息发生改变时，远程通信伙伴至少应通知 USTATUS 实例。

A.5.5.2 数据采集

包含在 PLC 中的数据表现为变量。这些数据可能有各种不同的来源并具有广泛的含义。可视的变量类型为，具有直接表达式的变量或具有存取路径的其他变量(关于可用于数据传送的存取路径的定义，参见 GB/T 15969.3)。

客户机在客户机确定的时间或条件下可读取一个或多个变量的值。对这些变量的存取受 PLC 的控制；或者，在保持这些变量的 PLC 应用程序所确定的时间或条件下，由 PLC 向客户机提供数据。

功能块 READ 用于读取远程通信伙伴的一个或多个变量。成对的功能块 USEND/URCV 在一对 USEND/URCV 的实例之间或 USEND 的一个实例与 URCV 的许多实例之间传输一组变量。BSEND/BRCV 用于传输数据缓存器，其长度按照应用程序中的规定。所传输的字节数可通过一个输入参数来动态地设置。

A.5.5.3 参数控制

参数控制是指通过向驻留在 PLC 中的变量写入值来控制 PLC 的运行。改变运行与否由应用程序或者由其他本地机制决定。功能块 WRITE 用于设置远程通信伙伴中的变量值。

互锁控制是指客户机请求服务器执行一个应用操作并将操作的结果通知客户机。这种服务有两个方面，一个是客户机和服务器的同步化，另一个是它们之间的数据交换。在互锁控制中，此数据交换发生在应用程序的同步点。这种服务可用于对从一个应用程序到另一个应用程序的远程过程调用施加影响。

成对的功能块 SEND/RCV 用于互锁控制。SEND 实例请求 RCV 实例执行一个应用操作并将操作的结果通知 SEND 实例。

A.5.5.4 报警报告

当一个预定义的条件发生时，PLC 能够向客户机发出报警报文。客户机向 PLC 指示这些报警报文的一个确认。这和通常的数据采集不同，PLC 存储报警点的状态一直到由客户机确认为止。

为报告具有确认性能的报警报文，可使用 ALARM 功能块编程 PLC；或者为报告不具确认性能的报警报文，可使用 NOTIFY 功能块编程 PLC。

A.5.5.5 应用程序执行和 I/O 控制

PLC 应用程序能由初始状态启动或从程序停止时的状态启动。在启动或停止配置或资源时，可将 I/O 的状态设置为表 A.28 中的值。

在 PLC 系统内的 PLC 应用程序包括一个配置和零个、一个或多个资源(参阅 GB/T 15969.3)。可以启动和停止配置和资源。当启动和停止配置时，资源也被启动和停止；资源亦可独立于配置进行启动或停止。

在应用程序的状态改变时，输出可以被指向设置为实现者所规定的状态、保持输出为当前的状态，或设置所有输出为零，或通过实现者指定的机制(如，表格，PLC 过程等)更改某些输出为用户指定的状态(接通或断开，对那些未作规定的则保持上一状态的输出)。对于与正在运行的应用程序有关的输入，可以被指向提供来自传感器的实际数据，或者继续使用以前提供的值。

表 A.28 I/O 状态值的含义

I/O 状态的值	含　义	由...设置
controlled (被控制的)	执行器正在由应用程序或由正在启动的部分应用程序控制。正在将输入提供给应用程序或由传感器/执行器接口功能启动的部分应用程序	启动

表 A.28（续）

I/O状态的值	含　义	由...设置
hold outpus （保持输出）	执行器不由正在运行的应用程序或正在启动的部分应用程序控制，它们保持为当前的状态。正在将传感器提供给应用程序或由传感器/执行器接口功能启动的部分应用程序	启动
hold current state （保持当前状态）	执行器不由正在运行的应用程序或由正在启动或停止的部分应用程序控制，它们保持为当前的状态。没有将传感器提供给应用程序或正在启动的部分应用程序，它们保持为当前的状态	启动，停止
inplementer state （实现者指定的状态）	执行器不由应用程序或正在停止的部分应用程序控制，它们保持为由实现者指定的一个状态。应用程序没有在运行，因此没有规定传感器接口的状态	停止
zero outputs （零输出）	执行器不由应用程序或正在停止的部分应用程序控制，它们保持为零状态。应用程序没有在运行，因此没有规定传感器接口的状态	停止
user specified （用户指定）	执行器不由应用程序或正在停止的部分应用程序控制，它们保持为由用户规定的状态。应用程序没有在运行，因此没有规定传感器接口的状态	停止

A.5.5.6　应用程序传送

应用程序传送允许客户上传可编程存储器的全部或部分内容。所提供的服务包括：用于存档的上传，用于检验的上传，或者用于复原已知良好系统的下载，以及下载离线开发的系统。程序传送的开始典型地是通过一个非 PLC 的设备来完成的。

能被上传或下载的可编程存储器的内容包括，PLC（配置）的整个应用程序，一个处理单元（资源）的应用程序或其中的某一部分，如程序、全局变量或存取路径。

A.5.5.7　连接管理

连接是由应用程序采用 CONNECT 功能块来显性地控制的，或在需要时由通信子系统来提供。CONNECT 用于建立调用通信伙伴与远程通信伙伴之间的连接。

A.5.6　通信功能块

A.5.6.1　通信功能及功能块描述

GB/T 15969.5 中定义的 PLC 通信功能及其功能块描述列于表 A.29 中。

表 A.29　通信功能块的列表

项号	通信功能	通信功能块的名称
1	通信功能块参数的语义（远程变量寻址）	REMOTE_VAR
2 3	设备检验	STATUS USTATUS
4	轮询数据采集	READ
5 6 7 8	编程数据采集	USEND URCV， BSEND， BRCV
9	参数控制	WRITE
10 11	互锁控制	SEND RCV
12 13	编程报警报告	NOTIFY， ALARM
14	连接管理	CONNECT

表 A.29 中给出的编号(项号)用于对这些通信功能块(CFB)的状态符合。

通信功能块对功能块输入和输出采用共同的语义。这些功能块的输入和输出的含义描述如表 A.30。某些通信功能块(CFB)有特殊的输入或输出参数,它们在描述通信功能块本身的地方进行描述。

表 A.30 通信功能块(CFB)参数的语义

参数名称	参数的数据类型	注　释
EN_R	BOOL	启用接收数据
REQ/RESP	BOOL	在上升沿执行功能
ID	COMM_CHANNEL	通信通道的标识
R_ID	STRING	通道内的远程功能块的标识
SD_i	ANY	要发送的用户数据
VAR_i	STRING 或 功能输出的数据类型 REMOTE_VAR	远程通信伙伴的变量的标识
DONE	BOOL	已执行的请求功能(良好且有效)
NDR	BOOL	接收到新的用户数据(良好且有效)
ERROR	BOOL	接收到新的非零状态
STATUS	INT	上次检测到的状态(错误或良好)
RD_i	ANY	上次接收到的用户数据

A.5.6.2 通信功能块的应用举例

两台 PLC 要建立一个通信通道。两台 PLC 都要用此通道实现客户机和服务器功能,即两台 PLC 都需要为它们通信功能块的 ID 参数获得适当的值。在建立通信通道后,两台 PLC 都能用 USEND 和 URCV 功能块传送数据。

通信功能块程序的结构与符合 GB/T 15969.3 规范的 FBD 程序结构相同。图 A.21 示出了使用定时器监视通信的 CFB 程序。

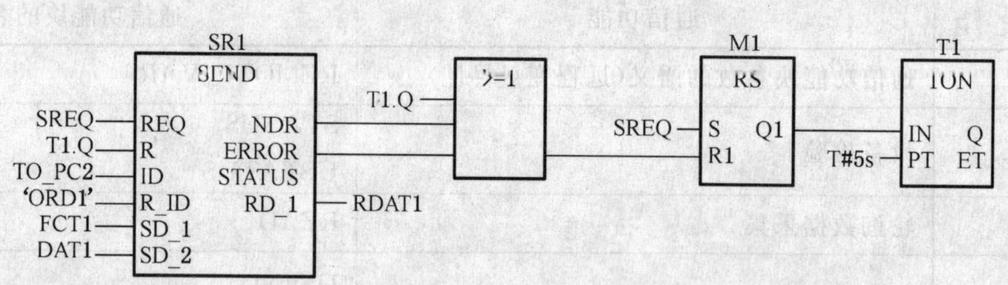

在上面的程序中:

T1.Q	定时器
TO_PLC2	给 PLC2 分配通信通道
ORD1	远程伙伴的标识
FCT1	功能 1
DAT1	FCT1 的第 1 个参数
RDAT1	指向数据地址的变量
T＃5s	时间 5 s

图 A.21 以 FBD 语言编写的通信控制的举例

A.5.7 一致性

要求制造商在与PLC系统配套的文件中提供一致性声明。一致性声明的格式是：

“本系统符合下列特性部分的要求”，接着是一组以下格式的一致性表。

表题

表编号	特性编号	特性描述

“PLC状态”的特性参见GB/T 15969.5—2002中的表1～表9。

遵从GB/T 15969.5中要求的PLC系统应遵照GB/T 15969.5中描述的方法。

A.6 （空白）

本条款为空白。

在出版GB/T 15969.4的本版本时，没有GB/T 15969.6。

GB/T 15969.6的编号保留为将来使用。

A.7 GB/T 15969.7的概述

A.7.1 GB/T 15969.7的综述

GB/T 15969.7的范围涉及可编程序控制器的应用程序中的模糊控制编程。在GB/T 15969.7中的模糊控制是指，把模糊逻辑理论应用于工业控制。模糊控制的宽广应用范围使其成为可编程序控制器用户的基本工具。GB/T 15969.7的目的是，定义模糊控制术语、编程元素和方法，以及它在GB/T 15969 PLC标准中所定义的PLC编程语言中的集成。模糊控制的标准化有助于在采用PLC的不同工业自动化策略间实现模糊控制程序的移植。

在GB/T 15969.7中定义了由可编程序控制器使用的模糊控制应用的编程语言，即模糊控制语言(FCL)。为了覆盖从小而简单的应用至高精尖而复杂的应用的所有用法，现定义了三个符合性等级。这就要求制造商提供与其产品相关的信息，用户需仔细地为其应用选择合适的模糊控制。

GB/T 15969.7包含6章。第1章介绍模糊控制编程的范围和目的；第2章列出了引用标准；第3章给出了对理解GB/T 15969.7不可或缺的22个技术术语的定义；第4章描述了如何把以模糊控制语言(FCL)编程的模糊控制应用程序集成在可编程序控制器中；第5章定义了模糊控制语言(FCL)；第6章给出了三个符合性等级。

GB/T 15969.7还附有5个资料性附录。在附录A中给出了对理解GB/T 15969.7必要的模糊控制和模糊逻辑的简要介绍，重点放在有关FCL语言元素的定义方面。附录B和附录C列举了一些来自实际应用的模糊控制示例。附录D通过一个示例介绍了规则块中变量的使用方法。附录E列出了GB/T 15969.7中使用的符号、缩略语和同义词。

A.7.2 模糊控制在可编程序控制器中的集成

以FCL编程的模糊控制应用程序应封装于GB/T 15969.3所定义的功能块(或程序)内。GB/T 15969.3给出的功能块类型和功能块实例均适用于GB/T 15969.7。因此，为了应用FCL，重要的是PLC应符合GB/T 15969.3 PLC语言标准。

以模糊控制语言(FCL)定义的功能块类型规定了输入/输出参数、模糊控制具体规则和说明。相应的功能块实例应包含该模糊控制应用的具体数据。

图A.22是以功能块图(FBD)表示的示例。输入和输出参数的数据类型应与相应的“调用环境”的参数的数据类型相匹配。

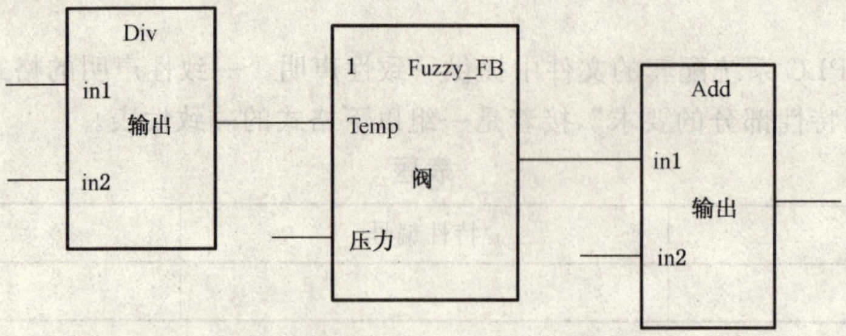

图 A.22 用功能块图 FBD 表示的模糊控制功能块示例

A.7.3 模糊控制语言(FCL)

模糊控制语言(FCL)的基本元素包括功能块接口、模糊化、清晰化和规则块。

A.7.3.1 功能块接口

功能块按 GB/T 15969.3 组态。用这些语言元素就可以定义一个功能块接口。功能块接口由输入和输出功能块的参数来定义。

A.7.3.2 模糊化

为了转换以 FCL 处理的输入信号,可以把输入变量的语言值赋给若干个相应的隶属函数,如以下所示:

```
FUZZIFY variable_name
        TERM term_name:=membership_function;
        ....
        END_FUZZIFY
```

在关键字 FUZZIFY 之后,命名进行模糊化的变量。该变量名是在 VAR_INPUT 段定义的。该变量在 FCL 中被称为"语言变量"。一个语言变量由一个或多个"语言项"来说明。语言项由关键字 TERM 来调用。TERM 被赋给一个隶属函数,隶属函数一般是分段线性函数。隶属函数由一张含有多个点的表来定义:

```
membership_function ::=(point  i),(point j),...
```

每个点是一个数对:该变量的值,隶属度的值。隶属度说明一个语言变量真实性的百分数。隶属度值的范围是 0.0 ～1.0。

```
point  i::=value of input  i          | membership degree of input  i
```

隶属函数可以是斜坡曲线或三角形。隶属函数的示例如图 A.23 所示。语言项"warm"和"cold"都被表示为隶属函数的斜坡曲线。

```
Definition of ramps:
FUZZIFY temp;
    TERM cold:=        (3,1)(27,0);
    TERM warm:=        (3,0)(27,1);
END_FUZZIFY
```

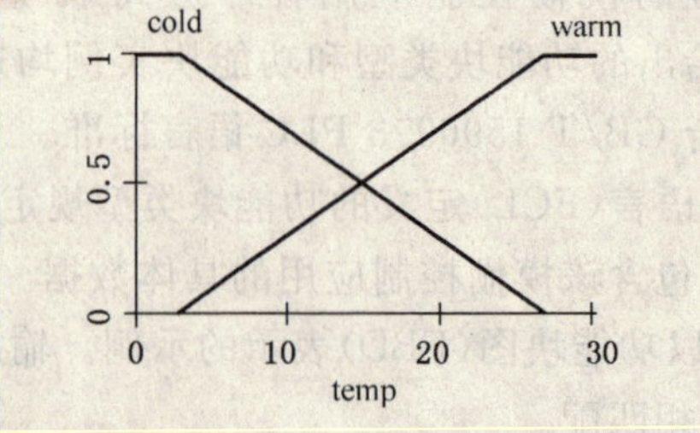

注:未对隶属函数的点的数据类型予以定义,制造商必须提供适应于任何变换需要的编译器。

图 A.23 斜坡曲线隶属函数的示例

A.7.3.3 清晰化

一个输出变量的语言变量可以是一个正值或负值，它必须变换成一个正实数值。这种变换在关键字 DEFUZZIFY 和 END_DEFUZZIFY 之间描述，如图 A.24 所示。

```
DEFUZZIFY variable_name

    RANGE(min..max);
    TERM term_name:=membership_function;
    defuzzification_method;
    default_value;

END_DEFUZZIFY
```

图 A.24 清晰化程序块

单点集是基本清晰化函数之一。单点集是一种特殊的隶属函数，它的每一个语言项仅用一个单值来描述。图 A.25 给出了单点集语言项的示例。

```
DEFUZZIFY valve
RANGE (-100,100);
    TERM drainage: =-100;
    TERM closed:   =0;
    TERM inlet:    =100;
END_DEFUZZIFY
```

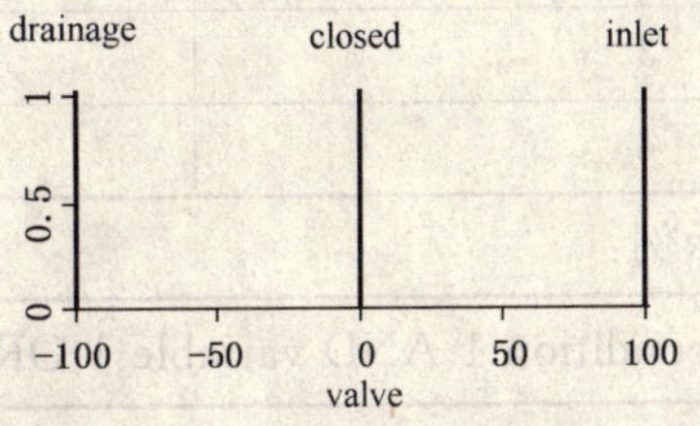

图 A.25 单点集语言项的示例

清晰化方法由语言元素 method 来定义。

```
METHOD:defuzzification method;
```

本部分中定义的清晰化方法列于表 A.31。

表 A.31 清晰化方法

关 键 字	解 释
COG	重心(注 1)
COGS	单点集重心
COA	面积中心(注 2 和注 3)
LM	左取大(注 4)
RM	右取大(注 4)

注 1:重心法等同于面积中心。

注 2:面积中心法等同于面积平分线的坐标值。

注 3:单点集不能使用 COA。

注 4:LM 和 RM 清晰化方法对 0 点是非对称的。

对于其隶属度值为 0 的输出，可以为其指定一个缺省值。只是在没有规则可被激发时，输出变量的值才取缺省值。

```
DEFAULT:=value|NC;
```

关键字 NC 表示“不变”，它指出在没有规则可被激发时，输出需保持不变。

A.7.3.4 规则块

模糊推理算法应在一个或多个规则块中予以定义。每个规则块有一个唯一的名称。对规则应在关键字 RULEBLOCK 和 END_RULEBLOCK 之间予以定义。

```
RULEBLOCK ruleblock_name
    operator_definition;
    [activation_method;]
    accumulation_method;
    rules;
END_RULEBLOCK
```

操作符的优先级应按表 A.32 所示的布尔代数的运算规律。

表 A.32 规则块操作符的优先级

优先级	操作符
1	( )括号
2	NOT
3	AND
4	OR

规则的简化示例：

```
RULE 1:IF subcondition 1 AND variable 1 OR variable 2 THEN conclusion;
```

一个规则中的 OR 操作符可以由该情况下定义的两条规则来实现：

```
RULE 3:IF subcondition 1 OR subcondition 2 THEN conclusion;
```

替换为：

```
RULE 3a:IF condition 1 THEN conclusion;
RULE 3b:IF condition 2 THEN conclusion;
```

结论可以分成几个子结论和输出变量，如下例所示：

```
IF temp IS cold AND pressure IS low
THEN var1,valve1 IS inlet,valve2 IS closed;
```

替换为：

```
IF temp IS cold AND pressure IS low
THEN var1,
    valve1 IS inlet,
    valve2 IS closed;
```

为了从外部操纵模糊控制的应用参数，可使用加权因子。这样，便可以在运行时通过调整加权因子使模糊控制程序适应过程控制的要求。在下面的示例中，加权因子(weighting_factor)是常数 0.5。

```
IF temp IS cold AND pressure IS low
THEN valve1 IS inlet WITH 0.5,
valve2 IS closed;
```

A.7.4 模糊控制程序的交换

FCL 的定义是基于 GB/T 15969.3 中规定的 PLC 编程语言。只要制造商有编辑器和编译器支持，可编程序控制器的用户就能够通过采用 FCL 来构建他们的模糊控制功能块或程序。GB/T 15969.7 还定义了用于不同制造商的模糊控制组态工具之间进行数据交换的公共表示法。最终用户能够在不同制造商的 PLC 之间交换模糊控制项目，这些 PLC 制造商应在他们的特定编辑器上实现公共的数据接口。

A.7.5 符合性

A.7.5.1 模糊控制语言的符合性等级

在 GB/T 15969.7 中定义了 3 种符合性等级。每个符合性等级支持模糊推理算法的不同级别。这些等级是：

——基本级　规定了一整套模糊控制应用必须实现的强制特性中的最低性能。

——扩展级　允许用户在他们的应用中有选择地实现某些可选特性，作为附加的性能。

——开放级　包括除基本级和扩展级之外由各个制造商提供的其他特性。

制造商必需清楚地描述其产品的符合性等级。基本级的 FCL 语言元素列于表 A.33。扩展级的 FCL 语言元素列于表 A.34。

所有符合性等级包括符合 GB/T 15969.3 要求的模糊控制功能块的输入和输出参数所要求的功能块和数据类型的定义。对于任何宣称符合 GB/T 15969.7 的产品，基本级是必备的。符合性的扩展级是可选的，GB/T 15969.7 中已定义的除外。

表 A.33　FCL 基本级语言元素(必备)

语言元素	关键字	详细说明
功能块说明	VAR_INPUT，VAR_OUTPUT	包括输入、输出变量
隶属函数	输入变量：TERM	最多三个常数点(隶属度取值 0 或 1)
	输出变量：TERM	仅用常数单点集
条件聚集	操作符：AND	算法：MIN
激活	—	无关，因仅用单点集
综合(结果聚集)	操作符：ACCU	算法：MAX
清晰化	METHOD	算法：COGS
缺省值	DEFAULT	NC，具体值
规则块	RULEBLOCK	仅有一个规则块
条件	IF ... IS ...	n 个子条件
结论	THEN	仅有一个子结论

表 A.34　FCL 扩展级语言元素(可选)

语言元素	关键字	详细说明
功能块说明	VAR	包含局部变量
隶属函数	输入变量：TERM	最多四个常数点或变量点(隶属度取值 0 或 1)
	输出变量：TERM	最多四个常数点或变量点(隶属度取值 0 或 1)
条件聚集	操作符：AND	算法：PROD，BDIF
	操作符：OR	算法：ASUM，BSUM
	操作符：NOT	1-{变元}
	括号	( )

表 A.34（续）

语言元素	关键字	详细说明
激活	操作符:ACT	算法:MIN，PROD
综合	操作符:ACCU	算法:BSUM,NSUM
清晰化范围	操作符:RANGE	RANGE（最小值……最大值），对输出变量限定隶属函数的范围
清晰化方法	操作符:METHOD	算法:COG,COA,LM,RM
规则块	操作符:RULEBLOCK	n 个规则块
条件	IF	n 个子条件,n 个输入变量
结论	THEN	n 个子结论,n 个输出变量
加权因子	WITH	常数值和给 VAR_INPUT……END_VAR 说明部分中定义的变量赋值

A.7.5.2 数据检查清单

为了方便模糊控制应用在不同的制造商系统之间移植,理解一个具体模糊控制应用所实现的性能特性对于可编程序控制器的所有用户来说是极其重要的。为此,数据检查清单应随 PLC 产品的技术文档一同提交。

表 A.35 模糊逻辑控制数据检查清单

技术数据	制造商声明(示例)
功能块输入/输出的数据类型	REAL，INT
FCL 程序中的注释行	YES，NO
执行时间（ms）	20，30
存储器要求（kb）	3，4
将加权因子和从 0.0～1.0 隶属度的变化值映射到整数值范围	0～200,0～400
标识符长度(例如,变量名,规则块名,语言项名)	6，8
需模糊化的输入变量的最大数	6，8
每个输入变量的隶属函数语言项的最大数	5，7
所有输入变量的隶属函数语言项总的最大数	30，56
与每个输入变量语言项有关的隶属函数的最大点数	3，4，10
与所有输入变量语言项有关的隶属函数总的最大点数	90，224
需清晰化的输出变量的最大数	6，8
每个输出变量的隶属函数语言项的最大数	5，7
所有输出变量的隶属函数语言项总的最大数	30，56
与每个输出变量语言项有关的隶属函数的最大点数	1，4，10
与所有输出变量语言项有关的隶属函数总的最大点数	90，224
规则块的最大数	1，10

A.8 （空白）

本条款为空白。

GB/T 15969.8 本身就是一份指导性技术报告。

在本技术报告中未对它进行修订。

附 录 B
（资料性附录）
与 GB/T 15969 的符合性及产品认证

B.1 概论

本附录给出了关于符合标准或满足法律条款的背景资料。特别需重视在欧共体的情况及GB/T 15969.2所涉及的硬件方面。在本附录中尽可能接近地采用源自 ISO/IEC 导则 2 的术语、欧洲低压电器指导规程和 EMC 指导规程。

B.2 对标准的符合性

特别参考了欧洲的实际使用情况，在大多数国家，如果供应方与购买方签署一份合同，则采用与该合同相关的标准是自愿的。例如，在欧盟，如果购买方不是公共采购指南所指定的上市公司之一，则采用标准应是自愿的。

包含了某个引用标准的供应商—用户合同通过供应商的陈述“我们的 PLC（型号）xyz 符合 GB/T 15969.X”（在涉及 IEC 标准的情况下）而生效。在这样的陈述中，供应商必须满足 GB/T 15969.X的全部要求，没有任何例外。如果供应商做不到，那么他就没有达到合同要求。如果情况果真如此，而且在产品样本的内容中包含前面所说的陈述，则公众可能会被误导，因此应避免这种情况发生，因为它们具有负面的法律分歧。

ISO/IEC 指导规程的第 2 部分（可从 IEC 网站 http://www.iec.ch 下载）给出了清楚的指导，它说明标准中哪些部分是必备的，哪些部分是推荐性的，哪些部分仅仅是说明性的。必备的部分是那些（例如）以“应”（shall）或“必须”（has to）表述的内容。现在每个 IEC 标准的前言都明确地引用了这些指导规程，以进一步阐明这些必备的语言形式的含义。

GB/T 15969 的各个部分还包括关于如何说明对这些标准符合性的要求。现以 GB/T 15969.2 为例，在无资质证书的情况下指明符合性时，则必须验证对所有条款的符合性，包括 GB/T 15969.2 中要求的所有试验和验证。当指明符合 GB/T 15969.2 中的某些条款时，则只需要针对所声明的符合性来验证对相应条款的符合性。对于 GB/T 15969.3、GB/T 15969.5 和 GB/T 15969.7 中要求的部分符合性，供应商需列出所符合特性的清单。这里应注意的是，应规定对于 GB/T 15969.3、GB/T 15969.5 和 GB/T 15969.7 最低符合性的基本特性集。

GB/T 15969.1 定义了术语和模型，GB/T 15969.4 提供了解释性的背景资料。因此，对这两个出版物的符合性声明是无意义的。

B.3 符合性声明和认证

按照 ISO/IEC 指导规程第 2 部分中的条款 12.1，符合性是指产品、过程或特定要求的服务的满足程度。在 PLC 产品的情况下，可以声明对某个国际标准（如 GB/T 15969 系列）、某个国家标准或某个协会（集团）标准的符合性。PLCopen 的规范就是协会（集团）标准的示例，PLCopen 协会致力于 GB/T 15969.3 的应用。

根据作出符合性声明的个人或机构，现有三种符合性声明的类型：

——供应商的声明。供应商自己声明其产品符合某个标准，由此对该声明负全部责任。例如，供应商发行的产品样本中说明“符合 GB/T 15969.X”。在多数情况下，供应商就是制造商，供应商的声明也就是制造厂商的声明。

——购买方的声明。例如，某些行业用户一直使用符合其技术规范的设备类别，而且在其工厂内安装了这类设备。在这类设备类别中的一个设备可被视为购买方的声明符合其要求。

——第 3 方声明。如果既不是供应商也不是购买方验证对某个标准的符合性,而是第 3 方进行验证,则这种情况就称为“认证”。ISO/IEC 指导规程第 2 部分把认证定义为“规程,通过该过程第 3 方出具书面证书,确保产品、过程或服务符合所规定的要求”。这方面的例子如 PLCopen 的认证系统。PLCopen 定义了 PLC 语言标准 GB/T 15969.3 的一个子集。独立测试实验室可获得批准来测试 PLC 编程系统的符合性。只有在 PLCopen 认可测试实验室具备完成测试任务资质的情况下,才能获得 PLCopen 的批准。如果测试实验室给予已通过测试的报告,PLCopen 就颁发符合性认证证书。这样的过程就称为认证。

通常使用术语“制造商自行认证”,但可能造成混淆:它指由生产商自己发布的符合性声明,而不是指对某个标准的符合性认证。(标准)符合性认证(例如,由某个标准化组织批准的测试实验室发布的认证)总是按照 ISO/IEC 指导规程第 2 部分由第 3 方颁布。关于这方面,“第 3 方认证” 作为一个术语似乎是多余的,因为几乎所有的认证都是由第 3 方完成的。

B.4 在欧共体内标准与法律的相互关系

B.4.1 IEC 标准和“欧洲标准”

可通过立法确立标准与法律之间的关系。如果认为标准满足立法需要,则立法者可引用标准的方式有以下几种:

——直接引用法律条文中的某个特定标准;

——总体引用,即声明来自某个确定领域的标准化组织的所有标准都满足某个法律条文的内容。

欧洲的情况是,在形成欧洲共同市场时,关于如何采纳标准以服务于共同市场,以及如何达到保护消费者和防止在车间使用不安全的装置以保护雇员人身安全的目标,曾提出了许多设想。

欧洲标准化组织,即 CENELEC(网址 http://www.cenelec.org),曾担负着起草电气领域必要标准的任务。CENELEC 通常曾采纳而且现在仍然采纳 IEC 国际标准作为欧洲标准。欧洲标准化组织(他们是 CENELEC 的成员国)有义务使这些欧洲标准(EN)成为他们的国家标准,例如,IEC1131-2:1992 已在 1992 年成为国际标准,并且由 CENELEC 于 1993 年采纳作为欧洲标准 EN 61131-2:1993。然后又由法国采纳作为法国国家标准 NF EN 61131-2,由德国采纳作为德国国家标准 DIN EN 61131-2,由英国采纳作为英国国家标准 BS EN 61131-2。

B.4.2 欧洲立法机构和“指导规程”

欧洲立法机构进行技术协调的结果一般被称为“指导规程”,它必须由欧联盟成员国的国家立法机构采纳作为国家法律。

由于上述直接引用法律标准的方法非常不灵活,因此在 1973 年欧洲立法机构决定使用总体引用并为装置的电气安全制定低电压指南(LVD)。LVD 认可的编号为 73/23/EEC:73 是获得批准的年份,“EEC”是因为它基于 1957 年在罗马建立的欧洲经济共同体(EEC)的协定。因此,由 CENELEC 制定的每个欧洲标准(EN),其范围符合 LVD 的范围,并且至少在一个 CENELEC 成员国内贯彻它,它符合 LVD 的主要要求中的相关部分。

后来,在欧洲选择了介于直接引用和总体引用之间的一种折中方案作为最终解决方案。在 1985 年,欧共体的协会采纳了此决定,采用“新指南”(网址:http://www.newapproach.org)作为现在一直延用的技术协调和规定。新指南仅包括通用的基本要求,其具体内容在标准即欧洲标准(EN)中予以阐述。用于此目的的每个欧洲标准(EN)必须登载在欧共体的官方刊物(OJ)上,该刊物由欧洲委员会(EC)以欧洲执行机构的身份发布,其标题应是“在协会指南 XY ... 框架下的工作交流(commission communication)”,接着是欧洲标准的清单。如果设备的制造商采用这样一种欧洲标准(EN),只要它们是在该制造商所采用的那个欧洲标准覆盖的范围内,欧洲委员会(EC)中的官方机构就认为该设备符合指南 XY 的基本要求。

其中的一个指南是电磁兼容性(EMC)指南(89/336/EEC),它包括装置的电磁兼容性。该指南也被称为EMCD。其正式名称是:“1989年5月3日协会指南,与电磁兼容性相关的成员国法律的概况”。自1989年以来,它已由几个其他指南予以修订补充。

为便于设备的制造商选择和采用,OJ也时常介绍一些CENELEC和委员会认为与低电压指南(LVD)有关的欧洲标准(EN)。

EN 61131-2:1993(直接批准的IEC1131-2:1992)被列于LVD和EMCD的标题下。这说明,按EN 61131-2:1993(及其修订版)制造的设备,无论在过去还是现在,都被认为符合LVD和EMCD的基本要求。后者(EMCD)仅适用于抗干扰,因为EN 61131-2(1993版本)不包括电磁辐射。对于基本要求中的这个方面,可以并且能够采纳列出的其他欧洲标准(EN)。当然,使用一个标准并不解除制造商对其产品所负有的最终义务,也不能放松制造商防止其产品的任何危害的责任,尽管产品的这些危害在标准中尚未充分涉及。制造商应对这些危害进行风险分析。

后来,在欧洲对EN 61131-2:1993的两次修订正式生效,并登载在官方刊物(OJ)上。EN 61131-2/A11包括定期修改,EN 61131-2还把EMC要求和测试调整成为最近的SMD (Surface Mounted Devices —表面安装设备)技术。现在LVD和EMCD正处于由欧洲立法机构修订和重新制定的过程中。

关于采用这两个指南的有益建议,参见欧洲委员会的导则(见B.8)。此外,欧洲的制造商或供货商可期望成员国的市场监督机构将依据这些导则从事工作。

B.5 在欧联盟PLC的CE标记

B.5.1 “符合性的EC声明”和“CE标记”的使用

当制造商(或其在欧洲的代表机构,或向市场投放设备的人员)自己认为其产品已符合所涉及指南中的全部要求时,他起草一个符合性的EC声明,并在其产品上附CE标记。然后,他就可以在欧联盟(EU)市场销售其产品。因此,附有CE标记是如前面所述的一种供货商声明。在欧共体,附上CE标记并不是自愿的,而是法律所要求的,只有这样的产品才能在欧洲市场上销售。在这个过程中,制造商声明符合某个指南或某些指南,而不是符合某个具体的欧洲标准或其他标准。即使不使用任何标准,他也能声明达到对某个指南的符合性。

符合性声明中必需包含的内容在相关的EU指南中予以说明。一般说来,符合性声明有两种方式(在指南的文本中,称其为“符合性的评定规程”):

——协调的标准已被采纳(即用于PLC的IEC61131-2)。制造商声明其产品符合所涉及指南中的必要要求,并明确地引用所采纳的协调标准。在所有指南中所使用的术语“协调的标准”意味着,在LVD的情况下,它包括每个欧洲标准及其范围;在EMCD和其他新指南的情况下,它只包括已登载在OJ上的那些欧洲标准。因此,制造商可在CENELEC主页(http://www.cenelec.org)上搜索每个欧洲标准,查看该欧洲标准是否已列于某个指南中。

——协调的标准被部分采纳或不采纳。若制造商选择此选项,那么该制造商自己必须通过创建一个技术结构文件来说明其产品符合的必要要求并没有由欧洲标准(EU)提供支持。在这个说明中,他采用尚未协调纳入欧洲标准的标准或技术规范,而这些标准或规范没有给出符合性设想的理由。尽管对于LVD而言在第2种情况的声明中涉及的某个独立部分是可选的,但在本出版物付印时,对于EMCD,它是必备的。EMCD要求“由资质机构出具的技术报告或认证证书”。在EMCD的下一个版本中,该要求很可能会被删去。

在任何情况下,重要的是包含符合性声明,如果尚未全部采用协调的标准,则应向欧洲市场监督机构提供技术结构文件。

CE标记仅作为监督机构的管理标记。它并不是向客户提供产品质量方面的信息,对此也可作这样的理解,GB/T 15969.3语言定义的符合性不能借用CE标记来表示。

B.5.2 LVD 指南范围所覆盖的 PLC 的条件

目前,LVD 的范围限于额定电压(供电或信号输入)高于 DC 75 V 或 AC 50 V 的装置。对于未来版本的 LVD,这方面的电压要求很可能会降低。如果情况如所预料的,则 DC 24 V 的装置也被包含在 LVD 范围内,且必须满足其基本要求。

欲了解 LVD 范围限制方面的更多信息,读者可参阅前面所述的导则(指南 73/23/EWG 的应用导则 低电压指南)或该指南本身的文本(http://www.newapproach.org)。

B.5.3 EMC 指南范围所覆盖的 PLC 的条件

EMC 指南(EMCD)适合于"工业制造装置"。因此,作为电磁干扰的潜在接受者和源的 PLC 属于 EMCD 的范围。

前面所述的欧洲委员会的导则(欧洲委员会 DG Ⅲ 工业 指南 73/23/EWG 的应用导则 低压电器指南)给出了采用此指南的若干方式。一种是按该导则的 6.2.3.2,把 PLC 作为"完成直接功能的部件,不打算投放市场用于分销和最终使用"考虑,也就是说,PLC 仅被发运给熟悉 EMC 方面知识的专业用户。在这种情况下,PLC 制造商既不需要草拟 EC 符合性声明,也不需要附加 CE 标记;但必须提供专业安装人员和最终产品(例如,控制柜)达到 EMC 要求的所有相关信息。

但是,大部分制造商还可采取另一种方式。他们不拒绝将其 PLC 投放到不具备足够的 EMC 经验的用户市场。所以,这些制造商应使他们的 PLC 模块符合 EMCD 的全部必要要求,给它们附加 CE 标记,并草拟 EC 符合性声明。

从欧洲技术协调的角度,制造商的责任是使其产品符合相关的指南并选择采纳这些指南的最佳方式。因此,究竟选择上述两种方式中的哪一种,此处最好的解决办法是不给予任何建议。

B.5.4 "协调标准"的应用

在上述"新方式"下,"协调标准"的应用出于自愿。如果不采纳或仅部分采纳它们,则必须遵从 B.5.1所述指南中的相关条款。

B.5.5 一台设备上所需 CE 标记的数量

一台设备上的一个 CE 标记指示,满足所有适合该设备指南的基本要求。因此,每个设备有一个 CE 标记就足够了。

B.5.6 工业装备中 PLC 的 EMC 要求

PLC 通常是控制装备或机器行为的整个控制系统的组成部分,例如,材料处理或成品加工。工厂设备中的电气、电子和计算机部件的 EMC 受到其总装和整个结构布局的影响。不可能把整个装备都搬到测试实验室。对于其控制系统以及 GB/T 15969.1 中所定义的 PLC 系统也同样如此。尽管 EMC 指南明确指出"工业制造装备"和"电信网络及器件",但似乎难以适用于这些情况。

但是,EC DG III 导则给出了这种情况下的若干有益建议。它指"固定的安装设施",它适合于上述工业设备的情况。它指出,固定的安装设施必须满足 EMCD 的保护要求,但不对其附加 CE 标记,也不须获得资质机构颁发的认证证书。在此情况下,也不需要 EC 符合性声明。对此所作出的解释是,固定设施不能在市场上随意搬动。因此,采用 EMC 指南的符合性评定也就没有意义,因为符合性评定的目的是确保易搬运设备的自由贸易。

在修订 EMCD 时,该指南将采用本导则的这个观念,并给出固定设施 EMC 的更综合的解决方案。

B.6 过渡阶段

B.6.1 GB/T 15969 和 EN 61131 的过渡阶段

IEC 61131-1(GB/T 15969.1)、IEC 61131-2(GB/T 15969.2)和 IEC 61131-3(GB/T 15969.3)的第 1 个版本(在出版 GB/T 15969.4 时)正在由其相应的第 2 版本所替代。因此,过渡阶段的问题就变得很重要,必须考虑以下两种过渡阶段:

——标准化机构(即 CENELEC)的过渡阶段,在此期间各成员国必须采用新版 EN 61131-X(第 2

版本)作为国家标准。(IEC 没有过渡阶段,一旦发行 IEC 标准的新版本,其旧版本就被撤销。)

——制造商的过渡阶段,在此期间制造商由遵照旧标准生产转为遵照新标准生产。

B.6.2 CENELEC 的过渡阶段

当欧洲标准(EU)采纳国际标准时,IEC 前言由 EU(欧洲标准)前言所替代。在这个过程中,应给出以下日期:

——发布(dop)日期,即 CENELEC 的成员国采用欧洲标准作为其所在国国家标准的最近日期;

——撤销(dow)日期,即 CENELEC 的成员国撤销有冲突的国家标准的最近日期。

把发布(dop)与撤销(dow)之间的时间段视为标准化机构的过渡阶段,一般为 36 个月。

B.6.3 PLC 制造商的过渡阶段

如果所涉及的标准与某些法律条文没有关系,则市场就能决定这种过渡阶段的长短。IEC 61131-3(GB/T 15969.3)的大体情况就是如此。PLC 编程环境的制造商可以在第 1 版本仍然有效时按第 1 版本生产,或者按即将生效的第 2 版本生产;或者,如果客户有此愿望,他甚至还可以选择他认为更合适的任何其他标准。

如果制造商使用与某个符合欧洲(EU)指南基本要求的标准,则情况就不同了。例如,如果他使用符合 LVD 和 EMCD 的 GB/T 15969.2,那么这种符合性的过渡阶段将在 OJ 上进行详细说明。新标准一旦在 OJ 上登出,这种过渡阶段就宣告开始,而且在此阶段内新旧版本同时实施。同一通告还指示,"doc"标志过渡阶段的结束。"doc"表示(旧版本被)撤销的日期,截止到该日期,旧标准停止使用,从该日期开始只能采用新标准。

关于这个过程的基本设想将在 OJ 上登出,对于 CENELEC 和制造商,过渡阶段相同。为做到这一点,欧洲委员会力图在 CENELEC 宣布其标准生效后以一种适时的格式在 OJ 上登载这些标准,并选择与"dow"相同的"doc"(撤销日期)。

"新"、"旧"标准的例子,如用于电气安全和抗 EMC 干扰部分的 IEC 61131-2(GB/T 15969.2)第 1 版本和第 2 版本。关于辐射部分,制造商所采用的产品系列标准是旧标准 (EN 61326-1)将由用于 PLC 应用的 IEC 61131-2(GB/T 15969.2)的第 2 版本替代。IEC 61131-2(GB/T 15969.2)的第 1 版本没有涉及 EM 辐射要求,而第 2 版本包含了关于"辐射要求"的章节。

但是,在这个过程中只能提供采用 LVD 和 EMCD 的一个过渡阶段。

制造商应该知道,这样一种过渡阶段适用于即将投放欧洲市场的附有 CE 标记的每一个出厂的 PLC。在 EU 指南中并不认可在整个产品系列意义上的术语"产品",而术语"投放市场"总是指每一台单独的装置。

为了对一个标准的修订不感到意外,制造商应及早留意标准化的进程并积极参与其中。CENELEC 的政策即在可能的情况下不作任何修改地采纳 IEC 标准,在这种情况下占有相当的优势,因为它允许制造商关注 IEC 的标准化进程,并使制造商从参与欧洲第 2 版本的标准化进程的必要工作中解脱出来。

许多 PLC 供应商、制造商或工程公司在截止日期(废止日期)之前给最终用户提供相关 PLC 设备的发运。但有时在废止日期之前所发运的 PLC 设备已不再符合新修订的标准。甚至更复杂的情况是,有时某个标准的过渡阶段(以 doc 标注的截止日期)已结束,而废止日期尚未到期。如果客户需要零备件并在此时间表内打算订购,按照上述指南的要求,这些零备件已不再投放市场,由此可能会出现令人心烦的混乱局面。然而,某些欧洲权威机构已指出,如果作为零备件使用,或者如果因此而只需对生产线作略微修改,那么,这将不成为问题。但是,这方面的探讨表明,制造商对淘汰产品的管理应考虑该产品所依据的标准的可用性。

B.7 其他

B.7.1 概论

在全球范围内，每个国家都有其自己长期以来所建立的有别于欧洲模式的认证实践。例如，墨西哥有 NOM(Normas Oficiales Mexicanas)标记，用以指明某个产品的认证。在中美和南美地区的其他国家也有独立的标准化及产品认证规则。对于中东、亚洲及其他地区的国家，情况也相同。但是，大部分国家现采用或协同采用 IEC 标准。下面以北美的实际情况简要说明了 EU 模式与欧洲以外司法的一些差异。

B.7.2 美国实际情况

在美国，UL 公司(Underwriter's Laboratories Inc.)是产品电气安全的主要认证机构之一。UL 和其他组织已通过职业安全和卫生管理(OSHA's)的国家认可的测试实验室(NRTL)程序的认证，并被具备法人团体 (AHJ)资质的各种实体所接受。UL 和其他组织由 OSHA(一个美国的联邦政府机构)批准。可采用的标准包括国家电气法规(NEC)和各种获得批准的美国国家标准及其他认证文件。上述情况在美国的州与州之间也可能有差异。美国电气标准体系逐渐地靠近 IEC 及其他国际标准。在美国的 UL 和许多认证机构也充当测试实验室的角色。通过认证和测试的 OSHA's NRTL 程序而获得授权的美国其他实验室包括：加拿大标准化协会国际组织(CSA)、ITS、MET 实验室，Entela、FM Approvals 和 TUV Rheinland NA，这些都反映了标准的全球化。某个产品一旦经由这些授权实验室中的任何一个实验室认证通过，该产品就能够附上该机构的认证标记。为了在 OSHA's 法定认可下在车间使用或在美国的许多零售店出售这些产品，大部分电气产品都需要有 NRTL 认证标记。

在美国 EMC 要求由联邦通信委员会(FCC)并通过与客户签定的协议来进行管理。某些 EMC 要求包含在认证标准中。各个测试实验室提供测试及测试报告的服务。在产品通过认证时，必须附加一个陈述，说明该产品满足 FCC 的要求。

B.7.3 加拿大模式

加拿大的实际情况与美国类似。加拿大联合代理标准化委员会(SCC)是加拿大国家标准化体系、认证机构和测试实验室的委托授权机构的监督者。SCC 有一项政策，即采用 IEC 标准作为加拿大国家标准，但在合适的地方可略有不同。加拿大标准协会国际组织(CSA)由 SCC 委托作为电气安全标准的权威认证机构。CSA 开发并维护加拿大电气法规，成员(例如，省级发电协会)可参与其工作。已认证的产品可享有认证机构的标志。只有那些附有授权实验室认证标记的产品才能进入加拿大电气产品目录。授权的加拿大测试实验室包括 UL、TUV 和电气测试实验室(ETL/ITS)。CSA 和 UL 是非赢利性行业组织。但是，要求这些组织通过用户收取会员会费自负盈亏。

EMC 认证由 Industry Canada(加拿大的联邦政府机构)发布。具有辐射的电气产品必须进行认证，并附加一个陈述，说明该产品满足合适的加拿大行业技术规范。

B.8 引用文件

欧洲委员会 DG Ⅲ工业　指南 89/336/EEC 的应用导则　电磁兼容性

欧洲委员会 DG Ⅲ工业　指南 73/23/EWG 的应用导则　低电压指南

附 录 C
（资料性附录）
PLC 编程语言的应用及举例

C.1 前言

按照 GB/T 15969.3 标准创建的 PLC 应用程序具有可移植性、开放性、灵活性、适用性及易于使用等优点。本附录中提供了所搜集的大量 PLC 编程实践，以说明 GB/T 15969.3 在 PLC 编程方面的用途。

GB/T 15969.3 PLC 编程语言有利于项目的建立和设计。GB/T 15969.3 允许基于标签的数据库结构，它与大部分传统的基于 PLC 地址的数据库有所区别。使用 GB/T 15969.3 的语言结构，可考虑新的配置策略。

在 PLC 应用编程项目中，可以从先进的设计开始，即通过使用结构和数组以及使用库功能中用户定义的功能块(DFB)首先确定变量命名的约定和方法：

——结构和数组的使用；

——程序结构/组织；

——变量/用户导出的数据类型；

——用于数据存储及管理的数据数组。

——DFB 用法：

——设备控制；

——常用功能；

——特殊功能。

C.2 先进设计

GB/T 15969.3 提供了用于编程项目先进性设计的工具和特性。设计可以从定义变量命名的约定和方法开始。

C.2.1 变量标签命名方法

公用变量标签命名结构将使得从事程序开发和维护的人员能够从程序到程序、任务到任务。只需读取变量就能容易地理解应用程序。

下面是如何在一个项目中设计命名约定结构的示例。

HMI_UTIL_HOT_H20_TK2_LEV_PID_SP

HMI_Signal type(到/从 HMI，人机界面)

UTIL_Area of faciality/process(公用设施区)

HOT_H20_TK2-Equipment Name/function(热水罐＃2)

LEV-Process Measurement type(物位测量)

PID-Instrument Type(PID 控制器)

SP-Instrument Parameter(设定点)

C.2.2 大小写的使用

在命名变量时，大、小写规则的使用享有可视化和结构化的优点。例如：

——对应用程序的所有输入和输出(I/O)(包括物理 I/O 和 HMI)，使用大写字母；

——对所有内部程序变量，使用小写字母；

——对所有 DFB I/O，使用大写字母。

C.2.3 项目一致性前缀、后缀及缩略语

项目范围标准或企业范围标准的前缀、后缀及缩略语被定义作为全局范围使用。项目范围、装置、状态和功能的一致性前缀、后缀及缩略语的使用,将使所有从事编程的人员更易于理解应用程序。从事该项目工作的每个人将使用相同的前缀、后缀及缩略语,可公布定义表。使用前缀、后缀及缩略语的主要原因之一是,大部分变量名的长度被限制在约 32 个字符。前缀、后缀及缩略语的使用就允许在变量名和结构内包含更多的信息。下面是典型的前缀、后缀及缩略语的示例:

HMI_	人机接口 I/O 变量前缀
Seq_	顺序步名称前缀
_OPN	开放的指示器后缀
_FLT	故障指示器后缀
MTR	电机缩略语
TK	罐缩略语

C.2.4 SFC 步的命名

可以用以下几种方法命名 SFC 步和转换:顺序编号,功能步,转换名称等。使用功能名的优点是,它使 SFC 更容易采用,并虚拟地自行编制文档。步名称(如"Fill_Tank_345")和转换名称(如"Tank_345_Full")使 SFC 比基本数字元素更易于理解。

C.3 结构和组织

C.3.1 通过范围或过程流编程的程序结构

程序结构可以通过成套装备范围、过程流和/或程序功能来设计。可把公共项和功能组合在一起,例如模拟 I/O 计量、处理器诊断以及设备控制。可以将过程分成若干逻辑区,并把相关联的装置放在一个区段。功能区段可按逻辑流,装置区段按过程流。图 C.1 是程序结构的举例,它以为酿造过程设计的程序结构开始。

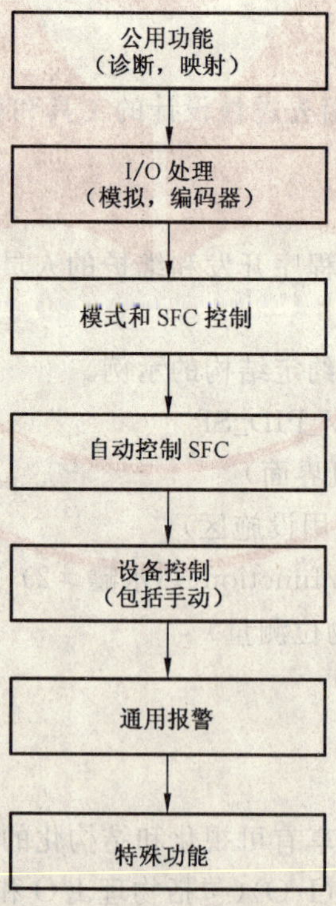

图 C.1 程序结构概况

以下的程序结构设计,使用合适的语言分配程序块,如图 C.2 所示。

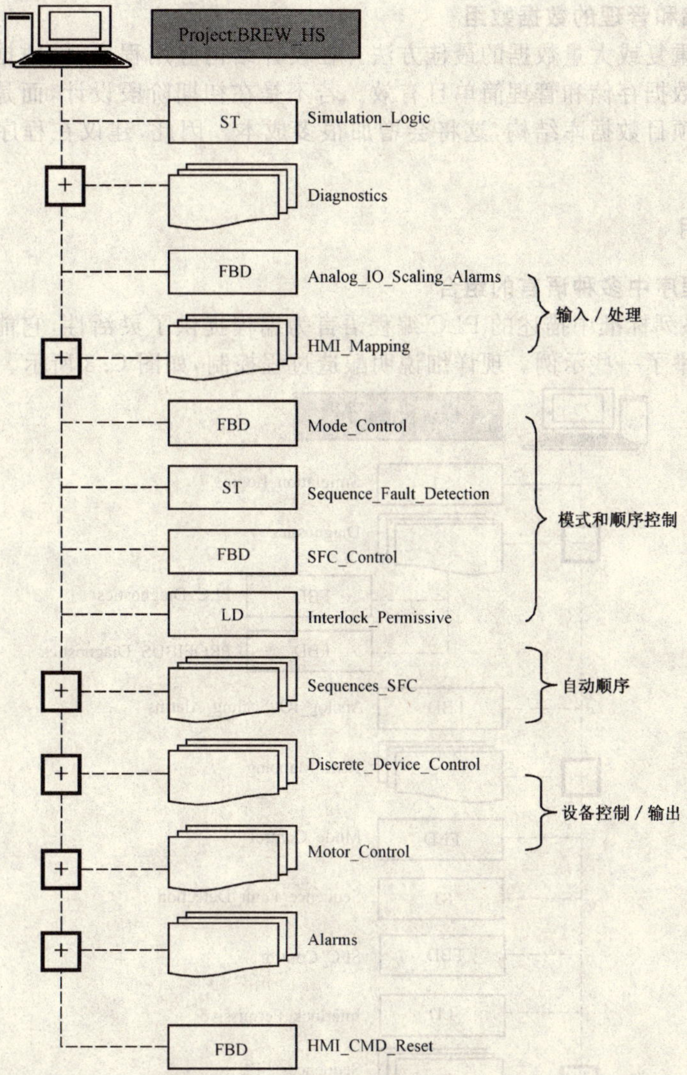

图 C.2 详细的程序结构

C.3.2 用于多设备的结构变量（数据类型）

为简化程序表达、数据管理并节省程序实现时间，可用结构变量给公共功能或设备赋值。下面用模拟输入的结构变量为例进行说明。所有类似的模拟输入可使用相同的结构。

```
AnalogPV:STRUCT
    PV:INT;          (*模拟过程变量(PV)——当前值*)
    LL:INT;          (*模拟 PV——低低报警设定点*)
    LO:INT;          (*模拟 PV——低报警设定点*)
    HI:INT;          (*模拟 PV——高报警设定点*)
    HH:INT;          (*模拟 PV——高高报警设定点*)
    AL:WORD;         (*模拟 PV——报警字*)
                     (*Bit 0   低低报警
                       Bit 1——低报警
                       Bit 2——高报警
                       Bit 3——高高报警
                       Bit 4——线断开报警*)
```

C.3.3 用于数据存储和管理的数据数组

数据数组是处理重复或大量数据的最佳方法。在设计结构应用程序时，数据存储和管理需要及早考虑。数组数据可使数据存储和管理简单且有效。若不是在初期阶段设计，而是在项目已开展部分工作的过程中重新安排项目数据库结构，这将会增加很多成本。因此，建议在程序设计阶段就考虑数据数组。

C.4 PLC语言的使用

C.4.1 在一个应用程序中多种语言的组合

GB/T 15969.3系列标准中描述的PLC编程语言为编程提供了灵活性，它能满足大部分自动化编程的要求。本条款列举了一些示例。现详细说明酿造过程控制，如图C.3所示。

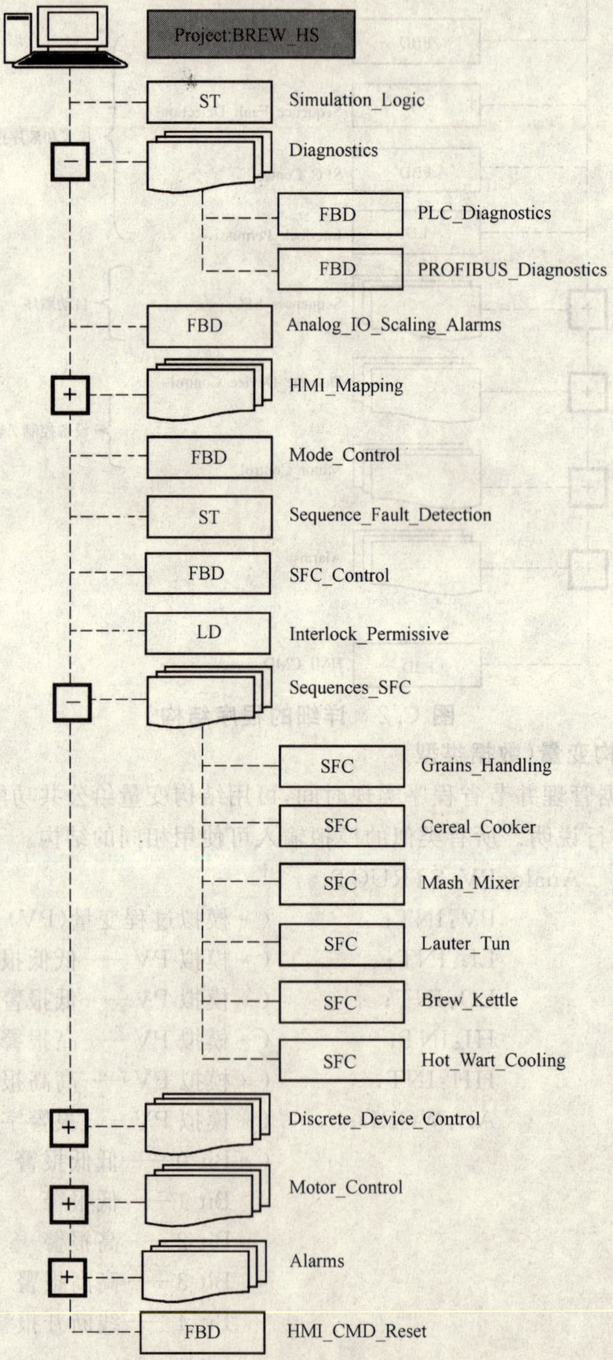

图C.3 使用多种语言为酿造过程自动化编制的结构程序

图 C.3 的结构程序，使用了 ST、LD 和 FBD 语言来构建 POU。每个 POU 均可取自一个(程序)库。对于图 C.3 所示的整个程序的布局，使用所选择的 PLC 语言可构建详细的 POU 代码。通常，LD 语言用于容许逻辑和互锁逻辑；FBD 用于通用逻辑和过程控制；ST 用于数据管理和计算；SFC 用于顺序控制和程序流控制；IL 常用于低层逻辑和高速控制。

C.4.2 指令表(IL)语言的用法

图 C.4 是用于闪光灯控制的以 IL 编写的程序示例。在该例中，程序本身提供了结构概况和操作过程。

```
RUN_TIMER:TON;                              (* Blink timer *)
      D_VAR
                                            (* Default for the marker *)
        LD        run_light1
        ST        run_light
                                            (* Creat a 1.0 Hz pulse *)
        LD        run_pulse
        STN       RUN_TIMER.IN
        CAL       RUN_TIMER(PT:=T#1S)
        LD        RUN_TIMER.ET
        St        animatetime
        LD        RUN_TIMER.Q
        St        run_pulse
        JMPLCN    end

        LD
        ST        run_light3
                              run_light
        LD        run_light2
        ST                    run_light3
        LD        run_light1
        ST                    run_light2
        LD        run_light
        ST                    run_light1
```

图 C.4 以 IL 语言编写的程序示例

C.4.3 结构文本(ST)语言的用法

图 C.5 是以 ST 语言编写的用于相同类型闪光灯控制的程序。对 1 s 定时器和脉冲计数器进行了分配。计数器增量，使闪光灯按顺序闪烁。当计数器在一个周期结束时被复位到 0 时，循环重复进行。在 ST 编写的程序中，清楚地显示了输入/输出(in/out)变量以及它们的状态。

```
TIMER :TON;
      D_VAR
      TIMER(IN:=NOT pulse,
            Pt:=t#1s);                      (* blink timer *)
            Pulse:=TIMER.Q;
                                            (* Count every pulse *)
            IF PULSE=1 THEN
            count:=count+1;
            END...IF;

                                            (* Animate lights
                                            according to counter *)
            CASE count OF
               1:out1:=TRUE;
               2:out2:=TRUE;
               3:out3:=TRUE;
               4:out4:=TRUE;
            ELSE
              out1:=FALSE;
              out2:=FALSE;
              out3:=FALSE;
              out4:=FALSE;
              count:=0;
              END_CASE;
```

图 C.5 以 ST 语言编写的程序示例

C.4.4 梯形图(LD)语言的用法

图 C.6 的 LD 程序采用了定时器功能块和计数器功能块，当一个命令或输入变为状态“1”时，启动一个两态运动或过程。在延迟 10 s 后运动开始。当输入转变为状态“0”时，在延迟 10 s 后运动换向。循环的次数由计数器记录。

现代 LD 语言的功能已经进化到超越其硬接线继电器面板的工厂级。事实上，各种形式的赋值、计算，以及数字和数据的输入/输出都可在 LD 语言实现中提供。许多生产工程师和维修人员发现，LD 语言提供了与 I/O 直接连接的自动化过程的视点。这种类型的特性有利于快速有效的现场硬件诊断和故障查询。

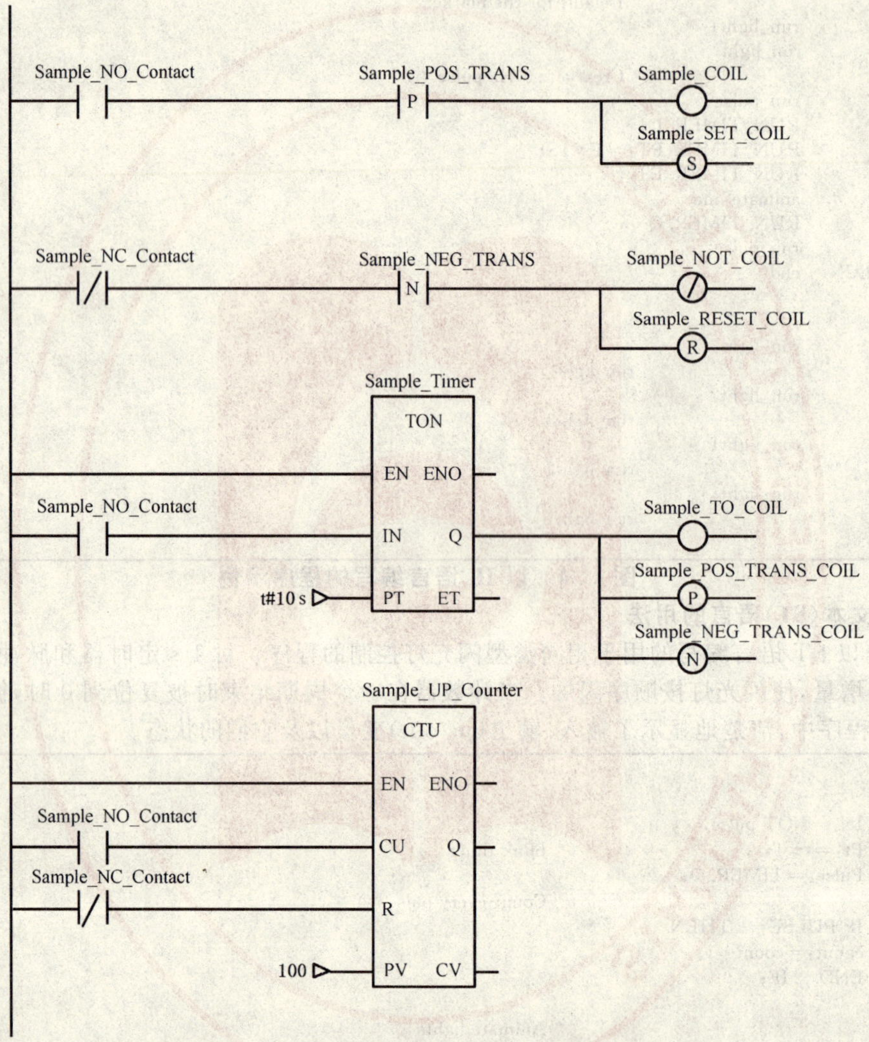

图 C.6 以 LD 语言编写的控制程序示例

C.4.5 功能块图(FDB)语言的用法

在 FBD 语言中，每个功能块是一个能够在程序库中被维护和在相同程序和其他程序中被复用的程序块。功能块的重复使用使工作人员熟悉并精通编程和诊断技能。

图 C.7 的 FBD 控制程序或者以自动模式(所有“容许逻辑”为“真”)或者以手动模式(手动命令且所有“容许逻辑”为“真”)来控制一个电磁阀。

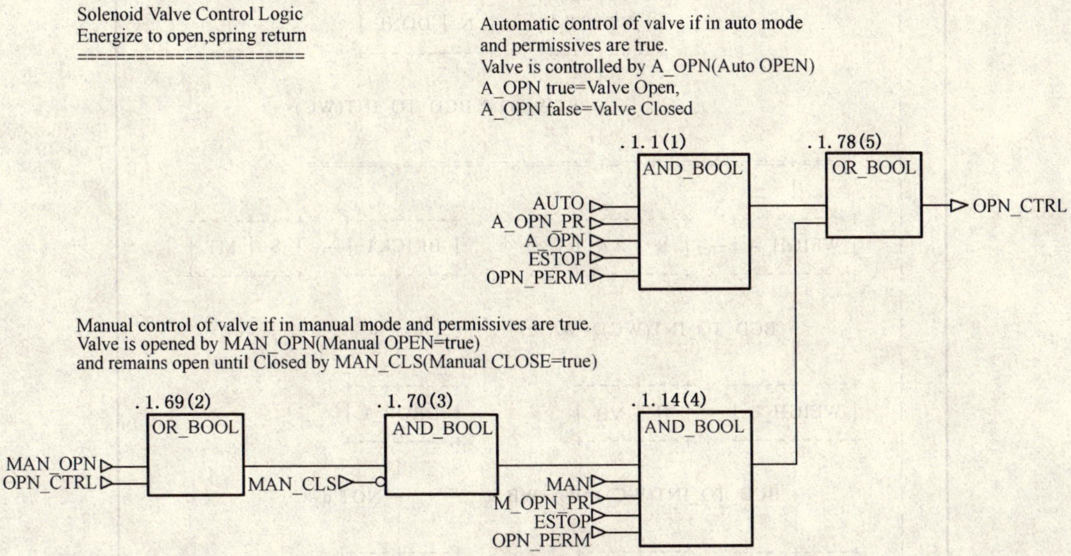

图 C.7　以 FDB 语言编写的控制程序示例

C.4.6　用顺序功能图(SFC)编程

顺序功能图(SFC)是像程序一样的流程图,它可使用 4 种编程语言作为 POU。它作为组织应用程序的一种方式也是非常有用的,因为它体现了控制事件流程的整个情况。

图 C.8 是以 SFC 编写的程序,它把一个生产过程的三个组成部分组合在一起。A 部分和 B 部分每次称出预先预定的重量值,并送入搅拌器。第 3 部分是一种被称为"砖"的固态混合物。每次向同一搅拌器投放两块砖。搅拌器开始搅拌,搅拌时间达到预先确定的时间值时,就把它推至输送机。如此循环重复。

在图 C.8 中,功能块 MIX_2_BRIX 的主体使用图形 SFC 元素,转换条件则以 ST 语言编写。在 4 种编程语言的任一种中,步可以是 POU。

C.5　用户定义的功能块 (DFB)

符合 GB/T 15969.3 的 PLC 应启用客户化控制程序模块(称为导出功能块,DFB)的结构。DFB 主要是由用户为重复使用而设计的程序库。这种用法可包括设备控制,例如,电机、变频电机驱动和液压阀。DFB 可设计用于解码器以及特殊或经常使用的其他功能。对于为可选输入而设置初始值,它也很方便。DFB 可使用所定义的 4 种 PLC 语言中的任一种或它们的组合进行编程。图 C.9 是使用模式控制的 DFB 示例。DFB 是执行一个控制运动的若干 POU 的组合。本例完成了与图 C.7 中 FDB 程序相同的电磁阀控制,但此处只用了一个框图。

```
+-----------+>------------+
|                         |
|                  +====+====+     +---+------+
|                  || START ||---|  N | DONE |
|                  +====+====+     +---+------+
|                         |
|                         + ST & SO & BCD_TO_INT(WC)<=z
|                         |
|  ===+==================+=================+=======
|     |                                     |
|  +----+----+  +---+----+             +----+----+  +---+----+
|  | WEIGH_A |---| N | VA |             | BRICK1 |---| S | MT |
|  +----+----+  +---+----+             +----+----+  +---+----+
|       |                                    |
|       + BCD_TO_INT(WC)>=WA+z               + d
|       |                                    |
|  +----+----+  +---+----+             +----+----+
|  | WEIGH_B |---| N | VB |             | DROP_1 |
|  +----+----+  +---+----+             +----+----+
|       |                                    |
|       + BCD_TO_INT(WC)>=WA+WB+z            + NOT d
|       |                                    |
|  +----+----+  +---+----+             +----+----+
|  |  FILL   |---| N | VC |             | BRICK2 |
|  +----+----+  +---+----+             +----+----+
|       |                                    |
|       |                                    + d
|       |                              +----+----+  +---+----+
|       |                              | DROP_2 |---| R | MT |
|       |                              +----+----+  +---+----+
|       |                                    |
|  ===+==============+===================+=====
|                         |
|                         + BCD_TO_INT(WC)<=z & NOT d
|                         |
|                  +--+--+   +---+----+
|                  | MIX |---| S | MR |
|                  +--+--+   +---+----+
|                         |
|                         + MIX. T>=t1
|                         |
|                  +--+--+   +---+-----+----+
|                  | TIP |---| N | MP1 | S1 |
|                  +--+--+   +---+-----+----+
|                         |
|                         + S1
|                         |
|                  +--+--+--+  +---+----+----+
|                  | RAISE |---| R | MR |    |
|                  +--+--+--+  +---+----+----+
|                         +S0  | N | MP0 | S0 |
|                         |    +---+-----+----+
+-----------<-------------+
```

图 C.8　以 SFC 语言编写的控制程序

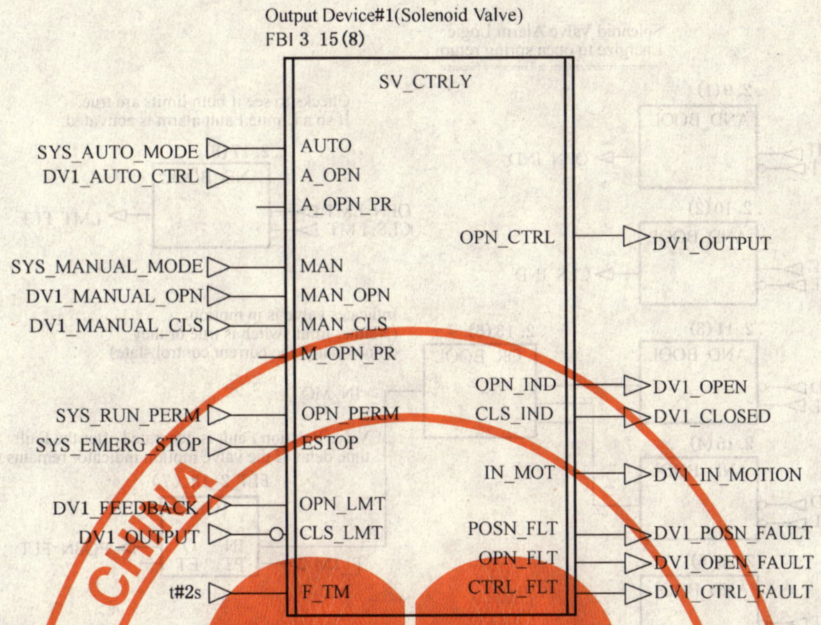

图 C.9　用于阀控制的 DFB

在图 C.9 的 DFB 控制中，输出 DV1 可执行一个阀控制库 DFB，如图 C.10 所示。

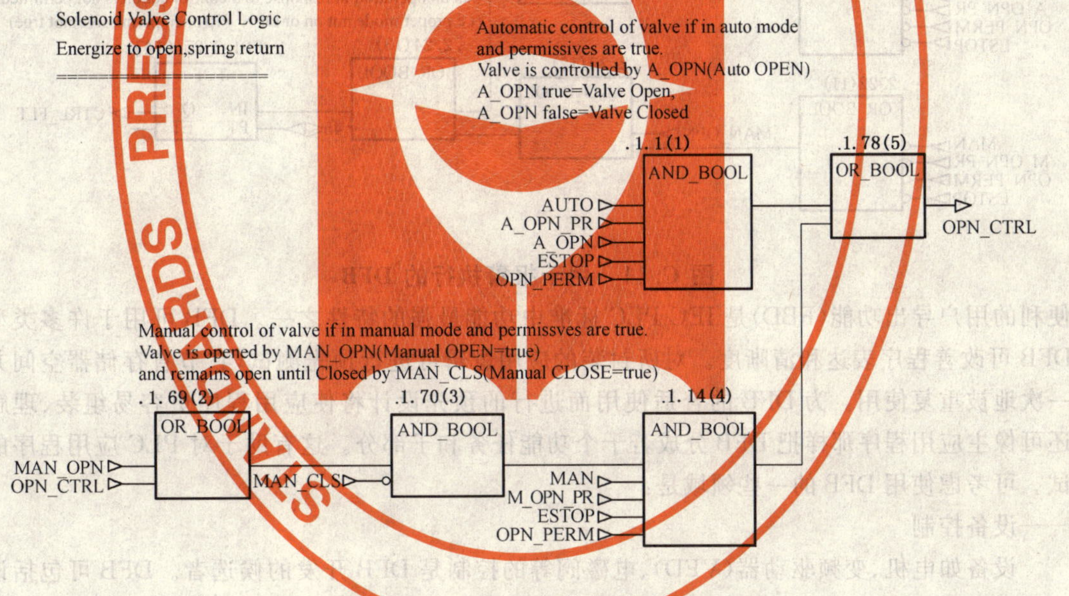

图 C.10　用于阀执行的 DFB

使用另一个 DFB 库，图 C.9 中的 IN_MOTION 输出可执行一个报警，如图 C.11 所示。

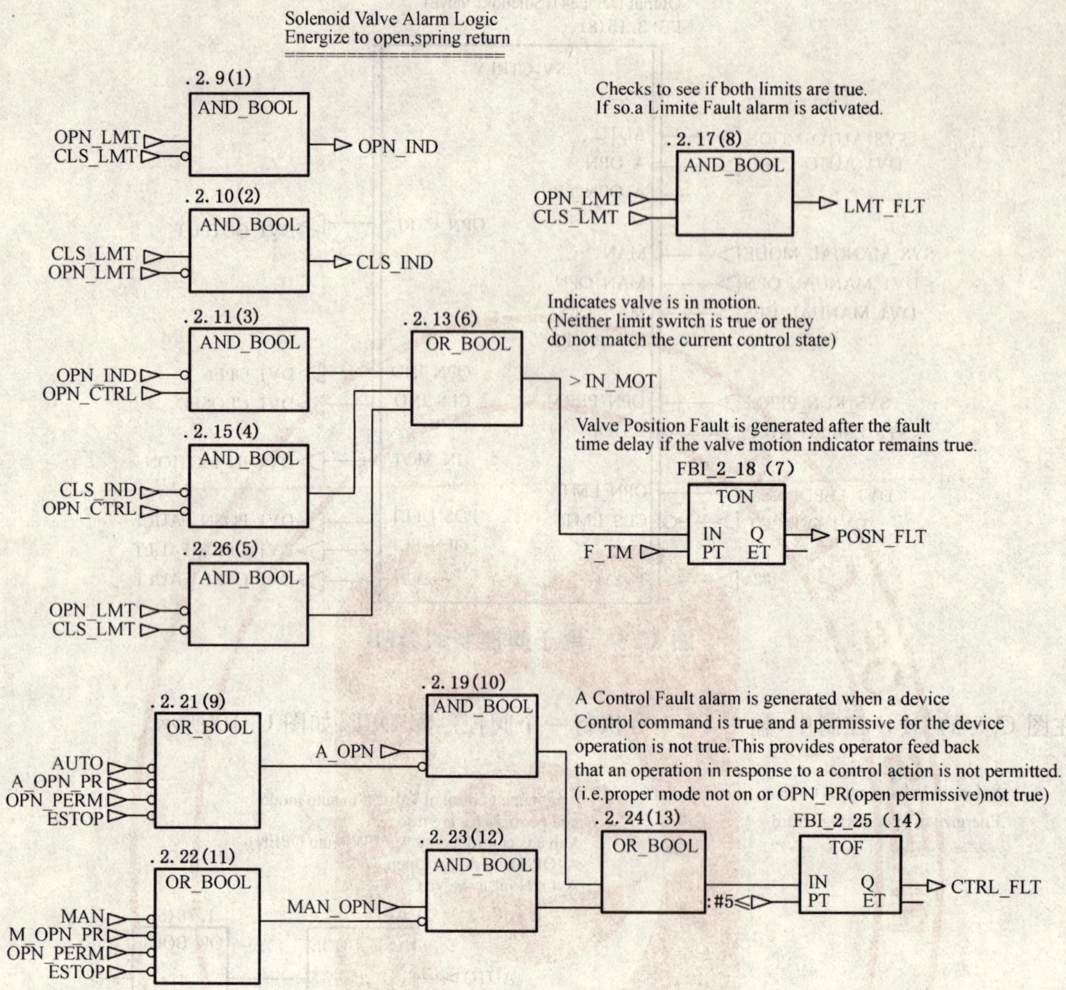

图 C.11 用于报警执行的 DFB

便利的用户导出功能(FBD)是 IEC PLC 标准中功能最强的特性之一。DFB 可用于许多类型的功能。DFB 可改善程序表达和清晰度。对所封装的应用逻辑可进行预先测试,它节省存储器空间并能一次又一次地被重复使用。为 DFB 的合适使用而进行的预先设计将使应用程序更容易组装、理解和维护。还可像主应用程序那样把 DFB 分成若干个功能任务和子部分。这有助于对 PLC 应用程序的理解和调试。可考虑使用 DFB 的一些领域是:

——设备控制

设备如电机、变频驱动器(VFD)、电磁阀等的控制是 DFB 开发的候选者。DFB 可包括设备的手动和自动控制逻辑。在 DFB 块内还可包含详细的故障和诊断逻辑。为优化编程和数据通信,可把诊断故障位(bit)包含在故障字和/或结构变量中。

——经常使用的功能

经常使用的功能如带诊断的模拟 I/O 称重和重复逻辑或计算是 DFB 开发的较佳候选者。

——特殊功能

尽管特殊功能只能在应用中使用一次或两次,但出于安全或简化程序表达,考虑对 DFB 的开发封装其应用逻辑。

C.6 语言实现

在实践中,为任何特定控制功能所选择的 PLC 系统只需要 GB/T 15969.3 中规定的某些特性。对于任何特定应用,都没有必要满足 GB/T 15969.3 中的所有要求。本部分允许实现语言标准中的部分。这包括几种支持的语言、功能和功能块。但不允许与本部分或本部分的替代物有冲突。在用户的选择过程中,必须考虑这个方面。

许多编程环境提供了既先进又方便的功能,例如,鼠标操作,下拉菜单,图形编程屏幕,多窗口支持,内置超级文本功能,以及在设计和在线程序修改期间进行检查的工具。但在本部分内对这些不作规定:这是制造商区别于其他同行的一个方面。

总之,用 IEC 标准化的 PLC 语言编程的 PLC 应用程序确保了基本级的软件功能。但是,其等级不仅仅限于基本级。它还具备便于移植的通用语法和语义的优点。此外,GB/T 15969.3 是这样构成的,它允许程序的调用和管理,因此显著地提高了 PLC 应用程序的生产率和效率。

ICS 25.040.40
N 18

中华人民共和国国家标准

GB/T 15969.8—2007/IEC/TR 61131-8:2003

可编程序控制器
第8部分:编程语言的应用和实现导则

Programmable controllers—
Part 8: Guidelines for the application and implementation of programming languages

(IEC/TR 61131-8:2003,IDT)

2007-01-18 发布　　　　2007-08-01 实施

中华人民共和国国家质量监督检验检疫总局
中国国家标准化管理委员会　发布

前　言

GB/T 15969《可编程序控制器》分为8个部分：

——第1部分：通用信息；

——第2部分：设备特性；

——第3部分：编程语言；

——第4部分：用户导则；

——第5部分：通信；

——第6部分(未定)；

——第7部分：模糊控制编程(GB/T 17165.3)；

——第8部分：编程语言的应用和实现导则。

本部分为GB/T 15969的第8部分。

本部分等同翻译IEC/TR 61131-8:2003《可编程序控制器　第8部分：编程语言的应用和实现导则》。

本部分的附录A、附录B、附录C为资料性附录。

本部分由中国机械工业联合会提出。

本部分由全国工业过程测量和控制标准化技术委员会可编程序控制器及系统分技术委员(SAC/TC 124/SC 5)归口。

本部分由中国机电一体化技术应用协会负责起草。

本部分主要起草人：彭瑜、晏波、刘云男、李百煌等。

可编程序控制器
第8部分:编程语言的应用和实现导则

1 通则

1.1 范围

GB/T 15969的本部分,用于使用GB/T 15969.3中定义的编程语言的可编程序控制器系统的编程。它也为这些编程语言在可编程序控制器系统及其编程支持环境(PSEs)中的实现提供导则。

GB/T 15969.4应作为可编程序控制器系统的其他应用方面的参考。

注:GB/T 15969.3和本部分都没有明确地论及可编程序控制器系统或其相关软件的安全性问题。有关这方面的问题,应查询GB/T 20438—2006的各部分。

1.2 规范性引用文件

下列文件中的条款通过GB/T 15969的本部分的引用而成为本部分的条款。凡是注日期的引用文件,其随后所有的修改单(不包括勘误的内容)或修订版均不适用于本部分,然而,鼓励根据本部分达成协议的各方研究是否使用这些文件的最新版本。凡是不注日期的引用文件,其最新版本适用于本部分。

GB/T 15969.1—1995　可编程序控制器　第1部分:通用信息

GB/T 15969.3—2005　可编程序控制器　第3部分:编程语言(IEC 61131-3:2002,IDT)

GB/T 15969.5—2002　可编程序控制器　第5部分:通信(IEC 61131-5:2000,IDT)

IEC 61131-2:2003　可编程序控制器　第2部分:设备要求和测试

1.3 缩略语

FB	Function Block	功能块
FBD	Function Block Diagram	功能块图
LD	Ladder Diagram	梯形图
IL	Instruction List	指令表
POU	Program Organization Unit	程序组织单元
PSE	Programming Support Environment	编程支持环境
SFC	Sequential Function Chart	顺序功能图
ST	Structured Text	结构化文本

1.4 概述

GB/T 15969本部分的针对性读者包括:

——GB/T 15969.3中定义的可编程序控制器系统的用户,他们必须把可编程序控制器作为工业过程测量和控制系统的一部分对它进行编程、组态、安装和维护;以及

——GB/T 15969.3中定义的用于可编程序控制器系统的编程语言的实现者。还可包括为这些系统准备和程序维护的硬件和软件的供应商,以及可编程序控制器系统的供应商。

GB/T 15969.3主要是面向可编程序控制器编程语言的实现者。希望对这些语言及其应用有总体了解的用户应查询一些与此主题相关的可供选择的书籍。希望对GB/T 15969.3的内容有"自上而下"的总体了解的读者可以查询GB/T 15969.3—2005中的1.4。

本部分的第2章总体介绍了GB/T 15969.3;第3章提供了GB/T 15969.3中规定的一些编程语言元素应用的补充信息;第4章介绍了部分编程语言元素的预期实现;第5章总体介绍了用于程序开发和维护的硬件和软件的要求。由此可以预见,可编程序控制器的用户会发现第2章和第3章是最有用的,而编程语言的实现者会认为第4章和第5章更有用,第2章和第3章是必须参考的背景材料。

2 GB/T 15969.3 导论

2.1 总体考虑

过去,昂贵的硬件组件其有限的能力给工业过程控制、测量和自动化系统的设计过程带来了严格的限制。软件的设计和实现也受到所选择硬件的严格限制。这就需要既能解决过程自动化中出现的问题,也能处理复杂的、硬件专用计算机编程问题的高度熟练的专业人员。

随着微电子和相关技术的快速创新,系统硬件的性能价格比大幅度提高。目前,一个小型可编程序控制器的价格比对它进行编程所花费的成本少许多。

受硬件成本快速下降的推动,已出现了一种趋势,即采用在空间和功能上分布式的部件所构成的系统来取代大型、集中安装的处理计算机或其他相对大型而又独立的控制器。

如图 1 所示,这种系统的基本主干是通信子系统,它提供了分布式自动化设备之间信息交换的机制。与此主干连接的是设备(如可编程序控制器),它们执行系统的分布式的处理能力。每台设备在其自身软件的控制下执行一个特定的子任务,以实现所要求的整体系统功能。每个设备的选择根据满足其特定子任务的要求所需要的规模和性能。

在不同的环境中,可编程序控制器用于单机应用,如图 2 所示。这些应用的用户也随上述的发展进程而获益。由于目前硬件元件的成本低,许多新型的、相对较小的自动化任务可以由可编程序控制器来经济、灵活地实现。

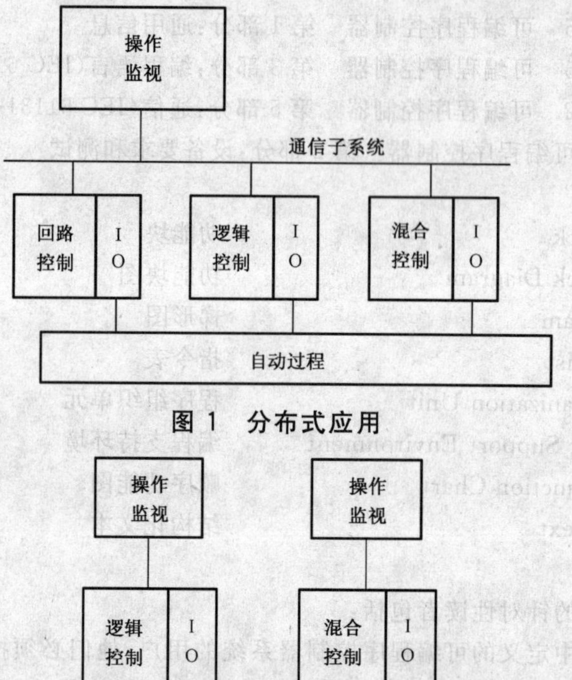

图 1 分布式应用

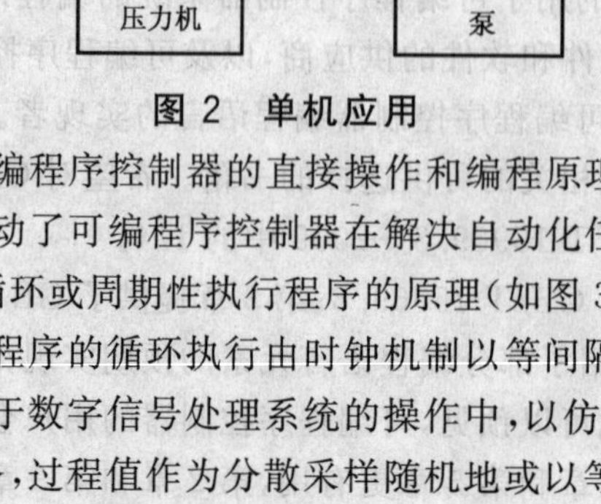

图 2 单机应用

除了其硬件价格低外,由于可编程序控制器的直接操作和编程原理易于被参与编程、操作和维护的工厂工作人员理解和应用,因而推动了可编程序控制器在解决自动化任务中的大量使用。

可编程序控制器典型地使用循环或周期性执行程序的原理(如图 3 所示)。循环运行的程序在结束执行后,尽可能快地再启动执行。程序的循环执行由时钟机制以等间隔时间触发。

这些原理已广为人知,并应用于数字信号处理系统的操作中,以仿真连续操作的模拟系统或机电系统的运行。按照要实现的控制任务,过程值作为分散采样随机地或以等间隔时间被设备读入,并写入被控过程。

这些操作原理的优点在于，它们允许可编程序控制器的程序构成，使用与先前用于同样目的的硬接线逻辑或连续控制电路的原理密切相关的基本元素。

这样，可编程序控制器的运行原理创造了为用户提供应用特定的、图形编程语言的前提条件。与适当的人机界面相结合，这些语言能使控制工程师专注于解决应用的问题，而无须把精力放在软件工程方面的大量培训。控制工程师的技术规范可以直接对应于相应的语言元素。

这种编程语言的另一个特殊优点在于，它们所提供的表示方法不仅能用于程序的输入和文档，而且能用于在线测试和诊断。这样，可编程序控制器的编程支持环境（PSE）能够提供应用工程师和工厂工作人员早已熟悉的面向图形的表示法和文档。

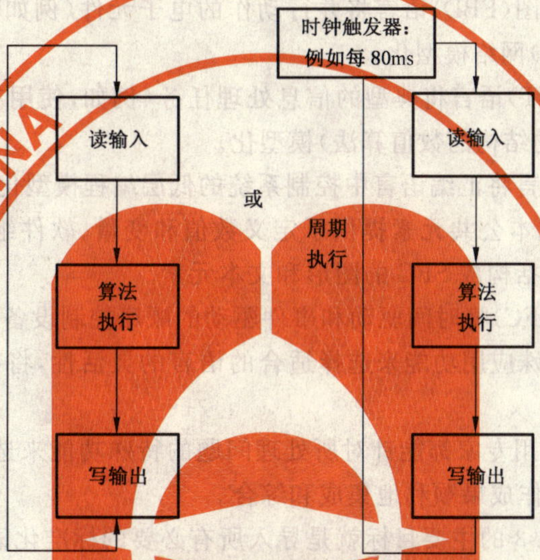

图 3 程序的循环或周期扫描

2.2 克服传统的限制

在不同的自动化系统中，甚至在同一个系统中使用来自不同制造商的可编程序控制器，这种要求是自动化系统的设计人员经常会碰到的。然而，来自不同制造商的可编程序控制器在硬件上差异很大。过去，这会造成在编写软件时使用的元素和方法大不相同。还导致开发制造商专用的编程和调试工具，它们通常装有用于编程、测试和维护特定控制器"系列"的专用软件。

从一个控制器系列改换到另一个系列，往往要求设计人员阅读大量的新系列的硬件和软件方面的手册。为了彻底了解并能够正确使用控制器，通常要反复阅读手册数遍。阅读和理解新的、制造商专用的手册是一件需集中精力而易令人厌倦的工作，因此几乎没有人能做到这一点。出于该原因，许多人把这种控制器的设计和编程看作不得不避免的工作。这样，只有少数几个专家掌握了如何有效地使用这种系统，而且这些知识很难有效地传授给负责系统操作、维护和升级的人员。

GB/T 15969.3 的主要目标是消除对于理解和应用可编程序控制器方面的障碍。因此，GB/T 15969.3导入了许多支持 2.1 中描述的可编程序控制器的优点的方法，尽管关系到不同制造商的控制器。其结果是，可编程序控制器的应用领域不断扩大，随着这种扩大使客户的要求不断提高，激励广大的制造商使他们的编程系统符合本部分。

制造商和用户的组织（如 PLCopen）通过广泛地推广和宣传 PLC 编程语言标准化的益处和优点，加速了标准化的进程。

2.3 GB/T 15969.3 的基本特性

从应用工程师和控制系统组态人员的观点来看，GB/T 15969.3 所导入的最重要的特点归纳如下：

a) 完善的结构化，用于定义分类功能对象的语言结构（程序组织单位），例如功能、功能块和程序，方便了"自上而下"或"自下而上"的程序开发。

b) 不但支持而且本身也要求众多的数据类型，这就消除了编程出错的主要来源。

c) 包含一套用于控制程序组织单元执行的完备的特性；这些特性与步、转换和动作块相结合，提供了以简洁形式表达复杂的顺序控制解决方案的最佳手段。

d) 提供用于设计应用程序之间通信的必要功能。相同的通信特性可用于两个程序之间，而与程序对单个设备或不同设备的映象无关。这便于在不同的环境下软件的重复使用。

e) 两种图形式语言和两种文本式语言可供设计人员根据应用要求进行选择。这些语言和一套文本和图形通用元素，支持基于已被广泛理解的软件设计方法论。

1) 图形化梯形图(LD)语言将并行动作的机电元件(例如，继电器触点和线圈、定时器、计数器等)网络模型化。

2) 图形化功能块图(FBD)语言将并行动作的电子元件(例如，加法器、乘法器、移位寄存器、逻辑运算门等)网络模型化。

3) 结构化文本(ST)语言将典型的信息处理任务(例如，使用在通用目的的高级语言如 Pascal 中所使用的结构的数值算法)模型化。

4) 指令表(IL)语言将汇编语言中控制系统的低层编程模型化。

5) 一组图形和文本公共元素提供了定义数值和变量、软件组态的特性和对象声明的规则。公共元素还包括构成 SFC 的图形和文本元素。

6) 顺序功能图(SFC)将时间驱动和事件驱动的顺序控制设备和算法模型化。

f) 针对所要编程的特殊应用功能来选择适合的语言的灵活性，将提高处理控制问题的软件解决方案的复用性。

g) 项目小组的每个应用专家都能针对所处理问题的特殊功能来选择适合的编程方式和语言，而又能确保他们的工作成果顺利地集成和综合。

归纳起来，GB/T 15969.3 的主要目标就是导入所有必要的标准化语言的概念和结构，以解决各类应用中的技术性问题，同时提供构建与制造商无关的软件元素的原理。尽管要将控制程序从一个控制器系列移植到另一个控制器系列总得花费精力，但这也有利于为不同类型的控制器设计控制软件的复用性。

2.4 GB/T 15969.3—2005 的新特点

自 1993 年(即 IEC 61131-3 第一版本的出版时间)以来，其环境发生了很大的变化。在第一阶段，获得了该标准的大量实际应用经验。同时也发现了许多前后不一致、互相矛盾和未解决的问题及特性，所有这些给实现造成了不必要的困难。工业最终用户(常常是一些软件公司)提出了许多修改和修正的建议。

为了尽可能长远地保护以前 IEC 61131-3(GB/T 15969)用户和现在 IEC 61131-3(GB/T 15969.3)控制软件用户的投资值，IEC 决定重新修订现有标准，每 5 年修订一次，进行分两步走的修订工作。

第 1 步：消除 IEC 61131-3(GB/T 15969.3)中不一致的地方(勘误表)。

第 2 步：完善 IEC 61131-3(GB/T 15969.3)中需要改进的特定条款，整合那些被认为在实际应用中特别重要的特性(修正)。

对于每个需要修改的条款，其改动都必须向上兼容，即除了在 A.4 中所注明的以外，符合第一版本的用户程序也必须与新的版本一致。

在本部分的附录 A 中给出了修改和修正的概要。

2.5 软件工程考虑

2.5.1 软件工程原则的应用

2.5.1.1 封装和隐藏

为了推动软件质量与日俱进，在 GB/T 15969.3 的开发过程中运用了许多软件工程的原理。以下将论述一些比较重要的原理及其对于软件质量的贡献，以及在 GB/T 15969.3 中的体现。

注：本条所引用的软件工程质量的判别尺度(例如，可靠性、可维护性等等)请参见附录B中的描述。

封装是指在单独的软件实体中，把与功能有关的数据和/或程序“打包”。封装有利于软件的可靠性、可维护性、实用性和适用性。

与封装相关联的是程序和数据的隐藏，而其中用户只要了解软件实体的外部接口以及所规定的功能。至于内部的数据结构和程序实现的细节是有意隐藏的。隐藏有利于软件的可维护性、完整性、实用性、移植性和可复用性。

在表1中列出了GB/T 15969.3支持封装和隐藏的元素，以及在GB/T 15969.3中它们的主要条款。

表1　支持封装和隐藏的GB/T 15969.3元素

元素(条款)	封装		隐藏	
	数据	程序	数据	程序
结构(2.3.3)	是	否	否	否
功能(2.5.1)	否	是	是	是
功能块(2.5.2)	是	是	是	是
程序(2.5.3)	是	是	是	是
动作(2.6.4)	否	是	否	否
存取路径(2.7.1)	是	否	是	否

2.5.1.2　状态的显性表示

在GB/T 15969.3—2005的2.6中定义的SFC元素具有在任何时间点上确定控制系统的状态的能力，以给定激活步和动作的组合。没有这种表示方法，系统的状态必须通过诸如系统输入、输出和某个“状态”(布尔)变量的组合等数据予以推断。这样，使用SFC元素有利于软件的可维护性、实用性和移植性。此外，因为仅执行那些与当前状态有关的部分软件算法，系统的响应能力和处理能力也得到增强。

2.5.1.3　对应用域的映象

2.1和2.3描述了GB/T 15969.3的元素与工业过程测量、自动化和控制中已被充分理解的概念之间的直接映象。这个特点有利于软件的可维护性、实用性和适用性。

2.5.1.4　设计对实现的映象

GB/T 15969.3支持“自上而下的设计”(或“功能分解设计”)以及“自下而上的实现”(或“功能组合实现”)的系统实现方式。这有利于软件的可靠性、可维护性、实用性和适用性。

这种系统设计和实现的方式用以下的顺序步骤予以表征：

a)　规定所期望的系统功能和外部接口。例如，加工单元的基本功能可能是接收来自材料处理系统的毛坯，将毛坯加工成成品，检测成品并将它返回材料处理系统，最后向生产信息系统发送操作结果的报告。此单元的外部接口包括与材料处理系统和信息系统接口。在这一步中可使用GB/T 15969.3—2005的2.7中描述的组态元素。

b)　系统设计的第一步分解是将所需要的功能分配给一个或多个元素，典型的就是程序(见GB/T 15969.3—2005中的2.5.3)。对程序之间的接口、程序与系统外部接口之间的接口予以定义，接着再定义赋予每个程序的功能。这种分解通常是在系统的物理划分之后进行。例如，在上述的加工单元中，分别为机加工站、测量站和单元的材料搬运机器人(如果有的话)定义不同的程序。

c)　前一步中定义的每个元素被进一步分解成更基本的功能单元。如果元素的功能本来就是有顺序的，那么分解的第一步是表述将要执行操作的顺序以及重复操作循环的条件的SFC(见

GB/T 15969.3—2005 中的 2.6)的确切表达。SFC 的每个动作(见 GB/T 15969.3—2005 中的 2.6.4)被进一步分解成互连的功能块(见 GB/T 15969.3—2005 中的 2.5.2),即 FBD(见 GB/T 15969.3—2005 中的 4.3)。例如,上述单元中机加工站的主程序是描述所要执行的机械加工操作顺序的 SFC,而动作包含执行所要求的运动控制功能的功能块。

d) 这种功能分解过程被重复地执行,直到所有的功能都被判别为属于现有的库元素(见 GB/T 15969.3—2005 中的 1.4.3),或能以 GB/T 15969.3 中的一种文本化或图形化语言,即 ST(见 GB/T 15969.3—2005 中的 3.2),IL(GB/T 15969.3—2005 中的 3.1),LD(GB/T 15969.3—2005 中的 4.2)或 FBD(GB/T 15969.3—2005 中的 4.3)进行算术表达时才终止执行。

e) 然后,系统通过“自下而上”的功能组合予以实现,即按照前几步中所定义的顺序,逆向地进行编译,并将新定义的元素加入库中。由于在设计时就着眼于可复用性,因此许多新的库元素可供今后系统设计中使用。

f) 最后,使用 GB/T 15969.3—2005 的 2.7 中定义的组态元素,将程序赋予资源、资源赋予组态,创建程序执行任务、建立与信息系统的通信的存取路径。

2.5.1.5 结构化编程

结构化编程技术给软件的可靠性、可维护性和适用性所带来的益处是众所周知的。GB/T 15969.3—2005 的 3.3 中定义的 ST 语言提供了一整套支持这种编程方式的结构,同时又保持与 GB/T 15969.3—2005 中的其他图形语言、文本语言和元素的完全兼容性。然而 GB/T 15969.3—1995 仍然存在这种兼容性(例如,EN/ENO 的用法)方面的缺陷,GB/T 15969.3—2005 导入了在功能调用和功能块调用的语法和语义方面的必要扩展和自适应,从而保证了语言间的相互交换。

2.5.1.6 软件的复用

GB/T 15969.3—2005 的 1.4.3 中所描述的编程模型(如 GB/T 15969.3—2005 的图 3 所示)强有力地支持软件元素的重复使用。这些可由用户在进行“自下而上”(如 2.5.1.4 中描述的)的实现过程中开发,或由软件供应商作为“库”提供。这种系统构建的方法并不为以前的将自动化系统应用作为单一的大型梯形图来开发的用户所熟悉。因此,为了发挥 GB/T 15969.3 中描述的软件复用性在软件质量和产量上所带来的巨大潜能,必须开展培训工作。

如 GB/T 15969.3—2005 中 1.4.3 和 B.0 所描述,软件元素可以按照复杂性和功能递增的顺序存放在库中便于重复使用,它包括:

——数据类型;
——功能;
——功能块;
——程序;
——组态。

2.5.2 可移植性

2.5.2.1 语言之间的可移植性

如附录 B 中所述,可移植性被定义为将系统的功能从一个系统移植到另一个系统的简易性。可从以下方面考虑:

——语言之间的移植性,即将程序组织单元类型规范从一种语言转换到另一种语言的简易性;或
——系统之间的移植性,即将程序组织单元类型规范从一种编程支持环境(PSE)转换到另一种程序支持环境的简易性。

如 2.5.1.1 所述,GB/T 15969.3 中的封装和隐藏功能在所有定义的编程语言间提供了功能、功能块和数据类型的高度复用性。但是,如 2.3 中 e)项的 5)所述,每一种 GB/T 15969.3 定义的语言在某种程度上专用于所涉及领域中特定模型。这就限制了将一种 IEC 语言编写的算法转换成另一种编程

语言的便利性。例如：

——很难有效地将 ST 语言的选择和迭代结构翻译成 FBD 或 LD；

——文本表达式只能用于 ST 语言，而不能用于 LD 或 FBD 语言。

在 GB/T 15969.3—1995 中，EN/ENO 对图形化语言和文本化语言提供不同的支持，这个问题在 GB/T 15969.3—2005 中得到了解决(在 2.5.1.5 中已论述)。

由于仍然存在一些限制，因此在功能或功能块主体的开发中，用户应该选择最适合所要开发的该算法类型的语言。

2.5.2.2 系统之间的移植性

GB/T 15969.3 既未定义也不要求一种通用的交换格式进行用图形化语言编写的程序组织单元(POU)类型定义之间的互换；但是在附录 B 中规定了用于公共元素和两种文本语言 ST 和 IL 的文本语法。在 GB/T 15969.3—2005 的 1.5.1 的 j)中也定义了用这种文本格式编写的库元素的输入和输出的最低限度要求的编码。这是 GB/T 15969.3—2005 中提出的新要求，它将提高系统之间的移植性。

因此，如 GB/T 15969.3—2005 的 1.5.2 所定义的，只有用文本语言(ST 或 IL)编写的具有符合性的 POU 才有可能移植。但即使用文本语言编写，具有符合性的 POU 未必是可移植的，除非目标系统所支持的特性集合与源系统等同，或者是源系统所支持的特性集合的父集(superset)时才行。如果两个系统中与实现关联的参数集在一些重要的数值上存在差异，那么具有符合性的 POU 也不能移植。典型的例子是，在区分两个标识符时用了支持不同数量的字符。

3 应用导则

3.1 数据类型的使用

GB/T 15969.3—2005 的 2.3.1 中提供了许多基本的数据类型。为满足应用中数据表达的需要，用户也可以定义新的数据类型(如 GB/T 15969.3—2005 的 2.3.3 中所描述)。所有的数据类型，包括用户定义的类型，都被纳入数据类型“库”(如 GB/T 15969.3—2005 的 1.4.3 中所描述的)中以供使用。用户应声明每个变量所使用的数据类型。

为变量所选择的数据类型，应适应取值范围以及对变量所执行的运算操作。例如：

——如果一个变量仅能持有值 0 或 1，且仅能执行布尔运算，那么必须选择基本类型 BOOL。

——如果一个可编程序控制器程序必须计数而且希望计数范围在 0～1 000，那么不能选择变量类型 SINT 或 USINT，因为 SINT 的值范围仅从－128～＋127，而 USINT 是 0～255。符合此目的的合理数据类型应是 UNIT。它具有足够的取值范围，而且使用无符号整数类型清楚地表明不含负数。

3.1.1 类型对变量初始化

在一个符合 GB/T 15969.3 的程序中，每个变量都必须被初始化，对它们或者是显性地通过编程予以初始化，或者是隐性地通过本标准中定义的缺省机制予以初始化。不应出现未初始化的值。为了方便变量的声明，所有基本类型在本标准中都有指定的缺省值作为初始值。如果用户没有指定变量的初始化，那么它应具有缺省的初始值。大部分缺省初始值都被定义为该数据类型所表达的 0 值。

GB/T 15969.3 也允许用户为用户定义的类型规定缺省的初始值。例如，在考虑以下用

TYPE TempLimit：REAL：＝250.0；END_TYPE

声明的数据类型时，对任何声明为新类型 TempLimit 的变量以缺省值 250.0 进行初始化，而不是用通常情况下对于所有 REAL 数据所使用的缺省值 0.0。这样，在下面的声明中，变量 BoilerMaxTemperature 被初始化为 250.0，而变量 PipeMaxTemperature 被初始化为 0.0 。如果值 0 对于管道来说不是合理的最高温度，则其正确值必须在第一次使用该变量前置位。忘记这样做会导致问题的发生。在下面例子中，用一个合适的缺省初始值对锅炉的最高温度进行初始化。没有必要在第一次使用前进行置位，这大大简化了可编程序控制器的程序，提高了软件的可靠性。

```
VAR_GLOBAL
    BoilerMaxTemperature:TempLimit;
    PipeMaxTemperature:REAL;
END_VAR
```

3.1.2 枚举和子范围类型的使用

GB/T 15969.3 提供了定义枚举和子范围类型的机制。采用这些类型可以让程序的易读性好，因此为文档管理提供帮助。另外，通过避免使用不期望使用的变量值，以及显性地表达枚举变量值的所期望语义，枚举和子范围数据类型有助于提高程序的可靠性。

枚举数据类型将该类型的变量值限制为一套用户定义的标识符。如下面的例子

```
TYPE Color:(Red,Yellow,Green);END_TYPE
...
VAR_GLOBAL brickColor:Color;END_VAR
```

这里定义了新的数据类型 Color。它可能仅有 3 个值——Red，Green 或 Blue。GB/T 15969.3 没有定义这些枚举值所对应的数值。也没有枚举类型与整型数类型之间的转换功能。这些值仅仅必须是非常清楚而且可以复写的。仅当使用其中一个所定义的颜色值时，才能对变量 brickColor 赋值。其他所有的值均被标记为出错。

GB/T 15969.3 为枚举数据类型的多路复用、选择和对比(等同和不等同)提供了标准的功能。

GB/T 15969.3—2005 还提供了枚举值的分类功能，用以区分例如 brickColor＃Red 和 paintColor＃Red。GB/T 15969.3—2005 还允许使用枚举值作为 CASE 语句中的一个选择符。

GB/T 15969.3—2005 的 B.1.4 和 B.1.3.3 中给出的语法，允许在变量的声明和结构化数据类型元素的声明中创建"匿名子范围数据类型"和"匿名枚举数据类型"。"匿名子范围数据类型"以其基本类型和子范围为特征。类似地，"匿名枚举数据类型"则以其枚举值的数字、顺序和标识符为特征。

例 1

在以下类型和变量声明的条件下，变量 Y 被认为与变量 X 的 CURRENT_COLOR 部分具有相同的匿名枚举类型，以下所示的赋值语句是有效的。然而，将上面的变量 brickColor 对 Y 或者 X 的 CURRENT_COLOR 进行赋值都不允许，因为类型 Color 是非匿名的。

```
TYPE TRAFFIC_LIGHT:
    STRUCT
        POWER_STATE:BOOL;
        CURRENT_COLOR:(Red,Yellow,Green);
    END_STRUCT
END_TYPE
VAR X:TRAFFIC_LIGHT;
    Y:(Red,Yellow,Green);
END_VAR
...
Y:=X.CURRENT_COLOR;
```

例 2

"匿名子范围类型"的定义和使用的举例见 3.1.9。

3.1.3 BCD 数据的使用

用户应该知道，在 GB/T 15969.3 中"BCD"不是一种数据类型。说得准确些，它表示了用于位串类型 BYTE、WORD、DWORD 和 LWORD 的编码选项，这些类型的数据可以分别被编码为 2、4、8 或 16 的 BCD 数字。这是基于在现代系统中很少使用 BCD 的事实，除了用于与外部设备之间以位串格式传输数据，例如多段显示和指轮开关。

由于并不要求符合 GB/T 15969.3 的系统支持 BCD 算法，为了能处理这种运算，使用 GB/T 15969.3—2005 的 2.5.1.5.2 中定义的一种 BCD_TO_∗∗转换功能，必须将 BCD 码的数据转换为一种整型数类型（SINT，INT，DINT，LINT，USINT，UINT，UDINT，或 ULINT）。同样，提供∗∗_TO_BCD 功能用以将整型数数据转换成 BCD 编码格式，传输给外部设备。

用户应该知道在 BCD 数据的编码过程中可能产生的潜在出错。

a) 由于没有为“负号”定义的标准 BCD 编码，因此将负数作为∗∗_TO_BCD 转换的输入可能导致转换出错。

b) 对相同的位数，整型数变量的范围比 BCD 编码的位串要大。例如，类型 SINT 的变量范围是（−128...127），而能用类型 BYTE 位串编码的取值范围仅在（0...99）。

图 4 所示的例子指出了为避免这些出错所必须采取的预防措施。在该例中，功能块 BCD_DIFF 采取了两个两位数 BCD 码的输入 THUMB1 和 THUMB2 之差，输出的结果是两位数的 BCD 码位串加一个布尔符号，它可被用于（例如）驱动一个“两位数加符号”的 BCD 显示屏。

```
           +-------------+
           |   BCD_DIFF  |
BYTE---|THUMB1     SGN|---BYTE
BYTE---|THUMB2    DIFF|---BYTE
           +-------------+
```

a） 外部接口

```
                                          +---+
                                   +----| < |---SGN
                                   | +-|   |
                                   | | +---+
         +--------------+    | | +---+   +-----+   +-------+
THUMB1--|  BCD_TO_SINT |-+-|--| - |--| ABS |--| SINT_  |--DIFF
         +--------------+ |  +--|   |   +-----+   |  TO_   |
                              |     +---+             |  BCD   |
         +--------------+ |                        +-------+
THUMB2--|  BCD_TO_SINT |---+
         +--------------+
```

b） 主体

图 4 功能块 BCD_DIFF

该问题的另一个解决方法是，定义一个包含符号和 BCD 编码数据的新结构化数据，例如图 5a）所示的类型 SBCD_BYTE。然后可以定义功能，例如 SBCD_DIFF（如图 5b）和图 5c）所示），作为其执行的结果，它生成该新类型的值。

```
TYPE SBCD_BYTE:STRUCT
  DATA:BYTE;SGN:BOOL;
END_STRUCT;END_TYPE
```

a） 结构化数据类型 SBCD_BYTE 的定义

```
           +--------------+
           |   SBCD_DIFF  |
BYTE---|THUMB1        |---SBCD_BYTE
BYTE---|THUMB2        |
           +--------------+
```

b） 外部接口

图 5 功能块 SBCD_DIFF

```
                                       +---+
                                 +----|  <  |---SBCD_DIFF.SGN
                                 |  +--|     |
                                 |  |  +---+
          +----------------+     |  |
          |                |     |  |  +---+   +-----+   +-------+
THUMB1--|  BCD_TO_SINT   |--+--|--|  -  |--| ABS |--| SINT_ |--SBCD_DIFF·DATA
          +----------------+        +--|     |   +-----+   |  TO_  |
                                    |  +---+             |  BCD  |
          +----------------+        |                    +-------+
THUMB2--|  BCD_TO_SINT   |---+
          +----------------+
```

c) 主体

图 5（续）

3.1.4 REAL 数据类型的使用

GB/T 15969.3—2005 的 2.3.1 中描述的 32 位 REAL 数据类型可被用于保存十进数值的大部分，例如控制闭环设定值以及过程值。REAL 数据类型支持的数值范围在 $\pm10^{\pm38}$，精确度达 $1/2^{23}$，即精确到 1/8388608。

当需要更大的取值范围或更高的精确度时，可以使用 64 位（长）格式 LREAL，其取值范围是 $\pm10^{\pm308}$，精确度达 $1/2^{52}$。

注 1：在某些算法中，舍入误差可能被所执行的计算而放大。为了避免这种误差，可能需要具有更高精确度的数据类型。

注 2：见 4.2.1 中关于 REAL 类型实现中的其他考虑。

3.1.5 字符串数据类型的使用

数据类型 STRING 存放包含 8 位字符的变长度文本数据，在大部分应用程序中都需要它，例如，储存过程批量标识符、处方名称和操作者的密码。

GB/T 15969.3—2005 还提供了用于 16 位（“Unicode”）字符串的数据类型 WSTRING。

GB/T 15969.3 提供了定义字符串中非打印字符的方法。在为外围设备建立信息时这通常是必须的。例如，为了安排一份报告的格式，需要在发送给打印机的信息中插入“换页”和类似的控制字符。

字符串的长度

根据 GB/T 15969.3，一个字符串以其最大长度及其当前长度为特征。最大长度由串变量的声明或串常数的使用来决定。

a) 与实现相关的最大长度，L_{mi}。

b) 与实现相关的缺省长度，$L_{di} \leqslant L_{mi}$。

c) 所声明的最大长度，$L_{md} \leqslant L_{mi}$。

——当没有显性地声明串变量的长度时，$L_{md} = L_{di}$；

——L_{md} = 串常数的实际串长度。

串常数的当前长度不会改变，但串变量的当前长度可以通过对串赋予新值而被改变。

d) 当前长度，L_c。

——$L_c \leqslant L_{md}$ 对串变量；

——$L_c = L_{md}$ 对串常数。

当试图向字符串变量赋予当前长度 $L_{c,new}$ 的新值时，而声明的最大长度 $L_{md} < L_{c,new}$。GB/T 15969.3 未规定将会发生什么。用户应该清楚在这种情况下，可能导致出错或对赋值截断至长度为 L_{md}，与具体实现有关。

注：对实现者而言，推荐选择是截断长度而不是出错。

3.1.6 时间数据类型的使用

GB/T 15969.3 提供了多种表示时间、日期和持续时间的数据类型。记录活动发生的时间、度量过程持续的时间、在一天或特定日期中所指定的时间内触发动作，这些都是很典型的；同时在一些情况下，它们又是大多数过程、生产和制造应用程序的基本特点。

时间的典型使用包括：

a) 精确定义一个过程阶段的持续时间，例如，热处理过程中，对一些材料的退火时间非常关键。

b) 为了对过程进行核查和维护，记录发生报警的日期和时间。

c) 在一天的某个时间控制过程的启动，例如，在一周的第一班次之前，启动反应釜容器的预热。

d) 记录关键的模拟量输入的校准日期，这样在需要重新校准时，系统就能发出警示。

e) 记录电源故障和电源恢复的时间，以计算停机的持续时间。这可以在应用中规定电源故障的策略。例如，如果电源故障持续仅几分钟，则应用过程可以继续运行，因为进行处理的容器还是热的；但是，故障出现很长时间之后，就应该中止处理过程，并采取能将设备转入安全状态的任何必要措施。

注1：这个例子假定可编程序控制器能够在非易失性存储器中保留电源故障的日期和时间。

f) 规定完成某些操作的时间限制。例如，如果在规定的一段时间内没有完成与串接设备的通信事务处理，则认为这个操作已失败。

时间数据类型 TIME、TIME_OF_DAY、DATE 和 DATE_AND_TIME 可以用在有运算操作符 ADD (+)，SUB (-)，MUL (*)，DIV (/)的表达式中，也可以用在有串接功能 CONCAT 的表达式中。图 6 给出了这种用法的示例。

```
processDuration := phaseDuration * phaseCount;
endTime         := startTime + processDuration;
endDateAndTime := CONCAT_DATE_TOD(todayDate,endTime);
```

图 6　以 ST 编写的时间数据类型用法的示例

还有类型转换功能，它支持日期、时间和持续时间之间所需要的所有操作处理。例如，可以从变量 DATE_AND_TIME 中提取 TIME_OF_DAY。

注2：GB/T 15969.3—2005 修改了 GB/T 15969.3—1995 的表 30 中一些时间数据类型功能的命名约定，从而使它们与 GB/T 15969.3—2005 的 2.5.1.4 中给出的多载功能的定义一致。前述与此定义不一致的功能名称在表决时未获通过，也就是说，它们将不包含在 IEC 61131-3(GB/T 15969.3)的第三版本中。

3.1.7　多元素变量的声明和使用

GB/T 15969.3 中规定了多元素("聚集")变量，包括数组和结构。数组在很多程序中都非常有用。使用它们可以避免重复编码，在很多情况下可以使程序更加易懂。图 7 中给出了使用数组变量的例子。在这个例子中，speeds 是所允许的生产线速度的数组，lineState 是给出生产线状态的整数 (INT)，例如，0 是停止，1 至 3 是生产线速度等级的增加。

根据 GB/T 15969.3 中聚集的定义，在变量或结构声明中每一个数组的定义都创建了一种数据类型。这种"匿名数组类型"以其元素类型和下标范围为特征。例如，图 7 中声明的聚集 accelerations 应被认为与聚集 speeds 属于同一种类型，而聚集 positions 则不属于同一种类型。因此，能够将聚集 accelerations中所有元素的值一次性地赋值给聚集 speeds 的所有元素，而 speeds 对 positions 的元素赋值必须按图 7 所示逐一进行。

```
VAR_IN lineState:INT;END_VAR;
VAR_OUT lineSpeed:REAL;END_VAR;
VAR
    speeds:ARRAY[0..3]OF REAL:=(0.0,1.0,3.0,9.0);
    accelerations:ARRAY[0..3]OF REAL;
    positions:ARRAY[1..4]OF REAL;
    I:INT;
END_VAR;
lineSpeed:=speeds[lineState];
accelerations:=speeds;(* accelerations[0]:=speeds[0],etc. *)
FOR I:=0 TO 3
  positions[I+1]:=speeds[I];(* element-wise assignment *)
END_FOR
```

图 7　"匿名数组类型"的声明和使用的示例

3.1.8 位串功能的使用

GB/T 15969.3—2005 的表 27 和表 28 中的选择函数和比较函数被定义用于对位串数据类型 BOOL、BYTE、WORD、DWORD 和 LWORD 的数据，以及数值数据类型如 INT 进行的操作运算。位串数据的比较是从最高有效位到最低有效位逐一进行，当短位串与长位串进行比较时，则将短位串左边填上 0 再进行比较，即，位串变量的比较与无符号整数变量的比较结果一样。

示例

以下表达方式都求值为 TRUE：

```
GT(TRUE,FALSE)
GT(TRUE,DWORD#0)
GT(WORD#1FF,BYTE#FF)
```

位串类型的 MIN 和 MAX 功能的运算操作可被看作是比较函数的应用。关于数学方面的细节请参阅 4.2.2。

示例

MAX(BYTE＃5,BYTE＃F0,BYTE＃EF)＝BYTE＃F0

因为

BYTE＃F0≥BYTE＃5 且 BYTE＃F0≥BYTE＃EF；

同样，

MIN(BYTE＃5,BYTE＃F0,BYTE＃EF)＝BYTE＃5

因为

BYTE＃5≤BYTE＃F0 且 BYTE＃5≤BYTE＃EF

3.1.9 强制类型赋值

虽然在 GB/T 15969.3 中没有明确地声明，但标准的意图是规定把对表达式的求值结果赋值给变量予以"强制类型"；也就是说，仅当求值的结果与变量是同一类型时，才应赋值。这隐含(例如)在 GB/T 15969.3—2005 的 3.3.2.1 中关于赋值语句的论述中。这样，在出现以下情况时，就认为结果与变量属同一类型：

a) 其类型名与所要予以赋值的变量的类型名相同；或

b) 结果与所要赋值的变量都是"匿名数组类型"(见 3.1.7 中的论述)，它们的元素类型与下标范围彼此完全匹配；

c) 结果和所要予以赋值的变量都是"匿名枚举类型"(见 3.1.2 中的论述)，其枚举值集合在枚举元素的数量、顺序和标识符方面彼此完全匹配。

相反，只要结果的类型与变量的子范围类型的"父"类型一致，就允许将结果赋值给变量；但是，必须进行运行时检测，以确定该值是在变量所规定的子范围范围之内。

这些条件不仅适用于赋值语句中对变量的赋值，而且还适用于 GB/T 15969.3—2005 的 3.2.2 中定义的 IL 语言中 ST(store)操作符的使用，GB/T 15969.3—2005 的第 4 章中定义 LD 和 FBD 语言的数据流连接以及在 3.2 中讨论的数据传递。

例 1

考虑下列语句中定义的变量

```
VAR X:ARRAY[1..16]OF ANALOG_CHANNEL_CONFIGURATION;
        (* A variable of an anonymous array type *)
    Y:ANALOG_16_INPUT_CONFIGURATION;
    Z:SINT(5..95);(* A variable of an anonymous subrange type *)
END_VAR
```

在定义可应用的数据类型处，按照 GB/T 15969.3—2005 中的表 12：

```
TYPE
  ANALOG_GHANNEL_CONFIGURATION:
    STRUCT
      RANGE:ANALOG_SIGNAL_RANGE;
      MIN_SCALE:ANALOG_DATA;
      MAX_SCALE:ANALOG_DATA;
    END_STRUCT;
  ANALOG_16_INPUT_CONFIGURATION:
    STRUCT
      SIGNAL_TYPE:ANALOG SIGNAL_TYPE;
      FILTER_PARAMETER:SINT(0..99);
                              (* An anonymous subrange data type *)
      CHANNEL:ARRAY[1..16]OF ANALOG_CHANNEL_CONFIGURATION;
                        (* An anonymous array type *)
    END_STRUCT;
END_TYPE
```

那么该格式的赋值语句

X:=Y.CHANNEL;

有效，并把从 Y.CHANNEL[1]～Y.CHANNEL[16] 的值分别赋值给变量元素 X[1]～X[16]。

同样，该格式的赋值语句

Z:=Y.FILTER_PARAMETER;

有效，并把结构化变量 Y 的 FILTER_PARAMETER 元素的值赋值给变量 Z。但是，如果 FILTER_PARAMETER 元素的值小于 5 或大于 95，那么就会出现运行时出错。

例 2

“匿名枚举类型”的示例和使用见 3.1.2。

3.2 数据传递

向/自 POU(包括功能、功能块和程序)传递数据的方式有几种。

注 1：在本条中未使用术语“参数传递”，因为除了狭义上的“变量在指定应用中给定常数值，且可能在此应用才有意义”(在 ISO/IEC 2382-2 中定义，IEC 61499-1 中引用)，在 GB/T 15969.3 中不使用术语“参数”。因此，仅在“与实现相关的参数”和“组态参数”上下文的情况下，在 GB/T 15969.3 中才使用术语“参数”。而在所有其他上下文的情况下都使用术语“变量”，它表示“可以取不同值且一次仅取一个值的一种软件实体”(如 IEC 61499-1 中所定义的)。

功能的数据存取方法规定最受限制。在功能里，仅允许读取输入变量，功能必须返回一个属于聚集类型的值(例如，数组、串或结构)。功能既不能存取全局定义的变量，也不能存取直接表示的变量。作为另一个设计目标，本部分要求功能不具有静态变量。这意味着，功能不能保存其从一次调用到另一次调用的任何计算值或输入值。每次调用都将接收一组新初始化的局部变量，如果功能定义未曾有区别地声明，则可能用缺省值。这些限制保证了功能的运算独立于以前任何一次执行，只与其当前调用的变元值集合有关。

注 2：除了输入变量、内部变量和单个代表函数输出的变量之外，GB/T 15969.3—2005 允许函数存取 in-out 变量(见 3.2.2)和输出变量。

注 3：GB/T 15969.3—2005 在函数的文本调用的方法中也导入了附加的灵活性；见 GB/T 15969.3—2005 中的 2.5.1.1和 3.2.3。

在一个功能块主体中，允许读取输入变量以及读/写输出变量。功能块也可以有能被读/写的 in-out 变量。如果这些全局变量在功能块定义中通过使用关键词 VAR_EXTERNAL 重新声明，则能够从功能块主体内存取在组态、资源或程序中通过使用关键词 VAR_GLOBAL 定义的所有变量。

注 4：GB/T 15969.3—2005 除了程序、组态和资源以外，现还允许功能块存取直接表示的变量。

直接表示的变量值可作为输入变量从功能块外部的程序向功能块传递。对于功能块的输出值也是一样，它能被拷贝到程序中直接表示的变量。功能块可以声明静态储存，用来存放从一次调用到另一次调用的任何数据。因此，功能块的执行对数据有许多影响(包括外部数据)，这是功能块的操作运算的基本性质。

程序像功能块那样能存取数据，并能包含全局变量的声明和存取路径，见 GB/T 15969.3—2005 的 2.5.3。这些在程序中必须予以声明，然后就能够自由读/写。

3.2.1 全局变量和外部变量

对全局变量可通过使用关键词 VAR_GLOBAL 在组态、资源或程序中进行定义和初始化。需要存取一个或多个这些全局变量的每个程序或功能块，必须通过使用关键词 VAR_EXTERNAL 重新声明这些变量。

下例说明如何定义功能块外部的变量 TEMP 以及如何在功能块内部存取它。

```
(* Within a CONFIGURATION,RESOURCE or PROGRAM *)
    VAR_GLOBAL TEMP:INT;END_VAR
(* Access from inside a FUNCTION_BLOCK *)
    VAR_EXTERNAL TEMP:INT;END_VAR
    ...
    TEMP:=...;
```

由于全局变量声明包括直接表示的变量，因此别名也可以被声明。这些别名可以由功能块和程序中外部变量声明所引用。

在下面的例子中，全局变量 TEMP 被声明是位于输入字%IW22 中的 INT 类型。在功能块中，变量名 TEMP 作为该输入字的别名。

功能块不能直接读取输入字%IW22，但是可以间接使用别名。

```
(* Within a CONFIGURATION,RESOURCE or PROGRAM *)
    VAR_GLOBAL TEMP AT %IW22:INT;END_VAR
(* Access from inside a FUNCTION_BLOCK *)
    VAR_EXTERNAL TEMP:INT;END_VAR
    ...
    ...:=TEMP;
```

3.2.2 In-out (VAR_IN_OUT) 变量

In-out 变量是与 POU(即功能、功能块和程序)一起使用的一种特殊变量。它们不直接表示任何数据，但引用其他适当类型的数据。通过使用关键词 VAR_IN_OUT 对它们进行声明。in-out 变量可以被读或写。

注：GB/T 15969.3—2005 现允许函数使用 in-out 变量。

在 POU 内，in-out 变量允许存取变量的原始实例，而不是对包含在该变量中的值进行本地拷贝。考虑(例如)图 8a)中描述的功能块 ACCUM。在功能块实例的每个调用时，将输入 X 的当前值添加到 in-out 变量 A 中。如果按图 8b)所示来声明并调用该功能块的实例，则变量 ACC 本身在功能块 SUM_PROD 的实例的每次调用时将通过 X1 * X2 的积而被增扩。无需将输出值从 ACC1.A 反拷贝到变量 ACC。类似地，在图 8c)中，变量 ACC 在功能块 SUM_2_PROD 的实例的每次调用时将通过 X1 * X2 + X3 * X4 的乘积之和来增扩。

图 8d)描述了在对一个数组的所有元素求和，然后再将数组值复位为零的函数中使用变量 VAR_IN_OUT。

注：这是 GB/T 15969.3—2005 中导入的新特征。

由于函数的输出没有与之相应的永久性存放，因此它不能作为变量 VAR_IN_OUT 使用（如图 8e）所示）。由于可以对 in-out 变量进行写入，因此它按直接量，例如 2.0 或常数（已在 VAR CONSTANT 声明中被赋值），而不能作为 in-out 变量被赋值（如图 8f）所示）。

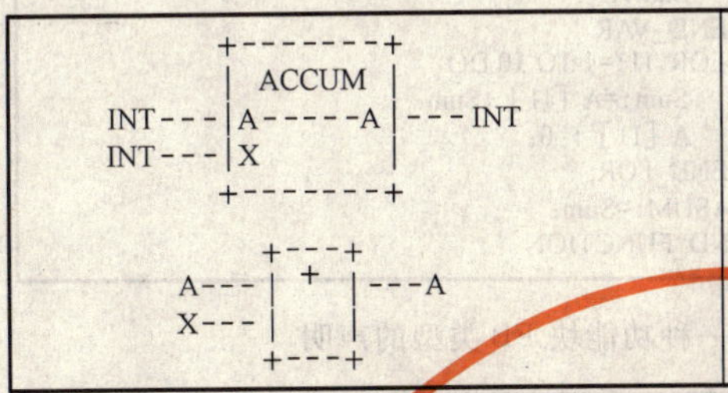


```
FUNCTION_BLOCK ACCUM

VAR_IN_OUT A: INT;END_VAR
VAR_INPUT X: INT;END_VAR

A:=A+X;
END_FUNCTION_BLOCK
```

a) 使用 VAR_IN_OUT 的功能块 FB 类型的声明

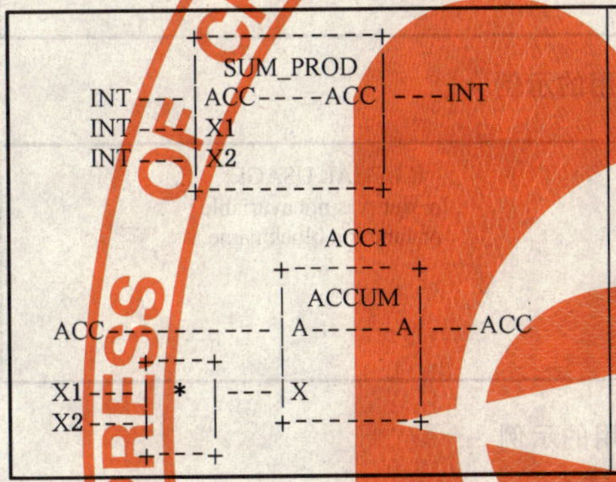


```
FUNCTION_BLOCK SUM_PROD

VAR_INPUT X1,X2: INT;END_VAR
VAR_IN_OUT ACC: INT;END_VAR
VAR ACC1 ACCUM:END_VAR


ACC1(A:=ACC, X:=X1*X2);
END_FUNCTION_BLOCK
```

b) 使用 VAR_IN_OUT 的功能块 FB 类型的实例

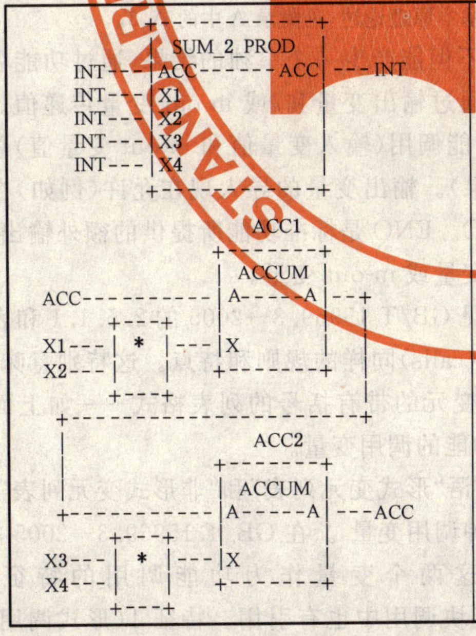


```
FUNCTION_BLOCK SUM_2_PROD

VAR_INPUT X1,X2,X3,X4: INT;END_VAR
VAR_IN_OUT ACC: INT;END_VAR
VAR ACC1, ACC2:ACCUM;END_VAR

ACC1(A:=ACC, X:=X1*X2);
ACC2(A:=ACC, X:=X3*X4);
END_FUNCTION_BLOCK
```

c) 使用 VAR_IN_OUT 的功能块 FB 类型的两个实例

图 8 VAR_IN_OUT 使用的示例

```
                  +-------+
                  | ASUM  |
                  |       |--INT
INT [1..10]---|A-----A|---INT [1..10]
                  +-------+
```

```
FUNCTION ASUM: INT
 VAR_IN_OUT
    A:INT [1..10];
 END_VAR
 VAR
     I1:INT;
     Sum:INT:=0;
 END_VAR
 FOR I1:=1 TO 10 DO
     Sum:=A [I1] +Sum;
     A [I1] :=0;
 END_FOR;
 ASUM:=Sum;
END_FUNCTION
```

d） 使用 VAR_IN_OUT 的另一种功能块 FB 类型的声明

```
                      ACC1
        +---+       +-------+
X1---|  *  |       | ACCUM |
X2---|     |---|A-----A|---ACC
        +---+       |       |
X3-------------|X      |
                    +-------+
```

```
ILLEGAL USAGE:
In-out A is not avariable
or function block name
```

e） 非法使用的示例

```
               ACC1
            +-------+
            | ACCUM |
2.0---|A-----A|---2.0
            |       |
       ---|X      |
            +-------+
```

```
ILLEGAL USAGE:
In-out A is not avariable
or function block name
```

f） 非法使用的示例

图 8（续）

3.2.3 形式和非形式调用以及变元列表

本条的内容仅涉及文本化语言的调用。

GB/T 15969.3—2005 导入了功能和功能块在规范方面的大量改进，具体如下所述。

注：在 GB/T 15969.3—1995 基础上所作的这些改动的基本原理论述，见附录 A 中的 A.3。

a） 根据 GB/T 15969.3—2005 的 2.5.1，功能不但能产生一个单独的结果（通过功能名传递给调用的表达式），而且它们还能像功能块那样通过输出变量和/或 in-out 变量传递值。功能仍然不包含内部状态信息，即带有相同变元的功能调用（输入变量值和 in-out 变量值）总产生同样的输出值（输出变量、in-out 变量和功能结果）。输出变量的导入现在允许（例如）在标准功能的文本调用中，额外地向功能结果传递 ENO。ENO 是标准功能所提供的额外输出变量；用户定义的功能可以声明任意数量的额外输出变量或 in-out 变量。

b） 根据 GB/T 15969.3—2005 的 3.3.2.2（参见 GB/T 15969.3—2005 的 2.5.1.1 和表 19a）），功能块调用（invocation）现在使用与功能调用（calls）同样的规则和特点。这特别意味着，功能块调用的变元列表也有一套完整的实际输入变元的带有括号的列表格式——如上面提到的在 GB/T 15969.3—1995 中用于扩展的标准功能的调用变量。

c） GB/T 15969.3—2005 的 3.6.2.2 导入了术语“形式变元列表”和“非形式变元列表”，用于带有形式变元赋值和不带有形式变元赋值的两种调用变量 。在 GB/T 15969.3—2005 的 2.5.1.1（GB/T 15969.3—2005 的表 19a）） 中，这两个变量作为功能调用的特征导入，在 GB/T 15969.3—2005的 3.3.2.2 中的功能块调用中也有引用。特征 1（形式调用）或特征 2（非形式调用）供编程人员选择，但它们必须满足实际应用的要求（例如，ENO 的必要使用）。

d） 在 GB/T 15969.3—1995 中，许多标准功能没有在其声明中明确地定义输入变量名。为了允许使用这些功能调用的形式变元列表，现在在 GB/T 15969.3—2005 的 2.5.1.5 中导入了形式输入变量命名的相应规则，用于所有标准功能的声明。

e) 在 GB/T 15969.3—2005 的 2.7.1 中导入的用于编程组态的操作符“=>”，其使用被扩展到了形式变元列表。这就允许在功能调用或功能块调用的形式变元列表内对输出变量赋值。对于功能调用而言，用于输出变量赋值的这种机制是惟一可能的一种，因为没有从调用的程序组织单元存取输出变量的结构，它仅存在于功能块的输出变量中。这种操作符的典型使用就是将功能调用中的 ENO 赋值给调用的 POU 中的一个变量。可以用一个 NOT 操作符给一个输出变量加上前缀，以表示对输出取反(见 GB/T 15969.3—2005(表 19)中 2.5.1.1 的文本调用中的图形化语言)。

f) 形式变元列表具有使用操作符“:=”将一组实际变元值赋值给输入变量和 in-out 变量的格式，并使用操作符号“=>”将一组输出变量值赋值给位于调用的 POU 中变量的格式。没有必要为功能或功能块的每个声明的变量进行赋值：列表中任何未予以赋值的变量都有其缺省值，即使需要的话，在功能或功能块规范中赋值，或采用相关的数据类型的缺省值。列表中变元赋值的顺序并不重要。

注 1：与 GB/T 15969.3—1995 相比，除导入操作符“=>”外，对以上所有规则都未做修改。

g) 与形式变元列表的规则相反，对于功能调用或功能块调用的非形式变元列表而言，列表中的实际变元必须按照功能或功能块声明中所定义的变量顺序进行排序。必须给整组声明的变量提供实际变元，不包括执行控制变量 EN 和 ENO(这些变量不能由非形式变元列表处理)。关于整组变量的完整性，对于 IL 中功能的文本调用有一个例外：在该文本语言中，希望功能调用的第一个变元作为当前结果，非形式变元列表从第二个变元开始(见 GB/T 15969.3—2005 中 3.2.3)。

注 2：与 GB/T 15969.3—1995 相比，对以上所有规则都未做修改。

表 2 说明以两种文本化语言 ST 和 IL 编写的功能调用和功能块调用的形式变元列表和非形式变元列表。

表 2 功能和功能块文本调用的示例

	描述	示例(注 8)
a)	以 ST 编写的形式功能调用(注 1)	A:=LIMIT(EN:=COND, IN:=B, MX:=5, ENO=>TEMP);
b)	以 ST 编写的非形式功能调用	A:=LIMIT(1,B,5);
c)	以 ST 编写的形式功能调用(注 2)	A:=LIMIT(EN:=TRUE, MN:=1, IN:=B, MX:=5);
d)	以 ST 编写的非形式功能块调用	CMD_TMR(%IX5,T#300 ms,OUT,ELAPSED);
e)	以 ST 编写的形式功能块调用(注 3)	CMD_TMR(IN:=%IX5, PT:=T#300 ms, Q=>OUT, ET=>ELAPSED, ENO=>ERR);

表 2（续）

	描述	示例(注 8)
f)	以 ST 编写的形式功能块调用(注 4)	MYTON(EN:=NOT(X<>Y), IN:=START, NOT Q=>OUT);
g)	以 IL 编写的非形式功能调用(注 5)	LD 1 LIMIT B,5 ST A
h)	以 IL 编写的形式功能调用(注 6)	LIMIT(EN:=COND, IN:=B, MN:=0, MX:=5, ENO=>TEMP) ST A
i)	以 IL 编写的非形式功能块调用	CAL C10(%IX10,FALSE,A,OUT,B)
j)	以 IL 编写的形式功能块调用(注 7)	CAL C10(CU:=%IX10,Q=>OUT)

注 1：说明 EN 和 ENO 的赋值；使用缺省值 MN:=0。

注 2：产生与示例 b)同样的结果。

注 3：显示与示例 d)同样的行为；还向 ENO 赋值 ERR。

注 4：说明对输入 EN 取反和对输出 Q 取反。

注 5：产生与示例 b)同样的结果；将 MN 的值装入当前结果。

注 6：显示与示例 a)同样的结果。

注 7：与示例 i)一样计数：使用前一次调用中 PV:=A，但不向 B 赋值。

注 8：一条声明，例如

```
VAR
  CMD_TMR,MYTON:TON;
  C10:CTU;
  A,B:INT;
  X,Y:REAL;
  ELAPSED:TIME;
  COND,TEMP,OUT,ERR,START:BOOL;
END_VAR
```

假定用于以上示例。

3.3 功能块的使用

3.3.1 功能块类型和实例

功能块类型是 POU。POU 描述输入和输出变量以及用于功能块实例的本地数据区。另外它还包含了当功能块实例被调用时，处理该数据的规则。既不能从功能块类型本身读取或向它写入变量，也不能调用功能块类型本身；这些操作被保留用于功能块实例。

可以使用基于此类型声明的多个功能块实例。每个实例彼此独立。每个功能块实例都有惟一的标识符(实例名)和用于输入变量、输出变量和本功能块实例的内部变量的专用数据区。对功能块实例可以通过其实例名进行存取和调用。

功能块的这些特性与面向对象的编程(OOP)相关。功能块类型类似于一种类,它定义了功能块主体内的数据结构和计算方法。各个对象由各个功能块实例的专用数据区来表示。数据只能从功能块主体的外部以控制的方式进行修改。这贯彻执行了软件工程封装和信息隐藏的原则,它是 OOP 的关键要素。

典型的功能块实例是定时器或计数器,在一次调用至下一次调用之间它们保持其值,并决定是否达到最终值。使用功能块的另一个场合是,以控制的方式存取共享的设备。这里,单个的功能块实例能惟一地控制设备,并像信号标那样动作,仅当调用对应的功能块实例时,设备才能被存取。

使用功能块实例的优点在于,与所定义的数据结构相关联的功能仅需要声明一次,然后就能被独立地用于可编程序控制器程序内的多个实例。"原型"被保留在功能块类型中,通过声明该类型的实例,就能按所需要的复用次数多次重复使用它。这样,只要在相关的功能块类型中没有出错,就能保证在任何功能块实例中不会出错。

功能块实例对测试和调试也很有用,因为在监视和在线修改时很容易存取实例的整套当前状态数据。

功能块实例是 GB/T 15969.3 中定义的功能块的一个独特特性。它与过程性编程语言(例如 Pascal 或 C 语言)没有等同之处。

功能块的实例化是当今可编程序控制器功能的一种扩展。在现在的许多实现中,每个功能块类型只有固定数量的实例可用,不能创建额外的实例。能够以不受限制的方式来实例化的用户定义的功能块,也是对大部分现有系统的扩展。

3.3.2 功能块中的数据范围

前面所讨论的数据封装和变量名隐藏的原则,对于传统的可编程序控制器系统的用户可能并不熟悉。该原则也适用于功能块的实例,通过与 VAR..END_VAR 结构中变量的相同方式予以声明。这样,出现在另一个功能块中的功能块实例,在包含它的功能块的外部是不可视的,这与一些传统的可编程序控制器系统的实际情况相反。这个原则在 GB/T 15969.3—2005 的 2.5.2 中以如下语句表述:

"功能块实例的范围对于在其中已将该功能块实例化的程序组织单元应是局部的,除非它在 2.7.1 所定义的 VAR_GLOBAL 块中被说明为全局的。"

这个要求看似与 GB/T 15969.3—2005 的 2.5.2 中的陈述"任何已说明的功能块类型都能在如图 3 所示的另一个功能块类型或程序类型的说明中使用"互相矛盾。但是,参考 GB/T 15969.3—2005 的图 3 就很清楚了,后者是指功能块类型,而不是功能块实例。因此,两个要求并不矛盾。

图 9 说明了此原则的应用。这里,功能块类型 FBy 中名为 FB1 的实例将出现在功能块类型 FBx 的每个实例中。当功能块类型 FBx 在程序类型 A 的实例中被实例化两次之后,就创建了两个独立、有区别的功能块类型 FBy 的实例。如图 9c)所示,每个这样的实例形成了 FBx(分别为 FB1 和 FB2)的一个相关联实例的专用数据区部分,因此它在这个实例的外部是不可视的。

```
FUNCTION_BLOCK FBx
   VAR FB1:FBY;END_VAR;(* FBy is a function block type *)
...
   FB1(...);                    (* Invoke instance FB1 *)
...
END_FUNCTION_BLOCK
```

a) 包含的功能块类型的声明

图 9 功能块实例的隐藏

```
PROGRAM A
  VAR FBA:FBx;(* Two instances of type FBx *)
      FBB:FBx;(* Each contains an instance FB1 of type FBY *)
  END_VAR;
...
FBA(...);                    (* Invoke instance FBA *)
FBB(...);                    (* Invoke instance FBB *)
...
END_PROGRAM
```

b) 包含的程序类型的声明

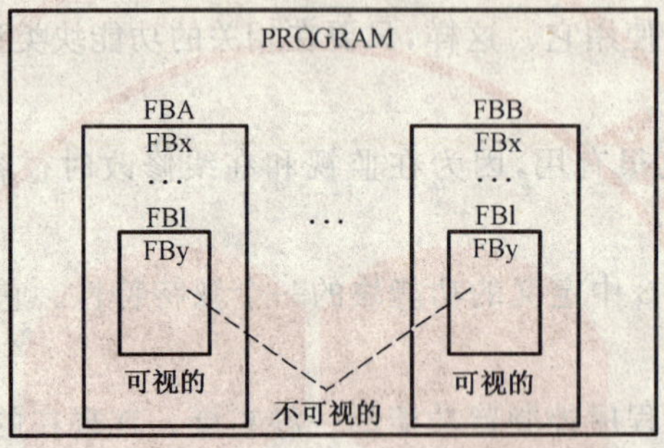

c) 功能块实例的可视性

注：无关的细节通过省略号(…)表示。

图 9（续）

3.3.3 功能块的存取和调用

对一个功能块实例变量的读存取与功能块实例本身的调用之间是有区别的。读功能块实例的输出变量等同于读结构化变量的元素值。但是，与结构化变量不同，对功能块输出变量的显性赋值是不允许的。只允许在功能块实例的主体内对功能块实例的输出变量赋值(见 GB/T 15969.3—2005 表 32)。

注 1：一般来说，在 POU 内有可能几次(“多次赋值”)调用功能块的单一实例。但是，这种可能性受到了在一个 POU 内每个功能块实例只可以调用一次的限制，这取决于可编程序控制器的实现。使用单一功能块实例的多次调用的 POU，这种实现也许是不能移植的。详见 3.7。

功能块实例的专用数据区的所有值可以从一次调用保持到下一次调用。这样，该实例的专用数据区可被看作是记录当前状态的“存储器”。出于此原因，具有相同输入变量值的同一个功能块实例的不同调用，可能会产生这一实例数据区的不同值。

为输入变量赋值仅允许作为功能块实例调用的一部分。但是，为了使一个调用有效，并不是功能块实例的所有输入变量都必须显性置位。这是正确的，因为出于以下原因不可能有未定义的变量值：

a) 标准的缺省值被定义用于所有可能的数据类型的初始变量；

b) 对任何变量的初始值可以在其声明中进行规定；

c) 所有变量都将其值从功能块实例的一次调用保持到下一次调用。

注 2：如果未对功能块实例的所有输入变量赋值，则必须使用功能块的形式调用。功能块的非形式调用需要在其变元列表中有一套完整的实际变元。

注 3：GB/T 15969.3—2005 导入了功能块中单一实例的输入的特殊初始化(见 GB/T 15969.3—2005 的表 18 中特性 10)。做此修改的基本原理见 A.3。

3.4 功能块实例和功能之间的区别

虽然功能块和功能都是 POU，但是在它们之间存在很大的区别(见 GB/T 15969.3—2005 的 2.5.1)。

a) 功能的调用只有一个结果。

注：在 GB/T 15969.3—2005 中，功能的调用可影响其相关输出变量的值或 in-out 变量的值及其结果。

b) 调用一个功能的结果可被用作表达式或赋值语句中的值，但不能被用作赋值操作的目标。

c) 功能不具有受以前历次调用作用的专用存储区（即内部状态信息）。因此，每次具有相同变元的功能调用都产生同样的结果。

d) 功能名的范围，如功能块类型的范围，是全局的，这与功能块实例名的范围正相反。

3.5 间接引用的功能块实例的使用

引用功能块实例的目的是，通过其输出变量读数据，或调用所引用的实例。在其实例名已经被作为变元传递给 POU 的功能块实例上还能执行这些操作。在这种情况下，对功能块实例不能通过使用该功能块实例的固定名来直接引用；这种引用是通过 POU 的一个输入变量或外部变量的间接引用。应将所引用的功能块的实例名从在其内引用的那个 POU 的“外部”来赋予合适的变量。

这个机制允许在另一个程序或功能块的主体内存取所指定的功能块类型的不同实例，或调用它们。

把功能块实例名作为变元使用的方法为用户在编程方面提供了很多新的可能。这些特性可以使存取或调用功能块类型的实例成为可能，而无需在引用 POU 的声明部分定义所引用功能块的特定实例。除此之外，所引用的实例可以从引用 POU 的一次调用改变到另一次调用。

该机制的有益应用如，在处理具有相同行为的几台机器问题时，用单一的功能块实例来表达每台机器。

3.5.1 建立一个间接的功能块实例引用

GB/T 15969.3—2005 中 2.5.2.2 的 6)和 7)、表 33、B.1.4.3 和 B.1.5.2 定义了建立功能块实例的间接引用的机制。如图 10 中所示，功能块引用可以作为以下几种来建立：

a) 在 VAR_INPUT 中声明的变量；

b) 在 VAR_IN_OUT 中声明的变量；

c) 外部变量。

图 10 中的每个示例都示出引用一个功能块实例的功能块的接口定义，后接一个示例，说明将所引用的功能块实例作为引用的功能块调用的一部分进行传递。

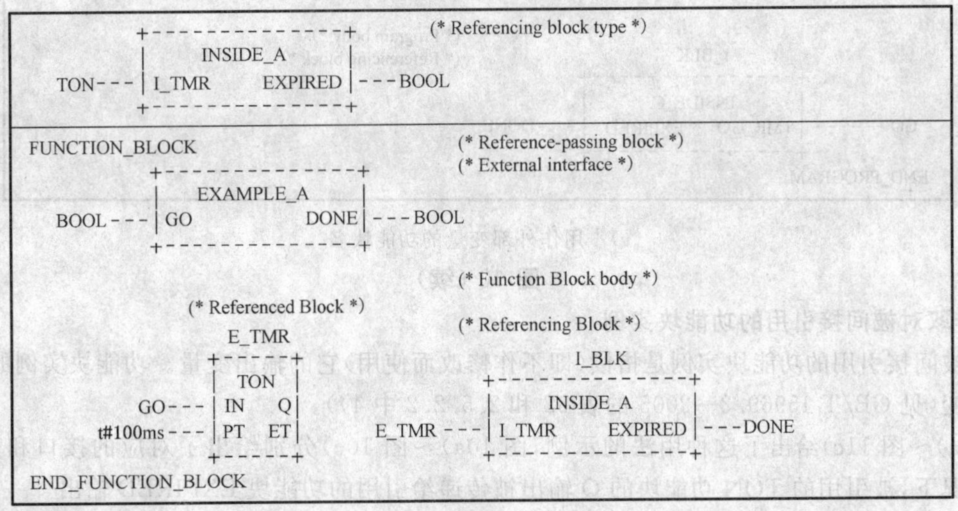

a) 用作输入变量的功能块名

图 10 功能块名的图形使用

```
                +---------------+        (* Referencing block type *)
                |   INSIDE_B    |
      TON---    | I_TMR     I_TMR  |---TON
      BOOL--    | TMR_GO   EXPIRED |---BOOL
                +---------------+
---------------------------------------------------------------------
FUNCTION_BLOCK                            (* Reference-passing block *)
                +---------------+         (* External interface *)
                |   EXAMPLE_B   |
      BOOL---   |GO         DONE|---BOOL
                +---------------+
                                          (* Function Block body *)
              (* Referenced Block *)
                    E_TMR                 (* Referencing Block *)
                  +------+                           I_BLK
                  | TON  |                 +----------------+
                  |IN   Q|                 |    INSIDE_B    |
      t#100ms --- |PT  ET|      E_TMR ---  | I_TMR     I_TMR  |---  E_TMR
                  +------+      GO------   | TMR_GO   EXPIRED |---DONE
                                           +----------------+
END_FUNCTION_BLOCK
```

b） 用作 in-out 变量的功能块名

```
FUNCTION_BLOCK                            (* Referencing block type *)
                +---------------+         (* External interface *)
                |   INSIDE_C    |
      BOOL--    | TMR_GO EXPIRED |---BOOL
                +---------------+
VAR_EXTERNAL X_TMR：TON；END_VAR
END_FUNCTION_BLOCK
---------------------------------------------------------------------
PROGRAM                                   (* Reference-passing program *)
                +---------------+         (* External interface *)
                |   EXAMPLE_C   |
      BOOL---   |GO         DONE|---BOOL
                +---------------+
      VAR_GLOBAL X_TMR：TON:END_VAR            (* Referenced block *)

                                          (* Program body *)
                    I_BLK                 (* Referencing block *)
                +---------------+
                |   INSIDE_C    |
      GO------  | TMR_GO   EXPIRED |---DONE
                +---------------+
END_PROGRAM
```

c） 用作外部变量的功能块名

图 10（续）

3.5.2 存取对被间接引用的功能块实例

存取被间接引用的功能块实例是指读(即不作修改而使用)它的输出变量。功能块实例的专用数据区保持不变(见 GB/T 15969.3—2005 的表 32 和 2.5.2.2 中 4))。

图 11a)～图 11c)给出了这种用法的示例,图 10a)～图 10c)分别给出了对应的接口和变量声明。在每种情况下,被引用的 TON 功能块的 Q 输出被传递给引用的功能块 EXPIRED 输出。

```
EXPIRED：=I_TMR..Q；(* Referenced input block *)
```

a） 被引用的输入功能块

图 11 存取被间接引用的功能块实例

```
                 I_TMR      (* Referenced in-out block *)
               +------+
               |  TON |
   TMR_GO---   | IN  Q|---EXPIRED
               |PT  ET|
               +------+
```

b) 被引用的 in-out 功能块

```
                 X_TMR      (* Referenced external block *)
               +------+
               |  TON |
   TMR_GO---   | IN  Q|---EXPIRED
               |PT  ET|
               +------+
```

c) 被引用的外部功能块

注：对应的变量和接口定义参见图 10。

图 11（续）

3.5.3 被间接引用功能块实例的调用

如 GB/T 15969.3—2005 的 2.5.2.2 中 5）所述，被间接引用的功能块实例的调用是指从另外一个功能块的内部调用功能块实例。使用这个功能，就能修改该功能块实例的专用数据区（因此也能修改输出变量）。

GB/T 15969.3—2005 的表 32 中给出的功能块实例调用的通用规则在以下情况下有效：

a) 给被间接引用的功能块实例的输入变量赋值，仅允许作为该功能块调用的一部分。

b) 不能从外部修改该功能块实例的输出变量。

如 GB/T 15969.3—2005 的 B.1.4.3 和 B.1.5.2 所定义，对被调用的功能块实例的引用可以通过下列方式建立：

a) VAR_IN_OUT 声明中所声明的变量，如图 12 所示；

b) 外部变量。

这种用法的示例分别示于图 12b）和图 12c）。

不允许通过输入变量来调用所建立的被间接引用的功能块实例，因为功能块实例的调用可能改变专用数据区的值。被修改的值可能会在被调用的功能块的外部产生影响。这种行为对于输入变量是被禁止的。如 3.5.2 所述，这就避免了通过输入变量所建立的间接引用的功能块实例的图形化表达（它隐含调用）。

```
FUNCTION_BLOCK B
   VAR_IN_OUT COUNTER_FB:CTU;END_VAR
   VAR REACHED:BOOL;END_VAR
   ...
   (* Invocation of the variable COUNTER_FB *)
   COUNTER_FB(...);
   (* Access to output Q of the variable COUNTER_FB *)
   REACHED:=COUNTER_FB.Q;
   ...
END_FUNCTION_BLOCK
```

a) 文本声明和调用

图 12 被间接引用的功能块实例的调用

```
          COUNTER_FB
        +-----------+
        |    CTU    |
        |           |
   --->CU         Q |---REACHED
        |           |
   ---| R           |
        |           |
   ---| PV        CV |
        +-----------+
```

b） 图形调用

```
PROGRAM P2
...
    VAR REACHED:BOOL;
        B1:B;
        COUNTER1:CTU;
        COUNTER2:CTU;
    END_VAR
    ...
    (* Access value of COUNTER1.Q before invocation *)
    REACHED:=COUNTER1.Q;
    ...
    (* Invocation of B1 causes invocation of COUNTER1 *)
    B1(COUNTER_FB:=COUNTER1);
    ...
    (* Access value of COUNTER1.Q after invocation *)
    REACHED:=COUNTER1.Q;
    ...
    (* Invocation of B1 causes invocation of COUNTER2 *)
    B1(COUNTER_FB:=COUNTER2);
    ...
END_PROGRAM
```

c） 实例名的文本传递

```
COUNTER1.Q ---REACHED
...
                          B1
              +------------------------+
              |            B           |
COUNTER1 ---  | COUNTER_FB---COUNTER_FB |---  COUNTER1
              |                        |
              |                        |
              +------------------------+
...
COUNTER1.Q ---REACHED
...
              +------------------------+
              |            B           |
COUNTER2 ---  | COUNTER_FB---COUNTER_FB |---  COUNTER2
              |                        |
              |                        |
              +------------------------+
```

d） 实例名的图形传递

注：无关的细节通过省略号(…)表示。

图 12（续）

图 12 所示的示例中,可在功能块 B 的主体内调用 CTU 功能块的不同实例。按照功能块 B 的 VAR_IN_OUT 声明中所声明的变量来建立对 CTU 功能块实例的间接引用。在图 12c)和图 12d)中,功能块 B 的实例 B1 的一些调用(具有功能块 COUNTER_FB 的不同实例名作为一个变量)导致对应于可变实例名的不同的 CTU 实例的调用。

如 GB/T 15969.3—2005 中图 11c)所示,功能块实例可以在程序中作为全局变量声明,功能块实例名可以作为外部变量在其他类型的功能块中使用。虽然这种功能块的特定实例在不同的程序中有变化,但是,被引用的功能块实例在从引用的功能块(包括外部引用的功能块)的一次调用到下一次调用之间没有变化。这种功能块实例可被用来(例如)为功能块类型(包含作为外部引用的功能块名)的所有实例的变量提供外部置位值的手段。

因此,如上所述,功能块实例名的外部变量的用法与功能块实例名的 VAR_IN_OUT 变量的用法不同。虽然从功能块实例的一次调用到下一次调用之间可以修改变量 VAR_IN_OUT;但外部功能块实例引用将不会改变,尽管它们的变量值可能会改变。

这个事实隐含着由 PSE 所提供的对于功能块实例范围的有效性检测。坚持推荐必须在编辑时间期间内完成这种范围检测,这样用户就无需等到运行时才做范围检测。该项要求的结果是,用作变元的功能块实例名是固定的,它不被保留在变量内。另外,既不能在运行时将字符串串接,也不能存取保留此功能块实例名的串数组。

3.5.4 间接引用的功能块实例的递归

根据 GB/T 15969.3—2005 的 2.5,POU 的调用不是递归的。对于功能块调用也是如此。

由于 GB/T 15969.3 把 POU 定义为功能块类型而不是功能块实例,因此对功能块递归调用的检测可以通过检测功能块类型的主体来进行。即使在支持将功能块实例名作为变元使用的机制中也是如此,因为从一次调用到下一次调用之间可以变化的是被调用的功能块实例名,而不是被调用的功能块的类型。被调用的功能块的类型由调用的 POU 主体中的声明来决定。

在 3.6 中将详细讨论可编程序控制器编程语言内的递归。

3.5.5 被间接引用的功能块实例的执行控制

为避免不确定性,在确定被间接引用的功能块实例的执行控制时推荐以下措施:

a) 应该避免直接把任务与这种功能块相结合(如 GB/T 15969.3—2005 的 2.7.2 所述)。

b) 如果可能用 GB/T 15969.3—2005 的 3.3 中定义的 ST 语言写的算法,则应限制这种功能块的使用,ST 语言有显性功能块调用语句。

c) 在应用不可避免地要用图形语言使用这种功能块的场合,PSE 应提供建立无歧义执行控制的工具。

3.5.6 在功能中使用间接引用的功能块实例

正如 GB/T 15969.3—2005 中 2.5.2 所阐述的,功能块实例的名可被用来作为功能的输入变量。在该功能的主体内,可以读取被间接引用的功能块实例的输出变量。

初看起来,这似乎与 GB/T 15969.3—2005 的 2.5.1 中功能的定义相反。具有相同的输入变量的功能调用总是产生相同的输出值。如果将相同的功能块实例名传递给一个功能并且该功能块实例此时已被调用,则情况就并非如此。然而,有关该事实的更加详细的探查表明,对功能块实例的读存取类似于对结构化变量的读存取。因此,为了得到相同的功能值,它不足以保证从一次功能调用到下一次功能调用之间功能块实例名相同,也不能保证被引用的功能块实例的所有输出变量的值都相同。

3.6 可编程序控制器编程语言中的递归

如 GB/T 15969.3—2005 的 2.5 所述,不允许 POU 递归调用。这意味着 POU 不能包含或调用另一个相同类型的 POU。如果递归是间接而并非直接的,例如,如果 POU A 调用 POU B,而该 POU B 又调用 POU A,情况也是如此。

由于运行时间性能,建议在编辑期间通过 PSE 来检查程序可能的递归。这需要通过遍历并检查静态调用分级树来检查可能出现的递归的能力。在从与 TASK 相关联的 PROGRAMS 到 POU 最深层次的调用的每种可能的路径组合中,同一 POU 名不会出现一次以上。

递归的编辑时间检查也可能检查有关功能块实例名作为变元的使用,因为递归是与功能块类型而不是功能块实例绑定(bound)的。

3.7 单一调用和多次调用

一些可编程序控制器允许对功能或功能块的任何输入仅赋一个值,而其他一些可编程序控制器则允许为任何输入赋多个值。如果把可编程序控制器系统看作电子电路的替代物,就不存在多次赋值,因为这将产生输出"短路",等同于 FBD 中输出的"线或连接"(wired OR)。另一方面,为什么在数字计算实体中所执行的功能块不能从不同地址调用,且每次调用中带不同输入值,是没有原因的。

使用功能块实例的多次调用的合适例子是代码同步执行,例如信号装置、监视器或汇合。

注:这些功能块必须是生产商定义的或用户定义的,因为 GB/T 15969.3 中没有提供用于代码同步的标准功能块。

用 ST 语言编写的多次调用的例子如下:

```
VAR aFB:FUNCTION_BLOCK_TYPE;END_VAR
...
IF aBooleanExpression
THEN aFB(IN:=1,...);
ELSE aFB(IN:=0,...);
END_IF;
...
```

这里希望功能块"aFB"有一个名为"IN"的布尔输入变量。根据某个布尔表达式的当前值,用输入值"0"或"1"来调用该功能块。赋给输入不同的值,功能块 aFB 有两次调用。在允许多次赋值的系统中,这不会导致任何问题;但是在严格的单一赋值系统中,IF 语句必须重新用公式表示为

```
aFB(IN:=aBooleanExpression,...);
```

根据功能块的复杂性以及与计算值有关的输入个数,功能块的调用变得越来越复杂,并隐藏了功能块预期目的。如果在以上例子中输入"IN"不是 BOOL 类型而是 INT 类型,则需要一个二进制选择函数"SEL"。

```
aFB(IN1:=SEL(G:=aBooleanExpression,IN0:=0,IN1:=1),IN2:=...);
```

严格的单一赋值还增加了解耦功能块输入的赋值所必要的中间变量的个数。

在 SFC 中可找到多次赋值的类似例子,可以在不止一个动作中调用一个功能块的实例。

GB/T 15969.3 并没有规定系统是使用严格的单一调用还是允许多次调用。两者各有优缺点。在单一调用的规则中,有一处而且仅有一处能为功能块的输入变量赋值,这提高了软件的可靠性和可维护性。在多次调用中,由于较低等级的功能嵌套,使可编程序控制器的程序更容易维护,同时由于避免了多余的计算,使它具有更好的响应和处理能力。

注:其他不能使用多次调用情况的描述,见 3.12.3。

3.8 编程语言的专有特点

3.8.1 边沿触发功能

GB/T 15969.3—2005 中规定了上升沿和下降沿触发功能的若干机制:

a) 2.5.2.2 中作为功能块输入;

b) 2.5.2.3.2 中作为 R_TRIG 和 F_TRIG 功能块;

c) 4.2.3 的表 61 和 4.2.4 的表 62 中分别用于 LD 语言中作为正(P)和负(N)跳变触点和线圈。

3.8.1.1 LD 语言中的边沿触发

如 2.1 中所述,许多可编程序控制器系统使用循环执行来实现采样数据控制。在 GB/T 15969.3 的定义中,这是通过将执行控制算法的程序与周期性任务(TASK)相关联(如 GB/T 15969.3—2005 中

2.7.2 所描述的)而实现的。用户必须清楚在这种系统中,在最坏的情况下,边沿触发中一个输入状态的改变,其作用在系统输出会直到两个扫描周期以后才出现(如图 3 所示)。这一点可通过简单的 LD 网络和图 13 所示的时序图说明。

```
|     IN1            OUT1     |
+----|P|-------( )---+
|                             |
```

a) 示例网络

```
                +--------------------------...
IN1             |
----------------+

Input        ++          ++          ++          ++
Scan         ||          ||          ||          ||
-------------++----------++----------++----------++--...

Program         +----+      +----+      +----+
Scan            |    |      |    |      |    |
----------------+    +------+    +------+    +---...

Output                ++          ++          ++
Scan                  ||          ||          ||
----------------------++----------++----------++--...

                                    +---------+
OUT1                                |         |
                                    |         |
----------------*-------------------+         +--...

                |<---     Delay     --->|
```

b) 最坏情况下的时序

图 13 边沿触发功能的时序

3.8.1.2 边沿触发功能块的使用

GB/T 15969.3—2005 的 2.5.2.3.2 中定义的功能块 R_TRIG 和 F_TRIG 表现出在“冷重启”后的不同行为(如 GB/T 15969.3—2005 中 2.4.2 所描述)。实例 R_TRIG 的输出 Q 在第一次调用时可被置位为 1,但实例 F_TRIG 的 Q 输出在被置位为“1”之前总是需要至少两个调用。对该行为解释如下:

a) 由于布尔变量的缺省值为 0,如果在第一次调用时输入 CLK 是 1,这意味着该输入已将其值从 0 变为 1,即已检测到上升沿,这样实例 R_TRIG 的 Q 被置位为 1。

b) 在实例 F_TRIG 的情况下,在能够检测出状态从 1 变为 0 之前必须首先检测 CLK 输入为 1。因此,需要至少两个调用。

从以上描述可以得出一个有趣的用法,将 R_TRIG 作为“第一个周期检测机制”使用。如果 R_TRIG 实例的 CLK 输入为常数 1(或 TRUE),那么仅在第一次调用时输出 Q 才是 TRUE,因为后面不可能发生从 0 到 1 的状态改变。这可以作为第一个周期检测的方法使用,例如,

```
VAR
        firstCycle:R_TRIG;
END_VAR
        firstCycle(CLK:=TRUE);
        IF firstCycle.Q THEN            (* first cycle only *)
            ....
        ELSE
            ...
        END_IF;
....
```

3.8.2 功能和功能块中 EN/ENO 的使用

GB/T 15969.3—2005 的 2.5.1.2 定义了布尔输入 EN 和输出 ENO，它们能够被用来控制功能的执行。典型地，这些变量被用来通过 LD 语言中的功能提供布尔“电源流(power flow)”。但是，它们还能被用于 FBD 语言中，而且它们在以下情况中尤其有用，即在消除由于使用 GB/T 15969.3—2005 的 4.1.4 中所描述的图形执行控制元素而可能产生不确定时。

注：GB/T 15969.3—2005 现在允许在文本化和图形化语言，以及功能块类型和功能类型的声明中使用 EN 和 ENO。

图 14 示出此原理对于 GB/T 15969.3—2005 附录 F 的 F.4 中给出的 STACK_INT 功能块示例的 FBD 主体的部分的应用。将布尔输入 PUSH、POP 和 R1 的组合与变量 EN/ENO 一起使用，从而实现没有跳转和标号的确定的执行控制。

根据 GB/T 15969.3—2005 的 2.5.2.1 中的规则 3，在功能的执行过程中，当出现出错的情况时，功能的 ENO 输出被复位为 FALSE(0)。这个特点可被用来防止在后续的功能求值中出错值的传播。但是，不推荐 ENO 大量地用于运行时出错报告和诊断；而采用 4.6.2 中所描述的过程。

```
IF R1 THEN OUT:=0;PTR:=-1;... etc.
ELSIF (POP & NOT EMPTY)THEN PTR:=PTR-1;EMPTY:=(PTR<0);
        ... etc.
ELSIF (PUSH & NOT OFLO)THEN PTR:=PTR+1;OFLO:=(PTR=NI);
        ... etc.
END_IF;
```

a) 没有 EN/ENO 的 ST 语言

```
       +-------+                        +-------+
       |  :=   |                        |  : =  |
R1 --- | EN ENO| -------------------- | EN  ENO| --------- ... etc.
 0 --- |       | -- OUT           -1 --|       | -- PTR
       +-------+                        +-------+

                            +-------+            +-------+
            +---+           |   -   |            |   <   |
R1 ------O|  &  | --------- | EN ENO| --------- | EN ENO| ---------- ...
POP ------|     |     PTR --|       | -- PTR --  |       | -- EMPTY -- ... etc.
EMPTY --O|      |       1 --|       |       0 --|       |
            +---+           +-------+            +-------+

                            +-------+            +-------+
            +---+           |   +   |            |   =   |
R1 ------O|  &  | --------- | EN ENO| --------- | EN ENO| ---------- ...
PUSH -----|     |     PTR --|       | -- PTR --  |       | -- OFLO --- ... etc.
OFLO ---O|      |       1 --|       |      NI --|       |
            +---+           +-------+            +-------+
```

b) 具有 EN/ENO 的 FBD 语言

图 14 执行控制的示例

3.8.3 非 GB/T 15969.3 语言的使用

GB/T 15969.3—2005 的 1.4.3 指出，除了 GB/T 15969.3 中定义的语言之外，在功能和功能块的编程中可以使用其他编程语言，例如 Pascal 和 C 语言。不管使用哪种语言编程，都必须提供 5.5 中阐述的接口信息，以便在 PSE 中允许使用这些程序组织单元类型。

3.9 SFC 元素的使用

SFC 语言元素允许用清晰的图形和逻辑表示控制程序的顺序结构和部分控制程序。

SFC 包括由步和转换组成的一个或多个网络。与每个步相关联的是一组动作。一个动作表示与一个或多个步相关联的操作，并可能包括：

a) 以 IL 语言编写的一个指令集；

b) 以 ST 语言编写的一个语句集；

c) 以 LD 语言编写的一个梯级(rung)集；

d) 以 FBD 语言编写的一个网络集；

e) 一个顺序功能图；或

f) 一个布尔变量。

3.9.1 动作控制

动作的执行受到其相关联的步的状态及其动作限定符作用的组合影响。

如 GB/T 15969.3—2005 的 2.6.4.5 中所定义的，动作控制块包括其作用的逻辑描述和动作限定符的交互作用。为了更好地理解动作控制，将动作控制块的备份(实例)分配给每个动作。因此，动作控制块是一个动作的组成部分：它定义了动作的执行(也可以说它"控制"了执行)。

通过这种方式，可以在一个步的持续时间内使一个动作得以执行，仅执行一次("可看成是一个脉冲")，在不定的时间内使动作执行(相当于"置位"或"储存")，使动作不得执行(相当于"复位")，在一段时间延迟后使动作得以执行，或在有限的时间内使动作得以执行。

GB/T 15969.3 要求动作控制块的功能(而不必是控制块本身)必须在符合 SFC 的可编程序控制器系统中予以实现。可以通过下列规则对该功能作非正式的描述。

a) 在程序部分中，一个动作的行为(功能)主要由下列特性决定：

——步标志的状态；

——动作限定符；

——动作；

——动作控制块。

b) 动作控制块(逻辑地)描述了动作限定符的操作方法(功能)和相互作用。(在一个程序或部分程序中可以用不同的动作限定符来定义一个动作。)动作限定符有：

N　非储存的；

S　置位/储存的；

R　跨越复位；

P　脉冲；

L　时间限定；

D　时间延迟；

DS　延迟并储存；

SD　储存并时间延迟；

SL　存储并时间限定；

P1　脉冲的上升沿(当进入步时)；

P0　脉冲的下降沿(当脱离步时)。

GB/T 15969.3—2005 的图 15a)和图 15b)表示了像硬接线图一样的动作执行的逻辑流程。GB/T 15969.3—2005 的表 45a)定义了两种动作控制特性：

a) 带有"最终扫描"(如图 15a)所示)；

b) 没有"最终扫描"(如图 15b)所示)。

注 1：P0 限定符的典型使用是为了替代系统中需要"最终扫描"的场合，它不实现表 45a)中的特性 1。

注 2：两种允许的动作控制类型的存在("最终扫描"和"非最终扫描")限制了程序的移植性。用户在试图将 SFC 从一个系统移植到另一个系统之前，应检查所支持的动作控制特性在两个不同的可编程序控制器系统之间是否一致。

注 3：GB/T 15969.3—2005 的图 15a)和图 15b)中，"最终扫描"实现与"非最终扫描"实现之间在 P0 和 P1 动作对动作控制块的"Q"输出的影响是不一致的。也就是说，在图 15a)中在 P1 或 P0 动作期间，Q 输出为 FALSE(0)，而在图 15b)中在 P1 和 P0 的动作期间 Q 输出为 TRUE(1)。用户在试图将 SFC 在其“最终扫描”的处理存在差异的系统之间进行移植时，必须特别注意这种差异。

SFC 网络的任何部分通常包括一系列动作块，它们仅在属性的选择上有所不同。而且，一些不同的动作可以被连接到同一个步，如 GB/T 15969.3—2005 的图 16a)所示。因此，可以得出以下的观察结论：

—— 每个步可与几个动作块连接。

——每个动作块与一个步连接。

——每个动作仅与一个动作控制块连接。

——每个动作控制块可与一个或多个动作块连接。

GB/T 15969.3—2005 的图 16b)示出了图 16a)中 SFC 网变换成块硬接线图，对应于 SFC 的动作块作为一种(优化的)硬接线网络的实现。所生成的实际可执行代码并不需要与该图完全一致，只要其行为在功能上等效即可。

c) 每个动作块中仅激活一个与时间有关的动作限定符(D、L、SD、DS、SL)。

d) 在一个动作块中激活 SL 限定符时，不允许在同一个动作块中处理 SD 限定符，反之亦然。

在下面的子条目中给出了多种限定符的功能特性的时序图。

3.9.2 布尔动作

对布尔变量作运算的动作被称为布尔动作。在此特定情况下，一个动作的行为通过将输出 Q 的状态直接赋值给布尔变量来建立。

图 15 示出布尔变量的所有限定符功能，它基于 IEC 60848 中动作限定符的描述。在这些图中，假定已经将 test 声明为变量类型 BOOL。

注 1：如果要求将多个限定符加以组合，建议参考 GB/T 15969.3—2005 的 2.6.4.5 中动作控制块的具体描述，以便对生成结果的操作有更好的理解。

注 2：当实现“最终扫描”(GB/T 15969.3—2005 中表 45a)的特性 1)时，P1 和 P0 限定符的使用总会生成相关联的布尔动作的 FALSE 值。当实现“非最终扫描”(GB/T 15969.3—2005 中表 45a)的特性 2)时，在分别进入和脱离该步时相关联的布尔动作单次扫描值为 TRUE。因此，对于布尔动作不推荐采用这些限定符。

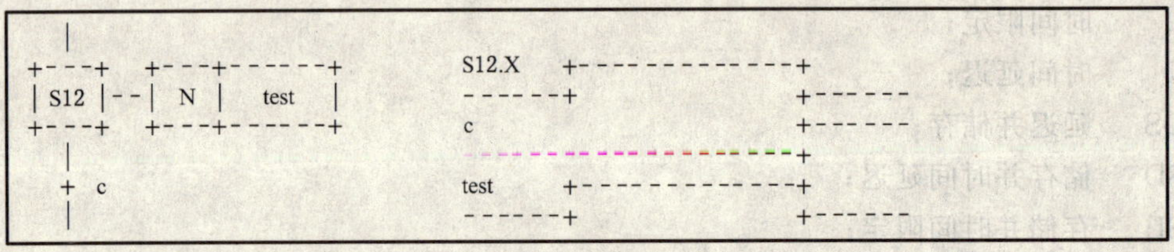

N(非储存)动作

只要步 S12 被激活，布尔变量“test”即被置 1。

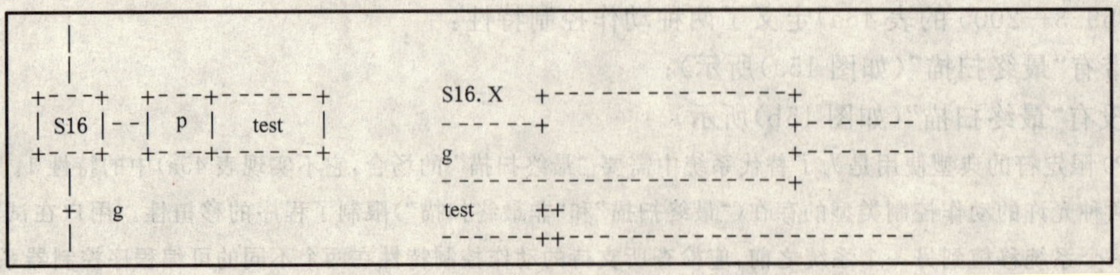

P(脉冲)动作

一旦该步被激活，在一个操作周期中布尔变量被置 1。

图 15 布尔动作的时序

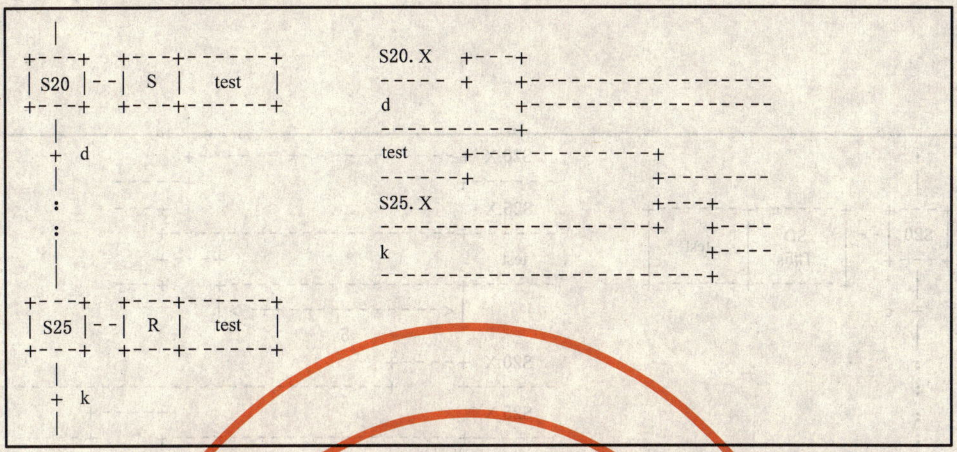

S/R(置位/复位)动作

一旦该步被激活，布尔变量被置1并储存。它只能用R限定符复位。

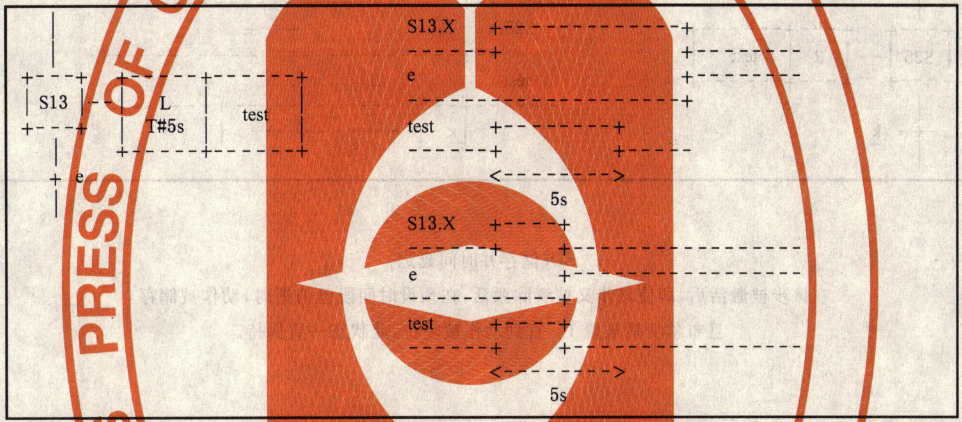

L(时间限定)动作

只要相应的步被激活，在预设的时间长度内布尔变量被置1。

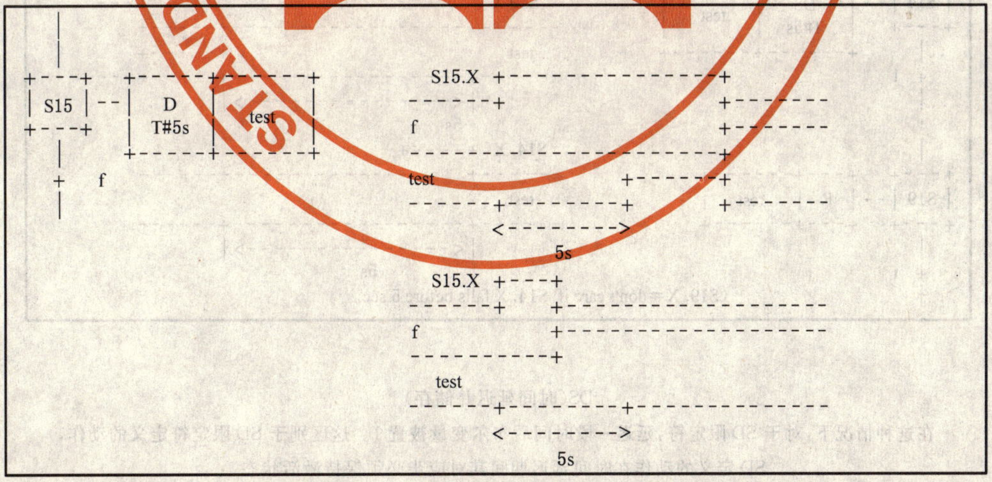

D(时间延迟)动作

只要相应的步被激活，在预设时间过去后布尔变量置1，并保持置1。

图 15（续）

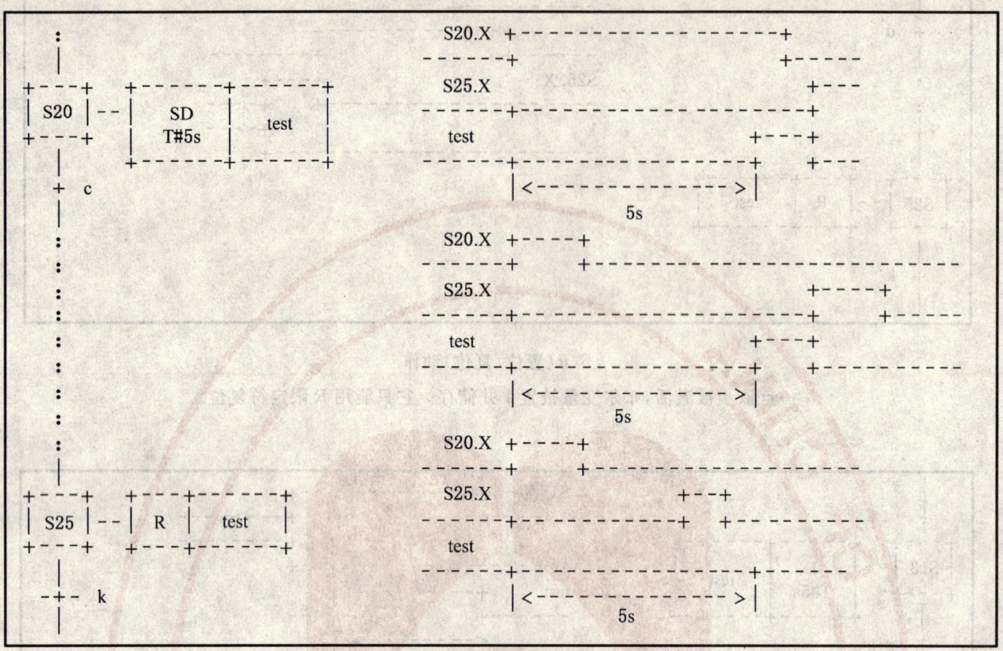

SD(储存并时间延迟)

在该步被激活后,即使该步又被解除激活,在预设时间段已消逝时,动作被储存,且布尔变量被置1。直到动作被复位,此状态一直保持。

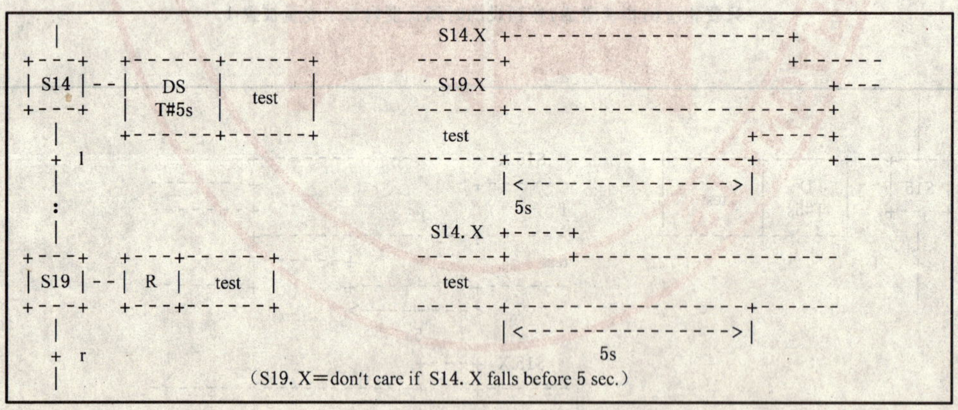

DS(时间延迟并储存)

在这种情况下,对于SD限定符,延迟一段时间后布尔变量被置1。这区别于SD限定符定义的动作,SD定义的动作在时间延迟期间其对应步必须保持激活状态。

图 15(续)

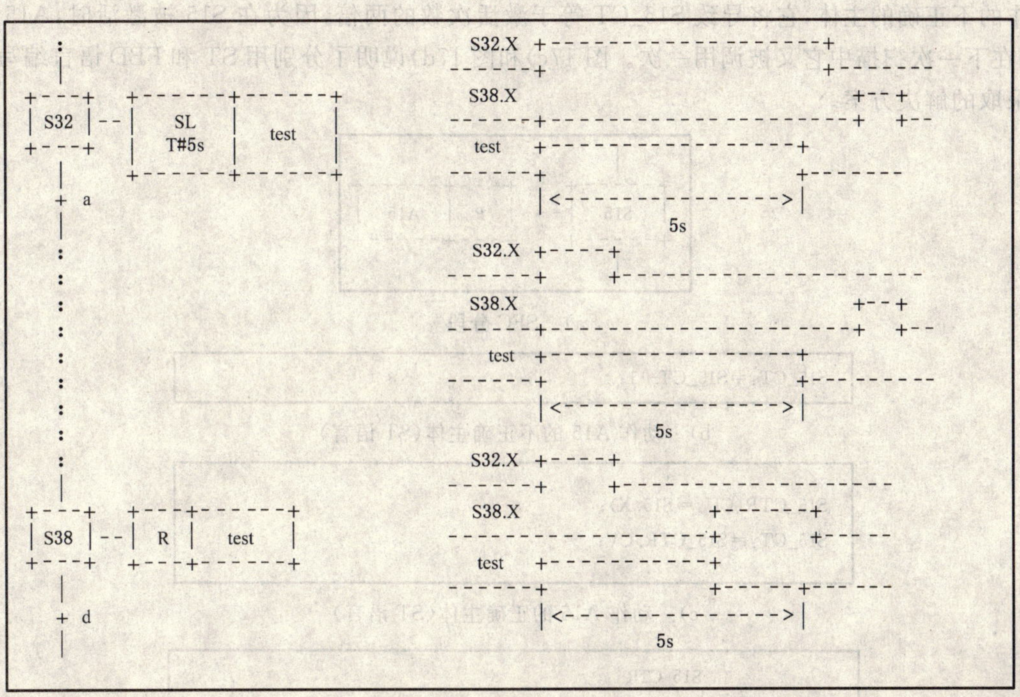

SL(储存并时间限定)动作

一旦相应的步被激活,布尔变量在一段预设的时间内被置 1 并储存。

图 15(续)

3.9.3 非 SFC 动作

除了布尔变量,在动作中也能编更复杂算法的程序,如图 16 所示。

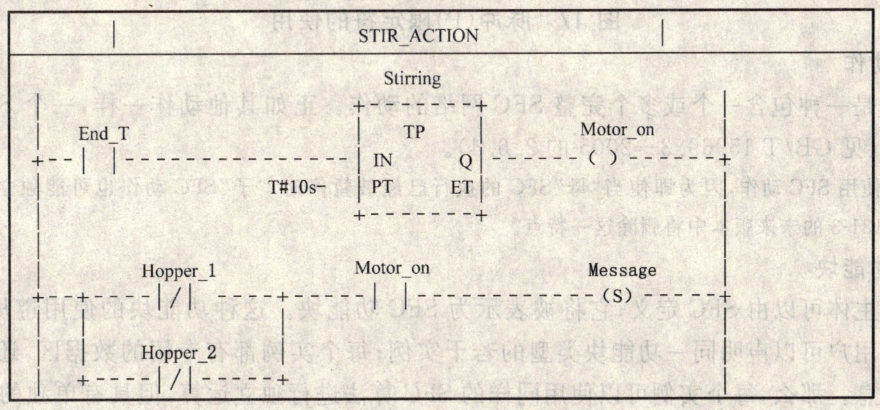

图 16 非布尔动作的编程示例

这类动作的处理依赖于相应动作控制块的输出 Q 的状态。当输出 Q 为 TRUE 时,在所封装的程序组织单元(如程序或功能块)的控制下,连续执行动作的代码。在 Q 从 TRUE 转换到 FALSE 时,代码被最后一次执行。在最后的执行中,相应的步标志已被置为 0。

在 GB/T 15969.3 的编写过程中,为了在以下方面使用户控制发挥最大作用,制定了上述用于动作编程的规范:

a) 通过保证编程动作不致过早地被中断,保持所算出的数据的一致性;

b) 通过诸如对步标志求值等方法,保证所算出的输出比特可被强制为正确值。

为了避免得到不期望的结果,编程人员必须记住每个动作至少被求值两次(一次用 Q=1,一次用 Q=0)。图 17 在 P(脉冲)限定符的上下文中说明了这一点。在该例中,目的是为了让 S15_CT 保持一个整型计数值,S15_CT 是步 S15 被激活的次数。如图 17a)所示,这由动作 A15 完成。图 17b)表示用于此动作的不正确的主体，它将导致 S15_CT 等于激活次数的两倍，因为在 S15 被激活时，A15 被调用一次，而在下一次扫描中它又被调用一次。图 17c)和图 17d)说明了分别用 ST 和 FBD 语言编写的此问题可能采取的解决方案。

```
     |
+------+     +---+------+
|  S15 |---|  P |  A15 |
+------+     +---+------+
     |
```

a) SFC 分段

```
S15_CT:=S15_CT+1;
```

b) 动作 A15 的不正确主体(ST 语言)

```
S15_CTR(CU:=S15.X);
S15_CT:=S15_CTR.CV;
```

c) 动作 A15 的正确主体(ST 语言)

```
            S15_CTR
           +------+
           |  CTU |
S15.X--->CU     Q|---
 ...---|R        |
 ...---|PV     CV|---S15_CT
           +------+
```

d) 动作 A15 的正确主体(FBD 语言)

图 17 脉冲(P)限定符的使用

3.9.4 SFC 动作

SFC 动作是一种包含一个或多个完整 SFC 网络的动作。正如其他动作一样，一个 SFC 动作可与多个步相关联(见 GB/T 15969.3—2005 的 2.6.4)。

注：不推荐使用 SFC 动作，因为即使当"母"SFC 的执行已经被暂停时，"子"SFC 动作也可能独立运行。预计在 IEC 61131-3 的未来版本中将删除这一特点。

3.9.5 SFC 功能块

功能块的主体可以由 SFC 定义；它将被表示为 SFC 功能块。这种功能块的使用遵从所有功能块的通用规则。用户可以声明同一功能块类型的若干实例；每个实例都有专用的数据区，还包括 SFC 的当前状态的信息。那么，每个实例可以使用同样的 SFC 算法进行独立运算，但具有单独的、隐藏的内部状态变量。

图 18 示出简单的 SFC 功能块的声明。要注意的是，对包含在 SFC 功能块中的 SFC 进行定义，应使用与一般 SFC 相同的方式(文本或图形)以及相同的限制条件。尤其是，SFC 功能块的每个 SFC 网络必须包含一个初始步。

可使用与其他功能块同样的方式来调用 SFC 功能块的实例。控制 SFC 求值的输入变量可以被声明和使用。例如，启动顺控继续进行的布尔转移条件可通过输入变量(如图 18 中的 T11)被传递。在 SFC 功能块的主体中本地声明的动作也能存取这些功能块变量。

可使用与任何功能块同样的方式来调用 SFC 功能块实例的执行，它取决于编程功能块实例所使用的语言中可用的调用机制。然后使用 SFC 扫描算法(例如，3.9.4 中阐述的算法)在功能块主体中执行。

由于受到程序组织单元中不允许递归的限制，因此 SFC 功能块不能包含相同类型的任何功能块实例的调用。

```
            +-------------+
            |             |
            |   SFC_FB1   |
  BOOL--|T11          RUN|---BOOL
  BOOL--|T12         DONE|---BOOL
  BOOL--|T13              |
            |             |
            +-------------+
```

a) 外部接口

```
+--->--+
|      |
|      |
|  +========+
|  || S11  || (* Initial Step *)
|  +========+
|      |
|      + T11
|      |
|  +-------+   +---+-------+
|  |  S12  |---| N |  RUN  |
|  +-------+   +---+-------+
|      |
|      + T12
|      |
|  +-------+   +---+-------+
|  |  S13  |---| N | DONE  |
|  +-------+   +---+-------+
|      |
|      + T13
|      |
+--<---+
```

b) 主体

图 18 SFC 功能块

3.9.6 "指示符"变量

如 GB/T 15969.3—2005 中 2.6.4.3 所示，为了指出一个动作的正确执行或不正确执行，并为进一步处理传递信息(例如，使转移得以执行的条件)，在动作块中可以规定"指示符"变量。

在动作块中用"指示符"变量表达的主要目的是提高程序的清晰性和程序存档。

"指示符"变量的编程由用户在动作的内容中完成。

由于"指示符"变量可以自由编程，因此可以非常灵活地使用它们。例如，可以把变量与所定义的状态的第一次出现结合起来。也可以与更长的时间段中满足的条件或时间延迟的可用状态相结合。如果将"指示符"变量的功能固定为可编程序控制器运行库中的一部分，那么这种灵活性将不复存在。

3.10 调度、并行操作和同步机制

3.10.1 操作系统问题

可编程序控制器一般用于实时地控制多个平行的工业过程。以前的程序执行策略假定控制器能够按所需的速度快速地执行整个程序，以满足所控制的最快过程的实时限制。这个方法很容易实现和使用，并适合于许多控制系统。但是，仅仅用单个控制器，且采用单一而直接的程序扫描方式，也许不再能够满足日益提高的速度和复杂性方面的要求。

GB/T 15969.3 提供了一些附加语言元素，以帮助用户在执行控制程序时满足这些新的要求。为了帮助编程人员更有效地利用这些特性，以下简要解释了一些最重要的术语。

在本阐述中，术语 task 指独立运行、且与其他任务(准)平行的一组程序或功能块。

术语 TASK 在 GB/T 15969.3 中作为一个关键词使用，以定义任务的临时激活，即 TASK 语句规

定了相关联任务的运行时特性。以下简短的例子摘自 GB/T 15969.3—2005 的图 20：

```
TASK SLOW_1(INTERVAL:=t#20 ms,PRIORITY:=2);
TASK FAST_1(INTERVAL:=t#10 ms,PRIORITY:=1);
TASK PER_2(INTERVAL:=t#50 ms,PRIORITY:=3);
TASK INT_2(SINGLE:=z2,PRIORITY:=1);
PROGRAM P1 WITH SLOW_1:F(x1:=%IX1.1,...);
PROGRAM P2:G(FB1 WITH SLOW_1,FB2 WITH FAST_1);
PROGRAM P4 WITH INT_2:H(FB1 WITH PER_2);
```

前四行显性定义了四项任务的特点。前三行定义了这些任务的特点，它们的执行是以规定的时间间隔周期地被调度，而第四行规定了由布尔变量 z2 的上升沿所触发的任务。

这样，程序 P1 和程序 P2 中的功能块 FB1 与每 20 ms 运行一次、优先级为 2、定义为 SLOW_1 的一个任务相关联。较快的任务 FAST_1 仅包含功能块 FB2。程序 P2 属于当没有执行其他任务时总是处于激活状态的一个任务(见 GB/T 15969.3—2005 的 2.7.2)。程序 P4 与任务 INT_2 相关联，它是在变量 z2 的上升沿触发的；而 P4 中的功能块 FB1 与周期执行的任务 PER_2 相关联。

选择所执行的任务的策略决定了系统的响应能力以及处理能力的执行效率。当运行中的任务能被其他任务所中断时(“强制性调用”)，响应能力和效率通常得到了提高。3.10.2 解释了这些方面。

关于多重处理的其他问题是，对运行设备的专有存取的控制，以及任务之间的数据传输的提供。这两方面分别在 3.10.3 和 3.10.4 中阐述。

如表 3 所示，多用户/多任务系统和实时响应以及效率，它们通常是相互排斥的。

表 3　多用户系统和实时系统之间的区别

多用户系统	实时系统
将处理器时间公平地分配给正在运行的任务，由此带来系统的高处理效率	任务执行必须与外部处理保持同步。必须对外部事件快速反应，并有必要在新任务发生之前执行正对其作出响应的任务
不能计算程序运行时间	必须保证程序运行时间(例如响应时间)
存储管理能把任务换往辅助存储器(资源的动态分配)	资源的分配是固定的(往主存储器重新加载已换出任务需要时间)
根据 CPU 时间使用(例如)动态修改任务优先级	优先级是固定的。只要具有最高优先权的任务需要，它就占用处理器。任务只能被具有更高优先权的任务中断，或它显性退出控制
目录中的数据文档一般为树型结构。大型数据文档可以被分配到非临近的磁盘扇区	高磁盘 I/O 速率要求典型地规定数据存储到临近的盘扇区
瓶颈多半是总线吞吐量	瓶颈多半是总线的中断响应

3.10.2　任务调度

GB/T 15969.3—2005 的 2.7.2 中导入了两种任务执行的调度方法，分别为占先式和非占先式调度。两种方法都用于许多实时系统中。占先式调度更多地用于大型可编程序控制器和处理计算机，而非占先式调度用于较小型的可编程序控制器。

非占先式调度要求只有在全部执行完与当前任务相关联的所有 POU 后，可编程序控制器处理器才能从当前任务转向另一个任务(通常称为上下关系切换)。在全部执行完所有这类 POU 后，即将激活的下一个任务就是当前具有最高优先权的任务，或者，如果有几个相同优先级的任务在等待，那么等待时间最长的任务当前就具有最高优先权。占先式调度允许在任何时间使用上下关系切换。每当启用一个比当前任务具有更高优先权的任务时，根据相关联的 TASK 块的输入，当前正执行的任务的整个状态被处理器保存，任务执行被暂停。然后执行其他具有更高优先权的任务。这个过程被称为“上下关系切换”，因为为了执行具有更高优先权的任务，处理器(或至少其所有寄存器)必须清空。经过一段时间后，该新任务将退出处理器。此后，被暂停的任务重新恢复其先前的上下关系(所有寄存器的值恢复为因优先级原因而被暂停时的值)，并继续执行。占先式调度甚至可以具有嵌套的上下关系：在指定的某个时间点可以有几个已被暂停执行的较低优先权的任务。

3.10.2.1 对性能的影响

两种调度的方法(占先式和非占先式)在执行未决的多个任务时都试图在执行较低优先级的任务前先执行具有较高优先级的任务。主要的区别在于，当较高优先权任务请求执行时必须等待的时间长短。在占先式调度中这个时间通常很短。根据基本的操作系统和处理器速度，其上下关系切换所必需的切换时间的范围从几微秒到几毫秒。这意味着使用占先式调度的系统的反应时间(即从使用其 TASK 块来设置准备执行的任务到开始执行之间的时间)非常短，但需要一些附加的处理时间来保存和恢复上下关系数据。

当非占先式可编程序控制器从一个任务切换到另一个任务时，需要在处理器中保存微量数据。上下关系切换本身的时间很短，可能比占先式上下关系切换的情形下的时间还短；但是当 POU 仍然正在执行时，绝不能从一个任务切换到另一个任务。因此，对于非占先式调度，最差情况下的反应时间至少为全部执行完所需的最长的功能块或程序的运行时间。由于这不仅对标准的 FB，而且对所有的用户定义的 FB 和程序也如此，因此很难为非占先式调度系统确定反应时间的最大限制。

注：在一些要求保证最大反应时间的应用中，可能需要使用除 GB/T 15969.3 中所定义的机制以外的调度机制。

通常，占先式任务切换会导致小的性能退化(因为上下关系的切换消耗时间)，但是大大改善了反应时间。这一点通过 GB/T 15969.3—2005 的表 50 中示例 1 的第 2 列与示例 2 的第 2 列的比较就能够得以见证。此处还能发现，在占先式调度的情况下(示例 2)，程序 P2 (P2.FB2@1)中的高优先权功能块 FB2 从来也不需要等待，而在非占先式调度(示例 1)的情况下，它必须在三次激活中等待两次，等待 4 ms 的时间(在 t=10 ms 和 t=20 ms 时)。

3.10.2.2 对并行的影响

与非占先式调用的系统相比，在占先式任务调度的可编程序控制器系统中满足数据并行规则(在 GB/T 15969.3—2005 中 2.7.2 的 7)中给出)实际上更为复杂。在一些组态和程序中，占先式系统也许不能保证满足这些规则。可编程序控制器的生产商应该提供充分的信息使用户能够确定满足这些规则的手段和范围。

3.10.3 信号标

注 1：由于很难在本部分中叙述信号标(SEMA)功能块，因此已从 GB/T 15969.3—2005 中删除这一部分。本条款阐述这些困难的实质。

注 2：鼓励生产商(若可能的话)将控制运行设备的共享路径的手段(例如信号标)封装在功能块内，并通过国家标准化管理委员会将这种实现方式提交给 IEC，使它包含在 IEC 61131-3 的未来版本中。

3.10.3.1 通则

信号标用于对某些通用设备(打印机、磁盘等)的存取控制。在同一时间内只有一个任务可以存取这种设备资源。如果信号标已经被分配，则根据“首先由程序进行测试”的原则，其他的存取请求被拒绝或推迟；如果信号标没有被分配，则程序可以请求存取。当信号标成功地被分配给一个任务，此任务将被允许存取相关联的数据或设备。然后在运行结束后，信号标被释放。

根据 GB/T 15969.3—2005 的 3.3.2.4，“WHILE 和 REPEAT 语句不应用来获得过程间的同步，例如，用一个外部决定的终止条件作为‘等待循环’。2.6 定义的 SFC 元素应被用于此目的。”该禁令适用于信号标，它也是一种“过程间同步”机制。违反该原则将导致软件的可靠性、可移植性和可复用性方面变坏；在用信号标的情况下，它将导致不可预见且难以跟踪的程序组织单元的暂停执行。

3.10.3.2 死锁

不正确地使用信号标可能导致一个任务等待由另一个任务当时正在使用的操作设备，反之亦然。结果是，原则上两个任务都将永远地等待下去，称之为死锁。

形成死锁有以下 4 个必要条件：

a) 死锁的任务对相应的操作设备具有专有的存取权。

b) 死锁的任务已经具有分配给它们的操作设备，而它们又在等待下一个操作设备。

c) 直到任务将其释放，才能消除操作设备对任何任务的分配。

d) 有一个封闭的任务链，其中每个任务都被分配了链中下一个任务所要求的操作设备。

可编程序控制器 PSE 最终支持避免死锁、预防死锁、检测死锁和/或消除死锁的方法。同时，程序员和系统设计人员应该意识到死锁潜在的存在性。

注：当出现死锁时，将信号标封装在功能块内可以简化对死锁的搜索，并将有利于死锁预防算法的未来应用。

3.10.4 传送报文

传送报文（进程间的通信）描述了任务彼此间交换数据的方法，以及（可能的）其操作的同步。一般来说，有三种方法用于这种数据传输，即全局存储、邮箱和队列。信号标也能用于通信；但是，它可以被看作是邮箱的特例。

3.10.4.1 全局存储

两个任务可以通过二者都可用的存储区交换数据。存取的协议必须显性地被包含在程序中。除此之外，实现数据交换存在很大的自由度。这可方便地通过 GB/T 15969.3—2005 的 2.4.3 和 2.7.1 中定义的 VAR_GLOBAL 和 VAR_EXTERNAL 来实现。

3.10.4.2 邮箱和队列

邮箱是一种所要传输的数据的“信箱”。与通过全局存储的数据传输相反，有一种把数据传输给邮箱并使数据可供其他伙伴使用的协议。数据的传输可以通过多种介质实现，例如，通用存储区、背板或通信网络。

队列的特点就是按照数据元素输入的相同顺序进行读取。其例子如终端的缓冲存储区，它所包含的字符顺序和用户输入时相同。

不论是邮箱还是队列，或是两者，都由 3.11 中所描述的通信功能块使用。但是，所使用的特殊机制对于用户来说是完全不可视的，用户只需要关心这些功能块外部规定的接口和功能。

3.10.5 时间标签

术语“时间标签”源自数据库领域。有了时间标签，数据库的每个数据元素不仅包含数据值，而且包含输入时间的信息。如果数据改变了，老的元素不会从数据库中删除，而是将老的元素标记为无效，新的元素带着其时间标签输入进来。这种方法的优点在于，通过附加的时间标签可以相对容易地跟踪数据库内的改变；同时，错误的新值可以被删除，正确的旧值被重新存储。

时间标签还被广泛地用于连续工业过程中分布式控制系统，这也是出于同样的原因，即建立过程的历史数据；通过数据的存储时间确定其有效性；将出错的数据重新存入先前的有效值。

数据值采用包含其自身时间标签的结构化数据类型的变量，很容易支持数据的时间标签。例如，根据 GB/T 15969.3—2005 的 2.3.3 的规则，可声明包含 REAL 值的具有时间标签的数据类型，如下所示：

```
TYPE STAMPED_REAL;
  STRUCT
    VALUE:REAL;
    STAMP:DATE_AND_TIME;
  END_STRUCT;
END_TYPE
```

3.11 ISO/IEC 9506-5 和 GB/T 15969.5 的通信方式

注：出于 3.2 中注 1 给出的原因，在此整个条目中用术语变量替代 GB/T 15969.5 中使用的术语参数。

GB/T 15969.5 定义了一组可以在 GB/T 15969.3 的语言中使用的标准功能块，用于可编程序控制器间的通信以及与主机设备的通信。这使用户能够在任何符合 GB/T 15969.3 和 GB/T 15969.5 的可编程序控制器系统中编程独立于网络的通信功能。

ISO/IEC 9506-5 将规定在制造报文规范(MMS)的上下文中对于作为虚拟生产设备(VMD)的可编程序控制器的要求，包括将一些 GB/T 15969.3 中的元素映射到 MMS 上下文。

3.11.1 通信通道

一个可编程序控制器可以通过打开一个通信通道与使用 GB/T 15969.5 的远程可编程序控制器设备建立通信。

网络协议软件栈中的较低层保证了数据从/至远程节点的无差错传输(若可能)。例如，如果出现通信错误且数据被破坏，则数据将被自动地重新传输。

关于网络较低层控制的所有细节(例如，报文队列、成帧等)，都被 GB/T 15969.5 功能块隐藏。应用的编程人员仅需关心通道的特定应用的具体信息。

在 ISO/IEC 9506-5 和 GB/T 15969.5 中的规范仅允许通信分层结构中的一层，用于寻址可装载的对象，例如远程控制器中 GB/T 15969.3 程序。因此，虽然资源范围允许在不同的资源中使用同样的名称，但在组态内部需要一个独一无二的程序实例名，以保证通过指定的通道进行远程程序的惟一寻址。

3.11.2 读和写变量

只要变量是按 GB/T 15969.3—2005 的 2.4.1.1 中定义的直接表示的变量，或者是使用 GB/T 15969.3—2005 的 2.7.1 中定义的 VAR_ACCESS...END_VAR 结构声明为可存取的变量，可编程序控制器可以从/向支持 GB/T 15969.5 的其他可编程序控制器内读/写变量。这种读/写是分别使用 READ 和 WRITE 功能块完成的，具体如下所述。

当存取远程可编程序控制器中的变量时，总是建议使用 VAR_ACCESS 方法，因为这样可以使用有意义的变量名。如果远程可编程序控制器程序被修改，则 I/O 物理地址很可能也被改变。将 VAR_ACCESS 名固定用于一些不同的可编程序控制器程序，这样会带来很多便利。

3.11.3 通信功能块

GB/T 15969.5 中定义了能够在 GB/T 15969.3 程序内以与其他功能块完全相同的方式来控制和存取的一组功能块。这些功能块提供如下功能。

CONNECT——提供用于与远程设备进行通信的本地“通道 ID”(不是 GB/T 15969.3 意义上的“标识符”)。远程设备应该有一个惟一的名称。由此功能块所提供的通道 ID，可以被其他通信功能块用来识别远程设备。

STATUS——为得到设备确认信息，对远程设备进行轮询。可编程序控制器周期地检查远程设备的状态非常重要，以保证远程可编程序控制器运行正常。

USTATUS——允许可编程序控制器接收远程设备的确认信息，包括其物理状态和逻辑状态。一旦发生改变，远程设备必须具有发送其设备确认信息的功能。

READ——为得到一个或多个变量值，对远程设备进行轮询。可以指定一个变量表作为功能块的输入。在一段短暂的延迟之后(由于通过网络发送请求和得到响应需要时间)，远程变量的值出现于功能块的输出。

注：READ 功能块不提供控制轮询速率的输入变量。应用程序应该重新触发功能块，以开始一个新的轮询。

WRITE——将一个或多个值写入远程设备中一个或多个变量。为了识别远程设备中变量，可以规定一个变量名表。通过从 CONNECT 功能块中得到的 R_ID 变量来选择远程设备。

USEND——向远程应用程序中的 URCV 功能块发送一个或多个变量的值。远程应用程序可使用通过正常方式向 URCV 功能块所传输的变量值。R_ID 变量保证本地 USEND 功能块向远程设备中正确的 URCV 功能块发送变量值。

URCV——从相关联的 USEND 功能块接收一个或多个变量的值。

SEND——提供与远程设备中 RCV 功能块之间的一种互锁的数据交换。SEND 功能块向远程 RCV 功能块发送一个或多个变量的值,此 RCV 块对应于 CONNECT 块和 R_ID 变量的通道 ID。接收到变量值时,作为响应,远程可编程序控制器应用程序装载一组值,然后这些值被返回到 SEND 功能块。对于有互锁要求以及在本地程序与远程程序之间有数据交换要求的应用场合,提供 SEND 和 RCV 功能块。

RCV——从相关联的 SEND 功能块接收一个或多个变量的值。

注:RCV 功能块的 NDR(新数据准备就绪)指示与请求传输响应之间的时间由应用程序决定。因为,在许多通信系统中,如果太多的响应被搁置,容易造成通道阻塞,因此建议编程的结构尽可能快地对 NDR 信号作出响应。

ALARM——当检测到事件发生时,向由通道 ID 和事件标识符标识的远程设备发送一个或多个变量的值。报警可按严重程度为特征分级。该功能块需要远程设备确认接收到报警。

NOTIFY——与 ALARM 功能块一样,但不需要远程设备的接收确认。

3.12 不赞成的编程实践

当在 GB/T 15969.3 中提供的选项中进行选择时,必须考虑到编程技术对于软件质量的影响。本条指出一些相对重要的影响,并推荐达到更高软件质量的编程实践。

3.12.1 全局变量

全局变量的大量使用与在 2.4.2.1 中所讨论的封装和隐藏的原则相矛盾,并大大地降低了软件的可靠性、可维护性以及可复用性。尤其是,必须避免从一个以上的程序单元写全局变量。推荐全局变量只应用于:

a) 定义开放式通信的存取路径;

b) 为其他程序组织单元提供有"全局"意义的值。

如果数据的并行性是一个非常重要的问题,则禁止把全局变量用于异步运行的程序之间的数据通信。在这种情况下为了保证并行性,应该使用功能块 SEND/RCV 或 USEND/URCV。

3.12.2 FBD 语言中的跳转

如 2.3 中所述,FBD 语言被模型化在连接的硬件 IC 电路(IC)上,即网络中的功能块实例被看作是并行工作的。在这样的上下关系中,网络跳转或网络间的跳转可能会对以硬件思维考虑问题的用户产生混淆,从而降低了软件的可靠性、可维护性和适用性。建议对 FBD 网络的有条件执行,应通过将这种网络放在 SFC 动作中(如 GB/T 15969.3—2005 中 2.6.4 所述),或使用功能的 EN(启用)输入或 ENO 输出(GB/T 15969.3—2005 中 2.5.1.2)加以控制。这就更加贴切地对应于硬件电路的有条件禁用或启用部分的概念;那么,检查正确的操作要比查找并检测跳转条件的状态更容易。

3.12.3 FBD 中功能块实例的多重调用

出于上述相同原因,用 FBD 语言编写的程序组织单元的主体不应包含同一功能块实例的多个副本。面向硬件的用户不会理解包含同一"芯片"的多个副本的"电路图",也不能确定同一功能块实例的多个副本执行的顺序,这样就降低了软件的可靠性和可维护性。

3.12.4 SFC 网络的耦合

当在程序或功能块的主体中存在多个 SFC 网络时,它们被典型地以某种方式加以互锁。在 GB/T 15969.3—2005 的 F.8 中所示的 AGV 程序给出了这样的例子,其中的互锁是通过布尔变量 CYCLE 和步标志 READY.X 和 DONE.X 来执行的。

在任何类型(包括 SFC)的耦合状态机间可能出现不希望的效果。其中最常见的一种就是死围(类似于前面 3.10.3.2 中描述的死锁情况),死围时每个 SFC 都等待来自死锁链中另一个 SFC 的转移清除条件。推荐以下的措施,以加强避免和诊断这些情况,从而提高软件的可靠性和可维护性。

a) 在转移条件中避免使用步标志去检测与其他步相关联的动作的完成情况,尤其在使用不是

"N"(非储存)的动作限定符时。

b) 可能的情况下,避免使用前面 3.9.4 中描述的 SFC 动作;它介绍了除了通过转移条件可能进行耦合的情况之外,也可以通过动作控制机制进行耦合。

c) 可能的情况下,把各个 SFC 网络封装到 SFC 功能块中(如前面 3.9.5 中的描述),并使用 FBD 来表达这些 SFC 功能块间的耦合。这种显性的耦合大大提高了可读性,并由此增强了软件的可维护性,同时通过功能块实例化机制发挥了被封装的 SFC 复用性的潜能。

d) 保证每个 SFC 网络都"可以达到",也就是说,存在着从初始步到网络内的其他任何步,然后再回到初始步的封闭路径,而且每个 SFC 网络是"安全的",即不可能出现失控的令牌(更详细的论述见 GB/T 15969.3—2005 中的 2.6.5)。

3.12.5 任务优先权的动态修改

从操作系统的理论大家都知道任务优先权的动态修改可能对并行程序的执行有不可预料的影响(包括产生死锁)。由于 GB/T 15969.3—2005 的 2.7 中 TASK 不必被直接映射到操作系统任务,可能会出现与实现有关的附加影响。因此,强烈推荐应用编程人员不要在符合 GB/T 15969.3 的系统中使用任务优先权的动态修改。

3.12.6 任务对功能块实例执行控制

在 GB/T 15969.3—2005 的 2.7.2 中描述了任务与功能块实例的关联,及其对数据并行性的影响。编程人员应该知道,该特性的使用会在程序运行期间产生数据一致性的错误。应该查阅 GB/T 15969.3 为实现者提供的导则,以确定为保证数据一致性所提供的机制。由于这些机制是与实现相关的,因此使用该特性的程序在符合 GB/T 15969.3 的不同系统间是不可移植的。

3.12.7 WHILE 和 REPEAT 结构的不正确使用

根据 GB/T 15969.3—2005 的 3.3.2.4,"WHILE 和 REPEAT 语句不应用来获得过程间的同步,例如,用一个外部决定的终止条件作为'等待循环'。2.6 定义的 SFC 元素应被用于此目的"。为了避免未曾预料的、有潜在危险的影响,在此特别提醒用户在任何代码间同步的情况下都不能违背这个原则。例如,假定要在图 19a)所示的功能块的输入 SAMPLE 的上升沿执行换算运算,当运算完成时,在输出 DONE 也用上升沿。而不应该使用图 19b)所示的编程结构。为了避免这种用法,可将输入 SAMPLE 改为上升沿触发(如图 19c)所示),并使用图 19d) 所示的功能块主体,或者图 19e) 所示的 SFC 可使用图 19a) 所示的接口。

```
        +------------+
        |   SCALE    |
BOOL--- |SAMPLE  DONE|---BOOL
REAL--- |IN       OUT|---REAL
REAL--- |ZERO        |
REAL--- |GAIN        |
        +------------+
```

a) 示例接口

```
(* INCORRECT!!! *)
WHILE TRUE(* DO FOREVER *)
  WHILE NOT SAMPLE (* WAITING *)
   END_WHILE;
   OUT: =IN*GAIN+ZERO;
  DONE:=TRUE;
  WHILE SAMPLE (* WAIT AGAIN *)
   END_WHILE;
DONE:=FALSE;
END_WHILE;
```

b) 不正确的结构

```
         +------------+
         |   SCALE    |
BOOL --- >SAMPLE DONE |---BOOL
REAL --- |IN       OUT|---REAL
REAL --- |ZERO        |
REAL --- |GAIN        |
         +------------+
```

c) 另一种的接口

```
IF SAMPLE THEN
  OUT:=IN*GAIN+ZERO;
  DONE:=TRUE;
ELSE DONE:=FALSE;
```

d) 接口 c)的 FB 主体

图 19 不正确的和允许的编程结构的示例

```
+-------+
|       |
|  +---------+
|  || START ||
|  +---------+
|       |
|       +  SAMPLE
|       |
+------------------+   +-+-+------------------------+
|    SAMPLING      |--| P1 |  OUT:=IN*GAIN+ZERO;     |
+------------------+   +-+-+------------------------+
+       |               | S |  DONE
|       |               +--+-------------------------+
|       |
|       +  NOT SAMPLE
|       |
+------------------+  +-+-+---------+
|    ENDING        |--| R |  DONE   |
+------------------+  +-+-+---------+
|       |
|       |
|       +  1
|       |
+-------+
```

e) 接口 a)的允许的功能块主体

图 19（续）

3.13 TRUNC 和 REAL_TO_INT 函数的使用

GB/T 15969.3—2005 的表 22 中脚注指出“从类型 REAL 或 LREAL 到 SINT、INT、DINT 或 LINT 的转换应根据 IEC 60559 的惯例舍入，据此，若两个最接近的整数同等地接近，则结果应是最接近的偶整数……”。应该注意，IEC 60559 中所规定的舍入规约可能与其他编程语言中规定的舍入函数的运算方式不同。为清楚易懂，可查询 GB/T 15969.3—2005 中表 22 给出的示例。

4 实现导则

本条描述了符合 GB/T 15969.3 意图的实现技术。只要符合 GB/T 15969.3 的功能要求，其他的实现方法也是可能和允许的。

4.1 资源分配

资源（如 GB/T 15969.3—2005 的 1.4 和 2.7.1 中所述）是 GB/T 15969.3 的基本单元，用于在 POU（即程序、功能或功能块）被调用时，数据和程序代码的存储、执行代码的调度以及合适代码的执行。

一个实现可能在资源中所存储的只是与当前驻于资源中的每个类型的 POU 相关联的一个可执行代码的副本。另一方面，必须为每个功能块实例或程序提供一个单独的数据区。这包括所有变量的足够数据和可能有的与程序或功能块相关联的 SFC 状态信息。相反，用于功能的变量的存储是暂时的，这种保存仅持续该功能的执行持续的时间。因此，对这种数据的存储是典型地从“堆栈”（先进后出的队列）或“堆”（为临时分配保留的存储区）动态分配的。

4.2 数据类型的实现

4.2.1 REAL 和 LREAL 数据类型

为了减少在浮点计算中精确度的降低，在开始一系列算术运算之前，必需把以 REAL 数据类型存储的所有浮点值转换成双精度（LREAL）格式，尤其是如果这些计算包含有浮点数之间差别相当小的计算时。然后将结果转换回用于存储的 REAL 格式。

微处理器，尤其是数据信号处理器（DSP）的范围很广，它们具有其自己的内部浮点格式。在这种情况下，实现者必须把 REAL 和/或 LREAL 实现所支持的值范围限制在 GB/T 15969.3—2005 的 2.3.1

中所规定的范围内，或者必须规定新的与实现有关的数据类型。譬如说，为了满足 GB/T 15969.3—2005 的 1.5.1 中条款 a)和 h)的要求，除了支持的标准 REAL 和 LREAL 类型之外，还有 DSP_REAL 和 DSP_LREAL 用于本地浮点格式。

4.2.2 位串

位串比较运算的实现应符合 3.1.8 中的说明。

为了消除在解释 MIN 和 MAX 函数时造成的不确定性，通过应用下列定义从比较函数可以导出它们的语义。

a) 设 M 为一组位串数据{b1,b2,b3,…bn}。

b) (B=MAX(b1,b2,b3,…bn)) ≡((B ∈M MM M) & ∀1≤j≤n,bj M MM M:(B≥bj))；即，说 B 是该组的最大值，就等于说 B 是该组的一个成员，它大于或等于该组的其他任何成员的值。

c) (B=MIN(b1,b2,b3,…bn)) ≡((B ∈M MM M) & ∀1≤j≤n,bj M MM M:(B≤bj))；即，说 B 是该组的最小值，就等于说 B 是该组的一个成员，它小于或等于该组的其他任何成员的值。

见 3.1.8 中给出的例子。

4.2.3 字符串

可变长度字符串的最大长度和格式是依赖于实现的。这意味着使用字符串数据类型的功能块和算法不能在可编程序控制器之间移植，尤其如果最大字符串长度明显不同时。

有两种方法可以定义字符串的长度：

a) 用一个空字符作为结束符；或

b) 长度被存放在字符串的首部。

如果需要在字符串中嵌入空字符时，则使用空字符法(如用于 C 语言中)是不方便的，但是它确实具备可以存储无限长字符串的优势。以字节或字储存长度限制其最大的字符串长度分别为 255 或 65535，但是允许字符串持有空字符。

注：3.1.5 中也有关于字符串类型的讨论。

4.2.4 时间数据类型

时间数据类型的存储和长度是依赖于实现的。这造成了使用时间数据类型的功能和功能块不可移植的可能性。因此 GB/T 15969.3 要求，时间数据类型的值范围和精确度必须由实现者明确规定。

例如，TIME(持续时间)数据类型可表示为 32 位无符号的双整型数，其存储的持续时间以毫秒计算。这使得 TIME 数据类型可以精确地定义从 1 毫秒到 49 天的任意长度的持续时间。但是，它不能计算事件之间小的时差(小于 1 ms)，也不能处理可能为负的时差。

不推荐用浮点表示法用于时间数据类型，因为它在值的小数部分缺乏精确性。例如，使用 32 位无符号的双整型数，可以精确地将持续时间 30 天、10 分钟和 200 毫秒表示为 T#30d 10m 200ms；但用 32 位浮点值就不能精确地表示。

以 UNIX 格式存储 DATE、TIME_OF_DAY 和 DATE_AND_TIME 非常方便，其中 DATE 值为 32 位无符号的双整型数，是从 1970 年 1 月 1 日的子夜开始计算的秒数，而 TIME_OF_DAY 值是从子夜开始计算的秒数。这使得可存放的日期和时间一直延续到 2106 年。但是，这种格式不允许用于时间精确度高于 1 秒的带有时间标签的事件。

4.2.5 多元素变量

GB/T 15969.3 的实现需要限制数组维数的数量和大小，以适合可编程序控制器的性能和存储限制。对于大部分应用的合理限制就是把数组变量限制在三维以内。

由于在解决可编程序控制器中存储地址的问题时涉及到不断增加的复杂性，因此深度嵌套的数组变址也需受到限制，尤其是如果变量使用复杂的导出数据类型。这种深度嵌套变址的例子如下：

loop.sp:=spList[loopParams[phase[recipe[job1]]]];

4.3 功能和功能块的执行

本条提供用于执行功能和功能块的通用导则。另外，当使用 GB/T 15969.3—2005 第 4 章中定义的一种图形语言(LD 或 FBD)来编程用户定义的功能或功能块的主体时，实现必须保证执行遵守 GB/T 15969.3—2005 的 4.1.3、4.2.6 和 4.3.3 中规定的网络求值的规则，以及 GB/T 15969.3—2005 的 4.2.2～4.2.5 中给出的 LD 元素求值的规则。

4.3.1 功能

功能被定义为程序组织单元，在执行时它仅产生一个数据元素(可以是多值的)。对于每次激活，功能的内部数据被动态地初始化，即调用具有相同变元(输入变量)的功能总产生同样的值(输出)。

注 1：GB/T 15969.3—2005 的 2.5.1.5 中定义的某些标准功能允许是可扩展的，即具有可变个数的输入。

对应于功能类型声明中所规定的形式变量表，功能调用建立了实际变量表，并对应功能块主体，致使程序代码执行。依赖于具体实现，变量表可以包括实际变量值、存放实际变量值的地址或两者的组合，这些值通过堆栈或其他方式传递给正在执行的代码。一般说来，功能执行的结果通过堆栈返回。

功能的执行取决于 GB/T 15969.3—2005 的 2.5.1.2 中描述的输入 EN。根据 GB/T 15969.3—2005 的 2.5.1.2 中规则 1)和 2)，在调用功能时的初始系统动作是将输入 EN 拷贝到输出 ENO。该变量在整个功能中扮演“电源流”的角色。

如果在功能处理过程中出错，所要求的最小系统动作是将功能的 ENO 输出复位到 FALSE。依赖于具体实现，一个出错条件也可以在功能执行结束时触发执行系统定义的或用户定义的出错任务。用户可以将特殊的出错处理程序与该任务关联起来。

注 2：在功能执行结束时，在指定的一个实现中 ENO 的影响对于所有语言是一样的。

注 3：在功能主体内读取 EN 输入，(实际上)总会发送布尔值 TRUE，因为在 EN 为 FALSE 的情况下，功能不被求值。

4.3.2 功能块

功能块在 GB/T 15969.3 中被定义为程序组织单元，在执行时它产生一个或多个输出值；而且，功能块可以有多个实例，每个实例都有其专有数据。功能块的内部数据保留于从一个执行到下一个执行期间；因此，功能块的连续地调用可以产生不同的结果，即使对于具有相同的变元(输入变量)的功能块也如此。

在 GB/T 15969.3 中定义了许多标准功能块。一般说来，至少计数器功能块和定时器功能块都在控制器固件中实现。

功能块调用为功能块的输入变量建立值，并对应功能块主体致使程序代码执行。建立这些值，可用图形方法将变量或其他功能或功能块的输出与相应的输入连接，或用文本方法列表，将这些值赋予输入变量。如果在功能块调用中没有对某个变量赋值，则使用缺省值。依赖于具体实现，输入变量可以包括实际变量值、存放实际变量值的地址，或两者的组合。这些值通常通过数据结构与功能块实例一起传递给正在执行的代码。执行功能块的结果也将通过这种数据结构返回。因此，如果将功能块调用作为过程调用实现，那么只有一个变元(即实例数据结构的地址)需要被传递给执行过程。

注 1：当程序中的功能块实例与另一个单独分开的任务(GB/T 15969.3—2005 中表 50 的特性 3b 和 4b)相关联时，从程序中调用功能块应该为功能块的输入变量赋值，但不应该致使与功能块主体相关联的程序代码的执行。程序代码应该按照 GB/T 15969.3—2005 的 2.7.2 中规则 5)的要求在相关联任务的专门控制下执行。

注 2：当功能块实例被用于高速硬件的接口时(例如计数器或快速 A/D 转换器)，或当功能块实例由高速周期任务或中断驱动的任务优先执行时，当涉及这些输出的计算在包含功能块实例的程序中正进行时，功能块的实际输出值将会改变。在这种情况下，实现在进行这种计算时必须提供有效地“冻结”这些输出的手段，例如，为实际输出值提供暂时缓冲存储区。

附加的数据类型限定符 R_EDGE 和 F_EDGE 仅用于功能块输入变量。在调用功能块时，这些数据类型分别提供布尔输入的上升沿检测(0—>1)或下降沿检测(1—>0)。变量条件仅在检测到规定的边沿时为 TRUE，否则为 FALSE。

注 3：关于本特性的具体描述请见 GB/T 15969.3—2005 中的 2.5.2.2。

4.4 SFC 的实现

4.4.1 通用考虑

前面部分已经就 SFC 实现的若干要点进行了讨论。现概括为以下几点：

a) 动作控制既可以作为动作控制块来实现，也可以作为功能等同的优化代码和数据结构来实现；见 3.9.1 以及 GB/T 15969.3—2005 中的 2.6.4.5。

b) 不论 SFC 出现在程序、FB 或 SFC 动作中，都应使用一致的方法执行 SFC 的演进(例如 3.9.4 中描述的四步算法)。

c) 推荐支持“指示符”变量(在 GB/T 15969.3—2005 的 2.6.4.3 中描述的)以便于表示，且又不具有任何依赖于实现特定的功能，从而在使用这些特性时达到最大的灵活性和可移植性(如 3.9.6 所讨论的)。

d) 强化 SFC 的编程原则(如 3.12.4 所描述的)，这可能对于具体实现有用。

e) 如 4.1 所述，在为含有 SFC 的程序或功能块分配存储区时，必须考虑放存 SFC 状态信息的要求以及程序或功能块所使用的变量的要求。这类 SFC 状态信息包括步标志和动作控制块状态(如果有的话)、步占用时间(如果支持的话)和具体实现所要求的其他状态信息。

4.4.2 SFC 的演进

没有为 SFC 的演进定义一个终止状态。这有别于使用某些语言的程序，对它们能够以规定的顺序从开始至结束进行扫描。因此，就需要为 SFC 定义一个“扫描”的含义，说明该 SFC 是一个程序组织单元的“顶层”，还是一个 SFC 动作。对 SFC 扫描的一种可能算法如下：

a) 确定当前处于激活状态的步的组合。这是在系统初始化之后用于第一次扫描的初始步组合。否则，这个步组合通过下面所述的方式来确定，将前面的步解除激活状态，并激活其后随的步，清除当前转移条件表。

b) 确定所有动作控制块输出 Q 的状态，并执行任何与下降沿 Q 相关联的动作的最终扫描。

c) 对具有布尔 1 的动作控制块 Q 值的所有动作进行扫描。

d) 确定下次扫描中要被清除的转移条件(如果有的话)。

这个关于扫描的定义指出，每当已进入一个最终步时，不存在返回到初始步的隐性循环。所有循环都必须被显性地编程，例如图 19e)中从 ENDING 至 START 的循环。这样，不可能丢失 SFC 网络的令牌，因为所有的转移条件后面都必须跟随一个步。

4.5 任务调度

在 GB/T 15969.3—2005 的 2.7 中定义了 TASK 结构，以便使用户能够规定执行程序和 FB 的调度要求，不必亲自开发具体的循环执行程序。这些要求可以与用于实时系统的现代调度技术相结合，从而事先确定系统是否能满足所表达的用户要求，尤其是在支持占先式调度的系统中(见 3.10.2 中关于占先式和非占先式调度的讨论)。实现者应该知道这些技术，并考虑在 GB/T 15969.3 符合性系统中实现和支持这些技术。

4.5.1 任务的分类

当一个任务被触发时，它就调度相关联的程序和 FB 的执行。因此，GB/T 15969.3 的任务以其触发机制为特点。

a) 周期性任务在确定的时间间隔内有规律地被触发。这是通过下列方式进行组态的：用户将任务块的 SINGLE 输入与布尔 FALSE 连接(或保持断开)，并将 INTERVAL 输入设置为 TIME 类型的一个非零值，表示周期性触发的时间间隔。

b) 非周期任务由外部事件或内部事件触发，这些事件没必要在有规律的时间间隔内出现。这是通过下列方式进行组态的：用户将任务块的 SINGLE 输入与一个布尔变量连接，其上升沿代表触发的事件，并将 INTERVAL 输入设置为 t#0s(或保持断开)。

c) 缺省任务是与程序自动相关联的，且没有显性任务关联，以最低的系统优先权循环配置调度其相关的程序。该任务还可以处理输入和输出的扫描(如 2.1 中所讨论)。

可以根据触发事件的本质对非周期任务进行分类。这些事件包括：

a) “冷重启”或“暖重启”，如 GB/T 15969.3—2005 的 2.4.2 中讨论的；

b) 运行时出错情况，如 GB/T 15969.3—2005 的 1.5.1 的条款 d)下属的子条款 4)中讨论的和 GB/T 15969.3—2005 的附录 E 中列出的；

c) 由依赖于具体实现的硬件或软件机制所检测的或产生的事件(有时称之为“中断事件”)，例如，电气信号的上升沿，或高速硬件计数器的计数终止。

实现者应该考虑规定布尔变量名或直接表示的布尔变量(如 GB/T 15969.3—2005 中 2.4.1.1 中所描述)，其上升沿表示事件，例如前面描述的那些变量，用于特殊资源类型或实例(按 GB/T 15969.3—2005的 2.7.1 中定义的)。这有利于将这些事件与任务相关联，在事件发生时调度程序作出响应。实现者也应该考虑提供缺省程序，用于处理较常见的事件类型，例如重启和运行时出错。

4.5.2 任务优先权

任务优先权的分配，周期性任务的时间间隔的安排，非周期性事件的出现频度和任务执行时间，它们之间的交互作用对实时系统的响应性和可调度性具有深刻的影响。符合 GB/T 15969.3 的系统的实现者应该提供充分的调度工具和便利的方法，用于由实现所支持的任务特性。

4.6 出错处理

4.6.1 出错处理机制

GB/T 15969.3—2005 的 1.5.1 中的条款 c)和 d)规定了依从该标准的系统处理出错的方式。条款 c)一般适用于源程序中的语法出错或组态出错。这些出错在以下过程中进行检测：在由用户把它们输入到 PSE 时，在编译阶段(如果有的话)的程序语法分析过程中，在将程序组织单元链接到组态的过程中，或将组态好的软件向控制器装载以用于执行的过程中。

GB/T 15969.3—2005 的 1.5.1 中的条款 d)是 GB/T 15969.3—2005 的附录 E 中列出的出错，它们是用户程序执行期间可能发生的大部分出错，即“运行时出错”。条款 d)列出了处理这些出错的 4 种可能：

a) 在伴随文件中应有一个出错未被报告的声明；

b) 在执行程序的准备期间，系统应报告可能出现某种错误；

c) 在程序准备执行期间，系统应报告出错；

d) 在执行程序期间，系统应报告出错，并启动适当的系统或用户定义的出错处理程序。

注 1：不推荐将项 a)用于运行时出错。

注 2：c)一般与项 b)和 d)是相互排斥的。但是 b)和 d)不相互排斥，可能时应结合起来使用。也就是说，如果在每次 c)运行时之前不能检测到出错，则应警告用户可能有出错，而且也应该在运行时检测到此出错。

注 3：GB/T 15969.3—2005 的 1.5.1 中条款 f)和 g)要求，系统的硬件和/或软件应以处理上面所列出错的相同方式来处理扩展和依赖于具体实现的特性。但是，实现者可以提供一种软件开关，用户可以用它来解除这种处理。

表 4 推荐了适用于 GB/T 15969.3—2005 中表 E.1 所列出错条件的出错处理机制。

表 4 推荐处理运行时出错处理机制

条款	出错条件 (注 1 和注 2)	机制 (注 3)
2.3.3.1	变量值超出规定的子范围	RT
2.4.2	初始化列表的长度与数组输入的数量不匹配	ED
2.4.3	程序组织单元试图修改已声明为 CONSTANT 的变量	ED
2.5.1.5.1	类型转换出错	ED

表 4（续）

条款	出错条件 （注 1 和注 2）	机制 （注 3）
2.5.1.5.2	数字结果超出数据类型范围 用零作除数	RT ED,RT
2.5.1.5.3	在移位功能中，N 输入小于 0	EW,RT
2.5.1.5.4	关于选择功能的混合输入数据类型 选择符(K)超出 MUX 功能范围	ED RT
2.5.1.5.5	规定的无效字符位置 结果超出最大串长度 在串功能中，ANY_INT 输入小于 0	EW,RT
2.5.1.5.6	结果超出数据类型的范围	RT
2.5.2.2	对于作为输入变量使用的功能块实例，没有规定的值	ED
2.5.2.2	对于 VAR_IN_OUT 变量，没有规定的值	ED
2.6.2	SFC 网络中，零个或一个以上的初始步 用户程序试图修改步状态或时间	ED
2.6.3	转移条件求值中的副作用	ED
2.6.4.5	动作控制争用错误	EW,RT
2.6.5	在选择分支中同时为真、非优先化的转移 不安全或不可到达的 SFC	EW,RT ED
2.7.1	VAR_ACCESS 中的数据类型冲突	ED
2.7.2	任务要求过多的处理器资源 不能满足其执行截止时间 其他任务调度冲突	ED,RT ED,RT EW,RT
3.2.2	数值结果超出数据类型的范围	EW,RT
3.3.1	用零作除数 数值结果超出数据类型的范围 无效的操作数据类型	ED,EW,RT EW,RT ED
3.3.2.1	从未赋值的功能返回	ED
3.3.2.4	迭代不能终止	ED,EW,RT
4.1.1	相同的标识符用作连接符标号和元素名称	ED
4.1.3	未初始化的反馈变量	ED

注 1：本表格不包含 GB/T 15969.3—2005 的表 E.1 中所有条目，仅包含运行时出错的条目。

注 2：本表并非运行时所有可能出错的穷举表。实现者可以对表格内容和处理出错的方式进行扩充。

注 3：ED＝早期检测(Early detection)GB/T 15969.3—2005 的 1.5.1 中条款 d)下属的子条款 3)；

EW＝早期警告(Early warning)GB/T 15969.3—2005 的 1.5.1 中条款 d)下属的子条款 2)；

RT＝运行时检测(Run-time detection)GB/T 15969.3—2005 的 1.5.1 中条款 d)下属的子条款 4)。

4.6.2 处理运行时出错的规程

本条包含实现 GB/T 15969.3—2005 的 1.5.1 中规则 d)下属的子条款 4) 的建议“在执行程序期间,系统应报告出错,并启动适当的系统或用户定义的出错处理程序”。

注：在 GB/T 15969.3 中本规定的范围被限制在适用于用户程序中的出错;但是,实现者可以考虑从其他资源提供类似的处理出错的规程,例如 I/O 子系统或通信子系统。

4.6.2.1 报告出错

在发生出错时,报告的出错信息应包括：

——通知已发生出错;

——出错类型的分类(例如,“被 0 除”);

——辨认出错源(例如,某个程序组织单元)。

为了提供统一的报告出错的方式,实现者应考虑将该信息编码为单一类型的变量,如下所示：

```
TYPE ERROR_REPORT;
  STRUCT FLAG:BOOL;
         CLASS:STRING(...);
         SOURCE:STRING(...);
  END_STRUCT;
END_TYPE
```

注 1：以上元素 STRING 的长度是依赖于具体实现的。

注 2：应将 GB/T 15969.3—2005 中定义的新 WSTRING 数据类型考虑用于以各国语言表达的出错报告。

注 3：如果在随后的处理出错过程中要求更高的效率,那么可以考虑为出错分类元素采用整型数或枚举类型。

这种报告出错的变量一般可以作为实现特定的缺省声明,例如,某个特定资源类型的全局变量声明,或作为程序(或任务)的输出。例如,一个资源的一组缺省声明可以是：

```
VA R_GLOBAL
    MATH_ERROR:ERROR_REPORT;(* Table 23 *)
    ARITHMETIC_ERROR:ERROR_REPORT;(* Table 24 *)
    SFC_ERROR:ERROR_REPORT;(* 2.6.4.5(4)*)
    ...
END_VAR
```

注 1：在该例中,其注释涉及 GB/T 15969.3 中描述可能导致特定出错的特性的地方。

注 2：可以使用单一出错报告变量;但是,采用大量的报告出错变量可以提高处理出错过程的性能,从而提供更高分辨率的出错分类。

4.6.2.2 系统定义的处理出错的规程

处理运行时出错一般包括以下步骤：

a) 暂时搁置程序执行的正常流程;

b) 针对出错类型采取合适的行为,例如：

——如果可能纠正出错;

——如不可能纠正,则用缺省值替代错误的变量;

——可向操作人员报告发现出错以及所采取的任何纠正行为,或将它们记录入文档供以后参考。

c) 在适当的时间点恢复程序执行。根据出错类型和可能的纠正行为,这种恢复可以立刻执行;或者依所发生的系统事件而定,例如“暖重启”、“冷重启”或来自通信网络或操作人员的命令。

实现者应针对由系统处理的每种类型的运行时出错,来规定由系统所采取的纠正和报告行为及恢复程序执行的规程。如果将出错的报告通过全局变量来模型化(如前面所讨论的),那么可将出错的处理通过处理出错任务的占先式调用来模型化(如 GB/T 15969.3—2005 的 2.7.2 中定义的)。如前面给出的例子，处理出错任务的特定资源规范可以具有以下格式：

```
TASK MATH_ERROR_TASK
    (SINGLE:=MATH ERROR.FLAG,PRIORITY:=...);
TASK ARITHMETIC_ERROR_TASK
    (SINGLE:=ARITHMETIC_ERROR.FLAG,PRIORITY:=...);
TASK SFC_ERROR_TASK
    (SINGLE:=SFC_ERROR.FLAG,PRIORITY:=...);
...
```

注1：实现者应该规定处理各种出错的优先等级。为了保证为处理出错而中断用户程序，这些优先权通常应高于用户程序的优先权。

注2：发现和处理出错对满足其任务调度截止日期的系统能力有严重影响。

有了上面的模型，就能够通过将处理出错任务与合适的系统定义的处理出错程序相关联来规定出错的纠正和报告的规程。在上面的例子中，这种关联的声明可以是：

```
PROGRAM PROCESS_MATH_ERROR WITH MATH_ERROR_TASK;
    SYSTEM_MATH_ERROR_PROCEDURE;
PROGRAM PROCESS_ARITHMETIC_ERROR WITH ARITHMETIC_ERROR_TASK;
    SYSTEM_ARITHMETIC_ERROR_PROCEDURE;
PROGRAM PROCESS_SFC_ERROR WITH SFC_ERROR_TASK;
    SYSTEM_SFC_ERROR_PROCEDURE;
...
```

然后实现者可以规定由指定的处理出错程序所要采取的动作，这里的程序是在相关联的全局变量 ERROR_REPORT 中针对每个可能的出错类型而规定的，例如，针对 MATH_ERROR.CLASS 等的每个可能值由程序 SYSTEM_MATH_ERROR_PROCEDURE 所采取的动作。

4.6.2.3 用户定义的处理出错的过程

GB/T 15969.3 的一个实现应该提供用户定义的处理出错的规程。在前面给出的示例中，这一点是通过下列方式实现的：用与合适的处理出错任务相关联的用户定义的程序替代或扩充系统定义的处理出错程序。

如果支持用户定义的处理出错规程，那么实现者应提供这类规程的便利工具，以规定同类型的出错处理和报告机制，以及用户程序恢复选项，以便于为系统定义的过程所使用。这些便利工具可以采取能够置位的(例如)全局变量的形式，或者是能够由用户定义的处理出错规程调用的功能块。

4.7 系统接口

实现者应该考虑在资源中提供全局变量(可包括功能块实例)，以便与系统功能接口。例如，如4.5.1所述，全局布尔变量可用来表示系统指定的状态或事件，例如 BATTERY_LOW 或 POWER_ABOUT_TO_FAIL。另外一种方式，可将系统实体表示为系统指定的功能块实例，例如 BATTERY 或 POWER_SUPPLY，具有表达其状态或控制接口的已定义的输入和输出变量。

4.8 符合性

除了 GB/T 15969.3 中列举的一般符合性要求之外，GB/T 15969 还包括许多其他要求。实现者应留意在 GB/T 15969.3 中出现的单词“shall”(应该)，因为它的每一次出现都意味着一个要求。

接下来是关于一些更重要的规定，实现者在开发符合 GB/T 15969.3 的系统时必须将这些规定牢记在心。

4.8.1 符合性语句

在 GB/T 15969.3—2005 的 1.5.1 中列举的第一个要求就是“一个符合性语句应包含在伴随系统的文档中，或者应由系统本身产生”，例如，可作为伴随系统的可读和可打印的文件。它包括符合性语句和一系列表格，列举系统所支持的特性；在 GB/T 15969.3 中描述了这些表格的具体格式。

注：符合性语句并不是 GB/T 15969.3 所提出的惟一文件要求；例如，参见 GB/T 15969.3—2005 中 1.5.1b)，d)1)，e)和 i)。

在可编程序控制器广泛的应用范围中，这种符合性语句的格式比列举符合性分类更加实用。在使用 GB/T 15969.3 元素方面积累的经验，使得在将来版本中定义符合性类别成为可能。

4.8.2 控制器指令集

GB/T 15969.3—2005 的 1.1 明确将其范围限制为“用于可编程序控制器的编程语言中可打印和显示的表示部分……”。尤其是，并不要求考虑将 GB/T 15969.3—2005 的 3.2 中定义的 IL 语言用于任何真实机器或虚拟机器的指令集。而是把 IL 语言看作是表达在其他 GB/T 15969.3 语言中大部分可用功能的方法，这种语言是大量现有系统的用户所熟悉的汇编语言格式。

原则上，可以将 GB/T 15969.3 中的语言元素编译为大量的机器指令集。PSE 必须能够以 GB/T 15969.3中规定的格式向用户提供可编程序控制器系统的编程，并且应该为客户隐藏机器指令集的细节。这在保护用户在软件和培训方面的投资的同时，也会带来可编程序控制器结构上的创新。

指令集的这种灵活性所带来的自然结果是，符合的程序（如 GB/T 15969.3—2005 中 1.5.2 所定义的）仅在源代码层可移植。

4.8.3 符合性测试

GB/T 15969.3 语言开发和执行符合性测试的套件取决于这方面实际应用经验的积累。因此，这是未来标准化的一个主题。

5 PSE 要求

5.1 用户界面

用户界面是使可编程序控制器系统的特性和功能对用户可视的主要方式，它常常是用户选择系统的首要基础条件。因此，开发用户界面是可编程序控制器硬件和软件开发人员的主要问题。

即使使用同样的编程语言标准，显然也有不同的方式实现和设计用户功能。但是，很好地理解如何使用标准中规定的语言元素，将会更好地满足 PSE 的设计和实现。

对于任何一种软件产品，关键是要了解哪种信息有用、什么时候有用以及必须如何进行表示。PSE 的设计必须尊重基本的能发挥工作者最大效能的原则，例如：

a) PSE 越复杂，就必须给予用户更多的指导并告诉他们如何使用。

b) PSE 应该通过系统的软件开发的方法论的步骤去引导用户。但是，用户应该能够以用户确定的顺序来执行这些步骤。

c) PSE 可以在屏幕和窗口安排上以适当的提示并以适合于当前正被执行的软件方法论的步骤的一组对话框的方式，来引导用户。

d) 在可资使用时，应在对用户请求的响应中给出上下关系的在线帮助。当没有请求时，一般不会呈现供阅读用的帮助信息。

e) 最近的研究显示，用户不需要耗费时间和精力的培训。应该提供在线的指导性材料，使用户能在很短的学习周期内完成有关最常用功能的学习，并掌握在通常的生产工作中所需的先进方法。

f) 使用印刷文本无论对 PSE 制造商还是对用户来说都是不经济的。因此，它们仅应用作参考资料，作为在线下载的一种补充。

当使用多窗口用户界面系统时，应遵从窗口系统的供应商的能发挥工作者最大效能的原则，以保证用户在尽可能的最短培训时间内实现高产出率和低出错率。这些导则一般包括：

a) 指向设备（如鼠标等）和键盘操作之间的相互联系；

b) 选择对象和取消选择对象的规约；

c) 使用特殊窗口(例如消息框、列表框、对话框等)的规则;

d) 菜单中各选项的顺序。

5.2 程序、功能和功能块的编程

在对任何 POU 编程时,无论它是功能、功能块还是程序,用户都必须执行类似的任务集合。编程是使用自上而下或自下而上,或两者都有的方式,来构建 POU。如图 20 所示,一个 POU 包含变量的声明和以任何语言编写的程序主体。声明变量的方式可以独立于它们所使用的语言。GB/T 15969.3 对数据声明的文本语法予以标准化,但不要求在编程时用户以这种方式表示或输入。

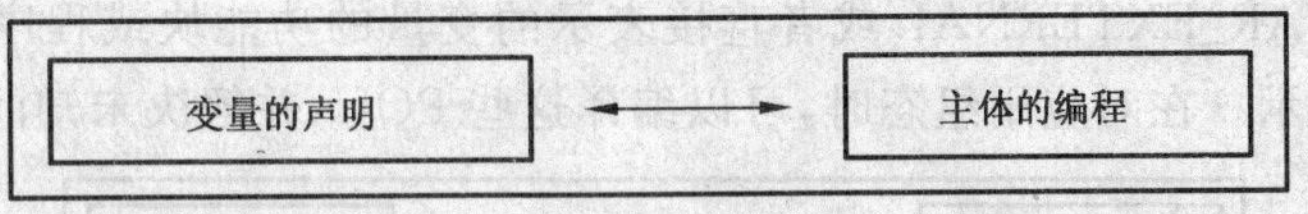

图 20 创建 POU 的基本阶段

必须慎重地考虑提供某些特征,例如语法导向的编辑器,用于 POU 的声明和编程期间语法错误的立即检测和(可能的)纠正。这些特性提高了生产率并改善了用任何语言进行编程的质量。但是,出于以下原因,在 GB/T 15969.3 语言的 PSE 中将特别声明该优点。

a) 对每个 POU 可以用不同的文本语言或图形语言进行编程。对差错的立即检测和纠正能够帮助用户学习一些不太熟悉语言的语法。

b) 在用图形语言对 POU 编程时,很容易出错,例如,将类型不兼容的变量相连接。对这种无效连接的立即检测和纠正能够防止在编译期间产生大量模糊不清的出错报文。

c) 声明、编辑和编译 POU 的任务可以在不同的时间完成,甚至可以由不同的用户完成。因此,在编程过程中尽早检测并防止语法出错是至关重要的。

用户可以随意打开和关闭语法错误的自动检测。

5.3 应用设计和组态

如图 21 所示,GB/T 15969.3 将应用的组态从编程中分离出来。因此,PSE 也必须明确地将它们分为两个阶段而无需对它们进行排序。也就是说,在组态前,必须有编程到一定层次的可能。

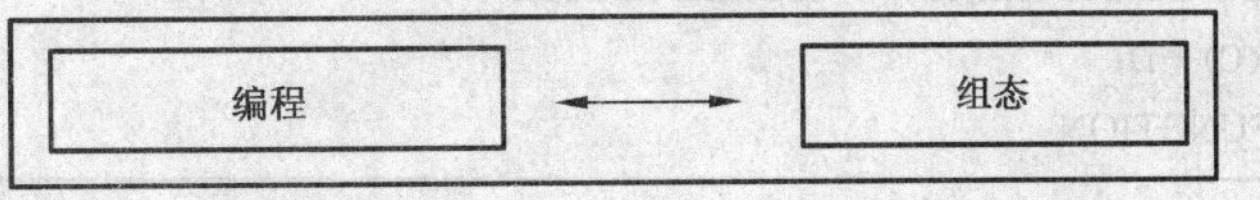

图 21 应用创建的基本阶段

如 GB/T 15969.3 所述,PSE 必须帮助用户进行系统组态。这包括如下任务:资源的描述、全局变量的声明、分配由任务调用的程序、管理程序库、定义应用与外部实体之间的通信,等等。例如,为了帮助用户组态存取路径(如 GB/T 15969.3—2005 中 2.7 所述),可以提供图形编译器帮助用户规定存取路径(以 GB/T 15969.3—2005 中图 19 的格式)。这种编译器能够自动生成所需的 VAR_ACCESS... END_VAR 语句,它在语法和语义上具有正确的类型声明。

5.4 分离编译

对 POU 的分离编译可以从依赖性方面进行分析。一个声明了变量的 POU 就依赖于该变量的类型声明。为了简化下面给出的解释和图,在每种情况下假定数据类型的依赖性,但没有显性描述。

考虑一个最简单的例子(如图 22 所示),它包含一个不依赖于其他 POU 的 POU。例如,不能调用任何其他功能的功能可以被单独编译。同样,其声明的变量不是功能块的实例的一个功能块,而且其主体不包含对任何其他功能的调用,则可以单独编译。编译可以直接从 POU 的文本源或图形源开始进行。在这种情况下,分离编译的好处是显而易见的:

a) 对独立的 POU 进行检验和确认,扫描、分解、语义分析和独立测试是充分的。

b) 如果生成的浮动代码能够与源代码相关联,则简化了 POU 的重复使用。

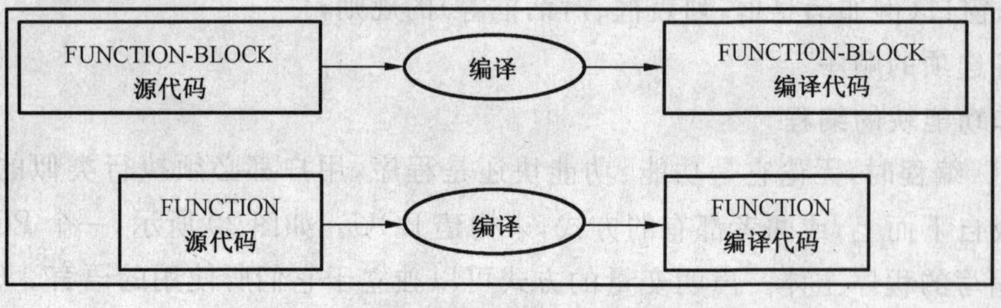

图 22 功能和功能块的分离编译

在其主体内使用 VAR_EXTERNAL 或者直接表示的变量的功能块或程序，其分离编译也同样是直接进行的，如图 23 所示。在对应用组态时，可以编译这些 POU，并解决未知的链接。

图 23 编译要对外部存取或直接表示的变量存取的程序

在分离编译的第一级，编译程序从与其他 POU 无链接的源代码起进行编译工作。在较复杂的情况下，POU 可能调用另一个功能，或是一个 FB，或可能包含另一个 FB 的实例声明的程序。在这些情况下都要求引入接口的概念。

5.5 接口和主体的分离

5.5.1 从编程单元调用功能

为了编程图 24a)所示的示例中功能 B 的调用，必须知道该功能名和类型，及其输入变量(VAR_INPUT)名和类型的列表。如果还有的话，还必须知道该功能的输出变量(VAR_OUTPUT)或 in-out 变量(VAR_IN_OUT)。这组信息构成了该功能的外部接口。示例中的功能 B 只有一个输入变量。为了编译功能 A，即使不知道功能 B 的源代码或编译的代码，知道功能 B 的外部接口就足够了(如图 24b)所示)。

```
FUNCTION A:REAL
VAR_INPUT C,D:REAL;(* External interface *)
A:=B(C)+D;
END_FUNCTION
```

a) 示例功能的声明

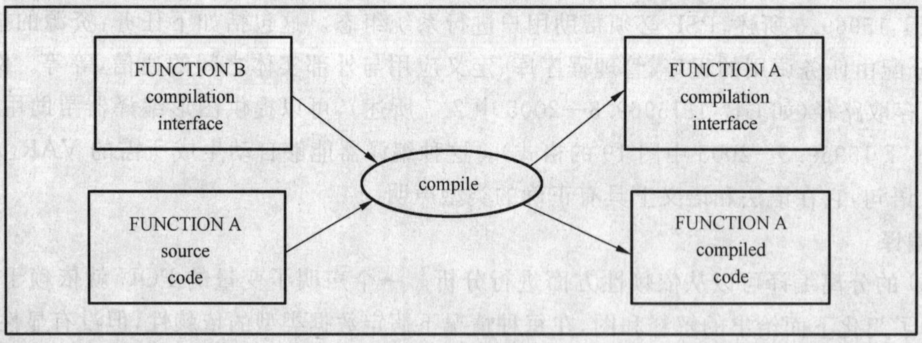

b) 示例功能的编译

图 24 对调用另一个功能的功能进行编译

该例说明将 POU 接口与其主体明晰分离的重要性。但是，如果使用分离编译太难，用户(不一定是计算机专家)可以拒绝使用。因此，PSE 应该帮助用户，在最大可能范围内自动地建立接口。

5.5.2 功能块实例的声明和调用

为了编程功能块实例的调用，必须知道功能块名及其变量 VAR_INPUT、VAR_OUTPUT 和

VAR_IN_OUT 变量名和类型。这组信息构成了该功能块的外部接口。为进行编译，必须确定每个实例所需要的存储容量。这是从功能块的外部接口及其本地(VAR)声明和外部(VAR_EXTERNAL)声明计算而得的。这组信息构成了编译接口。在下面的讨论中，术语“接口”应指编译接口。

为了编译图 25a)中所示的程序 F，必须知道功能块 FB1 和 FB2 的接口，以便给程序 F 中每个声明的实例分配存储区。在该例中，FB1 有两个实例，FB2 有一个实例。但是如图 25b)所示，对程序 F 编译不需要这些功能块的主体。

与编译功能的接口相比，编译功能块的接口还包括其内部变量和外部变量(VAR 和 VAR_EXTERNAL)的声明的名称和类型。

```
PROGRAM F
...
(* local declarations *)
VAR X1:FB1;
    X2:FB1;
    X3:FB2;
    ...
```

a) 示例程序的声明

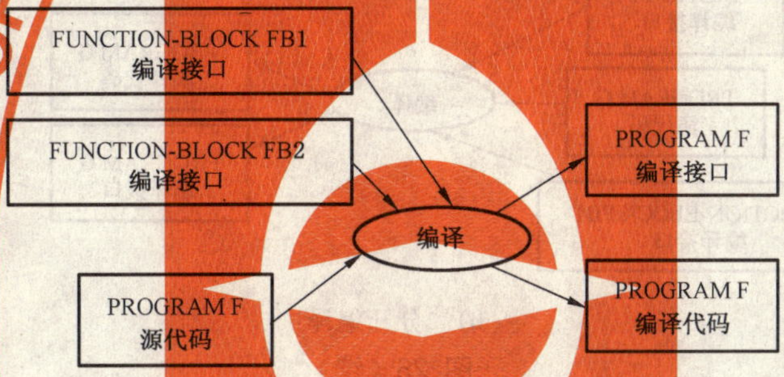

b) 示例程序的编译

图 25 编译包含功能块本地实例的程序

图 26 提供了运用以上原则的应用实例。在这个例子中假定：

a) 功能 F1 和 F2 不调用其他任何功能；

b) 功能块 FB1 调用功能 F1 和 F2；

c) 程序 G 调用功能 F1 并使用功能块 FB1 的实例；

d) 程序 G 不使用任何全局变量或直接表示的变量，而且不包括 VAR_ACCESS 声明。

PROGRAM G
(* external
  interface *)
...VAR toto:FB1;
...END_VAR
...(* body *)
...(* invoke F1 *)
  X:=F1(Y,Z);
...(* use of toto *)
  toto(d:=X);
...END_PROGRAM
	FUNCTION F2:REAL
	...
	END_FUNCTION
	FUNCTION F1:INT
	...
	END_FUNCTION
		FUNCTION_BLOCK FB1
		...(* external
		  interface *)
		...(* body *)
		...(* invoke F1 *)
		  A:=F1(B,C);
		...(* invoke F2 *)
		  Q:=F2(R);
		...END_FUNCTION_BLOCK

a) 要编译的程序单元的草图

图 26 分开编译的示例

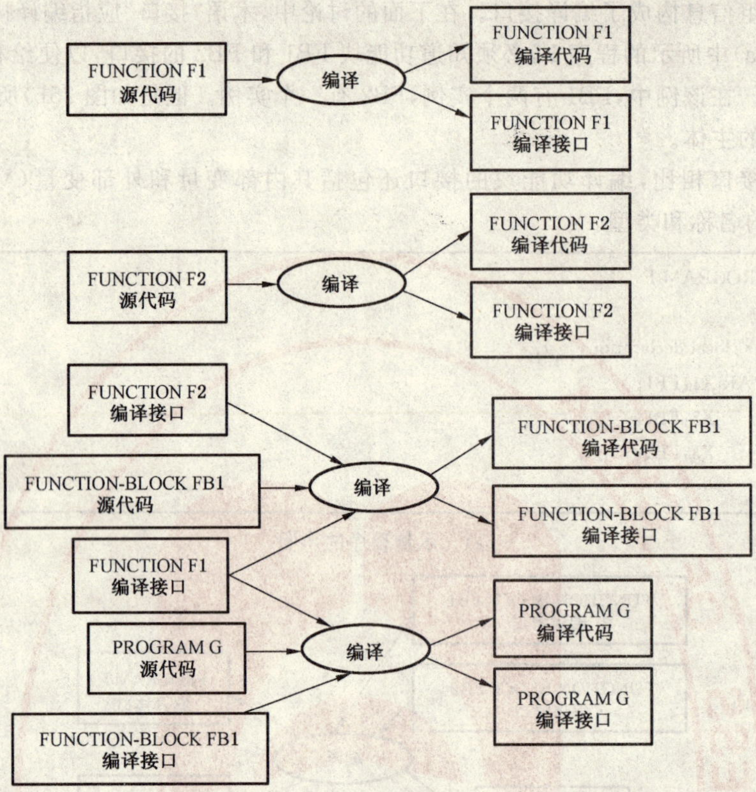

b） 分开编译

图 26（续）

5.6 组态元素与程序的链接

在应用组态中，一个程序是"程序"类型的一个程序组织单元（POU）的特定命名使用（即一个实例）。例如，在 5.5 表示的程序 G 中，一个应用由两个程序组成，即 P1 和 P2，它们都是同一个程序 G 的两个实例。如图 27 所示，当 P1 和 P2 被映射到组态上时，只需要对程序 G 进行一次编译，并解决未知的链接。

```
CONFIGURATION V
  RESOURCE R1 ON PROCESSOR_TYPE_1
    PROGRAM P1:G(...);
  END_RESOURCE
  RESOURCE R2 ON PROCESSOR_TYPE_2
    PROGRAM P2:G(...);
  END_RESOURCE
END_CONFIGURATION
```

a） 组态的声明

图 27 组态过程

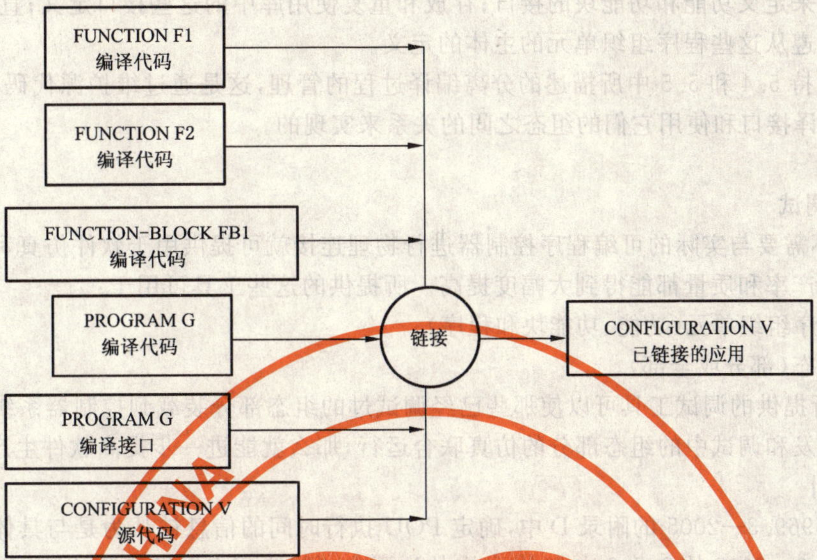

b) 链接应用程序的生成

图 27(续)

为了将程序映射到资源,其编译接口必须是已知的。同样,为了将使用功能块的全局实例(用 VAR_EXTERNAL 声明的)的程序映射到资源,必须知道功能块的编译接口。

当完成组态描述时,它与库中的 POU 归并,产生用于组态的应用程序。这种归并可以通过多种方式实现。例如,如果所有的 POU 已经分开进行了编译,则生成如图 27b)所示的应用代码。该图表示了生成应用代码的单个阶段,它类似于经典的链接解决方案。在这个阶段,(如果可能的话)解决未解决的功能调用或功能块调用,检测接口出错,并建立不同 POU 之间的链接。

在生成和使用应用程序的过程中,可能存在许多与具体实现相关的选择。例如:

a) 在装载过程中,应用程序可包含所要使用的实际地址分配;或者应用程序是浮动的,在此情况下,在把应用程序下载到 PLC 的过程中通过计算产生真实地址。

b) 应用程序可以包含不同类型 POU 的代码的单个或多个副本。

c) 应用编码的生成可以是增量式操作,它可以离线或在向 PLC 装载的过程中进行。

不论哪种选择,它必须不影响用户所观察到的程序的功能特性。但是,与制造商的技术性选择有关,POU 的执行时间会有差别,某些功能是不可能实现的或不完整的,例如,分布式应用的管理。

向可编程序控制器装载应用程序依赖于可编程序控制器的硬件和软件实现。

5.7 库管理

如 GB/T 15969.3—2005 中图 3 所示,在可编程序控制器系统的编程过程中,用户必须完成两个主要任务。

a) 重复使用管理,即可复用的程序元素的创建、修改和删除。这些程序元素包括导出的 POU,即功能、功能块和(有时会存在)程序,以及相关联的导出数据类型。可将程序元素存放在可供多个应用使用的库中,或存放在仅用于特定应用的导出程序元素的库中。

b) 应用管理,即在每个应用中所要使用的一个或多个组态的创建、修改和删除。在某个特定组态的资源中使用的程序不可重复使用,尤其是如果它使用全局变量和/或直接表示的变量的情况。

用户必须能够在这些任务间简便地切换,PSE 必须帮助用户跟踪库元素之间的相互关系。同样,PSE 也必须支持库的升级,在升级时尽可能小地分裂用户库中现有元素及其相互关系。

PSE 应该通过功能的分解支持自上而下设计的软件工程处理,并通过功能的合成支持自下而上的实现(如 2.5.2.4 中所描述)。尤其是,用户能够容易地进行以下几方面的工作:在执行功能分解时,以一种特别的方式来定义功能和功能块的接口;存放和重复使用库中的这些接口定义;直至设计或实现过程的后续阶段都遵从这些程序组织单元的主体的定义。

PSE 应该支持 5.4 和 5.5 中所描述的分离编译过程的管理,这是通过维护源代码、编译代码、外部接口、POU 的编译接口和使用它们的组态之间的关系来实现的。

5.8 分析工具

5.8.1 仿真和调试

如果 PSE 不需要与实际的可编程序控制器进行物理连接就可提供用于软件仿真和调试的工具,那么用户的软件生产率和质量都能得到大幅度提高。所提供的这些工具可用于:

a) 各个程序组织单元(功能、功能块和程序);

b) 系统组态(部分或全部)。

如果 PSE 所提供的调试工具可以使那些已经调试过的组态部分装载到控制器系统中,而且将这些部分与仍处于开发和调试中的组态部分的仿真联合运行,那么就能进一步提高软件生产率。

5.8.2 性能估计

在 GB/T 15969.3—2005 的附录 D 中,确定 POU 执行时间的信息被认为是与具体实现相关的;另外,GB/T 15969.3—2005 的 2.7.2 中 3)的 b)中的注要求:"制造商应提供信息,以使用户能够确定在所建议的配置中是否能满足所有的截止时间。"由于确定此信息的规则对于系统性地应用来说非常复杂和困难,因此,如果能将作出这种决定所依据的算法作为 PSE 的不可缺少的部分来提供,则无论对于实现者还是用户来说都将受益非浅。

5.8.3 反馈循环分析

当支持 GB/T 15969.3—2005 的 4.3 中定义的 FBD 语言时,PSE 应提供用于反馈循环的检测和分析的工具(如 GB/T 15969.3—2005 中 4.1.3 所讨论)。

5.8.4 SFC 分析

GB/T 15969.3—2005 的 2.6.5 提到 SFC 中不安全的 SFC 和不可达的分支的可能性。AND(同时)分支的嵌套,以及 AND 和 OR(选择)分支的混用,可导致出现这类 SFC。PSE 可通过提供对可能出现的不安全 SFC 和不可达 SFC 的早期检测来帮助用户。下面描述这种检测的一种可能的算法。

注:上文中的"安全"不是指可编程序控制器应用的安全性。但是,可认为"不安全"的 SFC 降低了应用的安全性。

简约算法基于已经证实的判断,即如果在减少若干步后会得出这样的结论,SFC 由一个步和一个转移条件组成,那么此 SFC 就是可执行的(在安全和可达的意义上)。图 28 示出了可能的简约步。

简约是从最初步开始被反复运用的,即使初试步不在 SFC 的最顶端。如果检测到以下任意一种终止条件,那么算法就推断出 SFC 是安全和可达的结论。

a) SFC 只包括 OR 分支;或

b) SFC 只包含 AND 分支,且初始步不在其中的一个分支中。

```
     |
+------+
|      |
+------+
     |              |
     +     ===>  +------+
     |           |      |
+------+         +------+
|      |            |
+------+
     |
```

a) 包含步、转换和步的一个序列被一个步所代替

```
     |
     +
     |
+------+
|      |   ===>   |
+------+          +
     |            |
     +
     |
```

b) 包含转换、步和转换的一个序列被一个转换所代替

图 28 简约步

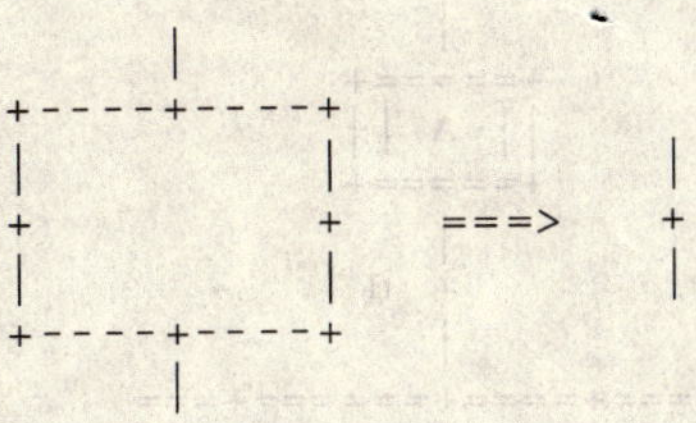

c) 一个选择序列(OR 分支)
被一个转换所代替

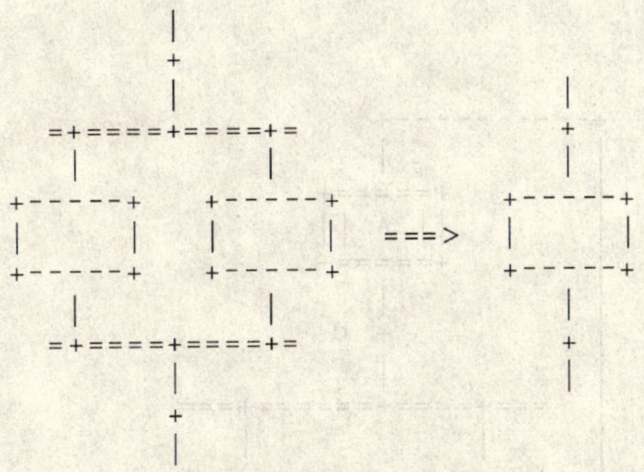

d) 一个同时序列(AND 分支)
被一个步所代替

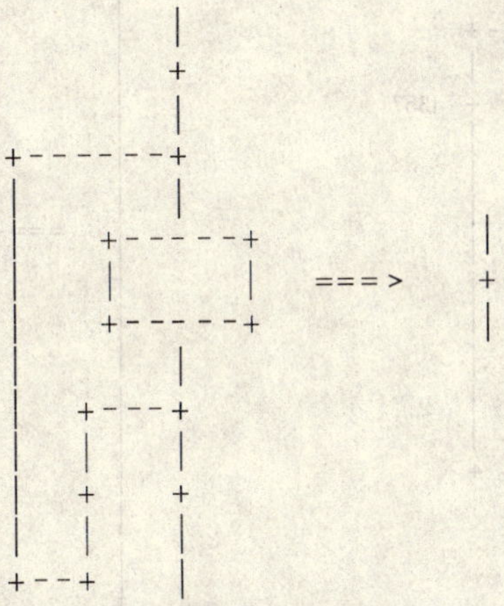

e) 循环被一个转换所代替

图 28(续)

图 29a)和图 29b)示出分别通过应用终止规则 1 和 2,SFC 具有先验的安全性和可达性。图 29c)示出不可简约和不安全的 SFC,它出自 GB/T 15969.3—2005 的图 18a),是通过应用规则(a)和(b)得出的。图 29d)示出不可简约和不可达的 SFC,同样,它出自 GB/T 15969.3—2005 的图 18b)。在这两种情况下,运算则发出警告,因为在不可能进一步简约的情况下没有应用任何一个终止条件。

注:这个算法可以检测所有可能的不安全和不可达的 SFC;但是,在一些情况下这个算法会拒绝复杂但仍然有效的 SFC。也就是说,该算法为具有安全性和可达性的 SFC 提供了充分条件,但未提供必要条件。

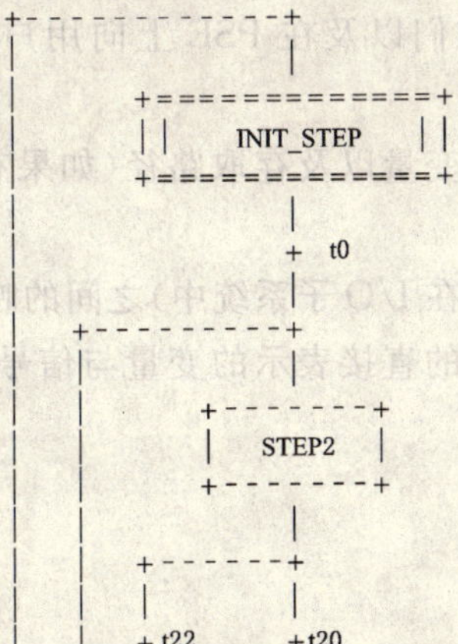

a) 按终止规则 1 不要求简约

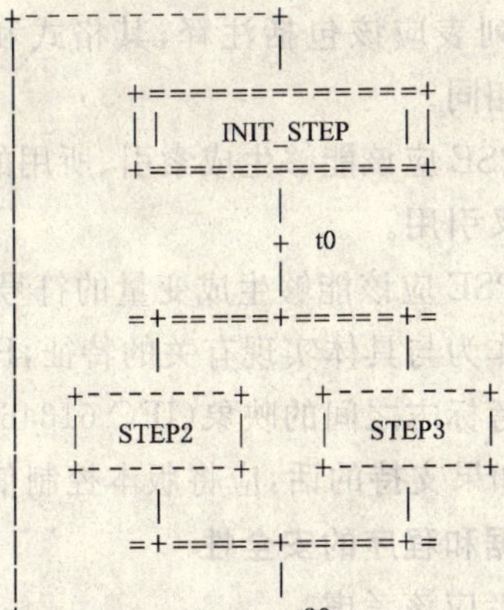

b) 按终止规则 2 不要求简约

图 29 SFC 的简约

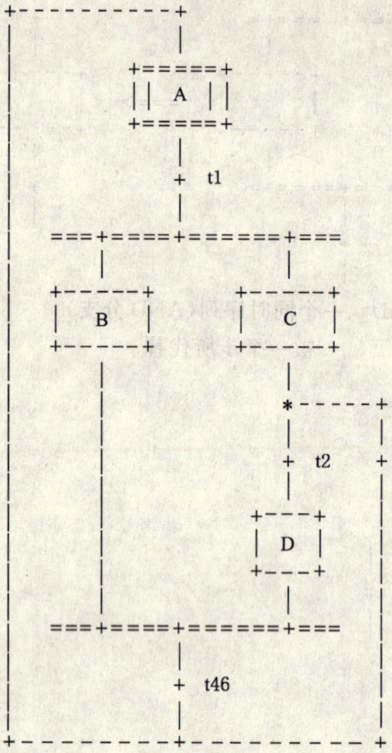

c) 一个不可简约(不安全)的 SFC

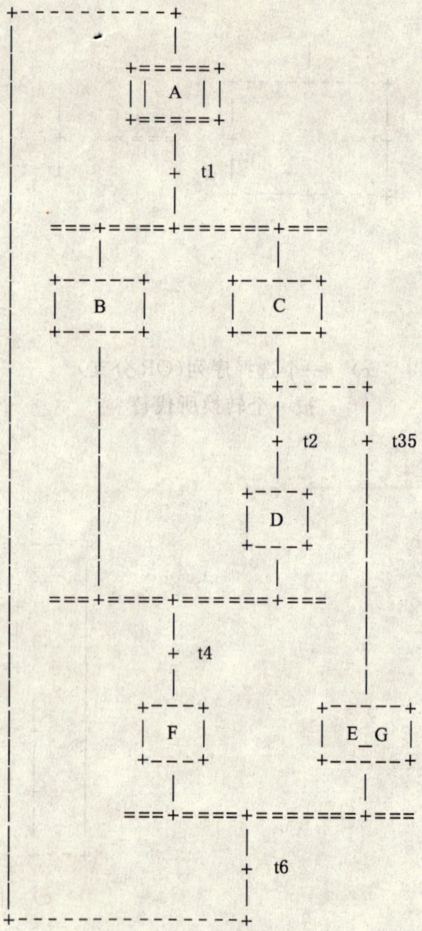

d) 一个不可简约(不可达)的 SFC

图 29(续)

5.9 文档要求

由 PSE 提供生成软件文本的工具时,实现者应该考虑以下要求:

a) 声明的列表和 POU 主体所采用的格式,应该与输入它们以及在 PSE 上向用户显示它们的相同。

b) 列表应该包括注释,其格式和所在位置应该与输入它们以及在 PSE 上向用户显示它们的相同。

c) PSE 应该能够生成索引、所用的全局变量和直接表示的变量以及存取路径(如果有的话)的交叉引用。

d) PSE 应该能够生成变量的符号表示与其物理地址(例如在 I/O 子系统中)之间的映象。

e) 作为与具体实现有关的特征,PSE 也能够处理一个组态的直接表示的变量与信号和位号的参考标志之间的映象(IEC 61346-1 中所定义的)。

f) 如果支持的话,应将版本控制信息与列表一起提供。

5.10 数据和程序的安全性

实现者应该考虑:

a) 能够对 PSE 和可编程序控制器中哪些项的内容加以保护以防用户访问;以及

b) 哪类用户具有对系统中多项内容的访问权。

例如,可以规定以下类型的访问保护(与其他比较):

a) 允许使用指定库的内容。

b） 允许使用指定 POU 的接口。

c） 允许查看指定 POU 的主体。

d） 允许修改指定 POU 的主体。

e） 允许修改指定 POU 的接口。

5.11 在线功能

当与可编程序控制器系统连接时，在 GB/T 15969.1 的以下各条中描述了由 PSE 所提供的功能。

a） 应用程序的装载(4.6.2.1)；

b） 存储区存取(4.6.2.2)；

c） 与可编程序控制器系统相适配(4.6.2.3)；

d） 指示自动化系统的状态(4.6.2.4)；

e） 测试应用程序(4.6.2.5)；

f） 修改应用程序(4.6.2.6)；

g） 应用程序归档(4.6.4)。

附 录 A
（资料性附录）
GB/T 15969.3—2005 的改动

A.1 GB/T 15969.3—2005 的出版原因

自 1993 年出版 IEC 61131-3 第一版本以来，该标准的环境发生了很大的变化。在这期间，获得了该标准的大量实际应用经验。同时也发现了许多前后不一致、互相矛盾和未解决的问题及特性，所有这些给实现造成了不必要的困难。工业最终用户（常常是一些软件公司）提出了许多修改和修正的建议。

为了保护 IEC 61131-3(GB/T 15969.3)用户的投资值和尽可能长远地延长现有的符合 IEC 61131-3(GB/T 15969.3)的控制软件的使用寿命，IEC SC65B 决定重新修订现有标准，每 5 年修订一次，并分两步走。

第 1 步：消除 IEC 61131-3(GB/T 15969.3)中不一致的地方（勘误表）。

第 2 步：完善 IEC 61131-3(GB/T 15969.3)中需要改进的特定条款，整合那些被认为在实际应用中特别重要的特性（修正）。

对于每个需要修改的条款，其改动都必须向上兼容，即作为一个规则，符合当前标准版本的程序必须也符合新的标准版本。

在本附录中给出了修改和修正的概要。

A.2 勘误表

第一步是要消除 GB/T 15969.3—1995 中的实际错误。除了简单的印刷错误之外，还特别包括主要部分中语义的矛盾以及主要部分与附录之间的不一致之处，尤其是附录 B 中的语法定义。在第一阶段，IEC 专门工作组在勘误表中搜集和评价了需要纳入的改动。这是在许多专家的积极配合下完成的。

在下面的列表中，简要地描述了最重要的更正，给出所在条款的编号，这些条款编号在 GB/T 15969.3—1995 和 GB/T 15969.3—2005 中几乎一致。

1.3	在文本中以前没有定义的术语，现将它们包含在此“定义”内。
1.4.1	对解释软件模型的图的更正。
2.3.3.2	更正示例语法，尤其关于括号的使用（表 14、表 17、表 18、表 22、表 50 和图 20）。
2.3.3.2，2.3.3.3	示例的语义更正（表 14、表 17、表 18）。
2.4.1.2	根据 IL、ST、LD 和 FBD 的语言定义，数组下标的语言指定处理方式。
2.5.1.1	ST 中功能调用的一般变量赋值描述的更正（表 27）。
2.5.1.4，2.5.2.2	对标准功能、功能块类型、运算操作符和指令的多载的适用性更精确的定义（表 21）。
2.5.1.5.1	根据 IEC 60599（舍入到下一个整数值，表 22），对类型转换功能特性的运算操作的精确描述。
2.5.1.5.3	更正标准功能的变量赋值描述（表 25、表 29、表 30、表 31）。
2.5.1.5.7	“等于”的符号是“＝”而不是“-”（表 31）。
2.5.2	更正功能块 AND_EDGE 的描述（上升沿输入，表 33）。
2.5.2.3.1	删除不安全的信号标示例（图 13，表 34）。
2.5.2.3.3	更正 CTUD 示例（表 36）。
2.5.2.3.4	更正 RTC 示例（表 37）。
2.6.3	更正 SFC 描述的语法（表 41 和表 42）。

2.6.4.5	在动作控制块的有效输出为 Q 时，只在每次调用 POU 时才执行 SFC 动作，而且不是永久的；这样就解决了与 2.7.2 中规则 6 的矛盾。
4.3.3	消除了在不同网络间相互读和写变量的期间，可能出现的死锁的情况(附录 D)。
附录 B	更正 BNF 生成。
附录 C	更正定界符和关键字。
附录 F	更正示例。

注：这些更正中的任何一条都不会导致符合已“修正”的 GB/T 15969.3 的现行标准的控制软件产生不兼容。

A.3 修正

A.3.1 背景

作为第二步即评价标准可能的改进，在正式出版 GB/T 15969.3 之后很快就准备了类型 2 技术报告。该技术报告建议试用编程语言的扩展，其目的是为了在未来的 IEC 61131-3 版本中定义的通用特性集方面取得共识。这些建议可能互相冲突，也可能与 GB/T 15969.3 的标准化规定有冲突，或者这两种情况都有。

使用该技术报告作为一个起点，把最急需改进的部分纳入修改内容。在第一步中，在 GB/T 15969.3更正的基础上，将这些修改综合到该标准中。这些修改仅指极其重要的改进部分。

修改的委员会草案分为两个主要部分：更改和补充，以及很小改动的汇集。

在修改中，所有改动的总目标是：

- 由于语言协调一致的可能性能更好地与实践相适应，因此，GB/T 15969.3 语言能更广泛地被应用编程人员所接受，例如，新的功能概念以及本地变量的功能块实例特定的初始化；
- 通过用标准语言编写的应用程序，能更有效地利用控制硬件，例如，功能块中的临时变量；
- 由于消除了某些语言结构可能造成的误解，因此，改善了控制软件的实际语义可移植性，例如，EN/ENO 行为，变量和 I/O 的保持/非保持行为；
- 由于混合使用不同的控制语言，因此，消除了出错源，例如，不同语言处理 EN/ENO 是相同的。

注：下面条款的标题中括号内的引用指 GB/T 15969.3—2005 中的条款，这主要受到所述改动的影响，例如，下面的 A.3.2 描述了主要影响 GB/T 15969.3—2005 中 2.2.1 的改动。

A.3.2 数值直接量(2.2.1)——分类直接量

在第一版本中，存在这种情况：用直接量值表示的数据类型(例如 12.43，73，2#1001)很含糊。这是 IL 语言中的特殊问题；例如，在装入指令(LD)中使用直接量值时，则不能规定载入 IL 寄存器中的数据类型。

修改中建议在所有的直接量前面加上其数据类型的前缀，其格式为‘＜data type＞ #’。在 GB/T 15969.3—2005 的 2.2.1 中增加了这个特性。

A.3.3 基本的数据类型(2.3.1)——双字节字符串

修改提出一种附加的数据类型 WSTRING，从而允许根据 ISO/IEC 10646 将字符串定义为具有双字节字符。在处理具有复杂字符集语言(如日语)的报文时对此有要求。字符串处理功能将被多载，用双字节字符串就能解决问题。在 GB/T 15969.3—2005 的 2.3.1，2.3.2 和 2.5.1.5.5 中增加了这个特性。

A.3.4 导出数据类型(2.3.3)——枚举数据类型

在 GB/T 15969.3—1995 中使用枚举数据类型有一些不足之处。对于直接量，特定枚举值的数据类型很含糊。例如，可能有几种使用枚举字符串'ON'的枚举类型定义。因此在修改中建议：特定枚举直接量的数据类型可以使用前缀格式＜data type＞#来加以规定，现已将该内容编入 GB/T 15969.3—2005 的 2.3.3.1 中。

例如

```
TYPE
    VALVE_MODE:(OPEN,SHUT,FAULT);
    PUMP_MODE:(RUNNING,OFF,FAULT);
END_TYPE;
...
IF AX100 =PUMP_MODE#FAULT THEN
        XV23=VALVE MODE#OPEN;
```

现已将 GB/T 15969.3—2005 的附录 B 中的结构化文本的语法扩展，以允许在 CASE 语句中使用枚举变量，例如：

```
TYPE
    BATCH_TYPE:(SMALL,LARGE,CUSTOM);
END_TYPE;
VAR
    NEW_BATCH:BATCH_TYPE;
END_VAR;
...
CASE NEW_BATCH OF
    SMALL:...(* Small batch *)
    LARGE:...(* Large batch *)
    CUSTOM:...(* Custom size batch *)
ELSE
...
```

A.3.5 单元素变量(2.4.1.1)——"通配符"直接地址

一些变量的直接地址的定义(即与 AT 结构一起使用的地址)是组态的另一个方面，当修改组态以适用不同的物理系统时，它可以要求重新定义。

例如，与可编程序控制器输入连接的传感器，在一个系统中可以位于特定的物理输入通道和 I/O 机架的位置，而在另一个系统中可连至完全不同的物理输入通道和机架。为了使用相同的软件，即在两个系统中进行相同的 GB/T 15969.3 组态，必须重新定义用于输入的直接地址。在 GB/T 15969.3—1995 中，修改变量的直接地址只能通过以下途径完成，即在组态过程中修改不同的变量声明，然后重新编译该组态。

本修改建议，对于为其重新定义直接地址的每个变量，使用由星号(*)表示的"通配"地址进行声明。这种变量被认为"没有定位的"。在 GB/T 15969.3—2005 的 2.4.1.1 中增加了这个特性。

示例：

```
VAR INPUT1 AT %IX*:BOOL;(* Boolean input not located *)
VAR VALV1 AT %QW*:INT;(* Integer output not located *)
```

可以在 VAR_CONFIG 结构中规定这种变量的定位。例如，以下语句定义这些变量的定位；假定在资源 RES1 中声明 INPUT1 和 VALV1。

```
VAR_CONFIG
    RES1.INPUT1 AT %IX100:BOOL;(* Locate input1 *)
    RES1.VALV1 AT %QW210:INT;(* Locate valve1 *)
BND VAR
```

假定在创建下载到 PLC 中的程序对象数据之前，把在 VAR_CONFIG 中规定的变量初始值应用作最后的过程。

注：当建立组态时，如果用未定位的直接地址声明的任何变量没有被给予有效直接地址，则报告出错。

A.3.6　声明(2.4.3)——临时变量

在 GB/T 15969.3—1995 中，没有规定在程序和功能块中创建变量来保存临时值。在 POU 内使用 VAR 结构对变量进行声明，在这些变量中保存的值总是在 POU 调用之间得以保持。将这种变量作存放临时值使用，会导致存储器的无效使用。

本修改和 GB/T 15969.3—2005 的 2.4.3 都建议临时变量可以用 VAR_TEMP 结构来声明。这种变量将被存放于临时存储区，例如堆栈，当 POU 调用结束时将被清零。

示例：

```
VAR_TEMP
    RESULT:REAL;
END_VAR;
RESULT:=AF18 * XV23 * XV767+54.2;
OUT1:=SQRT(RESULT);
```

A.3.7　RETAIN 和 NON_RETAIN 变量属性(2.3.4.1)

在 GB/T 15969.3—2005 中，对多元素变量的 RETAIN 属性的使用(例如结构和功能块实例)进行了修改。当多元素变量具有 RETAIN 属性时，除了用 NON_RETAIN 属性声明的变量外，RETAIN 适用于所有包含的变量(contained variable)。

NON_RETAIN 是一个新的属性，它指出在断电过程中不保留变量的值，在热重启之后将使用其缺省的初始值。如果将 NON_RETAIN 用于多元素变量，那么它适用于未用 RETAIN 属性声明的所有包含的变量。

A.3.8　功能的调用和变元列表(2.5.1)

在 GB/T 15969.3—1995 中已介绍了文本化语言中两种用于功能调用的方法和一种用于功能块调用的方法。

对于功能调用，采用哪种方法取决于相关功能的声明：如果功能的声明没有明确地规定输入变量名，那么必须通过在带括号的变元列表中提供完整的一组实际输入变元的方式来调用功能。这不仅对于(例如)GB/T 15969.3—2005 的 2.5.1.5 中定义的所有可扩展标准功能如此，而且对于一些不可扩展功能也是如此。如果功能的声明规定了输入变量名，则必须通过变元列表来调用功能，该列表包括将实际输入变元赋值给被声明的输入变量。由于用户定义的功能总是声明输入变量名，因此，对它们一般必须按后一种方法进行调用。

对于功能块调用也是如此。它们的变元列表通常必须包括将实际输入变元赋值给被声明的输入变量。

GB/T 15969.3—1995 中有两个隐含：

a)　从用户的观点来看，功能调用和功能块调用具有不同的处理方式。

b)　图形化语言中提供的一些特性在文本化语言中并不提供：在图形化语言中可扩展的功能(例如 ADD，MUL)可与 EN/ENO 一起使用，但在文本化语言中却不能如此，也就是说，在 ST 或 IL 中不可能对 EN/ENO 赋值。

GB/T 15969.3—2005 通过引入用于功能调用和功能块调用的相同约定，克服了这些不足之处。这些改动主要出现在 GB/T 15969.3—2005 的 2.5 中。在 3.2.3 中给出了附加的特性及其应用的具体描述。

A.3.9　类型转换功能(2.5.1.5.1)

在 GB/T 15969.3—1995 中，存在许多 BCD(二进制编码的十进制)数据类型转换功能，其中功能名与初始变量或所转换的变量的数据类型不一致。现在，GB/T 15969.3—2005 的 2.5.1.5.1 中提供了 BCD 转换功能，在其功能名中包含 BCD 值的数据类型。

一些新的BCD类型转换功能的示例：

WORD_BCD_TO_UINT()	将包含BCD值的字位串转换成无符号的整型数
UINT_TO_BCD_DWORD()	将无符号的整型数转换成双字位串的BCD值

为保存在BYTE,WORD,DWORD和LWORD变量中的BCD值提供数据类型转换函数。

A.3.10　时间数据类型的功能(2.5.1.5.6)

2.5.1.5.6现定义了时间数据类型的功能，这解决了以前版本中存在的关于时间和日期计算的多载功能的规则之间的冲突。除了A.4中提到的，这些变更必须“向下兼容”，并且不影响现有的编程系统。

A.3.11　功能块(2.5.2)——扩展的初始化功能

GB/T 15969.3—1995一个主要缺点在于，缺乏为功能块、程序和整个组态定义组态参数的工具。复杂的功能块(例如用于高级PID控制器的功能块)一般需要大量的组态参数，(例如)用于定义调谐参数、操作模式和时间常数。为了使这些功能块能通用，需要把内部算法所需的所有组态参数放置在功能块的外部接口。在很多情况下，当功能块首次被调用时，这样会导致在功能块的接口因具有太多仅需使用一次的输入，而使功能块的接口过于复杂。

出于以上原因，GB/T 15969.3—2005的B.1.4.3中的语法允许当声明功能块实例时，直接定义输入和内部变量的初始值。

例如，为RAMP功能块的实例设置初始输入值：

```
VAR PressureRamp:
    RAMP:=(CYCLE:=T#1S,(* Set initial values for *)
           TR:=T#30M);          (* Cycle and Ramp durations *)
END_VAR
```

注：功能块实例声明中给出的变量初始值，将覆盖功能块类型定义中所定义的任何缺省初始值。

A.3.12　脉冲动作限定符(2.6.4.4)

脉冲动作限定符P会导致动作执行两次，第一次是当动作第一次被激活时，第二次是动作的相关联的限定符Q被清零后。为了提供更加一致的单脉冲行为，在GB/T 15969.3—2005 2.6.4.4中增加了两个其他的动作限定符。

限定符	描　述
P1	当动作限定符为真时，单脉冲动作(上升沿)
P0	当动作限定符为假时，单脉冲动作(下降沿)

A.3.13　动作控制(2.6.4.5)

GB/T 15969.3—2005的2.6.4.5，现在允许在一个动作中对动作限定符Q进行测试。这允许在最后一次执行动作(即在Q的下降沿)时，对动作进行检测。

GB/T 15969.3—2005的2.6.4.5中，现在允许对以SFC表示的动作控制块进行带“最终扫描”或不带“最终扫描”的执行(在新表45a)中分别为特性1和2)。第二个特性允许动作控制的一种简化和更直接的实现；但是，带有“最终扫描”的程序与不带“最终扫描”的系统不兼容。关于两者的差别，参见3.9.1和3.9.2中的描述。

A.3.14　组态初始化(2.7.1)

为了使组态能惟一地适用于特定的PLC系统或应用，大部分大型的GB/T 15969.3组态一般都需要定义许多常数和I/O地址。用户已经发现，为了用于不同的硬件或不同的应用，有时需要重新组态已经验证的GB/T 15969.3组态，例如，对组态进行修改，使其工作于稍有不同的一组PLC中，或稍有不同的生产线或加工过程中。在这种情况下，组态可能仅仅在组态参数上有所不同，例如算法整定参数和I/O点的地址。

为了支持该要求,GB/T 15969.3—2005 的 2.4.3.2 和 2.7.1 中允许创建"基准"组态。可以在一个 VAR_CONFIG 结构中定义组态特定值。这就定义了被用于重新定义指定程序输入、程序内部变量和功能块的初始值特定值。

考虑以下示例:

```
CONFIGURATION LINE_3
...
RESOURCE MACHINE1 ON PROC_486
...
    PROGRAM PRG1:PRG1_TYPE (...
...
    PROGRAM PRG2:PRG2_TYPE (...
...
END_RESOURCE
    (* Define Line 3 specific data *)
    VAR_CONFIG
        MACHINE1.PRG1.LINE_LENGTH:INT:=20;
        MACHINE1.PRG1.SPEED:REAL:=6.6;
        MACHINE1.PRG2.RATE1:TON:=(PT:=T#1M);
    END_VAR
END_CONFIGURATION
```

该例示出如何可将程序 PRG1 中声明的变量 LINE_LENGTH 和 SPEED 的初始值以及资源 MACHINE1 初始化为特定值。在程序 PRG2 中声明的 RATE1 是接通-延时定时器(TON)的实例,它将输入 PT 初始化为一个指定的时间间隔。除了用 VAR_TEMP、VAR CONSTANT 或 VAR_IN_OUT 声明的变量外,VAR_CONFIG 可包含程序中任何变量的初始值。每个变量必须通过功能块递阶分级方式,即顺着资源名、程序名、FB 实例名等的串联链来辨别。

A.3.15 指令表(3.2)

关于 IL 的一些改变。GB/T 15969.3—1995 存在一些弱点、不一致和相互矛盾的地方。IL 的这些修订主要由 PLCopen 协会的一些成员完成,与 GB/T 15969.3—1995 完全兼容。

指令

增加了带有枚举值的数据表示法的操作数。

可以在指令之间插入空行。

操作符、修改符和操作数

修改符"N"表示操作数的按位布尔取反(1 的补码),例如,指令 ANDN %IX2 被解释为

result:=result AND NOT %IX2

下面的例子给出了两种使用括号的指令顺序的等同格式。两个特性应被解释为

result:=result AND (%IX1 OR %IX2)

a) 带括号的表达式以显性操作符开始:

```
AND(
LD %IX1 (NOTE 1)
OR %IX2
)
```

b) 带括号的表达式(短格式):

```
AND( %IX1
```

OR　%IX2

)

现在将操作符 AND、OR、Exclusive OR、Negation 和 Modulo Division 定义为逻辑运算(与布尔数的关系),这里,操作符既可以为多载,也可以为具有数据类型的定义。

功能和功能块

现已对功能和功能块调用进行了扩展和详细声明,从而使它们有更广泛的选择。例如,建立在声明的基础上:

```
VAR
    C10:CTU;
    CMD_TMR:TON;
    A,B:INT;
    ELAPSED:TIME;
    OUT,ERR,TEMPL:BOOL;
END_VAR
```

现在进行以下调用是可能的:

1	带有形式变元列表的 FB 的 CAL	带有非形式变元列表的 FB 调用
	CAL CMD_TMR(%IX5, T#300ms,OUT,ELAPSED)	CAL CMD_TMR(%IX5, T#300 ms, A, ELAPSED, ERR)
2	带有变元装载/存放的 FB 的 CAL	LD A ADD 5 ST C10.PV LD %IX10 ST C10.CU CAL C10
3	使用功能块输入操作符	LD A ADD 5 PV C10 LD %IX10 CU C10
4	带有形式变元列表的功能调用	LIMIT(EN:= COND, IN:= B, MN:= 1, MX:= 5, ENO⇒ TEMPL) ST A
5	带有非形式变元列表的功能调用	LD 1 LIMIT B,5 ST A

以上特性 3 的调用方式等同于带有变元列表的 CAL，它仅包含一个带有输入操作符名的变量。如果没有提供变元的话，则从最近的赋值获得，或者若没有最近的赋值，则从初始化获得。该特性支持事件是可预测的这种问题的情况，因此，从一次调用到下一次调用仅能改变一个变量。

和声明

```
VAR C10:CTU;END_VAR,
```

列在一起，指令序列

```
LD      15
PV      C10
```

给出与

```
CAL     C10(PV:=15)
```

相同的结果。

遗漏的输入 R 和 CU 具有以前赋给它们的值。由于 CU 输入检测上升沿，因此该调用仅置位 PV 输入值；不进行计数，因为未提供的变元不能改变计数器。与此相反，指令序列：

```
LD      %IX10
CU      C10
```

结果是在每第二次调用时计数达到最大值，这取决于输入%IX10 的变化速率。每次调用使用以前置位的 PV 值和 R 值。

具有双稳态功能块，采用一个声明如下：

```
VAR FORWARD:SR;END_VAR,
```

它造成一个隐含条件的行为特性。指令序列

```
LD      FALSE
S1      FORWARD
```

不改变双稳态 FORWARD 的状态。以下指令序列

```
LD      TRUE
R       FORWARD
```

使双稳态复位。

A.3.16　语言元素的正式规范(附录 B)

许多新特性导致对于 GB/T 15969.3—2005 的附录 B 中文本化语言的语法和语义的变更。除了 A.4 中的注释，这些变更必须“向下兼容”并且不影响现有的编程系统。

A.3.17　其他修正

对于 GB/T 15969.3—2005 作了如下的变更：

a)　结构化变量的初始化；

b)　限定符 CONSTANT、RETAIN、AT 的语法和语义使用的精确定义；

c)　2.5.1.5.1 中类型转换功能的变量赋值的重新修订(表 22)；

d)　导入变量的 FB 特定实例初始化和本地变量的内容和地址，例如 I/O。变量只能在 FB 类型声明中初始化；不可能在 FB 这一层定义变量地址。

除了表 30 中功能名称的改变，所有的改变都是向上兼容的。

A.4　程序符合性问题

使用 GB/T 15969.3—1995 中的某些特性的程序将与 GB/T 15969.3—2005 产生不相符的地方。为了实现与 GB/T 15969.3—2005 的符合性，表 A.1 中指出必须对这些程序进行修改。

表 A.1 为实现程序符合性在使用中的修改

GB/T 15969.3—1995 的特性	为符合 GB/T 15969.3—2005 的修改
对数组下标加括号 示例	对数组下标加方括号 示例
TYPE ANALOG_16_INPUT_DATA: ARRAY(1..16) OF ANALOG_DATA; END_TYPE TYPE ANALOG_16_INPUT_DATAI: ARRAY(1..16)OF ANALOG_DATA :=(8(−4095),8(4095)); END_TYPE VAR RETAIN RTBT: ARRAY(1..2,1..3) OF INT :=(1,2,3(4)); END_VAR RTBT(1,1):=1;RTBT(1,2):=2;	TYPE ANALOG_16_INPUT_DATA: ARRAY[1..16] OF ANALOG_DATA; END_TYPE TYPE ANALOG_16_INPUT_DATAI: ARRAY[1..16]OF ANALOG_DATA :=[8(−4095),8(4095)]; END_TYPE VAR RETAIN RTBT: ARRAY[1..2,1..3) OF INT :=[1,2,3(4)]; END_VAR RTBT[1,1]:=1;RTBT[1,2]:=2;
串接变量类型 DATE 和 TIME_OF_DAY 的功能名是 CONCAT	使用 CONCAT_DATE_TOD

A.5 规范性还是资料性元素的声明

在 GB/T 15969.3—2005 中改进了规范性对资料性元素的安排和标记，使其符合 ISO/IEC 指导文件第 2 部分中关于这些元素的规定，尤其是以下规定：

a) 注释和示例中不能包含要求。

b) 表格和图的脚注(由上标字母标识和引用)可以包含要求，但是，文本中的脚注不能包含要求。

结果，许多原先包含要求的表格的注释都变为脚注。

附 录 B
（资料性附录）
软件质量的衡量尺度

由软件驱动的系统的质量是由若干属性来衡量的[1)]。在工业过程测量、控制和自动化系统中，最重要的质量衡量尺度有：

a) 能力：系统要实现其预期功能所应具有的能力。典型的衡量能力的尺度包括：

1) 响应性：系统对指定的外部事件的组合作出合适的响应所需要的时间。

2) 处理能力：在一组指定的条件下，系统能满足调度最基本的范围。

3) 存储能力：在一组指定的条件下，系统所能保存所有需要的程序和数据的范围。

b) 可用性：系统能够执行其预期功能的整个过程运行时间的比例。可用性受到下列因素的影响：

1) 可靠性：在规定的时间段和条件范围内，系统能够继续执行其所有预期功能的能力。衡量可靠性的逆尺度是平均无故障时间(MTBF)。

2) 可维护性：在出现规定的故障集中的一个或多个故障之后，系统能够重新恢复到其完整的功能状态的难易程度。衡量可维护性的逆尺度是平均修复时间(MTTR)；可用性常通过表达式 MTBF/(MTBF＋MTTR)来定义。

3) 完整性：在规定的有严重影响的范围内（包括非刻意的用户行为、蓄意的恶意行为或潜在的危险应用和系统事件），系统能继续执行其所有的预期功能的程度。

c) 合用性：为执行系统预期的功能，使指定的一组用户能够获得和执行与系统互动能力的方便程度。合用性受以下因素的影响：

1) 入门要求：在用户能够学习与系统互动之前，需要进行正式和非正式培训的等级（例如，教育级别、使用操作系统、窗口系统等的培训）。

2) 学习要求：使用户满足规定的入门要求（即学习与系统互动，使系统执行一套规定的系统功能）需要进行的培训。

3) 用户生产率：每单位时间内，具有规定等级的培训和经验的用户能够执行与系统有关的操作的数量。

4) 适宜程度：用户对使用系统软件执行预期的系统功能所达到的喜爱程度，包括与系统有关或与系统无关这两个可选项。

d) 适用性：通过各种方式改变系统功能的难易程度，例如：

1) 可改善性：在系统功能方面无需作基本改变，可对现有系统的能力、可用性和/或合用性进行升级的难易程度。

2) 可扩展性：对系统增加功能的难易程度。

3) 移植性：将系统功能从一个系统转移到另一个系统的难易程度。

4) 复用性：将现有软件元素的功能能力用到和加到新的系统或现有系统的难易程度。

---

1) T. Gilb，软件工程管理原则. Addison-Wesley，1988，ISBN 0-201-19246-2.

附 录 C
（资料性附录）
与其他标准的关系

本附录为每个与GB/T 15969.3有关系的标准提供了简短的范围描述以及它们之间的关系分析。参考文献中列出了对这些标准的正式参考目录。

IEC 61499-1、IEC 61499-2、IEC 61499-3和IEC 61499-4分别规定了在分布式工业过程测量和控制系统中使用功能块的符合性行规的结构、软件工具要求、指导信息和规则。在IEC 61499-1的附录D中说明了IEC 61499与GB/T 15969.3的关系。

IEC 61506定义了工业过程测量和控制系统中软件文本的要求。由于GB/T 15969.3规定了这种系统中软件实现的功能，因此，在使用GB/T 15969.3编程语言的系统的文本中必须考虑IEC 61506的要求。

IEC PAS 61804-1定义了功能块提供控制、便利应用的维护和技术管理的整体要求，这些功能块与数字过程控制系统中的执行器和测量设备进行交互作用。IEC 61804-1用如GB/T 15969.3中定义的“基本功能块（EFBs）”一样表示功能块，并规定这种功能块的行为用GB/T 15969.3中的ST语言定义。

建立的GB/T 15969.3的元素尽可能与IEC 60617-12、IEC 60617-13和IEC 60848兼容。同时，GB/T 15969.3必须尽可能与可编程序控制器现有的编程实际情况一致，并受到ISO 616字符集（现为ISO/IEC 10646）的限制。

以程序的图形和半图形表示的符合GB/T 15969.3的系统，其实现者应考虑扩展这种表示方式，从而实现与IEC 60617和IEC 60848的图形表示更多的兼容性。

参 考 文 献

IEC 60599:1989 微处理器系统二进制浮点的算术运算

IEC 60617-12:1997 示图的图示符号 第12部分:二进制逻辑元件

IEC 60617-13:1983 示图的图示符号 第13部分:模拟元件

IEC 60848:2002 顺序功能图的GRAFCET规范语言

GB/T 15969.4—1995 可编程序控制器 第4部分:用户导则

IEC 61346-1:1996 工业系统、安装以及设备和工业产品 结构化原则和参考标示 第1部分:基本规则

IEC/PAS 61499-1:2000 工业过程测量和控制系统的功能块 第1部分:体系结构

IEC/PAS 61499-2:2001 工业过程测量和控制系统的功能块 第2部分:软件工具要求

IEC/PAS 61499-4:2002 工业过程测量和控制系统的功能块 第4部分:符合性行规的规则

IEC 61508(所有部分) 电气/电子/可编程电子安全有关的系统的功能安全

IEC/PAS 61804-1:2002 用于过程控制的功能块(FB) 第1部分:系统方面的概论

ISO/IEC 2382-2:1976 数据处理 词汇 第2部分:算术运算和逻辑运算

ISO/IEC 9506-5:1999 工业自动化系统 制造报文规范 第5部分:可编程序控制器的配套标准

ANSI/IEEE Std 745:1985 二进制浮点算术运算